PROJEKT.PROGRAMM.CHANGE

PROJEKT.PROGRAMM.CHANGE

Lehr- und Handbuch für Intrapreneure
projektorientierter Organisationen

von
Roland Gareis
und
Lorenz Gareis

ISBN 978-3-214-08439-4 (MANZ)

ISBN 978-3-406-71342-2 (C.H. BECK)

ISBN 978-3-7272-1458-5 (Stämpfli)

Telefon: (01) 531 61-0
E-Mail: verlag@manz.at
www.manz.at
Bildnachweise: © RGC Roland Gareis Consulting /
nunofoto – nuno filipe oliveira (Autoren)
Layoutkonzept: Marie-Philine Riedl Werbegrafikdesign
Satzherstellung: petryundschwamb.com – Agentur für Kommunikation
Druck: FINIDR, s.r.o., Český Těšín

Für Ella, Polly und Emil – Reichenau lebt!

Vorwort

Roland Gareis prägt schon seit Jahrzehnten das Projektmanagement. Auch das vorliegende Buch, das er gemeinsam mit seinem Sohn Lorenz Gareis geschrieben hat, leistet dazu wieder einen hervorragenden Beitrag. Es führt die bislang oft getrennt voneinander betrachteten Disziplinen des Projekt-, Programm- und Changemanagements zusammen und zeigt auf, wie Organisationen durch eine integrierte Sicht erfolgreicher sein können. Einerseits bei der Umsetzung der Strategie, andererseits bei der Implementierung von Investitionen. Leider hapert es in vielen Organisationen genau daran.

Die Evolution des Projektmanagements im Gareis'schen Sinne baut auf einem systemisch-konstruktivistischen Projektmanagement-Verständnis auf, das die oft noch vorherrschenden mechanistischen Ansätze von Methodik und Tools im Projektmanagement überwinden hilft. Dabei stehen die frühe Phase, die Einbeziehung der vielfältigen Kontextfaktoren und Werte im Mittelpunkt der Betrachtungen. Letztere zeigen deutlich auf, dass sich herkömmliche und agile Vorgehensweisen im Projektmanagement durch eine klare Werteorientierung leicht miteinander verbinden lassen.

Projekte wurden in den letzten Jahrzehnten vor allem in der industriellen Anwendung gesehen, die Ergebnisse der Projekte waren konkrete Produkte bzw. Ingenieursleistungen. Heute sieht man Projekte (wieder) viel weiter und interessiert sich vor allem für die Veränderungen, den Change, der mit ihnen verbunden ist. Das Ergebnis eines Projekts ist also nicht nur die Brücke zwischen dem Festland und der Insel, sondern sind die Veränderungen, die es mit sich bringt, z. B. für die Anwohner oder die Geschäftswelt auf der Insel, die jetzt neue Geschäftschancen durch die Brücke (das Projekt) bekommt. Programme sind Bündel von Projekten, die ein strategisches, nutzenstiftendes Ergebnis vor Augen haben, so z. B. die Entwicklung der Insel als Ganze. Um beim Beispiel zu bleiben, können die drei Disziplinen unabhängig voneinander betrieben werden – das ist allerdings suboptimal. Eine Abstimmung von Projekten, Programmen und Changes zu einer ganzheitlichen und sicher auch nachhaltigen Lösung hin ist wünschenswert. Prominente Großprojekte in Deutschland und anderen Ländern zeigen den Handlungsbedarf deutlich auf.

Roland Gareis hat in den frühen 1990er Jahren den Begriff „Management by Projects" geprägt und der Projektmanagement-Community damit seinen Stempel aufgedrückt. Es bleibt zu hoffen, dass dies mit PROJEKT.PROGRAMM.CHANGE genauso geschieht.

Reinhard Wagner

Präsident der International Project Management Association (IPMA)

Inhaltsverzeichnis

Einleitung

So kam es zum Buch PROJEKT.PROGRAMM.CHANGE

In den letzten Jahren haben Projekte als temporäre Organisationen und die Anwendung von Projektmanagement in der Industrie und der öffentlichen Verwaltung stark an Bedeutung gewonnen.

Aktuell ertönt aber auch Kritik am Projektmanagement: Der Einsatz von Projektmanagementmethoden sei zu bürokratisch, es bestehe zu wenig Kunden- und Stakeholderorientierung, die Prozesse dauerten zu lange, auf Veränderungen im Geschäftsumfeld würde nicht entsprechend reagiert etc. Agile Ansätze, die Flexibilität, Empowerment und Kundenorientierung fördern, werden z. B. als Alternativen angeboten, häufige und rasche Kommunikation durch den Einsatz digitaler Medien wird gefordert.

Wir haben in den letzten Jahren die von uns vertreten Ansätze zum Projekt-, Programm- und Changemanagen laufend weiterentwickelt: Konzepte der nachhaltigen Entwicklung, des Empowerments, des Stakeholdermanagements und agiler Organisationen wurden integriert, Zusammenhänge zum Anforderungsmanagement, zur Business Analyse und zum Benefits Realization Management wurden berücksichtigt. Die den Managementansätzen zugrundeliegenden Werte wurden definiert und für die einzelnen Managementansätze interpretiert. Diese Weiterentwicklungen haben wir aber noch nicht entsprechend kommuniziert!

Um die Beobachtungen aus unserer Management- und Consultingpraxis darzustellen, um neue Zusammenhänge zwischen Managementansätzen sichtbar zu machen und auch, um diesbezügliche Klärungen vorzunehmen, haben wir uns entschieden, PROJEKT.PROGRAMM.CHANGE zu publizieren. Dieses Buch stellt die Weiterentwicklung des Buchs „Happy Projects!" dar, das zum ersten Mal im Jahr 2003 erschien. Wir wollen damit den Lesern den Weg von „Happy Projects!" zu „Values for Business Value" anbieten.

Die Leser von PROJEKT.PROGRAMM.CHANGE

Das vorliegende Buch soll einerseits ein Handbuch für „Intrapreneure" projektorientierter Organisationen, d. h. für Projektmanager, Programmmanager, Changemanager und deren Auftraggeber, sein. Andererseits soll es auch Lehrbuch für Managementtrainer und Consultants, für Forscher und Lehrer von Universitäten und Fachhochschulen sowie für Studierende darstellen.

Zielgruppe von PROJEKT.PROGRAMM.CHANGE sind, obwohl wir nur männliche Ausdrucksformen verwendet haben, natürlich Frauen und Männer. Wir bitten dies zur Steigerung der Lesefreundlichkeit zu akzeptieren.

Information als Unterschied, der einen Unterschied macht

(Gregory Bateson)

Das Buch PROJEKT.PROGRAMM.CHANGE stellt Informationen für die Management-Community bereit. Ein adäquater Umgang mit Dynamik und Komplexität in projektorientierten Organisationen, das Sichern von Quick Wins in Changes, das Nutzen von Synergien in Programmen, das frühzeitige Einbeziehen von Stakeholdern im Management, der konsistente Einsatz von Methoden, die Bereitstellung von Kontextinformationen zur Sinnstiftung sind Beispiele für ein mögliches „unterschiedliches" Verhalten von Lesern nach der Verarbeitung der im Buch bereitgestellten Informationen.

Im Kapitel A werden mögliche Wahrnehmungen von Projekten und Programmen dargestellt, Kleinprojekte, Projekte und Programme von Nicht-Projekten unterschieden und Kontexte sowie Nutzen von Projekten und Programmen analysiert. Das schafft die Grundlage zur Unterscheidung zwischen einem mechanistischen und einem systemischen Projektmanagementansatz im Kapitel B. In den Kapiteln C und D werden die Voraussetzungen für das Managen von Projekten beschrieben, nämlich das strategische Managen und das Investieren sowie das Managen von Anforderungen bei sequenzieller und bei iterativer Vorgehensweise.

Als Grundlage für ein effizientes und effektives Projektmanagen sind Projekte professionell zu initiieren. Die Ziele, der Ablauf, die Rollen und die Methoden des Geschäftsprozesses „Projekt initiieren" sind im Kapitel E beschrieben. Die Ziele, der Ablauf, die Kontexte, die Werte und der Nutzen des Geschäftsprozesses „Projekt managen" sind im Kapitel F dargestellt. Die Teilprozesse des Projektmanagens, nämlich Projekt starten, Projekt koordinieren, Projekt controllen, Projekt transformieren bzw. Projekt neupositionieren sowie Projekt abschließen, und die dafür einzusetzenden Methoden werden in den Kapiteln I bis L operativ beschrieben. Davor werden in den Kapiteln G und H Modelle zum Designen von Projektorganisationen und zum Entwickeln projektspezifischer Kulturen, zur Teamarbeit und zum Führen in Projekten behandelt. Praktische Beispiele zum Einsatz von Projektmanagementmethoden werden in der begleitenden Fallstudie für das Projekt „Values4Business Value entwickeln" gezeigt.

Die Geschäftsprozesse Programm initiieren, Programm managen, Change initiieren und Change managen sind in den Kapiteln M und N behandelt. Die Ziele, Abläufe, Rollen und die zur Durchführung der Prozesse einzusetzenden Methoden sind beschrieben. Zum Programmmanagen wird eine Fallstudie eines Energieversorgungsunternehmens behandelt. Wichtig ist dabei die integrative Betrachtung des Projekt-, Programm- und Changemanagens.

Dem Managen der projektorientierten Organisation sind die Kapitel O und P gewidmet. Es werden die Strategien, Strukturen und Kulturen der projektorientierten Organisation dargestellt. Spezifische Geschäftsprozesse der projektorientierten Organisation, nämlich das Projektportfoliomanagen, das Sichern der Managementqualität von Projekten und Programmen und das Managen von Projektpersonal, werden einer vertiefenden Betrachtung unterzogen. Die projektorientierte Gesellschaft wird im Kapitel Q als Vision verstanden.

Durch die begleitende Fallstudie „Values4Business Value" der RGC soll gezeigt werden, dass die dargestellten Managementansätze auch für Klein- und Mittelunternehmen relevant sind. Ergänzend finden sich auch Fallstudien von österreichischen Großunternehmen.

Lesen des Buchs

PROJEKT.PROGRAMM.CHANGE liest man nicht notwendigerweise chronologisch von der ersten bis zur letzten Seite. Unterschiedlichen Lesergruppen wollen wir daher Ratschläge zum effizienten Lesen geben.

Ratschläge für Einsteiger ins Projektmanagement

> Einsteiger in das Thema, wie z. B. Projektmanagementstudierende oder Personen, die sich auf eine grundlegende Projektmanagement-Zertifizierung vorbereiten, können sich auf die Kapitel A sowie E bis L konzentrieren. Dadurch werden grundlegende Begriffe, Prozesse und Methoden sowie die Rollen, Organisationsformen, Kommunikationsformate und Führungsstile für Projekte abgedeckt.
> Die anderen Kapitel können vorerst übersprungen werden, diese dienen einer späteren Vertiefung.
> Ratschläge für Manager projektorientierter Organisationen
> Manager, die als Projekt-, Programm- und Changemanager, aber auch als deren Auftraggeber bzw. Manager von Management Offices oder Expert Pools tätig sind, sollten alles lesen.
> Sorry, aber es zahlt sich aus …

Ratschläge für theoretisch Interessierte

> Theoretisch Interessierte, wie z. B. gut vorinformierte Manager projektorientierter Unternehmen, Forscher, Lehrer, Berater und Trainer, können sich beim Lesen auf die neuen Entwicklungen und neu hergestellte Zusammenhänge konzentrieren.
> Diesbezüglich bieten sich z. B. im Kapitel B die Projektmanagementansätze und neue Werte, im Kapitel C das strategische Managen und Investieren und im Kapitel D die unterschiedlichen Möglichkeiten zum Managen von Anforderungen an.
> Im Kapitel F sollte die Interpretation von Werten für das Projektinitiieren und das Projektmanagen, im Kapitel G der Einsatz von Scrumsubteams in Projekten und im Kapitel M und N der Zusammenhang von Projekt-, Programm- und Changemanagen besonders interessant sein.
> Auch die Interpretation von Werten für das Projektportfoliomanagen im Kapitel P sollte Neugierige zufriedenstellen …

Bitte an unsere Fans

- Unsere Fans finden in jedem Kapitel Weiterentwicklungen und vor allem Versuche, die Werte des systemischen Managementparadigmas umzusetzen.
- Für diesbezüglich weiterführende Ideen und Feedbacks sind wir sehr dankbar!

Unique Selling Proposition des Buchs

Das Buch PROJEKT.PROGRAMM.CHANGE informiert über …

- die soziale Systemtheorie und den radikalen Konstruktivismus als erkenntnistheoretischen Kontext des Projekt-, Programm- und Changemanagens,
- den Einsatz von Projekten, Programmen und Changes zum Umsetzen von Organisationsstrategien und zum Implementieren von Investitionen,
- die Bedeutung des Initiierens von Projekten, Programmen und Changes für deren erfolgreiche Durchführung,
- das Managen von Anforderungen bei sequenzieller und bei iterativer Vorgehensweise,
- das Umsetzen von Lösungsanforderungen „by Projects“,
- die Wahrnehmung des Projekt-, Programm- und Changemanagens als Geschäftsprozesse der projektorientierten Organisation,
- Ziele, Methoden und Rollen der Geschäftsprozesse „Projekt managen“, „Programm managen“ und „Change managen“,
- die den Managementansätzen zugrundeliegenden Werte, wie z. B. nachhaltig Entwickeln, Agilität, Empowerment und Resilienz,
- den Unterschied zwischen der Abwicklung von Change Requests und dem Changemanagen,
- die Strategien, Strukturen und Kulturen der projektorientierten Organisation und
- die Neupositionierung von Projekt-, Programm- und Changemanagern als „Intrapreneure“ projektorientierter Organisationen.

Im Buch PROJEKT.PROGRAMM.CHANGE werden ausgewählte Begriffe und Modelle aus der Literatur, aber vor allem Beobachtungen und Erfahrungen der Autoren als Manager und Berater dargestellt. Der hohe Praxisbezug wurde auch durch Reflexionen und Diskussionen mit der für die Bucherstellung etablierten Peer Review Group gesichert.

Erstellungsprozess des Buchs

Die Buchpublikation war ein wesentliches Ziel des Projekts „Values4Business Value entwickeln", das die Weiterentwicklung und Kommunikation der RGC Managementansätze zum Ziel hatte. Die Weiterentwicklung der Ansätze erfolgte durch Literaturstudium, Dokumentenanalysen, Interviews, Brainstormingworkshops, Prototyping, Präsentationen, Reflexionsworkshops und durch Selbstbeobachtung.

Wie immer war auch die Erstellung dieses Buchs einerseits mühsam und anstrengend, andererseits jedoch auch schön und erfüllend. Es war mühsam und anstrengend, weil ...

> das Schreiben viel Disziplin verlangte. Das Starten jedes neuen Kapitels setzte einen Akt der Überwindung voraus.
> die Feedbacks der Peer Review Group natürlich ernstgenommen werden mussten und daher auch umfangreiche Veränderungen notwendig machten.
> Kundenaufträge der RGC für uns immer Vorrang vor internen Innovationsprojekten haben. Es gab daher erfreulicherweise viele „Störungen", die den Schreibrhythmus unterbrachen.
> es Bedarf gab, zu lernen. Um ein Thema oder eine Methode authentisch in Trainings und Consultingsituationen behandeln, aber auch publizieren zu können, wenden wir neue Methoden immer zuerst selbst in der RGC an. Diese Reflexionsmöglichkeiten, z. B. aufgrund des Einsatzes eines iterativen Vorgehensmodells im Projekt „Values4Business Value entwickeln", sicherten wertvolle Erfahrungen. Dieses Lernen führte zu Veränderungen der Zielsetzungen und zu einer wesentlichen Verlängerung der Projektdauer.

Die Erstellung des Buchs war gleichzeitig schön und erfüllend, weil ....

> das Weiterentwickeln der Managementansätze ein toller kreativer Prozess war.
> das inhaltliche Weiterentwickeln einmalige Kommunikationschancen für die Autoren miteinander bzw. der Autoren mit den RGC Kollegen, mit den Mitgliedern der Peer Review Group und mit Kunden schuf.
> die erzielten Quick Wins unmittelbaren „Business Value" für unsere Kunden und uns stifteten.
> es ein sehr befriedigendes, angreifbares Ergebnis der Arbeit gab.
> das vorliegende Buch wesentliche Teile der RGC Identität vermittelt.
> und weil wir die Erwartung haben, dass PROJEKT.PROGRAMM.CHANGE wieder ein Klassiker für die nächsten 10 bis 15 Jahre wird.

Der Erstellungsprozess des Buchs ist aufgrund der Beispiele und Interpretationen zu den Teilprozessen des Projektmanagens und des Changemanagens aus der begleitenden Fallstudie im Detail ersichtlich.

Danksagungen

Mit dem MANZ Verlag verbindet uns eine jahrzehntelange Kooperation. Ein herzliches Dankeschön für das Vertrauen, mit uns den Weg von „Happy Projects!“ zum „Value for Business Value“ zu gehen. Wir hoffen, mit PROJEKT.PROGRAMM.CHANGE einen neuen Klassiker für die Management-Community geschaffen zu haben.

Um die Praxisorientierung von PROJEKT.PROGRAMM.CHANGE zu sichern, haben wir Manager projektorientierter Organisationen eingeladen, in einer Peer Review Group die Buchinhalte während des Entwicklungsprozesses mit uns zu reflektieren und zu diskutieren. Für diesen wichtigen Beitrag zur Qualitätssicherung dürfen wir den folgenden Mitgliedern der Peer Review Group herzlichst danken:

> Mag. (FH) Ulrike Danzmayr, Zentralleitung für Personal, Organisation und Protokoll im Bundesministerium für Finanzen
> Bernhard Engl, Verantwortlicher für Organisationsentwicklung und Kultur- und Systementwicklung der Rubner Holding AG
> Prof. (FH) Dr. Gerhard Ortner, Professor für Projektmanagement, IT und Betriebswirtschaftslehre an der FH des BFI Wien
> Marcus Paulus, MBA, Leiter Project Management Office der Wien Energie GmbH
> Dipl.-Ing. Dr. Robert Schanzer, Bereichsleiter für Projekt- und Programmmanagement der IT-Services der Sozialversicherung GmbH und Vorstand bei Projekt Management Austria
> Min. Rat Dr. Hannes Schuh, MBA, Leiter der Internen Revision des Bundesministeriums für Finanzen, Kontrollkollegium der Europäischen Patentorganisation
> Mag. David Spreitzer, MBA, Manager Programme und Project Management Office bei Borealis AG
> SR Dipl.-Ing. Helmut Wanivenhaus, Leiter der Stabstelle Managementsysteme der Magistratsdirektion der Stadt Wien – Bauten und Technik

Unseren RGC Kollegen dürfen wir dafür danken, dass sie nie die Hoffnung auf die Fertigstellung von PROJEKT.PROGRAMM.CHANGE aufgegeben haben. Danke, Michael Stummer, für die vielen wertvollen Anregungen zu den Inhalten. Für die redaktionelle Unterstützung ergeht ein besonderes Dankeschön an Susanne Füreder, Patricia Ganster und Lukas Weinwurm. Ohne euch wäre das trotz vieler Bearbeitungsschleifen nicht so harmonisch und effizient abgelaufen.

Happy Projects!

Roland & Lorenz Gareis

Wien, im März 2017

A Projekte & Programme

In der Projektmanagementliteratur finden sich unterschiedliche Definitionen für Projekte und Programme. Unterschiedliche Wahrnehmungen von Projekten, z. B. als Aufgaben, als temporäre Organisationen oder als soziale Systeme, führen zu unterschiedlichen Erwartungen an das Management von Projekten und damit zu unterschiedlichen Projektmanagementansätzen.

Es bedarf einer grundsätzlichen Klärung des Projektbegriffs sowie einer operationalen Projektdefinition im jeweiligen organisatorischen Kontext. Eine Unterscheidung von Kleinprojekt, Projekt und Programm ist notwendig, um jeweils adäquate Organisationen zur Durchführung relativ einmaliger und umfangreicher Geschäftsprozesse einsetzen zu können.

Projekte und Programme werden in Kontexten durchgeführt, die deren Erfolg wesentlich beeinflussen. Diesbezügliche Kontexte sind z. B. die Strategien, Strukturen und Kulturen der projektdurchführenden Organisation, die Investition, die durch ein Projekt oder Programm implementiert wird, und der durch ein Projekt bzw. Programm angestrebte Change.

Die Nutzen, die Projekte und Programme stiften, sind vom Nutzen des Projekt- bzw. Programmmanagens zu unterscheiden.

A Projekte & Programme

A1 Wahrnehmung von Projekten und Programmen

In der Projektmanagementliteratur sowie in internationalen Projektmanagementstandards[1,2,3,4] finden sich unterschiedliche Definitionen für Projekte und Programme. Das ist insofern von Bedeutung, als unterschiedliche Wahrnehmungen von Projekten zu unterschiedlichen Projektmanagementansätzen führen.

Die Wahrnehmung eines Projekts als Aufgabe mit besonderen Merkmalen resultiert in einem spezifischen Verständnis bezüglich der Ziele des Projektmanagements, der zu erfüllenden Projektmanagementaufgaben, der zu managenden Dimensionen von Projekten und der zum Einsatz gelangenden Methoden. Dieses Projektmanagementverständnis unterscheidet sich von jenem, das aus der Wahrnehmung eines Projekts als temporäre Organisation und soziales Systems resultiert.

Wahrnehmung von Projekten als Aufgaben mit besonderen Merkmalen

Traditionell werden Projekte als Aufgaben mit besonderen Merkmalen wahrgenommen. Diese besonderen Merkmale sind der große Umfang der zu erfüllenden Aufgaben, die relative Neuartigkeit dieser Aufgaben, deren Kurz- bis Mittelfristigkeit sowie deren Risiko und strategische Bedeutung für das projektdurchführende Unternehmen. Projekte werden als zieldeterminierte Aufgaben verstanden, da Ziele bezüglich der Leistungen, der Termine und der Kosten geplant und kontrolliert werden.

Wahrnehmung von Projekten als temporäre Organisationen

Projekte können als temporäre Organisationen zur Durchführung umfangreicher, relativ neuartiger, kurz- bis mittelfristiger, riskanter und strategisch bedeutender Geschäftsprozesse wahrgenommen werden. Hier werden Projekte als eine Organisationsform verstanden und es wird der Zusammenhang zur Erfüllung von Geschäftsprozessen hergestellt.

Wie auch andere Organisationen haben Projekte eine spezifische Identität, die sich durch spezifische Projektstrukturen und Projektkontextbeziehungen ausdrückt. Ein Projekt ist eine Organisation auf Zeit. Durch den temporären Charakter erlangen die Etablierung des Projekts beim Projektstarten sowie dessen Auflösung beim Projektabschließen besondere Bedeutung.

1 Project Management Institute, 2013.
2 International Project Management Association, 2006.
3 Projekt Management Austria, 2008.
4 DIN 69901-5: 2009-1, 2009.

Wahrnehmung von Projekten als soziale Systeme

Die Definition von Projekten als temporäre Organisationen ermöglicht es, Projekte auch als soziale Systeme wahrzunehmen. Der sozialwissenschaftlichen Systemtheorie folgend können Organisationen – und somit auch Projekte – als soziale Systeme betrachtet werden, die sich einerseits klar von ihrem Kontext abgrenzen und andererseits zu diesem in Beziehung stehen. Die spezifischen Merkmale sozialer Systeme, wie z. B. deren soziale Komplexität, deren Dynamik und Selbstreferenz, sind auch in Projekten relevant. Im hier dargestellten RGC Projektmanagementansatz werden Projekte als temporäre Organisationen und als soziale Systeme verstanden.

Projekte können als Aufgaben mit besonderen Merkmalen oder als temporäre Organisationen und soziale Systeme wahrgenommen werden. Diese unterschiedlichen Wahrnehmungen von Projekten führen zu unterschiedlichen Projektmanagementansätzen.

„Als System lässt sich […] alles bezeichnen, worauf man die Unterscheidung von innen und außen anwenden kann. Die Innen-Außen-Differenz besagt, dass eine Ordnung festgestellt wird, die sich nicht beliebig ausdehnt, sondern durch ihre innere Struktur und durch die eigentümliche Art ihrer Beziehungen Grenzen setzt.“[5]

Luhmann unterscheidet soziale Systeme grundsätzlich in Interaktionen, Organisationen und Gesellschaften. Hier wird eine weitere Unterscheidung von Organisationen vorgenommen, da sowohl permanente Organisationen wie z. B. Unternehmen, Divisionen und Abteilungen auch als temporäre Organisationen wie Projekte und Programme, als soziale Systeme wahrgenommen werden können (siehe Abb. A1).

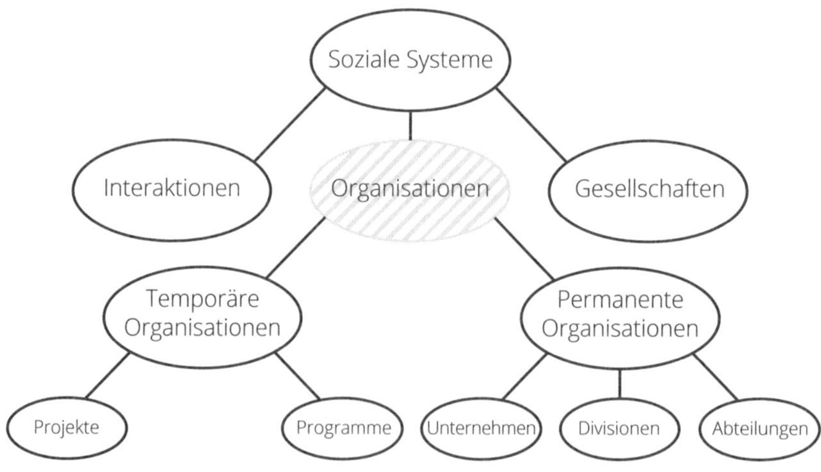

Abb. A1: Projekte und Programme als temporäre Organisationen und soziale Systeme

5 Luhmann, N., 1964, S. 24.

Der Sinn der Differenzierung unterschiedlicher sozialer Systeme besteht darin, dass durch Abgrenzungen Systeme geschaffen werden, die weniger komplex sind als ihre jeweilige Umwelt.[6] Projekte als Subsysteme von Unternehmen sind weniger komplex als das Unternehmen als Ganzes. Durch diese Reduktion von Komplexität wird die Möglichkeit zum erfolgreichen Managen des jeweiligen sozialen Systems geschaffen.

Exkurs: Projekte und Programme als soziale Systeme

Ein soziales System ist dadurch charakterisiert, dass es sich durch spezifische Strukturen von seiner Umwelt abgrenzt, dass es gleichzeitig aber auch in einem Kontext steht, aus dem sich Abhängigkeiten ergeben. Kontextdimensionen sind die Stakeholderbeziehungen (siehe Abb. A2), das übergeordnete soziale System sowie die Geschichte und die Erwartungen an die Zukunft des sozialen Systems.

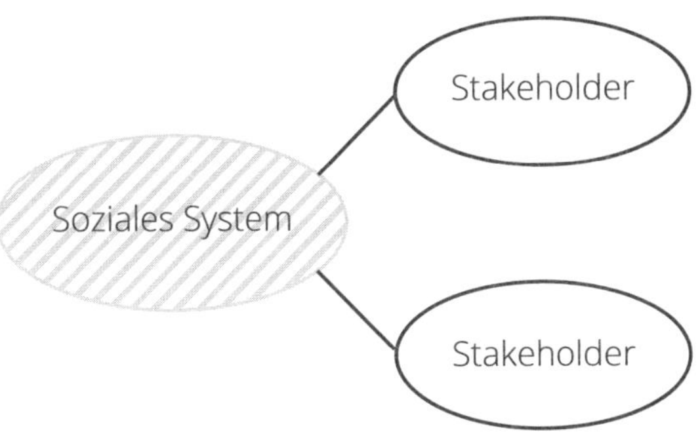

Abb. A2: Soziales System und seine Stakeholder

Stakeholder einer Organisation können in externe und interne Stakeholder unterschieden werden. Unternehmensexterne Stakeholder eines Projekts sind z. B. Kunden, Lieferanten, Mitbewerber und Medien, unternehmensinterne Stakeholder eines Projekts können z. B. die Geschäftsführung und einzelne Abteilungen sein. Jedes soziale System ist durch seine (Entstehungs-) Geschichte geprägt. Viele „Eigenarten" eines Systems lassen sich nur aufgrund von Ereignissen in der Vergangenheit verstehen und deuten. Andererseits bestimmen die Erwartungen an die Zukunft des sozialen Systems das aktuelle Handeln. Die Ergebnisse von Analysen der Vor- und der Nachprojektphase eines Projekts geben daher Handlungsorientierung im Projekt. Das einem Projekt „übergeordnete" soziale System ist die jeweilige projektdurchführende Organisation. Zur Erfüllung der Ziele und Strategien dieser Organisation leistet ein Projekt Beiträge.

6 Vgl. Kasper, H., 1990, S. 156.

Soziale Systeme sind komplex, selbstreferenziell und dynamisch. Diese Eigenschaften treffen daher auch auf Projekte und Programme zu. Luhmann versteht Kommunikationen als Elemente von sozialen Systemen. Er definiert[7] folgende Faktoren zur Beurteilung des Grads der Komplexität von sozialen Systemen:

> Anzahl der Elemente des Systems
> Anzahl der möglichen Beziehungen zwischen diesen Elementen
> Verschiedenartigkeit dieser Beziehungen
> Entwicklung dieser drei Faktoren im Zeitablauf

Komplexität wird durch die Bildung sozialer Systeme nicht nur ab-, sondern auch aufgebaut. Die Überlebensfähigkeit eines sozialen Systems wird wesentlich bestimmt durch die Fähigkeit, eine entsprechende Eigenkomplexität zu entwickeln, um mit der Komplexität der Umwelt auf adäquate Weise umgehen zu können.[8] In der Projektmanagementpraxis ist zu beobachten, dass die Bereitschaft, eine entsprechende Komplexität von Projekten zu entwickeln, oft gering ist. So werden z. B. der Einbezug von Projektstakeholdern, das Identifizieren von Projektrisiken oder die Berücksichtigung ökologischer und sozialer Konsequenzen im Projekt oft nicht praktiziert.

„Ein System kann man als selbstreferenziell bezeichnen, wenn es die Elemente, aus denen es besteht, als Funktionseinheiten selbst konstituiert."[9] Projekte und Programme haben die Fähigkeit zu reflektieren. Aus Kommunikationen entstehen dadurch neue Kommunikationen bzw. auch neue Verdichtungen von Kommunikationen, z. B. in der Form neuer Rollen, neuer Regeln etc. „Das Ausmaß der Dynamik der Systemprozesse hängt zu einem großen Teil von der Dynamik der Umwelt sowie von der Offenheit des Systems gegenüber dieser Umwelt ab."[10] Projekte und Programme sind durch ihre relative Einmaligkeit in der Regel sehr dynamisch.

Die Grenzen sozialer Systeme, deren Strukturen und deren Kontexte sind soziale Konstrukte. Der Konstruktivismus behandelt die Erschaffung eigener Realitäten durch Personen oder soziale Systeme. Watzlawick geht davon aus, dass es keine objektive Wirklichkeit, sondern nur subjektive Konstruktionen der Wirklichkeit gibt.[11] Die soziale Systemtheorie und der Konstruktivismus sind jene beiden theoretischen Modelle, die Grundlagen für systemisches Denken liefern. Die Systemtheorie beschäftigt sich mit der „Welt der Objekte" und der Konstruktivismus mit dem menschlichen Erkennen, Denken und Urteilen.

7 Vgl. Luhmann, N.,1980, S. 1064 ff.
8 Vgl. Kasper, H., 1990, S. 376.
9 Luhmann, N., 1984, S. 59.
10 Hill, W., et al., 1994, S. 23.
11 Vgl. Watzlawick, P., 1976.

A2 Projekt- und Programmdefinition

Projektdefinition

Ein Projekt ist eine temporäre Organisation zur Durchführung eines relativ einmaligen, kurz- bis mittelfristigen, strategisch bedeutenden Geschäftsprozesses mittleren Umfangs.

Projekte werden zur Durchführung relativ einmaliger Geschäftsprozesse eingesetzt. Je neuartiger die Ziele und die zu erfüllenden Aufgaben dieser Prozesse sind, desto höher ist das damit verbundene Risiko. Erfahrungswerte, auf die zurückgegriffen werden kann, sind oft nur in geringem Ausmaß verfügbar. Projekte haben kurze bis mittlere Dauern. Sie sollen möglichst rasch, d. h. innerhalb mehrerer Monate, durchgeführt werden. Eine diesbezügliche Ausnahme stellen die Durchführungen von infrastrukturbezogenen Projekten wie z. B. Bau- oder Anlagenbauprojekten dar, die in der Regel länger als ein Jahr dauern.

Programmdefinition

Ein Programm ist eine temporäre Organisation zur Durchführung eines einmaligen, mittelfristigen Geschäftsprozesses großen Umfangs, der von hoher strategischer Bedeutung ist. Für Prozesse mit diesen Merkmalen ist ein Projekt nicht mehr adäquat. Programme beinhalten mehrere Projekte, die über gemeinsame Programmziele gekoppelt sind. Programme – im organisatorischen Sinn – können z. B. die Erfüllung von Dienstleistungen (ein Auftragsabwicklungsprogramm), die Etablierung einer neuen Infrastruktur (ein Bau- oder ein IT-Programm) oder die Schaffung einer neuen Organisation (Reorganisationsprogramm) zum Ziel haben.

Definition: Projekt und Programm

Ein Projekt ist eine temporäre Organisation zur Durchführung eines relativ einmaligen, kurz- bis mittelfristigen, strategisch bedeutenden Geschäftsprozesses mittleren Umfangs.

Ein Programm ist eine temporäre Organisation zur Durchführung eines einmaligen, mittelfristigen Geschäftsprozesses großen Umfangs und mit hoher strategischer Bedeutung. Programme beinhalten mehrere Projekte, die über gemeinsame Programmziele gekoppelt sind.

Geschäftsprozesse und Projekte bzw. Programme

Der zentrale Zusammenhang zwischen Geschäftsprozessen und Projekten besteht darin, dass manche Prozesse einer Organisation zur Sicherung des Erfolgs nicht durch die permanente Linienorganisation, sondern durch Kleinprojekte oder Projekte durchgeführt werden. Projekte haben daher auch die Charakteristika von Prozessen, wie z. B. ein definiertes Start- und Endereignis, die Phasenorientierung und eine abteilungsübergreifende Struktur. Prozesse, die als Projekte bzw. Programme durchgeführt werden, erlangen eine höhere Managementaufmerksamkeit als die Routineprozesse der Organisation.

Die Landkarte der Geschäftsprozesse einer Organisation bietet die Grundlage für die Identifikation der Projektarten und damit für die Strukturierung des Projektportfolios der Organisation. Es kann in Projekte zur Durchführung von Primär-, Sekundär- und Tertiärprozessen differenziert werden. Projekte zur Durchführung von Primärprozessen sind Angebotserstellungsprojekte und Projekte zur Abwicklung von Kundenaufträgen. Projekte zur Durchführung von Sekundärprozessen sind z. B. Produktentwicklungsprojekte oder Reorganisationsprojekte.

In unterschiedlichen Branchen (z. B. Bau, Anlagenbau, IT-Industrie) wurden in der Vergangenheit Projekte vor allem für die Durchführung von Primärprozessen, d.h. für die Abwicklung umfangreicher Kundenaufträge, eingesetzt. Erst in den letzten Jahren sind eine breitere Projektorientierung und damit auch der Einsatz von Projekten für die Durchführung von Sekundär- und Tertiärprozessen beobachtbar.

Zusammenhänge zwischen dem Managen von Geschäftsprozessen und dem Projektmanagen bestehen einerseits darin, dass das Projektinitiieren und das Projektmanagen Geschäftsprozesse sind. Daher kann deren Prozessqualität definiert und controlled werden. Andererseits werden im Prozessmanagen und im Projektmanagen ähnliche Methoden wie z. B. Grenzdefinitionen, Stakeholderanalysen, Strukturpläne und Funktionendiagramme angewendet.

Exkurs: Geschäftsprozessmanagement

Ein Geschäftsprozess kann als ein Ablauf von Aufgaben mit definierten Zielen sowie einem definierten Start- und Endereignis verstanden werden. Ein Prozess erfordert die Kooperation mehrerer Rollen einer oder mehrerer Organisationen. Elemente von Prozessen sind Vorgänge und Entscheidungen und deren Beziehungen zueinander. Ein Prozess ist abteilungs- bzw. bereichsübergreifend und verläuft daher horizontal durch eine oder mehrere Organisationen (siehe Abb. A3).

Geschäftsprozesse können entweder in Kern-, Support- und Managementprozesse oder in Primär-, Sekundär- und Tertiärprozesse unterschieden werden. Die Differenzierung in Primär-, Sekundär- und Tertiärprozesse erfolgt aufgrund der Relevanz der Prozesse für die Kunden der Organisation. Primärprozesse sind Geschäftsprozesse der eigentlichen Leistungserstellung für Kunden. Sekundärprozesse dienen der unmittelbaren Unterstützung der Primärprozesse, Tertiärprozesse bezwecken deren mittelbare Unterstützung. Typische Primärprozesse z. B. eines IT-Unternehmens sind Angebotserstellung und Auftragsabwicklung, ein typischer Sekundärprozess ist die Produktentwicklung, ein typischer Tertiärprozess ist die strategische Unternehmensplanung.

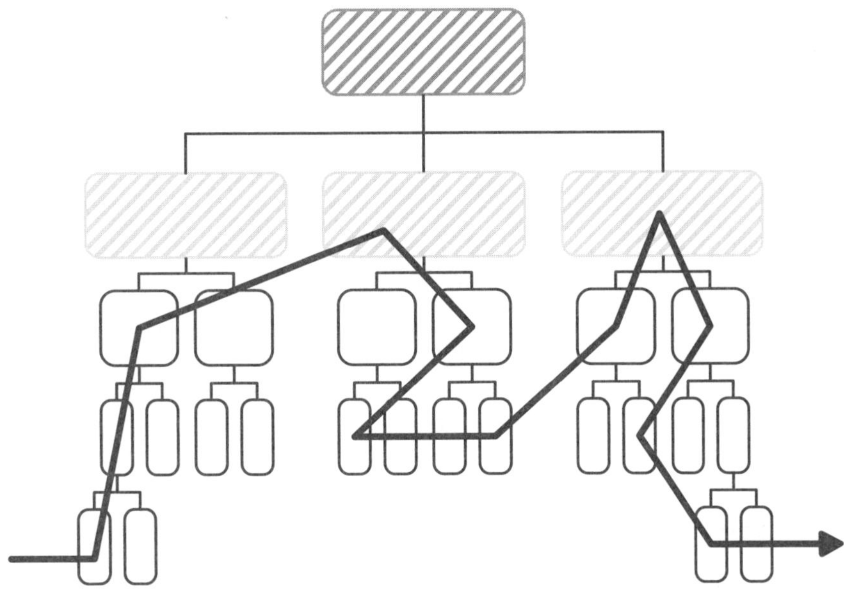

Abb. A3: Geschäftsprozess als Ablauf von Aufgaben einer oder mehrerer Organisationen

Geschäftsprozessmanagement beinhaltet das Modellieren, das Controllen sowie das Optimieren von Geschäftsprozessportfolien und von einzelnen Geschäftsprozessen.[12] Durch das Geschäftsprozessmanagement sollen eine integrative Prozessbetrachtung, Teamorientierung, Konzentration auf Kernkompetenzen, Eliminierung von nicht-wertschöpfenden Vorgängen und eine Minimierung der Prozesskosten erfolgen.[13]

Ansätze eines prozessorientierten Managements finden sich im Lean Management, im Total Quality Management und im Business Process Re-Engineering. Der Paradigmenwechsel im Management, der durch Kundenorientierung, Teamarbeit und Vernetzung mit Lieferanten und Partnern charakterisiert ist, fördert das Denken in Geschäftsprozessen.

Das Makro-Geschäftsprozessmanagement beschäftigt sich mit dem Prozessportfolio einer Organisation, differenziert Prozessarten und stellt Zusammenhänge zwischen Prozessen dar. Die Aufgaben des Makro-Prozessmanagement umfassen das Bereitstellen von Prozessmanagementstandards, die Identifikation von Prozessen, die Strukturierung des Prozessportfolios, den Einsatz von Prozessmanagern sowie die Qualifizierung des Prozessmanagementpersonals. Geschäftsprozesse leiten sich aus den Zielen und den Strategien einer Organisation ab.

12 Gareis, R., Stummer, M., 2007.

13 Vgl. Gaitanides, M., 1994, S. 3.

Mikro-Geschäftsprozessmanagement betrachtet einzelne Prozesse einer Organisation. Methoden des Mikro-Prozessmanagements sind z. B. Prozessbeschreibungen, Prozessstrukturpläne, Flussdiagramme und Funktionendiagramme, Prozesskennzahlen und Prozessberichte. Für die Durchführung des Mikro-Prozessmanagements werden Prozessmanager benötigt. Prozessmanager können durch Prozessmanagementteams unterstützt werden. Ein Prozessmanagement-Office kann für das Makro-Prozessmanagement verantwortlich sein. Die angeführten Prozessmanagementrollen sind von Rollen für die Durchführung von Prozessen zu unterscheiden.

Geschäftsprozessmanagement führt durch einen dynamischen und teamorientierten Ansatz zu einem neuen Führungsverständnis in Organisationen. Das Geschäftsprozessmanagement ist nicht nur Entscheidungsunterstützung für Prozessoptimierungen, sondern strebt auch eine Verhaltensbeeinflussung der Prozessdurchführenden an. Prozessmanagement fördert auch das organisatorische Lernen in Unternehmen.

A3 Kategorisierung: Kleinprojekt, Projekt und Programm, Nicht-Projekt

Die Differenzierung von Geschäftsprozessen ermöglicht die Definition von jeweils adäquaten Organisationen zu deren Durchführung. Mögliche Organisationen zur Durchführung von Geschäftsprozessen sind die permanente Linienorganisation und temporäre Organisationen, nämlich Kleinprojekte, Projekte und Programme.

Die Linienorganisation dient zur möglichst effizienten Durchführung von Routineprozessen. Geschäftsprozesse geringen Umfangs und geringer strategischer Bedeutung wie z. B. die Durchführung eines kleinen Events, die Erstellung einer Broschüre oder die Abwicklung eines kleineren Kundenauftrags, können als Kleinprojekte durchgeführt werden. Für Kleinprojekte gelangen weniger Projektmanagementmethoden zum Einsatz und es erfolgt eine geringere Detaillierung der Projektpläne als bei Projekten. So wird es z. B. meistens genügen, den Projektstrukturplan bis auf die dritte Ebene zu gliedern. Bei Kleinprojekten genügt ein weniger differenziertes Design der Projektorganisation als bei Projekten. Die Rolle Projektauftraggeber wird nur von einer Person und nicht von einem Team wahrgenommen, meistens werden nur wenige Subteams benötigt. Das Projektmarketing wird bei Kleinprojekten weniger intensiv zu praktizieren sein als bei Projekten.

Geschäftsprozesse, für die Projekte eingesetzt werden, haben eine mittlere bis hohe strategische Bedeutung für die durchführende Organisation. Die Abwicklung von Kundenaufträgen trägt z. B. zur kurz- bis mittelfristigen Überlebenssicherung bei. Die Entwicklung neuer Produkte oder das Eingehen einer strategischen Allianz haben hingegen langfristige Konsequenzen und sind somit strategisch bedeutende Projekte. Der Umfang eines Geschäftsprozesses kann anhand der zu erfüllenden Leistungen, der einzusetzenden internen Ressourcen, der anfallenden Kosten und der mitwirkenden Organisationen beurteilt werden.

Eine absolute Festlegung, welche Geschäftsprozesse als Kleinprojekt, Projekt oder Programm durchgeführt werden, ist nicht möglich. Eine diesbezügliche Operationalisierung hat im jeweiligen organisatorischen Kontext zu erfolgen. Was z. B. für ein Kleinunternehmen als Projekt kategorisiert wird, kann für ein Großunternehmen ein Routineprozess sein, der in der Linie abgewickelt wird.

Die Ausprägungen der Merkmale von Geschäftsprozessen, nämlich deren strategische Bedeutung, Dauer, beteiligte Organisationseinheiten etc., sind die Grundlage zur Kategorisierung als Kleinprojekt, Projekt oder Programm. In der Tabelle A1 ist ein Beispiel einer diesbezüglichen Kategorisierung einer österreichischen Bank dargestellt. In anderen Unternehmen werden diese Ausprägungen vor allem für die anfallenden externen Kosten anders sein.

Kriterium	Kleinprojekt	Projekt	Programm
Strategische Bedeutung	Investitionskosten-Nutzen-Relation: niedrig	Investitionskosten-Nutzen-Relation: mittel	Investitionskosten-Nutzen-Relation: mittel bis hoch
Dauer	mindestens 2 Monate	mindestens 3 Monate	mindestens 12 Monate
Beteiligte Organisations-einheiten	mindestens 3 (und externe Partner)	mindestens 5 (und externe Partner)	mindestens 7 (und externe Partner)
Personelle Ressourcen	mindestens 150 Personentage	mindestens 250 Personentage	mindestens 700 Personentage
Externe Kosten	mindestens € 0,1 Mio.	mindestens € 0,5 Mio.	mindestens € 2 Mio.

Tab. A1: Kategorisierung in Kleinprojekt, Projekt und Programm (Beispiel)

Nicht-projektwürdige Geschäftsprozesse sind entweder von permanenten Organisationseinheiten der Linienorganisation oder von Arbeitsgruppen wahrzunehmen. Permanente Organisationseinheiten sind Abteilungen, Profit-Zentren und Service-Zentren. Die Professionalität der Durchführung nicht-projektwürdiger Geschäftsprozesse kann durch ein entsprechendes Geschäftsprozessmanagement gesichert werden. Arbeitsgruppen sind zeitlich befristete Gruppen zur Erfüllung spezieller Aufgaben. Typische Ziele von Arbeitsgruppen sind z. B. die Analyse von Schwachstellen in einem Geschäftsprozess oder die Qualitätsverbesserung in einem Geschäftsprozess („Quality Circle"). Arbeitsgruppen werden meist kurzfristig eingesetzt und arbeiten weniger formal als Projekte.

Eine Kategorisierung von Kleinprojekt, Projekt und Programm kann nicht absolut vorgenommen werden. Sie hat im jeweiligen organisatorischen Kontext zu erfolgen. Was nämlich für eine Organisation einen Routineprozess darstellt, kann für eine andere Organisation projektwürdig sein.

A4 Projekte und Programme: Kontexte

Projekte und Programme werden in Kontexten durchgeführt. Diese sind zu berücksichtigen und zu nutzen, um den Erfolg von Projekten und Programmen zu ermöglichen.

Wesentliche Kontexte sind die Strategien, Strukturen und Kulturen der jeweils projektdurchführenden Organisationen, die den Projekten bzw. Programmen zugrundeliegenden Investitionen und die durch Projekte bzw. Programme angestrebten Changes. Daraus ergeben sich Zusammenhänge des Projekt- und Programmmanagens zum strategischen Managen, zum Investitionsplanen und Investitionscontrollen, zum Changemanagen und zum Managen der projektorientierten Organisation.

Aufgrund der Bedeutung dieser Kontexte für den Erfolg von Projekten und Programmen werden diese in folgenden Kapiteln detailliert behandelt. Das strategische Managen und das Investieren werden im Kapitel C, das Changemanagen im Kapitel N und das Managen der projektorientierten Organisation in den Kapiteln O und P behandelt.

A5 Projekte und Programme: Nutzen

Die Durchführung von Geschäftsprozessen als Kleinprojekte, Projekte und Programme dient der Sicherung der Wettbewerbsfähigkeit von Unternehmen. Projekte und Programme sollen die notwendige organisatorische Komplexität zur effizienten Erfüllung der Aufgaben schaffen, adäquate Organisationsstrukturen und Methoden bereitstellen und die notwendige Managementaufmerksamkeit sichern.

Aufgrund der Globalisierung der Märkte, neuer technologischer Entwicklungen, des Bedarfs nach neuen Kooperationsbeziehungen mit Kunden und Lieferanten sowie des Wertewandels in der Gesellschaft kann die soziale Umwelt von Organisationen als zunehmend komplex wahrgenommen werden. Ashby's Gesetz der „Required Variety" besagt, dass „... only variety can absorb variety".[14] Organisationen müssen demzufolge ein entsprechendes Ausmaß an Eigenkomplexität aufbauen, um der Komplexität der sozialen Umwelt entsprechen zu können. Die sich durch den Einsatz von Projekten und von Programmen ergebende organisatorische Differenzierung trägt zum Aufbau dieser Komplexität bei.

Sich entsprechend zu organisieren, schafft Wettbewerbsvorteile für Organisationen.[15] Durch den Einsatz von Projekten und Programmen werden temporäre Organisationen bereitgestellt, die nach deren Durchführung wieder aufgelöst werden. Projektteammitglieder werden rekrutiert, mit den zur jeweiligen Zielerfüllung notwendigen Kompetenzen ausgestattet und nach Projektende wieder aus den Projekten freigesetzt. Jeweils adäquate Organisationen werden bedarfsspezifisch geschaffen und temporär genutzt.

In Anlehnung an den Informationsbegriff von Bateson stellt ein Projekt „einen Unterschied, der einen Unterschied macht", dar.[16] Durch die Bezeichnung „Projekt" wird diesem ein entsprechendes Ausmaß an Managementaufmerksamkeit zuteil. Erst durch die formale Definition eines Projekts im unternehmerischen Kontext gelangt professionelles Projektmanagement zum Einsatz. Dadurch sollen die Zielerfüllung des Projekts gewährleistet und die Qualität der angestrebten Ergebnisse gesichert werden.

In der Praxis wird der Projektbegriff oft inflationär verwendet, d.h. auch für Aufgaben, die nicht projektwürdig sind. Das führt zu Missverständnissen bezüglich des Einsatzes von Projektmanagement. Der Begriff „Programm" wird im Alltag sehr unterschiedlich verwendet, der organisatorische Programmbegriff muss erst geprägt werden. Das jährliche Investitionsprogramm oder strategische Schwerpunkte eines Unternehmens stellen z. B. kein Programm im organisatorischen Sinn dar. Programme sind eine neue Differenzierungsmöglichkeit im Management projektorientierter Organisationen.

14 Ashby, W.R., 1970, S. 94.
15 Vgl. Senge, P., 1994, S. 10 ff.
16 Bateson, G., 1990, S. 274.

In der Praxis wird der Projektbegriff häufig auch für temporäre Organisationen verwendet, die als Programme gemanagt werden sollten. Um den Unterschied im Umfang und in der Komplexität solcher Organisationen sichtbar zu machen, bezeichnen manche Unternehmen diese als „Total Project" oder als „Großprojekt" und managen diese daher aber auch als Projekt. Dabei gehen die organisatorischen Potenziale, die sich aus der Differenzierung zwischen Projekten und Programmen ergeben, verloren. Der Einsatz von Programmen zur Durchführung umfangreicher und mittelfristiger Geschäftsprozesse gewährleistet bessere Qualität, niedrigere Kosten, kürzere Durchlaufzeiten und geringere Risiken im Vergleich zu deren Durchführung als Projekte.

Literatur

Ashby, W.R.: An Introduction to Cybernetics, 5. Auflage, University Paperbacks, London, 1970

Bateson, G.: Geist und Natur – Eine notwendige Einheit, Suhrkamp, Frankfurt am Main, 1990

DIN 69901-5:2009-01: Projektmanagement – Projektmanagementsysteme – Teil 5: Begriffe, 9. Auflage, Beuth, Berlin, Wien, Zürich, 2009

Gaitanides, M.: Prozessmanagement – Konzepte, Umsetzungen und Erfahrungen des Reengineering, Hanser, München, 1994

Gareis, R., Stummer, M.: Prozesse und Projekte, Manz, Wien, 2007

Hill, W., Fehlbaum, R., Ulrich, P.: Organisationslehre 1: Ziele, Instrumente und Bedingungen der Organisation sozialer Systeme, 5. Auflage, UTB, Stuttgart, 1994

International Project Management Association (IPMA): ICB. IPMA-Kompetenzrichtlinie, Version 3.0, Nijerk, 2006

Kasper, H.: Die Handhabung des Neuen in organisierten Sozialsystemen, Springer, Wien, 1990

Luhmann, N.: Soziale Systeme: Grundriss einer allgemeinen Theorie, Suhrkamp, Frankfurt am Main, 1984

Luhmann, N.: Komplexität, in: Grochla, E. (Hrsg.), Handwörterbuch der Organisation, 2. Auflage, Poeschel Verlag, Stuttgart, 1980

Luhmann, N.: Funktionen und Folgen formaler Organisation, Duncker und Humblot, Berlin, 1964

Projekt Management Austria (PMA): pm baseline, Version 3.0, Wien, 2008

Project Management Institute (PMI): A Guide to the Project Management Body of Knowledge (PMBOK Guide), 5th Edition, Newton Square, PA, 2013

Senge, P.: The Fifth Discipline Fieldbook: Strategies and Tools for Building a Learning Organization, Doubleday, New York, NY, 1994

Watzlawick, P.: Wie wirklich ist die Wirklichkeit – Wahn, Täuschung, Verstehen, Piper, München, 1976

B Projektmanagementansätze und neue Werte

Unterschiedliche Wahrnehmungen von Projekten führen zu unterschiedlichen Projektmanagementansätzen. In der Projektmanagementliteratur wird sowohl ein mechanistischer als auch ein systemischer Projektmanagementansatz vertreten. Das Projektmanagen wird oft auf das Managen des „Magischen Dreiecks" aus Projektleistungen, Projektterminen und Projektkosten und das Bereitstellen eines diesbezüglichen „Methodenkoffers" reduziert.

Projektmanagement basiert – wie auch Management generell – auf Werten. Um Klarheit zur Differenzierung von Projektmanagementansätzen zu schaffen, sind die den jeweiligen Ansätzen zugrundeliegenden Theorien und Werte darzustellen. Die Werte eines systemischen Projektmanagementansatzes werden unter Berücksichtigung neuer Werte, wie z. B. agil, resilient und nachhaltig entwickeln, interpretiert.

B Projektmanagementansätze und neue Werte

B1 Mechanistisches vs. systemisches Managementparadigma

Ein Wissenschaftsparadigma kann als ein zusammenhängendes, von vielen Wissenschaftlern geteiltes Bündel aus theoretischen Leitsätzen, Fragestellungen und Methoden, das längere historische Perioden in der Entwicklung einer Wissenschaft überdauert, definiert werden.[1] „In management, a paradigm can be viewed as a managerial way of thinking and acting."[2] Im Management kann zwischen einem mechanistischen und einem systemischen Paradigma unterschieden werden.[3]

Ein mechanistisches Managementparadigma basiert auf der Wahrnehmung von Organisationen als triviale Systeme, als Maschinen; ein systemisches Managementparadigma hingegen nimmt Organisationen als komplexe Systeme, als lebende Organismen wahr (siehe Tab. B1).

Trivales System: Organisation als Maschine	Komplexes System: Organisation als Organismus
> vollständig verstehbar	> nicht (vollständig) verstehbar
> vorhersagbar	> unvorhersehbar
> kontextunabhängig	> kontextabhängig
> beherrschbar mit „Restrisiko"	> nicht lenkbar, sondern handhabbar
> Einflussnahmen über Kenntnis der Wirkungen	> Einflussnahmen erfolgen über Rahmenbedingungen
> Etablierung von Standards	> Zulassen von Unterschieden

Tab. B1: Triviales System vs. komplexes System

Ein mechanistisches Management geht davon aus, dass Organisationen verstehbar, vorhersehbar, kontextunabhängig und beherrschbar sind. Das bedeutet z. B., dass angenommen wird, dass Organisationen in unterschiedlichen Kulturen gleich „funktionieren". Das Management erfolgt über die Vorgabe von Standards und durch direkte Einflussnahme auf die Mitarbeiter.

Im Gegensatz dazu versteht z. B. Malik systemisches Management als Gestaltung und Lenkung ganzer Institutionen in ihrer Umwelt statt direkter Führung von Mitarbeitern, als Führung vieler statt Führung weniger, als indirektes Einwirken auf der Metaebene statt direktes Einwirken auf der Objektebene, als Agieren unter dem

1 Asendorpf, J. B., 2009, S. 14.
2 Němeček, P., Kocmanová, A., 2008, S. 562.
3 Vgl. Kasper, H., 1995.

Kriterium der Steuerbarkeit statt der Optimalität und als Agieren unter beschränkter Information statt unter vollständigem Wissen.[4]

Das systemische Managementparadigma ist von den Modellen der „Lernenden Organisation“[5], aber auch vom „Lean Management“[6] und vom „Total Quality Management“[7] beeinflusst (siehe Tab. B2).

Einflüsse der Lernenden Organisation
> Unterscheidung von individuellem, kollektivem und organisatorischem Lernen > Wahrnehmung der Organisation als Wettbewerbsfaktor > Notwendigkeit zu Lernen und zu Entlernen > Kontinuierliches und diskontinuierliches Lernen
Einflüsse des Lean Managements
> Prozessorientierung > Konzentration auf Kernkompetenzen > flache, schlanke Organisationsstrukturen > Teamarbeit > Netzwerken und Kooperationen > kontinuierliche Verbesserung
Einflüsse des Total Quality Managements
> Kundenorientierung > Produkt- und Prozessqualität > Qualitätskontrolle, Qualitätssicherung und Qualitätsmanagement

Tab. B2 Einflüsse auf das systemische Managementparadigma

Die Beschreibung eines Managementparadigmas kann durch die Darstellung der dem Management zu Grunde liegenden Werte sowie der Managementziele, Prozesse und Methoden erfolgen. Die Werte sind zentral, da sich aus ihnen die anderen Dimensionen ableiten.

4 Vgl. Malik, F., 2004.
5 Vgl. Senge, P., 2006.
6 Vgl. Womack, J. et al., 1990.
7 Vgl. Juran, J. M., 1991.

B2 Mechanistisches Projektmanagement

Die Wahrnehmung von Projekten als Aufgaben mit besonderen Merkmalen (siehe Kap. A) fördert die Planungs- und Kontrollorientierung im Projektmanagement.[8] Die Frage, wie eine Aufgabe durchzuführen ist, steht im Mittelpunkt der Betrachtung. Methoden zur Arbeitsplanung, wie z. B. REFA-Methoden[9] oder Methoden des Operations Research[10], stellen die theoretische Basis des „traditionellen" Projektmanagements dar.

Jahrzehntelang wurde Projektmanagement als Einsatz der Netzplantechnik zur Planung und zum Kontrollieren des Projektablaufs, der Projekttermine, der Projektressourcen und Projektkosten verstanden. Aufgrund der mit einmaligen Aufgaben verbundenen Unsicherheiten werden im traditionellen Projektmanagement auch Methoden zum Risikomanagement angewandt.

Organisatorisch erscheint im traditionellen Projektmanagement vor allem die Verteilung formaler Entscheidungsbefugnisse zwischen Projektmanager, Linienvorgesetzten und Projektteammitglied bedeutend. Zur Lösung dieses Spannungsfelds werden als Standards die Reine Projektorganisation, die Matrix-Projektorganisation und die Einfluss-Projektorganisation angeboten.[11] Es wird die Meinung vertreten, dass Projekte eine Projektorganisation zur Aufgabenbewältigung benötigen, aber keine eigenständigen Organisationen sind. Die für den Projekterfolg so wichtige Projektauftraggeber-Rolle wird dabei nicht gesehen bzw. nicht adäquat wahrgenommen.

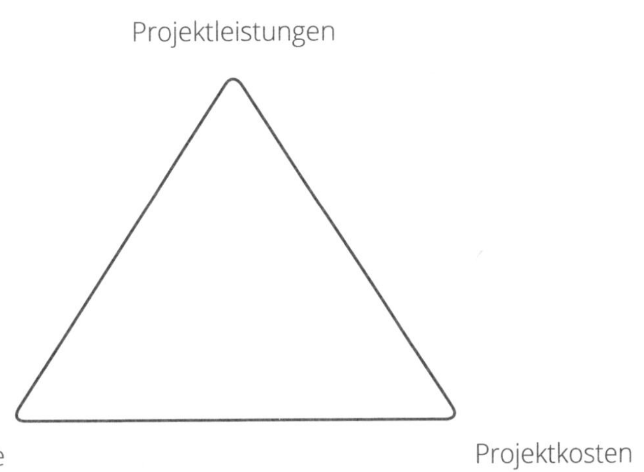

Abb. B1: Traditionelle Betrachtungsobjekte des Projektmanagements („Magisches Dreieck")

8 Steinle et. al., 1995, S. 354.
9 Vgl. Čamra, J. J., 1976.
10 Vgl. Hillier, F. S., 2001.
11 Vgl. Reschke, H.,1989.

Ziele des traditionellen Projektmanagements sind die Erfüllung der Projektleistungen und die Einhaltung der Projekttermine und Projektkosten. Diese Dimensionen werden als „Magisches Dreieck" dargestellt (siehe Abb. B1).

Projektmanagement wird als eine Menge von Methoden zur Realisierung dieser Ziele und nicht als zu gestaltender Geschäftsprozess verstanden. Die Projektmanagementmethoden werden zum Kontrollieren und nicht zur Strukturierung der Kommunikation eingesetzt. Teamarbeit steht nicht im Fokus, Projektmanager verstehen sich vor allem als Abwickler und nicht als Führungskräfte mit Business-Value-Verantwortung. Projektentscheidungen werden entsprechend der Hierarchie der Projektorganisation getroffen. Das „traditionelle" Projektmanagement kann somit als mechanistischer Projektmanagementansatz gesehen werden.

B3 Systemisches Projektmanagement

Einflüsse der Organisationstheorie auf das Projektmanagement

Die Wahrnehmung von Projekten als temporäre Organisationen fördert das Bewusstsein, dass jedes Projekt eines spezifischen organisatorischen Designs bedarf, das über die Regelung von Entscheidungsbefugnissen für den Projektmanager hinausgeht. Ein adäquates, situatives Design der Projektorganisation trägt zur Sicherung des Projekterfolgs bei.

Das organisatorische Design von Projekten beinhaltet die Definition projektspezifischer Rollen, die Entwicklung von Projektorganigrammen, die Festlegung projektspezifischer Kommunikationsstrukturen und die Vereinbarung projektspezifischer Regeln. Konzepte wie z. B. Kundenorientierung, Empowerment, flache Organisationsstrukturen, Teamarbeit, organisatorisches Lernen, Prozessorientierung und Netzwerken können in Projekten umgesetzt werden. Die Sichtweise von Projekten als temporäre Organisationen fördert auch eine projektspezifische Kulturentwicklung. Die gezielte Wahl eines Projektnamens, die Formulierung eines Projektleitbilds und projektspezifischer Slogans sind diesbezügliche Projektmanagement-Methoden.

Einflüsse der sozialen Systemtheorie auf das Projektmanagement

Die Wahrnehmung von Projekten als soziale Systeme ermöglicht es, Sichtweisen und Modelle der sozialen Systemtheorie für das Projektmanagement zu nutzen. Ein „systemisches" Projektmanagement baut nicht auf dem traditionellen Projektmanagement auf, sondern stellt dessen Ziele, Prozesse, Methoden und Rollen in einen neuen Zusammenhang, interpretiert diese und fördert die Entwicklung neuer Konzepte.

Durch den Bedarf, die Grenzen und den Kontext sowie die Komplexität und Dynamik von Projekten zu managen, leitet sich ein neues Projektmanagementverständnis ab: Statt Planen, und Kontrollieren sind das Konstruieren der Projektgrenzen und des Projektkontexts, das Aufbauen und Abbauen der Komplexität und das Managen der Dynamik des Projekts relevant.

Durch die Konstruktion der Projektgrenzen ist eine ganzheitliche Projektsicht sicherzustellen. Eine integrierte Betrachtung technischer, organisatorischer, personeller und marketingmäßiger Problemlösungen wird gefördert, um als Ergebnis einen nachhaltigen Business Value zu sichern. Für das Management der Projektkontext-Beziehungen und Zusammenhänge werden die Projektstakeholderanalyse, die Analyse der Vor- und Nachprojektphase sowie die Analyse der Beziehungen des Projekts zu anderen Projekten und zu den Unternehmensstrategien eingesetzt.

Projekte benötigen ein entsprechendes Ausmaß an Komplexität, um die Anschlussfähigkeit an die (unendlich) komplexe Umwelt zu ermöglichen. Der Aufbau und der Abbau von Komplexität ist daher eine Projektmanagementfunktion. Eine ganzheitliche Projektsicht, Kreativität im Projekt und die Akzeptanz projektbezogener Entscheidungen können durch entsprechende Kommunikationsstrukturen gesichert werden. Der Einsatz vielfältiger Kommunikationsformate wie z. B. Projektworkshops, Projektteam-, Subteam- und Projektauftraggebersitzungen fördert den Aufbau von Komplexität. Die Differenzierung von Projektrollen, die Definition der wechselseitigen Beziehungen zwischen den Rollen sowie der Einbezug unterschiedlicher Fachdisziplinen und Vertreter unterschiedlicher hierarchischer Ebenen ins Projektteam sind weitere organisatorische Möglichkeiten zum Komplexitätsaufbau.

Durch den Einsatz unterschiedlicher Projektmanagementmethoden werden jeweils unterschiedliche Perspektiven zur Konstruktion von Projektwirklichkeiten gewählt. Erst durch die Vernetzung dieser Sichtweisen in einem „Multi-Methodenansatz" wird der Projektkomplexität entsprochen.

Zur Sicherung von Kontinuität und Orientierung im Projekt sind redundante Strukturen zu schaffen. Ein Abbau der Projektkomplexität erfolgt durch die Vereinbarung von Projektzielen, die Festlegung von projektspezifischen Regeln und Normen, die Erstellung von Projektplänen sowie die Durchführung integrierender Projektteamsitzungen.

Die Dynamik eines Projekts ergibt sich durch Interventionen von Stakeholdern sowie durch die Selbstreferenz des Projekts. Beispiele für Interventionen sind z. B. neue gesetzliche Auflagen durch Behörden, Veränderungen des Leistungsumfangs durch den Kunden, Absagen von Lieferanten, ein unerwartetes Medienecho, Demotivation im Projektteam etc.

Die unterschiedlichen Kommunikationsformate eines Projekts dienen zur Selbstreferenz. Visualisierungen wie z. B. Projektstrukturplan, Meilensteinplan und Projektstakeholderanalyse unterstützen diese Kommunikationen. Die Möglichkeit der Veränderung eines Projekts ist von dessen Beziehungen zu Stakeholdern abhängig. Nur wenn die Funktionalität der (relativen) Projektautonomie erkannt wird und dadurch die Interventionen in ein Projekt durch die permanenten Organisationen der projektdurchführenden Organisation beschränkt werden, besteht die Möglichkeit zur Eigendynamik.

Um Veränderungen im Projekt zu fördern, sind Reflexionen und Meta-Kommunikationen, also Kommunikationen über Kommunikationen, notwendig. Für Reflexionen ist Zeit, Raum und entsprechendes soziales Know-how notwendig. Die zur Durchführung eines Projekts notwendigen Strukturen werden demgemäß in zyklischen Prozessen gebildet, hinterfragt, eventuell aufgelöst und den neuen Bedürfnissen entsprechend neu gebildet (siehe Abb. B2).

Selbstreferenzielle Prozesse des Projekts bzw. Interventionen von Projektstakeholdern können zu kontinuierlichen oder zu diskontinuierlichen Veränderungen im Projekt führen. Kontinuierliche Veränderungen in Projekten werden durch das Projektcontrolling berücksichtigt. Kontinuierliche Veränderungen in Projekten drücken sich in adaptierten Projektstrukturen wie z. B. zusätzlichen Projektzielen, neu definierten Projektrollen, neuen Projektterminen etc., aber auch in neuen Kontextbeziehungen aus.

Eine diskontinuierliche Entwicklung eines Projekts aufgrund einer Projektkrise oder einer Projektchance macht eine Veränderung der Projektidentität notwendig. Diskontinuierliche Entwicklungen erfolgen durch das Transformieren oder Neu-Positionieren eines Projekts.

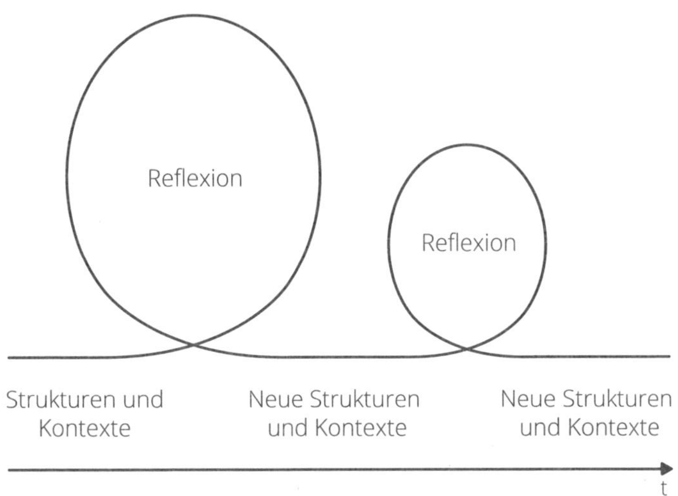

Abb. B2: Management der Dynamik von Projekten

Einflüsse des Konstruktivismus auf das Projektmanagement

Die Abgrenzungen von Projekten, die Beurteilung des Status von Projekten zu Kontrollstichtagen oder die Definition von Projektkrisen sind Konstruktionen von Projektwirklichkeiten, die im Projektmanagement erfolgen. Eine gemeinsame Sichtweise des Projektstatus sollte die Grundlage für eine gemeinsame Vereinbarung von steuernden Maßnahmen im Projekt darstellen.

Konstruktionen sind nicht richtig oder falsch, sondern „viabel". Eine Konstruktion ist viabel, wenn es gelingt, mit ihrer Hilfe in einem bestimmten Kontext zu funktionieren. Eine gangbare bzw. brauchbare Sichtweise in einer spezifischen Situation wird angestrebt.

Konstruktionen, z. B. in Projektcontrollingsitzungen, erfolgen durch Beobachtungen sowie durch Interpretationen der Beobachter. Beobachter von Projekten können die Mitglieder der Projektorganisation, aber auch Vertreter von Stakeholdern sein. Jede Beobachtung erfolgt durch eine Operation des beobachtenden Systems, das bestimmte Beobachtungskriterien anwendet. Zur Beurteilung des Projektstatus können z. B. der Leistungsfortschritt und die Termintreue, aber auch die Stimmung im Projektteam oder die Qualität der Beziehungen zu Stakeholdern herangezogen werden.

Soziale Konstruktionen sind das Ergebnis eines machtpolitischen Aushandlungsprozesses. Das heißt, dass die Meinung des Projektauftraggebers bezüglich des Projektstatus das Gesamturteil stärker beeinflusst als jene eines Projektmitarbeiters. Konstruktionen können sich ändern. Deswegen werden in periodischen Abständen Projektcontrolllingsitzungen durchgeführt.

Menschen handeln aufgrund der Bedeutung, die Ereignisse und Situationen für sie haben. Es gibt aber keine „richtige" soziale Bedeutung von Dingen und Situationen, die Bedeutung ist immer kontextspezifisch. Dieselben Situationen können in unterschiedlichen Kontexten völlig andere Bedeutung haben und führen so zu unterschiedlichen Konstrukten.

Dem mechanistischen Projektmanagementansatz zufolge sind Projektleistungen, Projekttermine und Projektkosten die für das Managen relevanten Projektdimensionen. Dieser Ansatz ist durch eine Planungs- und Kontrollorientierung charakterisiert.

Der systemische Projektmanagementansatz versteht die Konstruktion der Projektgrenzen und des Projektkontexts, den Aufbau und Abbau der Komplexität und das Management der Dynamik von Projekten als Ziele des Projektmanagens.

Eine Darstellung der Weiterentwicklung des Projektmanagements seit 1950 findet sich in der Tabelle B3. Der traditionelle mechanistische Projektmanagementansatz hat in der Praxis nach wie vor hohe Bedeutung, auch wenn neuere systemische Ansätze existieren.

Kriterium	Seit 1950	Seit 1990	Seit 2010
Wahrnehmung von Projekten	Als einmalige Aufgaben	Als temporäre Organisationen und soziale Systeme	Als temporäre Organisationen und soziale Systeme
Fokus des Managens	Managen von Projektleistungen, -kosten und -terminen	Managen von Projektleistungen, -kosten und -terminen, Projektorganisation, Projektkontexte	Managen von Projektleistungen, -kosten und -terminen, Projektorganisation, Projektkontexte; Berücksichtigung der Zusammenhänge zum Anforderungenmanagen, Change managen, etc.
Projektmanagementverständnis	Menge von Projektmanagementmethoden	Ein Geschäftsprozess der projektorientierten Organisation	Ein Geschäftsprozess der projektorientierten Organisation
Erfolgsdefinition	Einhalten der Projektpläne	Einhalten der Projektpläne	Einhalten der Projektpläne und Optimieren des Business Values
Art der Projekte bzw. Programme	Großprojekte mit technischen Zielen	Kleine, mittlere und große Projekte mit technischen Zielen; Regionalentwicklungsprojekte; Kundenauftragsabwicklung, Marketing, Organisationsentwicklung, etc.	Kleine, mittlere und große Projekte und Programme mit technischen Zielen; Regionalentwicklungsprojekte; Kundenauftragsabwicklungs-, Marketing-, Organisationsentwicklungsprojekte, etc.
Rollenverständnis des Projektmanagers	Technischer Experte, Abwickler	Inhaltlicher Experte, Abwickler	Manager, Intrapreneur
Branchen	Militär, Luftfahrt, Bau, Anlagenbau, IT	Alle Branchen	Alle Branchen, auch öffentliche Verwaltung

Tab. B3: Entwicklung des Projektmanagements im Zeitablauf

B4 Neue Werte im Management

Werte sind relativ stabile Überzeugungen bezüglich wünschenswerter bzw. notwendiger Eigenschaften eines sozialen Systems. Werte sind daher ideelle Konstrukte. Sie sollen ein hohes Ausmaß an Verbindlichkeit haben, Sinn stiften und den Mitgliedern einer Organisation Orientierung geben. Organisationen funktionieren aufgrund von Werten, diese bestimmen das Verhalten ihrer Mitglieder. Werte zeigen sich z. B. in den Prioritäten der Organisation. Eine Operationalisierung von Werten im jeweiligen organisatorischen Kontext kann durch die Definition von Prinzipien und Regeln erfolgen.

Definition: Werte

Werte sind relativ stabile Überzeugungen bezüglich wünschenswerter bzw. notwendiger Eigenschaften eines sozialen Systems. Sie sind ideelle Konstrukte. Die Werte des Managementparadigmas, das den RGC Managementansätzen zugrunde liegt, sind in der Abbildung B3 dargestellt.

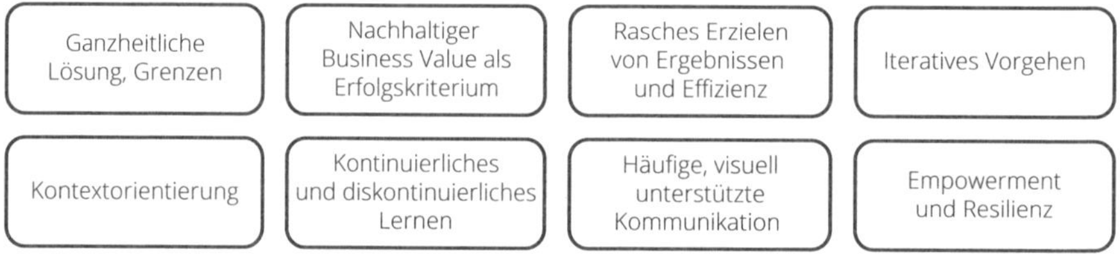

Abb. B3: Werte des RGC Managementparadigmas

Auf Grundlage dieser Werte können die jeweiligen RGC Managementansätze beschrieben werden. Diese Operationalisierungen erfolgen für das Projektmanagen im Kapitel F, für das Programmmanagen im Kapitel M, für das Changemanagen im Kapitel N und für das Projektportfoliomanagen im Kapitel P.

In die in der Abbildung B3 dargestellten Werte sind die Werte der Konzepte Agilität, Resilienz und nachhaltige Entwicklung eingeflossen. Die relativ neuen Werte dieser Konzepte werden im Folgenden beschrieben.

Werte des Konzepts „Agilität“

Agilität kann definiert werden als die Fähigkeit, sich schnell zu verändern, um auf neue Marktbedingungen reagieren zu können. Die Eigenschaft, agil sein zu können, haben sowohl permanente als auch temporäre Organisationen. Agilität ist daher auch für Projekte und Programme relevant. Die Agilität einer Organisation drückt sich in deren Zielen, Geschäftsprozessen, Methoden, Rollen und Stakeholderbeziehungen aus.

Definition: Agilität

Agilität ist die Fähigkeit, sich schnell zu verändern, um auf neue Marktbedingungen reagieren zu können.

Die Agilität von Projekten setzt den Einsatz agiler Methoden wie z. B. Scrum oder Kanban nicht voraus. Projekte sind dann agil, wenn sie agile Werte berücksichtigen und daher z. B. iterativ vorgehen, intensiv kommunizieren, regelmäßig reflektieren etc. Iteratives Vorgehen bedeutet, dass ähnliche Handlungen wiederholt durchgeführt werden, um sich einem Ziel anzunähern. Es besteht aber auch die Möglichkeit des Einsatzes agiler Methoden in Projekten. Scrum kann z. B. zum Management von repetitiven Aufgaben für einzelne Phasen eines Projekts eingesetzt werden (siehe Kap. D).

Definition: Iteratives Vorgehen

Bei einem iterativen Vorgehen werden Handlungen wiederholt, um sich einem Ziel anzunähern. Es soll mit Ungewissheit adäquat umgegangen werden, es sollen die Qualität einer angestrebten Lösung und der damit verbundene Business Value optimiert werden. Iteratives Vorgehen bedeutet nicht, das Planen aufzugeben, sondern sich im eigenen Vorgehen immer nur vorläufig sicher zu sein. Unklarheit wird nach und nach abgebaut, Akzeptanz wird erreicht.

Eine Stärke agiler Methoden wie z. B. Scrum besteht in der expliziten Definition der den Methoden zugrunde liegenden Werte. Eine Gruppe von Softwareentwicklern hat im Jahr 2001 das in Tabelle B4 dargestellte agile Manifest sowie zwölf agile Prinzipien publiziert.[12]

Die zentralen Aussagen des agilen Manifests bedürfen einer Interpretation. „Individuals and interactions over processes and tools" bedeutet, dass ein Fokus auf die Kommunikation, auf viele (kurze) Meetings und auf das Empowerment der Mitarbeiter gelegt wird anstatt auf die Erarbeitung umfangreicher Regeln. „Working software over comprehensive documentation" bedeutet, dass die Zielerreichung wichtiger ist als die Dokumentation. Die Dokumentation wird nach wie vor benötigt, hat aber nicht oberste Priorität. Zielerreichung wird als die Schaffung von Business Value verstanden.

„Customer collaboration over contract negotiation" bedeutet, dass eine intensive Zusammenarbeit mit dem Kunden während der Entwicklung angestrebt wird, dass ein Verstehen der Kundenanforderungen und das rasche Einholen von Kundenfeedback wichtig ist und dass auch die Einbindung zusätzlicher Stakeholder in den Kooperationsprozess gewünscht ist. „Responding to change over following a plan" be-

12 Beck, K. et al., 2001.

deutet schließlich, dass definierte Anforderungen zwar während einer Iteration nicht geändert werden können, dass aber zwischen zwei Iterationen neue Anforderungen definiert und Prioritäten geändert werden können.

Es bestehen Gemeinsamkeiten zwischen systemischen und agilen Ansätzen. So sind z. B. Selbstorganisation und Reflexion sowohl Charakteristika sozialer Systeme als auch agiler Prinzipien.

Agile Manifesto
> Individuals and interactions over processes and tools > Working software over comprehensive documentation > Customer collaboration over contract negotiation > Responding to change over following a plan
Agile Principles
> Our highest priority is to satisfy the customer through early and continuous delivery of valuable software. > Welcome changing requirements, even late in development. Agile processes harness change for the customer's competitive advantage. > Deliver working software frequently, from a couple of weeks to a couple of months, with a preference to the shorter timescale. > Business people and developers must work together daily throughout the project. > Build projects around motivated individuals. Give them the environment and support they need, and trust them to get the job done. > The most efficient and effective method of conveying information to and within a development team is face-to-face conversation. > Working software is the primary measure of progress. > Agile processes promote sustainable development. The sponsors, developers, and users should be able to maintain a constant pace indefinitely. > Continuous attention to technical excellence and good design enhances agility. > Simplicity – the art of maximizing the amount of work not done – is essential. > The best architectures, requirements, and designs emerge from self-organizing teams. > At regular intervals, the team reflects on how to become more effective, then tunes and adjusts its behavior accordingly.

Tab. B4: Agiles Manifest und agile Prinzipien

Werte des Konzepts „Resilienz"

Resilienz kann als Widerstandsfähigkeit von Organisationen, aber auch von Teams und Individuen definiert werden. Resiliente Organisationen sind durch Strukturen charakterisiert, die deren Widerstandsfähigkeit und Robustheit sichern. Zur Resilienz einer Organisation kann durch Vorbeugung, Adaption, Innovation und Kulturentwicklung beigetragen werden:[13]

> Vorbeugung: Die Widerstandsfähigkeit gegenüber negativen externen Einwirkungen ist vorsorglich aufgebaut.
> Adaption: Nach Möglichkeit wird eine kurzfristige Rückkehr zur definierten Ausgangsstellung erreicht.
> Innovation: Entstehende Vorteile aus den sich verändernden Umweltbedingungen werden ökonomisch genutzt.
> Kulturentwicklung: Eine optimistische, lernbereite, fehlertolerante, aber auch konfrontationsbereite Organisationskultur wird entwickelt.

Es kann zwischen einer proaktiven Form und einer reaktiven Form der Resilienz unterschieden werden. Die reaktive Form entspricht dem Konzept der Agilität. Agilität und Resilienz stehen daher in einem direkten Zusammenhang.

Resilienzmanagement umfasst alle Maßnahmen mit dem Ziel, die Belastbarkeit einer Organisation gegenüber äußeren Einflüssen zu stärken. Diesbezügliche Beispiele sind das Schaffen flexibler Organisationsstrukturen, die umfangreiche Weiterbildung von Mitarbeitern, regelmäßige Feedbacks im Geschäftsalltag und häufige Kommunikationen in informellen Netzwerken.

Definition: Resilienz

Resilienz ist die Widerstandsfähigkeit bzw. Robustheit einer Organisation, aber auch eines Teams oder eines Individuums gegenüber äußeren Einflüssen.

Werte des Konzepts „Nachhaltige Entwicklung"

Die nachhaltige Entwicklung hat durch den 1987 von der Weltkommission für Umwelt und Entwicklung veröffentlichten „Brundtland-Bericht" große Aufmerksamkeit erhalten. Darin wird nachhaltige Entwicklung definiert als „a development that meets the needs of the present without compromising the ability of future generations to meet their own needs".[14]

Nachhaltige Entwicklung als normatives Konzept repräsentiert Werte und ethische Überlegungen.[15] Diesbezügliche grundlegende Werte sind Gerechtigkeit innerhalb und zwischen Generationen, Transparenz, Fairness, Vertrauen und Innovation.[16]

13 Vgl. Wieland, A. und Wallenburg, C. M., 2013.
14 World Commission on Environment and Development (WCED), 1987, S. 41.
15 Vgl. Adams, W. M., 2006; Davidson, J., 2000; Martens, P., 2006; Meadowcroft, J., 2007; Robinson, J., 2004.
16 Vgl. Global Reporting Initiative, 2011.

Das politische Konzept der nachhaltigen Entwicklung wurde für die Gesellschaft im Allgemeinen entwickelt. Die Werte wurden für die Gesellschaft definiert und können daher nicht, ohne sie zu interpretieren, auf Unternehmen übertragen werden.

Die Anwendung des Konzepts auf Unternehmen wird als unternehmerische Nachhaltigkeit (Corporate Sustainability) oder soziale Verantwortung des Unternehmens (Corporate Social Responsibility) bezeichnet. Während der letzten Jahre haben sich Unternehmen dazu verpflichtet, das Konzept der nachhaltigen Entwicklung zu implementieren. Dabei soll über die Einhaltung gesetzlicher Vorschriften hinausgegangen werden. Kritiker wie Porter und Kramer argumentieren, dass viele Initiativen der unternehmerischen Nachhaltigkeit lediglich als ein Lippenbekenntnis verstanden werden können.[17] Es werden oft menschenfreundliche Aktivitäten angeboten, um „Gutes" für die Gesellschaft zu tun. Ernsthafte nachhaltige Entwicklung bedeutet aber, die Prinzipien der nachhaltigen Entwicklung in die Dienstleistungen, Produkte und Prozesse des Unternehmens zu integrieren, das bedeutet „to re-think the business".

Ein prozessbezogenes Verständnis von nachhaltiger Entwicklung ist prinzipienbasiert. Es berücksichtigt sowohl ökonomische, ökologische und soziale als auch kurz-, mittel- und langfristige sowie lokale, regionale und globale Konsequenzen von Entwicklungen.[18] Die Herausforderung besteht im „Ausbalancieren" dieser Prinzipien.

Definition: Nachhaltige Entwicklung

Eine nachhaltige Entwicklung ist eine Entwicklung die sowohl ökonomische, ökologische und soziale als auch kurz-, mittel- und langfristige sowie lokale, regionale und globale Konsequenzen berücksichtigt und ausbalanciert.

Diese Prinzipien der nachhaltigen Entwicklung sind nicht nur für permanente Organisationen, sondern auch für temporäre Organisationen, nämlich Projekte und Programme, relevant. Erste Studien tragen zum Verständnis des Zusammenhangs zwischen nachhaltiger Entwicklung und Projekten bei. Der Schwerpunkt liegt dabei auf Projektinhalten, sogenannten „Green Projects", und auf den Konsequenzen der Projektergebnisse. So wurden diesbezüglich z. B. „Impact Assessments" entwickelt.[19] Nach wie vor wenig Beachtung findet aber die Berücksichtigung der Prinzipien der nachhaltigen Entwicklung in der Projektinitiierung und im Projektmanagement.[20]

Agil, nachhaltig und resilient sind relativ neue Werte im Management. Die Berücksichtigung dieser Werte beeinflusst die für unterschiedliche Managementansätze spezifischen Ziele, Prozesse, Methoden und Rollen.

17 Vgl. Porter, M. E., Kramer, M. R., 2011.
18 Gareis R. et al, 2013.
19 Vgl. Martinuzzi, A. und Krumay, B., 2012.
20 Vgl. auch Silvius, G. et al, 2012.

Literatur

Adams, W.M.: The Future of Sustainability: Re-thinking Environment and Development in the Twenty-first Century, Report of the IUCN Renowned Thinkers Meeting, Volume 29, 2006

Asendorpf, J.B.: Persönlichkeitspsychologie, 3. Auflage, Springer, Heidelberg, 2009

Beck, K., Beedle, M., van Bennekum, A. et al.: The Agile Manifesto, 2001

Čamra, J.J (Hrsg.): REFA-Lexikon: Betriebsorganisation. Arbeitsstudium, Planung und Steuerung, 2. Auflage, Beuth, Berlin, 1976

Davidson, J.: Sustainable Development: Business as usual or a new Way of Living?, Environmental Ethics, 22(1), S. 45–71, 2000

Gareis, R., Huemann, M., Martinuzzi, A., Weninger, C., Sedlacko, M.: Project Management & Sustainable Development Principles, Project Management Institute (PMI), Newtown Square, PA, 2013

Global Reporting Initiative: Sustainability Reporting Guidelines, Version 3.1, Amsterdam, 2011

Hillier, F.S., Lieberman, G.J.: Introduction to Operations Research, Mc-Graw-Hill, Boston, MA, 2001

Juran, J.M.: Handbuch der Qualitätsplanung, Moderne Industrie, Landsberg/Lech, 1991

Kasper, H.: Vom Management der Organisationskulturen zur Handhabung lebender sozialer Systeme, in: Helmut Kasper (Hrsg.), Post Graduate Management Wissen: Schwerpunkte des Führungskräfteseminars der Wirtschaftsuniversität Wien, S. 189-224, Wirtschaftsverlag Carl Ueberreuter, Wien, 1995

Malik, F.: Systemisches Management, Evolution, Selbstorganisation: Grundprobleme, Funktionsmechanismen und Lösungsansätze für komplexe Systeme, 4. Auflage, Paul Haupt, Bern, 2004

Martens, P.: Sustainability: Science or fiction?, Sustainability: Science Practice and Policy, 2(1), S. 36–41, 2006

Martinuzzi, A., Krumay, B.: The Good, the Bad and the Successful – How Corporate Social Responsibility leads to Competitive Advantage and Organizational Transformation, Journal of Change Management, 13(4), S. 424–443, 2012

Meadowcroft, J.: Who is in Charge here? Governance for Sustainable Development in a Complex World, Journal of Environmental Policy and Planning, 9(3), S. 299-314, 2007

Němeček ,P., Kocmanová, A.: Management Paradigm, 5th International Scientific Conference "Business and Management", S. 559-564, Vilnius, 2008

Porter, M.E., Kramer, M.R.: The big Idea: Creating shared Value. Harvard Business Review, 89 (1–2), 2011

Reschke, H.: Formen der Aufbauorganisation in Projekten, in: Reschke, H., Schelle, H., Schnopp, R. (Hrsg.), Handbuch Projektmanagement, Band 2, TÜV Rheinland, Köln, 1989

Robinson, J.: Squaring the Circle? Some Thoughts on the Idea of Sustainable Development, Ecological Economics, 48(4), S. 369–384, 2004

Senge, P.: The Fifth Discipline: Art & Practice of The Learning Organization, Doubleday, New York, NY, 2006

Silvius, G., Schipper, R., Planko, J., van den Brink, J., Köhler, A.: Sustainability in Project Management, Gower, Surrey, Burlington, VT, 2012

Steinle, H., Bruch, H., Lawa, D. (Hrsg.): Projektmanagement: Instrument moderner Dienstleistung, Edition Blickbuch Wirtschaft, Frankfurt am Main, 1995

Wieland, A., Wallenburg, C.M.: The Influence of Relational Competencies on Supply Chain. Resilience: A Relational View, International Journal of Physical Distribution & LogisticsManagement, 43(4), S. 300–320, 2013

Womack, J.P., Jones D.T., Roos, D.: The Machine that changed the World, Simon and Schuster, New York, NY, 1990

World Commission on Environment and Development (WCED): Our common Future, Oxford, 1987

C Strategisches Managen und Investieren

Ziel des strategischen Managens einer Organisation ist es, ihre nachhaltige Entwicklung zu gewährleisten. Das strategische Managen umfasst das Kontrollieren und das (Neu-)Planen der Ziele, Strategien, Strukturen und Kulturen einer Organisation in ihrem Kontext. Im Zuge des strategischen Managens der „projektorientierten Organisation" wird auch das Investitionsportfolio und das Projektportfolio zum Realisieren der strategischen Ziele einer Organisation controlled. Die Investitionen und Projekte leiten sich aus den strategischen Zielen einer Organisation ab.

Das strategische Managen und das Investieren sind wesentliche Kontexte von Projekten und Programmen. Ein Ergebnis des strategischen Managens ist ein Umsetzungsplan, der Maßnahmen, Projekte und Programme zum Umsetzen der Strategien einer Organisation beinhaltet. Projekte und Programme stehen daher immer in einem strategischen Kontext.

Der Lebenszyklus eines Investitionsobjekts beinhaltet das Planen, das Implementieren, das Anwenden sowie das eventuelle Außerdienstsetzen eines Investitionsobjekts. Der Geschäftsprozess „Investitionsobjekt planen" hat die Entscheidung, ein Investitionsobjekt zu implementieren oder auch nicht zu implementieren, zum Ziel.

Um den Erfolg einer Investition zu sichern, kann der Geschäftsprozess „Nutzenrealisierung controllen" während des Implementierens und des Anwendens bzw. Betreibens durchgeführt werden. Beim Planen eines Investitionsobjekts werden die Grundlagen für das Controllen der Nutzenrealisierung geschaffen. Die Anwendung der Methoden zum Planen eines Investitionsobjekts und zum Controllen der Nutzenrealisierung wird aus der RGC Fallstudie „Values4Business Value" ersichtlich (siehe Kap. C3 und C4).

Die in diesem Kapitel behandelten Geschäftsprozesse sowie deren Zusammenhänge sind in der folgenden Übersicht dargestellt. Zum besseren Verständnis sind in dieser Übersicht auch die erst in späteren Kapiteln behandelten Geschäftsprozesse zu finden.

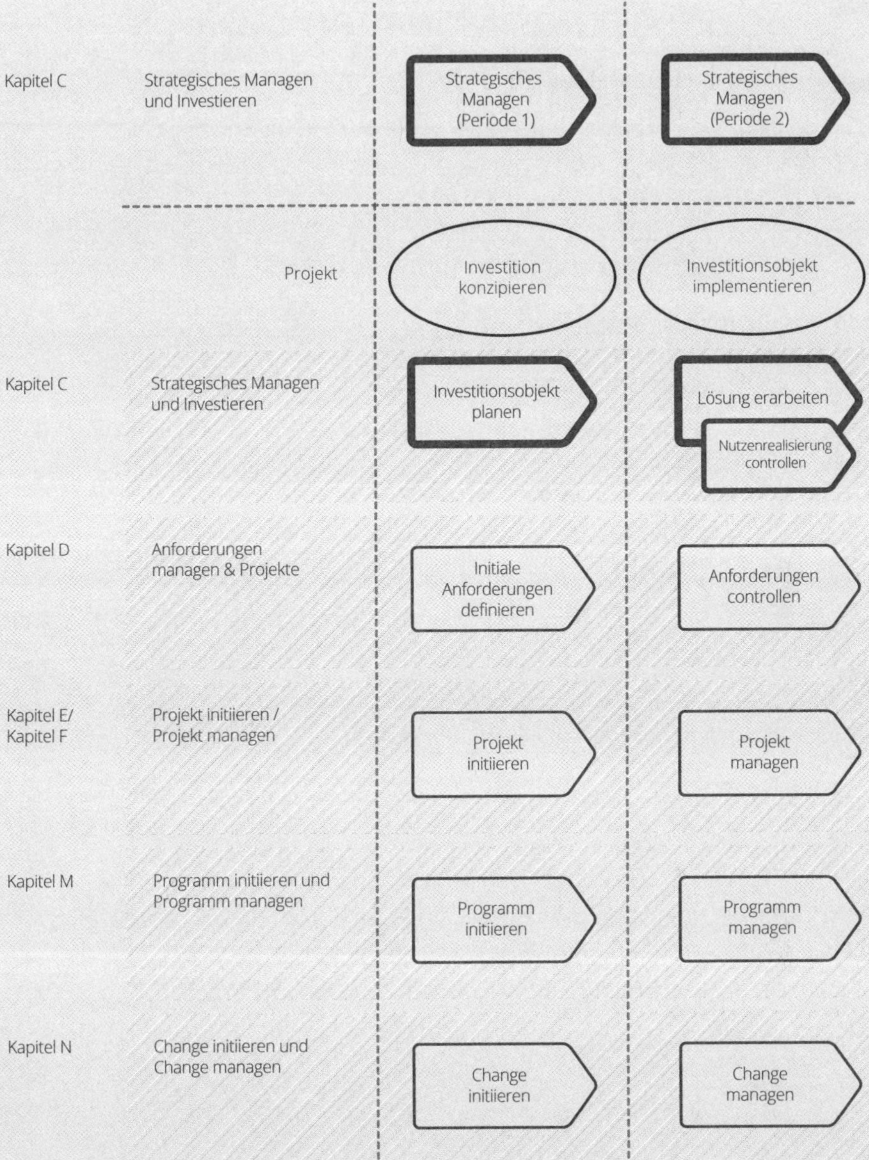

Übersicht: „Strategisches Managen" und „Investieren" im Kontext

C Strategisches Managen und Investieren

C1 Strategisches Managen einer Organisation

Strategisches Managen: Ziele

Ziel des strategischen Managens einer Organisation ist es, eine nachhaltige Entwicklung dieser Organisation in ihrem Kontext zu gewährleisten. Durch das Gestalten der Ziele, Strategien, Strukturen und Kulturen wird für die Mitarbeiter der jeweiligen Organisation Sinn gestiftet und Orientierung gegeben. Es wird eine Basis für das operative Managen bereitgestellt. Das strategische Managen einer Organisation ist im Gegensatz zum operativen Managen mittelfristig und nicht kurzfristig orientiert.

Einem systemischen Managementansatz folgend, betrachtet das strategische Managen im Unterschied zum operativen Managen organisatorische Ganzheiten, d.h. Organisationen oder Organisationsbereiche, im jeweiligen Kontext. Ein ganzheitliches Vorgehen setzt die Betrachtung folgender Strukturdimensionen einer Organisation voraus:

- Dienstleistungen, Produkte,
- Organisationsstrukturen (Prozesse, Rollen, Regeln etc.) und Kulturen,
- Personalstrukturen (Anzahl und Qualifikationen der Mitarbeiter),
- Infrastrukturen (bauliche Infrastruktur, Informations- und Kommunikationstechnik),
- Budget und Finanzierung.

Relevante Kontextdimensionen von Organisationen sind:

- Geschichte und Erwartungen an die Zukunft,
- Stakeholder wie z.B. Märkte und Kundensegmente, Mitbewerber, Partner und Lieferanten,
- das übergeordnete soziale System, zu dem die Organisation einen Beitrag leistet.

Diese Struktur- und Kontextdimensionen bestimmen die Identität einer Organisation.

Definition: Strategisches Managen

Strategisches Managen ist das Kontrollieren und (Neu-)Planen der mittelfristigen Ziele, Strategien, Strukturen und Kulturen einer Organisation in ihrem Kontext.

Strategisches Managen: Ablauf

Das strategische Managen beinhaltet das strategische Kontrollieren und das strategische (Neu-)Planen einer Organisation. Es umfasst Aufgaben wie z. B. das Analysieren der Stärken und Schwächen der Organisation und deren Mitbewerber, das Analysieren der strategischen Positionierung der Organisation, das Definieren von strategischen Szenarien bezüglich der Entwicklung der Organisation, das Kontrollieren bzw. Planen der strategischen Ziele und der Strategien zu deren Realisierung sowie die Umsetzungsplanung.

Im Rahmen des Kontrollierens und Planens der strategischen Ziele ist auch das Investitionsportfolio der Organisation zu betrachten. Ziel des Planens des Investitionsportfolios ist es, jene Investitionen, die einen optimalen Beitrag zur Realisierung der strategischen Ziele der Organisation leisten, auszuwählen. Grundsätzlich werden nur jene Investitionen betrachtet, für deren Realisierungen Projekte bzw. Programme notwendig sind. Für kleine Investitionen, z. B. in Geräte oder Möbel, sind keine umfangreichen Investitionsplanungen durchzuführen. In diesen Fällen liegen die Investitionsentscheidungen meist in der Befugnis einzelner Manager von Profit- oder Kostenzentren. Es bedarf keiner Berücksichtigung dieser kleinen Investitionen im Investitionsportfolio.

Das strategische Managen beinhaltet auch das Treffen der notwendigen Entscheidungen zum Umsetzen der strategischen Ziele. Diese drücken sich im Umsetzungsplan aus. „Strategy implementation […] refers to decisions that are made to install new strategy or reinforce existing strategy. The basic strategy implementation activities are establishing annual objectives, devising policies, and allocating resources. Strategy implementation also includes the making of decisions with regard to matching strategy and organizational structure; developing budgets, and motivational systems“.[1] Im Rahmen der Umsetzungsplanung „projektorientierter Organisationen“ (siehe Kap. O) werden die Maßnahmen, Projekte und Programme zum Umsetzen der strategischen Ziele entschieden und wird das Projektportfolio strukturiert. Das Projektportfoliomanagen stellt daher eine Aufgabe des strategischen Managens dar.

Ein Beispiel des „Strategisches Managens“ ist in der Tabelle C1 als Funktionendiagramm dargestellt.

Das Implementieren geplanter Investitionen bzw. das Umsetzen der geplanten Maßnahmen, Projekte und Programme erfolgt im Rahmen des operativen Managens und ist nicht Teil des strategischen Managens.

Der Prozess des strategischen Managens läuft periodisch ab. Die Häufigkeit des Prozesses und der Umfang der zu erfüllenden Aufgaben sind von der Dynamik der jeweiligen Organisation abhängig. „All strategies are subject to future modification because internal and external factors are constantly changing. In the strategy evaluation and control process managers determine whether the chosen strategy is achieving the organization's objectives.“[2]

1 Barnat, R., 2005.
2 Barnat, R., 2005.

Geschäftsprozess: Strategisches Managen - Beispiel

Legende

D...durchführen
M...mitarbeiten
I...wird informiert
K...koordiniert

Prozessaufgaben	Rollen: Strategischer Koordinator	Strategieteam	Strategische Entscheider	Projektportfolio Group	Mitarbeiter der Organisation	Stakeholder der Organisation	Hilfsmittel/Dokument
Informationen sammeln	K, D				M	M	
Strategische Pläne kontrollieren	K	D					
SWOT-Analyse durchführen	K	D					
Strategische Szenarien entwickeln	K	D					
Strategische Positionierung festlegen	K	M	D				
Werte, Leitbild bei Bedarf adaptieren	K	M	D				
Strategische Ziele planen	K	D					1
Struktur zur Realisierung strategischer Ziele entwickeln	K	D					
Investitionsportfolio managen	K	M	D				2
Umsetzungsplan erstellen	K	D		M			3
Projektportfolio managen	K	M		D			4
Ziele, Strategien, Investitionsportfolio, Umsetzungsplan, Projektportfolio entscheiden	K		D	M			
Über Ergebnisse der strategische Planung informieren	K	D	I	I	I	I	

Hilfsmittel/Dokument

1 ... Zieleplan
2 ... Investionsportfoliodatenbank
3 ... Projektportfoliodatenbank
4 ... Projektportfoliodatenbank

Tab. C1: Geschäftsprozess „Strategisches Managen" – Funktionendiagramm

Die beim strategischen Managen zu berücksichtigenden Planungszeiträume sind auch branchenabhängig. Die IT- und die Telekommunikationsbranche haben z. B. kürzere Planungszyklen als die Bau- oder Anlagenbaubranche. Generell ist aber beobachtbar, dass die Planungszyklen kürzer werden. So plant z. B. ein österreichisches Telekommunikationsunternehmen das Investitionsportfolio nicht nur mehr einmal im Jahr, sondern alle drei Monate. Beim strategischen Managen kann man sich jeweils auf die Ergebnisse des vorherigen Zyklus beziehen.

Strategisches Managen: Methoden

Basis des strategischen Planens und Controllens sind strategische Analysen. Für Analysen der internen Strukturdimensionen einer Organisation können z. B. die SWOT-Analyse, die Value-Chain-Analyse von Porter[3], die Balanced Score Card von Kaplan und Norton[4], die Produkt-Portfolio-Matrix der BCG[5] und Investitionsanalysen eingesetzt werden. Methoden zur Analyse der Kontextdimensionen sind z. B. Stakeholderanalysen, Porters Modell der „Five Competitive Forces" oder das PEST-Modell (Politics, Economics, Social/Demographics, Technology).[6]

Die Entwicklung strategischer Szenarien für die Organisation in ihren Kontexten unterstützt die Entscheidungsfindung bezüglich der zukünftigen strategischen Positionierung. Auf Grundlage dieser Entscheidung können eine Vision, die Werte und das Leitbild, die strategischen Ziele sowie die Strategien und ein Umsetzungsplan zur Realisierung dieser Ziele entwickelt werden.

Die Vision einer Organisation beschreibt als relativ grobe Zielsetzung, was mittelfristig erreicht werden soll: „In fünf Jahren sind wir ...". Die Kommunikation einer Vision erfolgt oft mittels Slogans, Bildern und Metaphern. Das Leitbild beschreibt den idealen Ist-Zustand einer Organisation: „So sind wir heute und dadurch unterscheiden wir uns von anderen ..." Die Werte der Organisation stellen eine Grundlage zur Formulierung des Leitbilds dar. Der strategische Zieleplan einer Organisation beschreibt die konkreten Ziele der nächsten ein bis zwei Jahre: „Nächstes Jahr sind wir ..."

In den Strategien einer Organisation wird festgelegt, wie die Ziele erreicht werden sollen: „Wir wollen unsere Organisationsziele erreichen durch ..." Ein Ergebnis der Zieleplanung sind die Analysen der zu implementierenden Investitionen und das entschiedene Investitionsportfolio. Auf Grundlage der Ziele und Strategien kann ein Umsetzungsplan erstellt werden. Dieser beinhaltet Maßnahmen, Projekte und Programme sowie das Projektportfolio.

Die Auswahl der zu implementierenden Investitionen kann entweder durch eine isolierte Betrachtung einzelner Investitionen oder durch eine integrierte Betrachtung in einem Investitionsportfolio erfolgen. Investitionen, die sich in der Implementierung

3 Vgl. Porter, M. E., 1985.
4 Vgl. Kaplan, R., Norton, D., 1992.
5 Vgl. Henderson, B., 1973.
6 Vgl. Kendall, N., 2016., o. J.

befinden, und geplante Investitionen sowie die Zusammenhänge zwischen diesen Investitionen können als Investitionsportfolio einer Organisation wahrgenommen werden.

Definition: Investitionsportfolio

Als Investitionsportfolio einer Organisation kann die Menge der Investitionen, die aktuell implementiert werden und geplant sind, sowie deren Zusammenhänge definiert werden.

Bei einer isolierten Betrachtung von Investitionen wird für jede Investition deren Beitrag zur Realisierung der strategischen Ziele der Organisation gemessen. Die Ergebnisse werden verglichen und die „besten" Investitionen werden ausgewählt. Als diesbezügliches Hilfsmittel kann eine Scoring-Methode, die sich an den Kriterien des Balanced-Score-Card-Modells von Kaplan und Norton orientiert, verwendet werden (siehe Abb. C1).[7] Je Investition kann der Beitrag zur Realisierungen der finanziellen Ziele, der stakeholderbezogenen Ziele, der Innovationsziele und der Geschäftsprozess- und Ressourcenziele berücksichtigt werden.

Investition	Zielrealisierung	Score	genehmigt/ abgelehnt
A		90	genehmigt
B		86	genehmigt
C		81	genehmigt
D		70	abgelehnt
E		65	abgelehnt

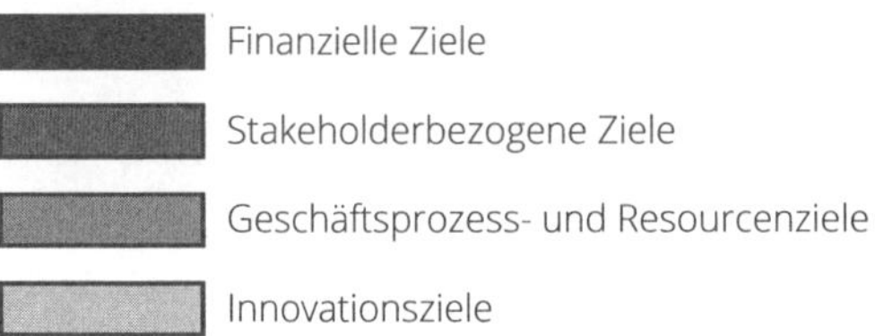

Abb. C1: Scoring einzelner Investitionen (Beispiel)

7 Vgl. Kaplan, R.; Norton, D., 1992.

Bei einer integrierten Betrachtung von Investitionen werden Investitionsportfolios analysiert. Es können alternative Investitionsportfolios gebildet und miteinander verglichen werden. Dabei können die Zusammenhänge zwischen Investitionen komplementär, neutral oder konkurrierend sein. Es werden nicht einzelne Investitionen betrachtet und ausgewählt, sondern es werden Investitionsportfolien analysiert und es wird das optimale ausgewählt. Das optimale Investitionsportfolio ist jenes, das die strategischen Ziele der Organisation am besten erfüllt.

Das Managen des Projektportfolios erfolgt beim strategischen Managen im Rahmen der Umsetzungsplanung. Der Geschäftsprozess „Projektportfolio managen" wird in der Regel aber häufiger als der Geschäftsprozess „Strategisches Managen" durchgeführt (siehe Kap. P).

Die Ergebnisse des strategischen Managens sind zusammenfassend in der Abbildung C2 dargestellt.

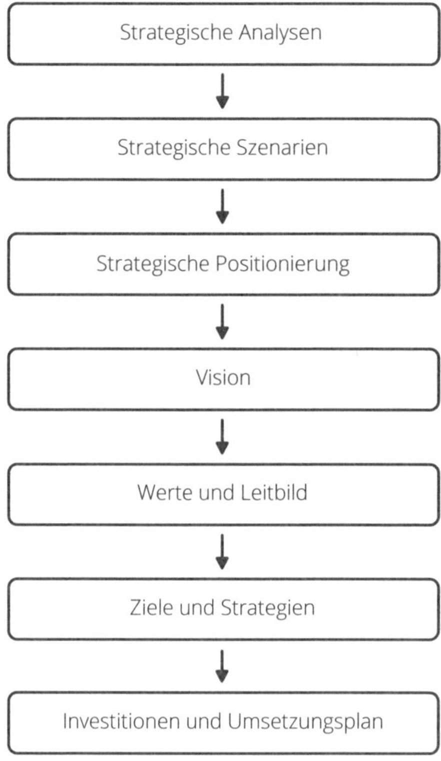

Abb. C2: Ergebnisse des strategischen Managens einer Organisation

Die Ergebnisse des strategischen Managens sollen aufeinander abgestimmt sein. Grundsätzlich sollen die Ergebnisse eine mittelfristige Orientierung vermitteln und daher relativ stabil sein. In der Formulierung der Vision und der Ziele ist aber aufgrund der Komplexität und Dynamik von Organisationen auf Flexibilität zu achten.

Strategisches Managen: Organisation

Grundsätzlich ist das strategische Managen eine (Top-)Managementverantwortung. Die strategischen Entscheidungen sind von einem Strategieteam aufzubereiten (siehe die Rollen in der Tab. C1). In die Kommunikationsprozesse des Analysierens, Planens, Abstimmens und Entscheidens sind die Projektportfolio Group (siehe Kap. O), Mitarbeiter und Stakeholder der Organisation einzubeziehen. Die dadurch erzielbare Vielfalt kann einerseits die Kreativität im strategischen Managen steigern und andererseits einen Beitrag zur Sicherung der Akzeptanz der Ergebnisse leisten. Von den Ergebnissen des strategischen Managens sind alle Mitarbeiter und ausgewählte Stakeholder der Organisation in entsprechender Form zu informieren.

Falls in größeren Organisationen grundsätzliche strategische Veränderungen notwendig sind, kann der Geschäftsprozess „Strategisches Planen" so umfangreich, komplex und vor allem bedeutend sein, dass es sich empfiehlt, diesen in Projektform durchzuführen.

Strategisches Managen und Projekte

Die Ergebnisse des strategischen Managens bestimmen auch das Projektportfolio einer Organisation (siehe Kap. P). Es erfolgt eine „Top-down"-Identifikation von Projekten und Programmen im Umsetzungsplan und das Strukturieren des Projektportfolios. Projekte leiten sich aus den Zielen und Strategien einer Organisation ab. Projekte, die keinen Beitrag zur Zielerfüllung leisten, sollten nicht durchgeführt werden. Ad hoc ist aber auch eine „Bottom-up"-Identifikation von Projekten möglich. In diesem Fall ist eine entsprechende Rückkoppelung mit den strategischen Zielen notwendig.

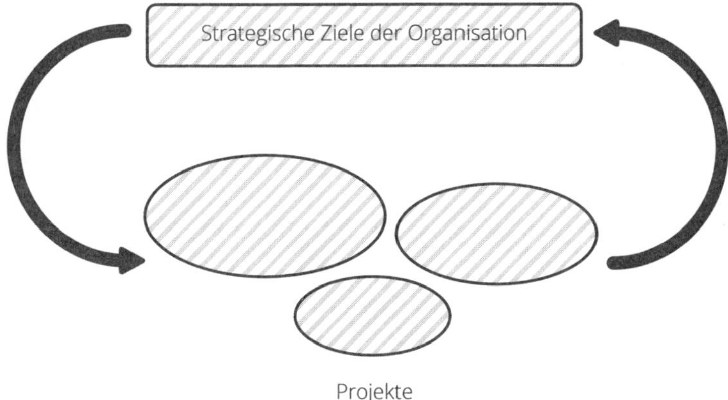

Abb. C3: Zusammenhänge zwischen den strategischen Zielen der Organisation und Projekten

Die Beiträge von Projekten zur Erfüllung der strategischen Ziele einer Organisation sind an die Mitglieder der Projektorganisationen und an die Projektstakeholder zu kommunizieren. Dies ist eine Führungsverantwortung in Projekten. Dadurch wird Sinn gestiftet und ein Beitrag zur Förderung der Motivation der Mitglieder der Projektorganisationen geleistet.

Andererseits beeinflussen Projektergebnisse aber auch diese strategischen Ziele der Organisation. Diese Zusammenhänge zwischen den strategischen Zielen der Organisation und Projekten sind in der Abbildung C3 dargestellt. Das Managen dieser Zusammenhänge beim Projektportfoliomanagen ist auch eine strategische Controllingaufgabe.

C2 Investitionsdefinition und Investitionsarten

Investitionsdefinition

In der Literatur werden Investitionen als Überführung von Kapital in Güter des Anlage- und Umlaufvermögens definiert.[8] Finanzwirtschaftlich werden Investitionen als ein Investitionsprozess verstanden, der durch eine Auszahlungsreihe und eine Einzahlungsreihe charakterisiert ist.[9] Die Vorliebe für finanzwirtschaftliche Definitionen ist durch deren Operationalität erklärbar. Sie ermöglicht den Einsatz von Investitionsrechnungen zur Schaffung einer Entscheidungsgrundlage.

Hier werden Investitionen als eine Kette von Geschäftsprozessen zur Sicherung der Leistungsbereitschaft einer Organisation verstanden. Dazu ist nicht nur Anlage- und Umlaufvermögen notwendig, sondern es sind auch personelle sowie organisatorische Kompetenzen zu schaffen und es sind mittel- und langfristige Kooperationsbeziehungen mit Stakeholdern zu etablieren.[10]

Investitionen können sich auf unterschiedliche Objekte beziehen, nämlich auf ein Produkt bzw. eine Dienstleistung, einen Markt, die Organisation, das Personal, die Infrastruktur, die Finanzierung und eine Stakeholderbeziehung. Der hier verwendete Investitionsbegriff wird daher nicht, wie im Rechnungswesen üblich, auf abschreibungsfähige Güter beschränkt.

Definition: Investition

Eine Investition ist eine Kette von Geschäftsprozessen zur Sicherung der Leistungsbereitschaft einer Organisation. Es können produkt- bzw. dienstleistungsbezogene, markt-, organisations-, personal-, infrastruktur-, finanzwirtschafts- und stakeholderbezogene Investitionen unterschieden werden.

Investitionsarten

Entsprechend der oben definierten Struktur- und Kontextdimensionen von Organisationen können folgende Investitionsarten unterschieden werden:

> produkt- bzw. dienstleistungsbezogene Investition (z. B. ein Produkt entwickeln und verkaufen),
> marktbezogene Investition (z. B. einen Markt entwickeln und bedienen),

8 Vgl. Albach, H. 1962.
9 Vgl. Boulding, K.E. 1936.
10 In der Praxis werden oft anstatt des hier verwendeten Investitionsbegriffs die Begriffe „Initiative" oder „Vorhaben" verwendet. Das reduziert zwar das Risiko der Verwechslung mit dem finanzwirtschaftlichen Investitionsbegriff, ist aber betriebswirtschaftlich nicht zu rechtfertigen. Für eine Initiative oder ein Vorhaben erstellt man z. B. keine Business-Case-Analyse oder Kosten-Nutzen-Analyse.

> organisationsbezogene Investition (z. B. eine Organisation entwickeln und benutzen),
> personalbezogene Investition (z. B. das Personal entwickeln und einsetzen),
> infrastrukturbezogene Investition (z. B. die Informations- und Kommunikationstechnik-Infrastruktur entwickeln und betreiben),
> finanzwirtschaftsbezogene Investition (z. B. Börsengang realisieren)
> stakeholderbezogene Investition (z. B. eine Lieferantenbeziehung entwickeln und benutzen).

Der generelle Lebenszyklus eines Investitionsobjekts beinhaltet Phasen des Planens, des Implementierens, des Anwendens bzw. Betreibens sowie eventuell des Außerdienstsetzens eines Investitionsobjekts. Der Lebenszyklus eines Investitionsobjekts beginnt mit dem Treffen der Investitionsentscheidung. Im Lebenszyklus einer Industrieanlage gibt es beispielsweise folgende Kette von Geschäftsprozessen: „Industrieanlage errichten", „Industrieanlage nutzen", „Industrieanlage instand halten" und „Industrieanlage außer Dienst setzen". Der davorliegende Geschäftsprozess „Industrieanlage konzipieren" stellt einen zeitlichen Kontext dieser Investition dar.

Investition, Projekte und Programme

Projekte und Programme können zur Durchführung einzelner Geschäftsprozesse im Lebenszyklus eines Investitionsobjektes bzw. auch schon davor zum Konzipieren einer Investition eingesetzt werden. In der Abbildung C4 sind jene Prozesse, die bei entsprechendem Umfang und entsprechender Komplexität als Projekte bzw. Programme durchgeführt werden können, als Ellipsen dargestellt. Falls sequenziell zwei oder mehrere Projekte durchgeführt werden, entstehen Projekteketten.

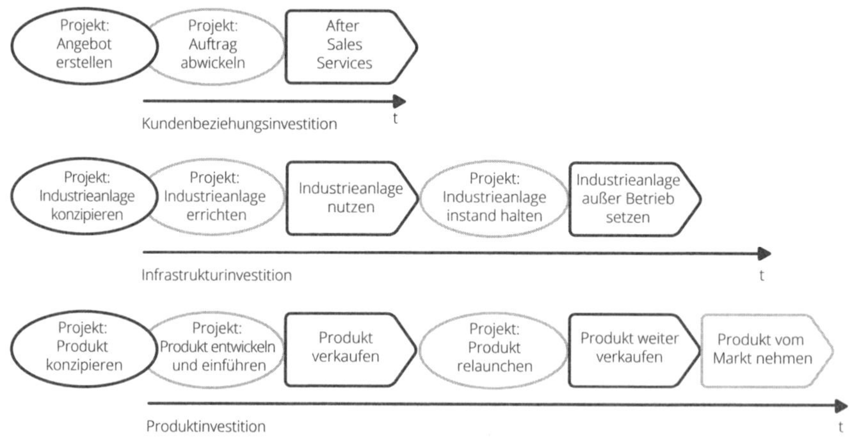

Abb. C4: Projekte im Lebenszyklus von Investitionsobjekten

C3 Investitionsobjekt planen

Das Planen eines Investitionsobjekts erfolgt im Rahmen des Konzipierens einer Investition. Ziele des Planens eines Investitionsobjekts sind das Aufbereiten und das Treffen einer Investitionsentscheidung. Beim Planen eines Investitionsobjekts wird über die Realisierung einer Investition, aber noch nicht über die Organisationsform zu deren Realisierung entschieden. Diese Entscheidung erfolgt im Zuge des Projekt- oder Programminitiierens. Durch das Planen eines Investitionsobjekts werden Grundlagen für das strategische Managen bereitgestellt (siehe Abb. C6).

Aus der Abbildung C6 wird ersichtlich, dass durch das Planen eines Investitionsobjekts, aber auch durch das Initiieren eines Changes und das Initiieren eines Programms oder eines Projekts im Rahmen des Konzipierens einer Investition Grundlagen für das Ziele, Strategien etc. managen, das Managen des Investitionsportfolios und das Managen des Projektportfolios einer Organisation geschaffen werden. In der Regel werden, wie in der Abbildung durch Schatten symbolisiert, gleichzeitig mehrere Investitionen konzipiert, deren Ergebnisse dann Grundlagen für das strategische Managen sind.

Investitionsobjekt planen: Ablauf

Auf Grundlage eines Investitionsvorschlags beinhaltet der Geschäftsprozess „Investitionsobjekt planen“ das Analysieren des Istzustands, das Definieren eines Sollzustands, das Identifizieren und Beschreiben von Lösungsvarianten, das Definieren von initialen Anforderungen bezüglich der ausgewählten Lösung und das Durchführen einer Investitionsanalyse (siehe Abb. C5). Diese Informationen können als Grundlage für eine Investitionsentscheidung in einem Investitionsantrag zusammengefasst werden.

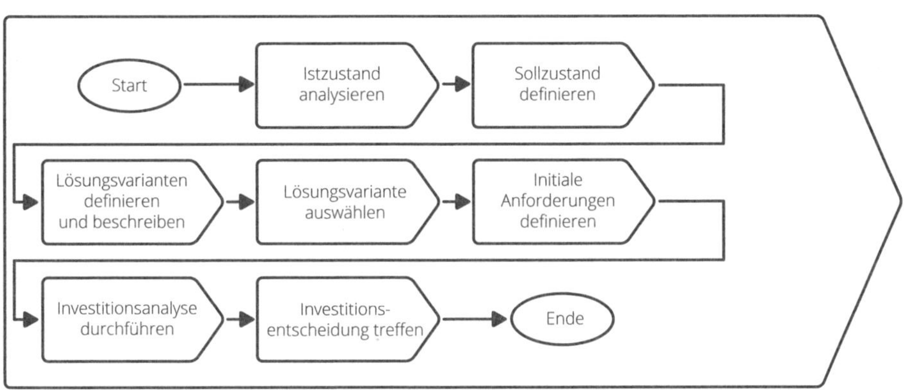

Abb. C5: Geschäftsprozess „Investitionsobjekt planen“ – Flussdiagramm

Ein Beispiel des Geschäftsprozesses „Investition konzipieren“, aus dem die Aufgaben des Planens eines Investitionsobjekts ersichtlich werden, ist in der Tabelle C5 für die Fallstudie „Values4Business Value“ dargestellt.

Investitionsobjekt planen: Ziele

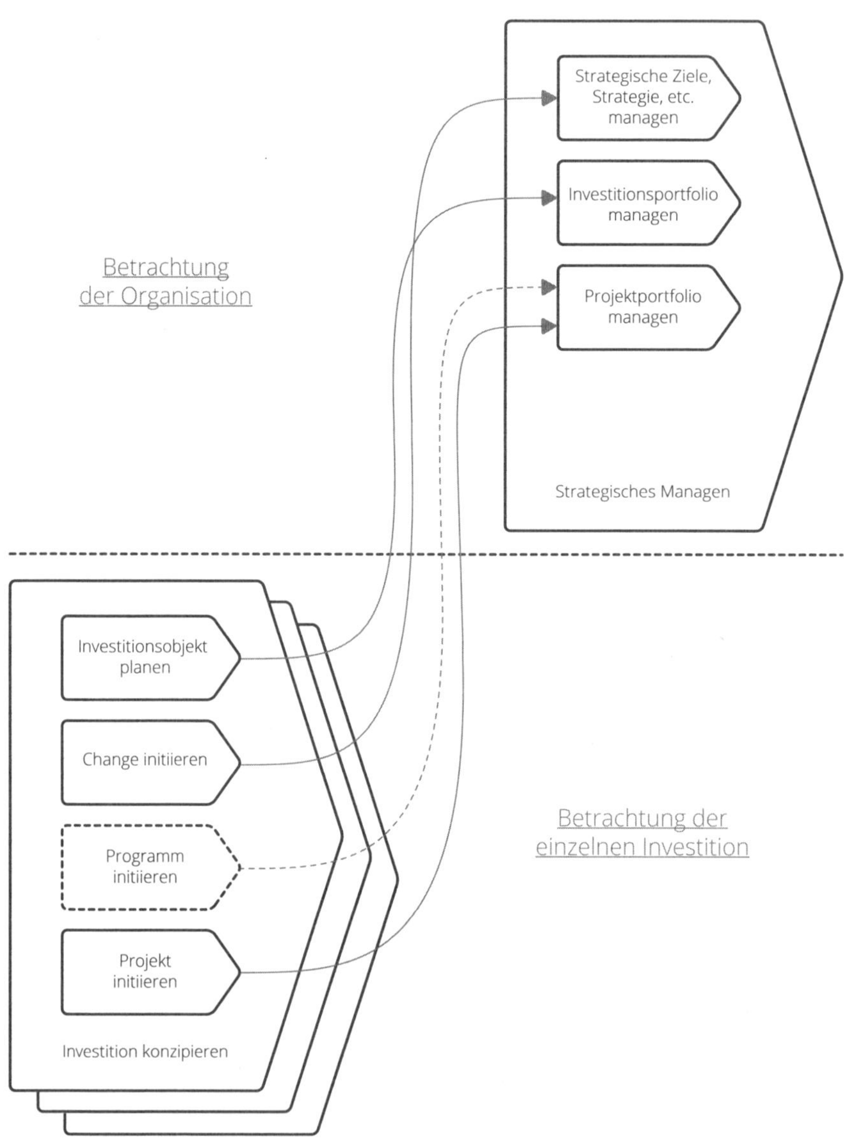

Abb. C6: Zusammenhang zwischen dem Planen eines Investitionsobjekts und dem strategischen Managen

Investitionsobjekt planen: Methoden zur Investitionsanalyse

Wesentliche Methoden zum Analysieren einer Investition sind die Business-Case-Analyse und die Kosten-Nutzen-Analyse. Grundlage für die Erstellung dieser Analyse stellt die inhaltliche und zeitliche Abgrenzung der betrachteten Investition dar.

Project name:			Business sponsor:		
Management summary					
Financial appraisal summary					
Cash flow	Expenditure			Savings	Cumulative cash flow
	Capital	Non-Capital	Total		
Year 0					
Year 1					
Year 2					
Year 3					
Totals					

Benefits (£)			
Payback period			
Net present value (NPV)			
Internal rate of return (IRR)			
Return on investment (ROI)			
Resource type	Internal (days)	External (days)	Total

Abb. C7: Formular „Investment Appraisal Template" der OGC

„Business Case" ist eine übliche englische Bezeichnung für eine Investition. Die Business-Case-Analyse ist daher eine Form der Investitionsanalyse. Die Business-Case-Analyse beinhaltet die Beschreibung der Auswirkungen einer Investition, deren monetäre Bewertung in Form von Aus- und Einzahlungen, die Durchführung von Investitionsrechnungen und eventuell auch von Simulationsrechnungen. Ergebnisse sind finanzielle Kennzahlen wie z. B. ein Kapitalwert, ein Return on Investment (ROI) und eine Amortisationsdauer.

Das Formular „Investment Appraisal Template" der OGC zum Erstellen einer Business-Case-Analyse ist in der Abbildung C7 dargestellt.[11]

Im Exkurs „Business-Case-Analyse" sind grundsätzliche Regeln und Methoden zur Business-Case-Analyse beschrieben. Diesbezügliche Regeln eines österreichischen Telekommunikationsunternehmens sind in der Tabelle C3 als Beispiel dargestellt.

Exkurs: Business-Case-Analyse

Dem finanzwirtschaftlichen Investitionsbegriff folgend, wird die Vorteilhaftigkeit einer Investition durch ihre Ein- und Auszahlungsströme bestimmt. Zu Beginn einer Investition überwiegen im Normalfall die Auszahlungsüberschüsse, während später die Einzahlungsüberschüsse überwiegen.

Die zur Bewertung einer Investition relevanten Zahlungsströme sind deren zukünftige Zahlungsströme. Historische Zahlungsströme, also Einzahlungen oder Auszahlungen der Vergangenheit, sind in der Investitionsanalyse nicht zu berücksichtigen.

Die Prognose von Zahlungsströmen kann auf sichereren oder unsicheren Annahmen beruhen, d.h. es können deterministische oder stochastische Zahlungsströme verwendet werden. Zwei oder mehrere Zahlungsströme sind durch den unterschiedlichen zeitlichen Anfall der einzelnen Ein- und Auszahlungen nicht direkt vergleichbar. Aufgrund des Äquivalenzprinzips ist es aber möglich, für einen bestimmten Zeitpunkt einen Wert zu berechnen, der einem Zahlungsstrom gleich (äquivalent) ist. Der Wert eines Zahlungsstroms, der für den Zeitpunkt des Beginns der ersten Periode einer Investition berechnet wird, heißt Kapitalwert.

Die Wahl zwischen zwei oder mehreren Investitionen wird dann zu einer Wahl zwischen den Kapitalwerten der Investitionen. Als interner Zinsfuß gilt jener Kalkulationszinsfuß, der den Kapitalwert eines Zahlungsstroms gleich null setzt.

Als Kalkulationszinsfuß für die häufig angewandte Kapitalwertmethode kommen in Frage:

- der Opportunitätskostensatz, welcher der Rendite der besten nicht mehr verwirklichten Investitionsopportunität entspricht,
- die subjektive Mindestverzinsung (Minimum Attractive Rate of Return), die das Ergebnis einer Managemententscheidung ist, und
- die durchschnittlichen Kapitalkosten, die sich aus den gewichteten Kosten der Finanzierung aus Eigenkapital und Fremdkapital errechnen.

Alle obigen Zinssätze beinhalten in der Regel eine Risikoprämie und eine Inflationsprämie.

11 Vgl. Jenner, S., Kilford, C., 2011

Methode	Berechnung	Entscheidungsregel
Kapitalwertmethode	$K = \sum_{t=0}^{T} Z_t (1+i)^{-t} \quad (t=0, \ldots T)$ i = Kalkulationszinsfuß T = Nutzungsdauer K = Kapitalwert Z = Zahlungsstrom	Eine Investition ist vorteilhaft, wenn ihr Kapitalwert gleich null oder positiv ist. Von zwei oder mehreren alternativen Investitionsvorhaben ist dasjenige am vorteilhaftesten, das den größten Kapitalwert besitzt.
Methode des internen Zinsfusses	$K = \sum_{t=1}^{T} Z_t \, (1+r)^{-t} = 0$ R = interner Zinsfuss T = Nutzungsdauer K = Kapitalwert Z =Zahlungsstrom	Eine Investition ist vorteilhaft, wenn der interne Zinsfuß gleich bzw. größer als die vom Unternehmen gewünschte Mindestverzinsung ist. Von zwei oder mehreren alternativen Investitionsvorhaben ist dasjenige am vorteilhaftesten, das den höchsten internen Zinsfuß aufweist.
Dynamische Amortisationsrechnung	$-Z_0 = \sum_{t=1}^{n} Z_t \, (1+i)^{-t} \quad (t=1, \ldots, n)$ Z_0 = Anschaffungsauszahlung Z_t = Zahlungsüberschuss n = Amortisationsdauer	Von zwei oder mehreren alternativen Investitionsvorhaben ist dasjenige am vorteilhaftesten, dessen Amortisationsdauer am kürzesten ist.

Tab. C2: Methoden der Business-Case-Analyse

Regeln zu Erstellung von Business Case Analysen

> Methodeneinsatz: Anwendung der Kapitalwertmethode und Berechnung der Amortisationsdauer auf Basis des kumulierten diskontierten Cashflows
> Darstellungsform: Negatives Vorzeichen für Auszahlungen
> Betrachtungszeitraum: Zeitraum, in dem die Investition wirtschaftlich sinnvoll nutzbar ist; Standard ist 5 Jahre; eventuelle Reinvestitionen sind zu berücksichtigen
> Umlaufvermögen: Lager- und Forderungsaufbau berücksichtigen (Kapitalbindung)
> Kalkulationszinssatz: Mischzinssatz wird angenommen, der auch Eigenkapitalverzinsung enthält

Tab. C3: Regeln zur Erstellung von Business-Case-Analysen – Beispiel eines Telekommunikationsunternehmens

In der Kosten-Nutzen-Analyse werden die Auswirkungen von Investitionen in der Form von Kosten und Nutzen dargestellt. Diese werden beschrieben und es werden auch – so weit möglich – monetäre Bewertungen vorgenommen. Wenn für einzelne Kosten- und Nutzenarten Marktpreise vorhanden sind, gehen diese in die Analyse ein. Wenn kein vollkommener Markt existiert (z.B. beim Vorliegen subventionierter Preise) oder keine Preise existieren (z.B. für die Bewertung des Jobverlusts), können Schattenpreise angenommen werden. Schattenpreise werden aufgrund von Annahmen gebildet.

In einer Kosten-Nutzen-Analyse werden im Gegensatz zur Business-Case-Analyse auch nicht-zahlungswirksame Auswirkungen einer Investition berücksichtigt. Nicht monetär bewertbare Kosten und Nutzen werden verbal und durch Indikatoren beschrieben.

In der Kosten-Nutzen-Analyse können die Prinzipien der nachhaltigen Entwicklung berücksichtigt werden. Das bedeutet, dass

- ökonomische, ökologische und soziale Kosten und Nutzen einer Investition berücksichtigt werden,
- Kosten und Nutzen einer Investition für den Investor, aber auch für ausgewählte Stakeholder berücksichtigt werden,
- kurz-, mittel- und langfristige Auswirkungen der Investition berücksichtigt werden,
- lokale, regionale und globale Auswirkungen der Investition betrachtet werden und
- ein sozialer Abzinsungsfaktor zum Abzinsen zukünftiger Kosten und Nutzen angewandt wird, um die Interessen zukünftiger Generationen mit zu berücksichtigen.

Die Stakeholderorientierung als ein Prinzip der nachhaltigen Entwicklung führt dazu, dass man sich nicht auf eine Betrachtung der Auswirkungen einer Investition für den Investor beschränkt, sondern dass man auch die Auswirkungen für Stakeholder berücksichtigt. Das kann zu unterschiedlichen Investitionsentscheidungen führen.

Die Kosten-Nutzen-Analyse ermöglicht einen ganzheitlicheren Zugang zur Bewertung einer Investition als die Business-Case-Analyse. Ein Beispiel einer Kosten-Nutzen-Analyse, in dem die Prinzipien der nachhaltigen Entwicklung und die unterschiedlichen Perspektiven des Investors und der Stakeholder berücksichtigt werden, ist für die RGC Fallstudie „Values4Business Value“ in der Tabelle C6 dargestellt.

Investitionsentscheidungen unterliegen wegen ihres langfristigen Charakters mehr als andere organisatorische Entscheidungen der Unsicherheit. Die rechnerische Berücksichtigung der mit einer Investition verbundenen Risiken kann auf zwei Arten erfolgen. Einerseits kann man in einer Sensitivitätsanalyse Parameter, von denen die Vorteilhaftigkeit einer Investition abhängig ist, bestimmen. Bei der einfachsten Form der Sensitivitätsanalyse wird für einen Parameter untersucht, inwieweit Abweichungen innerhalb eines bestimmten Schwankungsbereichs das Ergebnis der Investitionsrechnung beeinträchtigen. Eine Sensitivitätsanalyse kann auch in Bezug auf mehrere

Parameter durchgeführt werden. Als Ergebnis der Sensitivitätsanalyse werden kritische Punkte ermittelt, die angeben, innerhalb welcher Grenzen die Parameter variieren können, ohne dass die als optimal angesehene Investition nicht-optimal wird. Andererseits können Simulationsrechnungen durchgeführt werden, indem unsichere Parameter als Zufallsvariablen definiert werden, für die man Wahrscheinlichkeitsverteilungen annimmt. Tipps zur Investitionsanalyse finden sich in der Tabelle C4.

Tipps zur Investitionsanalyse
> Die Investitionsanalyse hat für Produkt- und Infrastrukturinvestitionen eine hohe praktische Relevanz. Für Marketing- und Organisationsinvestitionen gewinnt sie an Bedeutung.
> Für Kundenauftragsprojekte hat sie geringe Relevanz, da hier vor allem das kurzfristig erzielbare Auftragsergebnis im Vordergrund steht. Das den Auftrag durchführende Unternehmen kann aber eine Investitionsanalyse als Marketinginstrument aus Kundensicht erstellen.
> Investitionen sind möglichst ganzheitlich zu beschreiben, d. h. es sind nicht nur die direkten Investitionsziele, sondern auch indirekte Ziele des Marketings, der Organisation oder des Personals zu berücksichtigen.
> Wenn möglich, sind monetäre Bewertungen für die Kosten und Nutzen vorzunehmen. Diese Bewertungen stellen wichtige Grundlagen zur Kommunikation im Investitionsentscheidungsprozess dar.
> Die monetären Bewertungen der Kosten und Nutzen sind durch nicht-monetäre Indikatoren und durch qualitative Aussagen zu ergänzen.
> Die Investitionsanalyse sollte auch einem periodischen Controlling unterzogen werden.

Tab. C4: Tipps zur Investitionsanalyse

Investitionsentscheidungen sind meist mit einem relativ hohen Kapitaleinsatz verbunden und haben mittel- bis langfristige ökonomische, ökologische und soziale Konsequenzen. Nach dem Treffen diesbezüglicher Entscheidungen werden diese daher als relativ fix und unveränderbar wahrgenommen.

Ziel muss es aber sein, im Investitionslebenszyklus flexibel auf Veränderungen in der Umwelt einer Organisation reagieren zu können. Die Theorie der Realoptionen bietet ein Modell an, das Flexibilität im Investitionslebenszyklus ermöglicht.[12] Es werden eventuelle Handlungsoptionen im Investitionslebenszyklus identifiziert und in der Planung berücksichtigt. Als mögliche Handlungsoptionen werden vor allem Wachstums- und Abbruchsoptionen gesehen. Bei Anwendung des Modells der

12 Vgl. Hommel, U. et al., 2013.

Realoptionen wird dann eine Investition mit Handlungsflexibilität höher bewertet als eine starre Investition. Die Anwendung als formales Modell ist zwar theoretisch anspruchsvoll, als grundsätzlicher Denkansatz aber sicherlich relevant.

Investitionsobjekt planen: Methode zur Beantragung einer Investition

Ein Investitionsantrag dient zur Beschreibung einer zu beantragenden Investition. Im Investitionsantrag werden die Problemstellung und der Anlass für die Investition, die Investitionsziele, eine Beschreibung des Investitionsobjekts, finanzielle Kennzahlen und Beiträge der Investition zur Realisierung ökologischer und sozialer Ziele der projektorientierten Organisation zusammenfassend dargestellt. Ein Beispiel eines Investitionsantrags für die Fallstudie „Values4Business Value" findet sich in der Tabelle C7.

Der Investitionsantrag ist die Grundlage für die Entscheidung bezüglich der Durchführung einer Investition durch die Entscheidungsträger. Die Beschreibung des Anlasses einer Investition im Antrag dient der Sicherung einer gemeinsamen Sichtweise bezüglich des Istzustands. Die Beschreibung der Investitionsziele dient der Darstellung des durch die Investition angestrebten Sollzustands. Die Beiträge zur Realisierung der Ziele der Organisation können unter Berücksichtigung der Prinzipien der Nachhaltigkeit nach ökonomischen, ökologischen und sozialen Zielen bzw. auch nach Fristigkeit differenziert werden. Die Investitionsanalyse sowie einzelne relevante Investitionspläne sind dem Investitionsantrag beizulegen.

Fallstudie: Values4Business Value – Investitionsobjekt planen

Values4Business Value: Zusammenhang zum strategischen Managen der RGC

Im Rahmen des strategischen Managens der RGC im Jahr 2014 wurde festgestellt, dass die RGC Managementansätze einer grundsätzlichen Weiterentwicklung bedürfen.

Neue inhaltliche Entwicklungen wie z.B. agile Ansätze, Prinzipien der nachhaltigen Entwicklung, Anforderungsmanagement oder Nutzenrealisierung, flossen zwar laufend in die Trainings- und Consultingaktivitäten ein, aber es erfolgte keine integrierte Betrachtung der diesbezüglichen Konsequenzen. Die zunehmende Kritik am „traditionellen" Projektmanagement in der Literatur und der Praxis machte auch eine klare theoretische Positionierung der RGC Managementansätze notwendig. Erst die Dokumentation der Weiterentwicklungen im Rahmen einer Publikation ermöglicht auch deren adäquate Kommunikation an die Kunden und an die Management-Community.

Aufgrund dieser Ergebnisse des strategischen Managens konzipierte im Jahr 2015 eine Arbeitsgruppe die Investition „Values4Business Value". Im Rahmen des Konzipierens wurde das Investitionsobjekt geplant und das Implementierungsprojekt initiiert. Ein Überblick über die Geschäftsprozesse im Zusammenhang mit der Investition „Values4Business Value" ist in der Abbildung C8 dargestellt.

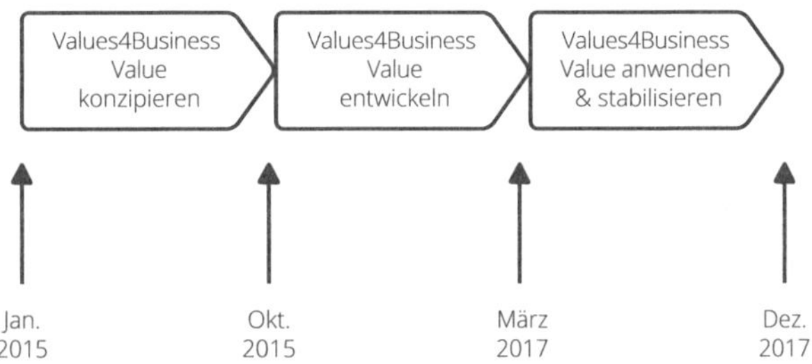

Abb. C8: Kette von Geschäftsprozessen im Zusammenhang mit der Investition „Values4Business Value"

Obwohl für die Durchführung der Konzeption kein Projekt definiert wurde, sondern diese durch eine Arbeitsgruppe erfolgte, wurden einige Projektmanagementmethoden eingesetzt. In Tabelle C5 ist z.B. die Aufgabenstruktur als Funktionendiagramm dargestellt.

Funktionendiagramm

Values4Business Value konzipieren

V. 1.001 v. S. Füreder per 5.10.2015

Legende
D...durchführen
M...mitarbeiten
I...wird informiert
K...koordiniert

PSP-Code	Phase / Arbeitspaket	Rollen										
		Initiator	Initiierungsteam (Managementexperten)	Investitionsentscheidungsgremium	Anforderungsmanager	Marketing Experten	Scrum Experte	Projektmanagement Experte	Controller	Vertreter Verlag	Sonstige Stakeholder	Hilfsmittel/Dokument
1	Istanalyse durchführen											
1.1	Managementansätze analysieren		D									
1.2	Publikationen analysieren		D									
1.3	Dienstleistungen analysieren		D									
1.4	Ist-Analyse abstimmen	I	D									
1.5	Ist-Analyse fertigstellen		D									
2	Sollzustand: Stakeholderanforderungen definieren											
2.1	Stakeholderanforderungen RGC definieren		D		M							1)
2.2	Stakeholderanforderungen Verlage definieren		D		M					M		
2.3	Stakeholderanforderungen RGC Kunden definieren		D		M	M						
2.4	Stakeholderanforderungen Buchleser definieren		D		M	M						
2.5	Stakeholderanforderungen Management Community definieren		D		M						M	
2.6	Stakeholderanforderungen abstimmen	I	D		M							
2.7	Stakeholderanforderungen fertigstellen		D		M	M						
3	Lösungsvarianten beschreiben und auswählen											
3.1	Lösungsvarianten definieren		D		M	M						
3.2	Lösungsvariante 1-x beschreiben		D		M	M				M		
3.3	Lösungsvariante auswählen	D	M		M					I		
4	Innovationen im Management analysieren, planen											
4.1	Ansätze zum Projekt-, Programm- und Changemanagement analysieren		D									
4.2	Werte im Management analysieren		D									
4.3	Nachhaltige Entwicklung analysieren		D									
4.4	Agile Ansätze analysieren		D									
4.5	Anforderungsmanagement analysieren		D									
4.6	Benefits Realization Management analysieren		D									
4.7	Innovationen im Management planen		D									
4.8	Innovationen im Management abstimmen	I	D									
4.9	Innovationen im Management fertigstellen		D									
5	Initiale Anforderungen definieren											
5.1	Initiale Geschäftsanforderungen definieren	M	D		M	M			M			2)
5.2	Initiale Geschäftsanforderungen abstimmen	M	D		M				M			
5.3	Initiale Geschäftsanforderungen fertigstellen	M	D		M				M			
5.4	Initiale Lösungsanforderungen definieren		D		M		M			M	M	3)
5.5	Initiale Lösungsanforderungen abstimmen	I	D		M		M					
5.6	Initiale Lösungsanforderungen fertigstellen		D		M		M					
5.7	Initiale Transitionsanforderungen definieren		D		M		M					
5.8	Initialen Product Backlog erstellen		D		M	M	M		M	I		4)
6	Kosten-Nutzen-Analyse erstellen											
6.1	Kosten-Nutzen-Analyse Erstansatz erstellen		M		M	M			D			5)
6.2	Kosten-Nutzen-Analyse abstimmen	I	M		M	M			D	M		
6.3	Kosten-Nutzen-Analyse fertigstellen		M		M	M			D			
7	Implementierungsprojekt initiieren											
7.1	Initale Projektpläne erstellen		M		M	M	M	D		M		6)
7.2	Projektportfolio analysieren		M		M	M	M	D				
7.3	Projektstrategien festlegen	I	M		M	M	M	D		M	M	
7.4	Projekt beantragen		M		M	M	M	D				

PSP-Code	Legende D...durchführen M...mitarbeiten I...wird informiert K...koordiniert Phase / Arbeitspaket	Rollen: Initiator	Initiierungsteam (Managementexperten)	Investitionsentscheidungsgremium	Anforderungsmanager	Marketing Experten	Scrum Experte	Projektmanagement Experte	Controller	Vertreter Verlag	Sonstige Stakeholder	Hilfsmittel/Dokument
7	Implementierungsprojekt initiieren											
7.1	Initale Projektpläne erstellen		M		M	M	M	D		M		6)
7.2	Projektportfolio analysieren		M		M	M	M	D				
7.3	Projektstrategien festlegen	I	M		M	M	M	D		M	M	
7.4	Projekt beantragen		M		M	M	M	D				
8	Investitions- und Projektentscheidung treffen											
8.1	Entscheidungsdokumentation erstellen		D		M	M						
8.2	Präsentation durchführen	M	D		M							
8.3	Zusätzliche Informationen bereitstellen	I	D		M	M		M		M		
8.4	Investitionsentscheidung treffen	M	M	D								
8.5	Entscheidung bezüglich Implementierungsprojekt treffen	M	M	D								
8.6	Entscheidung kommunizieren	M	D	M	M					I	I	7)

Tab. C5: Investition „Values4Business Value“ konzipieren – Funktionendiagramm

Ausgewählte Ergebnisse der Konzeption, nämlich die Kosten-Nutzen-Analyse und der Investitionsantrag, sind im Folgenden dargestellt und interpretiert.

Die Ergebnisse der Definition der „initialen“ Geschäftsanforderungen sind in die Kosten-Nutzen-Analyse eingeflossen. Die Ergebnisse der Definition der „initialen“ Lösungsanforderungen wurden in einem „initialen“ Product Backlog zusammengefasst. Der Prozess „Initiale Anforderungen definieren“, die diesbezüglichen Methoden und Beispiele für „Values4Business Value“ sind im Kapitel D beschrieben.

In der Tabelle C6 ist die Kosten-Nutzen-Analyse der Investition „Values4Business Value“ dargestellt. Im ersten Teil wird die Sicht der RGC als Investor, im zweiten Teil werden die Sichtweisen wesentlicher Stakeholder vertreten.

Kosten-Nutzen-Analyse

Values4Business Value

V. 1.001 v. S. Füreder per 5.10.2015

Investorsicht: Entwickeln

Kosten-/Nutzenart	Beschreibung der Kosten/Nutzen	Monetäre Bewertung	Auswirkungen					
			Ökonomisc	Ökologisch	Sozial	Lokal	Regional	Global
Phase:Entwickeln - Kosten								
Personalkosten Projektmanagement	Projekt starten, Projekt controllen, Projekt transformieren, Projekt abschließen (600 h à 75.-)	€ 45.000,00	x			x		
Personalkosten Autoren	Recherchieren, Schreiben durch Autoren (1800 h à €100,-)	€ 180.000,00	x			x		
Personalkosten Redaktion	Recherchieren, Redigieren, Gestalten (800 h à 75,-)	€ 60.000,00	x			x		
Personalkosten Assistenz	Gestalten von Abbildungen und Verzeichnissen (200 h à 50.-)	€ 10.000,00	x			x		
Personalkosten Entwickler	Entwicklung Prototypen (3 Seminare, 2 Vorträge, 1 Event, je 30 h à € 100.-)	€ 18.000,00						
Personalkosten Consultants, Netzwerkpartner	Inhaltliches Weiterentwickeln durch Informieren und Reflexionsworkshops (5 Personen à 40 h à 100.-)	€ 20.000,00	x			x		
Personalkosten Marketing	Events, Aussendungen, Erstvermarktung (80 h à 75.-)	€ 6.000,00	x			x		
Personalkosten eBook	eBook entwickeln (200h a 75.-)	€ 15.000,00	x	x		x		
Materialkosten	100 Bücher für Erstvermarktung (à 70.-)	€ 7.000,00	x			x		
Kosten für Dienstleistungen Peer Review Workshops	Catering, Raum und Material für Peer Review Workshops	€ 3.000,00	x		x	x		
Kosten für Dienstleistungen Design Buch	Layout, Design Buch (pauschal)	€ 3.000,00	x			x		
Kosten für Dienstleistungen Design RGC Unterlagen	Layout, Design Unterlagen (pauschal)	€ 2.000,00	x			x		
Kosten für Dienstleistungen Buchpräsentationen	Catering, Raum und Material für 3 Buchpräsentationen	€ 12.000,00	x		x		x	
Phase: Entwickeln Monetäre Kosten gesamt		€ 381.000,00						
Qualitative Kosten Familie	Weniger Zeit für Familie und Freunde				x	x		
Qualitative Kosten RGC	Weniger Führungsleistung in der RGC		x		x	x		
Phase: Entwickeln - Nutzen								
Monetärere Nutzen Prototypen	Managementinnovationen in Prototypen genutzt (3 Seminare, 2 Vorträge, 1 Event, jeweils € 5000.-)	€ 30.000,00	x		x	x		
Qualitativer Nutzen RGC USP	RGC USP durch Managementinnovationen RGC-intern geschärft		x			x		
Qualitativer Nutzen Managementansätze, Unterlagen	Managementansätze und RGC Unterlagen optimiert		x			x		
Qualitativer Nutzen Buch	Managementinnovationen in Buch dokumentiert		x				x	
Phase: Implementieren Monetäre Nutzen gesamt		€ 30.000,00						

Investorsicht: Anwenden

Kosten-/Nutzenart	Beschreibung der Kosten/Nutzen	Monetäre Bewertung	Auswirkungen					
			Ökonomisc	Ökologisch	Sozial	Lokal	Regional	Global
Phase: Anwenden - Kosten*								
Personalkosten Autoren je Jahr	Kosten für weitere Vermarktung; 1 Eventteilnahmen / Jahr	€ 2.000,00	x				x	
Personalkosten Marketing je Jahr	Kosten für laufenden Vermarktung	€ 3.000,00	x				x	
Phase: Anwenden Jährliche monetäre Kosten gesamt	*Anmerkung: Anschaffungskosten der Bücher nicht angeführt, da in der Nutzenbetrachtung nur der Deckungsbeitrag aus Verkaufserlös abzüglich Anschaffungskosten berücksichtigt wird	€ 5.000,00						
Phase: Anwenden - Nutzen								
Monetärer Nutzen Consultingleistungen je Jahr	Deckungsbeitrag Consulting in der DACH-Region gesteigert	€ 100.000,00	x				x	
Monetärer Nutzen offene Trainings und Events je Jahr	Deckungsbeitrag Training und RGC Events gesteigert	€ 50.000,00	x			x		
Monetärer Nutzen Buchverkauf Hardcover je Jahr	Deckungsbeitrag Buchverkauf (Hardcover) in DACH-Region gesteigert (600 à € 15.-)	€ 9.000,00	x				x	
Monetärer Nutzen Buchverkauf E-Book je Jahr	Deckungsbeitrag Buchverkauf (E-Book) in DACH-Region erzielt (400 à € 10.-)	€ 4.000,00	x	x			x	
Monetärer Nutzen Personalkosten je Jahr	Personalkosten durch höhere Effizienz im RGC Management eingespart	€ 20.000,00	x		x	x		
Monetärer Nutzen Tantiemen je Jahr	Tantiemen für Autoren: 1000 Bücher à 6 €	€ 6.000,00	x			x		
Phase: Anwenden Jährliche monetäre Nutzen gesamt		€ 189.000,00						
Qualitativer Nutzen RGC Image je Jahr	Neuen RGC Geschäftsführer Lorenz Gareis positioniert		x		x		x	
Qualitativer Nutzen RGC Image je Jahr	USP der RGC durch Managementinnovationen geschärft		x				x	
Qualitativer Nutzen Verlagskooperationen	Potenzial für weitere Kooperationen mit Verlagen geschaffen		x		x	x		
Qualitativer Nutzen RGC Image je Jahr	MitarbeiterInnen an die RGC durch USP gebunden		x		x	x		

Stakeholdersichten: Anwenden								
			Auswirkungen					
Kosten-/Nutzenart	Beschreibung der Kosten/Nutzen		Ökonomisc	Ökologisch	Sozial	Lokal	Regional	Global
Kooperierende Verlage - Kosten								
Materialkosten je Jahr	Produktionskosten Buch		x			x		
Personalkosten je Jahr	Marketing/PR für das Buch		x			x		
Kosten für Dienstleistungen je Jahr	Tantiemen an Autoren		x			x		
Monetäre Kosten gesamt								
Kooperierende Verlage - Nutzen								
Monetärer Nutzen Buchverkauf je Jahr	Umsätze Buchverkäufe		x				x	
Qualitativer Nutzen Verlag Image je Jahr	Imageverbesserung durch innovative Managementpublikation		x		x		x	
Monetäre Nutzen gesamt								
Leser: Praktiker (Projektmanager, Consultants, Trainer, Lehrer) - Kosten								
Materialkosten Buch je Jahr	Beschaffung Buch, 700 Stück pro Jahr à € 70.-	€ 49.000,00	x			x		
Personalkosten je Jahr	Zeit des Lesens 700 Personen a 30 Stunden à € 50.-)	€ 1.050.000,00	x			x		
Monetäre Kosten gesamt		€ 1.099.000,00						
Leser: Praktiker (Projektmanager, Consultants, Trainer, Lehrer) - Nutzen								
Monetärer Nutzen Umsetzung je Jahr	Effizienteres und effektiveres Management, (Einsparung von 10% Arbeitszeit je Jahr = 700 Personen à 160 h à € 200.-)	€ 22.400.000,00	x		x	x		
Qualitativer Nutzen Umsetzung je Jahr	Wertschätzung von KooperationspartnerInnen und Vorgesetzten				x	x		
Monetäre Nutzen gesamt		€ 22.400.000,00						
RGC Kunden (Training/Consulting) - Kosten								
Kosten für Training und Consulting je Jahr	Unverändert, keine zusätzlichen Kosten							
RGC Kunden (Training/Consulting) - Nutzen								
Qualitativer Nutzen Training und Consulting je Jahr	Zusätzliche Effizienz- und Effektivitätssteigerung durch weiterentwickelte RGC Managementansätze		x		x	x		
Leser: StudentInnen - Kosten								
Materialkosten Buch je Jahr	Beschaffung Buch (300 Stück à € 60.-)	€ 18.000,00	x			x		
Personalkosten je Jahr	Zeit des Lesens (300 Studenten à 40 Stunden à € 15.-)	€ 180.000,00	x			x		
Leser: StudentInnen - Nutzen								
Monetärer Nutzen Umsetzung je Jahr	Beitrag zur Kompetenzentwicklung (300 Studenten, höheres Jahresgehalt, statt € 35.000.- Anfangsgehalt von € 37.000.-)	€ 600.000,00	x			x		
Qualitativer Nutzen Umsetzung je Jahr	Beitrag zum Prüfungserfolg von 300 Studenten		x		x	x		

Investitionskennzahlen für Anwendung von 3 Jahren			Kosten-Nutzen-Differenz der Investition	Interpretation
Monetäre Kosten-Nutzen-Differenz aus Investorensicht	Phase: Entwickeln	-€ 351.000,00	€ 201.000,00	Kosten-Nutzen-Differenz des Investors für 3 Jahre = Kosten-Nutzen-Differenz des Anwendens (3 x 184.000 €) minus Kosten-Nutzen-Differenz des Entwickelns (351.000 €)
	Kosten:	-€ 381.000,00		
	Nutzen:	€ 30.000,00		
	Phase: Anwenden	€ 184.000,00		
	Kosten pro Jahr:	-€ 5.000,00		
	Nutzen pro Jahr:	€ 189.000,00		
Kosten-Nutzen-Differenz aus Lesersicht: Praktiker	Kosten pro Jahr:	-€ 1.099.000,00	€ 63.903.000,00	Kosten-Nutzen-Differenz der Praktiker für 3 Jahre = Nutzen für 3 Jahre (3 x 22.400.000 €) minus Kosten für 3 Jahre (3 x 1.099.000)
	Nutzen pro Jahr:	€ 22.400.000,00		
Kosten-Nutzen-Differenz aus Lesersicht: Studenten	Kosten pro Jahr:	-€ 198.000,00	€ 1.206.000,00	Kosten-Nutzen-Differenz der Studenten für 3 Jahre = Nutzen für 3 Jahre (3 x 600.000 €) minus Kosten für 3 Jahre (3 x 198.000)
	Nutzen pro Jahr:	€ 600.000,00		

Tab. C6: Kosten-Nutzen-Analyse für die Investition „Values4Business Value"

Die Kosten-Nutzen-Analyse wurde im Rahmen der Konzeption von „Values-4Business Value" erarbeitet. Bei der Ersterstellung wurden die Auswirkungen der Investition aus den Perspektiven des Investors RGC betrachtet. Es war offensichtlich, dass die Investition vorteilhaft war. In einer späteren Phase, als vor allem auch Marketingüberlegungen wichtig wurden, erfolgte eine Erweiterung der Kosten-Nutzen-Analyse um die Berücksichtigung der Kosten und Nutzen weiterer Stakeholder.

Die monetären Bewertungen der Kosten und Nutzen wurden in der Arbeitsgruppe, die die Konzeption durchführte, vorgenommen. Es wurden keine Ab- oder Aufzinsungen zukünftiger Kosten oder Nutzen vorgenommen. Das entspricht den Prinzipien der nachhaltigen Entwicklung, da zukünftige Nutzenüberschüsse als gleich wichtig angesehen werden als gegenwärtige.

Die Ergebnisse sowohl aus der Sicht des Investors als auch aus den Sichten zusätzlich berücksichtigter Stakeholder zeigten, dass die Nutzen die Kosten weit überstiegen und dass kurzfristig (nach zwei Jahren) eine Amortisation der Projektkosten möglich war. Diese eindeutigen Ergebnisse machten keine Sensitivitätsrechnung und formale Risikoanalyse für die Investition notwendig. Andererseits waren die Implementierungskosten aus der Sicht des Investors doch überraschend hoch.

Values4Business Value: Investitionsantrag

In der Tabelle C7 ist als Beispiel der Investitionsantrag der Investition „Values4Business Value“ dargestellt.

Wesentliche Informationen zum Erstellen des Investitionsantrags konnten der Kosten-Nutzen-Analyse entnommen werden. Bei „Values4Business Value“ handelte es sich um eine dienstleistungsbezogene Investition, da die RGC Managementansätze als „Technologie“ zur Erfüllung der Dienstleistungen verstanden werden. Der Anlass zur Investition wurde auch schon oben in der Beschreibung des Zusammenhangs zum strategischen Managen interpretiert. Die wesentlichen Objekte, die im Rahmen der Investition betrachtet wurden, waren:

- die RGC Managementansätze zum Prozess-, Projekt-, Programm- und Changemanagement,
- die Dienstleistungen und Produkte,
- das Buch „PROJEKT.PROGRAMM.CHANGE“,
- die Unterlagen (Designs, PowerPoint-Präsentationen etc.) und
- die Berater, Mitarbeiter und Netzwerkpartner.

Die Investitionskennzahlen konnten als Ergebnisse der Kosten-Nutzen-Analyse übernommen werden.

Wesentlich für die Entscheidung, die Investition „Values4Business Value“ durchzuführen, war das strategische Ziel, die RGC weiter als Managementinnovator im deutschsprachigen Raum zu positionieren.

Ivestitionsantrag
Values4Business Value

V. 1.001 v. S. Füreder per 5.10.2015

Bezeichnung der Investition:	Values4Business Value
Investitionsart:	☐ Organisation ☐ Marketing ☐ Infrastruktur ☐ Personal ☐ Stakeholderbeziehungen X Dienstleistungen

Anlass für die Investition

Aufgrund der starken Konkurrenz am Beratungsmarkt kann eine Weiterentwicklung der RGC Managementansätze einen Beitrag zur Schärfung des RGC USP leisten.

Das Buch „Happy Projects!", in dem die RGC Managementansätze dokumentiert sind, wird In der deutschsprachigen Projektmanagement-Community noch immer als „Klassiker" gesehen, aber neue Entwicklungen, wie z.B. Agilität, Anforderungsmanagement, Nutzenrealisierung fehlen. Zusammenhänge zwischen Projekt-, Programm- und Changemanagement sind zu wenig dargestellt. Weiterentwicklungen der Managementansätze sind daher notwendig.

Das Marketing von „Happy Projects!" ist in Österreich gut, in Deutschland und Schweiz aber zu wenig ausgeprägt. Durch eine Weiterentwicklung der Managementansätze kann dafür eine neue Basis geschaffen werden.

Als ein neues Format kann ein E-Book geschaffen werden.

Investitionsziele

Managementinnovationen in Prototypen genutzt	Deckungsbeitrag E-Buchverkauf in DACH-Region erzielt
USP durch Managementinnovationen RGC-intern geschärft	Personalkosten durch höhere Effizienz im Management eingespart
Managementansätze und Unterlagen optimiert	Tantiemen für Autoren gesichert
Managementinnovationen in Buch dokumentiert	Neuer Geschäftsführer Lorenz Gareis positioniert
Deckungsbeitrag Consulting in der DACH-Region gesteigert	USP der RGC in DACH-Region durch Managementinnovationen geschärft
Deckungsbeitrag Training und RGC Events gesteigert	Potenzial für weitere Kooperationen mit Verlagen geschaffen
Deckungsbeitrag Buchverkauf (Hardcover) in DACH-Region gesteigert	Mitarbeiter durch USP an die RGC gebunden

Beschreibung des Investitionsobjekts

RGC Managementansätze: Prozessmanagement, Projektmanagement, Programmmanagement, Management der projektorientierten Organisation und Changemanagement

Unterlagen (Designs, Power Point Präsentationen)

Buch: Projekt, Programm, Change

Berater, Mitarbeiter und Netzwerkpartner

Beitrag zur Realisierung ökonomischer Ziele

Kosten-Nutzen-Differenz für den Investor: € 201.000.-

Amortisationsdauer: 2 Jahre

Risiko: zu geringes Interesse der deutschsprachigen Management-Community an neuen RGC Managementansätzen, da anspruchsvoll umzusetzen

Initiator	Initiierungsteam

Tab. C7: Investitionsantrag „Values4Business Value"

C4 Nutzenrealisierung controllen

Nutzenrealisierung controllen: Definitionen

In der englischen Literatur wird das Controllen der Nutzenrealisierung als „Benefits Realization Management" (BRM) bezeichnet und meist im Zusammenhang mit Programmmanagement behandelt. Im Standard „Managing Successful Programs" finden sich wesentliche Grundlagen[13], im Programmmanagementstandard von PMI wird auch der Zusammenhang zum BRM dargestellt.[14] Methoden zum BRM sind in umfangreicher Form von Levin und Green beschrieben.[15] APM definiert BRM als „the identification, definition, planning, tracking and realization of business benefits"[16], Bradley definiert es als „the process of organising and managing, so that potential benefits, arising from investment in change, are actually achieved".[17]

Ein Nutzen wird im Standard „Managing Successful Programs" als „a measurable outcome, which is perceived as an advantage by one or more stakeholders" definiert. Nutzen sind z.B. Kostenreduktionen, Effizienzsteigerungen oder Imageverbesserungen. Nutzen sind als Verbesserungsziele wie z.B. weniger, mehr, höher oder besser zu formulieren. Kosten sind als negative Auswirkung einer Investition definiert.

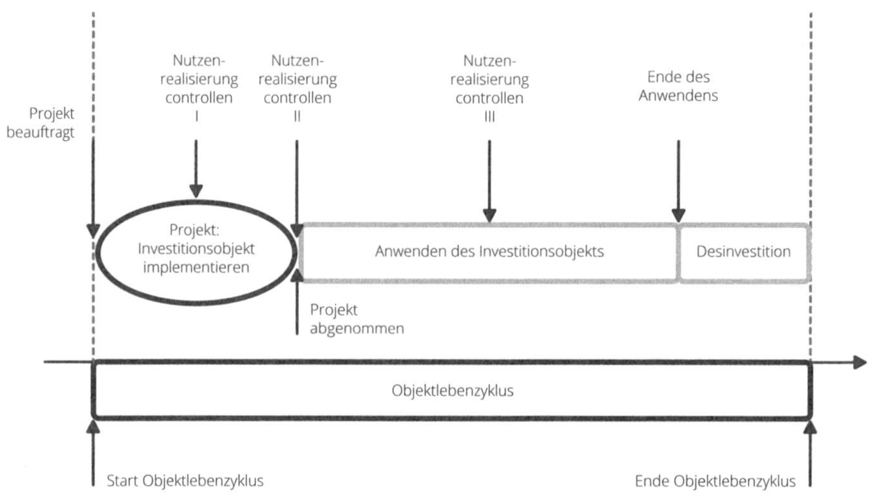

Abb. C9: Zusammenhang zwischen Implementierungsprojekt und Investition

13 Vgl. Sowden, R. et al., 2011, S. 73 ff.
14 Vgl. PMI, 2013, S. 33 ff.
15 Vgl. Levin, G., Green, A.R., 2013.
16 Vgl. APM, 2012.
17 Vgl. Bradley, G.,2010.

Nutzenrealisierung controllen ist ein Geschäftsprozess, der die Optimierung der Kosten-Nutzen-Differenz einer Investition zum Ziel hat. Im Prozess beschränkt man sich daher nicht auf die Betrachtung der Nutzen einer Investition, sondern berücksichtigt auch deren Kosten. Das Controllen der Nutzenrealisierung bezieht sich nicht auf Projekte oder Programme. Die betrachteten Kosten und Nutzen beziehen sich vielmehr auf Investitionen, wobei diese aber durch Projekte oder Programme implementiert werden. Dieser Zusammenhang ist in der Abbildung C9 dargestellt.

Nutzenrealisierung controllen: Ziele

Mithilfe des Geschäftsprozesses „Nutzenrealisierung controllen" kann der Erfolg einer Investition controlled werden. Ziele des Geschäftsprozesses „Nutzenrealisierung controllen" sind:

- das Optimieren der Kosten-Nutzen-Differenz einer Investition,
- das Sichern eines Beitrags einer Investition zum nachhaltigen Business Value der Organisation,
- das rasche Realisieren von Nutzen einer Investition durch die Definition von Quick Wins,
- das eventuelle rechtzeitige Abbrechen einer nicht erfolgreichen Investition,
- das Organisieren des Lernens für andere Investitionen und
- das Einbeziehen von Stakeholdern in das Controllen der Nutzenrealisierung.

Im Verständnis des Anforderungsmanagements sollen durch Controllen der Nutzenrealisierung die Erfüllung der Geschäftsanforderungen und nicht nur der Lösungsanforderungen gesichert werden. „Start with the end in view" lautet das Motto des Nutzenrealisierungcontrollens.

Das Controllen der Nutzenrealisierungen von Investitionen schafft eine Grundlage für das Controllen des Investitionsportfolios im Rahmen des strategischen Managens einer Organisation. In der Praxis wird das Controllen der Nutzenrealisierung (noch) selten angewandt, obwohl damit große Kommunikations- und Optimierungspotenziale für Investitionen verbunden sind.

Definition: Nutzenrealisierung controllen

Nutzenrealisierung controllen ist ein Geschäftsprozess, der die Optimierung der Kosten-Nutzen-Differenz einer Investition zum Ziel hat. Im Prozess beschränkt man sich nicht auf die Betrachtung der Nutzen einer Investition, sondern berücksichtigt auch deren Kosten.

Durch das Controllen der Nutzenrealisierungen von Investitionen werden Grundlagen für das Controllen des Investitionsportfolios einer Organisation im Rahmen des strategischen Managens geschaffen.

Nutzenrealisierung controllen: Struktur

Das Controllen der Nutzenrealisierung ist auf Grundlage der Ergebnisse des Planens des Investitionsobjekts zu erfüllen. Das Controllen der Nutzenrealisierung beginnt nach der Investitionsentscheidung mit dem Implementieren einer Investition. Während des Implementierens eines Investitionsobjekts sind folgende Aufgaben zu erfüllen:

- Erwartete Kosten und Nutzen kommunizieren
- Zu controllende Kosten und Nutzen priorisieren und auswählen
- Messgrößen für die zu controllenden Kosten und Nutzen definieren
- Kosten und Nutzen periodisch kontrollieren
- Maßnahmen zum Optimieren der Kosten und Nutzen planen und veranlassen
- Eventuell Risiken der Kosten und Nutzen der Investition controllen
- Periodische Nutzenrealisierungsberichte erstellen
- Realisierte Nutzen kommunizieren

Während des Betreibens bzw. Anwendens eines Investitionsobjekts sind folgende Aufgaben zu erfüllen:

- Kosten und Nutzen periodisch kontrollieren
- Maßnahmen zum Optimieren der Kosten und Nutzen planen und veranlassen
- Eventuell Risiken der Kosten und Nutzen der Investition controllen
- Periodische Nutzenrealisierungsberichte erstellen
- Realisierte Nutzen-Kosten-Differenz kommunizieren

Die Dauer des Controllens während des Betreibens/Anwendens des Investitionsobjekts ist jeweils zu vereinbaren. Falls in dieser Phase keine weiteren Optimierungspotenziale einer Investition gesehen werden, kann das Controllen der Nutzenrealisierung auch nur bis kurz nach Beginn der Betriebs- bzw. Anwendungsphase durchgeführt werden. Das stellt in der Praxis auch den Regelfall dar. So wendet die österreichische Bank RBI z. B. einen Value Capturing Process für Investitionen an, deren Projektbudget größer als € 250.000,– ist. Die dadurch implementierte Investition wird durch das Project Management Office über eine Periode von maximal zwei Jahren ab Projektende controlled. Dabei liegt die Verantwortung für die Realisierung der Nutzen bei definierten Benefits Ownern.

Nutzenrealisierung controllen: Methoden

Zum Controllen der Nutzenrealisierung können spezifische Methoden eingesetzt werden. Die im Rahmen des Planens eines Investitionsobjekts erstellte Kosten-Nutzen-Analyse ist die Grundlage für das Controllen der Nutzenrealisierung. Wesentliche Methoden zum Controllen der Nutzenrealisierung sind Nutzenprofile, eine Liste mit zu controllenden Nutzen, der Nutzenrealisierungsplan, die Nutzenbeziehungsanalyse und der Nutzenrealisierungsbericht. Die Methoden zum Nutzenrealisierungcontrollen sind in Tabelle C8 beschrieben.

Methoden zum Nutzen-realisierungscontrollen	Inhalte
Kosten-Nutzen-Analyse erstellen	> Schaffen einer Grundlage zur Entscheidung über die Durchführung einer Investition > Analysieren der ökonomischen, ökologischen und sozialen Kosten und Nutzen der Investition für den Investor und für Stakeholder > Ganzheitliches Bewerten einer Investition > Verwenden der Analyse als Kommunikations- und als Controllinginstrument
Nutzenprofil erstellen	> Beschreibt den Nutzen, die Form der Nutzenbewertung, die Organisationen, die den Nutzen haben, andere Nutzen, zu denen der Nutzen beiträgt, die Maßgröße für die Nutzenmessung sowie die Zuständigkeit für den Nutzen
Zu controllende Nutzen-Liste erstellen	> Listen jener Nutzen, die im Nutzenrealisierungsmanagement controllt werden sollen
Nutzenrealisierungsplan erstellen	> Darstellen, welche Nutzen in welchem Ausmaß wann realisiert werden sollen > Beschreiben der Maßgröße für die Nutzenmessung, des zu erreichenden Ziels und der erreichten Ist-Werte je Periode
Nutzenbeziehungen analysieren	> Darstellen der Beziehungen zwischen den Nutzen und deren Interpretation
Nutzenrealisierungsbericht erstellen	> Periodisches Berichten über die bis zum Kontrollstichtag realisierten Nutzen bzw. Kosten > Berichten über die adaptierte Nutzen-Kosten-Differenz

Tab. C8: Ziele der Methoden zum Controllen der Nutzenrealisierung

Nutzenrealisierung controllen: Organisation

Das Controllen der Nutzenrealisierung ermöglicht das Controllen einer Investition. Grundsätzlich ist dafür der Initiator einer Investition zuständig. Initiatoren von Investitionen sind meist jene Organisationseinheiten, die den wesentlichen Nutzen aus einer Investition haben. Da das Controllen der Nutzenrealisierung auch während des Implementierens eines Investitionsobjekts wichtig ist, sind auch die Mitglieder der Projektorganisation eines Implementierungsprojekts in diesen Prozess einzubinden.

Der Projektauftraggeber, der Projektmanager und die Projektteammitglieder eines Implementierungsprojekts können die jeweils aktuellen Investitionskosten und -nutzen erfassen, zukünftig erwartete Investitionskosten und -nutzen aufgrund eines sich während der Implementierung verbessernden Informationsstandes adaptieren und eventuell Maßnahmen zur Optimierung der Kosten-Nutzen-Differenz in Abstimmung mit dem Initiator einer Investition treffen.

Rollen, die für das Controllen der Nutzenrealisierung einer Investition während des Implementierungsprojekts zuständig sind, können daher der Initiator der Investition, der Projektauftraggeber und der Projektmanager sein. Wie oben dargestellt, kann die Verantwortung zum Realisieren von Nutzen auch Benefits Ownern („Nutzeneigentümern") übertragen werden. In diesem Fall wären diese in die Projektorganisation zu integrieren. Zur Berücksichtigung der Ergebnisse des Controllens der Nutzenrealisierungen beim strategischen Managen sind dem Strategieteam oder auch der Projektportfolio Group (siehe auch Kap. O) periodische Nutzenrealisierungsberichte zur Verfügung zu stellen.

Die Übernahme von Verantwortung für das Controllen der Nutzenrealisierung während der Durchführung eines Implementierungsprojekts durch den Projektmanager setzt ein neues Selbstverständnis von Projektmanagern als „Intrapreneure" voraus. Projektmanager wickeln nicht nur Projekte ab, sondern tragen auch zum Sichern der Realisierung von Investitionsnutzen bei.

Während des Betreibens oder Anwendens eines Investitionsobjekts können die diesbezüglichen Informationen z. B. vom Facility- oder Produktmanagement aufbereitet und weitergegeben werden.

Fallstudie: Values4Business Value – Nutzenrealisierung controllen

Values4Business Value: Grundlagen für das Controllen der Nutzenrealisierung

2015 wurde in der RGC entschieden, die Investition „Values4Business Value" durchzuführen. Auf Basis der Kosten-Nutzen-Analyse wurden die Grundlagen zum Controllen der Nutzenrealisierung geschaffen. Es wurden jene Nutzen ausgewählt, die einem Controlling unterzogen werden sollten. Diese Nutzen sind in der Tabelle C9 dargestellt. Der Fokus wurde auf quantifizierbare Nutzen gelegt. Für zu controllende Nutzen wurden jeweils Nutzenprofile, wie z. B. in Tabelle C10 ersichtlich, erstellt. Es wurde entschieden, die Nutzenrealisierung bis Ende 2017 zu controllen.

Exemplarisch ist in Tabelle C11 für zwei Nutzen die geplante Realisierung dargestellt. Der Nutzenrealisierungsplan zeigt, welche Nutzen in welchem Ausmaß bis wann realisiert werden sollten. Da Nutzen auch voneinander abhängen können, wurde auch eine Analyse der Nutzenbeziehungen vorgenommen (siehe Abb. C10).

Zu controllende Nutzen-Liste
Values4Business Values entwickeln

V. 1.001 v. S. Füreder per 5.10.2015

Nutzen	Zu controllen
01 Managementinnovationen in Prototypen genutzt	
02 USP durch Managementinnovationen intern geschärft	
03 Managementansätze und Unterlagen optimiert	✓
04 Managementinnovationen in Buch dokumentiert	✓
05 Deckungsbeitrag Consulting in der DACH-Region gesteigert	✓
06 Deckungsbeitrag Training und Events gesteigert	✓
07 Deckungsbeitrag Buchverkauf (Hardcover) in DACH-Region gesteigert	✓
08 Deckungsbeitrag E-Buchverkauf in DACH-Region erzielt	✓
09 Personalkosten durch höhere Effizienz im RGC Management eingespart	
10 Tantiemen für Autoren gesichert	
11 Neuer Geschäftsführer Lorenz Gareis positioniert	
12 USP in DACH-Region durch Managementinnovationen geschärft	✓
13 Potenzial für weitere Kooperationen mit Verlagen geschaffen	✓
14 Mitarbeiter an die RGC gebunden	✓

Tab. C9: Zu controllende Nutzen-Liste

Nutzenprofil
Values4Business Value entwickeln

V. 1.001 v. S. Füreder per 5.10.2015

Nutzennummer:	07	Nutzenart:	Quantitativer Nutzen
Nutzen:		Deckungsbeiträge Buchverkauf (Hardcover) in DACH-Region gesteigert	
Nutzenbewertung:		Hohe Bedeutung	
Organisationen, die den Nutzen haben:		Geschäftsbereich: Produkte	
Projekt, das Nutzen ermöglicht:		Values4Busienss Value entwickeln	
Nutzen, zu denen der Nutzen beiträgt:		12 USP in DACH-Region durch Managementinnovationen geschärft	
		13 Potenzial für weitere Kooperationen mit Verlagen geschaffen	
Maßgröße für Nutzenmessung:		Deckungsbeitrag Buchverkauf (Hardcover) je Land	
Zuständigkeit für den Nutzen:		Leitung des Geschäftsbereichs: Produkte	

Tab. C10: Nutzenprofil „Deckungsbeitrag Buchverkauf (Hardcover) in DACH-Region gesteigert"

Nutzenrealisierungsplan
Values4Business Value entwickeln

V. 1.001 v. S. Füreder per 5.10.2015

#	Nutzen	Maßgröße	Ziel	Ist: 2017	Ist: 2018
7	Deckungsbeitrag Buchverkauf (Hardcover) in DACH-Region gesteigert	Deckungsbeitrag je Land je Jahr durch Buchverkauf (Hardcover) in DACH-Region	DB in D: € 2.000,- DB in A: € 5.000,- DB in CH: € 2.000,-	DB in D: € ... DB in A: € ... DB in CH: € ...	DB in D: € ... DB in A: € ... DB in CH: € ...
12	USP in DACH-Region durch Management-innovationen geschärft	Imagewerte lt. Umfrage in DACH-Region	Wahrnehmung als Anbieter eines integrierten Managementansatzes	Wahrnehmung: ...	Wahrnehmung: ...

Tab. C11: Nutzenrealisierungsplan

Eine grundsätzliche Herausforderung beim Controllen der Nutzenrealisierung ist das Strukturieren der Projekte, sodass Nutzen identifizierbar und messbar werden. Es kann zwischen „Enablern" und anderen Nutzen unterschieden werden. Im Fall „Values4Business Value" sind die Nutzen „Managementansätze und RGC Unterlagen optimiert" sowie „Managementinnovationen im Buch dokumentiert" die zentralen Enabler.

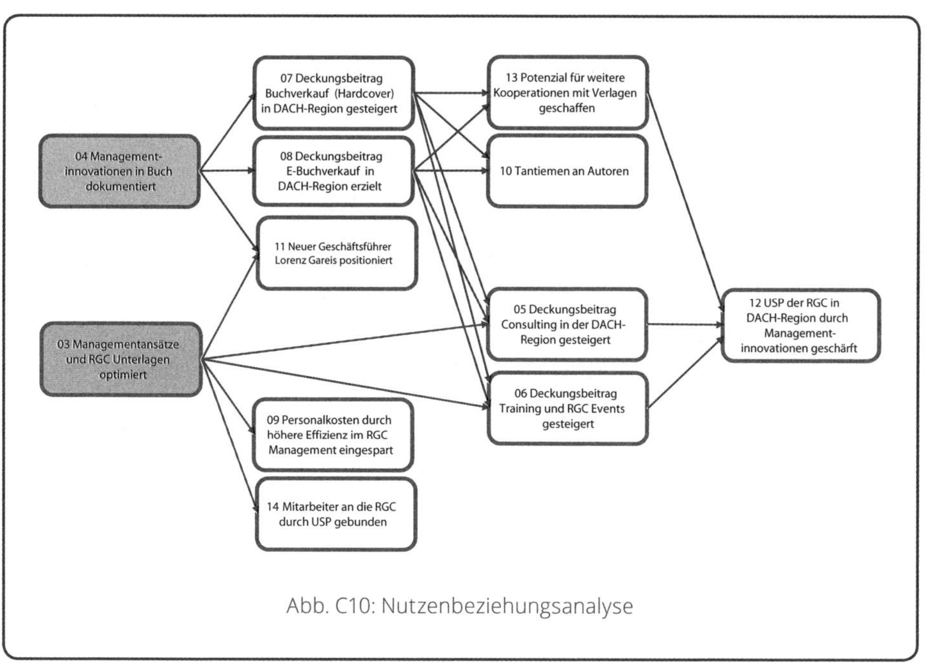

Abb. C10: Nutzenbeziehungsanalyse

Literatur

Albach, H.: Investition und Liquidität: die Planung des optimalen Investitionsbudgets, Betriebswirtschaftlicher Verlag Dr. Th. Gabler, Wiesbaden, 1962

Association for Project Management (APM): APM Body of Knowledge, 6th edition, APM, Buckinghamshire, 2012

Barnat, R.: The Nature of Strategy Implementation, abgerufen von http://www.introduction-to-management.24xls.com/en201 (30.9.2016), 2005

Boulding, K.E.: Time and Investment, Economica, Volume 3, London, 1936

Bradley, G.: Benefit Realisation Management: A Practical Guide to achieving Benefits through Change, 2nd edition, Gower, Surrey, Burlington, VT, 2010

Henderson, B.: The Experience Curve – Reviewed IV. The Growth Share Matrix or the Product Portfolio, The Boston Consulting Group, Boston, MA, 1973

Hommel, U., Scholich, M., Vollrath, R. (Hrsg.): Realoptionen in der Unternehmenspraxis: Wert schaffen durch Flexibilität, Berlin, Heidelberg, Springer, 2013

Jenner, S., Kilford, C.: Management of Portfolios, TSO (The Stationary Office), Norwich, 2011

Kaplan R., Norton D.: The Balanced Scorecard – Measures that Drive Performance, Harvard Business Review (1–2), 1992

Kendall, N.: What is Strategic Management?, abgerufen von http://www.applied-corporate-governance.com/what-is-strategic-management.html (25.10.2016)

Levin, G., Green, A.R.: Implementing Program Management: Templates and Forms Aligned with the Standard for Program Management, 3. Auflage, CRC Press, 2013

Porter, M.E.: Competitive Advantage: Creating and Sustaining Superior Performance, Free Press, New York, NY, 1985

Project Management Institute (PMI): The Standard for Program Management, 3. Auflage, PMI, Newton Square, PA, 2013

Sowden, R., Wolf, M., Ingram, G.: Managing Successful Programmes (MSP), 4th edition, The Stationary Office (TSO), Norwich, 2011

D Anforderungen managen & Projekte

Anforderungen im Zusammenhang mit einer zu entwickelnden Lösung können in Geschäfts-, Stakeholder-, Lösungs- und Transitionsanforderungen unterschieden werden. Diese Anforderungsarten können entweder auf Grundlage sequenzieller oder iterativer Vorgehensweisen gemanagt werden.

Sequenziellen Vorgehensweisen entsprechend werden alle Anforderungen vor Beginn des Implementierens einer Lösung definiert. Die definierten Geschäftsanforderungen sind dann die Grundlage für eine Investitionsanalyse, die Lösungsanforderungen die Grundlage für die Formulierung von Projektzielen und das Erstellen von Projektplänen. Während eines Implementierungsprojekts werden die Lösungsanforderungen bei Änderungswünschen, beim Testen und beim Abnehmen der Lösung betrachtet.

Bei einer iterativen Vorgehensweise werden die grundlegenden Anforderungen an eine Lösung im Geschäftsprozess „Initiale Anforderungen definieren" beschrieben und in einem „Initialen Backlog" dokumentiert. Die Definition zusätzlicher Anforderungen, das Priorisieren der Anforderungen etc. erfolgt während des Implementierens einer Lösung im Prozess „Anforderungen controllen". Das Managen der Anforderungen erfolgt in diesem Fall parallel zur Erarbeitung der Lösung. Methoden zum Managen von Anforderungen werden beispielhaft in der RGC Fallstudie „Values4Business Value" angewandt (siehe Kap. D6).

Die Zusammenhänge zwischen den angeführten Geschäftsprozessen und anderen in dieser Publikation behandelten Geschäftsprozessen sind in der folgenden Übersicht dargestellt.

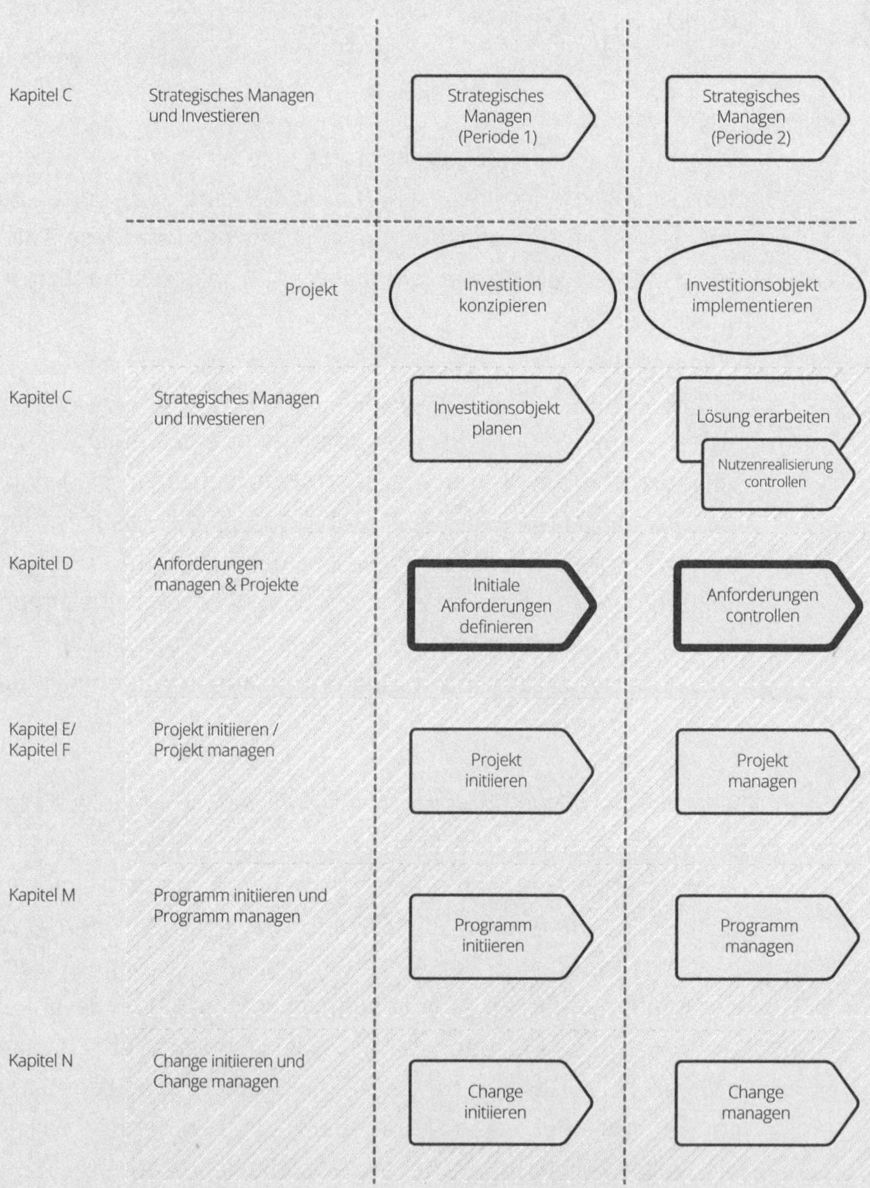

Übersicht: „Anforderungen managen" im Kontext

D Anforderungen managen & Projekte

D1 Anforderungen und Projekte: Kritische Sicht aus der Praxis

Ziele des Managens von Anforderungen sind das Definieren von Anforderungen bezüglich einer angestrebten Lösung und das Sichern, dass die definierten Anforderungen erfüllt werden. Wesentlich ist dabei die Unterscheidung in Anforderungen, die die Lösung beschreiben („Lösungsanforderungen"), und Anforderungen, die den Nutzen der Lösung für die Organisation beschreiben („Geschäftsanforderungen").

Beim Managen von Anforderungen bezieht man sich auf Lösungen, diese entsprechen Investitionsobjekten (siehe Kap. C). Eine „Lösung" kann z. B. ein adaptiertes Gebäude, ein neues Produkt, eine entwickelte Organisation, entwickeltes Personal, eine gestaltete Stakeholderbeziehung oder auch eine Kombination daraus sein. Das Managen von Anforderungen ist daher objektorientiert. Beim Projektmanagen steht der Prozess zum Erfüllen der definierten Anforderungen im Fokus.

Das mechanistische Projektmanagement orientiert sich am sogenannten „Magic Triangle" aus Projektleistungen, Projektterminen und Projektkosten. Projektziele, als aggregierte Beschreibung der Lösungsanforderungen, sind in diesem Magic Triangle nicht berücksichtigt. In formalen Projektaufträgen werden Projektziele zwar meist beschrieben, jedoch oft „eingefroren", da der Projektauftrag nur in Ausnahmefällen verändert wird. Es existiert meist kein eigenständiger Projektzieleplan. Ein aktives Controlling (im Sinn von „Steuern") der Projektziele und damit auch der Lösungsanforderungen findet daher nicht statt.

Die Ziele einer Investition für die Organisation werden meistens im Rahmen einer Business-Case-Analyse oder Kosten-Nutzen-Analyse definiert (siehe Kap. C). Die definierten Kosten und Nutzen entsprechen dabei den Geschäftsanforderungen. Wenn in einer Kosten-Nutzen-Analyse auch die Kosten und Nutzen von Stakeholdern berücksichtigt werden, entspricht das der Definition von Stakeholderanforderungen. Die Ergebnisse einer Business-Case-Analyse oder einer Kosten-Nutzen-Analyse stellen die Grundlage für die Investitionsentscheidung dar, werden aber beim Projektmanagen in der Regel nicht weiter betrachtet. Durch das fehlende Controllen der Projektziele (bzw. der aggregierten Lösungsanforderungen) und der Investitionsziele (bzw. der Geschäftsanforderungen) herrscht beim Projektmanagen wenig Ergebnisorientierung.

Das Managen der Anforderungen wird nicht als integrierter Teil von Projekten gesehen. Anforderungen werden – einer sequenziellen Vorgehensweise folgend – als Grundlage für das Projektmanagen verstanden. Sie werden vor Projektbeginn definiert. Während der Durchführung von Projekten werden Anforderungen einerseits bei der Abwicklung von Änderungswünschen und andererseits beim Testen und beim Abnehmen der Lösung durch externe oder interne Kunden betrachtet. Die Änderungen von Anforderungen werden mittels „Change Requests" gemanagt. Diese Anwendung des Changebegriffs für eine Änderung von Lösungsanforderungen entspricht einem sehr engen Changeverständnis. Eine Änderung von Lösungsanforderungen kann Adaptionen der zu erfüllenden Projektleistungen, der Projekttermine und der Projektkosten bedingen. Diese Adaptionen werden bei der Durchführung des Change Request-Prozesses vorgenommen. Damit verbundene Veränderungen in der Projektorganisation, in Projektstakeholderbeziehungen, in Beziehungen zu anderen Projekten etc. werden meist nicht explizit berücksichtigt.

Die Probleme des Managens der Anforderungen sind bei externen und internen Projekten unterschiedlich. Als Grundlage für die Vergabe von Aufträgen, die in Projektform durchgeführt werden, beschreiben Kunden die zu erfüllenden Anforderungen meist in detaillierten Spezifikationen. Bei der Erstellung dieser Spezifikationen werden oft aber nur die durch Lieferanten zu erfüllenden Lösungsanforderungen und nicht jene, die durch den Kunden selbst zu erfüllen sind, spezifiziert. Werden diese zusätzlichen Anforderungen nicht berücksichtigt, kann keine ganzheitliche Projektsicht geschaffen werden. Es entstehen Schnittstellen, die nicht oder oft nicht adäquat gemanagt werden. Lieferanten fühlen sich nur für den jeweils eigenen Leistungsumfang verantwortlich. Es erfolgt kein ganzheitliches Management, die Projektkomplexität wird nicht entsprechend aufgebaut, die Projektpläne bilden nur Teile des eigentlichen Projekts ab.

Bei internen Projekten werden vor Projektbeginn die Lösungsanforderungen oft nur grob definiert und es wird erwartet, dass eine Klärung der Anforderungen in einer ersten Projektphase erfolgt. Dadurch ist aber die realistische Planung der Projektleistungen, Projekttermine, Projektkosten etc. nicht möglich, da zu Projektbeginn die Projektziele unklar sind.

Die Verantwortung für das Erfüllen der Anforderungen durch die Projektergebnisse liegt beim Projektauftraggeber. Dies ist nicht adäquat, da der Projektauftraggeber meist zu hoch in der Hierarchie angesiedelt ist und daher keine operativen Aufgaben und Verantwortungen wahrnehmen kann. Andererseits deckt der Projektauftraggeber in der Regel auch nicht die Interessen und Kompetenzen zur Sicherung aller Komponenten einer Lösung ab. Iterative Vorgehensweisen, wie z. B. Scrum, definieren zur Wahrnehmung dieser Aufgaben die Rolle des Product Owners. Bei externen Projekten, wie z. B. im Bau oder Anlagenbau, setzt der Kunde oft als Vertreter seiner Interessen einen Architekten oder einen „Engineer“ ein.

Wie diese Analyse aus der Praxis zeigt, besteht ein Bedarf für ein adäquates Managen von Anforderungen. Dem kann durch Integration des Anforderungenmanagens in Projekte und in das Projektmanagement entsprochen werden. Ein iteratives Vorgehen unterstützt diese Integration, da in diesem Fall das Managen von Anforderungen mit der Erarbeitung von inhaltlichen Lösungen kombiniert wird.

D2 Anforderungsdefinition und Anforderungsarten

Anforderungsdefinition

In unterschiedlichen Methoden zum Managen von Anforderungen gelangen unterschiedliche Begriffe und Techniken zur Anwendung. So werden für Anforderungen z. B. auch die Begriffe Spezifikation, Requirement, Epic, User Story oder Feature verwendet. Der eventuell notwendige gleichzeitige Einsatz unterschiedlicher Methoden wird dadurch erschwert. Im Folgenden werden die Gemeinsamkeiten und Unterschiede der Methoden analysiert und ein integrativer Ansatz zum Managen von Anforderungen wird dargestellt.

Wesentliche Grundlagen zum Managen von Anforderungen wurden in den letzten Jahren vor allem im BABOK des International Institute of Business Analysis (IIBA)1 und in Publikationen zum Thema Business Analysis des International Requirements Engineering Board (IREB) und des Project Management Institute (PMI) bereitgestellt.[2]

Unter „Anforderung“ kann eine benötigte Beschaffenheit oder Fähigkeit einer Lösung, um ein Ziel zu erreichen, verstanden werden.

Anforderungsarten

Es können die Anforderungsarten Geschäfts-, Stakeholder-, Lösungs- und Transitionsanforderungen unterschieden werden (siehe Abb. D1).

Geschäftsanforderungen beschreiben den Nutzen einer Lösung für eine Organisation. Sie begründen, warum eine Investition getätigt werden soll, welche Nutzen der Organisation durch die Lösung entstehen und wie der Erfolg der Lösung gemessen wird. Die Kosten und Nutzen einer Investition (siehe Kap. C) stellen daher aus der Sicht des Anforderungenmanagens Geschäftsanforderungen dar.

Stakeholderanforderungen beschreiben die unterschiedlichen Anforderungen unterschiedlicher Stakeholder an eine Lösung. Wenn in einer Kosten-Nutzen-Analyse auch die Kosten und Nutzen von Stakeholdern beschrieben werden, entspricht diese Vorgehensweise der Beschreibung von Stakeholderanforderungen. Es besteht daher ein starker Zusammenhang zwischen den Methoden der Investitionstheorie und des Managens von Anforderungen.

Lösungsanforderungen können in funktionale und nicht-funktionale Anforderungen unterschieden werden. Die funktionalen Anforderungen beschreiben die konkreten Funktionen einer Lösung, die nicht-funktionalen Anforderungen beschreiben, unter welchen Bedingungen eine Lösung funktionieren muss. Nicht-funktionale Anforderungen sind z. B. Anforderungen bezüglich der Kapazität, der Geschwindigkeit, der Sicherheit und der Verfügbarkeit einer Lösung.

1 Vgl. International Institute of Business Analysis, 2015
2 Vgl. Project Management Institut, 2016

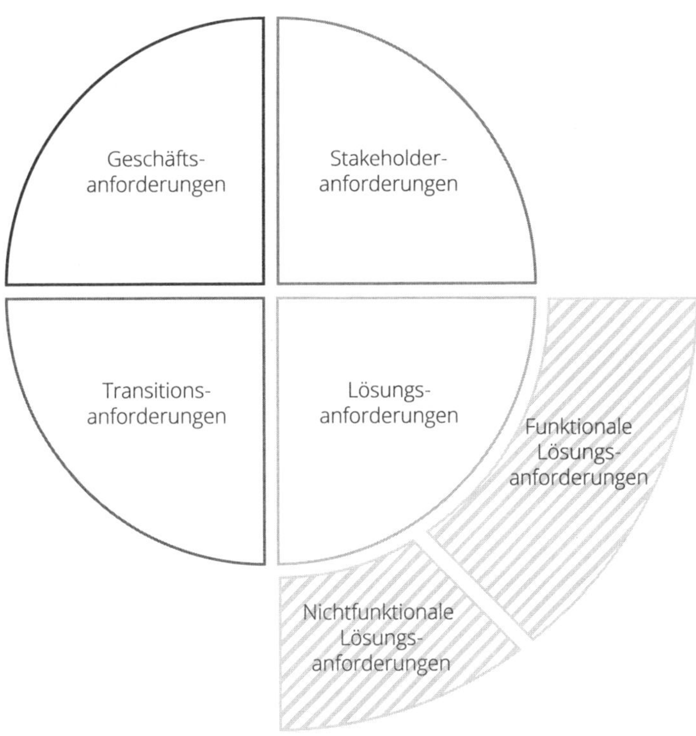

Abb. D1: Anforderungsarten nach IIBA

Lösungsanforderungen beschreiben Funktionen und nicht die Aufgaben zum Entwickeln bzw. Implementieren einer Lösung. Durch die definierten Anforderungen werden aber Informationen bereitgestellt, um die Entwicklung bzw. Implementierung entsprechend planen zu können. Die Lösungsanforderungen stellen eine Grundlage zur Definition von Projektzielen dar. Projektziele entsprechen aggregierten Lösungsanforderungen. Das Definieren von Projektzielen ohne eine entsprechende Beschreibung von Lösungsanforderungen ist nicht ausreichend.

Transitionsanforderungen beschreiben jene Fähigkeiten einer Lösung, die den Übergang vom Istzustand zum Sollzustand ermöglichen, aber nach der Transition nicht mehr benötigt werden. Sie sind temporär und können erst entwickelt werden, wenn der Istzustand analysiert wurde und die Solllösung definiert ist. Beispiele für Transitionsanforderungen sind die Datenumwandlung oder die Datenmigration im Rahmen der Entwicklung einer neuen IT-Lösung.

Im Anforderungsmanagement werden auch Einschränkungen, die Lösungsmöglichkeiten limitieren, definiert. Eine Einschränkung bezüglich einer IT-Lösung kann z. B. „Kein Einsatz einer Public-Cloud-Lösung“ sein.

Definition: Anforderung und Anforderungsarten

Eine Anforderung ist eine benötigte Beschaffenheit oder Fähigkeit einer Lösung, um ein Ziel zu erreichen. Es kann zwischen Geschäfts-, Stakeholder-, Lösungs- und Transitionsanforderungen unterschieden werden.

Anforderungsarten und Projektziele bzw. Investitionsziele

Anforderungen dürfen nicht mit Projektzielen bzw. Investitionszielen gleichgesetzt werden. Die Projektziele entsprechen aggregierten funktionalen Lösungsanforderungen. Investitionsziele, wie z. B. Business-Case-Ziele oder Nutzen-Kosten-Differenzen einer Investition, entsprechen den Geschäftsanforderungen. Stakeholderanforderungen können sowohl in die Projektziele als auch in die Investitionsziele einfließen (siehe Abb. D2).

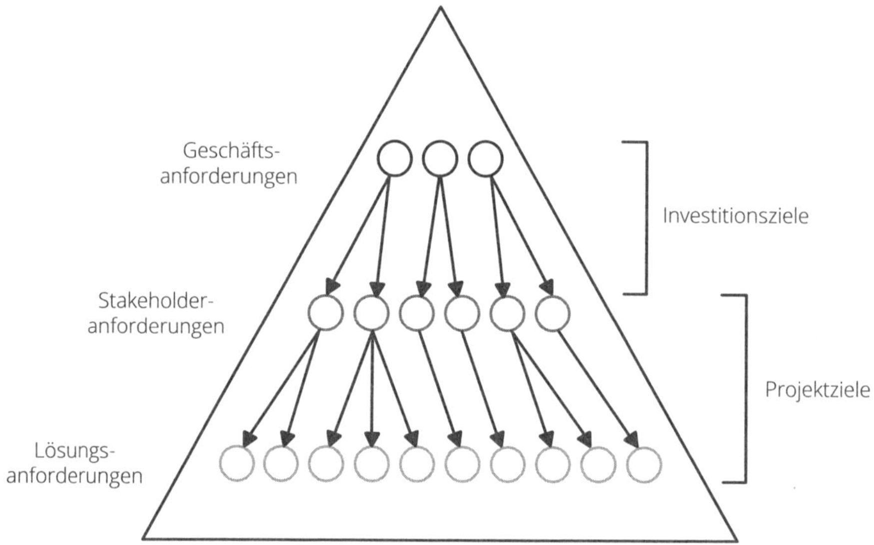

Abb. D2: Zusammenhang zwischen Anforderungen und Projekt- bzw. Investitionszielen

D3 Managen von Anforderungen auf Grundlage sequenzieller Vorgehensweisen

Das Managen von Anforderungen kann entweder auf Grundlage sequenzieller oder iterativer Vorgehensweisen erfolgen. In der Abbildung D3 sind zwei sequenzielle Modelle, nämlich das Wasserfallmodell und das V-Modell, dargestellt.3

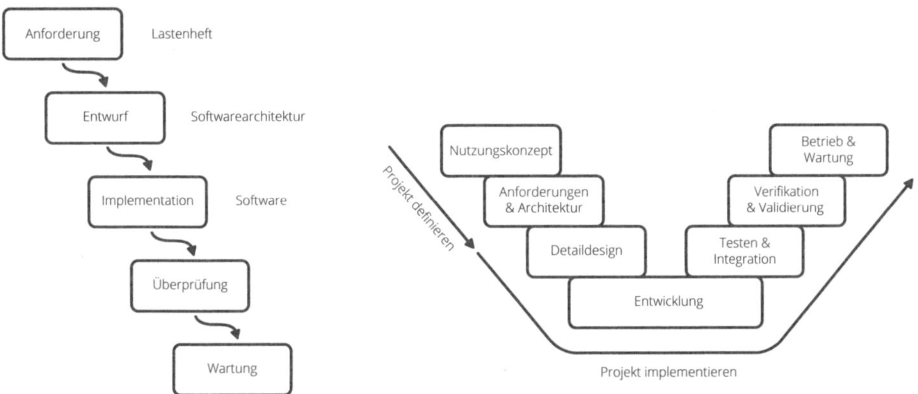

Abb. D3: Sequenzielle Vorgehensmodelle: Wasserfallmodell und V-Modell

Das „Wasserfallmodell" ist das bekannteste sequenzielle Vorgehensmodell, das vor allem im IT- und im Baubereich eingesetzt wird. Das Wasserfallmodell sieht eine Trennung der Phasen Anforderung, Entwurf, Implementierung, Überprüfung und Wartung vor.[4] Bei jedem Phasenübergang wird angenommen, dass die jeweils vorangegangene Phase abgeschlossen ist. Sequenzielle Vorgehensmodelle gehen von einer Planung der Anforderungen an eine Lösung vor dem Start der Implementierung der Lösung aus. Die Definition der Anforderungen stellt die Basis für die Planung des Implementierungsprojekts dar. Nach der Definition der Anforderungen erfolgt ein „Design freeze". Ähnlich wird auch in den Modellen „Big Design Up Front (BDUF)" und „Upfront Engineering" vorgegangen.

3 Diese beiden Modelle sind Lebenszyklusmodelle für eine Lösung bzw. ein Investitionsobjekt, aber keine Projektmodelle, da die dargestellten Phasen über die Grenzen von Projekten hinausgehen. Sie beinhalten z. B. die Wartung für die betrachteten Lösungen.

4 Das über mehrere Kaskaden des Wasserfalls fließende Wasser, das aufgrund der Schwerkraft nicht mehr zurückfließen kann, symbolisiert die erzielten (Zwischen-)Ergebnisse.

In den Phasen der Definition von Anforderungen und des Entwurfs bzw. der Erstellung des Nutzungskonzepts und der Definition von Anforderungen und der Architektur (siehe Abb. D3) entstehen Dokumente wie z. B. ein Lastenheft, eine Softwarearchitektur etc., in denen Anforderungen in einem zunehmenden Detaillierungsgrad beschrieben werden.[5]

Falls während der Implementierung einer Lösung zusätzliche Anforderungen identifiziert werden, sind diese in einem Change-Request-Prozess zu berücksichtigen. In diesem Prozess werden auch die Projektpläne adaptiert. Abweichungen von den ursprünglichen Projektplänen werden in der Regel als Fehler gesehen, die durch eine bessere Projektplanung hätten vermieden werden können.

Das Wasserfallmodell, das V-Modell, Big Design Up Front (BDUF) bzw. Upfront Engineering gehen von einer genauen Planung der Anforderungen vor dem Start der Implementierung einer Lösung aus. Die definierten Anforderungen stellen die Grundlage für die Projektplanung dar.

5 Die entstehenden Dokumente werden in unterschiedlichen Ansätzen zum Anforderungenmanagen unterschiedlich bezeichnet. Das BABOK bezeichnet diesbezügliche Dokumentationen z. B. als Vision Statement und Requirements Document.

D4 Managen von Anforderungen auf Grundlage des Scrum-Modells

Scrum: Definition

Scrum ist eine „agile Methode“, d. h. ein iteratives Vorgehensmodell. Es unterstützt einerseits ein iteratives Managen von Anforderungen und andererseits die inhaltliche Erarbeitung von Lösungen zur Erfüllung der definierten Anforderungen. Durch den Einsatz von Scrum soll ein Beitrag zur Sicherung der Qualität der erarbeiteten Lösung erfolgen und es soll ermöglicht werden, schnell auf Marktveränderungen zu reagieren. Eine nähere Beschreibung der Ziele, Rollen und Prozesse von Scrum erfolgt im Kapitel E3.

Scrum-Begriffe: User Story, Epic, Product Backlog

Scrum unterscheidet Lösungsanforderungen unterschiedlicher Granularität, nämlich User Stories, Epics und Product Backlogs.[6] Eine User Story entspricht einer funktionalen Lösungsanforderung.[7] Ein Epic ist eine Menge mehrerer zusammenhängender User Stories und ein Product Backlog ist die Menge aller User Stories. User Stories dienen als Grundlage zur Diskussion der Lösungsanforderungen zwischen dem Product Owner bzw. Product Team und dem Scrum Team. Diese Diskussion dient der Konkretisierung der Lösungsanforderungen.[8]

Definitionen: User Story, Epic, Product Backlog

Eine User Story entspricht einer funktionalen Lösungsanforderung. Ein Epic ist eine Menge mehrerer zusammenhängender User Stories. Ein Product Backlog ist die Menge aller User Stories.

User Stories können in unterschiedlichen Formaten beschrieben werden. Ein übliches Format ist: “As a (persona) I can (do something) so that I (get some benefit)”. Ein diesbezügliches Beispiel einer User Story für die Lösung „Values4Business Value“ ist: „Als Projektmanager sammle ich durch das Lesen des Buchs Informationen zur Agilität in Projekten, die ich in meiner Praxis verwenden kann.“

6 Statt dem Begriff „User Story“ wird von manchen Autoren auch der Begriff „Feature“ verwendet.

7 Die Unterscheidung zwischen User Story und Lösungsanforderung wird in der Literatur (vgl. Gloger, B., 2016, S. 129f) nicht scharf vorgenommen. Eine User Story wird als ein Bedarf verstanden, der durch die Diskussion des Product Teams mit dem Scrum Team konkretisiert und dadurch zur Anforderung wird. Es erfolgt aber keine Aussage bezüglich des konkreten Unterschieds bzw. einer eventuell unterschiedlichen Form der Dokumentation.

8 Die Scrum-Rollen, Kommunikationsformate und Artefakte werden im Kapitel E definiert.

User Stories können auf Post-its oder Story Cards dokumentiert werden. Eine Story Card kann z. B. eine User Story ID, den Story-Namen, eine textliche Beschreibung aus der Sicht eines Stakeholders, den geschätzten Arbeitsaufwand für die Bearbeitung, die geplante Iteration zur Bearbeitung der Story, den Nutzen der Story für den Stakeholder sowie Akzeptanzkriterien beinhalten. Ähnliche Cards können auch zur Beschreibung von Epics verwendet werden. Zur Beschreibung umfangreicher, komplizierter User Stories können zusätzlich zur textlichen Beschreibung Methoden wie Ablaufdarstellungen, Mock-ups und Prototypen eingesetzt werden.

Eine User Story ist testbar und nutzungsorientiert. Sie sollte daher von anderen User Stories weitestgehend unabhängig sein. Mehrere User Stories, die in einem „Sprint", d.h. in einer Iteration, bearbeitet werden, sollen ein Minimum Viable Product (MVP) oder ein Minimum Marketable Feature (MMF) ergeben. Ein MVP repräsentiert eine klar definierte, lieferbare Lösungskomponente, die bereits einen Kundennutzen sichert.

User Stories entsprechen funktionalen Anforderungen. Geschäftsanforderungen werden im Scrum-Modell zumindest teilweise in der „Product Vision" vom Product Team betrachtet.

Anforderungen managen mit Scrum: Geschäftsprozess

Im Extended Scrum-Modell (siehe Abb. D4) wird das Managen von Anforderungen mit der Erarbeitung der inhaltlichen Lösung kombiniert.

Grundlage für das Anforderungenmanagen mit Scrum ist die Erarbeitung eines Initialen Product Backlogs durch das Product Team. Das erfolgt z. B. im Rahmen einer Feasibility Study oder Konzeption. Es können z. B. aus Use Cases (siehe oben) Epics und User Stories abgeleitet werden. In einem Priorisierungsmeeting werden diese Epics und User Stories priorisiert. Dazu werden die verfügbare Zeit und das Budget für die Erarbeitung der Lösung festgelegt. Es wird geprüft, welche User Stories sich in diesem festgelegten Rahmen umsetzen lassen. Dazu wird der Aufwand zur Umsetzung der einzelnen User Stories geschätzt. Kriterien für Priorisierungen sind der Business Value und das Risiko der jeweiligen User Stories sowie Abhängigkeiten zwischen User Stories.

Im Gegensatz zu einer planungsorientierten Vorgehensweise, bei der die Ziele die jeweiligen Leistungen, Termine und Kosten bestimmen, bestimmen in dieser changeorientierten Vorgehensweise die Termine und die Kosten die jeweiligen Ziele und Leistungen. Die detaillierten Ziele und damit auch die Leistungen sind variabel, die Termine und Kosten jedoch über die Anzahl der Sprints mit definierten Dauern und Ressourcen fixiert.

Durch die mittels Priorisierung erzielbare Konkretisierung und Reduktion von User Stories entsteht der Initiale Product Backlog. Auch wenn im Scrum die Lösung iterativ konkretisiert wird, bedeutet das nicht, dass das zu erzielende Ergebnis zu Projektbeginn unklar ist. Der Initiale Product Backlog ist Grundlage für eine Definition der angestrebten Ziele in der „Product Vision“[9] und für die Erstellung der Projektplanung. Dazu müssen die definierten Anforderungen in einem entsprechenden Ausmaß bzw. Detaillierungsgrad vorliegen.

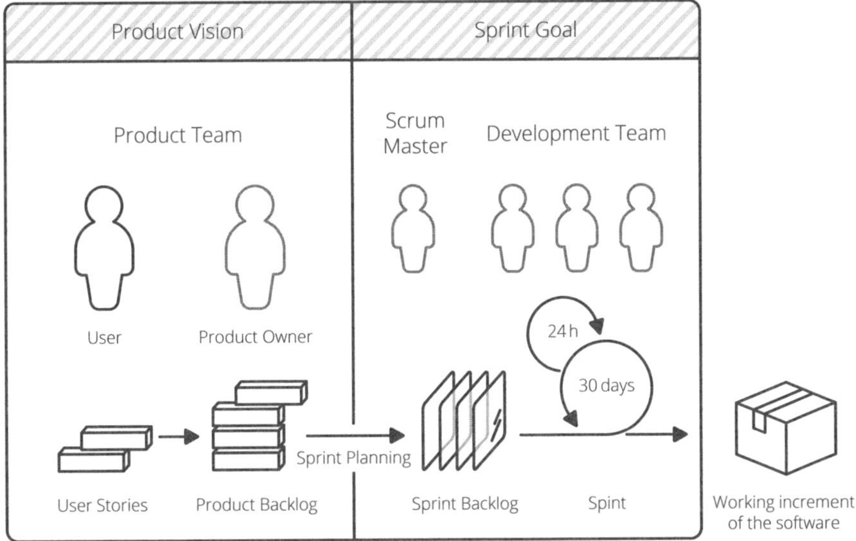

Abb. D4: Extended Scrum Model (Weiterentwicklung auf Basis von Highsmith, 2010)

Der initiale Product Backlog ermöglicht die Planung der notwendigen Sprints und die Auswahl erster User Stories zur Übergabe an das Scrum Team. Im Rahmen der Sprintplanung werden die User Stories durch das Product Team und das Scrum Team konkretisiert. Daraus entsteht ein Sprint Backlog. Für die konkreten User Stories werden die zu erfüllenden Aufgaben definiert. Durch deren Erfüllung wird der Product Backlog abgearbeitet.

Parallel zur inhaltlichen Arbeit des Scrum Teams entwickelt das Product Team den Product Backlog weiter. Auf der Grundlage des Initialen Product Backlogs werden während des Implementierens zusätzliche User Stories vom Product Team identifiziert. Neue Informationen und Bedarfe werden berücksichtigt, die definierten Epics und User Stories werden wieder priorisiert. Dadurch entstehen jeweils aktualisierte Product Backlogs. Durch die wiederholte Neuausrichtung des Product Backlogs während der Projektdurchführung wird die Erfüllung unnützer Anforderungen vermieden. “While useful as a guide, excessive detail in the early stages of a project may be problematic and misleading in a dynamic environment.”[10]

9 Die Product Vision beschreibt die grundlegende Idee der Lösung und beantwortet die Fragen „Was?“, „Wozu?“ und „Für wen?“.

10 Vgl. Serrador, P. et al., 2015.

Aufgrund der Möglichkeit, iterativ neue User Stories zu definieren, kennt Scrum keine Change Requests. Anforderungen werden beim Einsatz von Scrum initial geplant und laufend konkretisiert und ergänzt. Es werden nur jene Anforderungen berücksichtigt, die in einem überschaubaren Zeitraum realisiert werden können. Die Definition neuer Anforderungen wird als Teil des Scrum-Prozesses gesehen. Im Gegensatz zu sequenziellen Modellen sind daher Rückschritte in vorherige Aktivitäten zulässig.

Scrum als iteratives Modell führt die Definition von funktionalen Lösungsanforderungen parallel mit der Erarbeitung der inhaltlichen Lösung durch. Das setzt eine organisatorische Integration der für die Lösung Verantwortlichen („Product Owner") in die Scrum-Organisation voraus.

D5 Stärken und Schwächen der Modelle bezüglich des Managens von Anforderungen

Anforderungen managen: Stärken und Schwächen sequenzieller Modelle

Sequenzielle Modelle haben Stärken, wenn die Anforderungen an eine Lösung grundsätzlich klar und die einzusetzenden Technologien bekannt sind. Sie sind auch dann vorteilhaft, wenn vertragliche Sicherheit wichtig ist und Dokumentation sowie Nachvollziehbarkeit unverzichtbar sind.

Als Schwäche wird die „Upfront" Identifikation und Beschreibung von Anforderungen gesehen. Die Anforderungen an die Lösung werden vor Projektbeginn festgelegt. Die auf dieser Basis geplanten Projektleistungen, Projekttermine und Projektkosten reichen bei umfangreichen Veränderungen der Anforderungen nicht aus. Das führt zu Stress, zu mangelnder Effizienz und zur nur teilweisen Erfüllung der Kundenbedürfnisse. Als Nachteil wird auch die geringe Berücksichtigung des sich ändernden Projektumfelds gesehen.[11] Auf Veränderungen wie z. B. neue Gesetzgebung oder neue Technologien kann nur schwer reagiert werden.

Anforderungen managen: Stärken und Schwächen des Scrum-Modells

Das Scrum-Modell hat Stärken, wenn die Anforderungen an eine Lösung teilweise unklar sind, die einzusetzenden Technologien neu sind und z. B. auch ein hoher Termindruck herrscht. Als Vorteile des Einsatzes des Scrum-Modells zum Anforderungenmanagen werden die Priorisierung der Anforderungen aufgrund des Business Values, das proaktive Risikomanagement durch den Einbezug von Stakeholdern und die laufenden Re-Priorisierungen der Anforderungen durch das Product Team gesehen. Die Agilität im Anforderungenmanagen besteht darin, dass die während der Erarbeitung der Lösung gewonnenen Erkenntnisse in die Konkretisierung und Priorisierung von Anforderungen einfließen.

Schwächen des Scrum-Modells zum Anforderungenmanagen sind einerseits dessen hohe organisatorische Komplexität, die sich aus dem Einbezug des Product Teams bzw. von Stakeholdern in die Projektorganisation ergibt. Andererseits wird in der Praxis auch die Unsicherheit bezüglich der konkret zu erwartenden Lösung als Schwäche gesehen. Auch die mangelnde Vertrautheit der Projektmanagement-Community mit der Methodik und mit vielen neuen Begriffen stellt einen Nachteil dar.

11 Vgl. Hüsselmann, C., 2014.

Auswahl eines Modells zur Projektdurchführung

Eine Herausforderung in Projekten besteht darin, eine entsprechende Balance zwischen dem möglichst frühen Festlegen von Anforderungen und dem Sichern von genügend Flexibilität, um veränderte Geschäftsbedingungen berücksichtigen zu können, zu finden.

Die Auswahl eines adäquaten Modells zur Projektdurchführung (sequenziell oder iterativ) ist eine strategische Entscheidung, die im Rahmen des Projektinitiierens (siehe Kap. E) zu treffen ist. Diese Entscheidung steht im Kontext des angewandten Managementparadigmas und auch eines eventuell zu berücksichtigenden Ausschreibungs- und Vergabeverfahrens, vor allem bei Projekten der öffentlichen Verwaltung.

D6 Anforderungen managen: Teilprozesse

Anforderungen managen: Ziele

Ziele des Managens von Anforderungen sind das Definieren und Priorisieren von Anforderungen im Zusammenhang mit einer angestrebten Lösung und das Sichern, dass die definierten Anforderungen erfüllt werden. Das Risiko, dass die erarbeitete Lösung nicht den Anforderungen der Stakeholder entspricht, soll dabei minimiert werden.

Teilprozesse: Initiale Anforderungen definieren und Anforderungen controllen

Beim Managen von Anforderungen kann in den Teilprozess „Initiale Anforderungen definieren", der im Rahmen der Geschäftsprozesse „Feasibility Study erstellen" bzw. „Investition konzipieren" durchgeführt wird, und den Teilprozess „Anforderungen controllen", der im Rahmen des Implementierens einer Lösung erfüllt wird, unterschieden werden.

Aufgaben des Definierens der initialen Anforderungen sind vor allem:

> den Bedarf (das Problem bzw. die Opportunität) identifizieren,
> den Istzustand analysieren,
> den Sollzustand z.B. mithilfe von (initialen) Stakeholderanforderungen definieren,
> die (initialen) Geschäftsanforderungen definieren,
> mögliche Lösungsvarianten definieren,
> eine Lösungsvariante auswählen und
> die (initialen) Lösungsanforderungen definieren.

Die Erfüllung dieser Aufgaben führt bei Anwendung sequenzieller Modelle zu detaillierten Anforderungsbeschreibungen. Beim Anwenden iterativer Modelle, wie z. B. beim Einsatz von Scrum, liegt nach der Erfüllung dieser Aufgaben ein „Initialer Product Backlog" vor.

Die Aufgaben des Teilprozesses „Initiale Anforderungen definieren" sind aus einem Ausschnitt eines Funktionendiagramms des Konzipierens einer Investition in der Tabelle C5 ersichtlich. Die dargestellten Aufgaben sind unabhängig vom eingesetzten Modell zu erfüllen. Der Detaillierungsgrad der erzielten Anforderungsdokumentationen ist jedoch beim Einsatz sequenzieller Modelle wesentlich größer als beim Scrum-Modell. Die im Funktionendiagramm in der Tabelle C5 gewählten Rollenbezeichnungen gehen von einem Einsatz des Wasserfallmodells aus. Die von Anforderungsmanagern bei Anwendung des Wasserfallmodells zu erfüllenden Aufgaben werden im Kontext der sonstigen Aufgaben dargestellt und machen den Bedarf zur Kooperation der unterschiedlichen Rollen sichtbar.

Die Aufgaben des Controllens von Anforderungen während des Implementierens einer Lösung sind vor allem:

> die Geschäftsanforderungen und die Stakeholderanforderungen controllen,
> die Lösungsanforderungen controllen,
> die Lösungskomponenten bzw. die Lösung testen und
> die Lösung abnehmen.

Die Aufgaben des Controllens der Anforderungen können entweder entsprechend sequenzieller Modelle in Form von Change Requests oder, entsprechend dem Scrum-Modell, iterativ erfüllt werden. Das iterative Controllen beinhaltet auch das Definieren neuer Anforderungen und deren Priorisierung.

Wesentliche Herausforderungen beim Anforderungenmanagen bestehen im Identifizieren der relevanten Anforderungen und im Herstellen von Konsens der Stakeholder bezüglich der Anforderungen. Auch das systematische Controllen der Anforderungen durch den Einsatz entsprechender Methoden und Hilfsmittel sowie das Kommunizieren der Anforderungen ist herausfordernd.

Anforderungen managen: Methoden

Methoden zum Managen von Geschäftsanforderungen sind z. B. die Stakeholderanalyse, Use Cases, die Business-Case-Analyse oder die Kosten-Nutzen-Analyse sowie Methoden zum Controllen der Nutzenrealisierung (siehe Kap. C).

Wesentliche Methoden zum Identifizieren und Definieren von Lösungsanforderungen sind Use Cases, die Dokumentenanalyse, das Interview, die Beobachtung, die Umfrage, die SWOT-Analyse, der Anforderungsworkshop, das Prototyping, die Fokusgruppe und die Schnittstellenanalyse.[12] Das Priorisieren von Anforderungen kann mithilfe der MoSCoW (Must-Should-Could-Won't)-Methode erfolgen.

Zum Identifizieren von Anforderungen können Texte und/oder Modelle verwendet werden. Ein weit verbreitetes Modell zum Identifizieren von Anforderungen ist der Use Case.[13] Use Cases werden im Format <Rolle> <Aktivität> <Objekt> beschrieben, wie z. B.: „Projektmanager selektieren Informationen im Buch PROJEKT.PROGRAMM.CHANGE."

Use Cases können grafisch dargestellt werden. Dafür hat sich die Notation der Unified Modeling Language (UML) bewährt. Diese stellt z. B. die Lösung als Kasten, Rollen als Männchen und die Use Cases als Ellipsen dar. Beispiele der Darstellung von Use Cases in der UML finden sich in den Abbildung D5 und D6 der RGC Fallstudie „Values4Business Value – Initiale Anforderungen definieren". Use Cases können zur Förderung der möglichst vollständigen Darstellung z. B. nach Stakeholdern oder Features differenziert werden.

Auf der Grundlage von Use Cases können entsprechend sequenzieller Modelle Anforderungsdokumentationen unterschiedlicher Detaillierungsgrade (wie z. B. Lastenhefte, Pflichtenhefte etc.) erstellt werden. Beim Einsatz von Scrum werden aus Use Cases User Stories, Epics und Product Backlogs abgeleitet. Diese können auf einer Scrum Board entsprechend visualisiert werden. Beispiele eines Initialen Pro-

12 Vgl. International Institute of Business Analysis, 2015, S. 140 f.
13 Vgl. International Institute of Business Analysis, 2015, S. 356.

duct Backlogs, einer Epic Card, einer User Story Card und einer Scrum Board finden sich in der Fallstudie in den Tabellen D1 bis D3 und in der Abbildung D7.

Anforderungen managen: Organisation

Die Aufgaben des Managens von Anforderungen können entweder nur durch einen betroffenen Geschäftsbereich, der einen Investitionsbedarf hat, durchgeführt werden, oder es können zur Unterstützung Anforderungsmanager eingesetzt werden. Beim Einsatz von Scrum nehmen der Product Owner und das Scrum Team die Aufgaben des Anforderungenmanagens wahr, wobei der Product Owner in der Regel ein Vertreter des jeweiligen Geschäftsbereichs ist.

Spezifische Rollen zum Anforderungenmanagen sind nach IIBA und IREB der Business Analyst und der Requirements Engineer. Ein Business Analyst kooperiert mit Stakeholdern, um Anforderungen zu erheben, zu analysieren, zu kommunizieren und zu validieren. Der Requirements Engineer erhält und verwaltet Lösungsanforderungen, stellt Anforderungen in Modellen dar, sichert die Nachverfolgbarkeit von Anforderungen und erstellt Test Cases. Vereinfachend können sowohl Business Analysten als auch Requirements Engineers als Anforderungsmanager bezeichnet werden.

Das Anforderungenmanagen kann als Dienstleistung, die von Anforderungsmanagern für interne oder externe Kunden erbracht wird, wahrgenommen werden (siehe Exkurs: Anforderungen managen als Dienstleistung).

Exkurs: Anforderungen managen als Dienstleistung

Folgende Dienstleistungen können dabei unterschieden werden:

> Beitragen zum Optimieren einer bestehenden Lösung,
> Beitragen zum Implementieren einer neuen Lösung und
> Beitragen zum Erstellen einer Feasibility Study oder Konzeption für eine Lösung.

Der Vorteil der Wahrnehmung des Anforderungenmanagens als Dienstleistung liegt in der Wahrnehmung der Kundensicht bei der Definition der Ziele und Aufgaben, in der klaren Unterscheidung der möglichen Dienstleistungen und in der adäquaten Kommunikation der Dienstleistungen des Anforderungenmanagens an Kunden.

Die Unterscheidung der Dienstleistungen und deren Kategorisierung nach geringem, mittlerem und großem Umfang ermöglicht es, das jeweils adäquate organisatorische Design und die adäquate Personalplanung zur Erfüllung des Anforderungenmanagens vorzunehmen.

Fallstudie: Values4Business Value – Initiale Anforderungen definieren

Definieren der Bedürfnisse von Stakeholdern durch Use Cases

Eine Gliederung der Use Cases für die Lösung „Values4Business Value" erfolgte nach Features und nach Stakeholdern. Die Gliederung nach Features beinhaltet z. B. Use Cases für die RGC Dienstleistungen, für das Buch, das Marketing und das E-Book. Die Gliederung nach Stakeholdern berücksichtigte z. B. Use Cases für Kunden der RGC Dienstleistungen, für unterschiedliche Buchleser (Projektmanager, Studenten etc.), für die RGC, für die beteiligten Verlage etc. Die Beispiele unterschiedlich umfangreicher Darstellungen von Use Cases in den Abbildungen D5 und D6 beziehen sich vor allem auf den Stakeholder „Leser: Projektmanager".

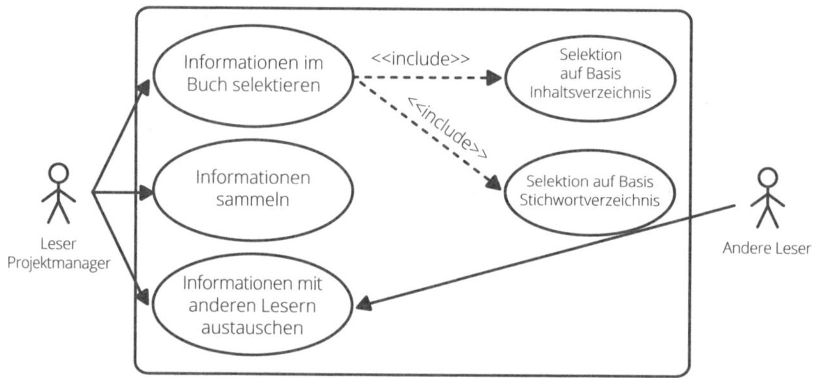

Abb. D5: Use Cases: Informationen des Buchs „PROJEKT.PROGRAMM.CHANGE" („Leser: Projektmanager")

Aus der Abbildung D5 wird ersichtlich, dass der „Leser: Projektmanager" den Bedarf hat, die Selektion von Informationen im Buch auf Basis des Inhaltsverzeichnisses und des Stichwortverzeichnisses vorzunehmen, Informationen zu sammeln und diese mit anderen Lesern auszutauschen. Auf Basis dieser Use Cases konnten User Stories formuliert werden.

Der Austausch von Informationen zwischen „Leser: Projektmanager" und „Andere Leser" erschien grundsätzlich interessant. Ein Epic zum Bereitstellen einer dafür geeigneten IT-Plattform zum Wissensmanagement wurde zwar definiert (siehe Initialer Product Backlog in Abb. D7), aufgrund einer niedrigen Priorität wurde im Rahmen des Projekts aber keine diesbezügliche Lösung geschaffen.

In der Abbildung D6 werden Use Cases unterschiedlicher Stakeholder in Beziehung zueinander gesetzt. So werden z. B. die Beziehungen zwischen Lesern und Buchverkäufern und zwischen Lesern und Anwendern (nämlich „Projekten") dargestellt. Das erhöht zwar die Komplexität, macht aber auch zusätzliche Bedarfe sichtbar.

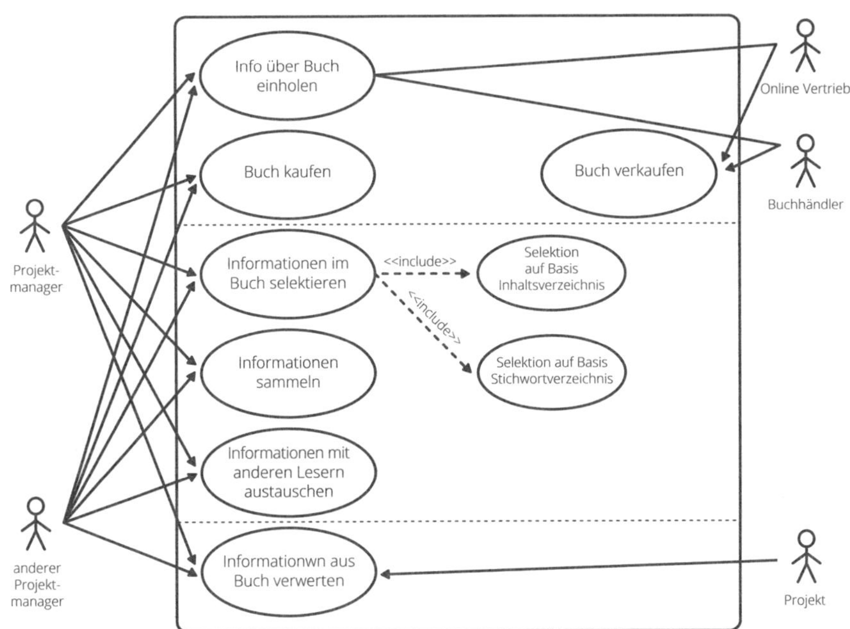

Abb. D6: Use Cases von Buchlesern, Buchverkäufern und von Anwendern

Geschäftsanforderungen definieren

Die Use Cases der Stakeholder RGC, der Verlage, Kunden und Leser des Buchs waren die Grundlage zur Definition der Geschäftsanforderungen bezüglich der Lösung „Values4Business Value" im Rahmen des Konzipierens.

Bei der Erstellung der Kosten-Nutzen-Analyse wurden die Geschäftsanforderungen aus der Sicht des Investors RGC als Nutzen beschrieben. Durch die Berücksichtigung der Kosten und Nutzen weiterer Stakeholder wurden auch weitere Auswirkungen der Investition „Values4Business Value" in der Kosten-Nutzen-Analyse berücksichtigt (siehe Kap. C).

Initiale Lösungsanforderungen definieren: Initialer Product Backlog

Der initiale Product Backlog für die Lösung „Values4Business Value" ist in der Tabelle D1 dargestellt.

Initialer Product Backlog

Values4Business Value entwickeln

V. 1.001 v. S. Füreder per 5.10.2015

Backlog & EPIC Nr.	EPIC	User Story Nr.	User Story	Aufwand	Priorität 1-3
1.00.00	Backlogteil: Prototypen				
1.01.00	Nachhaltig entwickeln				
		1.01.01	Prototyp: Vortrag am Forum "Nachhaltig entwickeln"	3 PT, 1 Person	1
		1.01.02	Prototyp: Seminarteil "Prinzipien der nachhaltigen Entwicklung im Projektmanagement"	2 PT, 1 Person	1
1.02.00	Agile Ansätze				
		1.02.01	Protoyp: Seminar "Agilität & Projekte"	10 PT, 2	1
		1.02.02	Prototyp: Vortrag " Agilität & Prozesse"	3 PT, 1 PT	1
1.03.00	Benefits Realization				
		1.03.01	Prototyp: Vortrag auf HP 16 "Nur der Nutzen zählt"	2 PT, 1 Person	2
		1.03.02	Prototyp: Fallstudie mit RBI entwickeln	4 PT, 2 Personen	2
1.04.00	Business Modelling				
		1.04.01	Prototyp: Consulting Digitale Transformation	4 PT, 1 Person	3
		1.04.02	Prototyp: Business Model für Mobility Point	4 PT, 1 Person	3
2.00.00	Backlogteil: Buch				
2.01.00	Integrierende Informationen				
		2.01.01	Integrierende Informationen zu Werte und Managementansätze	6 PT, 1 Person	1
		2.01.02	Integrierende Informationen zu Nachhaltig entwickeln	4 PT, 1 Person	1
		2.01.03	Integrierende Informationen zur Agilität von Projekten	10 PT, 2	1
		2.01.04	Integrierende Informationen zu Benefits Realization Management	6 PT, 1 Person	1
2.03.00	Buchkapitel				
		2.03.01	Kapitel zu Projekte und Programme	10 PT, 2	1
		2.03.02	Kapitel zu Projektmanagementansätze und neue Werte	10 PT, 2	1
		2.03.02	Kapitel zu Strategischem Managen und Investieren	15 PT, 2	1
		2.03.03	Kapitel zu Anforderungen Managen & Projekte	15 PT, 2	1
		...	...		
		2.03.17	Kapitel zu Business Modelling	20 PT, 2	3
2.25.00	Zusätzliche Buchinhalte (Verzeichnisse, Abbildungen, Fallstudien etc.)				
		...	...	...	...
3.00.00	Backlogteil: Marketing				
4.00.00	Backlogteil: E-Book				

Tab. D1: Initialer Product Backlog für die Lösung „Values4Business Value"

Für die Lösung „Values4Business Value" wurden Backlogteile für die unterschiedlichen Lösungskomponenten definiert. Diese Backlogteile, nämlich Prototyping, Buch, Marketing, E-Book, RGC Dienstleistungen und Produkte sowie IT-Plattform – Wissensmanagement sind aus der Tabelle D1 ersichtlich.

Die Definition der initialen Lösungsanforderungen und des „Initialen Product Backlog" erfolgte im Zuge des Konzipierens der Investition „Values-4Business Value". Im Initialen Product Backlog wurden nicht alle Lösungskomponenten berücksichtigt. Der Schwerpunkt lag auf der Identifikation der grundsätzlichen Lösungskomponenten sowie der Definition von User Stories für die vorerst abzuarbeitenden Backlogteile „Prototyping" und „Buch". Erst später wurden in unterschiedlichen Phasen des Implementierungsprojekts die weiteren Backlogteile definiert (siehe Projektstrukturplan des Projekts: Values4Business Value entwickeln im Kapitel G).

Initiale Lösungsanforderungen definieren: Epic Card und User Story Card

Die Epics der initialen Backlogteile sind aus der Tabelle D1 ersichtlich. Als Beispiel für die Beschreibung eines Epics ist die Epic Card „Integrierende Informationen" in der Tabelle D2 dargestellt.

Epic Card

Values4Business Values entwickeln

V. 1.001 v. S. Füreder per 5.10.2015

Epic ID:	2.01.00	Epic Name:	Integrierende Informationen
Beschreibung		Erstellen von Informationen zu Managementinnovationen, die für mehrere Buchkapitel relevant sind z.B. Werte im Management, Agilität, nachhaltige Entwicklung, Anforderungsmanagement	
Arbeitsaufwand und Ressourceneinsatz		30 Personentage, 2 Personen	
Geplante Iteration zur Bearbeitung		Iteration 1 und 2	
Nutzen für Entwickler/Autoren		Grundlage für die Weiterentwicklung der RGC Managementansätze, für das Erstellen der Buchkapitel	
Akzeptanzkriterium:			
Werte eines systemischen Managementparadigmas als Grundlage für die RGC Managementansätze beschrieben			
Informationen (Texte, Beispiele, Literaturhinweise, etc.) zur Agilität, zur nachhaltigen Entwicklung, zum Anforderungsmanagement erstellt			
Informationen zu diesen Managementinnovationen einzelnen Buchkapiteln zugeordnet			

Tab. D2: Beispiel der Epic Card „Integrierende Informationen" für das Projekt „Values4Business Value entwickeln"

Das Epic „Integrierende Informationen" beinhaltete die User Stories „Integrierende Informationen zu Werten im Management", „Integrierende Informationen zur Agilität", „Integrierende Informationen zu Nachhaltig entwickeln" etc. Je User Story waren die Aufgaben „Erstansatz entwickeln", „Vertiefend analysieren", „Fertigstellen" und „Zuordnen" zu erfüllen. Als Beispiel für eine User Story des Epics „Integrierende Informationen" wurde die User Story „Integrierende Informationen zur Agilität" gewählt (siehe Tab. D3).

Es gibt ein hohes Interesse von Projektmanagern am Thema „Agilität". Es herrscht diesbezüglich wenig Klarheit, da die Community der Softwareentwickler relativ wenig Projektmanagement-Background und die Projektmanagement-Community wenig Background bezüglich agiler Methoden hat. Eine Klärung der Zusammenhänge in den Buchkapiteln sollte daher Nutzen für alle diesbezüglichen Stakeholder, aber vor allem für Projektmanager stiften.

User Story Card

Values4Business Value entwickeln

V. 1.001 v. S. Füreder per 5.10.2015

User Story ID:	2.01.03	User Story Name:	Integrierende Informationen zu Agilität von Projekten
Textliche Beschreibung		Informationen zu Agilität von Projekten, Programmen, Changes, die für mehrere Buchkapitel relevant sind, und deren Zuordnung zu einzelnen Buchkapiteln	
Arbeitsaufwand und Ressourceneinsatz		10 Personentage, 2 Personen	
Geplante Iteration zur Bearbeitung		Iteration 1	
Nutzen für Entwickler/Autoren		Grundlage für die Erarbeitung der Buchkapitel mit Bezug zu Agilität von Projekten, Programmen, Changes	
Akzeptanzkriterien:			
Informationen zu Agilität von Projekten, Programmen, Changes erstellt			
Informationen zu Agilität von Projekten, Programmen, Changes einzelnen Buchkapiteln zugeordnet			

Tab. D3: User Story Card „Integrierende Informationen zur Agilität" (Anforderung der Entwickler/Autoren)

Lösungsanforderungen kommunizieren: Scrum Board

Ein Foto des Scrum Boards für das Epic „Integrierende Informationen" ist in der Abbildung D7 dargestellt. Der mögliche Status der Erfüllung der Aufgaben je User Story wurde in „To Do", „in Progress" und „Done" unterschieden. Je User Story wurde eine „Definition of Done" vorgenommen, um Konsens bezüglich der zu erzielenden Ergebnisse zu schaffen.

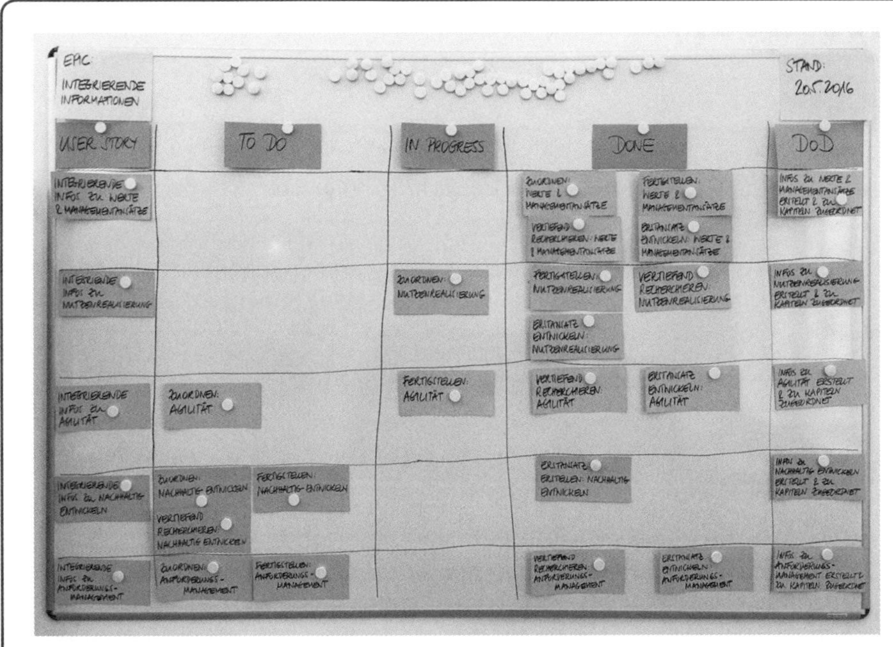

Abb. D7: Scrum Board

Literatur

Gloger, B.: Scrum Produkte zuverlässig und schnell entwickeln, 5. Auflage, Carl Hanser, München, 2016

Hüsselmann, C.: Agilität im Auftraggeber-Auftragnehmer-Spannungsfeld: Mit hybridem Projektansatz zur Win-Win-Situation, Projekt Management aktuell, 25(1), S. 38–42, 2014

International Institute of Business Analysis (IIBA): A Guide to the Business Analysis Body of Knowledge (BABOK Guide 3.0), IIBA, Toronto, 2015

Project Management Institute (PMI): PMI Professional in Business Analysis (PMI-PBA) Handbook, PMI, Newton Square, PA, 2016

Serrador, P., Pinto, J.K.: Does Agile Work? – A Quantitative Analysis of Agile Project Success, International Journal of Project Management, 33(5), S. 1040–1051, 2015

Projekt initiieren

Ein Projekt zu initiieren hat die Auswahl der adäquaten Organisation zur Durchführung eines relativ einmaligen und umfangreichen Geschäftsprozesses zum Ziel. Die Entscheidung, ein Investitionsobjekt zu implementieren, ist dafür Voraussetzung. In der Praxis wird die Differenzierung zwischen der Investitionsentscheidung und der organisatorischen Entscheidung oft nicht gemacht, was zu mangelnder Transparenz und zu Fehlentscheidungen führen kann.

Im Rahmen des Projektinitiierens ist ein Projekt abzugrenzen, sind initiale Projektpläne zu erstellen und es sind projektstrategische Entscheidungen zu treffen. Der Einsatz agiler Methoden in einem Projekt ist eine mögliche Projektstrategie. Die in der Praxis am meisten eingesetzte agile Methode ist „Scrum" – sie wird in einem Exkurs beschrieben.

Das Initiieren eines Projekts ist immer Teil eines übergeordneten Geschäftsprozesses wie z. B. des Konzipierens einer Investition oder des Legens eines Angebots. Ausgewählte Methoden zum Initiieren eines Projekts werden beispielhaft in der RGC Fallstudie „Values4Business Value" angewandt (siehe Kap. E4).

Zusammenhänge zwischen dem Geschäftsprozess „Projekt initiieren" und anderen in dieser Publikation behandelten Geschäftsprozessen sind in der folgenden Übersicht dargestellt.

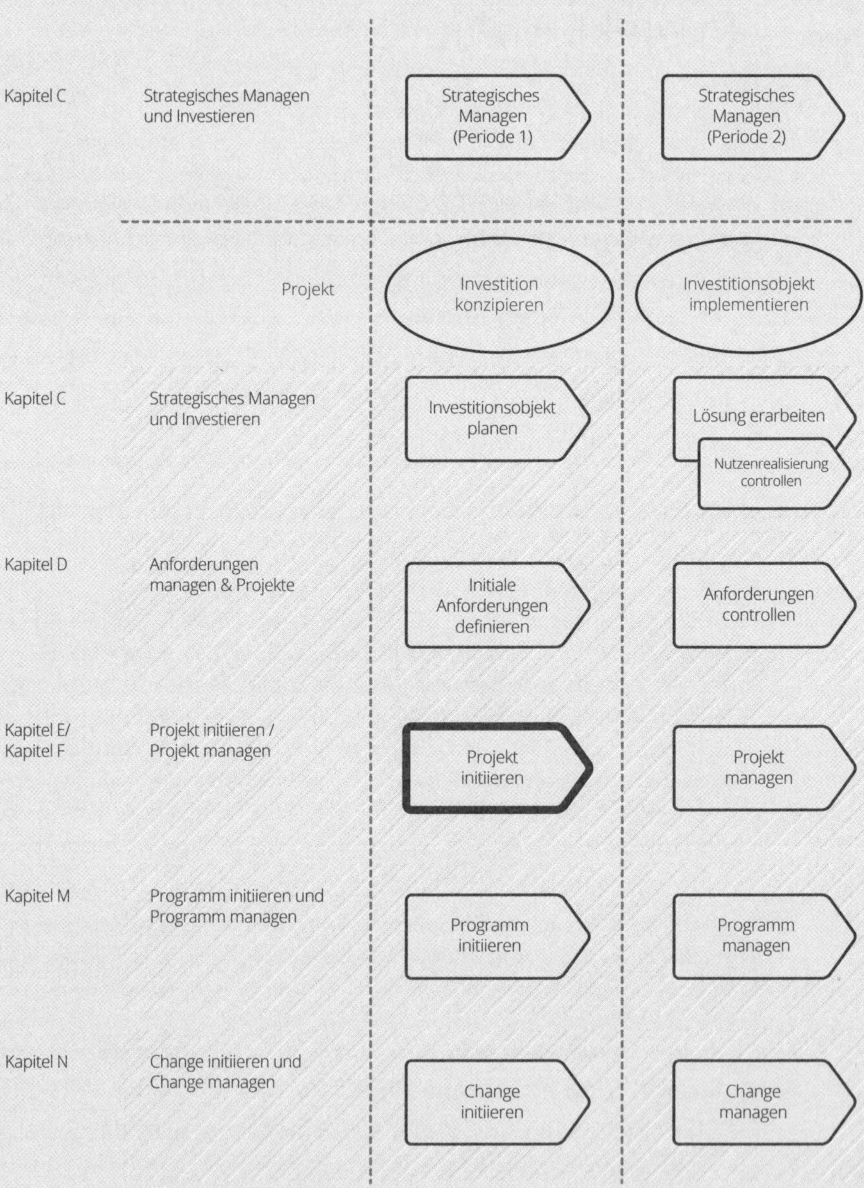

Übersicht „Projekt initiieren" im Kontext

E Projekt initiieren

E1 Projekt initiieren: Ziele

Projekt initiieren ist ein Geschäftsprozess projektorientierter Organisationen. Ziele des Projektinitiierens sind:

- Grundlagen zum Starten eines Projekts sind geschaffen,
- Entscheidung bezüglich der adäquaten Organisationsform zum Durchführen eines umfangreichen Geschäftsprozesses ist getroffen,
- Projektauftrag ist erteilt und
- ausgewählte Stakeholder sind in den Initiierungsprozess einbezogen.

Nicht-Ziel des Projektinitiierens ist das Entwickeln detaillierter Projektpläne. Diese werden im Projektstartprozess durch das Projektteam erstellt.

Startereignis für das Initiieren eines Projekts ist die Entscheidung des Initiators einer Investition, ein Projekt zu initiieren, Endereignis ist der erteilte (oder auch nicht erteilte) Projektauftrag.

Definition: Projekt initiieren

Projekt initiieren ist ein Geschäftsprozess projektorientierter Organisationen, der das Schaffen von Grundlagen zum Starten eines Projekts, das Entscheiden zum Durchführen eines Projekts und das Erteilen eines Projektauftrags zum Ziel hat.

E2 Projekt initiieren: Ablauf

Der Ablauf des Geschäftsprozesses „Projekt initiieren" ist in einem Flussdiagramm in der Abbildung E1 und in einem Funktionendiagramm in der Tabelle E1, in der die Zuständigkeiten zum Erfüllen der Prozessaufgaben ersichtlich sind, dargestellt.

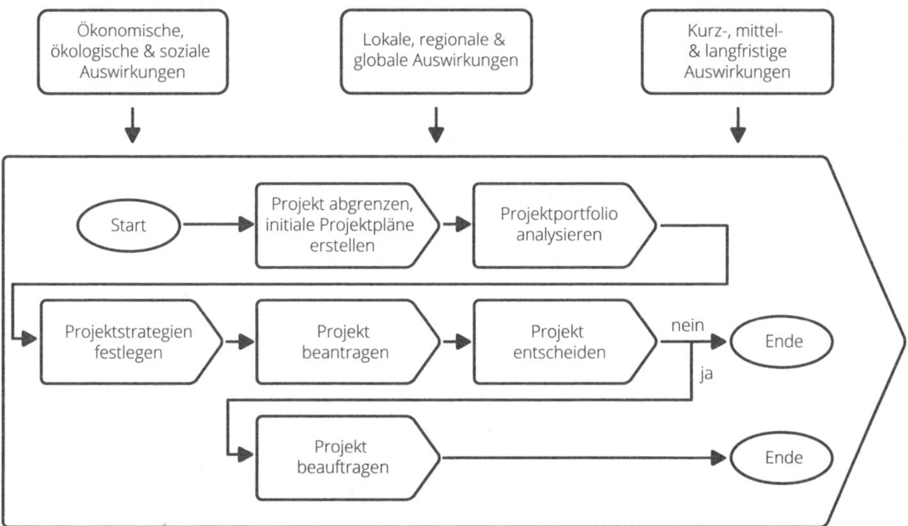

Abb. E1: Projekt initiieren – Flussdiagramm

Das Initiieren eines Projekts beinhaltet folgende Aufgaben:

- das betrachtete Projekt adäquat abgrenzen,
- initiale Projektpläne erstellen,
- die Zusammenhänge des betrachteten Projekts zu anderen Projekten im Projektportfolio der Organisation analysieren,
- Projektstrategien festlegen,
- entscheiden, dass ein Kleinprojekt oder ein Projekt die adäquate Organisationsform zum Durchführen des betrachteten Geschäftsprozesses ist,
- den Projektauftraggeber nominieren und
- den Projektmanager und das Projektteam mit der Projektdurchführung beauftragen.

Teilprozess: Projekt initiieren

Legende
D...durchführen
M...mitarbeiten
I...wird informiert
K...koordiniert

Prozessaufgaben	Initiator	Initiierungsteam	PM Office	Projektportfolio Group	Expertenpoolmanager	Projektauftraggeber	Projektmanager	Stakeholder	Hilfsmittel/Dokument
Projekt abgrenzen, initiale Projektpläne erstellen		D		M	M			M	1
Projektportfolio analysieren		M	D						2
Projektstrategien festlegen	I	D	M						3
Projekt beantragen	I	D	M						4
Projekt entscheiden	I	M	M	D	I			I	5
Projekt beauftragen			I	I	I	D	M		6

(Spalten Initiator bis Stakeholder: Rollen)

Hilfsmittel/Dokument
1 ... Initiale Projektpläne
2 ... Projektportfolio-Datenbank
3 ... Dokumentation der Projektstrategie
4 ... Projektantrag
5 ... Protokoll
6 ... Projektauftrag

Tab. E1: Projekt initiieren – Funktionendiagramm

Projekt abgrenzen

Grundlage für die Erstellung initialer Projektpläne stellt das Abgrenzen des Projekts dar. Ein Projekt ist dann adäquat abgegrenzt, wenn es die zum Erfüllen der Anforderungen des Investors und wesentlicher Stakeholder notwendigen Projektziele und Projektleistungen berücksichtigt. Eine „ganzheitliche" Projektabgrenzung berücksichtigt alle eng gekoppelten Ziele und vermeidet Suboptimierungen durch Teillösungen.

Ein Projekt als soziales System ist zeitlich, inhaltlich und sozial abzugrenzen. Die zeitliche Abgrenzung erfolgt durch das Festlegen eines Start- und eines Endereignisses des Projekts. Bei der inhaltlichen Abgrenzung kann man sich an den in Kapitel C angeführten Struktur- und Kontextdimensionen von Organisationen orientieren. Es ist zu definieren, ob ein Projekt Ziele bezüglich der Dienstleistungen und Produkte, der Märkte, der Organisationsstrukturen, des Personals, der Infrastruktur oder z. B. der Stakeholderbeziehzungen einer Organisation verfolgt. Die soziale Abgrenzung erfolgt durch das Definieren des für die Durchführung eines Projekts zuständigen Bereichs einer Organisation. Dieser wird durch die Festlegung der Projektauftraggeberschaft bestimmt.

Beim Abgrenzen wird definiert, was zu einem Projekt gehört. Klarheit über diese Grenzen entsteht auch durch ein Ausgrenzen dessen, was nicht zum Projekt gehört.[1] Ausgegrenzt werden können sowohl Aufgaben und Entscheidungen, die in anderen Projekten oder in der Linienorganisation erfüllt werden, als auch Aufgaben und Entscheidungen der Vor- und Nachprojektphase. Diese stellen, so wie die Projektstakeholder, die gleichzeitig durchgeführten Projekte und die Ziele bzw. Strategien der Organisation, Projektkontexte dar.

Projektgrenzen können nicht richtig oder falsch definiert werden, sondern sind das Ergebnis von Vereinbarungen des Projektinitiators mit dem Initiierungsteam. Sie sind soziale Konstrukte. In Tabelle E2 werden Tipps gegeben, um sinnvolle Projektgrenzen zu konstruieren.

Tipps zur ganzheitlichen Projektabgrenzung
> Ein Projekt ist so abzugrenzen, dass ein „in sich geschlossenes Ganzes" entsteht, das einen Business Value generiert. > Die Projektauftraggeber-Projektmanager-Beziehung soll für ein Projekt konstant bleiben. > Die Projektabgrenzung soll die Vereinbarung operationaler Projektziele ermöglichen. > Die Definition von Projektgrenzen ermöglicht es, ein Projekt zu planen. Nur was abgrenzbar ist, ist auch planbar! > Projekte in Projekte-Ketten wie z. B. Angebotserstellungsprojekt und Auftragsausführungsprojekt oder Konzeptionsprojekt und Implementierungsprojekt) sind zu unterscheiden.

Tab. E2: Tipps zur ganzheitlichen Projektabgrenzung

1 Ausgegrenztes kann bei Bedarf zu einem späteren Zeitpunkt wieder in das Projekt bzw. Programm „hereingenommen" werden.

Initiale Projektpläne erstellen

Ergebnisse des Erstellens initialer Projektpläne sind Erstansätze des Projektzieleplans, des Projektstrukturplans, eines Projektterminplans, eines Projektkostenplans, einer Projektstakeholderanalyse und einer Beschreibung der Projektorganisation. Bei Bedarf kann z. B. auch ein Erstansatz einer Projektrisikoanalyse erstellt werden. „Initial" bedeutet dabei, dass z. B. eine Gliederung eines Projektstrukturplans nur bis auf die dritte Gliederungsebene erfolgt, dass als Terminplanungsmethode eventuell ein Projektmeilensteinplan genügt und dass wesentliche Projektstakeholder vorerst nur identifiziert werden, aber dass noch keine Planung von Stakeholderstrategien erfolgt. In den initialen Projektplänen können lokale, regionale und eventuell globale ökologische sowie soziale Auswirkungen eines Projekts berücksichtigt werden. Nicht-Ziel des Projektinitiierens ist die Entwicklung detaillierter Projektpläne. Diese werden erst beim Projektstarten mit dem realen Projektteam entwickelt.

Zusammenhänge zu anderen Projekten im Projektportfolio analysieren

Die Entscheidung, ein Projekt zu initiieren oder nicht, ist auch von den Zusammenhängen des betrachteten Projekts zu anderen Projekten im Projektportfolio der Organisation abhängig. Diese Zusammenhänge, die synergetisch, aber auch konfliktär sein können, sind zu analysieren. Die Konsequenzen der „Aufnahme" eines Projekts in das Projektportfolio sind darzustellen und in der Entscheidung zu berücksichtigen.

Projektstrategien festlegen

Unter „Projektstrategien" werden Strategien zur Realisierung der Projektziele verstanden, die sich auf das Projekt als Ganzes beziehen und über die Projektdauer relevant sind. Folgende Arten von Projektstrategien können vor allem unterschieden werden:

- Beschaffungsstrategien: z. B. Einsatz eines Generalunternehmers oder von Einzelunternehmen; Beschaffung im Inland oder auch im Ausland; Art des Ausschreibungsverfahrens
- Strategien bezüglich des Technologieeinsatzes: z. B. Einsatz einer Cloud-Lösung in einem IT-Projekt oder nicht
- Strategien bezüglich des Methodeneinsatzes: z. B. einzusetzender Anforderungsmanagement-Ansatz, einzusetzender Projekt- bzw. Programmmanagement-Ansatz, Einsatz agiler Methoden
- Projektpersonalstrategien: z. B. Einsatz projektspezifischer Anreizsysteme; projektbezogene Personalentwicklung
- Strategien zur Gestaltung von Stakeholderbeziehungen: z. B. Art der Vertragsgestaltung mit Kunden, Lieferanten; Art der Gestaltung der Beziehungen zu Behörden; laufende Kommunikation von Projektzielen und von Zwischenergebnissen des Projekts oder nur Kommunikation der Projektergebnisse am Projektende

Projektantrag erstellen und Projekt entscheiden

Der Projektantrag stellt die Grundlage für die Entscheidung, welche Organisationsformen zum Durchführen eines Geschäftsprozesses eingesetzt werden sollen, dar. Ein Beispiel eines Projektantrags findet sich in der Tabelle E5 in der Fallstudie „Values4Business Value" im Kapitel E4.

Grundsätzlich sind folgende Organisationsformen zum Durchführen eines Geschäftsprozesses möglich: die Linienorganisation, eine Arbeitsgruppe, ein Kleinprojekt, ein Projekt, ein Projektenetzwerk, ein Programm oder mehrere Programme. Beim Projektinitiieren wird davon ausgegangen, dass das Projekt die adäquate Organisation darstellt. Dies ist jedoch im Zuge des Projektinitiierens zu hinterfragen und es ist zwischen den Möglichkeiten der Beauftragung als Kleinprojekt oder als Projekt zu entscheiden (siehe Kap. A).

Der Projektauftraggeber übernimmt eine wichtige Führungsaufgabe im Projekt. Die Auswahl eines adäquaten Projektauftraggebers ist daher eine wesentliche Entscheidung der Projektinitiierung. Der nominierte Projektauftraggeber beauftragt im Rahmen des Projektinitiierens den Projektmanager und das Projektteam mit der Projektdurchführung.

Wesentliche Ergebnisse des Initiierens sind die initialen Projektpläne, die dokumentierten Projektstrategien, der Projektantrag und der etwaige Projektauftrag. In Entscheidungsprotokollen sind die getroffenen Entscheidungen zu dokumentieren.[2]

2 Die erwähnten Aufgaben des Projektmanagens werden im Kapitel F „Projekt managen", die diesbezüglichen Methoden in den Kapiteln I bis L beschrieben.

E3 Einsatz agiler Methoden: Eine mögliche Projektstrategie

Der Einsatz agiler Methoden in Projekten gewinnt an Bedeutung. Die diesbezügliche Entscheidung ist projektstrategisch und im Rahmen des Projektinitiierens zu treffen. Im Folgenden werden Kriterien und Voraussetzungen des Einsatzes von Scrum in Projekten analysiert. Im Exkurs zu Scrum werden die Scrum-Ziele, -Prozesse, -Rollen und -Kommunikationsformate beschrieben.

Agile Methoden

Unter „agilen Methoden" werden alle Methoden verstanden, die auf das agile Manifest (siehe Kap. B) Bezug nehmen. Es existieren unterschiedliche agile Methoden wie z. B. Adaptive Software Development, Extreme Programming, Feature Driven Development, Usability Driven Development, Scrum, Kanban, Design Thinking und Rapid Prototyping. Scrum[3] ist die bekannteste agile Methode, für die auch gute Beschreibungen vorliegen.[4] Aus der Studie „Status quo Agile" von Ayelt Komus geht hervor, dass Scrum und Kanban am häufigsten zum Einsatz kommen.[5] Der Einsatz dieser Methoden liegt bei 90% in der Software-Entwicklung.

Einsatz von Scrum vs. Berücksichtigung agiler Werte in Projekten

Der Einsatz von Scrum als agile Methode ist von der Berücksichtigung agiler Werte in Projekten zu unterscheiden. Agile Werte können in jedem Projekt berücksichtigt werden. Um Scrum in einem Projekt einsetzen zu können, muss das Projekt dafür geeignet sein und es muss in der projektdurchführenden Organisation ein entsprechendes Verständnis von Scrum vorhanden sein.

Grundsätzlich ist Scrum nicht nur für Softwareentwicklungen, sondern auch für Produkt- und Organisationsentwicklungen, für Forschungen, für das Marketing etc. einsetzbar. Der Einsatz von Scrum und damit die Durchführung von Sprints setzen die Wiederholbarkeit von Aufgaben (in einer Projektphase) voraus. Erst Wiederholungen ermöglichen die durch Reflexionen angestrebten Prozessverbesserungen. Diese Wiederholbarkeit und die damit verbundene geringe Vielfalt von Aufgaben ermöglicht das Arbeiten in den gewünschten dedizierten Scrum Teams mit maximal fünf bis sieben Personen.

Scrum ist eine Form des Mikro-Managements, da Aufgaben im Detail auf Stunden- oder Tagesgenauigkeit geplant, durchgeführt und controlled werden. Projektmanagen kann in Relation dazu als Makro-Management verstanden werden, da die Planung und das Controlling weniger detailliert erfolgen.

3 Scrum Ist ein Copyright für das Iterative Software Development Framework von Scrum Alliance.
4 Vgl. Gloger, B., 2016.
5 Vgl. Komus, A., 2012.

Scrum ist eine Form des Mikro-Managements, da Aufgaben im Detail auf Stunden- oder Tagesgenauigkeit geplant, durchgeführt und controlled werden. Projektmanagen kann in Relation dazu als Makro-Management verstanden werden, da die Planung und das Controlling weniger detailliert erfolgen.

Scrum kann entweder durch permanente Teams in der Stammorganisation eines Unternehmens oder durch temporäre Teams in Projekten eingesetzt werden. Permanente Teams entsprechen de facto einer Organisation mit unterschiedlichen (Entwicklungs-)Abteilungen. Wenn Scrum durch permanente Teams eingesetzt wird, können von diesen Teams entweder laufend nicht-projektwürdige Aufgaben oder Teile von Projekten bearbeitet werden. Die als Projektteile zu erfüllenden Aufgaben stellen für ein Team dann jeweils Epics dar. Die Priorisierung der zu erfüllenden Epics hat in diesem Fall durch ein diesbezügliches Entscheidungsgremium zu erfolgen, in dem auch die jeweiligen Projektteams vertreten sind.

In einem Projekt kann Scrum für eine oder auch mehrere Projektphasen bzw. Arbeitspakete eingesetzt werden. Durch temporäre Scrum Teams werden in Projekten Subteam-Strukturen geschaffen (siehe Kap. G).

Ein ganzheitliches Projektverständnis schließt das Managen eines Projekts mit Scrum aus. In einem Projekt sind immer auch Aufgaben zu erfüllen, die einmalig und nicht repetitiv sind (z. B. Beschaffungen, Inbetriebnahmen, Schulungen etc.). Scrum kann daher nicht als Ersatz für Projektmanagement, sondern als Ergänzung verstanden werden. Im Projektmanagement sind zum Umgang mit der Komplexität und Dynamik von Projekten zusätzlich zu Scrum weitere Methoden, wie z. B. die Projektstakeholder-Analyse oder das Projektrisikomanagement, einzusetzen und zusätzliche Rollen und Kommunikationsformate anzuwenden. Das wird auch von Vertretern agiler Methoden erkannt; es wird daher von hybriden Vorgehensweisen in Projekten gesprochen.

Scrum und hybride Vorgehensweisen in Projekten

Der Begriff „hybrid" kann im Zusammenhang mit dem Einsatz von Scrum in Projekten unterschiedlich interpretiert werden: Erstens kann „hybrid" bedeuten, dass Scrum für manche Projekte bzw. Projektarten eingesetzt wird und für manche nicht. So setzt z. B. ein deutscher Pharma-Konzern Scrum für Konzeptionsprojekte ein, nicht aber für validierte Prozesse von Entwicklungsprojekten. „Hybrid" kann aber auch bedeuten, dass Scrum in manchen Abteilungen eingesetzt wird, in anderen aber nicht. Meistens wird der Begriff „hybrid" für den Einsatz des Scrum-Modells in einem Projekt in Kombination mit dem Wasserfallmodell verwendet.

Eine Kombination des Wasserfallmodells (siehe Kap. D) mit Scrum ist keine adäquate Form, ein Projekt zu managen, da in diesem Fall zwei unterschiedliche Managementparadigmen in einem Projekt kombiniert werden. Diese Kombination entspricht einem „Add-on"-Modell ohne zusätzlichen Nutzen. Wahrscheinlich entstehen dadurch sogar zusätzliche Kosten. Eine adäquate Form des Einsatzes von Scrum in einem Projekt sollte in Kombination mit einem systemischen Projektmanagementansatz erfolgen, in dem auch agile Werte berücksichtigt werden (siehe Kap. B).

Eine Kombination von Wasserfallmodell und Scrum ist keine adäquate Form, ein Projekt zu managen, da in diesem Fall zwei unterschiedliche Managementparadigmen in einem Projekt kombiniert werden. Der Einsatz von Scrum sollte im Rahmen eines systemischen Projektmanagementansatzes erfolgen, in dem auch agile Werte berücksichtigt werden.

Wenn Scrum in einem Projekt für eine oder mehrere Projektphasen eingesetzt wird, bedarf es einer adäquaten Integration in die Strukturen des jeweiligen Projekts, um den Mehrwert von Scrum zu sichern.

Exkurs: Scrum

Scrum: Name

Die Verbindung von Scrum und Rugby durch das Bild des gemeinsamen Vorwärtsdrängens eines Teams mit schnellen Ballwechseln haben Takeuchi und Nonaka geprägt.[6]

Scrum: Ziele

Durch den Einsatz von Scrum sollen folgende Ziele realisiert werden:

> Sicherung einer hohen Lösungsorientierung durch eine klare Definition der Ergebnisse
> Definition von Zwischenergebnissen als Minimum Viable Products (MVP)
> Sicherung einer schlanken Lösung durch Priorisierungen
> Rasche Umsetzung der Anforderungen in Sprints
> Rasches Reagieren auf Veränderungen, dadurch Förderung von Innovationen
> Schaffung von Wettbewerbsvorteilen durch Schnelligkeit und Flexibilität
> Lernen durch Reflexionen nach jedem Sprint
> Motiviertere Mitarbeiter durch die Möglichkeit der Selbstorganisation

"Fail early, release frequently!" und "Stop starting, start finishing!" sind Regeln, die eine Realisierung dieser Scrum-Ziele fördern sollen.

6 Vgl. Takeuchi, H., Nonaka, I., 1986

Scrum: Prozesse, Kommunikationsformate und Rollen

Scrum unterstützt einerseits ein iteratives Managen von Anforderungen (siehe Kap. D) und andererseits die inhaltliche Erarbeitung von Lösungen zur Erfüllung der definierten Anforderungen. Im Scrum laufen daher zwei parallele Prozesse ab (siehe Abb. D4): einerseits der Prozess der Identifikation und Beschreibung von Anforderungen in der Form von Epics und User Stories, die in Backlogs zusammengefasst werden, und andererseits der Prozess der Planung und Durchführung von Sprints zur Erarbeitung von Lösungen zur Erfüllung von Anforderungen.

Der Ablauf je Sprint im Scrum ist in der Abbildung E2 dargestellt. Jeder Sprint beginnt mit einer Sprintplanung. Im Sprint Planning Meeting werden die Ziele des Sprints und die Anforderungen aus dem Product Backlog geklärt. Diese werden im Sprint Backlog zusammengefasst. Dann wird die Vorgehensweise zum Erreichen der Sprintziele geplant. Danach beginnt das Entwicklungsteam zu arbeiten. Als Ergebnis soll am Ende des Sprints ein Produktinkrement als Minimum Viable Product (MVP) vorliegen.

Zur Durchführung der Scrum-Prozesse ist die Kommunikation wichtig. Folgende Kommunikationsformate werden im Scrum unterschieden: Sprint Planning, Daily Scrum, Sprint Review und Sprint Retrospective. Teilnehmer des Sprint Planning Meetings sind der Product Owner, das Entwicklungsteam, eventuell der User und der Scrum Master. Ziel des Sprint Planning Meetings ist die Klärung der Anforderungen, der Ziele und der Aufgaben des Sprints. Teilnehmer des Daily Scrum Meetings sind das Entwicklungsteam und der Scrum Master. Es findet täglich statt und ist kurz. Es wird der Fortschritt berichtet, geplant, an welchen Aufgaben an diesem Tag zu arbeiten ist und es werden eventuelle aktuelle Probleme identifiziert.

Teilnehmer des Sprint Review Meetings sind das Entwicklungsteam, der Product Owner, der Scrum Master und der User. Ziel ist es, die erzielten Ergebnisse zu präsentieren und Feedback vom User einzuholen. Am Sprint Retrospective nehmen das Entwicklungsteam, der Product Owner und der Scrum Master teil. Ziel ist es, zu reflektieren und Verbesserungsmöglichkeiten im Arbeitsprozess aufzuzeigen.

Zur Unterstützung der Kommunikation ist die Visualisierung, z. B. durch die Verwendung von Scrum Boards oder Burn-Down-Charts, wichtig. Auf einem Scrum Board werden die zu erledigenden Aufgaben sichtbar. Die Aufgaben bleiben daher kein amorphes Konzept, sondern bekommen durch die Visualisierung eine Gestalt und einen Fluss. Entscheidungen wie z. B. Priorisierungen werden dadurch erleichtert.

Für die Erfüllung der Scrum Prozesse sind der Product Owner bzw. das Product Owner Team, ein Scrum Master und ein Entwicklungsteam als Rollen vorgesehen. Auch Stakeholder wie z. B. User oder externe Kunden können in die Scrum-Prozesse einbezogen werden.

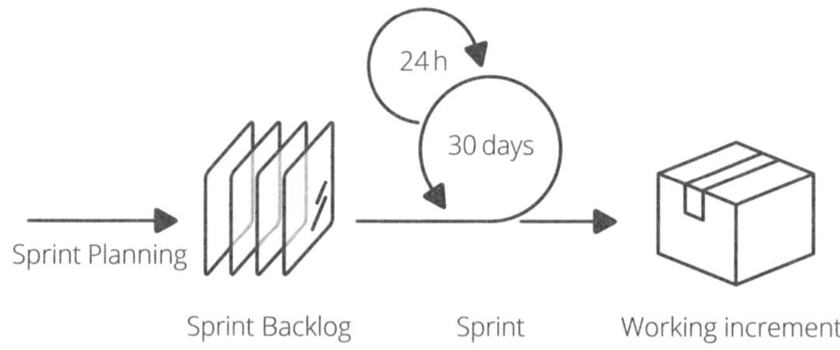

Abb. E2: Ablauf je Sprint im Scrum

Der Product Owner erfüllt die Aufgaben der Anforderungsanalyse, der Priorisierung von Anforderungen und der Abnahme von Minimum Viable Products (MVP). Er ist verantwortlich für den Nutzen der erzielten Lösung. Das multidisziplinäre Entwicklungsteam entwickelt das Produkt. Es arbeitet eng mit dem Product Owner und eventuell auch mit dem User zusammen. Es trägt die Verantwortung für eine fristgerechte Lieferung und eine entsprechende Qualität der Ergebnisse. Der Scrum Master leitet das Entwicklungsteam und versucht auftretende Probleme zu beseitigen, um die Produktivität des Teams zu sichern.

E4 Projekt initiieren: Methoden

Methoden zum Projektinitiieren sind grundsätzlich alle Projektmanagementmethoden, die auch beim Projektstarten eingesetzt werden (siehe Tab. F2). Beim Projektinitiieren werden diese Methoden, wie oben beschrieben, jedoch nur zur Erstellung von initialen Projektplänen eingesetzt. Weitere Methoden zum Projektinitiieren sind die Analyse des Projektportfolios und die Erstellung des Projektantrags.

Das Projektantragsformular und das Projektauftragsformular sind gleichartig zu gestalten. Aus dem Projektantrag werden die Strukturen und Kontexte des beantragten Projekts ersichtlich. Anlagen des Projektantrags sind die initialen Projektpläne. Diese Informationen ermöglichen es der Projektportfolio Group, eine Entscheidung bezüglich der Durchführung des Geschäftsprozesses als Kleinprojekt oder Projekt zu treffen.

Als Beispiele für den Methodeneinsatz beim Projektinitiieren sind in den Tabellen E3 bis E5 der initiale Projektzieleplan, der initiale Projektstrategienplan sowie der Projektantrag der RGC Fallstudie „Values4Business Value" dargestellt.

Fallstudie: „Values4Business Value" – Projekt initiieren

Initialer Projektstrategieplan
Values4Business Value entwickeln

V. 1.001 v. S. Füreder per 5.10.2015

Projektstrategien bezüglich der Beschaffung
Peer Review Group: Zum Sichern der Praxisorientierung der RGC Managementansätze, Kooperation mit deutschsprachigen Managementexpertinnen
Projektstrategien bezüglich des Technologieeinsatzes
E-Book: Gestaltung des Buchs, so dass E-Book-Lösung möglich ist
Projektmanagement-Dokumentation: Einsatz von sPROJECT
Projektstrategien bezüglich des Methodeneinsatzes
Projekt managen: Iteratives Vorgehen im Projekt „Values4Business Value entwickeln"
Recherchieren: Literaturanalysen, Fallstudien, Interviews, Reflexionsworkshops, ...
Visualisieren: Verwendung von Scrum-Boards und aller Projekt- und Changepläne
Projektstrategien bezüglich des Projektpersonals
Projektpersonalentwicklung: Lernen des Projektpersonals organisieren durch Fallstudienarbeit und explizites Reflektieren, etc.
Projektstrategien zur Gestaltung von Stakeholderbeziehungen
Key Accounts: Einbeziehen in die Peer Review Group, Informieren über Nutzen der neuen inhaltlichen Entwicklungen
Consultants und Netzwerkpartner: Einbinden in den Weiterentwicklungsprozess

Tab. E3: Initialer Projektstrategienplan für das Projekt „Values4Business entwickeln"

Initialer Projektzieleplan

Values4Business Values entwickeln

V. 1.001 v. S. Füreder per 5.10.2015

Hauptziele
RGC Managementansätze (Prozessmanagement, Projektmanagement, Programmmanagement, Management der projektorientierten Organisation und Changemanagement und Social Management) durch Managementinnovationen weiterentwickelt
RGC Managementansätze in Buch (Hardcover und E-Book) dokumentiert
Dienstleistungen (Consulting, Training, Events, Vorträge) weiterentwickelt
Weiterentwickelte Dienstleistungen und Buch erstvermarktet
Nicht-Ziele
Englische Version des Buchs entwickelt

Tab. E4: Initialer Projektzieleplan für das Projekt „Values4Business entwickeln"

Projektantrag

Values4Business Value entwickeln

V. 1.001 v. S. Füreder per 5.10.2015

Projektart:	☐ Kleinprojekt ☒ Projekt		
Projektstarttermin:	05.10.2015	Projektendtermin:	31.05.2017
Projektziele:		Projekt-Nicht-Ziele:	
RGC Managementansätze durch Managementinnovationen weiterentwickelt		Englische Version des Buchs entwickelt	
RGC Managementsätze in Buch (Hardcover und E-Book) dokumentiert			
Dienstleistungen (Consulting, Training, Events, Vorträge) weiterentwickelt			
Weiterentwickelte Dienstleistungen und Buch erstvermarktet			
Projektphasen:		**Projektkosten:**	**Projekterträge:**
1.1 Projekt managen		381.000.-	30.000.-
1.2 Prototyping und weiter planen			
1.3 Kapitelinhalte entwickeln: Zyklus 1			
1.4 Kapitelinhalte entwickeln: Zyklus 2			
1.5 Dienstleistungen und Produkte weiterentwickeln			
1.6 Marketing planen, zusätzliche Buchinhalte entwickeln			
1.7 Buch und E-Book produzieren			
1.8 Marketing PPC durchführen			
Projektauftraggeber:	R. Gareis, L. Gareis	Projektmanagerin:	S. Füreder
Projektteammitglieder:			
PTM Analyse R. Gareis		PTM Produktion Vertreter Manz Verlag	
PTM Entwicklung L. Gareis		PTM E-Book Vertreter Manz Verlag	
PTM Marketing V. Riedling			
Entscheidungen und Dokumente aus der Vorprojektphase:			
Kosten-Nutzen-Analyse, Konzept „Values4Business Value", initiale Projektpläne			
Erwartungen an die Nachprojektphase:			
Kosten und Nutzen gemäß Kosten-Nutzen-Analyse realisiert, "Values4Business Value" stabilisiert			
Zusammenhang zu anderen Projekten:			
HAPPYPROJECTS 16, Symposium Projektaudit 2016, Symposium Projektaudit 2017, HAPPYPROJECTS 17, sPROJECT-Anpassung, RGC Digitalisierung, Kundenprojekte			
Projektstakeholder:			
Geschäftsführung, Berater und Trainer, Office Mitarbeiter, Manz Verlag, Medien, Leser			
Anhang:	Initiale Projektpläne		

Projektauftraggeberteam — ProjektmanagerIn

Tab. E5: Formular „Projektantrag" für das Projekt „Values4Business entwickeln"

Eine alternative Darstellungsform für Anträge bzw. Aufträge für Projekte sind Canvases. Diese können für die Darstellung einer Projektidee, eines Antrags oder Auftrags, aber auch des Projektstatus eingesetzt werden.[7] Mithilfe eines Canvas, wie er von Osterwalder/Pigneur bekannt gemacht wurde, wird ein komplexer Zusammenhang in Komponenten zerlegt.[8] Deren Inhalte werden in den jeweiligen Feldern erfasst. Durch den gemeinsamen Rahmen und die angewandte Visualisierung entsteht ein zusätzlicher Informationsnutzen. Ein Beispiel eines Projekt-Canvas ist in der Abbildung E3 dargestellt. Die verwendeten Felder eines Projekt-Canvas sind vom zugrunde liegenden Projektmanagementansatz abhängig. Auch hier besteht ein Bedarf nach klaren Begriffen und inhaltlichen Zusammenhängen. Die Anwendung von Projekt-Canvases verfolgt ähnliche Ziele wie die agilen Konzepte, nämlich Visualisierung, interdisziplinäre Teamarbeit im Erstellungsprozess, Einbeziehen von Stakeholdern etc.

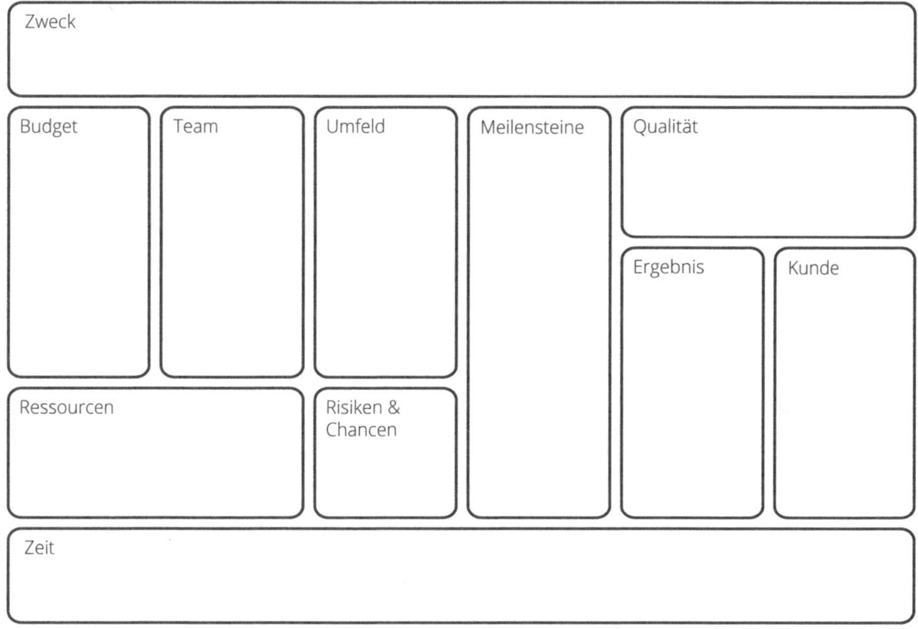

Abb. E3: Projekt Canvas[9]

7 Vgl. Habermann, F., 2016.
8 Vgl. Habermann, F., 2016, S. 36.
9 Vgl. Habermann, F., Schmidt, K., 2016.

E5 Projekt initiieren: Organisation

Das Erstellen initialer Projektpläne und eines Projektantrags erfolgt durch ein Initiierungsteam, in dem eventuell der designierte Projektmanager und zukünftige Projektteammitglieder vertreten sein können.

Das Initiieren eines Projekts stellt eine Grundlage für das Projektportfoliomanagen dar. Die Entscheidung, ein Projekt zu starten, ist nicht isoliert, sondern im Kontext des sich dadurch verändernden Projektportfolios einer Organisation zu treffen. Projektorientierte Organisationen setzen daher für die Investitionsentscheidung ein Investitionsentscheidungsgremium ein und übertragen einer Projektportfolio Group die Aufgabe, eine adäquate Organisationsentscheidung zum Implementieren einer Investition zu treffen. Abteilungsmanager bzw. Manager von Expertenpools sind zur Abklärung der Verfügbarkeit der benötigten Projektressourcen einzubeziehen (siehe auch Kap. P).

Grundlage für die Erteilung eines Projektauftrags ist die Entscheidung, eine Investition als Kleinprojekt oder Projekt zu realisieren. Der Projektauftrag sollte in schriftlicher Form erteilt werden. Die Erteilung des Projektauftrags ist das formale Startereignis eines Projekts.

Im Projektstartprozess kann es durch die Detaillierung der Planungen und das Einbeziehen zusätzlicher Experten als Teammitglieder zu einer Adaptierung des Projektauftrags kommen. Diese zyklische Formulierung des Projektauftrags fördert die Qualität der vereinbarten Strukturen.

Zur Beurteilung der Qualität des Prozesses „Projekt initiieren" ist außer den inhaltlichen Ergebnissen auch die Gestaltung des Geschäftsprozesses, d. h. dessen Dauer, Kosten und Organisation, zu berücksichtigen. Durch die Definition der Initiierung eines Projekts als Geschäftsprozess werden die diesbezüglichen Ziele, der Ablauf und die Zuständigkeiten formalisiert. Durch die klare Differenzierung zwischen Investitions- und Organisationsentscheidung wird ein Beitrag zur Sicherung der Entscheidungsqualität geleistet, um die Risiken von Fehlinvestitionen und von nicht adäquaten Organisationsformen zur Realisierung von Investitionen zu reduzieren. In der Praxis dauert dieser Prozess häufig lange und es sind auch die Zuständigkeiten und Entscheidungskompetenzen nicht klar.

Literatur

Gloger, B.: Scrum. Produkte zuverlässig und schnell entwickeln, 5. Auflage, Carl Hanser, München, 2016

Habermann, F.: Der Project Canvas – Projekte interdisziplinär definieren, Projekt Management aktuell, 1, S. 36-42, 2016

Habermann, F., Schmidt, K.: The Project Canvas. A Visual Tool to Jointly Understand Design, and Initiative Projects, and have more Fun at Work, Gumroad E-Book, Berlin, 2014

Komus, A.: Studie: Status Quo Agile. Verbreitung und Nutzen agiler Methoden – Ergebnisbericht (Langfassung), Hochschule Koblenz, Koblenz, 2012

Takeuchi, H., Nonaka, I.: The New New Product Development Game, Harvard Business Review, 64(1-2), 1986

F Geschäftsprozess: Projekt managen

„Projekt managen" ist ein Geschäftsprozess projektorientierter Organisationen, der zum erfolgreichen Durchführen von Projekten beitragen soll. Der Geschäftsprozess beinhaltet die Teilprozesse Projekt starten, Projekt koordinieren, Projekt controllen, eventuell Projekt transformieren oder Projekt neupositionieren und Projekt abschließen. Projektmarketing ist eine Aufgabe, die in allen Teilprozessen des Projektmanagens zu erfüllen ist. Parallel zum Projektmanagen ist der Geschäftsprozess „Projekt administrieren" durchzuführen.

Aus den einem systemischen Projektmanagementansatz zugrunde liegenden Werten leiten sich die zu realisierenden Ziele, die zu erfüllenden Aufgaben, die einzusetzenden Methoden und die Kommunikationsformate sowie die Rollen zum Projektmanagen ab. Zum Designen des Geschäftsprozesses „Projekt managen" können je nach Bedarf unterschiedliche Vorgehensweisen gewählt werden. Auch beim Managen unterschiedlicher Projektarten sind unterschiedliche Schwerpunkte zu setzen. Der Nutzen des Projektmanagens liegt in einem adäquaten Umgang mit der Komplexität und Dynamik von Projekten.

Die Zusammenhänge des Geschäftsprozesses „Projekt managen" mit anderen relevanten Geschäftsprozessen sind in der folgenden Übersicht dargestellt.

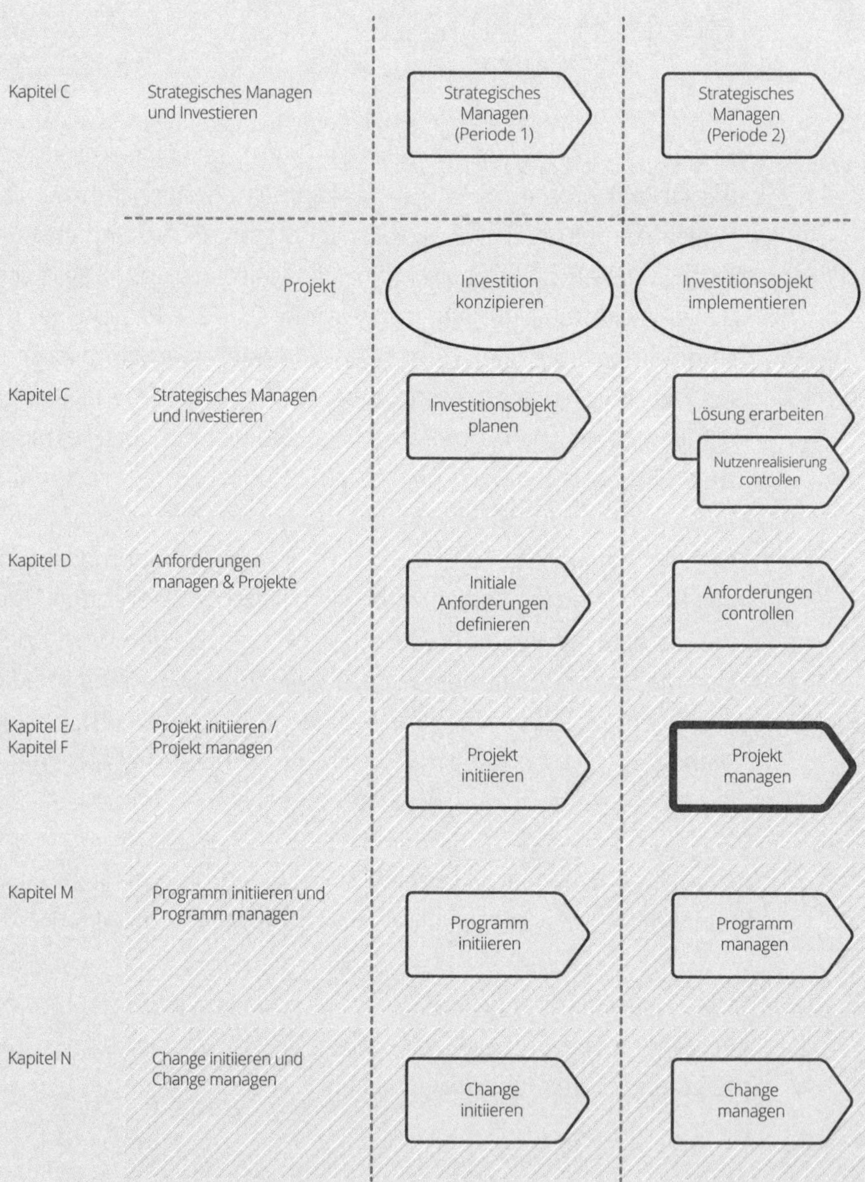

Übersicht „Projekt managen" im Kontext

F Geschäftsprozess: Projekt managen

F1 Projekt managen: Ziele

„Projekt managen" ist ein Geschäftsprozess projektorientierter Organisationen, der zum erfolgreichen Durchführen von Projekten beitragen soll. Er beinhaltet die Teilprozesse Projekt starten, Projekt koordinieren, Projekt controllen, (eventuell) Projekt transformieren oder Projekt neupositionieren und Projekt abschließen.

Die Ziele des Projektmanagens sind vom jeweiligen Projektmanagementansatz abhängig. Die im Folgenden beschriebenen Ziele setzen einen systemischen Projektmanagementansatz und eine Prozessorientierung beim Projektmanagen voraus (siehe auch Exkurs „Methodenorientierung vs. Prozessorientierung beim Projektmanagen").

Exkurs: Methodenorientierung vs. Prozessorientierung beim Projektmanagen

Der mechanistische Projektmanagementansatz (siehe Kap. B) ist methodenorientiert. Projektmanagement wird als die Anwendung von Methoden zum Planen und Controllen der Projektleistungen, Projekttermine, Projektressourcen, Projektkosten etc. verstanden. Die Qualität des Projektmanagements wird aufgrund der Existenz und der Qualität der Projektpläne beurteilt. Es wird die Annahme vertreten, dass gutes Methodenwissen gutes Projektmanagement sichert. In Schulungen werden daher Kenntnisse zur Anwendung dieser Methoden vermittelt.

Der systemische Projektmanagementansatz ist prozessorientiert. Projektmanagen wird als Geschäftsprozess verstanden, der die Teilprozesse Projekt starten, Projekt koordinieren, Projekt controllen, (eventuell) Projekt transformieren oder neupositionieren und Projekt abschließen beinhaltet. Diese Teilprozesse stehen miteinander in Zusammenhang.

Zur Durchführung der Teilprozesse des Projektmanagens werden jeweils adäquate Projektmanagementmethoden eingesetzt. Deren Bedeutung geht daher in einem prozessorientierten Ansatz nicht verloren. Es erfolgt vielmehr ein integrativer Einsatz der Projektmanagementmethoden. Es kann nicht Ziel des Projektmanagens sein, einen guten Terminplan zu erstellen. Ziel ist es z. B. vielmehr, ein Projekt optimal zu starten. Alle im Startprozess eingesetzten Methoden sind integrativ zu betrachten, um eine optimierte Gesamtlösung zu erzielen.

Einzelne Projektplanungen wie z. B. die Projektterminplanung oder die Projektkostenplanung sind nicht als Projektmanagementprozesse zu akzeptieren.[1] Durch die Wahrnehmung der Erstellung einzelner Projektpläne als

1 Vgl. Duncan, W. R., 2000, S. 47 ff.

Prozesse wird dem Ziel einer ganzheitlichen Prozessabgrenzung nicht entsprochen. Es ist nicht der „Prozess Projektterminplanung“ aufgrund erzielter Prozessergebnisse, der Prozessdauer und der Prozesskosten zu beurteilen, sondern es ist der Projektstartprozess als Ganzes zu betrachten und zu optimieren.

Grundsätzlich ist es Ziel des Geschäftsprozesses „Projekt managen“, durch ein professionelles Management einen Beitrag zur erfolgreichen Durchführung eines Projekts zu leisten. Dabei kann in ökonomische, ökologische und soziale Ziele unterschieden werden. Diese Ziele des Projektmanagens sind in der Tabelle F1 dargestellt.

Ziele des Prozesses: Projekt managen
Ökonomische Ziele > Projektkomplexität, Projektdynamik und Zusammenhänge zu den Projektkontexten gemanagt > Projekt starten, Projekt koordinieren, Projekt controllen und Projekt abschließen professionell durchgeführt; eventuell auch ein Projekt transformiert oder neupositioniert > Ökonomische Auswirkungen für ein eventuelles Programm, den Change, die implementierte Investition optimiert
Ökologische Ziele > Lokale, regionale und globale ökologische Auswirkungen des Projekts berücksichtigt > Ökologische Auswirkungen für ein eventuelles Programm, den Change, die implementierte Investition optimiert
Soziale Ziele > Projektpersonal rekrutiert und disponiert, Anreizsysteme eingesetzt, Projektpersonal beurteilt, entwickelt und freigesetzt > Lokale, regionale und globale soziale Auswirkungen des Projekts berücksichtigt > Soziale Auswirkungen für ein eventuelles Programm, den Change, die implementierte Investition optimiert > Stakeholder in das Projektmanagement einbezogen

Tab. F1: Ziele des Geschäftsprozesses „Projekt managen“

Speziell für den hier vertretenen systemischen Ansatz ist das Ziel, die ökonomischen, ökologischen und sozialen Auswirkungen eines Projekts für ein Programm, dem das Projekt eventuell angehört, und den Change bzw. die Investition, die durch das Projekt implementiert werden, zu optimieren. Diese Kontextorientierung wird im Kapitel M „Programm initiieren und managen“ und im Kapitel N „Change initiieren und managen“ näher behandelt.

Zur Operationalisierung der in der Tabelle F1 definierten Ziele des Projektmanagens werden im Folgenden die Ziele der Teilprozesse des Projektmanagens definiert. Systemisch betrachtet ist es Ziel des Projektstartens, ein Projekt als soziales System zu etablieren. Ziel des Projektcontrollens ist es, die Evolution eines Projekts zu fördern, und Ziel des Projektabschließens ist es, ein Projekt als soziales System aufzulösen. Ziel des Projekttransformierens bzw. des Projektneupositionierens ist es, eine Projektdiskontinuität zu bewältigen und eine neue Projektidentität zu schaffen. Ziel des Projektkoordinierens ist es, die interne und externe Projektkommunikation zu sichern, um den Projektfortschritt zu gewährleisten. Die Beschreibung der Teilprozesse des Projektmanagens und die Definition von deren Zielen erfolgt in den Kapiteln I bis L.

Beim Projektmanagen sind folgende Strukturdimensionen von Projekten zu berücksichtigen:

> die Lösungsanforderungen, die Betrachtungsobjekte des Projekts, die Projektziele, die Projektstrategien,
> die Projektleistungen, die Projekttermine, die Projektressourcen, das Projektbudget, das Projektrisiko,
> die Projektorganisation, die Projektkultur, das Projektpersonal und
> die Projektinfrastruktur.

Folgende Kontextdimensionen von Projekten sind beim Projektmanagen relevant:

> Entscheidungen, Maßnahmen und Dokumente der Vor- und Nachprojektphase,
> die Projektstakeholder,
> andere Projekte im Projektportfolio der projektorientierten Organisation,
> die Organisationsziele und Organisationsstrategien und
> die durch ein Projekt implementierte Investition.

Diese Struktur- und Kontextdimensionen sind in der Abbildung F1 dargestellt. Eine ausschließliche Betrachtung der Dimensionen des „Magic Triangle“ ist offensichtlich viel zu wenig.

- Strukturdimensionen
  - Lösungsanforderungen, Projektziele, Projektstrategien
  - Projektleistungen
  - Projekttermine, Projektressourcen, Projektbudget, Projektrisiko
  - Projektorganisation, Projektkultur
  - Projektpersonal
  - Projektinfrastruktur

- Kontextdimensionen
  - Vor- und Nachprojektphase
  - Projektstakeholder
  - andere Projekte
  - Organisationsziele und Organisationsstrategien
  - durch das Projekt implementierte Investition

Abb. F1: Beim Projektmanagen zu berücksichtigende Dimensionen von Projekten

F2 Projekt managen: Ablauf

Der Vorteil der Definition von „Projekt managen" als Geschäftsprozess liegt in der klaren Beschreibung der Ziele, des Ablaufs, der Zuständigkeiten und in der Definition von Key Performance Indicators (KPIs) zur Beurteilung der Prozessqualität. Die Qualität des Projektmanagens kann aufgrund der Qualität des Designs des Geschäftsprozesses „Projekt managen" und der erzielten Projektmanagementergebnisse beurteilt werden. Das Projektmanagementpersonal benötigt daher sowohl soziale Kompetenzen zum Designen des Prozesses als auch methodische Kompetenzen zum Durchführen des Prozesses.

Der Ablauf des Projektmanagens ist in der Abbildung F2 als Überblick dargestellt. Dabei wird auch die Berücksichtigung der Prinzipien der nachhaltigen Entwicklung ersichtlich.

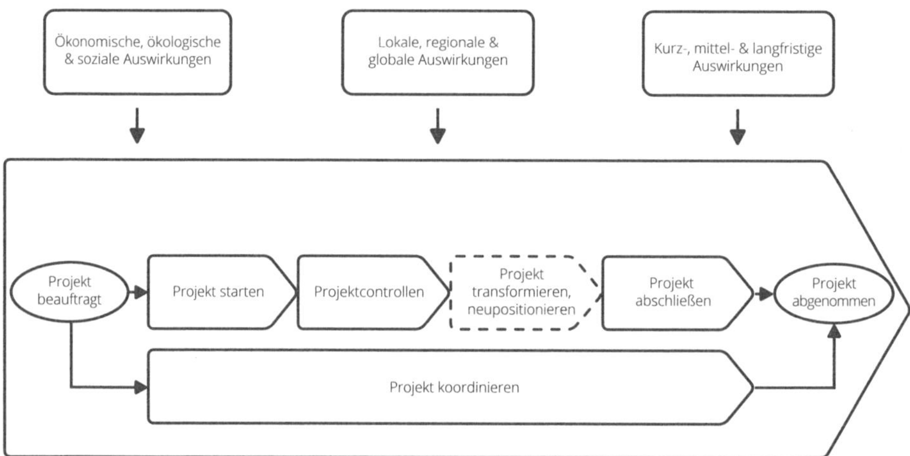

Abb. F2 Ablauf des Geschäftsprozesses „Projekt managen" im Überblick – Flussdiagramm

Der Geschäftsprozess „Projekt managen" beginnt, wenn das Projektteam vom Projektauftraggeber mit der Projektdurchführung beauftragt wird und endet mit der Abnahme des Projekts durch den Projektauftraggeber. Aus der Darstellung des Ablaufs des Projektmanagens werden dessen Teilprozesse ersichtlich. Das Projektkoordinieren erfolgt kontinuierlich, die Durchführung der sonstigen Teilprozesse ist jeweils zeitlich befristet. Per Definition werden das Projektstarten und das Projektabschließen jeweils einmal durchgeführt. Das Projektcontrollen ist mehrmals in einem Projekt durchzuführen und findet meist periodisch statt. Die Notwendigkeit, eine Projektdiskontinuität durch ein Projekttransformieren oder Projektneupositionieren zu bewältigen, ist situationsabhängig.

Zusammenhänge zwischen den Teilprozessen des Projektmanagens

Eine durchgängige Durchführung des Projektmanagens sichert, dass in den Teilprozessen einheitliche Begriffe und Methoden verwendet werden. Durch die Berücksichtigung der Zusammenhänge zwischen den Teilprozessen können die Projektmanagementergebnisse optimiert werden. Folgende Zusammenhänge bestehen:

- Beim Projektstarten sind die Strukturen für das Projektkoordinieren, das Projektcontrollen und das Projektabschließen zu planen.
- Beim Projektstarten werden durch die Definition der Projektziele die Kriterien zur Messung des Projekterfolgs beim Projektabschließen festgelegt.
- Beim Projektstarten werden Arbeitsformen etabliert, die beim Projektkoordinieren, beim Projektcontrollen und beim Projektabschließen Anwendung finden sollten (z. B. Projektsitzungen, Projektworkshops, Protokollierung, Reflexionen).
- Beim Projektstarten können durch die Anwendung der Szenariotechnik und die Erstellung von Alternativplänen vermeidende (Projektkrise) bzw. fördernde (Projektchance) und vorsorgende Maßnahmen zum Management von Projektdiskontinuitäten getroffen werden.
- Beim Projektstarten wird das Management einer eventuellen strukturell bedingten Identitätsänderung des Projekts geplant.
- Beim Projektkoordinieren werden die beim Projektstarten erstellten Projektpläne eingesetzt.
- Beim Projektcontrollen werden die beim Projektstarten erstellten Projektpläne einer Kontrolle und eventuellen Neuplanung unterzogen.
- Beim Transformieren oder Neupositionieren eines Projekts wird einerseits auf die eventuell beim Projektstarten entwickelten Alternativpläne und andererseits auf die aktuellen Projektpläne des letzten Projektcontrollens zurückgegriffen.
- Beim Projektabschließen stellen die beim Projektstarten entwickelten und beim Projektcontrollen adaptierten Projektpläne die Grundlage für die Beurteilung des Projekterfolgs und für die Sicherung organisatorischen Lernens dar.
- Das Projektmarketing findet in allen Teilprozessen des Projektmanagens auf der Grundlage einer einheitlichen Projektmarketingstrategie statt. Die Projektmarketingstrategie wird beim Projektinitiieren definiert und beim Projektstarten verifiziert.

Exkurs: Projektmarketing als Aufgabe des Projektmanagens

Viele Projekte sind durch eine starke inhaltliche Orientierung, aber eine geringe Kommunikationsorientierung charakterisiert. Die Mitglieder der Projektorganisation konzentrieren sich vor allem auf die Erfüllung der inhaltlichen Arbeitspakete und erkennen nicht, dass zur Sicherung des Projekterfolges auch eine entsprechende Kommunikation der Ziele, der Inhalte und der Organisation des Projekts an dessen Stakeholder notwendig ist.

Das Projektmarketing wird als projektbezogene Kommunikation mit Projektstakeholdern definiert. Es ist nicht nur die Qualität der inhaltlichen Ergebnisse eines Projekts, sondern auch deren Akzeptanz durch eine entsprechende Kommunikation zu sichern.

Der Erfolg (E) eines Projekts kann als ein Produkt aus der Qualität (Q) der inhaltlichen Ergebnisse eines Projekts und deren Akzeptanz (A) definiert werden: E = Q x A. Wenn die Akzeptanz der inhaltlichen Projektergebnisse trotz guter Qualität gering ist, ist auch der Projekterfolg gering.

Das Projektmarketing stellt einen Erfolgsfaktor von Projekten dar. Ziele des Projektmarketings sind:

> die Sicherung der entsprechenden Managementaufmerksamkeit für das Projekt,
> die Sicherung der notwendigen Ressourcen für das Projekt,
> die Sicherung der Akzeptanz der (Zwischen-)Ergebnisse des Projekts,
> die Minimierung von Konflikten im Projekt und
> die Förderung der Identifikation der Mitglieder der Projektorganisation mit dem Projekt.

Durch entsprechende Projektinformationen werden Konflikte im Projekt und in den Beziehungen mit den Projektstakeholdern minimiert. Es werden auch entsprechende Erwartungshaltungen bezüglich der Projektergebnisse entwickelt. Es soll Feedback für das Projekt gesichert und ein Dialog mit den Stakeholdern gestaltet werden. Durch das Projekt wird auch den persönlichen Interessen des Self-Marketings der Mitglieder der Projektorganisation entsprochen.

Das Projektmarketing ist eine Aufgabe, die in allen Teilprozessen des Projektmanagens zu erfüllen ist. Es stellt daher meist kein eigenes Arbeitspaket in Projekten dar. Das Projektmarketing ist im Projektstartprozess besonders wichtig. Erste Informationen über das Projekt und die Projektidentität können kommuniziert werden. Danach sollten Projektmarketingmaßnahmen in relativ gleichmäßiger Intensität über die Projektlaufzeit und nach spezifischem Bedarf aufrechterhalten werden. Beim Projektcontrollen besteht die Möglichkeit, Zwischenergebnisse des Projekts und Veränderungen in den Projektstrukturen zu kommunizieren. Beim Projektabschließen sind nicht nur die Projektergebnisse, sondern auch der Prozess der Projektarbeit und die Beiträge der Mitglieder der Projektorganisation zu kommunizieren.

Basis für das Projektmarketing stellen die Projektstakeholderanalyse und die Projektkulturentwicklung dar. Die Stakeholderanalyse ermöglicht es, nach Stakeholdern differenzierte Marketingstrategien und Maßnahmen zu definieren. Im Rahmen der Projektkulturentwicklung werden der Projektname, ein Projektlogo, Projektslogans und projektspezifische Werte definiert, die in der Entwicklung der Hilfsmittel des Projektmarketings benützt werden. Zentrale Hilfsmittel des Projektmarketings sind Printmedien wie z. B. ein Projektfolder oder ein Projektnewsletter, projektbezogene Events wie z. B. eine Projektvernissage oder eine Projektpräsentation, eine Projekt-Homepage, aber auch die Projektmanagement-Dokumentationen wie z. B. ein Projekthandbuch, Projektfortschrittsberichte oder eine Project Score Card.

Alle Mitglieder der Projektorganisation sind für das Projektmarketing zuständig. Nicht nur der Projektmanager, sondern auch der Projektauftraggeber und die Projektteammitglieder sind für die adäquate Kommunikation des Projekts verantwortlich. Projektmitarbeiter, die nur punktuell im Projekt mitarbeiten, tragen keine Verantwortung für das Projektmarketing.

F3 Projekt managen: Kontexte

Die Geschäftsprozesse des Investitionplanens (siehe Kap. C) und des Projektinitiierens (siehe Kap. E) finden vor dem Starten eines Projekts zum Implementieren eines Investitionsobjekts statt. Das Controllen der Nutzenrealisierung zur Sicherung des Investitionserfolgs (siehe Kap. C) findet während eines Implementierungsprojekts und nach dessen Ende während der Anwendung des Investitionsobjekts statt. Die inhaltlichen Geschäftsprozesse zum Erarbeiten einer Lösung und der Prozess „Projekt administrieren" erfolgen parallel zum Projektmanagen im Implementierungsprojekt (siehe Übersicht zu Beginn dieses Kapitels).

Die zur Durchführung von Projekten zu erfüllenden inhaltlichen Geschäftsprozesse sind von der jeweiligen Projektart abhängig und werden hier daher nicht behandelt. Bei einem IT-Konzeptionsprojekt sind dem Phasenablauf entsprechend z. B. folgende Inhalte zu erfüllen: Informationssammlung und Ist-Analyse, Definition und Beschreibung von Lösungsvarianten, Umsetzungsplanung je Variante, Berichterstellung und Entscheidungsfindung. Bei einem Kundenauftragsprojekt im Anlagenbau sind das Engineering, die Beschaffung, die Fertigung und die Logistik, der Bau und die Montage sowie die Schulung und die Inbetriebnahme wesentliche inhaltliche Geschäftsprozesse.

Der Geschäftsprozess „Projekt administrieren" beinhaltet die Aufgaben des Administrierens des Projektpersonals, der projektbezogenen Kunden- und Lieferantenverträge und der Projektinfrastruktur sowie des Ablegens der Projektkorrespondenz und der Projektdokumente. Das Projektadministrieren ist keine Teilaufgabe des Projektmanagens, sondern stellt einen eigenen Prozess dar. Dieser sollte als ein Arbeitspaket im Projektstrukturplan dargestellt werden. Das trägt zur klaren Unterscheidung von Projektmanagen und Projektadministrieren und damit zur Professionalisierung des Projektmanagens bei.

Ziele des Projektadministrierens sind die Sicherung der Nachvollziehbarkeit der personal-, kunden- und lieferantenbezogenen Dokumente und der Korrespondenz sowie des raschen Zugriffs auf Personal-, Kunden- und Lieferantendaten. Bei großen Projekten kann das Projektadministrieren von einem Projektadministrator (z. B. einem Vertragsexperten) oder einem Projektassistenten wahrgenommen werden. Bei kleinen und mittleren Projekten wird die Rolle des Projektadministrators in der Regel von einer Person in Personalunion mit der Projektmanagerrolle erfüllt.

F4 Projekt managen: Designen des Geschäftsprozesses

Der Geschäftsprozess „Projekt managen" ist den spezifischen Bedürfnissen eines Projekts entsprechend zu designen. Es ist der Einsatz von Projektmanagementmethoden, Standardprojektplänen und Checklisten, von Projektkommunikationsformaten, von Projektmanagementinfrastruktur und eventuell von Projektmanagementconsultants zu planen.

Projekt managen: Einsatz von Projektmanagementmethoden

Die grundsätzliche Regelung des Einsatzes von Projektmanagementmethoden in Projekten und die grundsätzliche Beschreibung der Strukturen der Projektorganisation sind Corporate-Governance-Aufgaben. In Organisationsrichtlinien von projektorientierten Organisationen wird festgelegt, welche Methoden für Kleinprojekte und Projekte einzusetzen sind. Entsprechend der Teilprozesse des Projektmanagens ist in Methoden, die beim Projektstarten, beim Projektkoordinieren, beim Projektcontrollen, beim Projekttransformieren oder Projektneupositionieren und beim Projektabschließen eingesetzt werden, zu unterscheiden. Ein „Muss"- und ein „Kann"-Einsatz der jeweiligen Methode ist zu regeln. Eine diesbezügliche Empfehlung ist in der Tabelle F2 dargestellt. Projektspezifisch ist bezüglich des Einsatzes der „Kann"-Methoden und bezüglich des angestrebten Detaillierungsgrades je Methode zu entscheiden.

Jeder Projektplan, der aus dem Einsatz einer Projektmanagementmethode resultiert, ist ein Modell eines Projekts und dient der Konstruktion der Projektwirklichkeit. Durch die Entwicklung unterschiedlicher Projektpläne ist es möglich, eine Managementkomplexität zu schaffen, die für den Umgang mit der Projektkomplexität entsprechend ist. Auch der Detaillierungsgrad einzelner Projektpläne ist in Abhängigkeit dazu festzulegen.

Projektpläne, wie z. B. ein Projektstrukturplan, ein Projektorganigramm oder eine Projektstakeholderanalyse, sind Modelle eines Projekts und dienen der Konstruktion der Projektwirklichkeit durch die Projektorganisation. Durch die Entwicklung unterschiedlicher Projektpläne ist es möglich, eine Managementkomplexität zu schaffen, die der Komplexität des Projekts entspricht.

Die Qualität der Projektpläne ist durch einen Multi-Methodeneinsatz zu sichern. Die Vollständigkeit der Projektpläne kann durch eine Vernetzung der Projektmanagementmethoden und durch eine iterative Erarbeitung der Projektpläne gesichert werden. So können z. B. Erkenntnisse der Projektstakeholderanalyse in die Projektstrukturplanung und/oder die Projektkostenplanung einfließen.

Einsatz von Methoden je Projektmanagement-Teilprozess	Kleinprojekt	Projekt
Methoden beim Projektstarten		
Projektziele planen	Muss	Muss
Projektstrategien planen	Kann	Kann
Betrachtungsobjekte planen	Kann	Kann
Projektstruktur planen	Muss	Muss
Arbeitspakete spezifizieren	Kann	Muss
Projektmeilensteine planen	Muss	Muss
Projektbalkenplan erstellen	Kann	Muss
Projektnetzplan erstellen	Kann	Kann
Projektressourcen planen	Kann	Kann
Projektbudget planen	Muss	Muss
Projektfinanzmittel planen	Kann	Kann
Projektstakeholder analysieren	Muss	Muss
Projektrisiken analysieren	Kann	Muss
Projektszenarien analysieren	Kann	Kann
Projektalternativen planen	Kann	Kann
Kosten-Nutzen-Analyse durchführen	Kann	Muss
Projektauftrag erstellen	Muss	Muss
Projektorganigramm erstellen bzw. Projektrollen listen	Muss	Muss
Projektfunktionendiagramm erstellen	Kann	Kann
Projektkommunikation planen	Kann	Muss
Projektregeln definieren	Kann	Muss
Projektname definieren	Muss	Muss
Projektlogo definieren	Kann	Kann
Projektspezifisches Anreizsystem vereinbaren	Kann	Kann
Projektbezogene Personalentwicklung planen	Kann	Kann
Methoden beim Projektkoordinieren		
TO-DO-Liste erstellen	Muss	Muss
Sitzung protokollieren	Muss	Muss
Abnahme von Arbeitspakete protokollieren	Kann	Kann
Methoden beim Projektcontrollen		
Projektstatus berichten	Muss	Muss
Earned Value analysieren	Kann	Kann
Projekttrendanalyse durchführen	Kann	Kann
Projektpläne adaptieren	Muss	Muss
Methoden beim Projekttransformieren oder Projektneupositionieren		
Sofort- und Zusatzmaßnahmen planen und controllen	Muss	Muss
Ursachen einer Projektkrise bzw. Projektchance analysieren	Muss	Muss
Bewältigungsstrategien planen	Muss	Muss
Ausgewählte Changemanagementmethoden einsetzen (z.B. Projektchangevision formulieren, Quick Wins des Projektchanges definieren)	Muss	Muss

Einsatz von Methoden je Projektmanagement-Teilprozess	Kleinprojekt	Projekt
Methoden beim Projektabschließen		
Restaufgaben und Aufgaben der Nachprojektphase listen	Muss	Muss
Stakeholderanalyse adaptieren	Kann	Kann
Kosten-Nutzen-Analyse bzw. Investitionsanalyse adaptieren	Kann	Muss
Projektabschluss berichten	Muss	Muss
Erfahrungsaustauschworkshop durchführen	Kann	Kann
Mitglieder der Projektorganisation beurteilen	Kann	Kann
Projektabnahmeprotokoll erstellen	Muss	Muss

Tab. F2: Methoden zum Managen von Kleinprojekten und Projekten (Empfehlung)

Die Erstellung der detaillierten Projektpläne sollte – auf Basis der beim Projektinitiieren erstellten initialen Projektpläne – im Prozess „Projekt starten" gemeinsam durch das Projektteam erfolgen. Dadurch kann die Kreativität des Teams genützt und die Identifikation der Projektteammitglieder mit den Ergebnissen gefördert werden. Vorbereitungsarbeiten für die Ersterstellung können von einer kleineren Gruppe ausgewählter Projektteammitglieder geleistet werden. Durch den Einsatz von Moderationstechniken kann eine zielorientierte und effiziente Teamarbeit gewährleistet werden. Visualisierungstechniken fördern die Kommunikation beim Projektmanagen und unterstützen die Dokumentation der Ergebnisse.

Projektpläne werden oft ausschließlich als Dokumentationsinstrumente verstanden. Tatsächlich sind die Projektpläne auch Entscheidungsinstrumente, Führungsinstrumente und Kommunikationsinstrumente. Durch einen entsprechenden Einsatz von Informations- und Kommunikationstechniken können zielgruppenspezifische Informationen gestaltet und kommuniziert werden.

In den Kapiteln I bis L werden die Teilprozesse des Projektmanagens und die oben gelisteten Methoden für die einzelnen Teilprozesse beschrieben.

Projekt managen: Einsatz von Checklisten und von Standardprojektplänen

Die Effizienz des Projektmanagens kann durch den Einsatz von Checklisten und von Standardprojektplänen gesteigert werden. Die Entwicklung und die Bereitstellung von Checklisten und von Standardprojektplänen sind ebenfalls Corporate-Governance-Aufgaben der projektorientierten Organisation, die z. B. durch ein Projektmanagement Office erfüllt werden können.

Der Einsatz folgender Checklisten zum Projektmanagen ist z. B. möglich:

> Checkliste: Ablauf eines Projektstartworkshops
> Checkliste: Ablauf eines Projektcontrollingworkshops
> Checkliste: Tagesordnung einer Projektauftraggebersitzung
> Checkliste: Inhaltsverzeichnis des Projekthandbuchs

In einem Projekthandbuch ist zwischen der Projektmanagementdokumentation und der Projektergebnisdokumentation zu unterscheiden.

Zum Management repetitiver Projekte können Standardprojektpläne eingesetzt werden. Die Standardisierung stellt ein Instrument des organisatorischen Lernens bzw. des Wissensmanagements der projektorientierten Organisation dar. Projektpläne, die standardisiert werden können, sind z. B. Projektstrukturpläne, Arbeitspaketspezifikationen, Betrachtungsobjektpläne, Meilensteinlisten, Projektorganigramme und Projektfunktionendiagramme. Wenn in einem Projekt Standardprojektpläne eingesetzt werden, sind diese durch die Mitglieder der Projektorganisation den jeweiligen Projektbedingungen entsprechend zu adaptieren, d. h. zu ergänzen, projektspezifisch zu bezeichnen etc.

Projekt managen: Einsatz unterschiedlicher Projektkommunikationsformate

Beim Projektmanagen können die Kommunikationsformate Einzelgespräch, Projektsitzung und Projektworkshop kombiniert werden. Wie aus Abbildung F3 ersichtlich, entstehen für Projektworkshops zwar die höchsten Ressourcenbedarfe, zur Sicherung einer entsprechenden Projektmanagementqualität werden diese aber auch empfohlen.

Unterschiedliche Kommunikationsformate können in den einzelnen Teilprozessen des Projektmanagens kombiniert werden. Durch die Kombination unterschiedlicher Kommunikationsformate beim Projektstarten werden unterschiedliche Ziele verfolgt. Das Ziel von Einzelgesprächen des Projektmanagers mit Projektteammitgliedern ist es, grundsätzliche Informationen über das Projekt bereitzustellen und wechselseitige Erwartungen bezüglich der Zusammenarbeit auszutauschen. Diese erste Orientierung stellt eine Basis für die Teilnahmen bei Projektsitzungen und beim Projektstartworkshop dar.

Eine übliche Kommunikationsform beim Projektstarten ist das Kick-off-Meeting. Das Ziel eines Kick-off-Meetings ist die Information des Projektteams über das Projekt durch den Projektauftraggeber und den Projektmanager. Es handelt sich dabei meist um eine „Einwegkommunikation“ im Umfang von zwei bis drei Stunden mit wenig Möglichkeit zur Interaktion.

Das Ziel eines Projektstartworkshops ist es, gemeinsam im Projektteam das „Big Project Picture“ zu entwickeln. Durch die Interaktionen der Teammitglieder im Workshop wird ein wesentlicher Beitrag zur Projektkulturentwicklung geleistet. Ein Projektstartworkshop kann ein bis drei Tage dauern und findet meist in moderierter Form außerhalb des täglichen Arbeitsplatzes, eventuell in einem Seminarhotel, statt. Die Teilnehmeranzahl bei einem Projektworkshop sollte 15 Personen nicht überschreiten. Die Projektteammitglieder sollten während des gesamten Workshops teilnehmen, Vertreter von Projektstakeholdern können als Gäste am Workshop teilnehmen. Dem Projektauftraggeber sollten am Ende des Workshops die wesentlichen Workshopergebnisse präsentiert werden. In größeren Projekten können Kombinationen mehrerer Kick-off-Meetings und Projektstartworkshops mit unterschiedlichen Zielgruppen auf unterschiedlichen Standorten notwendig sein.

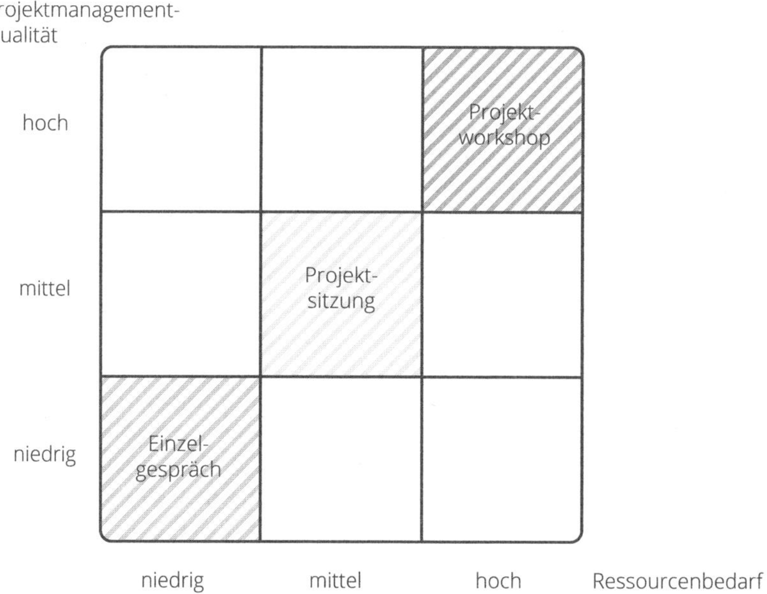

Abb. F3: Kommunikationsformate im Projekt

Ziele regelmäßiger Projektteamsitzungen sind die wechselseitige Information der Projektteammitglieder über den Projektstatus und die Vereinbarung der weiteren Vorgangsweise. Ziele regelmäßiger Projektauftraggebersitzungen sind die Information des Projektauftraggebers durch den Projektmanager über den Projektstatus und das Treffen strategischer Projektentscheidungen.

Projekt managen: Gestaltung der projektbezogenen Infrastruktur

Professionelles Projektmanagen bedingt den Einsatz einer entsprechenden Infrastruktur von Informations- und Kommunikationstechniken sowie einer entsprechenden räumlichen Infrastruktur.

Speziell in virtuellen Projektorganisationen mit Projektteammitgliedern, die an unterschiedlichen Standorten arbeiten, stellt die Planung der im Projekt einzusetzenden Software und Telekommunikationsstrukturen eine Herausforderung dar. Der Einsatz einer einheitlichen Projektmanagement- und Office-Software ist zu sichern, die entsprechende Hardware ist zur Verfügung zu stellen. Über den Einsatz adäquater Kommunikationstools, wie z. B. von Projektmanagementportalen, Collaborationsoftware, Telefonkonferenzen und Videokonferenzen, ist zu entscheiden.

Für die Abhaltung von Projektsitzungen, für die Durchführung von Projektpräsentationen sowie zur Schaffung eines Arbeitsraums für ein eventuelles Project Office ist eine projektspezifische räumliche Infrastruktur bereitzustellen.

Projekt managen: Projektspezifischer Einsatz von Projektmanagementconsultants

Nicht nur permanente, sondern auch temporäre Organisationen, also Projekte und Programme, können Gegenstand des Consultings sein. Consultants können sowohl für die Unterstützung der inhaltlichen Arbeiten als auch für das Management eines Projekts eingesetzt werden.

Bei einem Managementconsulting eines Projekts ist das Projekt als soziales System Klient des Consultants. Es können aber auch Individuen bzw. Teams Klienten von projektbezogenen Beratungen sein. Die Beratung eines Individuums (z. B. eines Projektmanagers) oder eines Teams (z. B. eines Projektteams) ist ein Coaching. Durch ein Projektmanagementconsulting oder ein Projektmanagementcoaching soll die Qualität des Managements eines Projekts gesichert bzw. verbessert werden. Der Einsatz eines Projektmanagementconsultants oder eines Projektmanagementcoachs empfiehlt sich vor allem im Projektstartprozess. Auch zur Bewältigung einer Projektdiskontinuität kann der Einsatz eines projektexternen Experten sinnvoll sein.

Die Entscheidung bezüglich des Einsatzes eines Projektmanagementconsultants oder eines Projektmanagementcoachs sollte gemeinsam durch die Projektorganisation getroffen werden. Die Beraterrolle kann entweder von einem dafür kompetenten Mitarbeiter der projektorientierten Organisation oder einem externen Consultant wahrgenommen werden (vertiefende Informationen dazu siehe auch Kapitel P).

F5 Projekt initiieren und Projekt managen: Werte

Die im Kapitel B beschriebenen Werte Agilität, Resilienz und nachhaltige Entwicklung gewinnen im Management an Bedeutung und beeinflussen auch das Projektinitiieren und das Projektmanagen. Autoren wie z. B. Radatz und Hanisch kritisieren das „traditionelle" Projektmanagement und sagen es bereits tot.[2,3] Schneller, vernetzter, mobiler ist angesagt, Ortlosigkeit und Gleichzeitigkeit ist gefordert, Selbstorganisation aufgrund von Charisma, Kompetenz, Dialog und Reflexion werden als Erfolgsfaktoren von Projekten gesehen. „Agiles Projektmanagement" und Kollaborationen von „Digital Natives" auf Basis von Rahmenvorgaben statt des Einsatzes von Projektplänen werden als Alternativen vorgeschlagen.

Tatsächlich wird der mechanistische Projektmanagementansatz kritisiert, mit dem systemischen Projektmanagementansatz setzen sich die Autoren nicht auseinander. Weiterentwicklungen von Managementansätzen aufgrund der zunehmenden Komplexität und Dynamik permanenter und temporärer Organisationen sind aber grundsätzlich notwendig. Von agilen Methoden, wie z. B. Scrum und Design Thinking (siehe Exkurs: Design Thinking), kann dabei gelernt werden.

Konzepte agiler Methoden sind für das Projektinitiieren und das Projektmanagen relevant. Elemente agiler Arbeitsformen können zur Gestaltung der Prozesse „Projekt initiieren" und „Projekt managen" verwendet werden, auch wenn z. B. Scrum nicht eingesetzt wird. Dazu sind manche rigide Regeln von Scrum jedoch zu adaptieren. So ist vor allem das Durchführen flexibler Iterationen anstelle von „timeboxed" Sprints zu ermöglichen, sind die Rollen Anforderungsmanager sowie Product Owner als Teil der Projektorganisation zu verstehen und sind flexible Parttime-Teams statt Fulltime-Scrumteams in Projekten einzusetzen.

Die Werte agil, resilient und nachhaltig werden in den Werten des RGC Managementparadigmas berücksichtigt (siehe auch Kapitel B und Abbildung B3). Die Werte des RGC Managementparadigmas werden für das Projektinitiieren und das Projektmanagen wie folgt interpretiert (siehe Abb. F5). Damit wird die Grundlage für den hier vertretenen systemischen Projektmanagementansatz definiert.

2 Vgl. Radatz, S., 2013.
3 Vgl. Hanisch, R., 2013.

Exkurs: Design Thinking

Der Design-Thinking-Ansatz wird zur Bearbeitung komplexer Problemstellungen, beispielsweise zur Optimierung bestehender bzw. Kreation neuer Produkte, Dienstleistungen und Prozesse, angewendet. Ziel ist dabei die Erarbeitung von Lösungen, die Nutzerbedürfnisse und -wünsche bestmöglich abdecken und deren Umsetzbarkeit und Marktfähigkeit sichergestellt ist. Zum Einsatz kommen diverse aus der Designwelt stammende Prinzipien und Methoden.

Ähnlich wie Scrum ist auch Design Thinking durch ein iteratives Vorgehen, das Involvieren von Stakeholdern, den Einsatz von Prototypen und ein von Visualisierungstechniken unterstütztes Arbeitern in multidisziplinären Teams zur Value Creation charakterisiert.

Lockwood definiert Design Thinking als „a human centered innovation process that emphasizes observation, collaboration, fast learning, visualization of ideas, rapid concept prototyping, and concurrent business analysis [...]".[4]

Basis für die Anwendung des Design-Thinking-Ansatzes bildet der in der Abbildung F4 dargestellte idealtypische Prozess. Dieser besteht aus sechs Phasen, die iterativ bearbeitet werden.

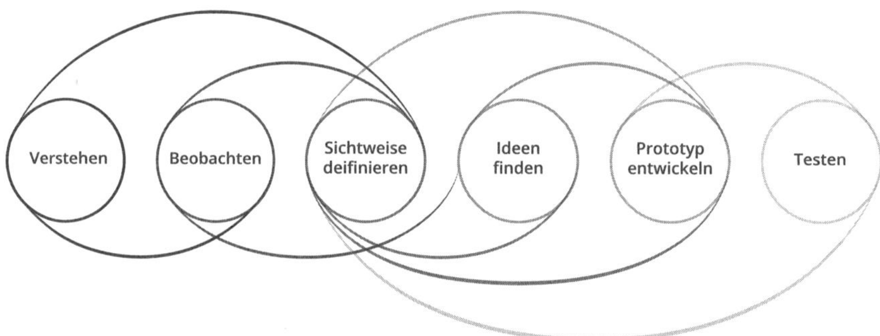

Abb. F4: Idealtypischer Design-Thinking-Prozess[5]

In den ersten drei Phasen wird ein umfassendes Problemverständnis entwickelt. Hier kommen vorwiegend „human centered" Methoden wie z. B. Customer Journey Mapping, Interviews und Beobachtungen zum Einsatz. In den folgenden drei Phasen werden Lösungen für die zuvor definierte Problemstellung generiert. Der Einsatz von Kreativmethoden zur Ideenfindung, wie z. B. Brainstorming, Perspektivenwechsel, Provokation oder Bildanregung, sowie das frühzeitig Erstellen von Prototypen und das Testen unter Einbindung der Nutzer sind dabei charakteristisch.

4 Lockwood, T., 2010, S. xi.
5 Vgl. Hasso Plattner Institut,, 2017.

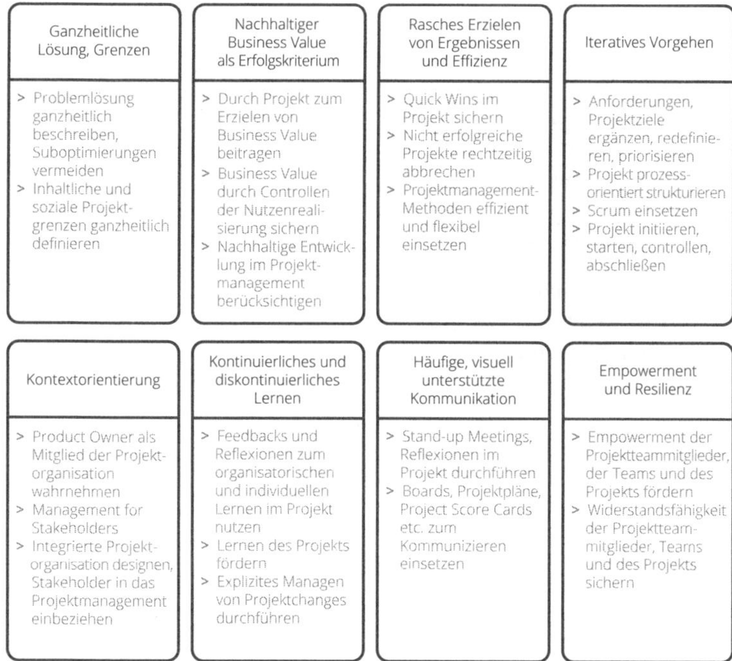

Abb. F5: Interpretation der Werte des RGC Managementparadigmas für „Projekt initiieren" und „Projekt managen"

Ganzheitliche Lösung, Grenzen

Das Erarbeiten einer ganzheitlichen Lösung durch ein Projekt setzt eine ganzheitliche Betrachtung von Projekten bei deren Abgrenzung voraus. Ganzheitliches Betrachten eines Projekts bedeutet, dass alle im Zusammenhang stehenden Konsequenzen eines Projekts bei der Planung der Projektziele und der Projektstrukturen berücksichtigt werden. So stellt z. B. eine ausschließlich technische Zieldefinition eines IT-Projekts eine Suboptimierung dar. In der Regel sind in IT-Projekten auch die Konsequenzen bezüglich der Dienstleistungen der projektdurchführenden Organisation, deren Geschäftsprozesse, deren Aufbauorganisation und Personalstrukturen sowie eventuell auch deren Stakeholderbeziehungen zu berücksichtigen.

Ganzheitliches Vorgehen beim Projektmanagen bedeutet, dass die Projektmanagementdimensionen wie z. B. Anforderungen, Projektziele, Projektstrategien, Projektleistungen, Projektorganisation, Projektkontexte etc. vollständig betrachtet und dass alle Teilprozesse des Projektmanagens sowie deren Zusammenhänge berücksichtigt werden.

Nachhaltiger Business Value als Erfolgskriterium

Nicht das Erfüllen der geplanten Projektleistungen bzw. das Einhalten der Kosten- und Terminziele eines Projekts sind relevante Erfolgsfaktoren, sondern das Sichern eines nachhaltigen Business Value wird angestrebt. Diesbezüglich werden die ökonomischen, ökologischen und sozialen Konsequenzen eines Projekts, aber auch dessen kurz-, mittel- und langfristige sowie lokale, regionale und globale Konsequenzen berücksichtigt. Da Projekte per Definition temporär sind, können sie selbst nicht nachhaltig sein. Daher sind Projekte in die Kontexte von Investitionen und von mittelfristigen Organisationszielen zu stellen. Die Projektorganisation ist verantwortlich, einen Beitrag zur Sicherung eines nachhaltigen Investitionsnutzens, z. B. durch das Controllen der Nutzenrealisierung, zu leisten.

Die Prinzipien der nachhaltigen Entwicklung beeinflussen auch den Geschäftsprozess „Projekt managen" und dessen Methoden. So können z. B. die Ziele des Projektmanagens nach ökonomischen, ökologischen und sozialen Zielen unterschieden werden und können Stakeholder in das Projektmanagen einbezogen werden. Die Nachhaltigkeitsprinzipien können bei der Anwendung der Projektmanagementmethoden, wie z. B. in der Projektzieleplanung oder der Projektrisikoanalyse, berücksichtigt werden.

Rasches Erzielen von Ergebnissen und Effizienz

Führungskräfte wünschen sich rasche Projektergebnisse. Ein rasches Erzielen von Ergebnissen bedeutet, dass Stakeholdererwartungen nicht nur durch das am Projektende vorliegende Gesamtergebnis, sondern auch durch rasch erzielbare Zwischenergebnisse zu erfüllen sind. Im Zuge der Projektstrukturierung können daher in einem Optimierungsschritt die in einem Projekt erzielbaren Quick Wins definiert werden. Ein Vorteil der Definition von zu erzielenden Zwischenergebnissen bzw. des Projektcontrollens auch auf Basis von „Minimum Viable Products" besteht in der Möglichkeit, ein eventuell nicht erfolgreiches Projekt frühzeitig abzubrechen.

Ein rasches Erzielen von Projektmanagementergebnissen kann durch den Einsatz adäquater Kommunikationsformate und adäquater Projektmanagementmethoden erfolgen. So kann für Kleinprojekte z. B. die Planung von Projektmeilensteinen statt des Einsatzes anspruchsvollerer Terminplanungsmethoden wie Balkenplanung oder Netzplantechnik genügen.

In Projekten ist jedoch nicht nur das Projektmanagen effizient und schlank zu gestalten, es sollten vor allem auch die Geschäftsprozesse zur inhaltlichen Erarbeitung der Lösungen effizient durchgeführt werden. Bei repetitiven Projekten können standardisierte Abläufe die Effizienz oft wesentlich steigern. Das Rad ist im Projekt nicht jedes Mal neu zu erfinden…

Iteratives Vorgehen

Iterativ kann man in Projekten einerseits beim Erarbeiten der Lösung und andererseits im Projektmanagen vorgehen. Die Anforderungen an die in einem Projekt zu erarbeitende Lösung können in der Regel nicht vor Projektbeginn im Detail definiert werden. Iteratives Vorgehen ermöglicht eine Konkretisierung von Anforderungen während der Projektdurchführung. Das Priorisieren von Anforderungen bzw. das Definieren neuer Anforderungen und das Finden neuer Wege in der Erarbeitung von Lösungen erhöhen die Flexibilität von Projekten und reduzieren das Projektrisiko. Durch laufende Verbesserungen kann die Qualität der Lösung erhöht werden.

Falls adäquat, kann Scrum für einzelne Phasen eines Projekts eingesetzt werden. Iteratives Vorgehen ist aber auch ohne den Einsatz agiler Methoden sinnvoll. Flexible Iterationen können in Projekten anstelle formeller Sprints angewandt werden. Auch nur wenige Iterationen statt zumindest im Scrum geforderte acht bis zehn Sprints sind möglich. Iterationen können auch unterschiedlich lang dauern, was auch eine Adaption im Vergleich zu den fixen „timeboxed" Sprints darstellt.

Auch im Projektmanagement wird iterativ vorgegangen: Eine grobe Projektplanung erfolgt beim Projektinitiieren, beim Projektstarten werden die Projektpläne detailliert, beim Projektcontrollen werden die Projektpläne adaptiert und weiter konkretisiert. Das iterative Vorgehen ermöglicht eine realitätsnahe Projektplanung.

Kontextorientierung

Kontextorientierung im Projekt bedeutet, dass zur Sicherung des Projekterfolgs die Betrachtung der Vor- und Nachprojektphase, die Gestaltung der Beziehungen zu gleichzeitig durchgeführten Projekten und zu Projektstakeholdern sowie das Leisten von Beiträgen zum Realisieren der Ziele der durch das Projekt implementierten Investition bzw. der Ziele der das Projekt durchführenden Organisation erfolgen.

Stakeholderorientierung im Projekt bedeutet, dass Projektstakeholder identifiziert und die Beziehungen zu diesen explizit gemanagt werden. Vertreter von Projektstakeholdern können in das Projektmanagen einbezogen werden. Ein „Management for Stakeholders" wird gefördert, d. h. es werden die Interessen der Stakeholder so weit wie möglich berücksichtigt, auch wenn diese Stakeholder den Projekterfolg nicht direkt beeinflussen können.

Die Interessen der „Product Owner" bezüglich der Erfüllung der Geschäfts- und der Lösungsanforderungen werden im Projekt wahrgenommen. Die Rollen Anforderungsmanager bzw. Product Owner werden definiert und in die Projektorganisation integriert. Product-Owner-Interessen können einerseits durch Projektauftraggeber und andererseits durch Projektteammitglieder und Projektmitarbeiter wahrgenommen werden. Dadurch soll eine marktkonforme und nachhaltige Lösung erzielt werden.

Kontinuierliches und diskontinuierliches Lernen

Der Prozess der Projektdurchführung ist dynamisch. Die Komplexität und Dynamik von Projekten erfordert kontinuierliches, manchmal aber auch diskontinuierliches Lernen. Das Lernen der Mitglieder der Projektorganisation, aber auch des Projekts als temporäre Organisation, ist zu fördern, um Innovationen zu ermöglichen und Wettbewerbsvorteile zu nutzen. Feedbacks und Reflexionen als Elemente der Projektkultur fördern das individuelle und organisatorische Lernen.

Für das Management formaler Changes von Projekten – nämlich für das Weiterentwickeln, das Transformieren oder das Neupositionieren von Projekten – können Methoden des Changemanagements eingesetzt werden.

Häufige, visuell unterstütze Kommunikation

Die Komplexität und Dynamik eines Projekts erfordert häufige Interaktionen der Mitglieder der Projektorganisation, aber auch Kommunikationen mit Vertretern von Projektstakeholdern. Der Führungsstil in Projekten ist durch einen hohen Kommunikationsbedarf geprägt.

Um Anforderungen an die angestrebten Lösungen zu definieren und zu priorisieren, um Rückmeldungen zu bearbeiten und um Entscheidungen zu treffen, sind unterschiedliche Kommunikationsformate in Projekten anzuwenden. Zusätzlich zu den üblichen Formaten, wie z. B. Projektworkshops oder Projektteamsitzungen, können auch Stand-up Meetings und formale Projektreflexionen durchgeführt werden. Project Boards, Projektpläne, Project Score Cards etc. können dafür als Visualisierungsinstrumente eingesetzt werden. Eine entsprechende Raum-, Informations- und Kommunikationsinfrastruktur von Projekten unterstützt die Projektkommunikation.

Empowerment und Resilienz

Empowerment kann im Projekt auf den Ebenen des Projekts, des Projektteams, von Subteams, aber auch auf Ebene des einzelnen Projektteammitglieds erfolgen. Empowerment bedeutet, dass Mitglieder der Projektorganisation Verantwortung übertragen bekommen und Eigenverantwortung übernehmen. Diese Dezentralisierung der Projektverantwortung setzt eine laufende Weiterentwicklung des Projektpersonals, aber auch Vertrauen und klare Regeln in Projekten voraus. Statt hierarchischen Strukturen ist in Projekten Teamorientierung gefragt.

Resilienz von Projekten setzt lernbereite, fehlertolerante, aber auch konfrontationsbereite Projektkulturen voraus. Die Widerstandsfähigkeit von Organisationen kann sowohl durch agile und flexible als auch durch redundante Strukturen gefördert werden. Redundanz entsteht z. B. durch den Einsatz von Organisationsmitgliedern mit überlappenden Qualifikationen oder durch den Einsatz unterschiedlicher Kooperationspartner für ähnliche Aufgaben. Die Robustheit und Widerstandsfähigkeit von Projekten kann auch durch die Mitwirkung in formellen und informellen Netzwerken wie z. B. in Projektenetzwerken gefördert werden.

Werte bestimmen die beim Projektinitiieren und beim Projektmanagen verfolgten Ziele, die in diesen Prozessen zu erfüllenden Aufgaben und einzusetzenden Methoden sowie die wahrzunehmenden Rollen.

F6 Managen unterschiedlicher Projektarten

Projektarten können nach Branche, Standort, Projektinhalt, Phase im Investitionslebenszyklus, Wiederholungsgrad, Projektdauer und Bezug zu Geschäftsprozessen unterschieden werden.

Die Differenzierung von Projekten in unterschiedliche Projektarten (siehe Tab. F3) ermöglicht es, je Projektart spezifische Herausforderungen und Potenziale für das Projektmanagen zu analysieren.

Differenzierungskriterium	Projektarten
Branche	Bau, Anlagenbau, IT, Pharma, NPO etc.
Standort	Inland, Ausland
Inhalt	Kundenbeziehung, Produkte und Märkte, Infrastruktur, Personal, Organisation
Phase im Investitionslebenszyklus	Studie, Konzeption, Realisierung, Relaunch bzw. Instandhaltung
Wiederholungsgrad	Einmalig, repetitiv
Kunde	Interner Kunde, externer Kunde
Projektdauer	Kurz-, mittel- und langfristig
Bezug zu Geschäftsprozessen	Primär-, Sekundär- und Tertiärprozess

Tab. F3: Differenzierung von Projektarten

Bei einer Differenzierung von Projekten nach Branchen können z. B. Bau-, Anlagenbau-, IT- oder Pharma-Projekte unterschieden werden. Für Projekte unterschiedlicher Branchen benötigen die Projektteammitglieder spezifische Technologie- und Marktkenntnisse. Eine Entwicklung branchenspezifischer Projektmanagementberufsbilder (z. B. IT-Projektmanager) ist möglich.

Bezüglich des Standorts der Projektdurchführung kann in Inlands- und Auslandsprojekte unterschieden werden. Für Auslandsprojekte sind spezifische personelle und organisatorische Voraussetzungen zu schaffen. Einerseits sind die Mobilität der Projektteammitglieder und deren Fremdsprachenkenntnisse zu sichern und andererseits sind fremdsprachige Projektdokumentationen zu erstellen und unterschiedliche nationale Kulturen im Projektteam sowie eventuell verschiedene Zeitzonen zu berücksichtigen.

Bei einer Differenzierung nach dem Projektinhalt können Projekte in Kundenauftragsprojekte, Produktentwicklungs- und Marketingprojekte, Infrastrukturprojekte sowie Personal- und Organisationprojekte unterschieden werden. Für Projekte mit unterschiedlichen Inhalten können außer unterschiedlichen Kompetenzen der Projektteammitglieder auch unterschiedliche Projektkulturen erforderlich sein. So sind z. B. Kundenauftragsprojekte durch eine höhere Zielverbindlichkeit als Organisationsentwicklungsprojekte charakterisiert. Weiters können je Projektart spezifische Projektphasen definiert und Standardprojektpläne entwickelt werden.

Bezüglich der Phase im Investitionslebenszyklus, für die ein Projekt durchgeführt wird, kann vor allem zwischen Konzeptions- und Implementierungsprojekte unterschieden werden. Um das Risiko von Fehlinvestitionen zu reduzieren und die Qualität von Investitionsentscheidungen zu optimieren, empfiehlt es sich, z. B. vor der Errichtung einer neuen Industrieanlage, der Realisierung eines neuen IT-Systems oder eines neuen Weiterbildungsprogramms, eine Konzeption zu erstellen. Der Prozess der Erstellung einer Konzeption kann bereits so komplex und strategisch bedeutend sein, dass es sich empfiehlt, ihn in Projektform durchzuführen. Konzeptionsprojekte sind durch einen hohen Bedarf an inhaltlicher Offenheit, an Kreativität und an Projektmarketing charakterisiert. Falls sich die Entscheidungsträger am Ende des Konzeptionsprojekts für eine Implementierung entscheiden, entsteht eine Projektekette aus einem Konzeptions- und einem Implementierungsprojekt.

Bezüglich des Wiederholungsgrades des durch ein Projekt durchzuführenden Geschäftsprozesses kann man zwischen einmaligen und repetitiven Projekte unterscheiden. Die erstmalige Erlangung eines Qualitätszertifikats stellt z. B. für jedes Unternehmen ein einmaliges Projekt dar. Die Durchführung eines Kundenauftragsprojekts durch ein Bauunternehmen stellt für dieses ein repetitives Projekt dar, da bei allen Auftragsprojekten grundsätzlich die gleichen Teilprozesse (Konstruktion, Beschaffung, Baustelleneinrichtung, Bauausführung etc.) erfüllt werden. Trotzdem wird es sich für die Abwicklung (sozial) komplexer Kundenaufträge (neuer Kunde, teilweise neue Lieferanten oder Partner etc.) empfehlen, diese in Projektform durchzuführen.

Für repetitive Projekte können im Gegensatz zu einmaligen Projekten manche Projektmanagementmethoden (z. B. Projektstrukturplan, Meilensteinplan, Kostenplan) standardisiert werden. Für repetitive Projekte ist weniger Kreativität erforderlich als für einmalige Projekte. Die Anwendung von Kreativitätstechniken und der Einsatz multidisziplinärer Teams für innovative Problemlösungen sind daher vor allem für einmalige Projekte notwendig. Bei repetitiven Projekten besteht jedoch die Gefahr, dass die Projektdurchführung Routinecharakter erlangt, dass Standardprojektpläne nicht hinterfragt werden und dass keine Projektautonomie ermöglicht wird.

Eine besondere Form einmaliger Projekte sind Pilotprojekte. Aufgrund der Annahme, dass nach der Durchführung eines Pilotprojekts repetitive Projekte mit ähnlichen Zielen durchgeführt werden, stellen das organisatorische und das individuelle Lernen explizite Ziele von Pilotprojekten dar. Die Organisation des Lernens bezüglich der eingesetzten Technologie, der Marktbedingungen etc. wird daher ein Projektinhalt.

Die Differenzierung in interne und externe Projekte erfolgt aufgrund unterschiedlicher Kunden. Bei externen Projekten (Kundenauftragsprojekten) beauftragt ein unternehmensexterner Kunde ein Unternehmen, eine Dienstleistung gegen Entgelt zu erfüllen. Das Ziel eines internen Projekts ist hingegen die Lösung einer unternehmensinternen Problemstellung für interne Kunden.

Nur komplexe Kundenaufträge sind als Projekte durchzuführen. Für wenig komplexe Kundenaufträge geringen Umfangs wie z. B. Lieferungen von Maschinen, Personalbeistellungen, technische Planungen etc., wird der Einsatz von Projektmanagement nicht sinnvoll sein (siehe Abb. F6).

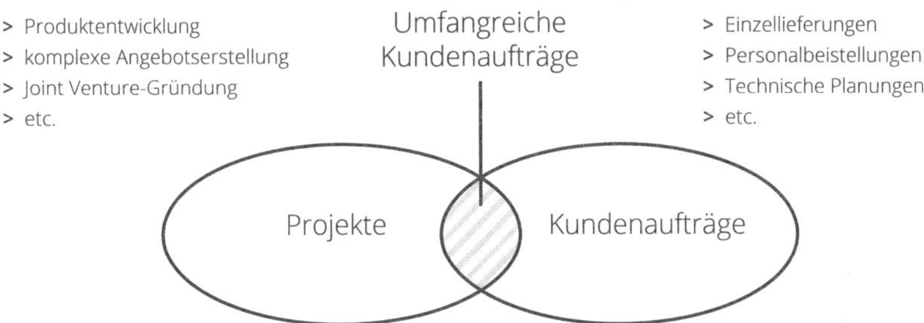

Abb. F6: Zusammenhang zwischen Kundenaufträgen und Projekten

Grundsätzlich sind alle Projekte, außer der Abwicklung umfangreicher Kundenaufträge, interne Projekte. Bei externen Projekten gibt es meist aufgrund der umfangreichen Vorarbeiten im Zuge der Angebotserstellungen mehr Klarheit bezüglich der Projektziele als bei internen Projekten. Dieser Unterschied sollte in Zukunft jedoch durch eine häufigere Durchführung von Konzeptionsprojekten weniger bedeutend werden. Bezüglich der Setzung von Prioritäten wird in der Regel externen Projekten der Vorzug gegeben. Dies, obwohl interne Projekte meist eine höhere strategische Bedeutung haben als externe Projekte.

Bezüglich der Projektdauer kann in kurz- und mittelfristige Projekte unterschieden werden. Da kein Projekt kürzer als drei Monate und länger als zwölf Monate dauern sollte, werden Projekte mit einer Durchlaufzeit von drei bis sechs Monaten als kurzfristig und solche von sieben bis zwölf Monaten als mittelfristig definiert. Ausnahmen von dieser Regel sind Projekte zur Implementierung von Infrastrukturinvestitionen, wie Gebäude, Anlagen etc., die länger als zwölf Monate dauern. Der Projektstart und der Projektabschluss kurz- und mittelfristiger Projekte sind möglichst schnell durchzuführen, die Häufigkeit des Projektcontrollens ist gering zu halten.

Bei länger dauernden Infrastrukturprojekten ist auf eine mögliche Fluktuation im Projektteam zu achten und sind aufgrund etwaiger technologischer Weiterentwicklungen und neuer gesetzlicher Bestimmungen Vorkehrungen für Veränderungen im Projekt zu treffen.

Werden Projekte zu den in Unternehmen zu erfüllenden Geschäftsprozessen in Bezug gesetzt, kann in Projekte zur Durchführung von Primär-, Sekundär- und Tertiärprozessen differenziert werden. Projekte zur Durchführung von Primärprozessen sind Angebotserstellungsprojekte und Projekte zur Abwicklung von Kundenaufträgen. Projekte zur Durchführung von Sekundärprozessen können z. B. Produktentwicklungen oder Werbekampagnen sein. Projekte zur Durchführung von Tertiärprozessen können z. B. Reorganisationen oder die Einführung eines IT-Systems sein.

In unterschiedlichen Branchen (z. B. Bau, Anlagenbau, IT-Industrie) wurden in der Vergangenheit Projekte vor allem für die Durchführung von Primärprozessen, d. h. für die Abwicklung umfangreicher Kundenaufträge, definiert. Erst in den letzten Jahren ist eine generelle Projektorientierung und damit auch der Einsatz von Projekten für die Durchführung von Sekundär- und Tertiärprozessen beobachtbar.

F7 Projekt managen: Nutzen

Der Nutzen des Projektmanagens besteht grundsätzlich im Ermöglichen der Durchführung von Projekten und im Sichern der Qualität der Projektergebnisse. Ohne ein entsprechendes Management können Projekte aufgrund ihrer Komplexität und Dynamik entweder gar nicht oder nur äußerst ineffizient durchgeführt werden. Ergebnisse von Projekten sind nicht nur die erarbeiteten Lösungen, sondern auch der Beitrag zur Erfüllung der Geschäftsanforderungen, der Beitrag zum nachhaltigen Business Value.

Im Detail werden folgende Nutzen des Projektmanagens gesehen:

- Sicherung von Wettbewerbsvorteilen, wie hohe Ergebnisqualität, niedrige Kosten und kurze Dauer, durch das Designen einer adäquaten Projektorganisation und eine professionelle Projektplanung
- Sicherung kurzer Durchlaufzeiten und geringer Kosten, z. B. durch Ersparnis eventueller Pönalezahlungen bzw. durch Zinskosten- bzw. Zinsertragsoptimierungen
- Sicherung des individuellen und organisatorischen Lernens durch Reflexionen im Projekt
- Schaffung von Transparenz durch das Bereitstellen realistischer Projektpläne und konsistenter Berichte
- Vermittlung von Klarheit über den jeweiligen Projektstatus und dadurch Bereitstellung von Grundlagen für projektbezogene Managemententscheidungen
- Erfüllung von Stakeholdererwartungen und Sicherung der Akzeptanz der Projektergebnisse durch eine entsprechende Stakeholderkommunikation und durch den Einbezug von Stakeholdern
- Beitrag zur Optimierung der Nutzen-Kosten-Differenz der durch ein Projekt implementierten Investition
- Bereitstellung adäquater Informationen als Basis für ein professionelles Projektportfoliomanagen

Der Nutzen eines professionellen Projektmanagens liegt auch im Vermeiden grundsätzlicher Fehler, wie z. B. unklare Definition von Projektzielen, mangelnde Risikoinformation, unklare Rollenverständnisse etc.

Gefahren des nicht-adäquaten Einsatzes von Projekten und von Projektmanagement liegen in einer inflationären und undifferenzierten Verwendung des Projektbegriffs und in überhöhten Integrationserwartungen an das Projektmanagement. Wenn der Projektbegriff für alles verwendet wird, was relativ einmalig und abgrenzbar ist, und wenn kein klarer Unterschied zwischen Nicht-Projekt, Projekt und Programm gemacht werden, dann wird es einerseits „Projekte" geben, für die der Einsatz des Projektmanagement nicht sinnvoll ist. Andererseits wird möglicherweise versucht, nicht als „Programme" identifizierte Programme als Projekte zu managen. Die für das Programm notwendigen Integrationsfunktionen können durch das Projektmanagen allerdings nicht erfüllt werden. Beide Situationen sind dysfunktional und schaden der Akzeptanz des Projektmanagens.

Manchmal wird auch erwartet, dass Funktionen der permanenten Organisation wie z. B. die laufende technologische Weiterentwicklung oder die kontinuierliche Personalentwicklung im Rahmen von Projekten erfüllt werden. Diese Erwartungen stellen meist eine Überforderung des Projektmanagens dar. Projektmanagement ist kein Ersatz für ein schwaches Management in der permanenten Organisation.

Literatur

Duncan, W.R.: A Guide to the Project Management Body of Knowledge (PMBOK), Project Management Institute (PMI), Newton Square, PA, 2000

Hanisch, R.: Das Ende des Projektmanagements: Wie die Digital Natives die Führung übernehmen und Unternehmen verändern, Linde, Wien, 2013

Hasso Plattner Institut (HPI): Was ist Design Thinking?, abgerufen von https://hpi-academy.de/design-thinking/was-ist-design-thinking.html (16.01.2017)

Lockwood, T.: Forward, in: Lockwood, T. (Hrsg.), Design Thinking: Integrating Innovation, Customer Experience and Brand Value, S. vii-xvii, Allworth Press, New York, NY, 2010

Radatz, S.: Das Ende allen Projektmanagements. Erfolg in hybriden Zeiten – mit der projektfreien Relationalen Organisation, Relationales Management, Wien, 2013

G Projektorganisation und Projektkultur

Durch die Wahrnehmung von Projekten als temporäre Organisationen erlangt das Designen von Projektorganisationen besondere Bedeutung. Es sind spezifische, für jeweils zu erfüllende Geschäftsprozesse adäquate Projektorganisationen zu designen. Dadurch sollen Wettbewerbsvorteile für die projektorientierte Organisation gesichert werden. Projektorganisationen werden beim Projektstarten designed, beim Projektcontrollen bei Bedarf adaptiert und beim Projektabschließen aufgelöst. Es sind daher in allen Teilprozessen des Projektmanagens organisationsbezogene Aufgaben zu erfüllen (siehe Übersicht unten).

Betrachtungsobjekte beim Designen von Projektorganisationen sind deren Aufbau- und Ablauforganisation. Elemente der Aufbauorganisation sind Projektrollen und die Beziehungen zwischen diesen Rollen, die in einem Projektorganigramm dargestellt werden können. Traditionelle und systemische aufbauorganisatorische Modelle für Projekte, die neue organisatorische Konzepte und Werte berücksichtigen, werden vorgestellt. Zu deren Umsetzung werden im Kapitel I konkrete Methoden beschrieben.

Die Ablauforganisation von Projekten wird in diesem Kapitel nicht dargestellt. Elemente der Ablauforganisation sind Geschäftsprozesse, zum Einsatz gelangende Methoden und die in Projekten eingesetzten Kommunikationsformate. Es können die in Projekten zu erfüllenden inhaltlichen Geschäftsprozesse und der Geschäftsprozess „Projekt managen" unterschieden werden. Da die inhaltlichen Geschäftsprozesse je Projektart unterschiedlich sind, können sie hier nicht behandelt werden. Der für alle Projektarten generische Geschäftsprozess „Projekt managen" wird im Kapitel F behandelt, die Teilprozesse des Projektmanagens und ihre Methoden werden in den Kapiteln I bis L beschrieben.

Als temporäre Organisation hat ein Projekt eine projektspezifische Kultur. Die Kultur eines Projekts kann aufgrund des Verhaltens der Mitglieder der Projektorganisation sowie der im Projekt eingesetzten Methoden und Hilfsmittel beobachtet werden. Symbolisches Projektmanagement unterstützt die Entwicklung projektspezifischer Kulturen. Durch symbolisches Management kann die Vermittlung von Werten und Regeln in Projekten unterstützt werden.

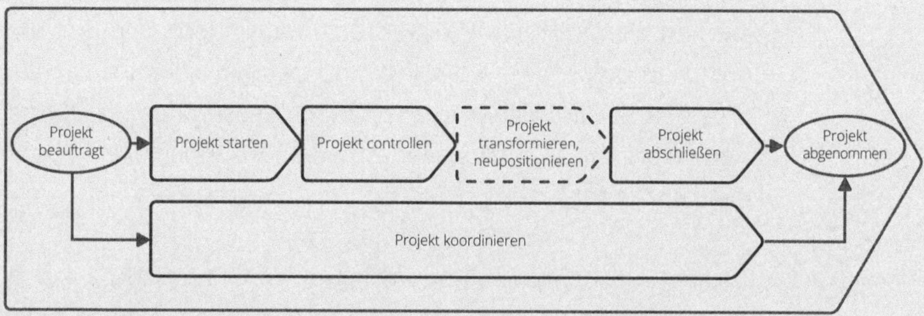

Übersicht: Projektorganisieren und Projektkultur entwickeln als Aufgaben im Geschäftsprozess „Projekt managen"

G Projektorganisation und Projektkultur

G1 Projektrollen

Zusätzlich zu den Rollen der permanenten Organisation, wie z. B. Geschäftsführer, Abteilungsleiter oder Expertenpoolmanager, gibt es in projektorientierten Organisationen auch Projektrollen. Wie auch in der permanenten Organisation kann in Projekten zwischen Individualrollen, also Rollen, die von Individuen wahrgenommen werden, und Teamrollen, die von Teams wahrgenommen werden, unterschieden werden. Projektbezogene Individualrollen sind Projektauftraggeber, Projektmanager, Projektteammitglied und Projektmitarbeiter. Projektbezogene Teamrollen sind Projektauftraggeberteam, Projektteam und Subteam.

Soziologisch wird der Begriff „Rolle" als Gesamtheit von Erwartungen, Werten und Verhaltensweisen definiert. Erwartungen an Rollen bestehen vor deren Übernahmen durch „soziale Akteure" bzw. Rollenträger. Rollen sind also personenunabhängig, Personen haben aber Möglichkeiten, Rollen zu gestalten.

Durch die Darstellung der Ziele einer Rolle, deren organisatorische Position, deren Aufgaben und Entscheidungsbefugnisse kann eine Projektrolle beschrieben werden. Projektrollen sind relational, d. h. unter Berücksichtigung der Zusammenhänge zwischen Rollen, zu beschreiben. Dadurch wird Klarheit bezüglich der Zusammenarbeit im Projekt und der sozialen Abgrenzung des Projekts geschaffen.

Projektrollen können generell in Rollenbeschreibungen dokumentiert werden und bei Bedarf projektspezifisch adaptiert werden. Grundsätzliche Beschreibungen der Projektrollen sind im Folgenden dargestellt.

G1.1 Individualrollen in Projekten

Rolle: Projektauftraggeber

Der Erfolg eines Projekts ist wesentlich von der professionellen Erfüllung der Rolle „Projektauftraggeber" abhängig.

Der Projektauftraggeber beauftragt im Geschäftsprozess „Projekt initiieren" den Projektmanager und das Projektteam und entlastet diese durch die Projektabnahme beim Projektabschließen. Der Projektauftraggeber stellt Kontextinformationen zur Verfügung, trifft strategische Projektentscheidungen und gibt dem Projektmanager und dem Projektteam Feedback. Eine wesentliche Aufgabe des Projektauftraggebers liegt in der Führung des Projektmanagers. Der Projektmanager hat ein Recht auf Führung. Der Projektauftraggeber achtet – sofern vorhanden – auf die Anwendung der Richtlinie zum Projektmanagen im Projekt und hat somit Verantwortung bezüglich der Sicherung der Managementqualität im Projekt. Der Projektauftraggeber trägt auch wesentlich zum Projektmarketing bei. Die Kommunikation der Ziele und der strategischen Bedeutung eines Projekts an die Projektstakeholder kann der Projektauftraggeber besonders authentisch vornehmen.

Zur Erfüllung der Aufgaben eines Projektauftraggebers sind entsprechende Kompetenzen notwendig. Neben Kompetenzen bezüglich der projektdurchführenden Organisation und Fachkompetenzen bezüglich der Projektinhalte sind eine strategische Orientierung, Sozialkompetenz und auch Projektmanagementkompetenz notwendig. Projektauftraggeber müssen zwar Projektpläne nicht selbst erstellen können, sollten aber deren Vollständigkeit und formale Richtigkeit beurteilen und die Projektpläne als Kommunikationsinstrumente im Projekt verwenden können. Die Rolle „Projektauftraggeber" ist aktiv wahrzunehmen. In Abhängigkeit von der Komplexität des Projekts kann die Wahrnehmung der Aufgaben des Projektauftraggebers einen halben Tag pro Woche beanspruchen.

Die Integration eines Projekts in die projektorientierte Organisation und die Managementaufmerksamkeit, die ein Projekt bekommt, sind vor allem von der personellen Besetzung der Rolle „Projektauftraggeber" abhängig. Wenn die Rolle „Projektauftraggeber" nicht adäquat besetzt ist, wird dieser dem Projekt entweder nicht genug Unterstützung geben können oder er wird wenig Interesse am Projekt zeigen.

Merkmale der Rolle: Projektauftraggeber	
Bezeichnungen	> Projektauftraggeber, Lenkungsausschuss, Projektsponsor, Projektaufsicht, etc.
Bedeutung für den Projekterfolg	> Sehr hoch > Wird in der Praxis oft nicht so gesehen
Anzahl Personen	> Eine Person bei Kleinprojekten > Zwei bis drei Personen bei Projekten; von der gleichen oder von unterschiedlichen Hierarchieebenen
Kompetenzen	> Branchen- und Unternehmenskenntnisse > Projektmanagementkompetenz > Strategische Kompetenzen > Sozialkompetenz
Rekrutierung	> Führungskräfte, der vor allem von den Projektergebnissen betroffenen Organisationseinheiten

Tab. G1: Merkmale der Rolle „Projektauftraggeber"

Die Besetzung der Rolle ist vom Leistungsumfang eines Projekts abhängig. Je größer der Leistungsumfang, umso mehr Organisationseinheiten wirken im Projekt mit. Die Person, die als Projektauftraggeber eingesetzt wird, sollte hierarchisch so positioniert sein, dass sie mehrere, aber nicht notwendigerweise alle mitarbeitenden Organisationeinheiten abdeckt. Grundsätzlich sollte der Projektauftraggeber aus möglichst „tiefen" Hierarchieebenen rekrutiert werden, um dadurch einerseits den Kreis der Führungskräfte der projektorientierten Organisation zu erweitern und andererseits für die Erfüllung der Führungsaufgaben im Projekt verfügbar zu sein.

Wesentliche Merkmale der Rolle „Projektauftraggeber" sind in der Tabelle G1 dargestellt. Die Rolle „Projektauftraggeber" ist in der Tabelle G2 generell beschrieben.

Rolle: Projektauftraggeber	
Ziele	> Unternehmensinteressen projektbezogen wahrgenommen > Projektmanager und Projektteam beauftragt > Projektmanager geführt > Projektteam unterstützt > Anwendung der Richtlinie der Organisation zum Projektmanagen gesichert
Nicht-Ziele	> Operatives Projektmanagen durchgeführt
Organisatorische Stellung	> Ist Teil der Projektorganisation > Der Projektmanager berichtet dem Projektauftraggeber
Aufgaben beim Projektstarten	> Projektmanager und wesentliche Projektteammitglieder auswählen > Ressourcenbereitstellung sichern > Projektziele mit Projektmanager und Projektteam abschließen > Zur Konstruktion des Projektkontext beitragen > Zum ersten Projektmarketing beitragen
Aufgaben beim Projektkoordinieren	> Mit Vertretern von Projektstakeholdern kommunizieren > Laufendes Projektmarketing durchführen
Aufgaben beim Projektcontrollen	> Strategische Projektentscheidungen treffen > Strategisches Projektcontrolling durchführen > Laufend über den Projektkontext informieren > Ressourcenbereitstellung kontinuierlich sichern > Projektauftraggebersitzungen durchführen > Zum Projektmarketing beitragen > Lernen im Projekt fördern
Aufgaben beim Projekttransformieren bzw. Neupositionieren	> Projekttransformieren bzw. Neupositionieren veranlassen > Entscheidung über Strategien und Maßnahmen treffen > Beim Projekttransformieren bzw. Neupositionieren mitarbeiten > Bei der Durchführung von Maßnahmen und der Erfolgskontrolle mitarbeiten > Projekttransformieren bzw. Neupositionieren beenden
Aufgaben beim Projektabschließen	> Adäquate Strukturen für die Nachprojektphase sichern > Projekterfolg, Leistungen des Projektmanagers und des Projektteams beurteilen > Know-how Transfer in die permanente Organisation sichern > Projekt formal abnehmen
Formale Entscheidungsbefugnisse	> Projektmanager und wesentlicher Projektteammitglieder auswählen > Projektziele verändern > Einkaufsentscheidung über € ... treffen > Definition des Bedarfs für ein Projekttransformieren bzw. Neupositionieren > Projekt abbrechen > Projekt abnehmen

Tab. G2: Rollenbeschreibung „Projektauftraggeber"

Rolle: Projektmanager

„Projektmanager" ist die zentrale Integrationsrolle in einem Projekt. Der Projektmanager ist der Ansprechpartner für die Mitglieder der Projektorganisation und für die Vertreter von Projektstakeholdern. Der Projektmanager „treibt" das Projekt voran, sichert den Leistungsfortschritt und die Realisierung der Projektziele.

Ein Projekt ist zu starten, laufend zu koordinieren, zu controllen und abzuschließen. Eventuell ist ein Projekt auch zu transformieren oder neu zu positionieren. Es ist Aufgabe des Projektmanagers, diese Teilprozesse des Projektmanagens zu gestalten. Dazu sind adäquate Kommunikationsformate zu wählen, Projektmanagementmethoden einzusetzen und Hilfsmittel der Informations- und Kommunikationstechnik anzuwenden. Der Projektmanager ist für das professionelle Managen eines Projekts verantwortlich.

Beim Projektmanagen kooperiert der Projektmanager mit Mitgliedern des Projektteams und mit dem Projektauftraggeber. Für den Projekterfolg ist der Projektmanager daher nicht alleine, sondern gemeinsam mit dem Projektauftraggeber und den Projektteammitgliedern verantwortlich. Die Erfüllung der Aufgaben des Projektmanagens durch den Projektmanager ist eine Dienstleistung am Projekt. „Projektmanager" ist daher nicht als Machtposition wahrzunehmen.

Die Kernkompetenz für die Erfüllung der Rolle „Projektmanager" ist Projektmanagement. Zusätzlich benötigt ein Projektmanager aber auch Sozialkompetenz, Kompetenzen bezüglich der projektdurchführenden Organisation und der Projektinhalte und – bei internationalen Projekten – auch Sprach- und interkulturelle Kompetenzen.

Merkmale der Rolle: Projektmanager	
Bezeichnungen	> Projektmanager, Projektleiter, Projektkoordinator, etc.
Bedeutung für den Projekterfolg	> Sehr hoch > In der Praxis oft auf sich allein gestellt
Anzahl Personen	> Immer nur eine Person; in der Praxis manchmal auch zwei Personen
Kompetenzen	> Projektmanagementkompetenz > Sozialkompetenz > Branchen-, Organisations- und Produktkompetenzen
Rekrutieren	> Aus der permanenten Organisation > Aus einem Expertenpool „Projektmanager" > Vom externen Personalmarkt (Projektmanager auf Zeit)

Tab. G3: Merkmale der Rolle „Projektmanager"

Die Rolle „Projektmanager“ kann zusätzlich zu anderen Rollen in der permanenten Organisation erfüllt werden. Wenn „Projektmanager“ in einer Organisation als ein eigenes Berufsbild definiert ist, können Projektmanager einem Expertenpool „Projektmanager“ angehören, aus dem rekrutiert werden kann (siehe Kap. O).

Wesentliche Merkmale der Rolle „Projektmanager“ sind in der Tabelle G3 dargestellt. Die Rolle „Projektmanager“ ist in der Tabelle G4 generell beschrieben.

Rolle: Projektmanager	
Ziele	> Projektinteressen wahrgenommen > Realisierung der Projektziele gesichert > Projektteam und Projektmitarbeiter geführt > Projekt gegenüber Vertretern von Stakeholdern vertreten
Nicht-Ziele	> Inhaltliche Projektarbeit durchgeführt
Organisatorische Stellung	> Berichtet dem Projektauftraggeber > Ist Mitglied des Projektteams
Aufgaben beim Projektstarten	> Projektstarten gemeinsam mit Projektteammitgliedern gestalten > Know-how aus der Vorprojektphase in das Projekt gemeinsam mit Projektteammitgliedern und Projektauftraggeber transferieren > Projektziele gemeinsam mit Projektteammitgliedern vereinbaren > Projektpläne gemeinsam mit Projektteammitgliedern erstellen > Projektteambildung durchführen > Erstes Projektmarketing gemeinsam mit Projektteammitgliedern durchführen > Projektmanagementdokumentation „Projektstart“ erstellen
Aufgaben beim Projektkoordinieren	> Projektressourcen für Arbeitspakete gemeinsam mit Projektteammitgliedern disponieren > Arbeitspakete abnehmen > An Subteamsitzungen teilnehmen (periodisch) > Mit Vertretern von Projektstakeholdern kommunizieren > Laufendes Projektmarketing durchführen
Aufgaben beim Projektcontrollen	> Das Projektcontrollen gemeinsam mit Projektteammitgliedern gestalten > Projektstatus gemeinsam mit Projektteammitgliedern feststellen > Steuernde Maßnahmen gemeinsam mit Projektteammitgliedern vereinbaren bzw. vornehmen > Projektpläne gemeinsam mit Projektteammitgliedern weiterentwickeln > Projektziele gemeinsam mit Projektteammitgliedern neu vereinbaren > Projektfortschrittsberichte gemeinsam mit Projektteammitgliedern erstellen > Projektmarketingmaßnahmen gemeinsam mit Projektteammitgliedern durchführen
Aufgaben beim Projekttransformieren bzw. Neupositionieren	> Das Projekttransformieren bzw. Neupositionieren dem Projektauftraggeber vorschlagen > Projekttransformieren bzw. Neupositionieren gemeinsam mit dem Projektauftraggeber gestalten > Beim Projekttransformieren bzw. Neupositionieren mitarbeiten

Aufgaben beim Projektabschließen	> Das Projektabschließen gemeinsam mit Projektteammitgliedern gestalten > Nachprojektphase planen > Know-how in die permanente Organisation gemeinsam mit Projektteammitgliedern und Vertretern der permanenten Organisation transferieren > Abschlussbericht erstellen > Abschließendes Projektmarketing gemeinsam mit Projektteammitgliedern durchführen > Emotionalen Abschluss des Projekts gemeinsam mit Projektteammitgliedern durchführen
Formale Entscheidungsbefugnisse	> Projektauftraggebersitzungen und Projektteamsitzungen einberufen > Einkaufentscheidungen bis € ... treffen > Projektteammitglieder auswählen (gemeinsam mit dem Projektauftraggeber und Linienvorgesetzten der Projektteammitglieder)

Tab. G4: Rollenbeschreibung „Projektmanager"

Rollen: Projektteammitglied und Projektmitarbeiter

Die Unterscheidung zwischen den Rollen „Projektteammitglied" und „Projektmitarbeiter" ermöglicht es, deren Verantwortung für den Projekterfolg und deren Mitwirkung beim Projektmanagen zu unterscheiden. Projektteammitglieder sind für das Durchführen einzelner Arbeitspakete inhaltlich verantwortlich, übernehmen aber auch durch ihre Mitgliedschaft im Projektteam Verantwortung für den Projekterfolg, leisten Beiträge zum Projektmanagen und fühlen sich auch für das Projektmarketing verantwortlich. Projektteammitglieder nehmen an Projektteamsitzungen teil und kommunizieren die Projektziele und deren Ergebnisse an Projektstakeholder.

Projektmitarbeiter konzentrieren sich hingegen vor allem auf die Erfüllung inhaltlicher Arbeiten. Für beide Rollen benötigt man daher entsprechende Fachkompetenzen. Als Projektteammitglied benötigt man zusätzlich auch Projektmanagementkompetenz und Sozialkompetenz. Projektteammitglieder und Projektmitarbeiter sind generische Rollen, die projektspezifisch durch die jeweils zu erfüllenden inhaltlichen Aufgaben zu konkretisieren sind. Diesbezügliches Beispiele sind die Rollenbezeichnungen „Projektteammitglied: IT" und „Projektmitarbeiter: Marketing".

Projektteammitglieder und Projektmitarbeiter werden vor allem organisationsintern rekrutiert. Bei integrierten Projektorganisationen nehmen auch Vertreter von Partnern, Lieferanten etc. die Rollen „Projektteammitglied" oder „Projektmitarbeiter" wahr.

Wesentliche Merkmale der Rollen „Projektteammitglied" und „Projektmitarbeiter" sind in der Tabelle G5 dargestellt. Die Rollen „Projektteammitglied" und „Projektmitarbeiter" sind in den Tabellen G6 und G7 generell beschrieben.

Merkmale der Rolle: Projektteammitglied	
Bezeichnungen	> Projektteammitglied, Projektexperte, etc.
Bedeutung für den Projekterfolg	> Hoch, da es ohne inhaltliche Experten keine gute Ergebnisqualität gibt
Anzahl Personen	> Eine
Kompetenzen	> Fachkompetenz, Projektmanagementkompetenz und Sozialkompetenz
Rekrutieren	> Organisationsintern und -extern

Merkmale der Rolle: Projektmitarbeiter	
Bezeichnungen	> Projektmitarbeiter; Experte etc.
Bedeutung für den Projekterfolg	> Hoch, da es ohne inhaltliche Experten keine gute Ergebnisqualität gibt
Anzahl Personen	> Eine
Kompetenzen	> Fachkompetenz > Geringe Projektmanagementkompetenz
Rekrutieren	> Organisationsintern und -extern

Tab. G5: Merkmale der Rollen „Projektteammitglied" und „Projektmitarbeiter"

Rolle: Projektteammitglied	
Ziele	> Projektinteressen wahrgenommen > Zur Realisierung der Projektziele beigetragen > Eventuell: Projektmitarbeiter in Subteams geführt > Projekt intern und extern vertreten > Qualitativ und quantitativ entsprechende Arbeitspaketergebnisse geliefert > Beim Projektmanagen mitgearbeitet
Nicht-Ziele	> Ausschließliche als inhaltlicher Experte gearbeitet
Organisatorische Stellung	> Berichtet dem Projektmanager > Ist Teil der Projektorganisation > Eventuell: Berichtet dem Vorgesetzten in der permanenten Organisation > Eventuell: Projektmitarbeiter berichten dem Projektteammitglied

Rolle: Projektteammitglied	
Aufgaben beim Projektstarten	> Projektstarten gemeinsam mit Projektmanager gestalten > Beim Transfer von Know-how aus der Vorprojektphase in das Projekt mitarbeiten > Projektziele gemeinsam mit Projektmanager vereinbaren > Projektpläne gemeinsam mit Projektmanager erstellen > Bei Projektteambildung teilnehmen > Bei erstem Projektmarketing mitarbeiten > Bei der Erstellung der Projektmanagementdokumentation „Projektstart" mitarbeiten
Aufgaben beim Projektkoordinieren	> Bei der Disposition von Projektressourcen für Arbeitspakete mitarbeiten > Bei der Abnahme von Arbeitspaketen mitarbeiten > An Subteamsitzungen teilnehmen > Mit Vertretern von Projektstakeholdern in Abstimmung mit Projektmanager kommunizieren > Beim laufenden Projektmarketing mitarbeiten
Aufgaben beim Projektcontrollen	> Das Projektcontrollen gemeinsam mit Projektmanager gestalten > Projektstatus gemeinsam mit Projektmanager feststellen > Steuernde Maßnahmen gemeinsam mit Projektmanager vereinbaren bzw. vornehmen > Bei der Weiterentwicklung der Projektpläne mitarbeiten > Projektziele gemeinsam mit Projektmanagern neu vereinbaren > Bei der Erstellung der Projektfortschrittsberichte mitarbeiten > Beim laufenden Projektmarketing mitarbeiten
Aufgaben beim Projekttransformieren bzw. Neupositionieren	> Beim Projekttransformieren bzw. Neupositionieren mitarbeiten
Aufgaben beim Projektabschließen	> Das Projektabschließen gemeinsam mit Projektmanager gestalten > Know-how in die permanente Organisation gemeinsam mit Projektmanager und Vertretern der permanenten Organisation transferieren > Am Abschlussbericht mitarbeiten > Abschließendes Projektmarketing gemeinsam mit Projektmanager durchführen > Emotionaler Abschluss des Projekts gemeinsam mit Projektmanager durchführen
Formale Entscheidungsbefugnisse	> Entscheidung bezüglich der Vorgangsweise bei der Durchführung übertragener Arbeitspakete treffen > Entscheidungen zur Sicherung der Qualität der übertragenden Arbeitspakete treffen > Eventuell: Projektmitarbeiter in einem Subteam mit der Durchführung von Arbeitspaketen beauftragen > Projektmitarbeiter im Subteam koordinieren

Tab. G6: Rollenbeschreibung „Projektteammitglied"

Rolle: Projektmitarbeiter	
Ziele	> Zur Realisierung der Projektziele beigetragen > Qualitativ und quantitativ entsprechende Arbeitspaketergebnisse geliefert
Nicht-Ziele	> An Projektteamsitzungen teilgenommen > Projektmarketing durchgeführt
Organisatorische Stellung	> Wird vom Projektmanager eingesetzt und berichtet diesem oder einem koordinierenden Projektteammitglied > Ist Teil der Projektorganisation
Aufgaben beim Projektstarten	> Projektziele gemeinsam mit dem Projektmanager oder dem koordinierenden Projektteammitglied vereinbaren
Aufgaben beim Projektcontrollen	> An Subteamsitzungen teilnehmen, sofern ein Subteam besteht > Bei Bedarf: An Projektteamsitzungen teilnehmen > Regelmäßig über den Leistungsfortschritt an den Projektmanager oder an ein koordinierendes Projektteammitglied berichten
Aufgaben beim Projekttransformieren bzw. Neupositionieren	> Bei Bedarf mitarbeiten
Aufgaben beim Projektabschließen	> Beim Projektabschluss mitarbeiten > Am Know-how Transfer in die permanente Organisation mitarbeiten
Formale Entscheidungs-befugnisse	> Entscheidung bezüglich der Vorgangsweise bei der Durchführung übertragener Arbeitspakete treffen > Entscheidungen zur Sicherung der Qualität der übertragenden Arbeitspakete treffen

Tab. G7: Rollenbeschreibung „Projektmitarbeiter"

In Abhängigkeit vom eingesetzten Vorgehensmodell zum Managen von Anforderungen sind unterschiedliche Projektrollen zu definieren. Mögliche Projektrollen zum Anforderungsmanagen sind im diesbezüglichen Exkurs angeführt.

Eine alternative Form zu den folgenden Rollenbeschreibungen in Listenform sind Projektrollen-Canvases. Ein Beispiel für eine diesbezügliche Darstellungsform findet sich in der Abbildung G1.

Exkurs: Projektrollen zum Anforderungsmanagen

Als ein spezifisches Projektteammitglied zum Managen der Anforderungen kann ein „Anforderungsmanager"[1] in einem Projekt eingesetzt werden (siehe Kap. D). Die Aufgaben des Anforderungsmanagers sind vom im Projekt verwendeten Vorgehensmodell (sequenziell oder iterativ) abhängig. Beim sequenziellen Vorgehen wickelt der Anforderungsmanager gewünschte Veränderungen der Lösungsanforderungen, sogenannte „Changerequests" ab, unterstützt die späteren Anwender eventuell beim Testen von Lösungen und unterstützt den Projektmanager eventuell beim Abnehmen von Arbeitspaketen.

Beim iterativen Vorgehen, wie z. B. beim Einsatz von Scrum, erfüllt der „Product Owner" die Aufgaben der Anforderungsanalyse, der Priorisierung von Anforderungen und der Abnahme von Minimum Viable Products (MVP). Er ist verantwortlich für den Nutzen der erzielten Lösung. Das multidisziplinäre Entwicklungsteam (Scrum Team) stimmt die Anforderungen jeweils mit dem Product Owner ab.

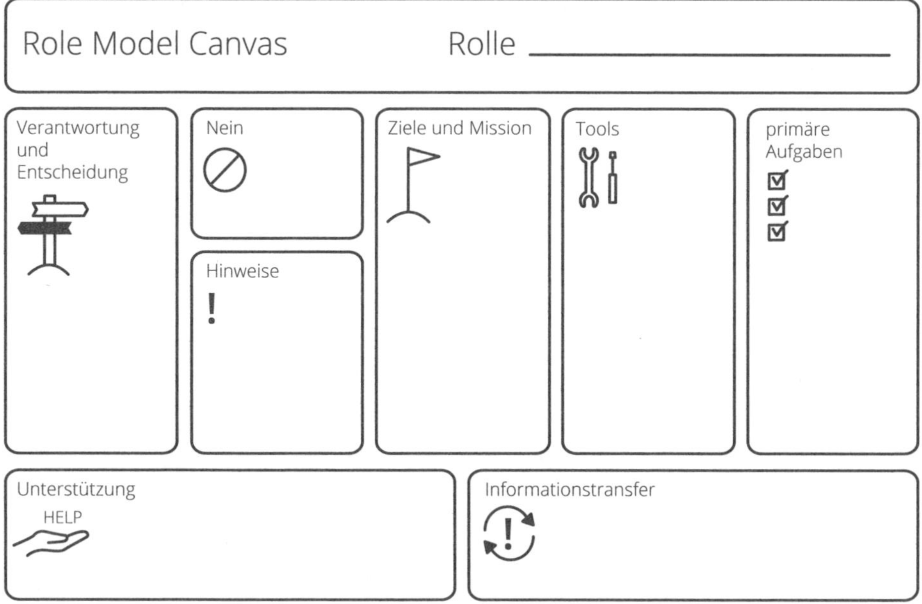

Abb. G1: Canvas zur Beschreibung von Projektrollen[2]

1 Die Rolle „Anforderungsmanager" wird in der Praxis auch „Business Analyst" und „Requirements Engineer" bezeichnet

2 Vgl. Botta, C., 2016.

G1.2 Teamrollen in Projekten

Rolle: Projektauftraggeberteam

Die Rolle „Projektauftraggeber" kann nicht nur als Individualrolle, sondern auch als Teamrolle wahrgenommen werden. Wenn mehrere Personen gemeinsam Auftraggeber eines Projekts sind, bilden diese ein Projektauftraggeberteam. In der Praxis werden dafür auch die Begriffe „Lenkungsausschuss", „Projektsponsor" oder „Projektaufsicht" verwendet.

Die Bezeichnung „Team" bringt das für die Erfüllung der Rolle notwendige Verständnis, nämlich gemeinsam die Verantwortung für das Projekt zu tragen, das Projekt gemeinsam nach innen und nach außen zu vertreten, Synergien des Auftraggeberteams zu nutzen etc., am stärksten zum Ausdruck. Wenn hingegen, wie es in der Praxis oft beobachtbar ist, mehrere Personen z. B. in einen „Lenkungsausschuss" nominiert werden und dort vor allem ihre jeweiligen Bereichsinteressen vertreten und keine gemeinsame Gesamtverantwortung übernehmen, schaffen diese Strukturen eher Konflikte als Nutzen. Die Rolle „Projektauftraggeber" ist eine Führungsrolle der projektorientierten Organisation. Projektauftraggeber, individuell oder als Team, haben daher nicht ihre jeweiligen Bereichsinteressen, sondern die Interessen der Organisation als Ganzes zu vertreten.

Ein Projektauftraggeberteam sollte sich nicht aus mehr als zwei bis drei Personen zusammensetzen. Wenn mehrere Personen tätig sind, ist ein Teamsprecher als erster Ansprechpartner für den Projektmanager zu nominieren, um rasche Entscheidungen zu ermöglichen. Bei größeren Teams mit Mitgliedern aus höheren Hierarchieebenen kann die notwendige Intensität der Kommunikation mit dem Projektauftraggeber meist nicht gewährleistet werden, können Teammitglieder bei strategischen Projektentscheidungen fehlen und wird vor allem die Projektverantwortung zu breit getragen. Die Verbindlichkeit geht dadurch verloren.

Gremien, wie auch immer bezeichnet, mit mehreren Personen aus unterschiedlichen Organisationseinheiten, die vor allem zur Information dieser Personen dienen und die eventuell ein Projekte beratend unterstützen, können funktional für Projekte sein. Sie sind aber keinesfalls mit der strategisch bedeutenden Rolle des Projektauftraggebers zu verwechseln.

Die Rollenbeschreibung des Projektauftraggeberteams unterscheidet sich nicht von der in der Tabelle G2 dargestellten Beschreibung.

Rollen: Projektteam und Subteam

Das Projektteam und das Subteam sind eigene Projektrollen. Die Erwartungen an das Projektteam unterscheiden sich grundsätzlich von jenen an ein Projektteammitglied, und die Erwartungen an ein Subteam unterscheiden sich ebenfalls von jenen an ein Subteammitglied. Erst durch eine Differenzierung zwischen Team und Teammitglied werden der Sinn der Teamarbeit sowie die Notwendigkeit, Kompetenzen für die Teamarbeit zu schaffen, verständlich.

Die Bedeutung des Projektteams liegt in der Schaffung eines Mehrwerts durch Teamarbeit. Die Bedeutung von Subteams liegt ebenfalls im Schaffen qualitativ hochwertiger, integrierter Arbeitspaketergebnisse durch Teamarbeit. Subteams werden benötigt, wenn einzelne Leistungsumfänge so groß sind, dass ein einzelnes Projektteammitglied sie nicht mehr bewältigen kann und die Zusammenarbeit mehrerer Personen notwendig ist. Subteams sind nicht als relativ eigenständige „Teilprojekte" zu verstehen, sondern stellen integrierte Teile des jeweiligen Projekts dar.

Das Projektteam hat Projektmanagementaufgaben zu erfüllen. Die Verantwortung des Projektteams besteht in der Sicherung eines professionellen Projektmanagements und qualitativ guter Projektergebnisse. Das Projektteam erfüllt keine inhaltlichen Arbeiten, integriert aber die inhaltlichen Ergebnisse. Die Aufgabe eines Subteams ist das Durchführen inhaltlicher Projektarbeiten und die Koordination dieser Arbeiten im Subteam.

Das Projektteam setzt sich aus dem Projektmanager und den Projektteammitgliedern zusammen. Projektteams können aus minimal drei und maximal 12–15 Personen bestehen. Ein Subteam eines Projekts setzt sich aus mehreren Projektmitarbeitern und einem Projektteammitglied, das das Subteam koordiniert und es im Projektteam vertritt, zusammen.

Nicht nur die einzelnen Projektteam- und Subteammitglieder, sondern auch die Teams benötigen Kompetenzen zur Teamarbeit. Die Entwicklung dieser Teamkompetenzen ist eine Projektmanagementaufgabe.

Wesentliche Merkmale der Rollen „Projektteam" und „Subteam" sind in der Tabelle G8 dargestellt. Die Rollen „Projektteam" und „Subteam" sind in den Tabellen G9 und G10 generell beschrieben.

Merkmale der Rolle: Projektteam	
Bezeichnungen	> Projektteam, Projektgruppe etc.
Bedeutung für den Projekterfolg	> Sehr hoch, da die laufende inhaltliche Abstimmung und das Sichern von Synergien erst den Projekterfolg ermöglichen
Anzahl Personen	> 3 bis 5
Kompetenzen	> Teamarbeitskompetenz, Projektmanagementkompetenz
Rekrutieren	> Die Projektteammitglieder bilden das Projektteam

Merkmale der Rolle: Subteam	
Bezeichnungen	> Subteam, Arbeitsgruppe etc.
Bedeutung für den Projekterfolg	> Hoch, da große Leistungsumfänge der Arbeit im Subteam bedürfen
Anzahl Personen	> 2 bis 8
Kompetenzen	> Fachkompetenz und Teamkompetenz
Rekrutieren	> Die Subteammitglieder bilden das Subteam

Tab. G8: Merkmale der Projektrollen „Projektteam" und „Subteam"

Rolle: Projektteam	
Ziele	> Das Projektmanagen gemeinsam gestaltet > Gemeinsames „Big Project Picture" enwickelt > Synergien im Projektteam gesichert > Verbindlichkeit im Projektteam geschaffen > Konflikte im Projektteam gelöst > Lernen im Projekt organisiert
Nicht-Ziele	> Inhaltliche Projektarbeit durchgeführt, diese erfolgt in den Subteams bzw. durch die einzelnen Projektteammitglieder und Projektmitarbeiter
Organisatorische Stellung	> Ist Teil der Projektorganisation > Mitglieder: Projektmanager und Projektteammitglieder > Vom Projektauftraggeber beauftragt
Aufgaben beim Projektstarten	> Projektteammitglieder wechselseitig informieren > Gemeinsamen Entscheidungen zum Designen der Projektorganisation und zur Projektplanung treffen > Gemeinsame Entscheidungen zur Gestaltung der Projekt-Kontext-Beziehungen treffen > Projektregeln gemeinsam vereinbaren
Aufgaben beim Projektcontrollen	> Projektstatus gemeinsam feststellen > Projektziele, -termine, -kosten etc. gemeinsam neu planen > Projektorganisation und Projektkontext-Beziehungen gemeinsam adaptieren > Projektmarketingmaßnahmen gemeinsam durchführen
Aufgaben beim Projekttransformieren bzw. Neupositionieren	> Gemeinsamen Vorschlag zur Definition einer Projektdiskontinuität an das Projektauftraggeberteam darlegen > Prozess zur Bewältigung der Projektdiskontinuität gemeinsam gestalten > Sofortmaßnahmen gemeinsam erarbeiten > Gemeinsame Ursachen-Analyse durchführen > Alternative Strategien gemeinsam erarbeiten > Bewältigungsmaßnahmen und Erfolgskontrolle gemeinsam durchführen > Projektdiskontinuität mit Projektauftraggeberteam gemeinsam beenden
Aufgaben beim Projektabschließen	> Projektabschlussprozess gemeinsam gestalten > Nachprojektphase gemeinsam planen > Know-how in die permanente Organisation gemeinsam transferieren > Gemeinsames abschließendes Projektmarketing durchführen > Emotionalen Abschluss des Projekts gemeinsam durchführen
Formale Entscheidungsbefugnisse	> Entscheidungen bezüglich der Vorgangsweise im Projektteam treffen > Vorschläge für den Projektauftraggeber bezüglich der Vorgangsweise im Projekt darlegen

Tab. G 9: Rollenbeschreibung „Projektteam"

Rolle: Subteam	
Ziele	> Synergien im Subteam gesichert > Verbindlichkeit im Subteam geschaffen > Konflikten im Subteam gelöst > Lernen im Subteamt organisiert
Nicht-Ziele	> Projektmanagen durchgeführt > Projektmarketing durchgeführt
Organisatorische Stellung	> Koordinator des Subteams (= Projektteammitglied) berichtet dem Projektmanager > Ist Teil der Projektorganisation > Mitglieder: Subteammitglieder
Aufgaben	> Arbeitspakete erfüllen > Arbeiten des Subteams koordinieren
Formale Entscheidungs-befugnisse	> Entscheidungen bezüglich der Vorgangsweise im Subteam treffen

Tab. G10: Rollenbeschreibung „Subteam"

G1.3 Rollenkonflikte in Projekten

Durch die starke organisatorische Differenzierung in Projekten kann es zu Rollenkonflikten kommen. Ein Konflikt innerhalb einer Rolle, der sogenannte „Intra-Rollenkonflikt", tritt auf, wenn zwei oder mehrere Erwartungsträger unvereinbare Erwartungen an eine Rolle richten. So können z. B. die Erwartung des Kunden an den Projektmanager, die Kundeninteressen wahrzunehmen, und die Erwartungen des Projektauftraggebers an den Projektmanager, die Organisationsinteressen wahrzunehmen, zueinander in Konflikt stehen. In der Abbildung G2 ist ein Beispiel eines Intra-Rollenkonflikts des Projektauftraggeberteams dargestellt. Die ergebnisbezogenen Erwartungen aller Erwartungsträger sind zwar gleich, die prozessbezogenen Erwartungen unterscheiden sich aber wesentlich. So erwarten z. B. die Mitglieder des Projektauftraggeberteams einen geringen Arbeitsaufwand und die Möglichkeiten, laufend zu intervenieren und Entscheidungen zu ändern.

Intra-Rollenkonflikte sind üblich, man spricht von der „Sandwichsituation" des Managers. Es ist Aufgabe des jeweiligen Rollenträgers, situativ mit den unterschiedlichen Erwartungen an eine Rolle umzugehen.

Ergebnisbezogene Erwartungen
> Gute Projektergebnisse

Prozessbezogene Erwartungen
> Klare Zielvorgaben
> Vorgabe der Projektstrategie
> Laufend Informationen über relevante Aktivitäten, Projekte
> Klare Anforderungen bzgl. gewünscher Information, Berichte
> Ressourcen, Hilfsmittel, qualifizierte Teammitglieder, gute Bezahlung
> Zeit für Konfliktlösungen, Entscheidungen, Feedback
> Projektmarketing
> Wenig Inverventionen
> Umsetzung Ergebnisse
> Stellvertretung bei Abwesenheit

Ergebnisbezogene Erwartungen
> Gute Projektergebnisse

Prozessbezogene Erwartungen
> Ressourcen, Hilfsmittel
> Gute Bezahlung
> Zeit für Konfliktlösung, Entscheidungen, Feedback
> Projektmarketing
> Wenig Interventionen
> Umsetzung der Ergebnisse

Ergebnisbezogene Erwartungen
> Gute Projektergebnisse

Prozessbezogene Erwartungen
> Weniger Arbeitsaufwand
> Möglichkeiten, laufend zu intervenieren und Entscheidungen zu ändern

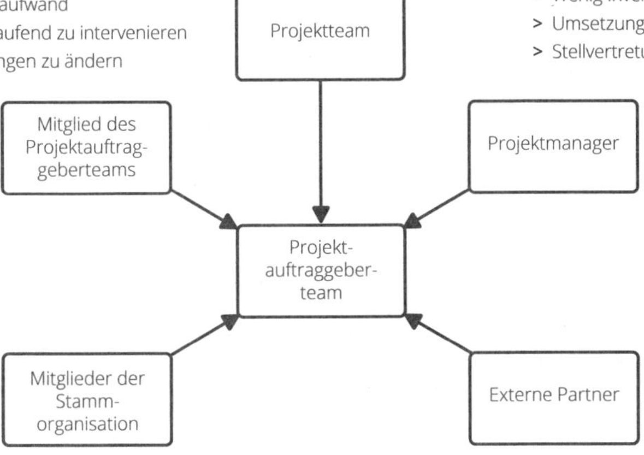

Ergebnisbezogene Erwartungen
> Gute Projektergebnisse

Prozessbezogene Erwartungen
> Information
> Berücksichtigung eigener Interessen

Ergebnisbezogene Erwartungen
> Gute Projektergebnisse

Prozessbezogene Erwartungen
> Information

Abb. G2: Intra-Rollenkonflikt des Projektauftraggebers (Beispiel)

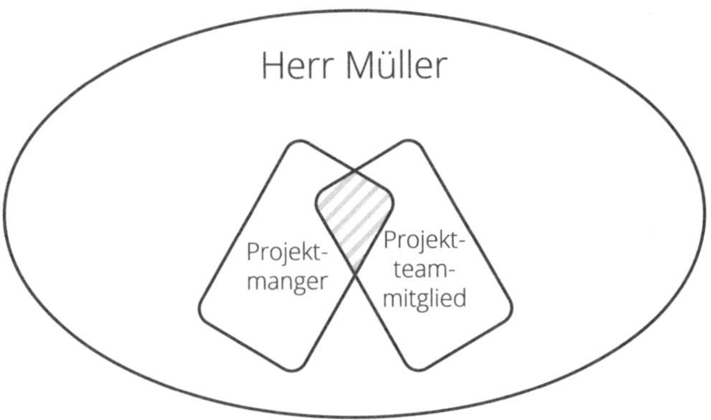

Abb. G3: Herr Müller als Multirollenträger in einem Projekt

Bei gleichzeitiger Erfüllung mehrerer Rollen in einem Projekt (siehe Abb. G3) kann es zu Inter-Rollenkonflikten kommen. Diese entstehen durch eine Unvereinbarkeit von Erwartungen an gleichzeitig wahrgenommene Rollen bzw. durch eine ressourcenmäßige Überlastung.

Durch die gleichzeitige Wahrnehmung mehrerer Rollen können auch Integrationspotenziale entstehen. Vor allem bei kleinen und mittleren Projekten ist es daher üblich, dass eine Person sowohl die Rolle „Projektmanager" als auch die Rolle „Projektteammitglied" wahrnimmt. Eine Kombination der Rolle „Projektmanager" mit anderen Rollen in einem Projekt ist möglich, setzt aber entsprechende Kompetenzen des jeweiligen Mitarbeiters und ein hohes Organisationsverständnis aller Beteiligten voraus.

Regeln für Rollenkombinationen einer Person in einem Projekt sind in der Tabelle G11 dargestellt.

Rollenkombinationen in einem Projekt	Regel
Projektauftraggeber und Projektmanager	NEIN
Projektauftraggeber und Projektteammitglied	NEIN
Projektauftraggeber und Projektmitarbeiter	JA
Projektmanager und Projektteammitglied	JA, aber ...
Projektmanager und Projektmitarbeiter	JA

11: Regeln für Rollenkombinationen in einem Projekt

Um eine entsprechende Aufmerksamkeit für die einzelnen Rollen zu sichern, ist die Anzahl unterschiedlicher Projektrollen, die eine Person in einer projektorientierten Organisation wahrnehmen kann, begrenzt. Eine Person sollte z. B. gleichzeitig nicht mehr als zwei bis drei Projekte managen. In der Tabelle G12 sind diesbezügliche Kennzahlen zusammengefasst. Diese sind von den jeweiligen Projektgrößen abhängig und daher als Maximalwerte zu verstehen.

Rolle	Anzahl Projektrollen je Person
Projektauftraggeber	4 - 6
Projektmanager	2 - 3
Projektteammitglied	4 - 5
Projektmitarbeiter	5 - 8

Tab. G12: Anzahl Projektrollen je Person

G2 Projektorganigramme

Ein Organigramm ist ein Modell zur Darstellung von aufbauorganisatorischen Strukturen. Es dient der Veranschaulichung von Rollen, von hierarchischen Zusammenhängen und von formellen Kommunikationsbeziehungen.

Projektorganigramme sind stichtagsbezogene Abbildungen der Aufbauorganisation eines Projekts. Zusätzlich zu den Projektrollen und den Beziehungen zwischen diesen Rollen können auch die Namen der Projektrollenträger im Organigramm sichtbar gemacht werden. Diese Informationen können auch in einer zusätzlichen Liste der Projektrollenträger bereitgestellt werden. Keinesfalls sollten die Abteilungsbezeichnungen der permanenten Organisation im Projektorganigramm verwendet werden. Eine klare Differenzierung der Rollenbezeichnungen der Projektorganisation von jenen der permanenten Organisation ist vorzunehmen. So ist z. B. für ein Projektteammitglied die Bezeichnung „Abteilungsleiter Konstruktion" nicht adäquat. Die Bezeichnung sollte „Projektteammitglied: Konstruktion" lauten, da der Rollenträger im Projekt keine Abteilungsleiterfunktionen wahrnimmt.

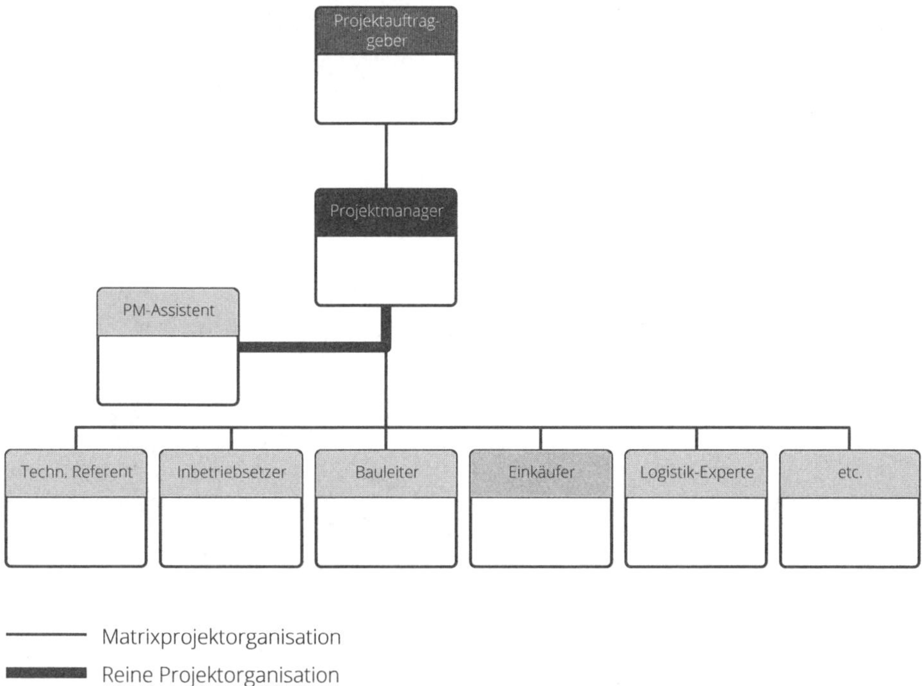

Abb. G4: Projektorganigramm eines Kundenauftragsprojekts (Beispiel aus dem Anlagenbau)

Zur Gestaltung von Projektorganigrammen können unterschiedliche Symbole, wie z. B. Kästchen, Kreise, Ellipsen, Pfeile und Striche, aber auch unterschiedliche Farben, unterschiedliche Größen der Kästchen und Kreise, unterschiedliche Strichstärken etc. verwendet werden. Die gewählten Symbole prägen ein Bild des Projekts, sie sind Artefakte der Projektkultur. Als diesbezügliche Beispiele sind in den Abbildungen G4 und G5 die Projektorganigramme für ein Kundenauftragsprojekt eines österreichischen Anlagebauunternehmens und für ein Reorganisationsprojekt einer Fluglinie dargestellt.

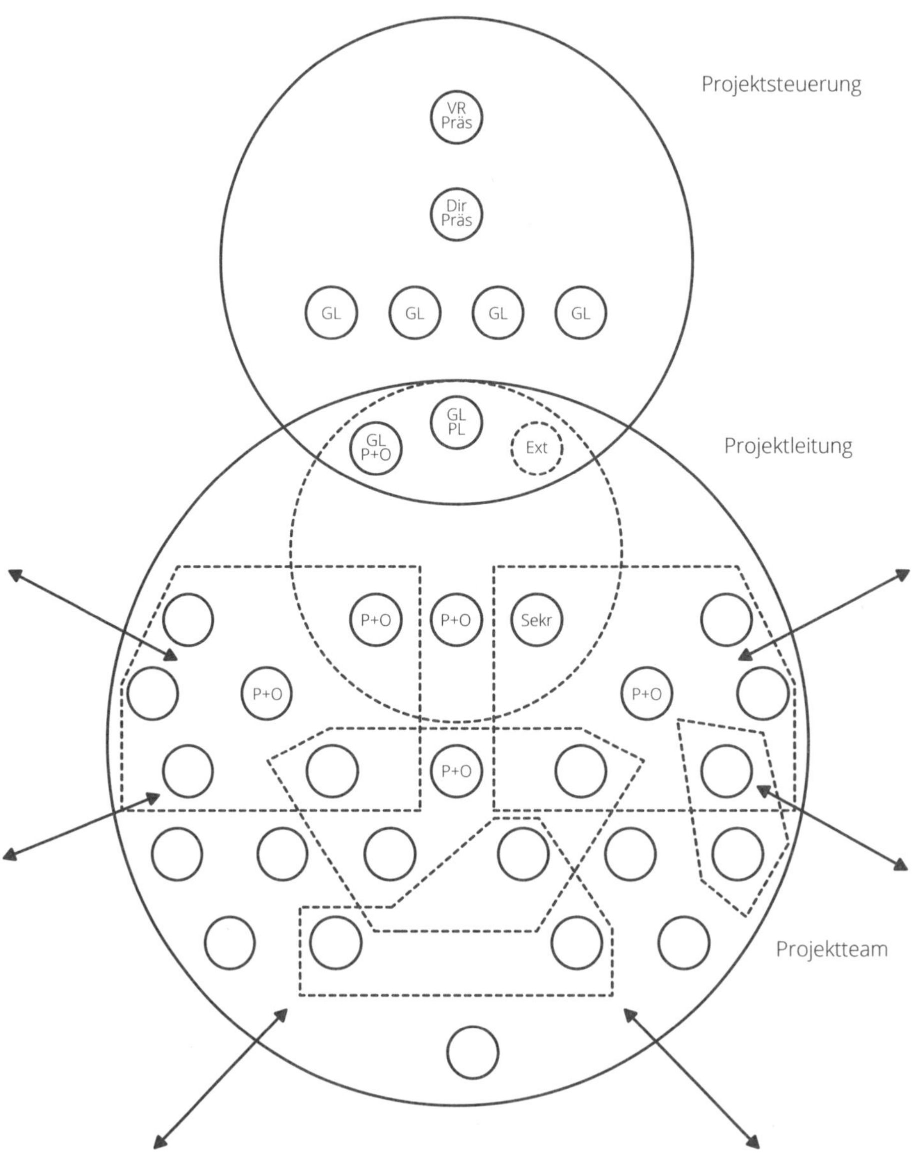

Abb. G5: Projektorganigramm eines Reorganisationsprojekts (Beispiel einer Fluglinie)

Die in den beiden Projektorganigrammen zum Ausdruck kommenden Projektkulturen sind unterschiedlich attraktiv für potenzielle Mitglieder dieser Projektorganisationen. Unterschiedliche Darstellungen stellen unterschiedliche Informationen zur Verfügung. Auf die zur Visualisierung der Aufbauorganisationen von Projekten verwendeten Symbole ist daher zu achten.

Ein Projektorganigramm ist beim Projektstarten zu erstellen und bei Bedarf beim Projektcontrollen zu adaptieren.

G2.1 Traditionelle Modelle der Projektorganisation

Die traditionellen Projektorganisationsmodelle, nämlich die Einflussprojektorganisation, die Reine Projektorganisation und die Matrixprojektorganisation, werden aufgrund der Weisungsbefugnisse des Projektmanagers bzw. des Vorgesetzten eines Projektteammitglieds der permanenten Organisation gegenüber einem Projektteammitglied bzw. Projektmitarbeiter unterschieden. In der Literatur werden diesbezügliche Weisungsbefugnisse mithilfe von „6 W-Fragen“ beschrieben (siehe Tab. G13).[3]

Was?	Befugnis, die Durchführung von Arbeitspaketen zu veranlassen und die quantitative Leistungserfüllung zu kontrollieren.
Wie gut?	Befugnis, die qualitative Leistungserfüllung zu kontrollieren.
Wer?	Befugnis, zu entscheiden, welcher Mitarbeiter mit der Erfüllung eines Arbeitspakets befasst wird.
Wie?	Befugnis, zu entscheiden, welche Verfahren, Techniken, Hilfsmittel, etc. eingesetzt werden.
Um wieviel?	Befugnis, die Projektkosten zu vereinbaren und zu kontrollieren.
Wann?	Befugnis, die Projekttermine zu vereinbaren und zu kontrollieren.

Tab. G13: Differenzierung von Weisungsbefugnissen gegenüber einem Projektteammitglied bzw. Projektmitarbeiter

Zum Führen eines Projektteammitglieds bzw. Projektmitarbeiters sind Weisungen durch den Projektmanager bzw. den jeweiligen Vorgesetzten des Projektteammitglieds in der permanenten Organisation notwendig. Eine eventuelle gemeinsame Führungsverantwortung setzt eine Abstimmung der beiden Führungskräfte voraus.

3 z.B. vgl. Cleland, D. I., King, W. R., 1968 oder Schulte-Zurhausen, M., 2013.

Diese Zusammenhänge sind in der Abbildung G6 dargestellt.

Die Verteilung der Weisungsbefugnisse zwischen Projektmanager und Vorgesetztem eines Projektteammitglieds in der permanenten Organisation kann unterschiedlich geregelt werden. Aus unterschiedlichen Regelungen resultieren die Einflussprojektorganisation, die Reine Projektorganisation oder die Matrixprojektorganisation.

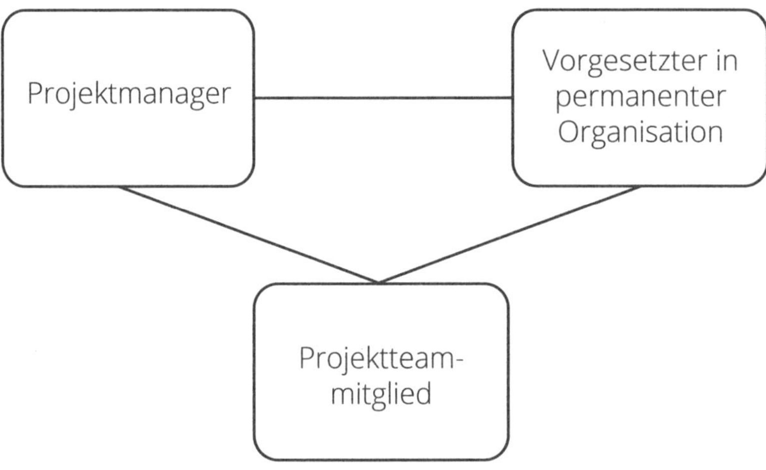

Abb. G6: Am Durchführen eines Arbeitspakets beteiligte Projektrollenträger

Einflussprojektorganisation

Bei der Einflussprojektorganisation übt der Projektmanager eine Stabsfunktion ohne formale Entscheidungs- und Weisungsbefugnis aus. Alle formellen Befugnisse, d.h. alle „6 Ws", liegen bei den Leitern der Organisationseinheiten der permanenten Organisation, die Arbeitspakete durchführen.

Da der Projektauftraggeber erwartet, dass der Projektmanager auch ohne formale Befugnisse koordinierende Funktionen wahrnimmt, um den Projekterfolg zu sichern, muss der Projektmanager dazu seine informellen Kompetenzen einsetzen. Unter informellen Kompetenzen sind jene Kompetenzen zu verstehen, die sich durch Fachwissen, durch Erfahrungen, durch persönliche Beziehungen und Freundschaften, durch Informationsvorsprung, durch Nähe zur Macht und durch Charisma ergeben. Die informellen Kompetenzen sind personen- und nicht rollenabhängig.

Die Einflussprojektorganisation kann in einem Projektorganigramm dargestellt werden (siehe Abb. G7). Es wird ersichtlich, dass es keine formalen Beziehungen zwischen dem Projektmanager und den Projektteammitgliedern gibt. Die Vor- und Nachteile der Einflussprojektorganisation sind in der Tabelle G14 zusammengefasst.

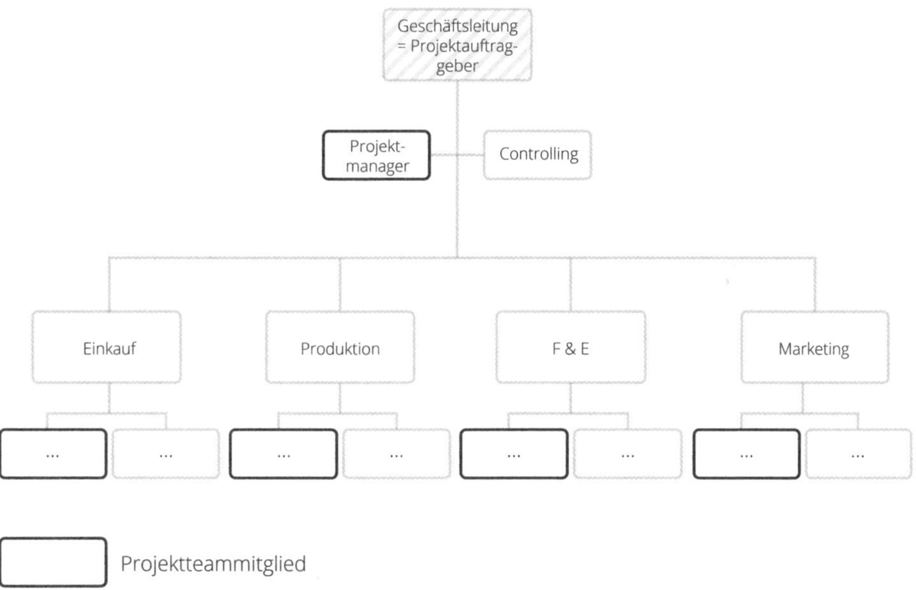

Abb. G7: Einflussprojektorganisation

Vorteile der Einflussprojektorganisation	Nachteile der Einflussprojektorganisation
> Geringer organisatorischer Aufwand > Die Projektteammitglieder sind formell nur ihren Vorgesetzten in der permanenten Organisation unterstellt > Die Projektteammitglieder arbeiten in einer Gruppe Gleichgesinnter, > Keine Abstellungs- und Rückeingliederungsprobleme > Know-how Sicherung in den Abteilungen der permanenten Organisation	> Geringe Integrationsmöglichkeiten des Projektmanagers > Dominanz der Abteilungsinteressen > Wenig Konzentration auf das Projekt > Langsame Entscheidungsfindung

Tab. G14: Vor- und Nachteile der Einflussprojektorganisation

Reine Projektorganisation

Bei der Reinen Projektorganisation hat der Projektmanager alle formellen Weisungsbefugnisse gegenüber den Projektteammitgliedern. Aus der grafischen Darstellung der reinen Projektorganisation (siehe Abb. G8) wird ersichtlich, dass durch das Projekt eine Parallelorganisation zur permanenten Organisation geschaffen wird, in der alle Projektteammitglieder (in Projektangelegenheiten) in Form einer Linienorganisation dem Projektmanager unterstellt sind. Das bedeutet aber nicht, dass die Projektteammitglieder fulltime im Projekt arbeiten. Die Vor- und Nachteile der Reinen Projektorganisation sind in der Tabelle G15 zusammengefasst.

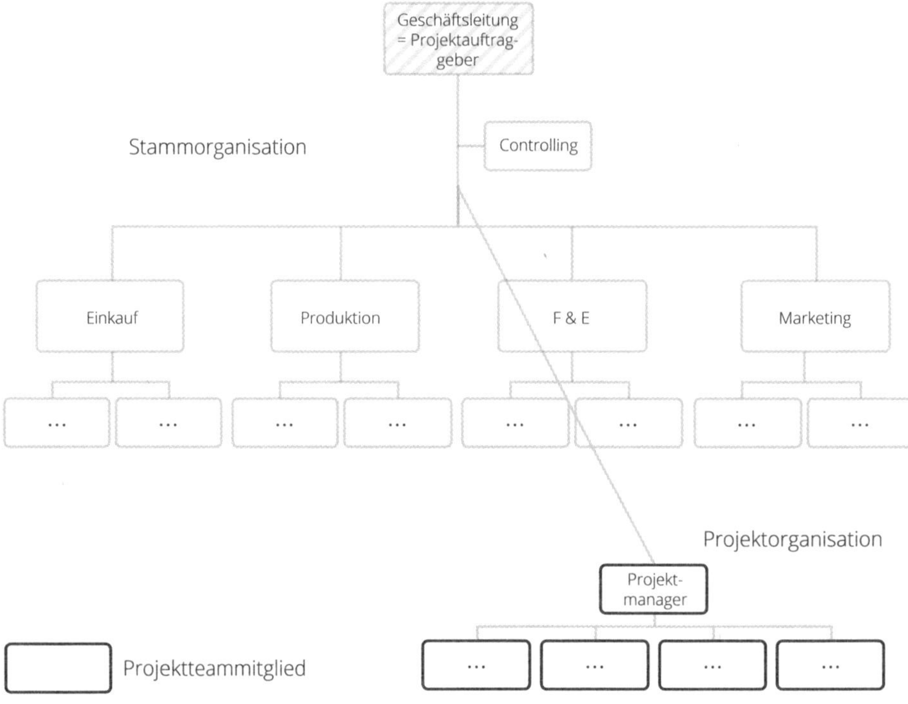

Abb. G8: Reine Projektorganisation

Vorteile der Reinen Projektorganisation	Nachteile der Reinen Projektorganisation
> Volle Konzentration auf das Projekt > Rasche Entscheidungsfindung auf Grund kurzer Kommunikationswege > Starke Identifikation der Mitglieder der Projetorganisation mit den Projektzielen	> Abstellung und Rückeingliederung der Projektteammitglieder aus/in Abteilungen der permanenten Organisation > Kontinuierliche Auslastung der Mitglieder der Projektorganisation > Know-how Sicherung für die projektorientierte Organisation

Tab. G15: Vor- und Nachteile der Reinen Projektorganisation

Matrixprojektorganisation

Die Matrixprojektorganisation ist durch eine Teilung der Weisungsbefugnisse zwischen Projektmanager (W-Fragen: Was? Wann? Um wie viel?) und den Vorgesetzten der Projektteammitglieder in der permanenten Organisation (W-Fragen: Wer? Wie? Wie gut?) charakterisiert.

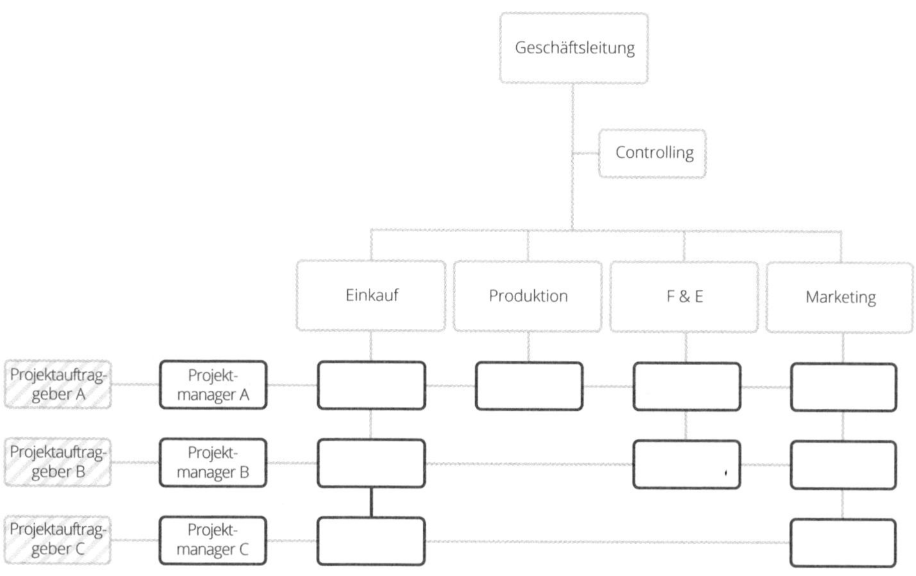

Abb. G9: Matrixprojektorganisation

Auch die Matrixprojektorganisation kann in einem Projektorganigramm dargestellt werden (siehe Abb. G9). Aus dieser Darstellung wird die Doppelunterstellung der Projektteammitglieder ersichtlich. Die Vor- und Nachteile der Matrixprojektorganisation sind in der Tabelle G16 zusammengefasst.

Durch unterschiedliche Verteilungen von Befugnissen zwischen dem Projektmanager und den Vorgesetzten der Projektteammitglieder kann man „unterschiedlich starke“ Matrixprojektorganisationen gestalten. Es kann z. B. dem Projektmanager auch die Befugnis übertragen werden, Projektteammitglieder auszuwählen. Grundsätzlich ist in der Matrixprojektorganisation die direkte Kommunikation zwischen Projektmanager und Projektteammitglied vorgesehen.

Vorteile der Matrixprojektorganisation	Nachteile der Matrixprojektorganisation
> Integration der Experten der diversen Abteilungen durch den Projektmanager > Beabsichtigter, „konstruktiver Konflikt“ durch die Doppelunterstellung der Projektteammitglieder.	> Hohe Anforderung an das Organisationsverständnis der Beteiligten durch die „Doppelunterstellung“ > Bedarf zur Lösung des beabsichtigten, „konstruktiven“ Konflikts > Hoher Managementaufwand für Abstimmungen

Tab. G16: Vor- und Nachteile der Matrixprojektorganisation

Anwendung traditioneller Modelle der Projektorganisation in der Praxis

In der Praxis werden die oben beschriebenen traditionellen Projektorganisationsmodelle oft bewusst oder auch unbewusst angewandt. In Unternehmen, die repetitive Kundenauftragsprojekte durchführen, erfreut sich vor allem die Matrixprojektorganisation großer Beliebtheit. Gründe dafür sind die Sicherung eines organisatorischen Zuhauses für die Projektteammitglieder in den Abteilungen der permanenten Organisation und das Einbeziehen von Führungskräften der permanenten Organisation in projektbezogene Führungsaufgaben.

Es sind aber auch adaptierte Anwendungen der traditionellen Projektorganisationsmodelle beobachtbar. Der amerikanische Großanlagenbauer Bechtel adaptiert für Kundenauftragsprojekte z. B. die Matrixprojektorganisation. Es werden die Projektteammitglieder „fulltime“ beschäftigt und räumlich zusammengezogen. Die Vorgesetzten der permanenten Organisation behalten aber die Weisungsbefugnisse und „wandern“ zur Führung der Projektteammitglieder von Projekt zu Projekt.

Für kleine, aber strategisch bedeutende Projekte werden statt den erwarteten Matrixprojektorganisationen auch Reine Projektorganisationen eingesetzt. Dabei wird der Anspruch auf Fulltime-Beschäftigung und räumliches Zusammenziehen der Projektteammitglieder aufgegeben, es werden jedoch alle Weisungsbefugnisse an den Projektmanager übertragen, um die notwendige Integrationsfunktion zu sichern.

Auch Kombinationen mehrerer Projektorganisationsmodelle finden sich in der Praxis, um die Stärken der unterschiedlichen Organisationsmodelle zu nutzen (siehe z. B. Abb. G4, in der die Matrixprojektorganisation und die Reine Projektorganisation kombiniert werden).

G2.2 Systemisches Modell der Projektorganisation

Die traditionellen Projektorganisationsmodelle Einfluss-, Matrix- und Reine Projektorganisation stammen aus den 1960er Jahren und entsprechen daher den Anforderungen agiler Konzepte nicht. Moderne, systemische Projektorganisationsmodelle setzen beim Designen von Projektorganisationen neue Konzepte und Werte, wie ganzheitliches Abgrenzen, Integration von Projektstakeholdern, organisatorisches Lernen, visuell unterstütze und virtuelle Kommunikation, Empowerment und Resilienz sowie iteratives Vorgehen (siehe Kap. B), um.

Empowerment kann im Projekt auf den Ebenen des Projekts, des Projektteams, von Subteams, aber auch auf Ebene des einzelnen Projektteammitglieds erfolgen. Empowerment bedeutet, dass Mitglieder der Projektorganisation Verantwortung übertragen bekommen und Eigenverantwortung übernehmen. Statt hierarchischer Projektstrukturen wird Selbstorganisation in Projekten gefördert. Agile und flexible, aber auch redundante Projektorganisationsstrukturen sichern die Resilienz von Projekten. Redundante Organisationsstrukturen entstehen z. B. durch den Einsatz von Projektorganisationsmitgliedern mit ähnlichen Qualifikationen.

Die sozialen Projektgrenzen können z. B. ganzheitlich definiert werden, indem Vertreter aller Organisationseinheiten, die Arbeitspakete in einem Projekt durchführen, in die Projektorganisation integriert werden. Die Stakeholderorientierung kann auch durch das Einbeziehen von Vertretern externer Stakeholder, also z. B. von Lieferanten oder Kooperationspartnern, als Projektteammitglieder oder Projektmitarbeiter umgesetzt werden.

Die Erstellung von Projektorganigrammen oder die Festlegung von Projektkommunikationsformaten erfolgt iterativ. Eine initiale Projektplanung erfolgt beim Projektinitiieren, beim Projektstarten werden die Projektpläne detailliert und beim Projektcontrollen werden die Projektpläne bei Bedarf adaptiert. Dieses iterative Vorgehen ermöglicht organisatorisches Lernen und berücksichtigt die Evolution der Projektorganisation im Zeitablauf. Es kann auch sinnvoll sein, für unterschiedliche Projektphasen unterschiedliche Projektorganigramme zu entwickeln.

Projektorganigramme sind kulturelle Artefakte, deren visuelle Gestaltung die Kommunikation im Projekt unterstützt. Im Projektorganigramm kann die Umsetzung der beschrieben Konzepte und Werte durch Symbole sichtbar gemacht werden.

Im generischen Projektorganigramm der RGC (siehe Abb. G10) werden Individualrollen auch als Teamrollen dargestellt. Es gibt keine formalen Beziehungen zu Führungskräften der permanenten Organisation, wodurch das Empowerment der Projektteammitglieder ausgedrückt wird. Eine die Projektorganisation abgrenzende Ellipse symbolisiert die relative Autonomie des Projekts als soziales System. Die Abgrenzungen des Projektteams bzw. der Subteams sollen deren Empowerment vermitteln. Die schraffierten und farbig dargestelltenProjektrollen werden von Vertretern von Projektstakeholdern wahrgenommen. Dadurch wird deren Integration gefördert. Diese Visualisierung entspricht dem Modell einer „empowered und integrierten Projektorganisation".

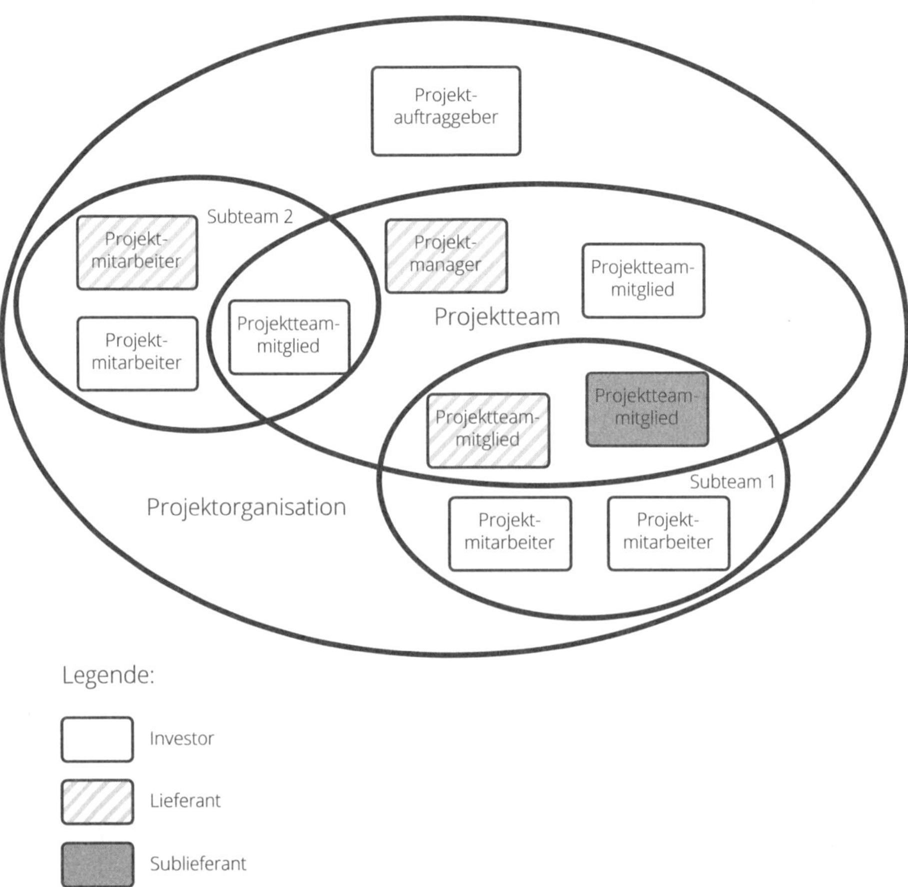

Abb. G10: Generisches Projektorganigramm – Empowered und integrierte Projektorganisation

Das „Systemische" des generischen Projektorganigramms liegt in der Darstellung der sozialen Projektgrenze, der Betrachtung der Beziehungen zwischen den Projektrollen und in der flachen und nicht-hierarchischen Darstellung der Rollen, wodurch das Fokussieren auf die unterschiedlichen Funktionen der einzelnen Rollen zur Sicherung des Projekterfolgs ausgedrückt wird.

Im Folgenden werden das Empowerment von bzw. in Projekten, die Integration von Projektstakeholdern, das Partnering und das Schaffen von virtuellen Strukturen als wesentliche Elemente des organisatorischen Designens von Projekten beschrieben. Dabei ist es Ziel

> des Empowerments, die Übertragung von Entscheidungsbefugnissen und von Verantwortungen an Projektteammitglieder, Projektteams und Projekte zu realisieren.
> der Integration, ganzheitliche Projektorganisationen durch das Integrieren von Vertretern von Projektstakeholdern zu gestalten.
> des Partnerings, das Integrieren von Vertretern von Kunden, Lieferanten und Sublieferanten durch den Einsatz gemeinsamer Verträge und Anreizsysteme zu fördern.
> der Virtualität, virtuelle Kommunikationsstrukturen für die Kooperation von Mitgliedern der Projektorganisation unterschiedlicher Partner, die auf unterschiedlichen Standorten tätig sind, einzusetzen.

Das hier dargestellte systemische Projektorganisationsmodell sieht eine Kombination dieser Designelemente vor. In konkreten Projektsituationen handelt es sich meist um eine empowered und integrierte Projektorganisation mit virtuellen Kommunikationselementen. Die Integration der Partner durch gemeinsame Verträge und Anreizsysteme zu unterstützen, stellt eine weitere Designoption dar, wird aber nur bei wenigen Projekten notwendig sein.

G2.3 Empowerment als Designelement von Projektorganisationen

Schwächen der Matrixprojektorganisation

In der Matrixprojektorganisation kommt ein hierarchischer Organisationsansatz, der Führungs- von Durchführungsfunktionen trennt, zur Anwendung. Die Führungsfunktionen werden zwischen Projektmanager und Vorgesetzten des Projektteammitglieds in der permanenten Organisation aufgeteilt, die Durchführungsfunktionen hat das Projektteammitglied. Das Projektteammitglied empfängt Weisungen von beiden Führungskräften.

Die Matrixprojektorganisation ist aufgrund

> der hohen Anzahl der Mitglieder der Projektorganisation nicht „schlank“. Für jedes Projektteammitglied bedarf es einer Führungskraft aus der permanenten Organisation.
> des Abstimmungsbedarfs zwischen den Führungskräften teuer und langsam.
> der mangelnden Entscheidungsbefugnisse der Projektteammitglieder nicht kundenorientiert.

Das „Lean Management“ fordert die Übertragung von Entscheidungsbefugnissen an ausführende Stellen, um dadurch die Prozesse zu beschleunigen, die ausführenden Mitarbeiter zu motivieren und eine stärkere Kundenorientierung zu sichern.

Zur Umsetzung des Konzepts des Empowerments beim Designen von Projektorganisationen können nicht nur Projektteammitglieder, sondern auch das Projektteam und das Projekt „empowered“ werden.[4]

Empowerment von Projektteammitgliedern

Ein Empowerment von Projektteammitgliedern erfolgt durch eine Übertragung der WIE?- und WIE GUT?-Befugnisse von den Vorgesetzten der Projektteammitglieder in der permanenten Organisation an die Projektteammitglieder (siehe Abb. G11). Projektteammitglieder können daher im Rahmen bestehender Richtlinien der Organisation über die Form der Erfüllung der übertragenen Arbeitspakete entscheiden und die Arbeitspaketergebnisse selbst verantworten. Projektteammitglieder können auch in Projektsitzungen und Workshops selbstständig Zielvereinbarungen mit dem Projektmanager und den anderen Projektteammitgliedern treffen.

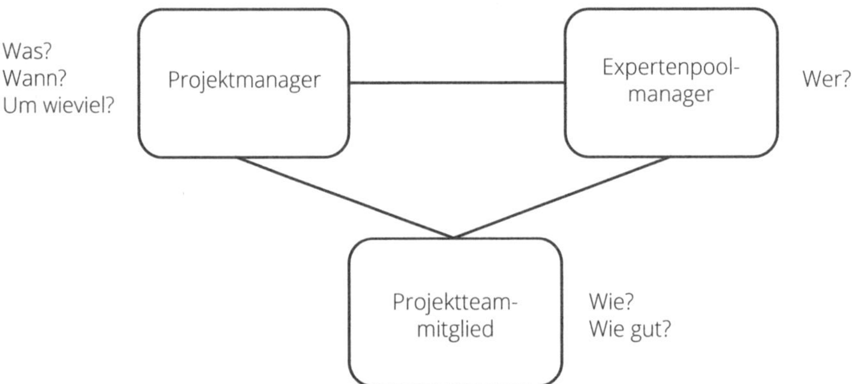

Abb. G11: „Empowerment“ des Projektteammitglieds

Um den Unterschied in den Verteilungen der Entscheidungsbefugnisse im Vergleich zur Matrixprojektorganisation klar zu machen, können die Rollenbezeichnungen der Vorgesetzten der Projektteammitglieder in der permanenten Organisation von „Abteilungsleiter“ auf „Expertenpoolmanager“ geändert werden. Ein Expertenpoolmanager hat nicht das Selbstverständnis eines „Super-Experten“, der alle inhaltlichen Entscheidungen für die Projektteammitglieder treffen muss, sondern ist Manager eines Pools unterschiedlich qualifizierter Experten. Der Expertenpoolmanager hat nach wie vor die WER?-Befugnis und stimmt daher die Personaldispositionen mit dem Projektmanager ab.

4 Der Begriff „Empowerment“ bedeutet Selbstbefähigung und Selbstbemächtigung, Stärkung von Eigenmacht, Autonomie und Selbstverfügung.

Falls der Bedarf einer inhaltlichen Mitarbeit eines Abteilungs- oder Expertenpoolmanagers in einem Projekt besteht, dann kann dieser je nach Bedarf alle Projektrollen, vom Mitglied des Projektauftraggeberteams bis zum Projektteammitglied, wahrnehmen. Falls eine inhaltliche Mitarbeit nicht notwendig ist, sind die Abteilungs- oder Expertenpoolmanager zur Sicherung des Projekterfolgs als Stakeholder zu betrachten und entsprechend zu informieren.

Empowerment des Projektteams

Das Empowerment des Projektteams erfolgt durch die Mitwirkung des Projektteams beim Projektmanagen und durch die Übernahme der WAS?-, WANN?- und WIE VIEL?-Befugnisse durch das Projektteam (siehe Abb. G12). Das Projektteam erlangt die Möglichkeit zur Selbstorganisation. Das Projektteam übernimmt damit auch gemeinsam die Verantwortung für den Projekterfolg. Der Projektmanager, als eine spezielle Rolle im Projektteam, ist zusätzlich für die Professionalität des Projektmanagens verantwortlich.

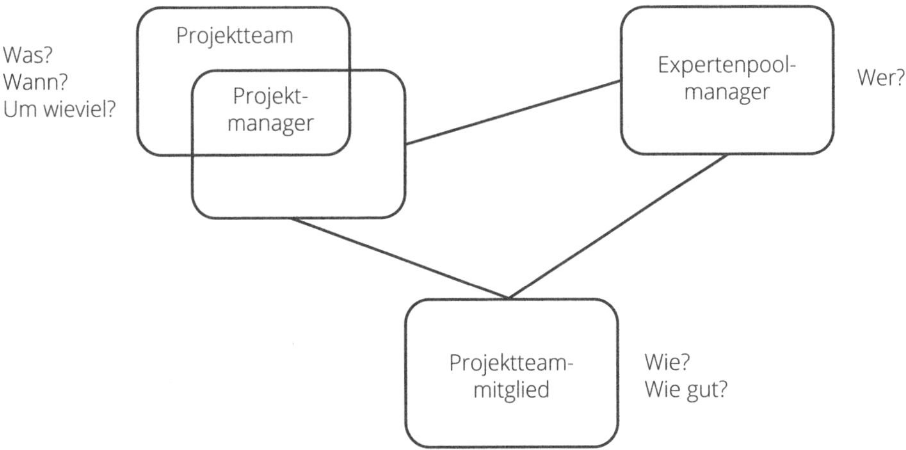

Abb. G12: „Empowerment" des Projektteams

Empowerment des Projekts

Das Empowerment des Projekts erfolgt durch die Abgrenzung des Projekts von seinem sozialen Kontext. Es sollen dadurch häufige Interventionen aus der permanenten Organisation vermieden werden. Ein Mindestmaß an Projektautonomie ist zu sichern, um eine effiziente Projektdurchführung zu gewährleisten. Symbolisch wird das Empowerment des Projekts im Projektorganigramm durch die Grenze, die das soziale System von seinem sozialen Kontext differenziert, dargestellt (siehe Abb. G10).

G2.4 Integration als Designelement von Projektorganisationen

Hierarchien von Projektorganisationen und parallele Projektorganisation

In der Praxis werden zur Durchführung eines Projekts oft Hierarchien von Projektorganisationen und/oder auch mehrere parallele Projektorganisationen eingesetzt.

Ein Investor etabliert z. B. zur Errichtung eines IT-Systems ein Projekt. Im Rahmen dieses Projekts wird ein Generalunternehmer beauftragt, der zur Erfüllung dieses Kundenauftrags auch ein Projekt definiert. Der Generalunternehmer wieder beauftragt einen oder mehrere Hauptauftragnehmer und diese beauftragen unterschiedliche Subauftragnehmer. Aufgrund der Leistungsumfänge der einzelnen mitwirkenden Organisationen ist es aus deren Sicht adäquat, Projekte zu definieren. Das Ergebnis sind eine den Vertragsstrukturen folgende Hierarchie von Projektorganisationen und mehrere parallele Projektorganisationen (siehe Abb. G13).

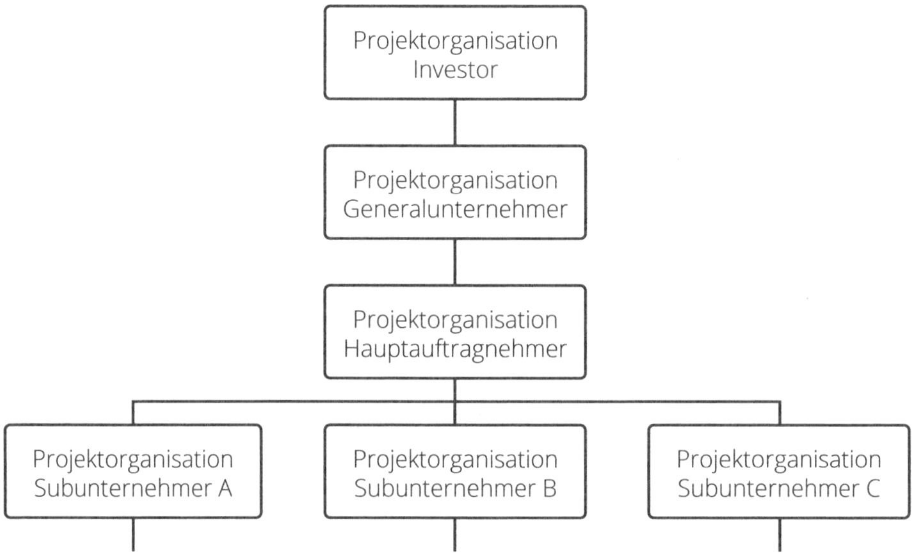

Abb. G13: Hierarchie von Projektorganisationen und parallele Projektorganisationen

Für alle Projekte dieser Hierarchie und ihrer Parallelstrukturen werden wahrscheinlich unterschiedliche Projektmanagementansätze praktiziert. Es werden Projektorganisationen mit jeweils unterschiedlichen Projektmanagern geschaffen, es werden für die jeweiligen Leistungsumfänge unterschiedliche Projektpläne entwickelt. Es entstehen kulturelle und strukturelle Unklarheiten. Zur Durchführung der Geschäftsprozesse des Investors arbeiten mehrere Projektmanager mit unterschiedlichen Projektplänen aufgrund unterschiedlicher Projektmanagementansätze und Tools. Wünsche des Investors, die letztlich durch einen Subauftragnehmer realisiert werden sollen, werden aufgrund des „Stille Post"-Phänomens fehlinterpretiert und führen zu Konflikten und zu Mehrfacharbeiten.

Designen einer integrierten Projektorganisation

Eine „integrierte Projektorganisation" ist eine Projektorganisation in der Vertreter unterschiedlicher Organisationen Mitglieder sind. Es kann grundsätzlich in horizontale und vertikale Kooperationen in integrierten Projektorganisationen unterschieden werden. Bei einer vertikalen Kooperation können Vertreter eines Investors, dessen Lieferant und Sublieferant Mitglieder einer integrierten Projektorganisation sein. Bei einer horizontalen Kooperation können Vertreter mehrerer gleichrangiger Partnern Mitglieder sein.

Das Projekt, für das eine integrierte Projektorganisation designed wird, ist aus der Sicht des Investors, der das Projektergebnis nutzen möchte, zu definieren. Die Projektorganisation ist so zu gestalten, dass der Business Case des Investors optimiert werden kann. Die Projektgrenzen werden daher durch den Business Case des Investors und nicht durch etwaige Vertragsstrukturen definiert.

Kooperationen in integrierten Projektorganisationen setzen ein Entkoppeln der Organisationsstrukturen von den Vertragsstrukturen voraus. Die mehrstufigen Besteller-Lieferanten-Beziehungen werden beim Designen der Projektorganisationen nicht berücksichtigt, sondern gemeinsame, möglichst flache Projektorganisationen werden geschaffen, in der die Vertreter der unterschiedlichen Organisationen unterschiedliche Rollen übernehmen. Ein Vertreter eines Lieferanten kann z. B. gemeinsam mit einem Vertreter des Investors das Projektauftraggeberteam bilden, ein Vertreter des Lieferanten kann Projektmanager sein, ein Vertreter eines Sublieferanten kann Projektteammitglied sein.

Dieses integrierte organisatorische Design hat auch ohne vertragliche Vereinbarung die Verwendung eines einheitlichen Projektmanagementansatzes, den Einsatz nur eines Projektmanagers und die Erstellung gemeinsamer, integrierter Projektpläne zur Konsequenz. Alle diese Maßnahmen setzen ein hohes Ausmaß an Offenheit und Vertrauen der kooperierenden Organisationen voraus. Die kooperierenden Organisationen müssen den Nutzen einer ganzheitlichen Projektsicht erkennen und bereit sein, Gesamtverantwortung für das Projekt zu übernehmen. Es ist auch zu akzeptieren, dass nicht jede kooperierende Organisation ihr eigenes Projekt, ihren eigenen Projektmanager und ihre eigenen Projektpläne hat.

Ziele der „Integrierten Projektorganisation" sind:

> optimierte Prozesse und optimierte Projektergebnisse durch eine ganzheitliche Projektsicht, ein gemeinsames „Big Project Picture" aller am Projekt beteiligten Partner,
> eine offene Projektkommunikation aller Projektpartner,
> Verfolgen gemeinsamer Projektziele durch alle Mitwirkenden, Schaffen von Win-win-Situationen, Vermeiden von Suboptimierungen
> Reduzieren der Projektkosten, durch Einsatz von nur einem Projektmanager, durch Erstellen nur einer gemeinsamen Projektmanagementdokumentation,
> effiziente Abläufe durch eine gemeinsame Projektsprache, gemeinsame Projektregeln,
> Einsatz gemeinsamer Projektpläne, eventuell von „Open Books".

Mögliche Gefahren des Einsatzes der „Integrierten Projektorganisation" sind:

> Know-how-Verlust durch Kooperation mit eventuellen Mitbewerbern,
> Nicht-kompatible Kulturen der kooperierenden Organisationen,
> aufwändige Koordinationsprozesse,
> unklare Verantwortungs- und Haftungsverhältnisse.

In der Fallstudie „Integrierte Projektorganisation" wird am Beispiel eines österreichischen Telekomunternehmens gezeigt, dass die Umsetzung des Modells der integrierten Projektorganisation schwierig ist.

Fallstudie: Integrierte Projektorganisation

Projektdurchführendes Unternehmen

> Österreichisches Telekomunternehmen mit etwa 200 Mitarbeitern
> Produkte und Dienstleistungen: Telefonie, Internet Services, Business Solutions Projekt

Projekt

> Bau eines regionalen Netzwerks als Pilotinfrastruktur zur Ermöglichung von Dienstleistungen für gewerbliche Nutzer
> Bereitstellung eines Billingsystems zur kaufmännischen Abwicklung der Dienstleistungen
> Entwickeln der organisatorischen und der personellen Voraussetzungen zur Abwicklung der Dienstleistungen

Vertragsstrukturen

> Vergabe von zwei Hauptaufträgen an einen Technischen Hauptauftragnehmer zum Bau der technischen Infrastruktur und an einen Kaufmännischen Hauptauftragnehmer zur Implementierung des Billingsystems
> Entwicklung der organisatorischen und der personellen Strukturen durch das Telekomunternehmen
> Geplante Projektorganisation entsprechend der Vertragsstrukturen
> Parallele Projektorganisationen von Investor, technischem und kaufmännischen Hauptauftragnehmer (siehe Abb. G14)
> Drei Projektmanager für de facto ein Projekt
> Informelle Kommunikationen zwischen den Rollenträgern der drei Projekte erwartet
> Drei Projektmanagementdokumentationen auf Grundlage unterschiedlicher Projektmanagementansätze.

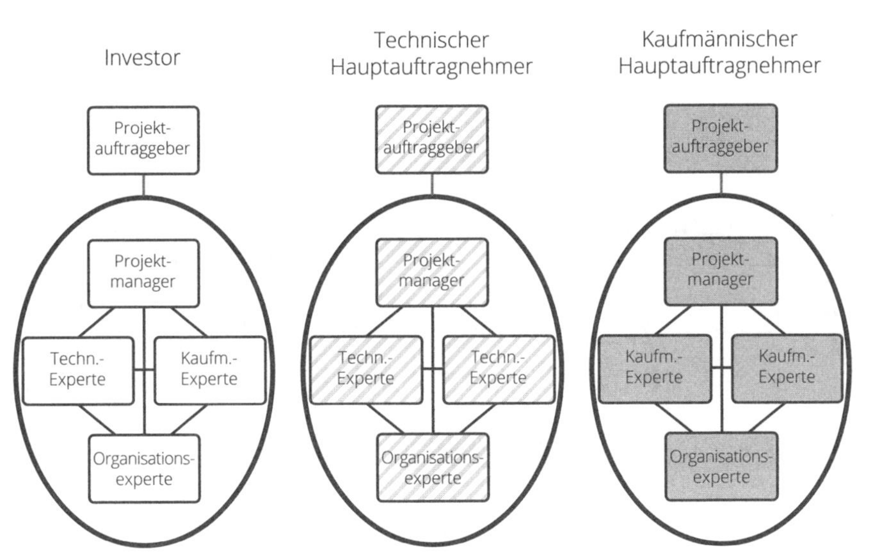

Abb. G14: Parallele Projektorganisationen

Integrierte Projektorganisation als alternativer Designvorschlag

> Vertreter des Investors und der beiden Hauptauftragnehmer (eventuell auch der ausgewählten Subauftragnehmer) als Mitglieder einer gemeinsamen Projektorganisation (siehe Abb. G15)
> Einsatz von nur einem Projektmanager (den z. B. der technische Hauptauftragnehmer nominieren kann)
> Gemeinsame formale Projektkommunikationsstrukturen
> Gemeinsame Projektpläne
> Entkoppelung der organisatorischen Lösung von den Vertragsstrukturen

Organisationsentscheidung

Der Investor hat sich für die traditionelle Form der parallelen Projektorganisationen entschieden, da …

> Ängste vor den unklaren Haftungsfragen im Fall der integrierten Projektorganisation existierten
> auf informelle Kommunikationsstrukturen und die Macht des Vertragswerks vertraut wurde
> Angst vor Neuem bestand
> das Organisieren nicht als Erfolgsfaktor erkannt wurde
> Juristen im Unternehmen dominant waren
> Es gab ein Spannungsfeld zwischen „Exekution von Verträgen“ und „erfolgreicher Projektabwicklung“

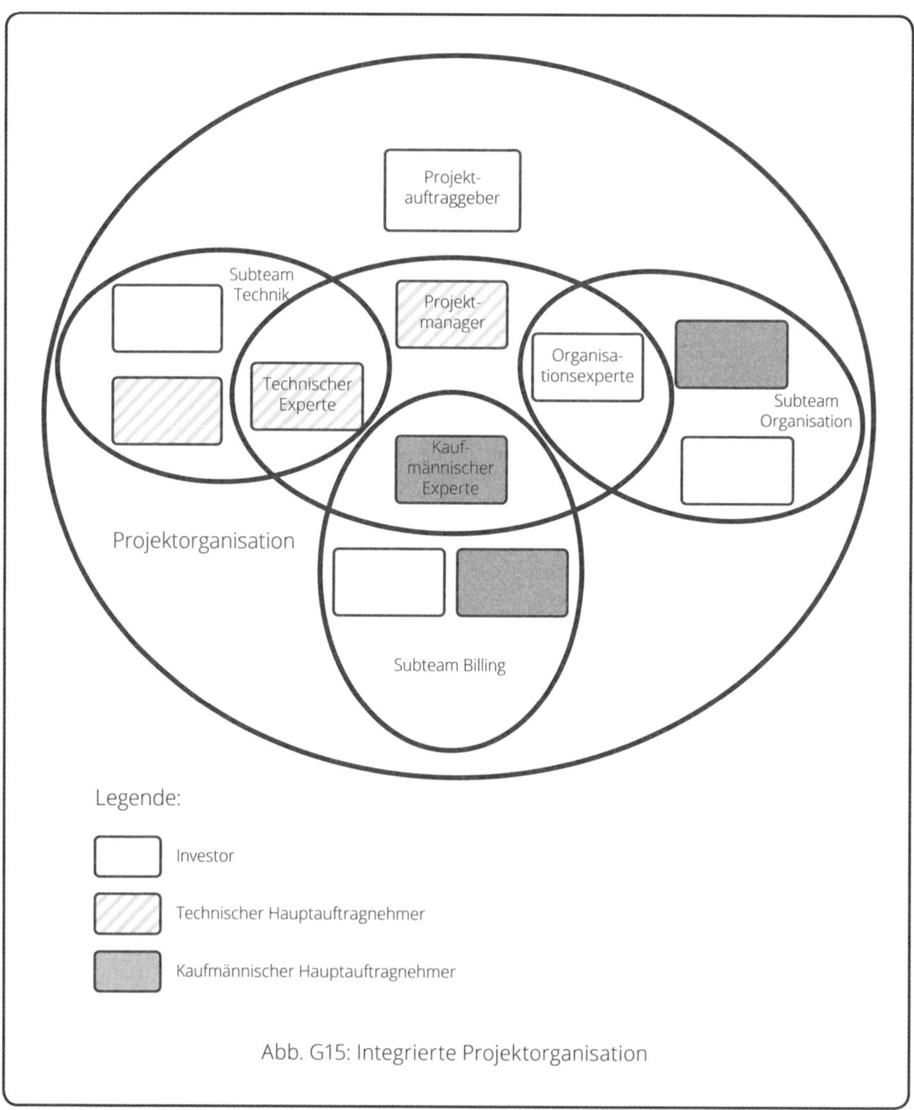

Abb. G15: Integrierte Projektorganisation

Das Konzept des „Partnerings" geht über die Zielsetzungen der integrierten Projektorganisation hinaus, indem diese durch vertragliche Rahmenbedingungen unterstützt wird. Gemeinsame Anreizsysteme aller im Projekt mitwirkenden Partner sollen deren Kooperation formal fördern.

G2.5 Virtualität als Designelement von Projektorganisationen

Projekte können aufgrund der meist notwendigen Kooperationen mehrerer Partner, die an unterschiedlichen Standorten tätig sind, als virtuelle Organisationen wahrgenommen werden. Virtuelle Projektorganisationen können zu größerer Flexibilität, schnellerer Reaktionsfähigkeit, niedrigeren Kosten und verbesserter Ressourcennutzung führen.

Im Fall der Kooperation mehrerer Partner in Projekten sind virtuelle Strukturen zu schaffen, in denen Teammitglieder mithilfe IT-unterstützter Kommunikationsmitteln raum-, organisations- und zeitübergreifend zusammenarbeiten können.[5] Eine einheitliche Projektmanagement- und Office-Software ist zu sichern, die entsprechende Hardware ist zur Verfügung zu stellen. Über den Einsatz adäquater Kommunikationstools wie z. B. von Projektmanagementportalen, Collaborationsoftware, Telefonkonferenzen und Videokonferenzen ist zu entscheiden.

Durch das virtuelle Arbeiten von Projektteammitgliedern ohne gemeinsamen Arbeitsplatz entsteht ein Mangel an persönlichen und informellen Kontakten zwischen den Mitgliedern. Die Projektteammitglieder sind in ihrer Projektarbeit kaum beobachtbar. Dadurch können Fehlentwicklung im Projekt schwerer erkannt werden. Kommunikation, Koordination und der Aufbau von Beziehungen zwischen Projektteammitgliedern stützt sich in erster Linie auf den Einsatz von Informations- und Kommunikationstechnologien, die zuvor im persönlichen Miteinander stattfanden.

Verburg et al. identifizierten zwei Kategorien von Bedingungen, die für eine effektive virtuelle Projektorganisation erfüllt sein müssen: Klare Kommunikationsregeln, Offenheit und Vertrauen innerhalb des Teams sowie die Bereitstellung technischer Infrastruktur durch die Organisation.[6] Aufgrund der Komplexität virtueller Projektorganisationen ist ein entsprechendes Training für den Erfolg von Projekten bedeutend.[7] Mitglieder virtueller Projektteams, die zuvor Trainings zu Themen wie Teamwork, interkultureller Kompetenz oder Technologienutzung erhalten haben, sind eher in der Lage, die Potenziale virtueller Strukturen auszuschöpfen.

Auch in virtuellen Projektorganisationen sind „Face-to-face"-Kommunikationen wichtig. Diese sind mit virtuellen Kommunikationsformen zu kombinieren. Ein „Big Bang"-Projektstart mit möglichst vielen Projektteammitgliedern ist anzustreben, um die notwendige Projektmanagementqualität zu erzielen. Spezielle Regeln für die Projektkommunikation sind festzulegen und Vorort-Besuche des Projektmanagers bei den Projektteammitgliedern sind durchzuführen.

5 Vgl. Henderson, L. S., 2008.
6 Vgl. Verburg, R. M. et al., 2013.
7 Vgl. Gilson, L. L. et al., 2015.

G2.6 Projektorganisation beim Einsatz von Scrum

Für Projektphasen, deren Aufgaben man sinnvollerweise iterativ erfüllt, kann Scrum eingesetzt werden. Beispiel dafür können die Projektphasen „Lösung planen“ oder „Lösung entwickeln“ sein. Wenn Scrum eingesetzt wird, sind die Scrum-Rollen und die Scrum-Kommunikationsformate (siehe Kap. E) im Designen der Projektorganisation zu berücksichtigen.

Die zu berücksichtigenden Scrum-Rollen sind der „Product Owner“ oder das „Product Owner Team“, der „Scrum Master“ und das „Entwicklungsteam“. Der Product Owner ist ein Mitglied des Projektteams, da seine Sichtweisen und Interessen mit den anderen Projektteammitgliedern abzustimmen sind. Vor allem die jeweils aktuellen Lösungsanforderungen sind gemeinsam im Projektteam zu vereinbaren. Es empfiehlt sich, die Rolle des Product Owners explizit darzustellen, da dadurch die Wahrnehmung eines ganzheitlichen inhaltlichen Interesses gefördert wird. Durch ein „Product Owner Team“ können mehrere unterschiedliche Backlogs (z. B. für die technologische Lösung, die organisatorische Lösung, die Marketinglösung) vertreten werden. Eine Kombination der Rollen „Product Owner“ und „Projektmanager“ empfiehlt sich nicht, um das Spannungsfeld zwischen dem inhaltlichen und dem prozessualen Interesse durch unterschiedliche Personen aufrecht zu erhalten.

Das Entwicklungsteam stellt ein Subteam im Projekt dar, dessen Koordinator der Scrum Master ist. Der Scrum Master ist daher auch ein Projektteammitglied. In der Abbildung G16 ist ein generisches Projektorganigramm, das die Scrum-Rollen berücksichtigt, dargestellt.

Die Scrum Kommunikationsformate Sprint Planning, Daily Scrum, Sprint Review und Sprint Retrospective können im Scrum Team angewendet werden. Durch die spezifischen Scrum-Rollen und -Kommunikationsformate entsteht im Scrum Team eine spezifische Subkultur, die sich von den Kulturen der anderen Subteams eines Projekts unterscheidet. Das ist aber für den Projekterfolg funktional. Auf der Ebene des Projektteams erfolgt die notwendige Integration.

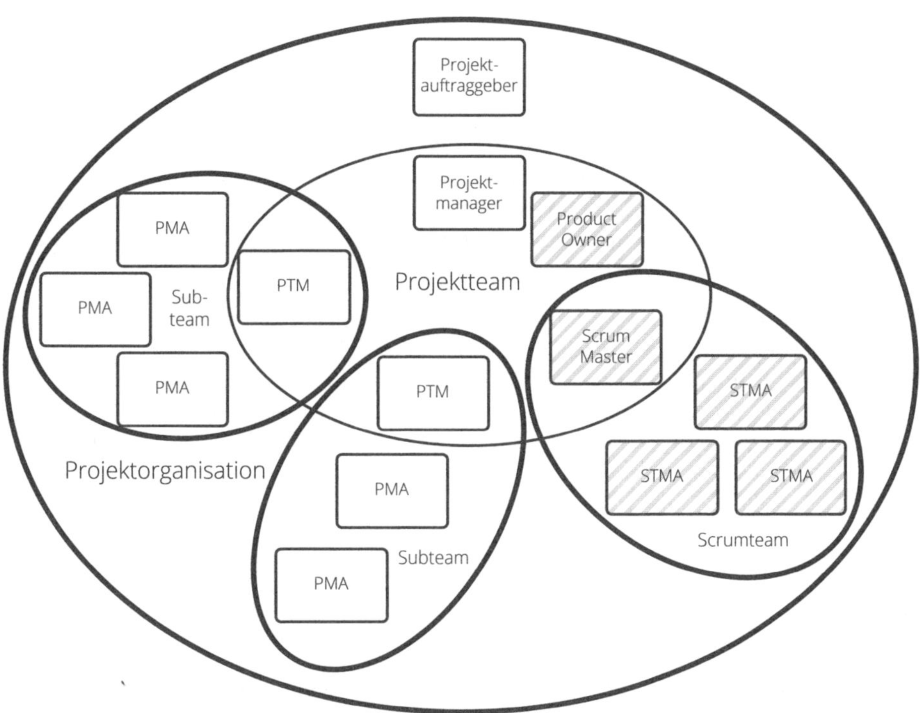

Legende:

PMA ... Projektmitarbeiter

PTM ... Projektteammitglied

STMA ... Scrumteammitarbeiter

Abb. G16: Projektorganigramm (generisch) beim Einsatz von Scrum

G3 Projektkultur

„Unternehmenskultur" kann definiert werden „as a set of shared mental assumptions that guide interpretation and action in organizations by defining appropriate behavior for various situations".[8] Die vor allem unausgesprochenen Annahmen offenbaren sich in einem Geflecht aus formalen und informalen Praktiken sowie in visuellen, verbalen und materiellen Artefakten.

Kultur entstammt der menschlichen Fähigkeit der Sozialisation. Individuen bringen jene kulturellen Standards, die sie in der Primärsozialisation erlernt haben, als Grundannahmen in eine Organisation ein. Dort erhalten diese Basisannahmen mittels Sekundärsozialisation eine „organisationskulturelle Spezifikation". Dieses Modell kann sowohl auf permanente als auch auf tewmporäre Organisationen angewandt werden.

G3.1 Entwickeln einer projektspezifischen Kultur

Ziele des Entwickelns einer projektspezifischen Kultur sind

> das Fördern der Identifikation der Mitglieder der Projektorganisation mit dem Projekt,
> das Vermitteln von Handlungsorientierung im Projekt,
> das Reduzieren der Projektkomplexität,
> das Sichern der Erkennbarkeit des Projekts und
> das Schaffen von Grundlagen für das Projektmarketing.

Die Mitglieder einer Projektorganisation, die aus unterschiedlichen kulturellen Hintergründen kommen, können für die temporäre Zusammenarbeit in einem Projekt eine projektspezifsche Kultur entwickeln. Diese ist nicht tradiert wie die Kultur einer permanenten Organisation, sondern wird erst durch einen entsprechenden Ressourcen- und Methodeneinsatz geschaffen. Der Entwicklung der Projektkultur ist beim Projektstarten Zeit und Raum zu widmen. Eine Weiterentwicklung der Werte und Regeln bedarf der Reflexion im Projekt, was vor allem beim Projektcontrollen erfolgen kann.

Zu entwickelnde Elemente einer Projektkultur können der Projektname, ein Projektlogo, Projektwerte und eventuell ein Projektleitbild, projektspezifische Regeln, Projektslogans und Anekdoten, die Projektsprache, projektbezogene Artefakte, ein Projektraum und projektbezogene Events sein. Der Einsatz von Symbolen unterstützt die Projektkulturentwicklung.

8 Ravasi & Schultz, 2006, S. 437.

G3.2 Elemente einer Projektkultur

Projektname und Projektlogo

Der Projektname soll die Identifikation eines Projekts ermöglichen. Der Projektname kann über die Projektart informieren und soll Assoziationen mit den Projektzielen ermöglichen. So sind z. B. Konzeptionsprojekte von Implementierungsprojekten zu unterscheiden. Aus den Projektnamen „Values4Business Value konzipieren" und „Values4Business Value entwickeln" wird z. B. eine Kette von Innovationsprojekten erkennbar. Projektnamen sollen kurz sein und keine Abkürzungen verwenden, die für Projektstakeholder nicht verständlich sind.

Die Verwendung eines Projektlogos scheint eine aufwändige Designarbeit vorauszusetzen. Es ist aber nur selten notwendig, eine grafische Lösung als Projektlogo zu kreieren. Oft genügt es, ein Schriftbild zu verwenden. So kann z. B. ein Projektlogo kreiert werden, indem der Projektname kursiv und farbig geschrieben wird. Dafür kann eine spezifische „Projektfarbe" verwendet werden.

Projektwerte und Projektleitbild

Projektwerte liefern Maßstäbe dafür, was in einem Projekt als gut und wünschenswert angesehen wird. Die Werte bestimmen bewusst und unbewusst das Verhalten der Mitglieder der Projektorganisation. Sie sind ein Führungsinstrument. Bei der Definition kann man ergebnis- und prozessbezogene Werte unterscheiden. Projektewerte können in einem „Projektleitbild" zusammengefasst werden.

Projektspezifische Regeln

Projektspezifische Regeln sollen Handlungsorientierung im Projekt geben. Zusätzlich zu generellen Regeln der projektorientierten Organisation können projektspezifische Organisationsregeln festgelegt werden. Diese können sich auf Unterschriftsberechtigungen, Entscheidungsbefugnisse, die Projektdokumentation und -ablage, das Verhalten in Sitzungen etc. beziehen.

Projektslogans und projektbezogene Anekdoten

Projektslogans sollen kurz und plakativ vermitteln, was in einem Projekt bzw. in einer Projektphase wichtig ist. Das Image eines Projekts kann auch durch projektbezogene Anekdoten geprägt werden. Eine Anekdote über ein kooperatives Kundengespräch des Projektmanagers kann einen wesentlichen Beitrag zur Gestaltung der projektbezogenen Kundenbeziehung beitragen.

Projektbezogene Artefakte, Projektsprache und Projektraum

Projektbezogene Artefakte sind vor allem die Projektpläne. Durch die Professionalität der Inhalte sowie durch die grafische und farbliche Gestaltung dieser Dokumente wird die Projektkultur gestaltet und kommuniziert. Die in einem Projekt verwendete Sprache wird in den Kommunikationsformaten, in den Projektplänen und sonstigen Projektmanagementdokumenten geprägt. Das Verwenden einheitlicher Begriffe und Bezeichnungen trägt zur Reduktion der Projektkomplexität bei.

Ein eigener Projektraum stellt ein „organisatorisches Zuhause" eines Projekts dar. Dieser Projektraum muss dem Projekt nicht immer zur Verfügung stehen, es wirkt auch identitätsstiftend, wenn derselbe Raum immer für die Projektsitzungen zur Verfügung steht. Die entsprechende Gestaltung des Projektraums mit ausgewählten Artefakten des Projekts, wie z. B. Ausdrucken des Projektstrukturplans und des Projektorganigramms sowie einigen Projektfotos, verstärkt die Wahrnehmung des „organisatorischen Zuhauses".

Projektbezogene Events

Mit projektbezogenen Events können unterschiedliche Ziele verfolgt werden. Outdoor Events dienen dem Teambuilding, Projektvernissagen der Information von Projektstakeholdern über das Projekt und soziale Events dem Netzwerken der Mitglieder der Projektorganisation.

Der Einsatz projektbezogener Events ist abhängig von der Größe und der strategischen Bedeutung des Projekts, da diese Kosten verursachen. Aber auch bei Kleinprojekten empfiehlt es sich, z. B. den Projektstartworkshop im Projektteam „sozial" ausklingen zu lassen.

Projektbezogene Symbole

Ein Symbol ist eine Handlung oder ein Artefakt zum Vermitteln von Bedeutungen, die über den eigentlichen Inhalt der Handlung oder der Sache hinausgehen. Ein Symbol ermöglicht Interpretationen eines größeren Zusammenhangs. Es ist „a sign, which denotes something much greater than itself, and which calls for the association of certain conscious or unconscious ideas, in order for it to be endowed with its full meaning and significance".[9]

Es kann zwischen verbalen, interaktionalen und objektivierten Symbolen unterschieden werden (siehe Tab. 17). Verbale Symbole, wie z. B. Anekdoten, Slogans und Ansprachen, bedienen sich der Sprache als Instrument. Interaktionale Symbole, wie z. B. Feiern, Sitzungen und Auszeichnungen, sind symbolische Handlungen. Objektivierte Symbole oder symbolische Objekte, wie z. B. Raumgestaltung, Logo und Organigramm, sind Artefakte einer Organisation. Viele Elemente der Projektkultur tragen zu deren Gestaltung bei, haben aber, wie aus der Tabelle G17 ersichtlich wird, auch symbolischen Charakter.

9 Pondy, L. R. et al, 1983, S. 4 f.

Verbale Symbole	Mögliche Interpretation
Projektslogan	Zentrale Ziele und Werte des Projekts
Projektbezogene Anekdoten	Zentrale Werte und Normen des Projekts
Projektsprache, Jargon	Zugehörigkeit zum Projekt
Interaktionale Symbole	
Bereitstellung knapper Ressourcen	hohe strategische Bedeutung des Projekts
Sitzordnung bei Projektsitzungen	Macht im Projekt
Soziale Events	persönliches Interesse der Mitglieder der Projektorganisation aneinander
Meilensteinfeier	Start einer neuen Projektphase
Verwendung des „Du"-Worts	Zugehörigkeit zum Projekt, Abgrenzung von anderen Organisationen
Verbrennen alter Projektpläne	Vereinbarung neuer Projektziele
Objektivierte Symbole	
Grafische Darstellung des Projektorganigramms	Macht im Projekt, Bedeutung einzelner Rollen, von Beziehungen zwischen Rollen
Projektlogo, Projektname	Herausforderungen und Ziele des Projekts
Bereitstellung eines Projektraums	hohe Bedeutung der Projektteamarbeit, Zu-Hause des Projekts
Größe, Einrichtung eines Arbeitszimmers	Status in der Projektorganisation

Tab. G17: Projektbezogene Symbole

Die Funktionen von Symbolen in Projekten können in drei Kategorien unterteilt werden: beschreibend, energiekontrollierend und systemerhaltend.[10]

> Symbole wirken beschreibend: Gerade in temporären Organisationen ist es von Bedeutung, die Organisation zu beschreiben, und zwar für Vertreter von Projektstakeholdern und für Mitglieder der Projektorganisation. Mithilfe von Symbolen können Informationen in komplexer Form weitergegeben werden. Ein Projekt kann durch Fakten und Zahlen, durch Adjektive, aber auch durch Symbole beschrieben werden. Diesbezüglich mögliche Symbole sind z. B. die Farben grün, gelb und rot zum Scoring des Projektstatus in einer Project Score Card.

10 Vgl. Dandridge, T. C, (Symbols) 1983, S. 71.

> Symbole wirken energiekontrollierend: Symbole, wie z. B. Zeremonien zur Projektbeauftragung, können eingesetzt werden, um Voraussetzungen zur Motivation von Mitarbeitern zu schaffen und um neue Mitarbeiter zu rekrutieren. Symbole erleichtern das „Wieder-ins-Gedächtnis-Rufen“ von Gefühlen und Erlebnissen.
> Symbole wirken systemerhaltend: Symbole sind wichtig, um ein Projekt zu schützen, zu stabilisieren oder um einen Change zu unterstützen.

Es kann zu unterschiedlichen Wahrnehmungen von Symbolen kommen. Dadurch ergibt sich die Aufgabe für den Projektmanager, Interpretationen der eingesetzten Symbole vorzunehmen. Auch in Projekten hat man nicht die Wahl, symbolisch zu managen oder nicht. Man managt immer auch symbolisch. Die Frage ist nur, ob man es bewusst tut.

Literatur

Botta, C.: Das Role Model Canvas – Rollen schnell und gemeinsam definieren, Projekt Magazin, 07, 2016

Cleland, D.I., King, W.R.: Systems Analysis and Project Management, McGraw Hill, New York, NY, 1968

Dandridge, T.C.: Symbols´ Function and Use, in: Pondy, Frost, P., Morgan, G. (Hrsg.), Organizational Symbolism, S. 69-79, Jai Press, Greenwich, CT, 1983

Gilson, L.L., Maynard, M.T., Young, N.C.J., Vartiainen, M., Hakonen, M.: Virtual Teams Research: 10 Years, 10 Themes, and 10 Opportunities, Journal of Management, 41(5). S. 1313–1337, 2015

Henderson, L.S.: The Impact of Project Managers' Communication Competencies: Validation and Extension of a Research Model for Virtuality, Satisfaction, and Productivity on Project Teams, Project Management Journal, 39(2), S. 48-59, 2008

Pondy, L.R., Frost, P., Morgan, G. (Hrsg.): Organizational Symbolism, JAI Press, Greenwich, CT, 1983

Ravasi, D., Schultz, M.: Responding to Organizational Identity Threats: Exploring the Role of Organizational Culture, Academy of Management Journal, 49(3), S. 433–458, 2006.

Schulte-Zurhhausen M.: Organisation, 6. Auflage, Vahlen, München, 2013

Verburg, R.M., Bosch-Sijtsema, P., Vartiainen, M.: Getting It Done: Critical Success Factors for Project Managers in Virtual Work Settings, International Journal of Project Management, 31(1), S. 68–79, 2013

Teams und Führen in Projekten, Kompetenzen für Projekte

Projekte setzen den Einsatz interdisziplinärer Teams, nämlich von Projektauftraggeberteams, Projektteams und Subteams, voraus. Teams in Projekten sind temporär und folgen einem Teamlebenszyklus mit den Phasen Forming, Storming, Norming, Performing und Adjourning. Damit ein Team effizient arbeiten kann, ist eine Teambildung notwendig.

Führen ist eine personen- oder teambezogene Intervention. Das Führen in Projekten ist eine Managementaufgabe, die in allen Teilprozessen des Projektmanagens zu erfüllen ist. Führungsaufgaben erfüllen sowohl der Projektauftraggeber und der Projektmanager, aber auch Projektteammitglieder. Zum Gestalten sozialer Interaktionen in Projekten ist Sozialkompetenz notwendig. Voraussetzungen dafür sind Selbstkompetenz und ein entsprechendes Selbstverständnis zum Erfüllen einer Projektrolle.

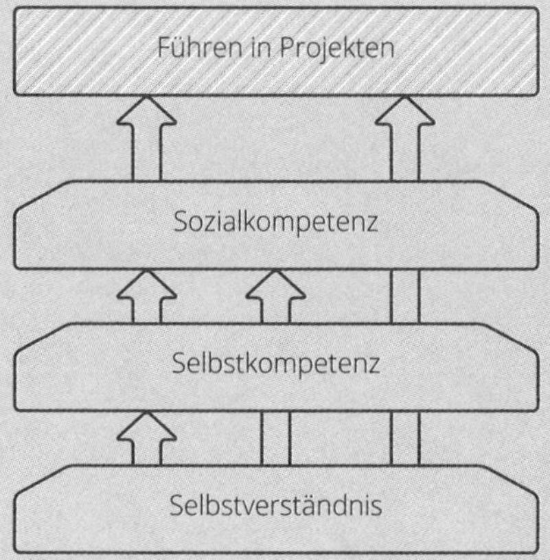

Übersicht: Führen in Projekten auf Basis von Sozialkompetenz, Selbstkompetenz und Selbstverständnis

H Teams und Führen in Projekten, Kompetenzen für Projekte

H1 Teams in Projekten

In Projekten können unterschiedliche Teams, nämlich Projektauftraggeberteams, Projektteams und Subteams, eingesetzt werden. Ein wesentliches Merkmal von Projekten und der Teams in Projekten ist deren temporärer Charakter.

Teams in Projekten sind oft mit einem starken Zeitdruck konfrontiert. Daher steht in Projekten meist relativ wenig Zeit für eine entsprechende Teambildung zur Verfügung.

H1.1 Team: Definition

Ein Team ist durch die Beteiligung mehrerer Personen, die über einen längeren Zeitraum interagieren und eine spezifische Rollen- und Normenstruktur aufbauen, gekennzeichnet. Teams werden etabliert, um Ergebnisse zu produzieren, die durch Individuen alleine nicht produziert werden könnten. Teams generieren einen Mehrwert.

Ein Team kann von einer Gruppe aufgrund der Ziele sowie der Verantwortung für die Zielerreichung unterschieden werden. Eine Gruppe wird zum Erreichen individueller Ziele eingesetzt. Ein Team hat ein gemeinsames Ziel, für welches das Team als Kollektiv verantwortlich ist. Ein Beispiel für eine Gruppe ist eine Lerngruppe, in der jedes Gruppenmitglied persönliche Lernziele verfolgt. Durch die Gruppenarbeit wird versucht, die Erreichung dieser Ziele der einzelnen Gruppenmitglieder zu optimieren. Ein Beispiel für ein Team ist ein Fußballteam, das ein gemeinsames Ziel hat, wie z. B. das Gewinnen einer Meisterschaft. Für das Erreichen dieses Ziels ist das Team als Ganzes verantwortlich.

Teams unterscheiden sich von Gruppen auch dadurch, dass sich die Fähigkeiten der Teammitglieder ergänzen. Das Zusammengehörigkeitsgefühl in Teams ist höher als in Gruppen. Die Arbeit in Teams setzt ein Mindestmaß an gegenseitigem Vertrauen und die Bildung eines „Teamgeistes" voraus.

Teams können als soziale Systeme wahrgenommen werden. Gruppen und Teams sind in der von Luhmann entwickelten Typologie sozialer Systeme zwischen Interaktionen und Organisationen einzuordnen (siehe Abb. H1).[1]

Teams sind im Vergleich zu Gruppen durch eine höhere Aufgabenorientierung und durch tendenziell stärker ausgeprägte Formalismen gekennzeichnet.

Es gibt unterschiedliche Arten von Teams. Für unterschiedliche Teams ergeben sich unterschiedliche Führungsanforderungen (siehe Tab. H1).

1 In der Praxis wird statt des Begriffs „Projekt" manchmal „Projektteam" verwendet. Das ist darauf zurückzuführen, dass Projekte nicht als eigenständige Organisationen, die von Teams zu unterscheiden sind, wahrgenommen werden.

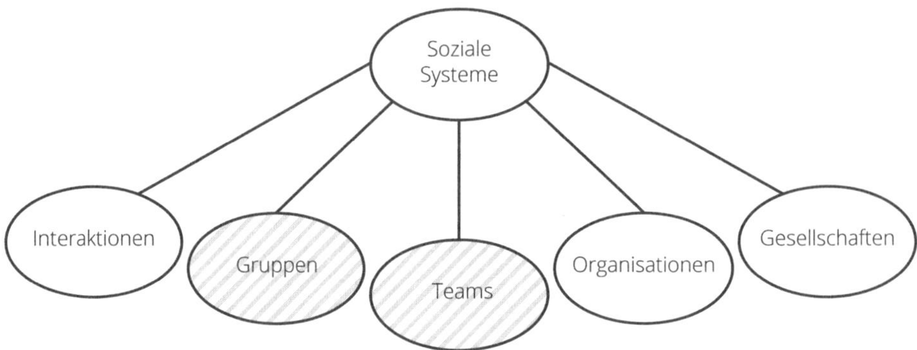

Abb. H1: Gruppen und Teams in der Typologie sozialer Systeme

Arten von Teams	Charakteristika
Permanentes versus temporäres Team	> Permanentes Team: auf langfristigen Bestand ausgerichtet, Kontinuität ist zu sichern > Temporäres Team: Etablierung, Führung und Auflösung des Teams
Management- versus Arbeitsteam	> Managementteam: Fokus auf der Erfüllung von Managementprozessen > Arbeitsteam: Fokus auf der Erfüllung von inhaltlichen Prozessen
Großes versus kleines Team	> Großes Team: sinnvolle Größe bis zu 12 Personen > Kleines Team: bis zu 6 Personen. Die Führungs- und Koordinationsleistungen sinken mit der Anzahl der beteiligten Personen.
Heterogenes versus homogenes Teams	> Heterogenes Team: unterschiedliche Kompetenzen der Teammitglieder > Homogenes Team: ähnliche Kompetenzen der Teammitglieder"
Lokal konzentriertes versus virtuelles Teams	> Lokales Team: an einem gemeinsamen Ort, persönliche Interaktion > Virtuelles Team: räumlich getrennt, Einsatz unterschiedlicher Kommunikationsmedien

Tab. H1: Arten von Teams und ihre Charakteristika

Projektauftraggeberteams und Projektteams sind in der Regel temporäre, heterogene und virtuelle Managementteams. Subteams hingegen sind Arbeitsteams, die klein, temporär, relativ heterogen und virtuell sind. Homogene Teams verfügen über weniger Konfliktpotenzial als heterogene Teams. Diesen hingegen wohnen aufgrund ihrer Diversität aber höhere Potenziale zur Bewältigung neuer Aufgaben inne.

Teams werden benötigt, wenn der Umfang und/oder die Komplexität von Aufgaben von einer Einzelperson nicht zu bewältigen ist. Durch die Teamarbeit sollen Synergien genutzt und soll ein Mehrwert geschaffen werden. Das setzt voraus, dass die Teammitglieder direkt miteinander kommunizieren. In der Praxis wird der Teambegriff aber auch für Strukturen verwendet, in denen nur eine Person, z. B. der Projektmanager, mit den anderen Teammitgliedern kommuniziert. In diesem Fall der „unechten Teamarbeit" (siehe Abb. H2) geht der oben beschriebene Mehrwert verloren, da Informationen selektiert werden und das Kreativitätspotenzial durch die Beschränkung der Interaktionsmöglichkeiten verloren geht.

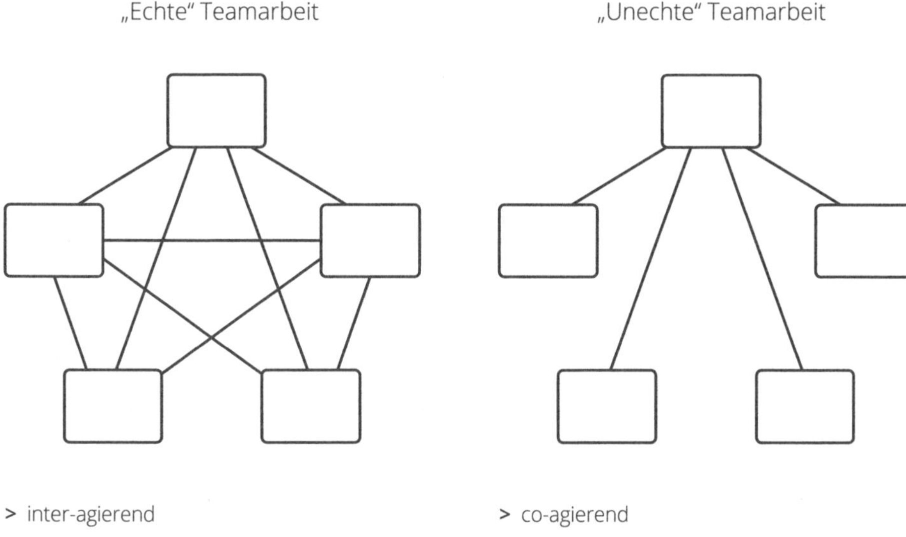

Abb. H2: Echte versus unechte Teamarbeit

Zum Erfüllen der Aufgaben und zum Erreichen ihrer Ziele benötigen die Teams in Projekten Teamkompetenz. Die Teamkompetenz basiert zwar auf den Kompetenzen einzelner Teammitglieder, ist aber für ein Team spezifisch zu entwickeln. Teamkompetenz kann definiert werden als das Potenzial eines Teams

- zum gemeinsamen Gestalten des Teamarbeitsprozesses,
- zum Lernen im Team,
- zum Schaffen von Verbindlichkeit im Team,
- zum Konstruieren gemeinsamer Wirklichkeiten,
- zum Nutzen von Synergien im Team und
- zum Lösen von Konflikten im Team.

Ein leistungsfähiges Team zeichnet sich durch Teamkompetenz aus. Die besonderen Merkmale eines leistungsfähigen Teams sind in der Tabelle H2 zusammengefasst.

Ziele und Aufgaben	> Die Ziele sind allen Teammitgliedern klar und sind akzeptiert > Die Zuständigkeiten für die Aufgaben sind definiert
Zusammenarbeit	> Unklarheiten werden gemeinsam diskutiert und bereinigt > Getroffene Abmachungen sind verbindlich, werden eingehalten > Regeln werden gemeinsam festgelegt > Die Leitungsverantwortung ist geklärt und akzeptiert > Kreativität wird gefördert, Synergien werden genutzt > Gemeinsames Lernen im Team findet satt
Kommunikation	> Die Kommunikation im Team ist offen und spontan > Alle Teammitglieder kommunizieren miteinander > Die Teammitglieder hören einander zu, können sich entsprechend einbringen > Meetings werden geplant, vorbereitet, durchgeführt und nachbereitet
Umgang mit Konflikten	> Unterschiede, Meinungsverschiedenheiten werden akzeptiert > Konflikte werden aufgegriffen und bearbeitet, sie werden als Chance zur Weiterentwicklung verstanden
Entscheidungsfindung	> Entscheidungsfindungen sind transparent und nachvollziehbar > Konsensuale Entscheidungen werden angestrebt
Arbeitsatmosphäre	> Es wird professionell gearbeitet > Die Teammitglieder haben eine gute Beziehung zueinander > Es stehen entsprechende Hilfsmittel zur Verfügung

Tab. H2: Merkmale eines leistungsfähigen Teams

H1.2 Lebenszyklus von Teams in Projekten

Teams haben basierend auf dem Modell von Tuckman einen Lebenszyklus, der die Phasen Forming, Storming, Norming, Performing und Adjourning beinhaltet (siehe Abb. H3).[2] Die Möglichkeiten zur Gestaltung dieser Phasen werden im Folgenden beschrieben.

Abb. H3: Lebenszyklus von Teams nach Tuckman

2 Vgl. Tuckman, B. W. et al., 1977.

Forming: Auswahl der Teammitglieder

Ziel des „Formings“ ist die Auswahl der Teammitglieder und die Teambildung. Grundsätzlich wird die Zusammenstellung eines Teams bereits beim Projektinitiieren geplant. Beim Projektstarten erfolgt die Konkretisierung der Personen, die Rollen im Team übernehmen.

Für die Auswahl von Mitgliedern für das Projektauftraggeberteam, das Projektteam und für eventuelle Subteams sind deren fachliche Kompetenzen, Projektmanagementkompetenzen und Sozialkompetenzen zu berücksichtigen. Diese Kompetenzen sollten für unterschiedliche Projektrollen unterschiedlich ausgeprägt sein. Die Auswahl der Teammitglieder in Projekten orientiert sich aber nicht nur an den Kompetenzen der Teammitglieder,, sondern auch an ihren Beziehungen zu anderen Teammitgliedern und zu Projektstakeholdern. Dieses „Beziehungskapital“ kann ein wesentlicher Erfolgsfaktor von Projekten sein.

Die Auswahl der Mitglieder des Projektauftraggeberteams erfolgt durch die Projektportfolio Group (siehe Kap. P) oder ein ähnliches Gremium der projektorientierten Organisation. Die Auswahl des Projektmanagers erfolgt durch den Projektauftraggeber, jene der übrigen Projektteammitglieder durch den Projektmanager in Abstimmung mit dem Projektauftraggeber und den Expertenpoolmanagern. Die Auswahl der Subteammitglieder erfolgt durch das jeweilige Projektteammitglied in Abstimmung mit dem Projektmanager und den Expertenpoolmanagern.

Forming: Teambildung

Die Teambildung dient der Orientierung und soll Grundlagen für eine effiziente Kooperation der Teammitglieder schaffen. Die Teammitglieder lernen einander kennen, ein Verständnis für die Rollen im Team wird geschaffen. Es entsteht noch kein „Wir-Gefühl“, als Bezugspunkte dienen vor allem die gemeinsamen Ziele und Aufgaben.

Informelle Rolle	Fokus im Team
Durchsetzer	Durchsetzen der eigenen Meinung
Analytiker	Entwickeln von Lösungen
Integrator	Gestalten der Beziehungen im Team
Controller	Steuerung der Zeit und des Fortschritts
Mitläufer	Vermeiden von Konflikten
Arbeiter	Erfüllen der Leistung

Tab. H3: Mögliche informelle Rollen im Team

Neben den formalen Strukturen bilden sich aber bereits in dieser frühen Phase auch informelle Strukturen im Team, wie z. B. informelle Kommunikationswege, Koalitionen von Teammitgliedern und informelle Rollen (siehe Tab. H3). Auch die Existenz informeller Strukturen ist wichtig für den Erfolg der Teamarbeit.

Teambildungen in Projekten finden vor allem beim Projektstarten statt. Während der Projektdurchführung können aber für spätere Projektphasen zusätzliche Subteams notwendig werden. In diesem Fall sind die personellen Besetzungen und Teambildungen für diese Subteams zu späteren Zeitpunkten vorzunehmen. Da sich auch die Zusammensetzung von Projektteams im Zeitablauf verändern kann, ist der Integration neuer Teammitglieder besondere Aufmerksamkeit zu schenken. „Störungen haben Vorrang!" ist eine zentrale Regel für die Teamarbeit.

Storming

Die Storming-Phase ist durch Konflikte und Konfrontationen im Team charakterisiert. Diesbezügliche Anlässe sind die „Ich"-Orientierung einzelner Teammitglieder, der Drang zur Selbstdarstellung, aber auch unklare Vereinbarungen und fehlende Regeln. Auch Rivalitäten bezüglich der (informellen) Führungsposition können bestehen. Beim inhaltlichen Arbeiten gibt es wenig Fortschritt, Frustration existiert. Der Bedarf, Klarheit und Regeln zu schaffen, wird erkannt.

Norming

Das Norming hat das Lösen von Konflikten und Konfrontationen zum Ziel. Dazu sind das Klären der Rollen, das Gestalten der Beziehungen zwischen den Teammitgliedern und das Festlegen von Projektregeln notwendig. Ein „Wir-Gefühl" wird etabliert. Die entwickelten Regeln und Strukturen werden dokumentiert. Grundlagen für ein effizientes inhaltliches Arbeiten werden geschaffen.

Performing

Nachdem durch das „Norming" die Rahmenbedingungen geklärt sind, konzentriert sich die Energie des Teams auf das inhaltliche Arbeiten und die Erreichung der gesteckten Ziele. Der Zusammenhalt im Team motiviert. Das Team organisiert sich in einem hohen Ausmaß selbst. Die Teammitglieder werden vom Teamleiter koordiniert. Führungsaufgaben werden wahrgenommen, um das Erreichen der Teamziele zu ermöglichen.

Adjourning

Nach Erreichung der Ziele löst sich das Team auf. Neben der Dokumentation der Arbeitsergebnisse sind eine Reflexion der Zusammenarbeit sowie ein „sozialer" Abschluss Ziele des „Adjourning". Teammitglieder haben die Möglichkeit, einander zu danken und Feedback zu geben.

Das Adjourning findet in der Regel beim Projektabschließen statt. Es ist aber möglich, dass Subteams schon vor dem Projektende nicht mehr benötigt und daher aufgelöst werden.

Optimieren des Lebenszyklus von Teams

Die Teambildung hat die Etablierung eines Teams als soziales (Sub-)System zum Ziel. Kompetenzen zum Lernen im Team, zum Schaffen von Verbindlichkeit, zum Nutzen von Synergien und zum Lösen von Konflikten im Team sind zu entwickeln.

Den Prozessen des „Formings" und „Normings" wird in der Praxis meist zu wenig Aufmerksamkeit geschenkt.[3] Daher arbeiten Teams oft nicht effizient. Einzelinteressen stehen im Vordergrund, das „Storming" gehört zum Alltag und die realisierten Ziele entsprechen nicht den Erwartungen.

Es empfiehlt sich daher, einerseits dem „Forming" mehr Aufmerksamkeit zu schenken, und andererseits ein erstes „Norming" mit dem „Forming" zu kombinieren. Dadurch können die Häufigkeit und die Intensität der „Stormings" reduziert werden und es kann schnell zu einem produktiven „Performing" kommen.

Die Kohäsion im Team, das Sichern gemeinsamer Sichtweisen, das Klären der Rollen, das Schaffen einer gemeinsamen Projektsprache etc. kann beim Projektstarten durch den Einsatz der Projektmanagementmethoden gefördert werden. Das gemeinsame Entwickeln von Projektplänen in Projektstartworkshops, die Durchführung gemeinsamer projektbezogener Trainings und „Social" Events unterstützen die sozialen Entwicklungen der Teams in Projekten.

Beim Projektcontrollen können die Strukturen des Projektauftraggeberteams, des Projektteams und der Subteams reflektiert werden, erfolgreiche Handlungen und erfolgreiches Verhalten durch positive Konnotationen verstärkt werden und bei Bedarf neue Regeln vereinbart werden. Dadurch erfolgt ein weiterer Prozess im Teamlebenszyklus, nämlich das „Reflecting und Renorming".

3 Vor allem für Projektauftraggeberteams erfolgt der Prozess der Teambildung in der Praxis nicht explizit.

H2 Führen in Projekten

H2.1 Führungsaufgaben und Führungsstile in Projekten

Zu Führen bedeutet zu intervenieren, bedeutet zielgerichtet Einfluss auf das Verhalten von Personen oder Teams auszuüben. Führen „[...] zielt darauf ab, durch Kommunikationsprozesse Ziele zu erreichen".[4] Durch Führung kann die Ergebnisorientierung der Geführten, deren Konzentration auf Wesentliches und deren Nutzung vorhandener Stärken gesichert werden.

„Leadership defines what the future should look like, aligns people with that vision, and inspires them to make it happen despite the obstacles."[5]

„Leadership involves establishing a clear vision, sharing that vision with others so that they will follow willingly, providing the information, knowledge and methods to realize that vision, and coordinating and balancing the conflicting interests of all members and stakeholders. A leader steps up in times of crisis, and is able to think and act creatively in difficult situations."[6]

Führungsaufgaben

Grundsätzliche Führungsaufgaben sind das Beobachten und Konstruieren, Informieren, Treffen von Vereinbarungen, Verteilen von Aufgaben, Entscheiden, Kontrollieren und Feedbackgeben.

Durch das Beobachten einer zu führenden Person oder eines zu führenden Teams können deren Stärken und Schwächen analysiert werden. Das Konstruieren gemeinsamer Sichtweisen durch die Führungskraft und den bzw. die Geführten schafft Klarheit bezüglich eines eventuellen Unterstützungsbedarfs. Das Informieren über relevante Kontexte ermöglicht eine Sinnstiftung für den Geführten. Dieser ist aber auch über einzusetzende Methoden, verfügbare Hilfsmittel etc. zu informieren. Vereinbarungen sind vor allem bezüglich der zu realisierenden Ziele, der zu erledigenden Aufgaben, aber z. B. auch bezüglich angestrebter Personalentwicklungsmaßnahmen zu treffen. Bei der Erfüllung von Aufgaben unterstützt die Führungskraft durch entsprechende Entscheidungen. Das Kontrollieren der Aufgabenerfüllung des Geführten ist eine Grundlage für das regelmäßige Geben von Feedback durch die Führungskraft.

Führungsstile

Als Führungsstil ist ein konsistentes und typisiertes Führungsverhalten zu verstehen. In der Literatur finden sich unterschiedliche Typen von Führungsstilen. Nach Tan-

4 Vgl. Weinert, A. B., 1989.

5 Kotter, J. P., 2012, S. 25.

6 siehe Business Dictionary: „Leadership" (www.businessdictionary.com/definition/leadership.html, abgerufen am 24.2.2017).

nenbaum und Schmidt können Führungsstile nach dem Entscheidungsspielraum des Vorgesetzten bzw. einer geführten Gruppe unterschieden werden (siehe Abb. H4).[7]

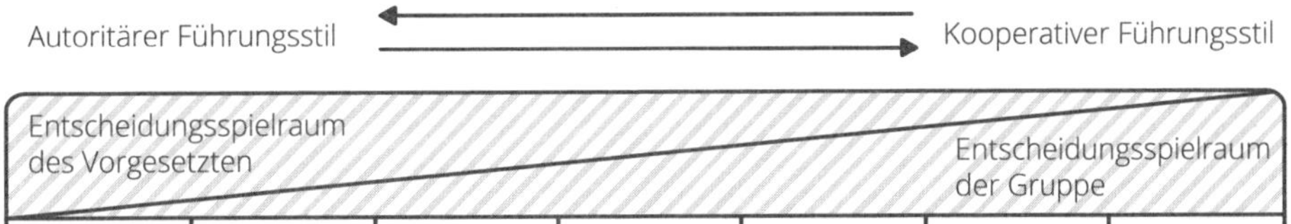

autoritär	patriarchisch	beratend	konsultiv	partizipativ	delegativ	kooperativ
Vorgesetzter entscheidet und ordnet an	Vorgesetzter entscheidet; er ist aber bestrebt die Untergebenen von seinen Entscheidungen zu überzeugen, bevor er sie anordnet	Vorgesetzter entscheidet; er gestattet Fragen zu seinen Entscheidungen, um durch deren Beantwortung deren Akzeptierung zu erreichen	Vorgesetzter informiert Untergebene über seine beabsichtigten Entscheidungen; die Untergebenen haben die Möglichkeit, Meinung zu äußern, bevor der Vorgesetzte entscheidet	Die Gruppe entwickelt Vorschläge; aus der Zahl der gemeinsam gefundenen und akzeptierten Problemlösungen entscheidet der Vorgesetzte	Die Gruppe entscheidet, nachdem der Vorgesetzte zuvor das Problen aufgezeigt und die Grenzen des Entscheidungsspielraumes festgelegt hat	Die Gruppe entscheidet, der Vorgesetzte fungiert als Koordinator nach innen und nach außen

Abb. H4: Führungsstile nach Tannenbaum/Schmidt

Der Führungsstil kann dem jeweiligen Kontext angepasst werden. Fiedler unterscheidet in seinem Kontingenzmodell den aufgabenorientierten und den personenorientierten Führungsstil.[8] Abhängig von der Situation, in der die Führungsaufgaben zu erbringen ist, leitet er den jeweils geeigneten Führungsstil ab.

Werteorientierte Führung

Das relativ neue Konzept der „werteorientierten Führung" betrachtet organisatorische Werte als Grundlagen des Führens in Organisationen.[9] Werte sind relativ stabil verankerte Überzeugungen bezüglich dessen, was für eine Organisation wichtig und wünschenswert ist. Beim werteorientierten Führen werden Werte als Grundlage für das Handeln, Entscheiden und Verhalten verstanden. Die Werte einer Organisation zeigen sich z. B. in den gesetzten Prioritäten.

Um werteorientiert führen zu können, sind Werte durch eine Organisation zu definieren und eventuell durch abgeleitete Führungsprinzipien zu operationalisieren. Beim Erfüllen von Führungsaufgaben kann dann auf die Werte bzw. Führungsprinzipien Bezug genommen werden. Da Werte nur relativ abstrakt formuliert werden können, sind sie situativ zu interpretieren. Erst durch die Interpretation im jeweiligen Kontext entsteht Sinn für die Geführten.

7 Vgl. Weibler, J., 2001, S. 300.
8 Vgl. Steyrer, J., (Theorien der Führung) 2002, S. 202 ff.
9 Vgl. Daxner, F. et al., 2005.

Das Definieren von Werten und deren Operationalisierung durch Führungsgrundsätze kann am Beispiel des RGC Projektmanagementansatzes dargestellt werden. In der Abbildung F5 im Kapitel F sind die dem Projektmanagementansatz zugrunde liegenden Werte in mehreren Wertepaaren dargestellt und kurz interpretiert. Diese Interpretationen können als Führungsprinzipien verwendet werden. Die Führungsprinzipien im Zusammenhang mit dem Wertepaar „Rasches Erzielen von Ergebnissen und Effizienz" sind:

> Quick Wins in Projekten sichern,
> nicht erfolgreiche Projekte frühzeitig abbrechen und
> Projektmanagementmethoden effizient und flexibel einsetzen.

Zum Erfüllen ihrer Führungsaufgaben können sich Projektauftraggeber, Projektmanager und Projektteammitglieder an diesen Prinzipien orientieren. Die beim Führen gemachten Beobachtungen, bereitgestellten Informationen, getroffenen Vereinbarungen und Entscheidungen etc. sollten sich an diesen Werten orientieren bzw. sollten zum Erfüllen dieser Werte beitragen.

Eine Kernkompetenz von Organisationen zum Praktizieren einer werteorientierten Führung ist deren Reflexionsfähigkeit. Regelmäßiges Reflektieren bezüglich der Übereinstimmung der Werte mit dem tatsächlichen Verhalten und Handeln sichert die notwendige Authentizität und ermöglicht notwendige Adaptionen des Verhaltens und Handelns oder der Werte.

H2.2 Führen in Projekten als Managementaufgabe

Führungsrollen in Projekten

Führen ist eine wesentliche Aufgabe des Projektmanagens. Das Führen ist von anderen Aufgaben des Projektmanagens, wie z. B. dem Erstellen und Aktualisieren von Projektplänen, dem Erstellen von Protokollen und Projektberichten etc., zu unterscheiden.

Die Wahrnehmung von Projekten als soziale Systeme impliziert das Gestalten sozialer Beziehungen zwischen den Mitgliedern der Projektorganisation durch Führung. Das Führen in Projekten kann als personen- und teambezogene Kommunikation zum Erreichen der Projektziele verstanden werden.

In Projekten sind Führungsaufgaben nicht nur von Projektmanagern, sondern auch von Projektauftraggebern und von Projektteammitgliedern wahrzunehmen. Führungsaufgaben in Projekten sind sowohl bezüglich Individuen als auch bezüglich Teams zu erfüllen. Die Führungsrollen in Projekten und die jeweiligen „Geführten" sind in der Tabelle H4 dargestellt.

Wie im Kapitel G dargestellt, haben Projektmanager meist wenig formale Weisungsbefugnisse. Zum Wahrnehmen ihrer Führungsaufgaben setzen Projektmanager daher ihre informelle Autorität, wie z. B. Autorität durch Wissen und Erfahrung, durch persönliche Beziehungen und durch Charisma, ein.

Führungsrollen in Projekten	Geführte in Projekten
Projektauftraggeber	Projektmanager
Projektmanager	Projektteammitglied, Projektmitarbeiter, Projektteam
Projektteammitglied (als Subteammanager)	Projektmitarbeiter, Subteam

Tab. H4: Führungsrollen und Geführte in Projekten

Führen in den Teilprozessen des Projektmanagens

Führungsaufgaben sind in allen Teilprozessen des Projektmanagens zu erfüllen. Der Kontext, in dem Führungsaufgaben zu erfüllen sind, ist in den einzelnen Teilprozessen unterschiedlich. So sind z. B. Entscheidungen zum Transformieren eines Projekts unter größerem Zeitdruck zu treffen als Entscheidungen beim Projektcontrollen oder ist das Bereitstellen von Informationen beim Projektstarten meist wichtiger als beim Projektabschließen.

Projekte sind komplex und dynamisch – daher ist auch das Führen in Projekten dynamisch. Rahmenbedingungen, Annahmen und Informationen verändern sich.

Auf solche Veränderungen ist zu reagieren: Neue Situationen sind zu beobachten und zu analysieren, neue Wirklichkeiten sind zu konstruieren, Reflexionen sind notwendig. Die Dynamik und die Energie im Projekt sind zu managen.

Die Motivation der Mitglieder der Projektorganisation und die Produktivität der Leistungserfüllung kann über die Projektdauer meist nicht gleichbleibend hoch gehalten werden. Durch die Definition formaler sozialer Interaktionen, wie z. B. Sitzungen, Workshops oder Präsentationen, kann die „Energie" in Projekten gesteuert werden (siehe Abb. H5).

Ein Ziel der periodischen Durchführung formaler sozialer Interaktionen ist das Schaffen von Druck im Projekt durch das Aufbauen von Außendruck. Druck auf ein Projekt von außen entsteht z. B. durch die Erwartungen der Teilnehmer einer Projektpräsentation, Informationen über den Status des Projekts und Zwischenergebnisse zur Verfügung gestellt zu bekommen. Um Projekten genügend Möglichkeiten zur „Regeneration" und zum kontinuierlichen Arbeiten zu geben, ist darauf zu achten, dass diese formalen Interaktionen nicht zu häufig stattfinden.

Beim Führen in Projekten sind auch die Emotionen im Projekt zu beobachten und bei Bedarf zu steuern (siehe Exkurs: Führen „by Emotions" in Projekten).

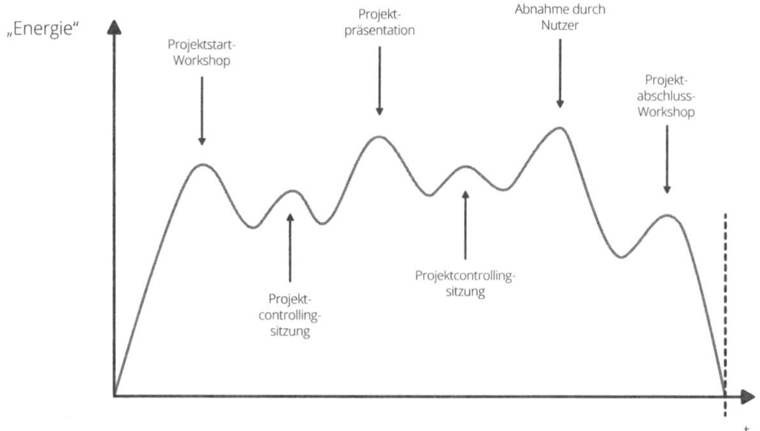

Abb. H5: Soziale Interaktionen in Projekten als Instrumente des Führens

Exkurs: Führen „by Emotions" in Projekten

In Projekten gibt es Emotionen, wie z. B. Ärger, Furcht, Freude, Traurigkeit und Überraschung. Emotionen sind intensive Gefühle von Individuen oder Teams. Das Projektteam kann sich z. B. über eine erfolgreiche Projektpräsentation freuen oder über ein schlechtes Feedback ärgern.

Emotionen in Projekten können strukturell bedingt oder durch Interventionen entstanden sein. Es ist eine Führungsaufgabe in Projekten, strukturell bedingte Emotionen zu identifizieren, Strategien und Maßnahmen zum Umgang mit diesen Emotionen zu planen und umzusetzen.

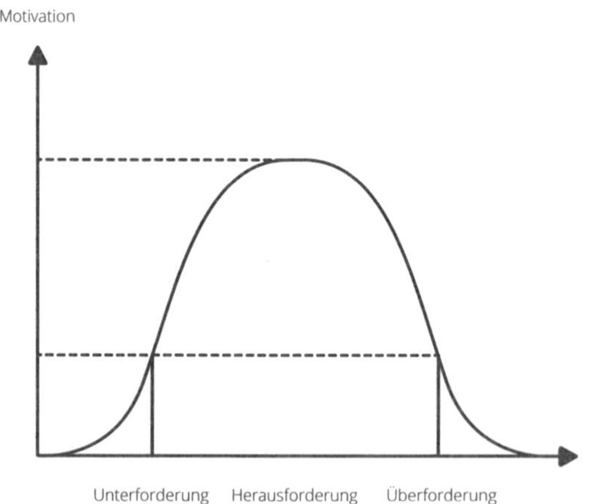

Abb. H6: Motivation von Projektteammitgliedern in Abhängigkeit zur Über-, Unter- und Herausforderung

In den unterschiedlichen Teilprozessen des Projektmanagens gibt es unterschiedliche strukturell bedingte Emotionen. Typische positive Emotionen von Individuen, die man beim Projektstarten erwarten kann, sind die Freude auf neue, interessante Aufgaben, auf das Kennenlernen neuer Personen, auf die Zusammenarbeit in einem neuen Team. Typische negative Emotionen beim Projektstarten sind die Angst vor Neuem, vor Überforderung durch die Projektarbeit oder vor der Übernahme von Verantwortung im Projekt.

Überforderung in Projekten führt genauso wie Unterforderung zu einer geringen Motivation von Projektteammitgliedern (siehe Abb. H6). Eine hohe Motivation ist durch eine den Kompetenzen der Projektteammitglieder entsprechende Verteilung der Aufgaben zu sichern.

Maßnahmen zum Management von positiven und negativen Emotionen beim Projektstarten sind z. B.

> eine umfassende Kommunikation im Projektteam zur bewussten Gestaltung gemeinsamer Erwartungshaltungen,[10]
> die Kommunikation des Beitrags des Projekts zur Erfüllung der strategischen Ziele der Organisation zur Sinnstiftung,
> die adäquate Zuordnung von Aufgaben zu einzelnen Projektteammitgliedern zur Sicherung einer entsprechenden Herausforderung der Projektteammitglieder,
> die Klärung der Projektrollen zur Sicherung der Akzeptanz der übertragenen Verantwortungen durch die Projektteammitglieder,
> die Gestaltung einer adäquaten Teambildung zur Integration von Teammitgliedern mit unterschiedlichem kulturellen Hintergrund und zur Vereinbarung organisatorischer Regeln und
> die gemeinsame Erstellung der Projektpläne zur Sicherung von deren Akzeptanz durch die Projektteammitglieder.

Emotionen sind nicht nur strukturell bedingt, sondern können auch gezielt ausgelöst werden. Maßnahmen zum „Emotionalisieren" in Projekten sind z. B.

> die Durchführung von Projektpräsentationen zur Schaffung von periodischem Druck im Projekt,
> das Ansprechen von Tabus im Projektteam zur Vermeidung von Ängsten oder von Unsicherheit,
> der Einsatz assoziativer Methoden, wie z. B. von Bildern, Parabeln, Metaphern etc., zum Reflektieren im Projektteam zum Erzeugen von Überraschungen,
> die Entwicklung von Konkurrenzsituationen im Projektteam zur Steigerung der Qualität der Projektarbeit und aus Interesse am konstruktiven Konflikt.

10 Die Kommunikation kann durch Visualisierungen unterstützt werden. Durch die dabei verwendeten Symbole und Begriffe kann auch die Projektkultur vermittelt werden.

H3 Kompetenzen für Projekte

Kompetenz: Definition

„Kompetenzen sind Selbstorganisationsdispositionen des gedanklichen und gegenständlichen Handelns".[11] Der Unterschied zwischen Kompetenz und Qualifikation besteht darin, dass Qualifikationen nicht erst im selbstorganisierten Handeln, sondern in davon getrennten Prüfungssituationen sichtbar werden, die nichts darüber aussagen, ob diese Person dieses Wissen auch tatsächlich selbstorganisiert anwenden kann.[12]

Kompetenzen können für Individuen, Teams und Organisationen unterschieden werden. Die im Folgenden behandelten Kompetenzen, nämlich Projektmanagement-, Sozial- und Selbstkompetenz, sind individuelle Kompetenzen. Die Teamkompetenz wurde bereits oben definiert. Im Zusammenhang mit Organisation wird oft von Kernkompetenzen, definiert als „die Fähigkeit, etwas besser zu können als andere und daraus einen strategischen Vorteil zu generieren",[13] gesprochen.

Kompetenzen als Fähigkeiten zum selbstgesteuerten Handeln bzw. als Selbstorganisationsdisposition sind kontextbezogen, d. h. sie befähigen zum Bewältigen einer Situation, zum Erfüllen einer spezifischen Rolle in einem bestimmten sozialen Kontext.

Kompetenz ist ein auf Wissen und Erfahrung beruhendes Potenzial. Wenn die notwendige Kompetenz nicht vorliegt, hat das negative Auswirkungen auf die erzielbaren Ergebnisse. Die Kompetenz einer Person kann in Bezug auf einen definierten Standard bewertet und auch weiterentwickelt werden. Dabei sind das Wissen und die Erfahrung einer Person nicht unabhängig voneinander, sondern beeinflussen einander. Wissen stellt die Grundlage dar, auf der Erfahrung gesammelt werden kann.

Projektmanager brauchen nicht nur Projektmanagementkompetenz, sondern auch Sozial- und Selbstkompetenz, organisatorische Kompetenz, inhaltliche Lösungskompetenz und bei internationalen Projekten auch interkulturelle Kompetenz und Fremdsprachenkompetenz.

Die Organisationskompetenz bezieht sich auf das Wissen und die Erfahrungen mit der projektdurchführenden Organisation. Projektmanager brauchen keine spezifischen Kompetenzen bezüglich der zu erarbeitenden inhaltlichen Lösungen. Ein Grundverständnis der in Projekten eingesetzten Technologien und Produkte unterstützt aber, vor allem bei kleineren Projekten, die Akzeptanz der Projektmanager durch die Mitglieder der Projektorganisation.

Die Kompetenzen des Projektmanagers basieren auf dessen Selbstverständnis als Projektmanager.

11 Erpenbeck, J., Von Rosenstiel, L., 2007, S. XI.
12 Erpenbeck, J., Von Rosenstiel, L., 2007, S. XIX.
13 Vgl. Prahalad C. K., Hamel G., 1990.

H3.1 Projektmanagementkompetenz

Die Projektmanagementkompetenz eines Projektmanagers kann als ein auf Projektmanagementwissen und Projektmanagementerfahrung beruhendes Potenzial zur Erfüllung der Rolle „Projektmanager" definiert werden.

Elemente	Projektmanagementwissen					Projektmanagementerfahrung				
	5	4	3	2	1	1	2	3	4	5
Projektdefinition, Projektmanagementprozess	▓	░						░	▓	
Methoden zum Projektstarten: Projektkontext	▓	░						░	▓	
Methoden zum Projektstarten: Design Projektorganisation	▓	░						░	▓	
Methoden zum Projektstarten: Projektplanung	▓	░						░	▓	
Methoden zum Projektkoordinieren	▓	░						░	▓	
Methoden zum Projektcontrollen	▓	░						░	▓	
Methoden zum Projektabschließen	▓	░						░	▓	
Methoden zum Projekttransformieren bzw. Neupositionieren	▓	░						░	▓	
Programmdefinition und Programmmanagement			▓	░			░	▓		
Managen der projektorientierten Organisation			▓	░			░	▓		

Legende:

Projektmanager (░)

Senior Projektmanager (▓)

1...kein/keine, 2...gering/geringe, 3...durchschnittlich, 4...viel, 5...sehr viel

Tab. H5: Mindestausprägung der Projektmanagementkompetenzen von Projektmanager und Senior Projektmanager

Zur Sicherung entsprechender Kompetenzen der Projektmanager einer projektorientierten Organisation können die Mindestanforderungen bezüglich des Projektmanagementwissens und der Projektmanagementerfahrungen für die unterschiedlichen Projektmanagementrollen festgelegt werden. Das trägt zur Klärung der Stufen eines Projektmanagementkarrierepfads (siehe Kap. P) bei. In Tabelle H5 sind exemplarisch die Anforderungsprofile für die Karrierestufen „Projektmanager" und „Senior Projektmanager" definiert. Die zur Beschreibung der Anforderungen verwendeten Wissens- und Erfahrungselemente des Projektmanagens sind vor allem nach den Projektmanagementteilprozessen strukturiert.

Aus der Tabelle H5 wird ersichtlich, dass Projektmanager zusätzlich zum Projektmanagen auch in geringerem Ausmaß Wissen und Erfahrung bezüglich des Programmmanagens und des Managens der projektorientierten Organisation benötigen.

H3.2 Sozialkompetenz für Projekte

Sozialkompetenz kann als Potenzial kommunikativer und kooperativer Verhaltensweisen definiert werden, das der Realisierung von Zielen in sozialen Interaktionssituationen dient. Soziale Interaktionssituationen in Projekten und Programmen sind z. B. Sitzungen, Workshops, Events, Präsentationen und Verhandlungssituationen. Sozialkompetenz ist Wissen und Erfahrung zum Gestalten dieser Situationen durch das Einsetzen adäquater Kommunikationsmethoden. Diesbezüglich relevante Kommunikationsmethoden sind:

> Emotionen anderer managen, Netzwerken, virtuelles Kommunizieren,
> Verhandeln, einen Konflikt managen, eine Großgruppe moderieren,
> ein Problem lösen, im Team arbeiten, Feedback geben/nehmen und
> Präsentieren und Moderieren.

In der Abbildung H7 werden diese Kommunikationsmethoden und wichtige Techniken zur Anwendung der Methoden in einer Mind-Map dargestellt.[14]

Die dargestellten Methoden und Techniken können zum Führen der Mitglieder der Projektorganisation und zum Gestalten der Beziehungen mit Projektstakeholdern eingesetzt werden.[15] Sozialkompetenz wird benötigt, um diese Führungsaufgaben im Projekt wahrzunehmen.

Die Methode bezeichnet ein geregeltes Verfahren zur Erlangung von Erkenntnissen und Ergebnissen; also in diesem Kontext die Art und Weise, in der spezifische Techniken eingesetzt werden, um ein Ziel zu erreichen.

14 Eine „Methode" bezeichnet ein geregeltes Verfahren, in der Techniken zur Erlangung von Erkenntnissen und Ergebnissen eingesetzt werden. Als „Technik" wird ein konkretes Werkzeug oder Hilfsmittel zur Ausführung von etwas verstanden.

15 Auf eine Beschreibung der in der Abbildung H7 dargestellten Methoden und Techniken wird hier verzichtet, da diesbezüglich umfangreiche Literatur, die auch für das Projektmanagen relevant ist, existiert (vgl. de Janasz et al., 2015 oder Polzin, B., Weigl, H., 2014).

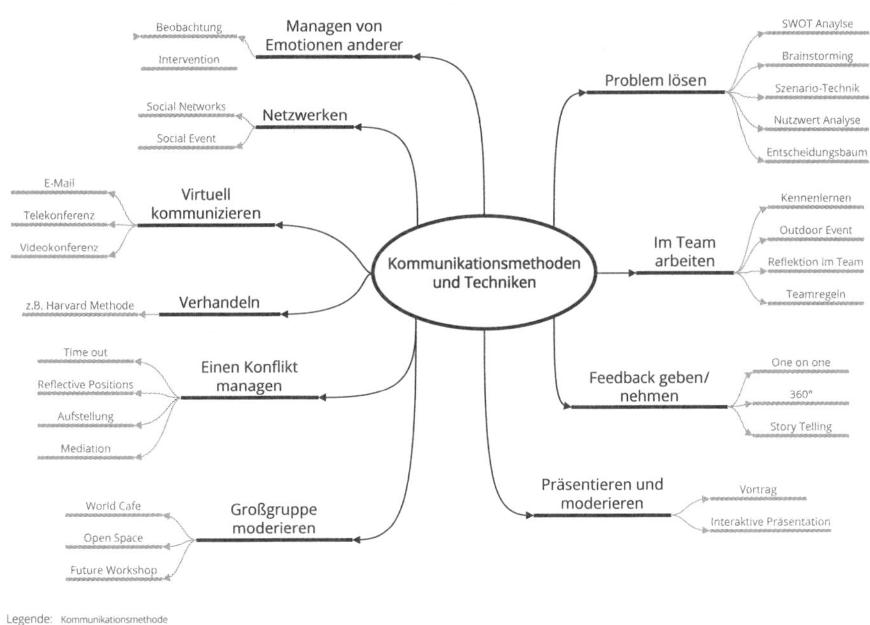

Abb. H7: Kommunikationsmethoden und Techniken als Grundlagen der Sozialkompetenz für Projekte

H 3.3 Selbstkompetenz für Projekte

Selbstkompetenz kann man als Potenzial zum Selbstmanagen, zum Managen der eigenen Ressourcen, wie z. B. von Zeit, Motivation, Energie und Expertise, definieren. Das Selbstmanagen dient der Realisierung der jeweiligen persönlichen Aufgaben und Ziele. Eine hohe Selbstkompetenz ist die Voraussetzung für das professionelle Erfüllen der Rolle „Projektmanager". Personen, die sich selbst nicht entsprechend managen können, sind in der Regel nicht qualifiziert, Organisationen zu managen.

Methoden zum Selbstmanagen sind z. B. Stressmanagen, Selbstmotivieren, mit eigenen Emotionen umgehen, Selbstreflektieren, Problemlösen, Zeitmanagen und Work-Life-Balance managen (siehe Abb. H8). Auch Techniken zum Selbstmanagen sind in der Abbildung exemplarisch dargestellt.

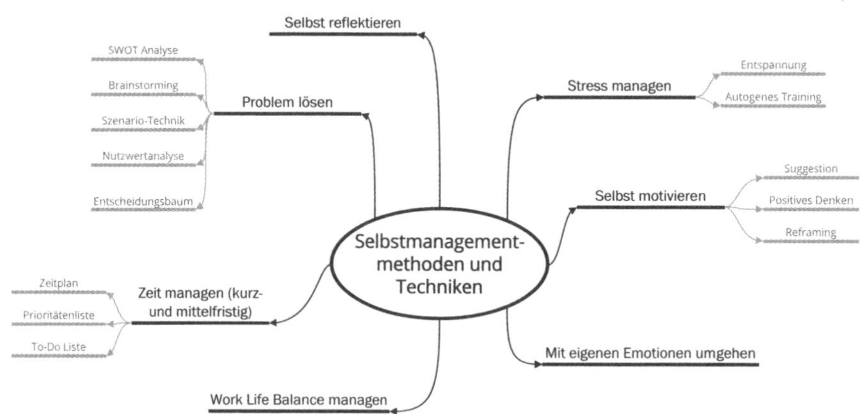

Abb. H8: Methoden und Techniken als Grundlagen der Selbstkompetenz für Projekte

H3.4 Selbstverständnis als Projektmanager

Wie ein Mensch sich selbst interpretiert und erklärt, kann als Selbstverständnis bezeichnet werden. Ein Selbstverständnis entwickeln Individuen nicht nur in ihrem privaten Umfeld. Durch eine Auseinandersetzung mit den beruflichen Anforderungen kann auch ein berufliches Selbstverständnis entwickelt werden. Es repräsentiert eine Perspektive, wie sich ein Individuum in einer beruflichen Rolle in einem spezifischen Kontext wahrnimmt.

„Mit dem Ausdruck ‚Selbstverständnis' ist […] die Festlegung subjektiv verbindlicher Vorgaben gemeint, die sich mit dem mehr oder weniger gelungenen Ausgleich an uns gestellter Rollenerwartungen herausbilden und an denen das individuelle Handeln Orientierungsmaßstäbe findet."[16] Das Selbstverständnis steht in enger Verbindung mit den individuellen Werten, der Identität, dem Charakter und mit Wirklichkeitskonstruktionen.

Grundsätzliche Elemente des Selbstverständnisses sind Interpretationen

- zum Umgang mit sich selbst (z. B. Frustrationstoleranz, Sensibilität für eigene Emotionen, Selbststeuerung),
- zum Verantwortungsbewusstsein (gegenüber anderen, gegenüber der Gesellschaft) und
- zum Umgang mit anderen (z. B. Transparenz, Fairness, Offenheit, Kooperationsfähigkeit).

16 Sachs-Hombach, K., 2000, S. 189.

Diese Elemente des Selbstverständnisses können für unterschiedliche berufliche Rollen entsprechend adaptiert und interpretiert werden.

Das Selbstverständnis einer Person bezüglich des Erfüllens einer beruflichen Rolle ist angelernt, es entwickelt sich durch die Interaktion mit Stakeholdern. Dieses Selbstverständnis kann sich zwar ändern, hat jedoch einen relativ stabilen Charakter. Es ist die Basis für die als notwendig erachtete Selbstkompetenz und Sozialkompetenz zum Erfüllen der beruflichen Rolle.

Das Selbstverständnis einer Person als Projektmanager ist von dem durch die Person vertretenen Projektmanagementansatz geprägt. Der Umgang mit sich selbst, das Verantwortungsbewusstsein gegenüber anderen und gegenüber der Gesellschaft sowie der Umgang mit anderen unterscheiden sich, je nachdem ob ein mechanistischer oder ein systemischer Projektmanagementansatz (siehe Kap. B) vertreten wird.

Ein Beispiel für das Selbstverständnis eines Projektmanagers, der einen systemischen Projektmanagementansatz vertritt, ist in der Abbildung H9 dargestellt.

Die dargestellten Werte bedürfen im jeweiligen Kontext einer entsprechenden Interpretation. Exemplarisch kann z. B. „ergebnisorientiert" das Sichern einer ganzheitlichen und nachhaltigen Lösung bedeuten. „Kundenorientiert" kann für das Sichern von Nutzen für Kunden und „teamorientiert" für das empowern der Teams in Projekten und für konsensuale Entscheidungen stehen.

Ein Beispiel für die Formulierung des Selbstverständnisses von Projektmanagern ist ein Standard des PMI Project Management Institute, nämlich der „Code of Ethics and Professional Conduct".[17] Dieser richtet sich an alle PMI-Mitglieder bzw. -Nicht-Mitglieder, die ein PMI Zertifikat besitzen oder als Volunteers für PMI arbeiten. Die für diese globale Projektmanagement Community relevanten Werte sind „Responsibility", „Respect", „Fairness" und „Honesty". In der Beschreibung der Werte wird in „mandatory standards" und „aspirational standards" unterschieden.

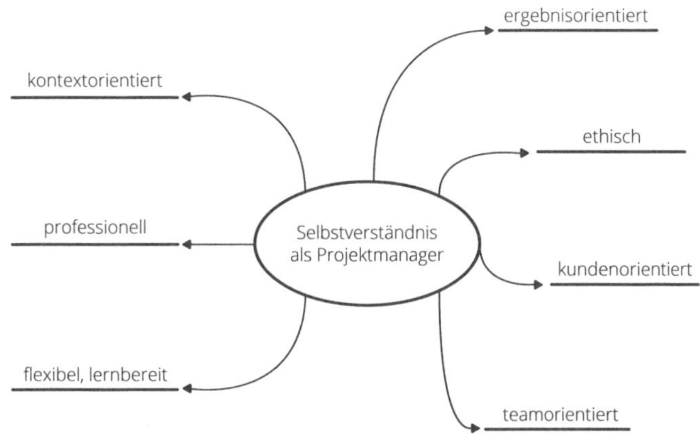

Abb. H9: Dimensionen des Selbstverständnisses als Projektmanager

17 Vgl. Project Management Institute.

Literatur

Daxner, F., Gruber, T., Riesinger, D.: Werteorientierte Unternehmensführung: Das Konzept, in: Auinger, F., Böhnisch, W.R., Stummer, H. (Hrsg.), Unternehmensführung durch Werte. Konzepte - Methoden - Anwendungen, S. 3–34, Deutscher Universitäts-Verlag, Wiesbaden, 2005

De Janasz, S., Dowd, K O., Schneider, B.Z.: Interpersonal Skills in Organizations, 5th Edition, McGraw-Hill Education, New York, NY, 2015

Erpenbeck, J., Von Rosenstiel, L. (Hrsg).: Handbuch Kompetenzmessung: Erkennen, verstehen und bewerten von Kompetenzen in der betrieblichen, pädagogischen und psychologischen Praxis, 2. Auflage, Schäffer-Poeschel, Stuttgart, 2007

Gester, P.: Warum der Rattenfänger von Hameln kein Systemiker war? Systemische Gesprächs- und Interviewgestaltung, in: Schmitz C., Gester P., Heitger B. (Hrsg.), Managerie - Systemisches Denken und Handeln im Management, S. 136–164, 1. Jahrbuch, Carl Auer, Heidelberg, 1992

Kotter, J. P.: Leading Change, Harvard Business Review Press, Boston, MA, 2012

Polzin, B., Weigl, H.: Führung, Kommunikation und Teamentwicklung im Bauwesen, 2. Auflage, Springer, Wiesbaden, 2014

Prahalad, C.K., Hamel, G.: The Core Competencies of the Corporation, Harvard Business Review, 68(3), S. 79–91, 1990

Project Management Institute (PMI): Code of Ethics and Professional Conduct, abgerufen von http://www.pmi.org/-/media/pmi/documents/public/pdf/ethics/pmi-code-of-ethics.pdf?sc_lang_temp=en (21.02.2017)

Sachs-Hombach, K.: Selbstbild und Selbstverständnis, in: Newen, A., Vogeley, K. (Hrsg.), Selbst und Gehirn. Menschliches Selbstbewusstsein und seine neurobiologischen Grundlagen, S. 189–200, Mentis, Paderborn, 2000

Steyrer, J.: Theorie der Führung, in: Kasper, H., Mayrhofer, W. (Hrsg.), Personalmanagement, Führung, Organisation, S. 25–94, Linde, Wien, 2002

Tuckman, B.W., Jensen, M.A.C.: Stages of Small-Group Development Revisited, Group & Organization Studies, 2(4), S. 417-427, 1977

Weibler J.: Personalführung, Franz Vahlen, München, 2001

Weinert, A.B.: Führung und soziale Steuerung, in: Roth, E. (Hrsg.), Organisationspsychologie (Enzyklopädie der Psychologie, Bd. 3), S. 552–577, Hogrefe, Göttingen, 1989

I Teilprozess: Projekt starten

Aufgrund des Zeitdrucks von Projekten ist die Versuchung groß, sofort nach Erhalt eines Projektauftrags mit der inhaltlichen Arbeit zu beginnen, ohne ein Projekt entsprechend gestartet zu haben. Daraus können z. B. unrealistische Projektziele, unklare Rollendefinitionen und unklare Stakeholderbeziehungen resultieren. Durch ein professionelles Projektstarten können diese Probleme vermieden und kann eine entsprechende Projektmanagementqualität gesichert werden.

Adäquate Kommunikationsformate und Projektmanagementmethoden sind beim Projektstarten einzusetzen. Das Designen des Teilprozesses „Projekt starten" sowie die für das Projektstarten relevanten Methoden sind im Folgenden beschrieben. Beispiele von Projektplänen des Projekts „Values4Business Value entwickeln" werden als Fallstudie präsentiert.

Der Teilprozess „Projekt starten" ist in der folgenden Übersicht im Kontext des Geschäftsprozesses „Projekt managen" dargestellt.

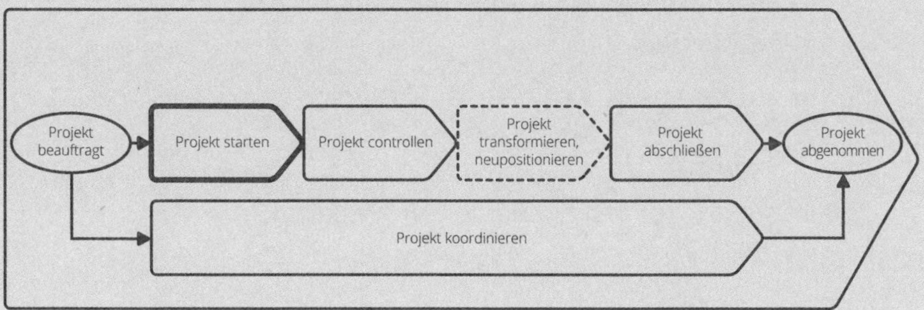

Übersicht: Teilprozess „Projekt starten" im Kontext des Geschäftsprozesses „Projekt managen

I Teilprozess: Projekt starten

I1 Projekt starten: Ziele und Ablauf

Projekt starten: Ziele

Der Teilprozess „Projekt starten" beginnt aufgrund des erteilten Projektauftrages und endet, wenn die Dokumente des Projektstartens abgelegt sind. In Abhängigkeit von der Komplexität des Projekts kann das Projektstarten zwei bis vier Wochen dauern. Dem Projektstarten vorgelagert findet der Prozess „Projekt initiieren" statt. Als Ergebnis des Projektinitiierens liegen zum Projektstarten initiale Projektpläne vor, die vom nominierten Projektteam zu ergänzen und zu detaillieren sind.

Ziele des Teilprozesses „Projekt starten"
Ökonomische Ziele
> Informationstransfer aus der Vorprojektphase in das Projekt durchgeführt > Adäquate Projektpläne entwickelt > Projektorganisation designed > Projektkontextbeziehungen analysiert und geplant > Projekt als soziales System etabliert > Erstes Projektmarketing durchgeführt > Strukturen der Teilprozesse „Projekt koordinieren", „Projekt controllen" und „Projekt abschließen" definiert > Den Teilprozess „Projekt starten" effizient gestaltet
Ökologische Ziele
> Ökologische Konsequenzen des Projektstartens optimiert
Soziale Ziele
> Projektpersonal rekrutiert und disponiert, Anreizsysteme geschaffen, Entwicklung des Projektpersonals geplant > Projektstakeholder in das Projektstarten einbezogen

Tab. I1: Ziele des Teilprozesses „Projekt starten"

Parallel ablaufende Prozesse sind „Projekt koordinieren", „Lösung erarbeiten", „Projekt administrieren" und „Change managen". Nachgelagert finden die Prozesse „Projekt controllen", „Projekt abschließen" und „Nutzenrealisierung controllen" statt.

Die Ziele des Teilprozesses „Projekt starten", differenziert in ökonomische, ökologische und soziale Ziele, sind in der Tabelle I1 beschrieben.

Projekt starten: Ablauf

Sowohl der Teilprozess „Projekt starten" als auch die anderen Teilprozesse des Projektmanagens können in die Phasen Planen, Vorbereiten der Kommunikation, Durchführen der Kommunikation und Nachbereiten gegliedert werden. Die diesbezügliche Strukturierung des Teilprozesses „Projekt starten" wird aus dem Funktionendiagramm der Tabelle I2 ersichtlich.

Das Planen des Projektstartens beinhaltet eine Analyse der aus der Projektinitiierung vorhandenen initialen Projektpläne und wesentlicher Ereignisse und Dokumente aus der Vorprojektphase. Diese Analyseergebnisse fließen in das Planen des Einsatzes weiterer Projektmanagementmethoden, das Definieren notwendiger Projektkommunikationsformate, das Planen des Einsatzes von Informations- und Kommunikationstechnik und des eventuellen Einsatzes eines Projektmanagementconsultants ein. Die Mitglieder der Projektorganisation sind entweder aus den permanenten Organisationseinheiten der projektorientierten Organisation oder vom externen Personalmarkt zu rekrutieren und in die jeweiligen Projektrollen zu disponieren.

Die Teilnehmer für die einzelnen Kommunikationsformate beim Projektstarten sind auszuwählen und einzuladen. Zur Durchführung der Projektstartkommunikation werden meist die Kommunikationsformate Einzelgespräche, Kick-off Meeting, Projektstartworkshop und Projektauftraggebersitzung kombiniert. Bei Großprojekten können auch mehrere Projektstartworkshops und gemeinsame „Social Events" notwendig sein. Die Nachbereitungsarbeiten beinhalten die Erstellung der Dokumentation des Projektstartens und deren Verteilung an die Mitglieder der Projektorganisation sowie die Durchführung eines ersten Projektmarketings.

Die zum Etablieren eines Projekts als soziales System notwendigen Kommunikationen werden durch den Einsatz von Projektmanagementmethoden gefördert und strukturiert. Darin und nicht im Schaffen von Kontrollmechanismen besteht der zentrale Nutzen des Methodeneinsatzes. Die beim Projektstarten einzusetzenden Methoden können nach den Projektdimensionen, nämlich den Betrachtungsobjekten, Projektzielen, Projektleistungen, Projektterminen etc., differenziert werden. Die Ergebnisse dieses Methodeneinsatzes sind Projektpläne, wie z. B. der Betrachtungsobjekteplan, der Projektzieleplan, der Projektstrukturplan, der Projektterminplan etc.

Ein Überblick über einzusetzende Projektmanagementmethoden wird, differenziert nach den Teilprozessen des Projektmanagens, in der Tabelle F2 gegeben. Wie im Kapitel F ausgeführt, sind die gelisteten Methoden auch in Programmen einzusetzen. Die Beschreibungen der Methoden sind daher für das Projektmanagen und das

Programmmanagen relevant, obwohl im Folgenden zur Vereinfachung nur mehr von Projektmanagementmethoden gesprochen wird.

Beispiele von Projektplänen, die beim Projektstarten erstellt werden, sind im Folgenden für die Fallstudie „Values4Business Value entwickeln" dargestellt.

Legende D...durchführen M...mitarbeiten I...wird informiert K...koordiniert Prozessaufgaben		Rollen						
		Projektauftraggeber	Projektmanager	Projektteam	Projektteammitglieder	Expertenpoolmanager	Projektstakeholder	Hilfsmittel/Dokument
1	Projekt starten planen							
1.1	Situation analysieren	M	D		M		M	
1.2	Startkommunikationsformate auswählen		D					
1.3	Mitglieder der Projektorganisation rekrutieren, disponieren		M			D		
1.4	Einzelgespräche durchführen		D		M		M	
1.5	Einzusetzende Methoden auswählen		D					
1.6	Mit Projektauftraggeber abstimmen	M	D					1
2	Projektstartkommunikation vorbereiten							
2.1	Kick-off, Startworkshop, Projektauftraggebersitzung, etc. vorbereiten		D					
2.2	Teilnehmer einladen		D			M		2
2.3	Ergebnisse der Vorprojektphase dokumentieren		D		M		M	
2.4	Erstansätze der detaillierten Projektplanung erarbeiten		D		M		M	
2.5	Unterlagen für Startkommunikation erstellen		D		M		M	3

Legende D...durchführen M...mitarbeiten I...wird informiert K...koordiniert Prozessaufgaben		Rollen: Projektauftraggeber	Projektmanager	Projektteam	Projektteammitglieder	Expertenpoolmanager	Projektstakeholder	Hilfsmittel/Dokument
3	Projektstartkommunikation durchführen							
3.1	Informationen an Teilnehmer verteilen		D					
3.2	Projekt Kick-off durchführen		D	M				
3.3	Projektstartworkshop durchführen	M	K	D			M	
3.4	Erstansatz Dokumentation des Projektstartens erarbeiten		D					
3.5	Projektauftraggebersitzung durchführen	D	M					
4	Projektstarten nachbereiten							
4.1	Dokumentation des Projektstartens fertigstellen		D					4
4.2	Erstes Projektmarketing durchführen	M	D		M		M	
4.3	Dokumentation des Projektstartens verteilen und ablegen		D		M	I	I	

Hilfsmittel/Dokument

1 ... Liste einzusetzender Projektmanagementmethoden
2 ... Einladung an Teilnehmer zu Projektstartworkshop
3 ... Unterlagen für Projektstartworkshop
4 ... Dokumentation des Projektstartens

Tab. I2: Teilprozess „Projekt starten" – Funktionendiagramm

12 Projekt starten: Organisation und Qualität

Projekt starten: Organisation

Zuständig für die Durchführung des Projektstartens sind der Projektauftraggeber, der Projektmanager und das Projektteam. In sozial komplexen Situationen kann auch ein Projektmanagementconsultant einbezogen werden.

Das Planen des Projektstartens und das Vorbereiten der Projektstartkommunikation können bei kleinen Projekten vom Projektmanager alleine und bei größeren Projekten vom Projektmanager in Kooperation mit ausgewählten Projektteammitgliedern erfolgen. Beim Starten repetitiver Projekte können Standardprojektpläne eingesetzt werden, was den Planungsaufwand erheblich reduziert. Für einmalige Projekte sind hingegen neuartige Strukturen und Problemlösungen notwendig, was den Einsatz spezifischer Arbeitsformen und Kreativitätstechniken notwendig macht.

Dem Projektauftraggeber und eventuell den Vertretern von Projektstakeholdern können am Ende eines Projektstartworkshops die erzielten Ergebnisse präsentiert werden. Abstimmungen können dabei gemeinsam mit dem Projektteam vorgenommen werden. Einmalige Projekte erlangen diesbezüglich meist eine höhere Aufmerksamkeit als repetitive Projekte. Der Teilprozess „Projekt starten“ ist durch Sitzungs- und Workshopprotokolle zu dokumentieren.

Die für das Projektstarten benötigten Ressourcen (Personal, Material, Informations- und Kommunikationstechnik, Consulting) und Kosten können ermittelt und dem Arbeitspaket „Projekt starten“ des Projektstrukturplans zugewiesen werden.

Projekt starten: Qualität

Die Qualität des Projektstartens kann aufgrund der erzielten Projektmanagementergebnisse sowie des Ablaufs des Teilprozesses (dessen Dauer, Kosten, Einbezug von Stakeholdern etc.) beurteilt werden. Ergebnisse des Projektstartens stellen neben den entwickelten Projektplänen z. B. die Struktur und Kultur des etablierten sozialen Systems „Projekt“, die gestalteten Stakeholderbeziehungen und das durchgeführte Projektmarketing dar. Die Projektpläne können bezüglich ihrer Existenz und inhaltlichen Qualität (Vollständigkeit, Detaillierungsgrad, Erfüllung formaler Kriterien etc.) beurteilt werden.

I3 Methoden: Betrachtungsobjekte planen, Projektziele planen, Projektstrategien planen, Projektstruktur planen, Arbeitspaket spezifizieren

I3.1 Betrachtungsobjekte planen

Betrachtungsobjekte planen: Definition und Beispiel

Ein Betrachtungsobjekteplan ist eine Gliederung der in einem Projekt zu betrachtenden Objekte. Für Betrachtungsobjekte sind im Projekt Aufgaben zu erfüllen, sie sind Gegenstand der Arbeitspakete des Projektstrukturplans. Betrachtungsobjekte können einerseits die im Rahmen eines Projekts zu verändernde Dimensionen einer Organisation sein, wie z. B. deren Dienstleistungen oder Produkte, Märkte, Organisation, Personal etc. Andererseits sind auch die für die Projektdurchführung notwendigen Pläne, Dokumente, Verträge etc. Betrachtungsobjekte.

Der Betrachtungsobjekteplan ist vom Projektstrukturplan zu unterscheiden. Der Betrachtungsobjekteplan ist objektorientiert strukturiert. Der Projektstrukturplan ist prozessorientiert strukturiert. Der Zusammenhang der beiden Pläne besteht darin, dass im Projektstrukturplan Projektphasen und Arbeitspakete dargestellt werden, die sich auf Betrachtungsobjekte beziehen.

Die Betrachtungsobjekte eines Projekts und ihre Zusammenhänge können entweder grafisch oder als Liste dargestellt werden. Als Beispiel ist in der Abbildung I1 der Betrachtungsobjekteplan des Projekts „Values4Business Value entwickeln“ dargestellt.

Betrachtungsobjekte planen: Ziele und Vorgehensweise

Ziel des Planens der Betrachtungsobjekte ist es, einen Überblick über die im Projekt zu betrachtenden Objekte zu schaffen. Es soll diesbezüglich eine gemeinsame Sichtweise von Mitgliedern der Projektorganisation und von Vertretern von Projektstakeholdern gesichert werden. Es erfolgt auch ein Beitrag zur Entwicklung einer gemeinsamen Projektsprache durch die Bezeichnung der Betrachtungsobjekte. Die Betrachtungsobjekte sind nicht nur Basis für die Projektstrukturplanung, sondern sie stellen auch eine Grundlage für die Planung der Projektziele und das Designen der Projektorganisation dar (siehe Abb. I2).

Fallstudie: Values4Business Value entwickeln – Betrachtungsobjekteplan des Projekts

Der Betrachtungsobjekteplan des Projekts „Values4Business Value entwickeln" ist als Mind-Map mit zwei Ebenen dargestellt. In der Darstellung sind nicht alle Betrachtungsobjekte vollständig untergliedert. In der Projektkommunikation wurde die zweite Ebene manchmal „weggeschaltet", um die jeweils adäquate Information bereitzustellen.

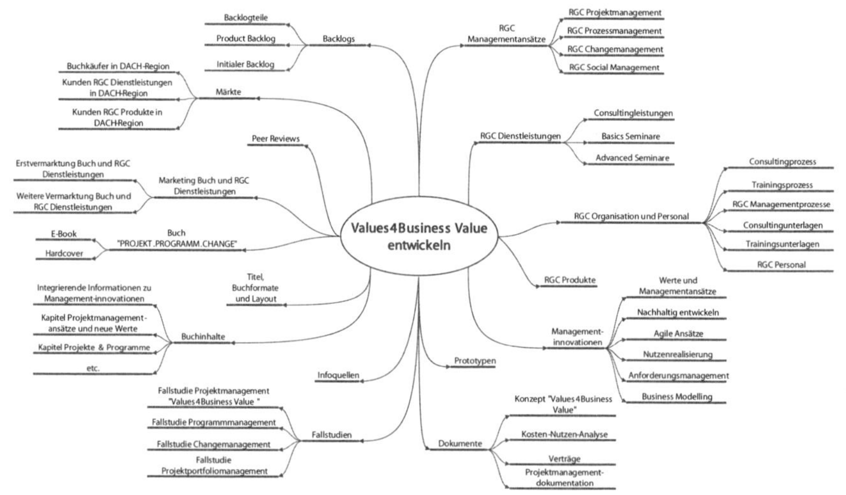

Abb. I1: Betrachtungsobjekteplan des Projekts „Values4Business Value entwickeln"

Beim Projektstarten können die Betrachtungsobjekte entweder als erster Arbeitsschritt analytisch definiert werden oder sie können nach der Erstellung des Projektzieleplans und des Projektstrukturplans aus diesen Plänen abgeleitet werden.

Eine Basis für die Analyse der Betrachtungsobjekte stellen die in einer Konzeption definierten Lösungsanforderungen dar. Die Betrachtungsobjekte können z. B. aus einem „Lastenheft" oder einem „Initialen Backlog" abgeleitet werden. Als grundsätzlich relevante Kriterien zur Strukturierung der Betrachtungsobjekte wurden die Struktur- und Kontextdimensionen von Organisationen bereits angeführt, d. h. deren Dienstleistungen, Produkte, Organisation, Personal etc. Weitere Differenzierungskriterien können z. B. bei Bauprojekten Standorte und Etagen von Gebäuden sein.

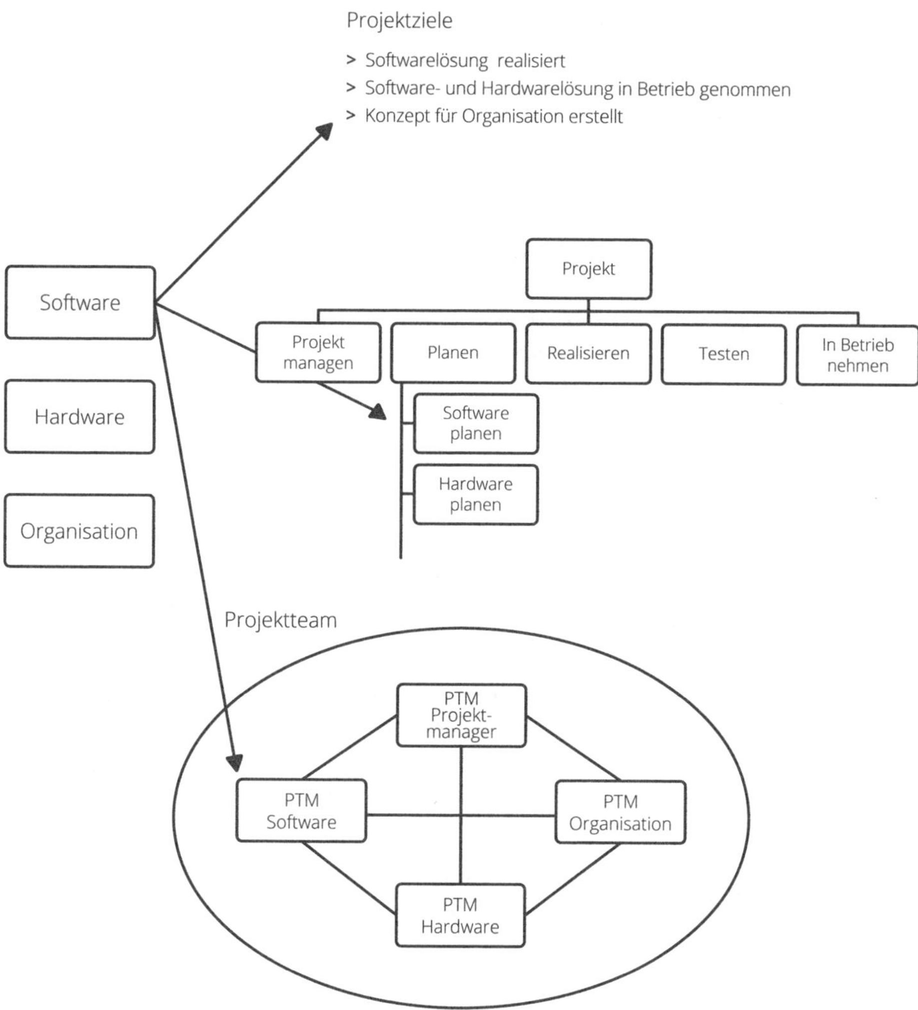

Abb. I2: Zusammenhänge zwischen dem Betrachtungsobjekteplan und anderen Projektplänen

Für repetitive Projekte können Standardpläne für Betrachtungsobjekte zur Verfügung gestellt und in Projekten eingesetzt werden. Zur Gewährleistung einer entsprechenden Übersicht ist eine Codierung der Betrachtungsobjekte vorzunehmen. Da es sich bei den Betrachtungsobjekten um Objekte und nicht um Tätigkeiten handelt, ist eine objektorientierte Bezeichnung der Betrachtungsobjekte (mit Hauptwörtern) sicherzustellen.

Betrachtungsobjekte planen: Tipps und Tricks
> Ganzheitliche Projektsicht im Betrachtungsobjekteplan sichern > Hierarchisch strukturieren bzw. Objekte clustern > Betrachtungsobjekte einheitlich bezeichnen > Im Zuge der Erstellung weiterer Projektpläne den Betrachtungsobjekteplan iterativ optimieren > Konsistenz des Betrachtungsobjekteplans mit im Projektzieleplan und Projektstrukturplan verwendeten Betrachtungsobjekten sichern > Keine Aufgaben sondern Objekte darstellen

Tab. I3 Betrachtungsobjekte planen: Tipps und Tricks

I3.2 Projektziele planen

Projektziele planen: Definition und Beispiel

Projekte können als zieldeterminierte Organisationen verstanden werden. Im Rahmen von Projekten sind inhaltliche, terminliche und budgetäre Ziele zu realisieren, wobei die inhaltlichen Ziele in ökonomische, ökologische sowie soziale Ziele unterschieden werden können. Auch eine Differenzierung nach kurz- und mittelfristigen bzw. lokalen, regionalen und globalen Zielen kann erfolgen.

Als Projektziele werden die inhaltlichen Ergebnisse, die am Projektende vorliegen sollen, definiert. Im Projektzieleplan werden nur die inhaltlichen Projektziele beschrieben. Zur Planung der sonstigen Projektziele werden zusätzliche Projektmanagementmethoden, wie z. B. Projekttermine planen oder Projektbudget planen, eingesetzt.

Es besteht ein Zusammenhang zwischen den inhaltlichen Projektzielen und den beim Planen eines Investitionsobjekts definierten Anforderungen (siehe Kap. C und D). Bei der Erstellung eines Projektzieleplans kann man sich an den groben funktionalen Lösungsanforderungen orientieren. Da sich die Lösungsanforderungen beim Einsatz eines iterativen Vorgehensmodells im Zuge der Projektdurchführung konkretisieren, können nicht alle Projektziele beim Projektstarten im Detail definiert werden. Die Ziele konkretisieren sich erst im Laufe des Projekts. Am Projektende sollten idealerweise Ergebnisse vorliegen, die den Erwartungen der Projektstakeholder zu Projektende entsprechen und nicht eventuell davon abweichende vor Projektbeginn definierte Anforderungen erfüllen.

Die Lösungsanforderungen sind damit eine zu betrachtende Projektmanagementdimension, obwohl das Identifizieren und das Beschreiben der Anforderungen keine Aufgaben des Projektmanagens sondern des Geschäftsprozesses „Anforderungen managen" sind (siehe Kap. D).

Die im Projektzieleplan definierten Ziele sind von Business-Case-Zielen bzw. von in der Kosten-Nutzen-Analyse berücksichtigten Nutzen zu unterscheiden. Aus der Sichtweise des Anforderungsmanagements entsprechen diese den Geschäftsanforderungen. Ein Zusammenhang besteht darin, dass die Erfüllung der Projektziele Grundlagen zum Realisieren der Geschäftsanforderungen schafft.

Als Beispiel ist in der Tabelle I4 ein Auszug des Projektzieleplans des Projekts „Values4Business Value entwickeln" dargestellt.

Fallstudie: Values4Business Value entwickeln – Projektzieleplan

Projektzieleplan

Values4Business Value entwickeln

V. 1.001 v. S. Füreder per 5.10.2015

Projektziele
Dienstleistungs- und marktbezogene Projektziele
RGC Managementansätze durch Innovationen (Werte und Managementansätze, Nachhaltig entwickeln, Agile Ansätze, Benefits Realization Management, Anforderungsmanagement, Business Modelling) weiterentwickelt.
RGC Managementansätze in Buch (Hardcover und E-Book) "PROJEKT.PROGRAMM.CHANGE" dokumentiert
Praxisbezug der weiterentwickelten RGC Managementansätze und Leserfreundlichkeit des Buchs durch Peer Reviews und Layoutoptimierungen sichergestellt
Dienstleistungen (Consulting, Training, Events, Vorträge) und Produkte (sProject, Bücher) durch Optimierung der Prozesse und Hilfsmittel weiterentwickelt
Weiterentwickelte Dienstleistungen und Buch "PROJEKT.PROGRAMM.CHANGE" in Deutschland, Österreich und der Schweiz erstvermarktet; weitere Vermakrtung geplant
Organisations- und personalbezogene Projektziele
Management weiterentwickelt
Personal weiterentwickelt
Infrastruktur- und finanzenbezogene Projektziele
Grundlagen zur Steigerung der Umsätze bei RGC Dienstleistungen und RGC Produkten geschaffen
Stakeholderbezogene Projektziele
Manz Kooperation fortgesetzt
Verlagspartner C.H. Beck (Deutschland) und Stämpfli (Schweiz) eingebunden
Kunden durch weiterentwickelte Managementansätze gebunden
MitarbeiterInnen durch Mitwirkung inhaltlich weiterentwickelt
Peer Reviewer eingebunden
Zusatzziele
Grundlage für Zertifizierung der Projektmanagerin geschaffen
Fallstudie für RGC Trainings geschaffen
Nicht-Ziele
Englische Buchversion entwickelt
Advanced-Seminare weiterentwickelt

Tab. I4: Projektzieleplan des Projekts „Values4Business Value entwickeln"

Der Projektzieleplan des Projekts „Values4Business Value entwickeln" ist nach den Struktur- und Kontextdimensionen einer Organisation gegliedert. Es wurde zwischen dienstleistungs- und marktbezogenen Zielen, organisations- und personalbezogenen Zielen, infrastruktur- und finanzbezogenen Zielen und stakeholderbezogenen Zielen unterschieden. Aus den differenzierten Projektzielen wird die Breite des angestrebten Changes der RGC ersichtlich.

Die definierten Zusatzziele sollten im Projekt realisiert werden, obwohl das für die Erfüllung der Hauptziele nicht notwendig gewesen wäre. Die Definition der Nicht-Ziele trug zur Klärung der inhaltlichen Projektgrenzen bei.

Projektziele planen: Ziele und Vorgehensweise

Ziel der Planung der Projektziele ist das Definieren der zu realisierenden inhaltlichen Projektziele. Das erfordert die Konstruktion einer gemeinsamen Sichtweise der Mitglieder der Projektorganisation bzw. der Vertreter von Projektstakeholdern sowie eine gemeinsame Vereinbarung. Dabei wird die Herstellung einer möglichst „ganzheitlichen" Projektsicht angestrebt. Es ist eine umfassende Lösung durch die Berücksichtigung aller eng gekoppelten Ziele im Projekt zu ermöglichen.

Die Projektziele sind durch eine entsprechende Differenzierung und Quantifizierung zu operationalisieren. Die Differenzierung kann durch die Verwendung der Betrachtungsobjekte und der Anforderungsbeschreibungen unterstützt werden. Dadurch werden ein operatives Controlling der Projektziele und eine Bewertung des Projekterfolgs möglich.

Im Projektzieleplan kann in Haupt-, Zusatz- und Nicht-Ziele unterschieden werden. Die Hauptziele beschreiben die Anforderungen an eine Lösung, die zu Projektende erfüllt sein sollen, um einem Bedarf der Organisation zu entsprechen. Zusatzziele können prozessbezogene Anforderungen sein, wie z. B. die Entwicklung einer Lieferantenbeziehung oder die Weiterentwicklung des eingesetzten Projektpersonals, die damit aber keine Lösungsanforderungen darstellen. Zusatzziele sind nicht mit „Kann-Zielen" zu verwechseln, d. h. sie sind daher auch zu erfüllen und es sind dafür auch Ressourcen und Budgets zur Verfügung zu stellen. Durch eine Definition von Nicht-Zielen, durch ein explizites Ausgrenzen grundsätzlich möglicher Lösungsanforderungen erfolgt eine Konkretisierung der Projektziele.

13.3 Projektstrategien planen

Projektstrategien planen: Definition und Beispiel

Unter Projektstrategien werden grundsätzliche Vorgehensweisen im Projekt zur Realisierung der Projektziele verstanden.

Es können folgende Projektstrategiearten unterschieden werden:

> Projektstrategien bezüglich der Beschaffung von Dienstleistungen und Produkten,
> Projektstrategien bezüglich des Technologieeinsatzes,
> Projektstrategien bezüglich des Methodeneinsatzes,
> Projektstrategien bezüglich des Projektpersonals und
> Projektstrategien bezüglich der Projektstakeholderbeziehungen.

Fallstudie: Values4Business Value entwickeln – Projektstrategienplan

Projektstrategienplan
Values4Business Value entwickeln

V. 1.001 v. S. Füreder per 5.10.2015

Projektstrategien bezüglich der Beschaffung
Peer Review Group: Zum Sichern der Praxisorientierung der RGC Managementansätze Kooperation mit deutschsprachigen Managementexpertinnen
Verlagspartner: Zum Sichern einer Vermarktung des Buchs in der DACH-Region zusätzlich zum österreichischen Verlag auch Einbinden von Verlagen in D und CH
Layout Expertin: Zum Überarbeiten der Consulting- und Trainingshilfsmittel zum Dokumentieren der RGC Managementansätze und zum Sichern eines attraktiven Buchlayouts Engagement einer Layout Expertin
Beschaffen eines Scrum-Boards
Projektstrategien bezüglich des Technologieeinsatzes
E-Book: Gestaltung des Buchs, so dass E-Book-Lösung möglich ist
Grafik: Um Beitrag zur Weiterentwicklung des RGC Images zu sichern, Umsetzen der RGC CI in graphischen Lösungen
Druck: Sichern der direkten Verwendbarkeit der grafischen Lösungen der RGC von Druckerei
Projektmanagement-Dokumentation: Einsatz von sPROJECT
Projektstrategien bezüglich des Methodeneinsatzes
Change managen: Weiterentwickeln der RGC Managementansätze als Change
Projekt managen: Iteratives Vorgehen im Projekt „Values4Business Value entwickeln"
Recherchieren: Literaturanalysen, Fallstudien, Interviews, Reflexionsworkshops, ...
Visualisieren: Verwendung von Scrum-Boards und aller Projekt- und Changepläne
Projektstrategien bezüglich des Projektpersonals
Projetkteammitglieder: Sichern der Personalentwicklung, Lernen als Anreiz
Peer Review Group: Fördern des Netzwerkens
Projektstrategien zur Gestaltung von Stakeholderbeziehungen
RGC Kunden: Information über weiterentwickelt RGC Managementansätze und breite Einladung zu Buchpräsentationen
RGC Key Accounts: Einbeziehen in die Peer Review Group, Informieren über Nutzen der neuen inhaltlichen Entwicklungen
RGC Consultants und Netzwerkpartner: Einbinden in den Weiterentwicklungsprozess

Tab. 15: Projektstrategienplan des Projekts „Values4Business Value entwickeln"

Der Begriff „Beschaffen“ wurde im Projekt breit verstanden und daher nicht nur für Lieferanten, sondern auch für die wichtigen Kooperationspartner verwendet. „Technologische Lösungen“ waren z. B. für die Buchproduktion festzulegen, waren aber auch bezüglich des Methodeneinsatzes beim Projekt- und Changemanagen relevant.

Die personalbezogenen Projektstrategien sollten zum Sichern der Motivation und der weiteren Qualifizierung des Projektpersonals beitragen.

Projektstrategien sind dann zu definieren, wenn es Varianten bezüglich grundsätzlicher Vorgehensweisen gibt. Varianten bezüglich der Beschaffung sind z. B. Eigenfertigung oder Fremdfertigung, Varianten bezüglich des Methodeneinsatzes sind z. B. Wasserfallmodell oder iteratives Modell. Als Beispiel ist in der Tabelle 15 ein Auszug des Projektstrategienplans des Projekts „Values4Business Value entwickeln“ dargestellt.

Projektstrategien planen: Ziele und Vorgehensweisen

Ziele des Planens von Projektstrategien sind das Definieren und das Vereinbaren grundsätzlicher Vorgehensweisen zum Realisieren der Projektziele. Die in der Projektstrategienplanung getroffenen Entscheidungen beeinflussen die weitere Projektplanung. So definiert z. B. die Entscheidung, iterativ und nicht sequenziell vorzugehen, die Struktur des Projektstrukturplans. Oder es wirkt sich z. B. die Entscheidung, qualitätssichernde Maßnahmen durch externe Experten zu realisieren, im Projektbudget aus.

Bei der Planung der Projektstrategien ist vom Projektzielplan auszugehen. Es sind Varianten bezüglich der Vorgehensweise zum Realisieren der Projektziele zu identifizieren und zu bewerten. Die jeweils optimale Vorgehensweise ist als Projektstrategie zu definieren.

Die Definition von Projektstrategien bezüglich der Beschaffung sollte sich nicht auf Beschaffungsstrategien und die Betrachtung von Lieferanten beschränken, sondern sollte auch potenzielle Kooperationspartner berücksichtigen, die wesentliche Ressourcen bereitstellen, um den Projekterfolg zu sichern. Die einzusetzenden Technologien sind abhängig vom jeweiligen Projektinhalt. Die Strategien bezüglich des Methodeneinsatzes können bezüglich Methoden zur inhaltlichen Projektarbeit und Methoden zum Projekt- bzw. Changemanagement unterschieden werden. Die Definition der Projektstrategien bezüglich der Projektstakeholderbeziehungen kann ein Ergebnis der Projektstakeholderanalyse sein. Die Berücksichtigung von Projektstrategien bezüglich des Projektpersonals drückt die Bedeutung des Projektpersonals für den Projekterfolg aus.

Die definierten Projektstrategien sind den Mitgliedern der Projektorganisation mitzuteilen. Damit soll Orientierung bezüglich des Verhaltens im Projekt geben werden.

I3.4 Projektstruktur planen

Projektstruktur planen: Definition und Beispiel

Die im Rahmen eines Projekts zu erfüllenden Leistungen können in einem Projektstrukturplan (PSP) definiert und in Arbeitspaketspezifikationen konkretisiert werden. Grundlagen für die Projektstrukturplanung stellen der Betrachtungsobjekteplan, der Projektzieleplan und der Projektstrategienplan dar. Ein PSP kann grafisch als Baumstruktur und/oder tabellarisch dargestellt werden.

Ein PSP ist ein Modell eines Projekts. Er gliedert die zu erfüllenden Leistungen in plan- und kontrollierbare Arbeitspakete. Ein PSP ist kein Ablauf-, Termin-, Kosten- oder Ressourcenplan. Er ist aber die gemeinsame strukturelle Basis für die Ablauf-, Termin-, Kosten- und Ressourcenplanung. Der PSP kann auch Grundlage für ein projektbezogenes Ablagesystem sein. Ein PSP ist ein relativ stabiler Projektplan, da sich in ihm terminliche, kostenmäßige oder ressourcenmäßige Veränderungen nicht niederschlagen.

Als Beispiele sind in der Abbildung I3 der Projektstrukturplan des Projekts „Values4-Business Value entwickeln" (Gliederung des PSP bis zur 3. Ebene) und in Abbildung I4 die Gliederung einer Phase (Gliederung der 4. Ebene) als Baumstrukturen dargestellt.

Fallstudie: Values4Business Value entwickeln – Projektstrukturplan

Die meisten Phasen des Projekts „Values4Business Value entwickeln" wurden bis auf die 4. Ebene gegliedert. Die Phase „Kapitel A–F entwickeln" stellt dafür ein Beispiel dar. Der Bedarf zum Untergliedern einer Arbeitspaketgruppe in Arbeitspakete ergibt sich aufgrund der Unterschiedlichkeit zu erfüllender Leistungen und relativ langer Dauern. Aus dem Beispiel 1.2.5 „Seminar Agilität & Projekte prototypen" wird das z. B. ersichtlich. Folgende Arbeitspakete waren im Rahmen dieser Arbeitspaketgruppe „Seminar Agilität & Projekte prototypen" zu erfüllen: „Seminarinhalte planen", „Kooperation mit Co-Trainer (Scrum Master Wolfgang Seidler) etablieren", „Inhaltliche Recherchen durchführen", „Seminarinhalte entwickeln", „Seminar durchführen", „Seminar reflektieren und optimieren."

Projektstrukturplan

Values4Business Value entwickeln

V. 1.001 v. S. Füreder per 5.10.2015

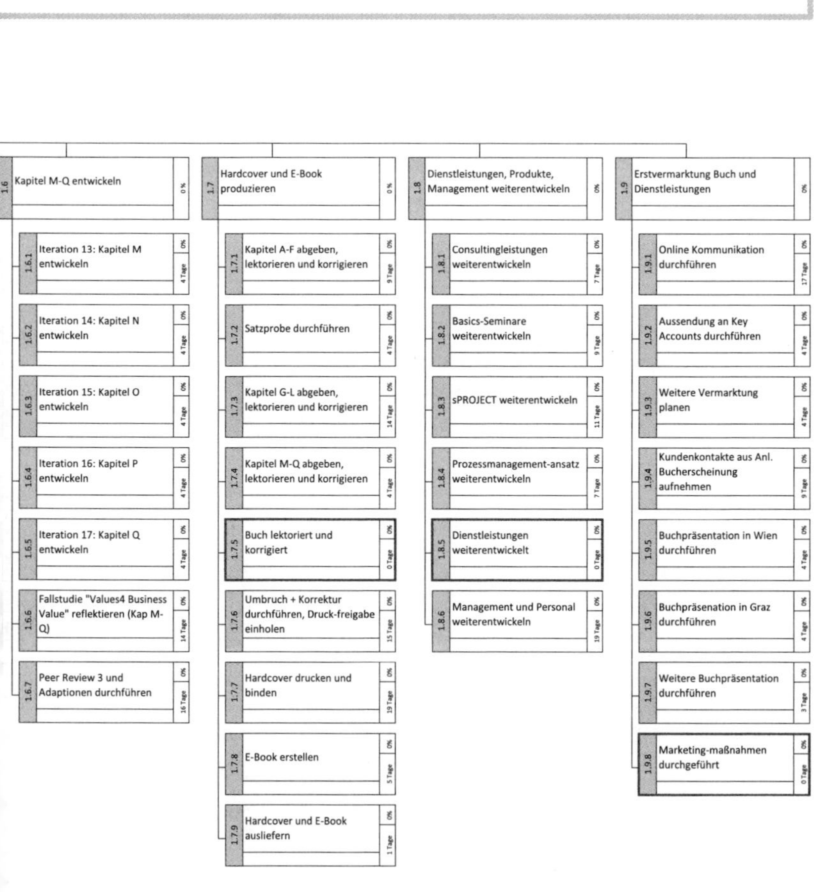

Abb. I3: Projektstrukturplan des Projekts „Values4Business Value" (Gliederung bis zur 3. Ebene)

Projektstrukturplan
Values4Business Value entwickeln

V. 1.001 v. S. Füreder per 5.10.2015

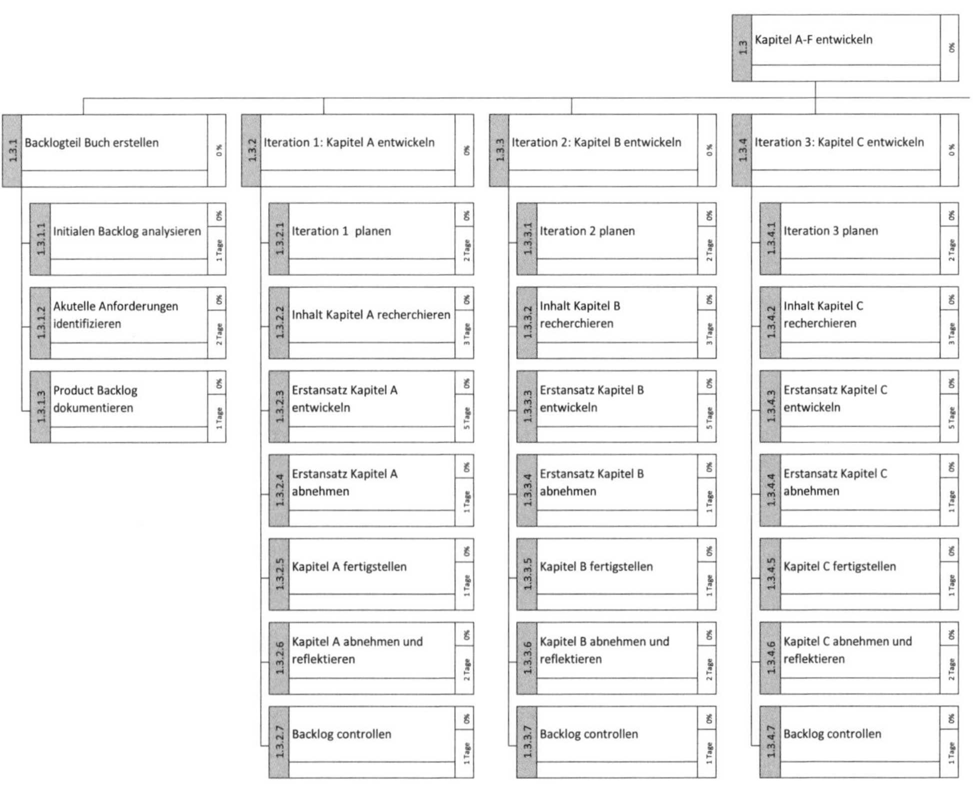

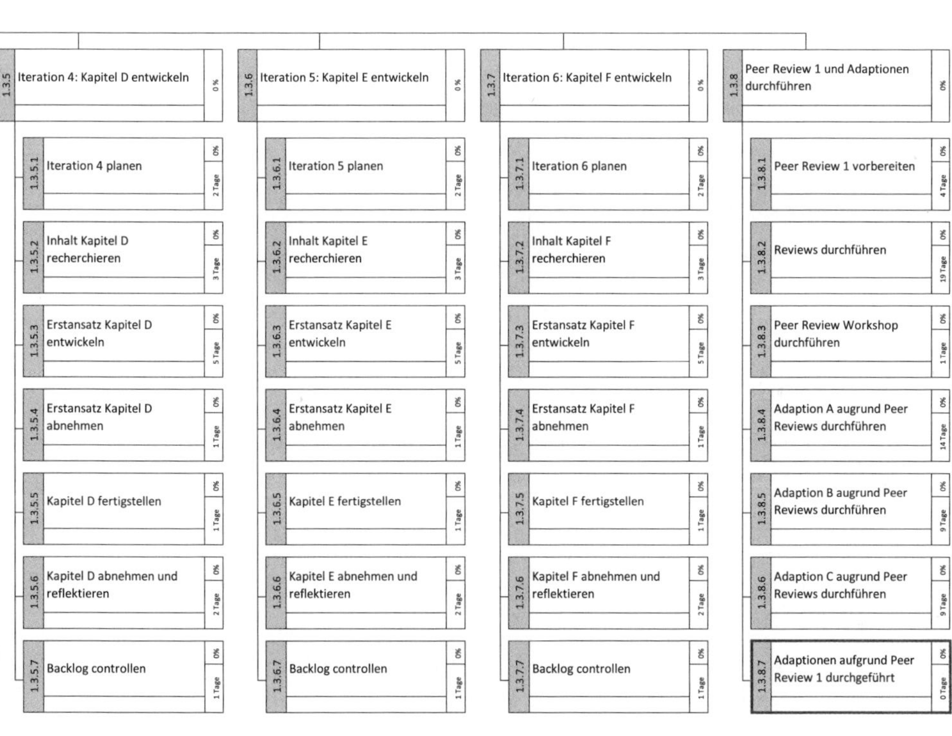

Abb. I4: Gliederung der Phase „Kapitel A–F entwickeln" des Projekts „Values4Business Value entwickeln" (4. Ebene des PSP)

Projektstruktur planen: Ziele und Vorgehensweise

Zentrales Ziel der Projektstrukturplanung ist die Gliederung der Projektleistungen in plan- und kontrollierbare Arbeitspakete. Dabei soll der Leistungsumfang möglichst vollständig abgebildet werden. Ein PSP ermöglicht eine gemeinsame Projektsicht der Mitglieder der Projektorganisation und von Vertretern von Projektstakeholdern. Der PSP ist ein zentrales Kommunikationsinstrument im Projektmanagen. Er leistet einen Beitrag zur Sprachregelung, zur Zielvereinbarung und zur Herstellung von Verbindlichkeit im Projekt und ermöglicht eine klare Zuordnung von Arbeitspaketen an Projektteammitglieder.

Durch eine prozessorientierte Gliederung wird eine entsprechende Grundlage für das Controlling des Leistungsfortschritts des Projekts geschaffen.

Ein PSP wird durch eine horizontale und vertikale Gliederung der Projektleistungen erstellt. Die Gliederung erfolgt grundsätzlich nach Geschäftsprozessen und nach Betrachtungsobjekten. Um zu einer detaillierten Arbeitspaketgliederung zu kommen, ist es notwendig, mehrere Strukturierungskriterien zu kombinieren. Obwohl der PSP keine Ablaufstruktur ist, empfiehlt es sich, zur Gliederung des PSP sowohl auf der 2. Ebene (Phaseneben) als auch innerhalb der Projektphasen prozessorientiert vorzugehen.

Bei einer prozessorientierten Gliederung stehen nicht die zeitlichen Aufeinanderfolgen, sondern die sachlich-genetischen Zusammenhänge zwischen den Projektphasen im Vordergrund. Jedes Gliederungskriterium, also auch das Phasenschema für die 2. Ebene des PSP, kann durchbrochen bzw. ergänzt werden. So können z. B. die Phasen Planen, Vorbereiten, Durchführen und Nachbereiten eines Events um die Prozesse Vermarkten und Projektmanagen, die parallel zu diesen Projektphasen zu erfüllen sind, ergänzt werden. Die Positionierung einer Aufgabe als Phase auf der 2. PSP-Ebene ist auf die Einschätzung der Wichtigkeit dieses Prozesses zurückzuführen. Projektmanagen ist immer als ein Geschäftsprozess auf der 2. Ebene des PSP darzustellen und in die Teilprozesse Projekt starten, Projekt koordinieren, Projekt controllen und Projekt abschließen zu gliedern.

Die weitere Strukturierung des PSP erfolgt je Phase oder Gruppe von Arbeitspaketen durch deren Untergliederung entweder nach Prozessen oder nach Betrachtungsobjekten. Bei einer Gliederung nach Objekten ist auf die jeweils adäquate Ebene des Betrachtungsobjekteplans zuzugreifen.

Beim Einsatz von agilen Methoden zur Durchführung einzelner Projektphasen sind letztere in Iterationen, wie z. B. „timeboxed" Sprints, zu gliedern. Unterschiedliche Sprint- bzw. Iterationsstrukturen für unterschiedliche Projektphasen sind möglich. Aus dem obigen Beispiel (Abb. I3) wird ersichtlich, dass die Erarbeitung von Inhalten unterschiedlicher Projektphasen iterativ erfolgt.

Bei neuen, einmaligen Projekten empfiehlt es sich, Ideen bezüglich der zu erfüllenden Arbeitspakete zu sammeln und sie zu listen. Das kann in Form eines Brainstormings erfolgen. Die gelisteten Arbeitspakete können in zusammengehörige Gruppen und diese zu Phasen zusammengefasst werden. Bei repetitiven Projekten können Standardstrukturpläne für die Erstellung projektspezifischer PSPs verwendet werden.

Eine Detaillierung des PSP ist soweit vorzunehmen, bis plan- und kontrollierbare Arbeitspakete vorliegen, für die organisatorische Zuständigkeiten vereinbart werden können. Arbeitspakete stellen die Grundlage für die Vereinbarungen quantitativer und qualitativer Leistungsziele zwischen Projektmanager und Projektteammitglied bzw. Lieferanten, Partnern und Kunden dar. Projektteammitglieder werden sich einzelne Arbeitspakete zur Erfüllung ihrer Teilleistungen eventuell noch weiter untergliedern. Der Detaillierungsgrad des Projektstrukturplans ist vom Umfang, der Komplexität und auch vom jeweiligen Informationsstand im Projekt abhängig. Frühe Projektphasen werden meist genauer geplant als spätere Phasen. Grundsätzlich ist davon auszugehen, dass ein PSP bis zur 4. Ebene und bei Bedarf auch noch bis zu einer 5. Ebene zu gliedern ist. Bei sieben bis neun Phasen eines Projekts und etwa 30 bis 50 Arbeitspaketen je Phase ergeben sich bei einer Gliederung bis zur 4. Ebene etwa 200 bis 400 Arbeitspakete.

Die Bezeichnungen der Arbeitspakete haben den Charakter von „Labels", die für alle Mitglieder der Projektorganisation verständlich sein sollen. Jedes Arbeitspaket repräsentiert eine im Projekt zu erfüllende Leistung, die sich auf ein Betrachtungsobjekt bezieht. Arbeitspakete sind daher tätigkeitsorientiert und unter Hinweis auf das jeweilige Betrachtungsobjekt zu bezeichnen (z. B. „Hardware beschaffen"). Die Codierung von Arbeitspaketen dient einerseits zur eindeutigen Identifikation und andererseits zur Ermöglichung der Sortierung und Selektion von Arbeitspaketen. Die Anzahl der belegten Stellen im Code informiert über die PSP-Ebene, auf der sich das jeweilige Arbeitspaket befindet. Das Arbeitspaket „1.3.2.1 Iteration 1 planen" des Projekts „Values4Business Value entwickeln" befindet sich z. B. auf der 4. Ebene des PSP.

Der PSP ist, so wie auch die anderen Projektpläne, im Projektteam zu erarbeiten und mit dem Projektauftraggeber abzustimmen. Durch die Teamarbeit kann die notwendige Kreativität gesichert und die Akzeptanz der gemeinsam erzielten Lösung gewährleistet werden.

13.5 Arbeitspaket spezifizieren

Arbeitspaket spezifizieren: Definition und Beispiel

Spezifikationen sind für die Arbeitspakete auf der jeweils untersten Ebene eines Projektstrukturplans zu erstellen. Eine Arbeitspaketspezifikation ist eine quantitative und qualitative Beschreibung der im Rahmen eines Arbeitspakets zu erfüllenden Aufgaben und der zu erzielenden Ergebnisse. In einer Arbeitspaketspezifikation kann die Messung des Leistungsfortschritts bei der Erfüllung der Aufgaben spezifiziert werden. Die Termine oder die Kosten eines Arbeitspakets sind nicht Inhalt einer Arbeitspaketspezifikation. Diese Informationen finden sich in den Projekttermin- und Projektkostenplänen.

Als Beispiel ist in der Tabelle 16 eine Arbeitspaketspezifikation des Projekts „Values-4Business Value entwickeln" dargestellt.

Arbeitspaket spezifizieren: Ziele und Vorgehensweise

Ziel des Spezifizierens eines Arbeitspakets ist es, festzulegen, welche Aufgaben im Rahmen eines Arbeitspakets zu erfüllen sind, was als Arbeitspaketergebnis anzusehen ist und eventuell wie der Leistungsfortschritt des Arbeitspakets gemessen wird. Die Beschreibung der Ergebnisse eines Arbeitspakets sollte auch Aussagen zur Form des Ergebnisses beinhalten. Die Beschreibung der Fortschrittsmessung sollte eine Beurteilung des Leistungsfortschritts beim Vorliegen von Zwischenergebnissen ermöglichen. Arbeitspaketspezifikationen dienen den Zielvereinbarungen zwischen Projektmanager und dem jeweils zuständigen Projetteammitglied.

Durch das Spezifizieren werden Arbeitspakete voneinander abgegrenzt und Schnittstellen zwischen Arbeitspaketen identifiziert. Arbeitspaketspezifikationen ersparen weitere Detaillierungen des Projektstrukturplans.

Arbeitspaketspezifikationen sind durch die für die jeweiligen Arbeitspakete zuständigen Projektteammitglieder zu erstellen. Die Entscheidung über die Inhalte der jeweiligen Spezifikation erfolgt gemeinsam durch den Projektmanager und das jeweils zuständige Projektteammitglied. Dabei kann auch der Umgang mit Schnittstellen zwischen Arbeitspaketen erfolgen.

Grundsätzlich sind nur jene Arbeitspakete zu spezifizieren, deren Inhalte und Ergebnisse nicht klar sind. Bei neuen, einmaligen Projekten empfiehlt es sich, durch das Spezifizieren von relativ vielen Arbeitspaketen einen Beitrag zur inhaltlichen Klärung zu leisten. Bei repetitiven Projekten wird man auf Standardspezifikationen zurückgreifen können.

Fallstudie: Values4Business Value entwickeln – Arbeitspaketspezifikation

Arbeitspaketspezifikation
Values4Business Value entwickeln

V. 1.001 v. S. Füreder per 5.10.2015

PSP-Code:	1.3.2.3	AP-Bez.:	Erstansatz Kapitel A entwickeln	Leistungsfortschritt
Arbeitspaketinhalt				
Kapitel A strukturieren und verfügbare Unterlagen erfassen				10%
Textbausteine erstellen und in Kapitelstruktur bringen				50%
Erstansatz Texte und Abbildungen erarbeiten				70%
Erstansatz Texte und Abbildungen fertigstellen				100%
Arbeitspaketergebnisse				
Erstansatz Kapitel A erstellt, Umfang etwa 25 A4-Seiten, etwa 5 Abbildungen in Powerpoint				

Tab. I6: Spezifikation des Arbeitspakets „1.3.2.3 Erstansatz Kapitel A entwickeln"

14 Methoden: Projekttermine planen, Projektbudget planen, Projektressourcen planen

14.1 Projekttermine planen

Projekttermine planen: Überblick

Bevor der Ablauf und die Termine eines Projekts geplant werden können, sind der diesbezügliche Planungsgegenstand, die Planungstiefe und die einzusetzende Planungsmethode festzulegen.

Planungsgegenstände, für die eine Terminplanung vorgenommen werden kann, sind das Projekt oder einzelne Projektphasen. Unterschiedliche Terminplanungsmethoden können für unterschiedliche Planungsgegenstände eingesetzt werden. So kann z. B. eine Balkenplanung für das Gesamtprojekt und eine Netzplanung für eine Projektphase eingesetzt werden.

Methode	Informationsbedarf
Projektmeilensteine planen	> Arbeitspaketliste > Termine der Meilensteine
Projekttermine listen	> Arbeitspaketliste > Starttermine und/oder Endtermine der Arbeitspakete
Projektbalkenplan erstellen	> Arbeitspaketliste > Dauer je Arbeitspaket > Zeitliche Lage der einzelnen Arbeitspakete
Projektnetzplan erstellen	> Arbeitspaketliste > Dauer je Arbeitspaket > Technologische und ressourcenmäßige Abhängigkeit zwischen Arbeitspaketen

Tab. 17: Informationsbedarf je Terminplanungsmethode

Grundlage für die Ablauf- und Terminplanung eines Projekts ist der Projektstrukturplan. Die terminlichen Lagen von Arbeitspaketen verschiedener Ebenen des Projektstrukturplans können geplant werden. Es kann zwischen einer Grob- und einer Detailterminplanung unterschieden werden. Falls der Projektstrukturplan für die Vornahme einer Detailterminplanung nicht weit genug untergliedert ist, sind weitere Untergliederungen von Arbeitspaketen vorzunehmen. Dabei entstehen sogenannte Vorgänge als Elemente der Detailterminplanung.

Das Planen des Projektablaufs und der Projekttermine kann mit den Methoden der Projektterminlistung, der Projektbalkenplanung und/oder der Projektnetzplanung vorgenommen werden. Diese Methoden ergänzen einander. Die Netzplanung ist die komplizierteste, die Terminlistung die einfachste dieser Methoden. Die Meilensteinplanung stellt eine spezifische Form der Terminlistung dar. Der Informationsbedarf für die Anwendung der unterschiedlichen Methoden zum Planen der Termine sind unterschiedlich (siehe Tab. I7).

Fallstudie: Values4Business Value entwickeln – Projektmeilensteinplan

Projektmeilensteinplan
Values4Business Value entwickeln

V. 1.001 v. S. Füreder per 5.10.2015

PSP Code	Meilenstein	Plan (Basis)
1.1.1	Projekt beauftragt	05.10.2015
1.2.6	Seminar "Agilität & Projekte" Prototyping durchgeführt	18.03.2016
1.2.9	Prototypen abgeschlossen	29.04.2016
1.5.4	Marketing-Backlog erstellt	18.11.2016
1.3.9	Adaptionen aufgrund Peer Review 1 durchgeführt	23.11.2016
1.7.5	Buch lektoriert und korrigiert	13.01.2017
1.8.5	Dienstleistungen weiterentwickelt	24.02.2017
1.9.8	Marketingmaßnahmen durchgeführt	10.03.2017
1.1.7	Projekt abgenommen	31.03.2017

Tab. I8: Projektmeilensteinplan des Projekts „Values4Business Value entwickeln"

Die Projektmeilensteine sind bis zum November 2016 weiter auseinanderliegend als in den späteren Projektphasen. Die Anzahl der Meilensteine ist relativ hoch, der Überblick über die Termine wesentlicher Projektereignisse ist aber gewährleistet.

Projektmeilensteine planen: Definition und Beispiel

Ein Projektmeilensteinplan stellt die Termine wichtiger Projektereignisse, sogenannter Projektmeilensteine, dar. Projektmeilensteine stehen meist mit symbolischen Ereignissen eines Projekts im Zusammenhang, wie z. B. mit dem Spatenstich, der Gleichenfeier und dem House-Warming eines Projekts „Hausbau“. Als Beispiel ist in der Tabelle I8 der Projektmeilensteinplan des Projekts „Values4Business Value entwickeln“ dargestellt.

Projektmeilensteine planen: Ziele und Vorgehensweise

Ziel der Projektmeilensteinplanung ist die Festlegung der Termine wesentlicher Projektereignisse zur Zielvereinbarung und zur Vermittlung von Orientierung im Projekt. Planungsgegenstand der Meilensteinplanung ist immer das Projekt. Der Meilensteinplan ist eine grobe Terminplanungsmethode.

Ein Projektmeilensteinplan soll nicht mehr als sieben bis neun Meilensteine beinhalten. Strukturell beziehen sich Meilensteine auf Anfangs- bzw. Endereignisse von Arbeitspaketen. Das „Projekt beauftragt“ und das „Projekt abgenommen“ sind obligatorische Meilensteine. Meilensteine sind ereignisorientiert zu formulieren. Je Meilenstein sind Plantermine festzulegen. Diese können im Zuge des periodischen Projektcontrollings Adaptionen unterzogen werden.

Projekttermine listen: Definition und Beispiel

Eine Projektterminliste beinhaltet die Anfangs- und/oder Endtermine der Arbeitspakete eines Projekts. Als Beispiel ist in der Tabelle I9 ein Auszug der Terminliste des Projekts „Values4Business Value entwickeln“ dargestellt.

Fallstudie: Values4Business Value entwickeln – Projektterminliste

Terminliste
Values4Business Value entwickeln

V. 1.001 v. S. Füreder per 5.10.2015

PSP Code	Arbeitspaket	Starttermin	Endtermin
1.1	Projekt managen	05.10.2015	31.03.2017
...			
1.2	Prototyping und weiter planen	19.10.2015	27.05.2016
1.2.1	Backlogteil Prototyping erstellen	19.10.2015	23.10.2015
1.2.2	Konferenz „Agilität & Prozesse" prototypen	11.01.2016	29.01.2016
1.2.3	Forum „Nachhaltig entwickeln" prototypen	08.02.2016	26.02.2016
1.2.4	Seminar "Agilität & Projekte" prototypen	22.02.2016	18.03.2016
1.2.5	*Seminar "Agilität & Projekte" Prototyping durchgeführt*	18.03.2016	18.03.2016
1.2.6	Consulting Digitale Transformation prototypen	07.03.2016	27.04.2016
1.2.7	Weiterentwicklung sPROJECT prototypen	07.03.2016	29.04.2016
1.2.8	HP 16 "Benefits Realization Management" prototypen	18.04.2016	29.04.2016
1.2.9	*Prototypen abgeschlossen*	29.04.2016	29.04.2016
1.2.10	Buchlayout und Peer Reviews planen	18.04.2016	20.05.2016
1.2.11	Integrierende Texte erstellen	02.05.2016	27.05.2016
1.3	Kapitel A-F entwickeln	09.05.2016	18.11.2016
...			

Tab. I9: Auszug aus der Terminliste des Projekts „Values4Business Value entwickeln"

Im Auszug der Projektterminliste sind die Anfangs- und Endtermine der Arbeitspakete der Projektphase „Prototyping und weiter planen" dargestellt. Diese Phase erstreckte sich vom 19.10.2015 bis zum 27.5.2016. Diese lange Durchlaufzeit ist mit der Behandlung unterschiedlicher innovativer Inhalte und mit der hohen Bedeutung des Prototypings für Weiterentwicklung zu erklären. In der Terminliste sind auch zwei Meilensteine beinhaltet, nämlich „Seminar ‚Agilität & Projekte' Prototyping durchgeführt" und „Prototypen abgeschlossen".

Projekttermine listen: Ziele und Vorgehensweise

Ziel der Erstellung einer Terminliste ist die Planung der Termine der Arbeitspakete als Grundlage für Zielvereinbarungen. Es können entweder nur die Anfangstermine oder nur die Endtermine der Arbeitspakete oder sowohl die Anfangs- als auch die Endtermine dargestellt werden. Die Dauern der Arbeitspakete und die logischen Beziehungen zwischen den Arbeitspaketen werden in der Terminliste nicht explizit geplant und dokumentiert.

Eine Terminliste für Arbeitspakete ist eine detaillierte Terminplanungsmethode. Planungsgegenstand einer Terminliste kann entweder das Projekt oder eine bzw. mehrere Projektphase(n) sein. Die zu planenden Arbeitspakete sind auf Grundlage des PSP zu listen, je Arbeitspaket sind Termine zu planen.

Projektbalkenplan erstellen: Definition und Beispiel

Der Projektbalkenplan ist eine grafische Darstellung eines Projekts oder einer Projektphase, aus der die terminlichen Lagen und die Dauern der Phasen und Arbeitspakete ersichtlich werden. Die Arbeitspakete sind als zeitproportionale Balken dargestellt.

Das Wissen über die zeitlichen Lagen der Vorgänge ist Voraussetzung zur Erstellung von Balkenplänen. Eine explizite Planung der technologischen (und ressourcenmäßigen) Abhängigkeiten zwischen den Vorgängen findet aber nicht statt. Als Beispiel ist in der Abbildung I5 ein grober Balkenplan des Projekts „Values4Business Value entwickeln“ dargestellt.

Fallstudie: Values4Business Value entwickeln – Projektbalkenplan

In der gewählten Darstellungsform des Balkenplans des Projekts „Values4Business Value entwickeln“ sind alle Projektphasen außer der Phase „1.3 Kapitel A-F entwickeln“ nur durch einen Balken dargestellt. Die Phase 1.3 ist auf der 3. PSP-Ebene dargestellt. Für das Entwickeln der Kapitel A–F wurde in Relation zu den folgenden Kapiteln mehr Zeit geplant, da es sich dabei um besonders innovative Inhalte handelte. Auch die Kooperation mit der Peer Review Group fand für diese Kapitelgruppe zum ersten Mal statt.

Die prozessorientierte Struktur des Projekts wird im Balkenplan durch das „Fließen“ der Phasen von links oben nach rechts unten gut ersichtlich.

Projektbalkenplan erstellen: Ziele und Vorgehensweise

Ziel der Projektbalkenplanung ist die Visualisierung der zeitlichen Lagen sowie der Dauern der Phasen und der Arbeitspakete eines Projekts. Durch die Visualisierung der Projekttermine ist der Balkenplan ein wichtiges Kommunikationsinstrument.

Planungsgegenstand der Balkenplanung kann das Projekt und/oder eine bzw. mehrere Projektphase(n) sein. Ein Balkenplan kann als grobe oder als detaillierte Terminplanungsmethode eingesetzt werden. Es kann z. B. für das Projekt ein grober Balkenplan und für einzelne Projektphasen können detaillierte Balkenpläne erstellt werden.

Fallstudie: Values4Business Value entwickeln – Analytische Schätzung einer Arbeitspaketdauer

Analytische Schätzung der Dauer des Arbeitspakets „1.8.2 Basic Seminare weiterentwickeln"
Values4Business Value entwickeln

V. 1.001 v. S. Füreder per 5.10.2015

Leistung
Überarbeitung der Inhalte und der Designs von 3 Basic Seminaren
Je Seminar ist der Umfang der zu erfüllenden Leistungen gleich.
Produktivität der Ressourcenkombination
Team aus 2 inhaltlichen Experten: Dauer für 1 Seminar = 3 Tage
Team aus 3 inhaltlichen Experten: Dauer für 1 Seminar = 2 Tage
Dauerschätzung
Entscheidung: Einsatz eines Teams mit 2 Experten
Berechnung: 3 Seminare x 3 Tage = 9 Tage

Tab. I10: Analytische Schätzung der Dauer des Arbeitspakets „1.8.2 Basic Seminare weiterentwickeln"

Zur Erstellung eines Balkenplans ist die Kenntnis der Arbeitspaketdauern Voraussetzung. Die Schätzung der Dauern kann entweder intuitiv oder analytisch vorgenommen werden. In jedem Fall basiert die Schätzung auf Erfahrungswerten. Ein Beispiel einer analytischen Schätzung einer Arbeitspaketdauer für das Projekt „Values4Business Value entwickeln" ist in der Tabelle I10 dargestellt. Tipps zur Schätzung von Arbeitspaketdauern finden sich in der Tabelle I11.

Balkendiagramm

Values4Business Value entwickeln

V. 1.001 v. S. Füreder per 5.10.2015

PSP-Code	Phase / Arbeitspaket / Meilenstein	Termin Start	Ende
1	**Values4Business Value entwicklen**	05.10.2015	31.03.2017
1.1	**Projekt managen**	05.10.2015	31.03.2017
1.2	**Prototyping und weiter planen**	19.10.2015	27.05.2016
1.3	**Kapitel A-F entwickeln**	09.05.2016	18.11.2016
1.3.1	Initialen Backlogteil Buch controllen	09.05.2016	13.05.2016
1.3.2	**Iteration 1: Kapitel A entwickeln**	09.05.2016	20.05.2016
1.3.3	Iteration 2: Kapitel B entwickeln	23.05.2016	03.06.2016
1.3.4	Iteration 3: Kapitel C entwickeln	06.06.2016	17.06.2016
1.3.5	Iteration 4: Kapitel D entwickeln	20.06.2016	01.07.2016
1.3.6	Iteration 5: Kapitel E entwickeln	04.07.2016	15.07.2016
1.3.7	Iteration 6: Kapitel F entwickeln	18.07.2016	29.07.2016
1.3.8	**Peer Review 1 und Adaptionen durchführen**	11.07.2016	18.11.2016
1.4	**Kapitel G-L entwickeln**	12.09.2016	05.12.2016
1.5	**Marketing und E-Book planen, sonstige Buchinhalte erstellen**	31.10.2016	20.12.2016
1.6	**Kapitel M-Q entwickeln**	07.11.2016	20.12.2016
1.7	**Hardcover und E-Book produzieren**	21.11.2016	24.02.2017
1.8	**Dienstleistungen, Produkte, Management weiterentwickeln**	30.01.2017	28.02.2017
1.9	**Erstvermarktung Buch und Dienstleistungen**	09.01.2017	10.03.2017

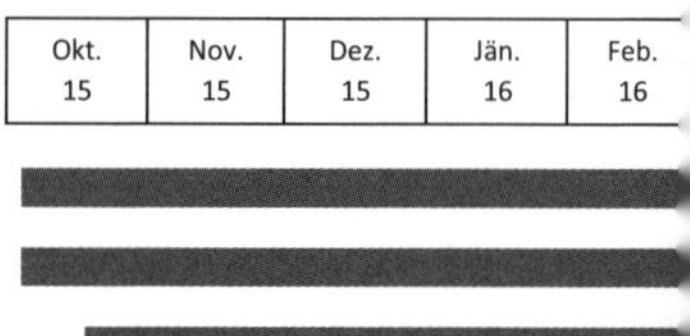

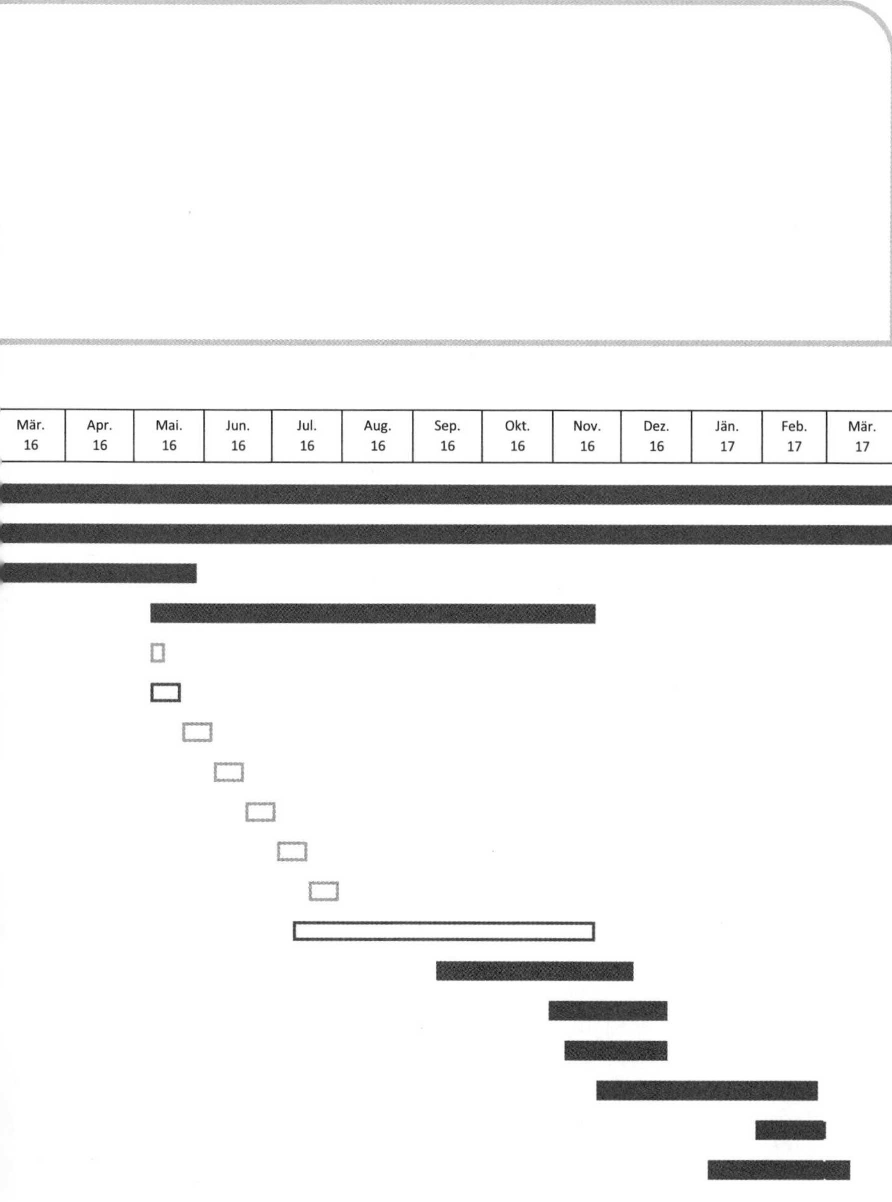

Abb. I5: Ausschnitt des Projektbalkenplans des Projekts „Values4Business Value entwickeln"

Tipps zur Schätzung von Arbeitspaketdauern

- Alle Dauern sind in gleichen Zeiteinheiten zu schätzen. Meistens wird der „Tag" die entsprechende Zeiteinheit sein. Für Projekte mit langen Dauern kann die „Woche" als Zeiteinheit verwendet werden.
- Die Dauern von Arbeitspaketen stellen Durchlaufzeiten und keine Arbeitszeiten (in Personentagen) dar.
- Es sind wahrscheinliche Dauern ohne Berücksichtigung von Zeitreserven zu schätzen.
- Grundlage für Dauernschätzungen sind Annahmen bezüglich des jeweils üblichen Ressourceneinsatzes zur Durchführung von Arbeitspaketen. Die resultierenden „Normaldauern" verursachen minimale Arbeitspaketkosten.
- Die Schätzungen von Arbeitspaketdauern sollen durch die für die Durchführung der Arbeitspakete Zuständigen erfolgen.

Tab. I11: Tipps zur Schätzung von Arbeitspaketdauern

Projektnetzplan erstellen: Definition und Beispiel

Ein Projektnetzplan ist eine Grafik, aus der die terminlichen Lagen und Dauern der Vorgänge eines Projekts sowie deren Beziehungen zueinander ersichtlich werden. Falls für ein Projekt ein Netzplan erstellt wird, kann dieser auch als „vernetzter Balkenplan" dargestellt werden. In einem vernetzten Balkenplan werden die Beziehungen zwischen den als Balken dargestellten Arbeitspaketen durch Verbindungslinien dargestellt.

In der Netzplantechnik wird zwischen der Vorgangsknoten- und der Vorgangspfeilmethode unterschieden. Da sich in der Praxis vor allem die Vorgangsknotenmethode durchgesetzt hat, wird im Folgenden nur noch auf diese eingegangen. In der Vorgangsknotenmethode werden die Vorgänge als Knoten und die Anordnungsbeziehungen zwischen den Vorgängen als Pfeile dargestellt. Grundsätzlich können die Beziehungen zwischen zwei Vorgängen als Normalfolge, Anfangsfolge, Endfolge oder Sprungfolge dargestellt werden (siehe Tab. I12).

Beziehungsart	Beziehung zwischen
Normalfolge	Ende eines Vorgangs und Anfang eines anderen Vogangs
Anfangsfolge	Anfang eines Vorgangs und Anfang eines anderen Vorgangs
Endfolge	Ende eines Vorgangs und Ende eines anderen Vogangs
Sprungfolge	Anfang eines Vorgangs und Ende eines anderen Vogangs

Tab. I12: Mögliche Anordnungsbeziehungen zwischen zwei Vorgängen

Im Gegensatz zur Balkenplanung kann in der Netzplantechnik zwischen Ablauf- und Terminplanung unterschieden werden. Durch die Möglichkeit der Darstellung der logischen Abhängigkeiten zwischen Vorgängen kann ein Ablaufplan unabhängig von terminlichen Annahmen entwickelt werden.

Als Beispiel findet sich in der Abbildung I6 ein Netzplan der Projektphase „1.7 Hardcover und E-Book produzieren" des Projekts „Values4Business Value entwickeln".

Fallstudie: Values4Business Value entwickeln – Netzplan der Projektphase „1.7 Hardcover und E-Book produzieren"

Die Projektphase „1.7 Hardcover und E-Book produzieren" wurde unabhängig von der parallel laufenden Projektphase „RGC Dienstleistungen etc. weiterentwickeln" vor allem durch den Manz Verlag durchgeführt. Voraussetzungen für das „Abgeben" der einzelnen Kapitel war das Erstellen dieser jeweiligen Kapitel. Dieser Zusammenhang ist im Netzplan durch die kleinen Kreise mit den jeweiligen Arbeitspaketnummern symbolisiert.

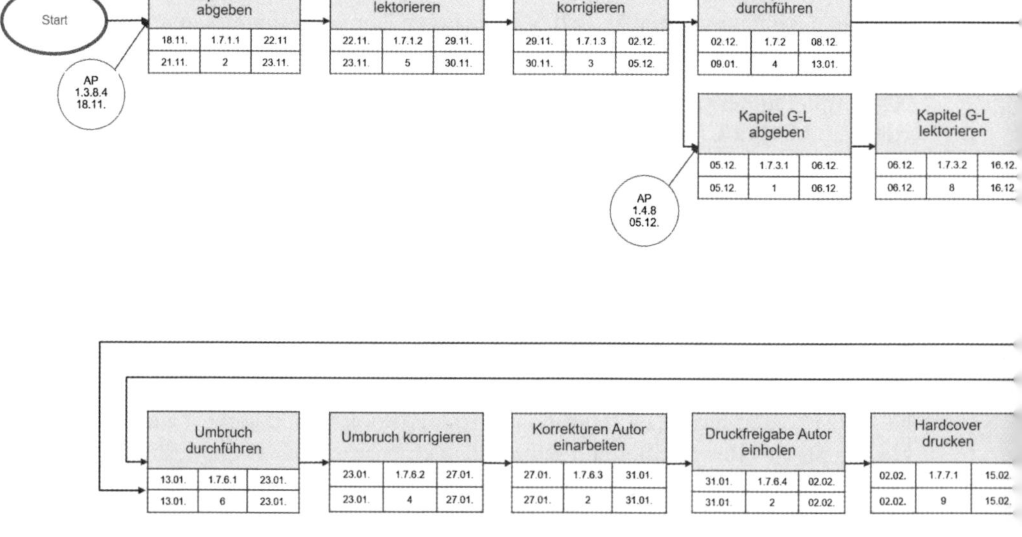
Start
AP 1.3.8.4 18.11.
Kapitel A-F abgeben
18.11. 1.7.1.1 22.11
21.11. 2 23.11.
Kapitel lektorieren
22.11. 1.7.1.2 29.11.
23.11. 5 30.11.
Kapitel A-F korrigieren
29.11. 1.7.1.3 02.12.
30.11. 3 05.12.
Satzprobe durchführen
02.12. 1.7.2 08.12.
09.01. 4 13.01.
Kapitel G-L abgeben
05.12. 1.7.3.1 06.12.
05.12. 1 06.12.
AP 1.4.8 05.12.
Kapitel G-L lektorieren
06.12. 1.7.3.2 16.12.
06.12. 8 16.12.
Umbruch durchführen
13.01. 1.7.6.1 23.01.
13.01. 6 23.01.
Umbruch korrigieren
23.01. 1.7.6.2 27.01.
23.01. 4 27.01.
Korrekturen Autor einarbeiten
27.01. 1.7.6.3 31.01.
27.01. 2 31.01.
Druckfreigabe Autor einholen
31.01. 1.7.6.4 02.02.
31.01. 2 02.02.
Hardcover drucken
02.02. 1.7.7.1 15.02.
02.02. 9 15.02.

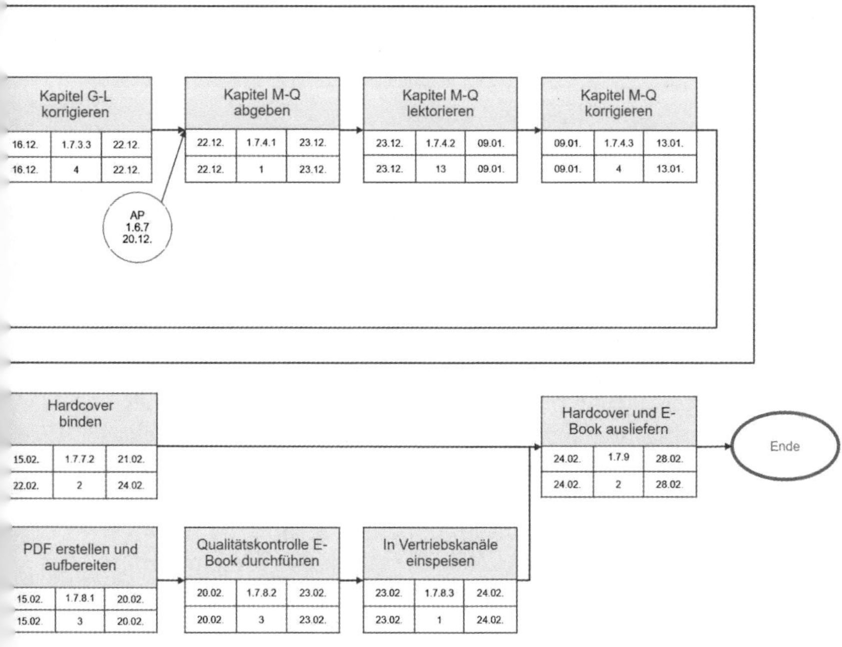

Abb. I6: Netzplan der Projektphase „1.7 Hardcover und E-Book produzieren“

Projektnetzplan erstellen: Ziele und Vorgehensweise

Ziel der Projektnetzplanung ist die Darstellung der zeitlichen Lagen der Vorgänge und der logischen Beziehungen zwischen den Vorgängen. Durch die relativ komplizierte Visualisierung ist der Netzplan nur als Kommunikationsinstrument für Projektmanagement-Experten anzusehen. Er stellt jedoch die Basis für die Erstellung von Kommunikationsinstrumenten, wie z. B. vernetzter Projektbalkenplan, Projektbalkenplan oder Projektmeilensteinplan, dar.

Ein Netzplan kann als grobe oder als detaillierte Ablauf- und Terminplanungsmethode eingesetzt werden. Es können z. B. für das Projekt ein grober Netzplan und für einzelne Projektphasen detaillierte Netzpläne erstellt werden. Für die Erstellung von Detailnetzplänen sind Arbeitspakete soweit zu zerlegen, bis sich Vorgänge ergeben, für die Folgendes zutrifft:

- Der Vorgang wird ohne Unterbrechung durchgeführt,
- der Ressourceneinsatz erfolgt in gleich bleibenden Mengen je Zeiteinheit und
- es besteht eine proportionale Beziehung zwischen der Vorgangsleistung und der Vorgangsdauer.

Die Planung der Beziehungen zwischen den Vorgängen ist aufgrund technologischer und nicht aufgrund ressourcenmäßiger Abhängigkeiten vorzunehmen. Die Berücksichtigung knapper Ressourcen kann aber nach Erstellung des Netzplans einen Optimierungsschritt darstellen.

Die Ablauflogik des Netzplans soll im Projektteam entwickelt werden. Die Verwendung von Visualisierungstechniken (z. B. die Darstellung mit Post-its) fördert dabei die Kommunikation. Erst anschließend kann die IT-Umsetzung der erzielten Ergebnisse mittels Projektmanagement-Software erfolgen. Diese unterstützt auch die Berechnung der Termine der Vorgänge bzw. der Projektdauer. In der Terminrechnung werden je Vorgang der frühestmögliche bzw. der spätesterlaubte Termin berechnet. Ergibt sich bei einem Vorgang eine Differenz zwischen dem spätesterlaubten und dem frühestmöglichen Termin, so hat dieser Vorgang einen (Gesamt-)Puffer, d. h. eine Zeitreserve. Ist der Gesamtpuffer eines Vorgangs gleich null, so wird dieser Vorgang als kritisch bezeichnet. Eine Verlängerung der Dauer eines kritischen Vorgangs oder dessen Verschiebung verlängert die Gesamtprojektdauer. Die Kette kritischer Vorgänge nennt man den kritischen Pfad eines Projekts.

Falls sich die im Zuge der Terminplanung ermittelte Projektdauer als zu lange erweist, ist eine Verkürzung der Projektdauer durch Überlappung von Vorgängen am kritischen Pfad anzustreben. Wenn nach der Ausschöpfung der Überlappungsmöglichkeiten noch weitere Verkürzungen notwendig sind, ist zu überprüfen, ob durch Fremdvergaben oder durch erhöhten Ressourceneinsatz Beschleunigungen erzielt werden können.

14.2 Projektbudget planen

In Abhängigkeit von der Projektart sind in einem Projektbudget entweder nur projektbezogene Kosten oder auch projektbezogene Erträge darzustellen.[1] Internen Projekten werden keine Erträge zugerechnet, daher beschränkt sich die Budgetierung auf die Planung der Projektkosten. In externen Projekten werden Leistungen gegen Entgelt für Dritte erfüllt. Die dadurch entstehenden Erträge sind in einem Ertragsplan zu planen und in der Projekterfolgsrechnung den Projektkosten gegenüberzustellen. Dementsprechend sind der Terminologie der Kostenrechnung folgend externe Projekte als Kostenträger und interne Projekte als Kostenstellen anzusehen. Eine damit verbundene Herausforderung projektorientierter Organisationen ist das Einrichten temporärer Kostenträger und Kostenstellen.

Sowohl bei internen als auch bei externen Projekten ist eine möglichst ganzheitliche Sicht der Projektkosten anzustreben. Das bedeutet, dass nicht nur auszahlungswirksame Kosten, sondern auch Opportunitätskosten geplant werden und dass auch projektbezogene Kosten eventueller Partner, Lieferanten und auch des Kunden (bei externen Projekten) berücksichtigt werden. Erst dadurch werden den Projektleistungen die entsprechenden Projektkosten als ein Indikator der Projektgröße und Komplexität gegenübergestellt.

Bei der Planung des Projektbudgets ist darauf zu achten, dass nur jene Kosten und Erträge dem Projekt zugerechnet werden, die während des Projekts anfallen. Kosten und Erträge der Nachprojektphase sind Grundlage der Business-Case-Analyse bzw. der Kosten-Nutzen-Analyse der durch ein Projekt realisierten Investition.

Projektbudget planen: Definitionen und Beispiele

Ein Projektbudget ist ein Plan der projektbezogenen Kosten und Erträge sowie des projektbezogenen finanziellen Erfolgs. Zur Ermöglichung einer integrierten Betrachtung der Projektleistungen, der Projekttermine und des Projektbudgets ist eine einheitliche strukturelle Basis Voraussetzung. Diese strukturelle Basis stellt der PSP dar. Planungseinheiten der Projektbudgetplanung sind daher die Arbeitspakete und Phasen.

Die einzelnen Arbeitspakete des Projektstrukturplans sind jene Einheiten, für die Plankosten geplant und im Controlling Ist-Kosten erfasst werden. Eine dem Projektstrukturplan entsprechende Kostengliederung schafft die Möglichkeit, die Arbeitspaketkosten nach unterschiedlichen Kriterien zu gruppieren und auf verschiedenen Aggregationsebenen zu beeinflussen.

1 Es wird hier der Begriff „Erträge" verwendet und nicht der „Kosten" entsprechende Begriff „Leistungen", da der Leistungsbegriff im Projektmanagement durch Leistungsplanung und Leistungscontrolling besetzt ist.

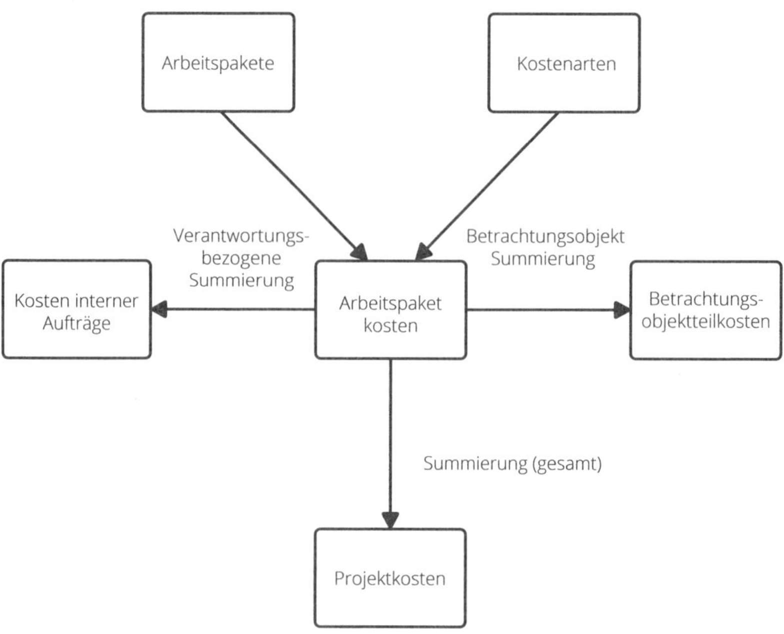

Abb. I7: Strukturelle Zusammenhänge der Projektkostenrechnung

Durch die Zusammenfassung von Arbeitspaketen nach Zuständigkeitsbereichen können interne Aufträge entstehen. Durch die Ermittlung der Kosten interner Aufträge und deren Vorgabe für die Projektteammitglieder ist eine Verantwortungsrechnung möglich. Zur Realisierung einer Kostenverantwortungsrechnung muss sich die Gliederung der Projektkostenplanung mit den Strukturen des Kostencontrollings decken. Die Summierung der Kosten nach Betrachtungsobjekten ermöglicht es, Kosten für einzelne Betrachtungsobjekte zu planen und zu controllen. Diese strukturellen Zusammenhänge der Projektkostenrechnung sind in der folgenden Abbildung I7 dargestellt.

Als Beispiel ist ein Ausschnitt des Projektbudgets des Projekts „Values4Business Value entwickeln" in Tabelle I13 dargestellt.

Fallstudie: Values4Business Value entwickeln – Projektbudget

Da es sich beim Projekt „Values4Business Value entwickeln“ um ein internes Innovationsprojekt handelte, sind vor allem Kosten und nur geringe Erträge (aufgrund von Quick Wins) angefallen. Erträge fielen für das Seminar „Agilität & Projekte“ an, das im Rahmen des Prototypings durchgeführt wurde. Als Projektkosten fielen in den hier dargestellten Projektphasen vor allem Personalkosten an. Andere Kostenarten waren z. B. Catering und Dienstleistungen. Diese fielen aber erst in den hier nicht dargestellten späteren Phasen an.

Projektbudget

Values4Business Value entwickeln

V. 1.001 v. S. Füreder per 5.10.2015

PSP-Code	Phase / Arbeitspaket	Kostenart	Planmenge	Verrechnungspreis	Plankosten
Kosten					
1.1	Projekt managen				€ 45.000,00
1.1.1	*Projekt beauftragt*		-		
1.1.2	Projekt starten	Personal PM	10 PT	€ 600,00	€ 6.000,00
1.1.3	Projekt koordinieren	Personal PM	60 PT	€ 600,00	€ 36.000,00
	...				
1.2	Prototyping und weiter planen				€ 56.000,00
1.2.1	Initialen Backlogteil Prototyping controllen	Personal Autoren	2 PT	€ 800,00	€ 1.600,00
1.2.2	Konferenz " Agilität & Prozesse" prototypen	Personal Autoren	8 PT	€ 800,00	€ 6.400,00
1.2.3	Forum "Nachhaltig entwickeln" prototypen	Personal Autoren	10 PT	€ 800,00	€ 8.000,00
1.2.4	Seminar "Agilität & Projekte" prototypen	Personal Autoren	12 PT	€ 800,00	€ 9.600,00
	...				
1.3	Kapitel A-F entwickeln				€ 75.000,00
1.3.1	Initialen Backlogteil Buch controllen	Personal Autoren	1 PT	€ 800,00	€ 800,00
1.3.2	Iteration 1: Kapitel A entwickeln				€ 8.800,00
1.3.2.1	Iteration 1 planen	Personal Autoren	1 PT	€ 800,00	€ 800,00
1.3.2.2	Inhalt Kapitel A recherchieren	Personal Autoren	2 PT	€ 800,00	€ 1.600,00
1.3.2.3	Erstansatz Kapitel A entwickeln	Personal Autoren Personal Assist	2 PT 2 PT	€ 800,00 € 400,00	€ 2.400,00
1.3.2.4	Erstansatz Kapitel A abnehmen	Personal Autoren	1 PT	€ 800,00	€ 800,00
1.3.2.5	Kapitel A fertigstellen	Personal Autoren Personal Assist	1 PT 2 PT	€ 800,00 € 400,00	€ 1.600,00
1.3.2.6	Kapitel A abnehmen und reflektieren	Personal Autoren	1 PT	€ 800,00	€ 800,00
1.3.2.7	Backlog controllen	Personal Autoren	1 PT	€ 800,00	€ 800,00
1.3.3	Iteration 2: Kapitel B entwickeln				€ 9.600,00
	...				
1.4	...		...		
				Summe Kosten	€ 381.000,00
Erträge					
	Phase: Entwickeln				€ 30.000,00
				Summe Erträge	€ 30.000,00
Differenz Kosten-Erträge					-€ 351.000,00

Tab. I13: Ausschnitt des Projektbudgets des Projekts „Values4Business Value entwickeln“

Projektbudget planen: Ziele und Vorgehensweise

Ziel der Projektbudgetplanung ist die Darstellung und Bewertung der Projektkosten, der eventuell entstehenden Projekterträge sowie des Projekterfolgs. Projektkostenpläne liefern Grundlagen bezüglich der Entscheidung, ein Projekt durchzuführen oder nicht, bzw. bezüglich der Festlegung des Angebotspreises bei externen Projekten, und sie ermöglichen Wirtschaftlichkeitskontrollen.

Die Gliederung des Projektkostenplans ist entsprechend der Struktur des PSP vorzunehmen. Dabei ist zu entscheiden, auf welcher PSP-Ebene die Kostenplanung erfolgen soll. In den meisten Fällen genügt eine relativ hohe PSP-Ebene den Ansprüchen der Projektkostenplanung und des Projektkostencontrollings. Die Arbeitspakete der untersten PSP-Ebene oder die Vorgänge der Terminplanung sind dafür meist zu detailliert.

Die Kostenarten, die je Arbeitspaket zu berücksichtigen sind, sind festzulegen. Meist wird es genügen, sich auf die Kostenarten Personalkosten, Materialkosten, Fremdleistungskosten und „sonstige" Kosten, wie z. B. Reisekosten, zu beschränken: Je Kostenart sind für die relevanten Arbeitspakete die Mengengerüste zu ermitteln. Durch Multiplikation der Planmengen mit den Planpreisen je Kostenart lassen sich die Kosten je Arbeitspaket ermitteln. Die Ermittlung der Mengengerüste für Arbeitspakete setzt eine Planung der einzusetzenden Ressourcen voraus. Dieser Planungsschritt entspricht einer integrativen Betrachtung der Projektressourcen und der Projektkosten.

Die Ermittlung der Arbeitspaketkosten ist durch die mit der Erfüllung der einzelnen Arbeitspakete befassten Projektteammitglieder vorzunehmen. Zentralen Controllingabteilungen kann die Funktion einer detaillierten Projektkostenplanung nicht übertragen werden, da diese in Ermangelung von prozessspezifischem Know-how weder die entsprechenden Planmengen noch die Planpreise ermitteln können. Durch die frühzeitige Einschaltung der mit der Abwicklung der einzelnen Arbeitspakete befassten Projektteammitglieder in die Projektkostenplanung werden auch motivationsmäßige Grundlagen zur Vereinbarung von Kostenvorgaben geschaffen.

Grafische Darstellungen der Projektkosten im Zeitablauf können mittels Projektkostenhistogrammen und Projektkostenkurven vorgenommen werden. In Projektkostenhistogrammen werden die Projektkosten je Periode dargestellt. In Projektkostenkurven werden die Projektkosten im Zeitablauf kumuliert. Dieser Planungsschritt entspricht einer integrativen Betrachtung der Projektkosten und der Projekttermine.

Aus dem Umstand, dass der Kostenanfall in frühen und in späten Projektphasen in der Regel geringer als in den Phasen hoher Produktivität ist, resultiert der typische S-Kurvenverlauf von Projektkosten. Es ergeben sich unterschiedliche Projektkostenkurven abhängig von unterschiedlichen Annahmen bezüglich der zeitlichen Lagen der Vorgänge (frühestmögliche, spätesterlaubte oder geplante zeitliche Lage).

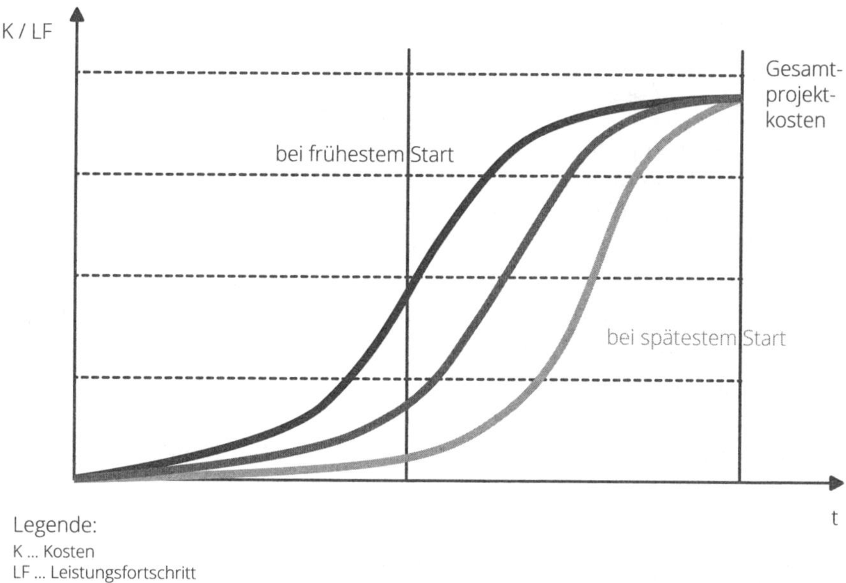

Abb. I8: Kumulierte Projektkostenkurven

Ziel der Projektertragsplanung ist es, projektbezogene Erträge zu planen. Dadurch wird die Verantwortung des Projektteams für die Sicherung der projektbezogenen Erträge offensichtlich und es wird eine Grundlage für die Projekterfolgsrechnung geschaffen. Für die unterschiedlichen Ertragsarten, die einem Projekt zugerechnet werden können, sind die jeweilige Höhe und der zeitliche Anfall der Erträge zu planen und in einem Projektertragsplan darzustellen.

Der „Projekterfolg" kann als die Differenz von Projekterträgen und Projektkosten definiert werden, wobei der Begriff „Projektkosten" in der Vollkosten- und der Deckungsbeitragsrechnung unterschiedlich definiert wird. Bei Anwendung der Vollkostenrechnung errechnet sich der Projekterfolg als Differenz von Projekterträgen und „Selbstkosten" des Projekts. Die Selbstkosten beinhalten außer den variablen Projektkosten auch Umlagen fixer Gemeinkosten der projektorientierten Organisation. Der positive Projekterfolg wird als Projektgewinn, der negative Projekterfolg als Projektverlust bezeichnet. Bei Anwendung der Deckungsbeitragsrechnung errechnet sich der Projekterfolg aus der Differenz von Projekterträgen und variablen Projektkosten. Der sich ergebende Projekterfolg wird als Deckungsbeitrag bezeichnet. Dieser projektbezogene Deckungsbeitrag dient zur Abdeckung der Fixkosten und zur Erzielung eines entsprechenden Gewinns der Organisation.

14.3 Projektressourcen planen

Projektressourcen planen: Definitionen

Ein Projektressourcenplan ist eine tabellarische und/oder grafische Darstellung des Bedarfs an einer Ressource für ein Projekt im Zeitablauf. In der Projektressourcenplanung werden nicht alle in einem Projekt eingesetzten Ressourcen verplant, sondern nur sogenannte „Engpassressourcen".

Engpassressourcen sind Ressourcen, die für das Projekt knapp sind und dadurch die Erreichung der Projektziele beeinflussen. Engpassressourcen können z. B. Personal, Geräte, Finanzmittel, Lagerflächen etc. sein. Personelle Engpassressourcen sind nach Qualifikationen, die nicht wechselseitig austauschbar sind, zu differenzieren. So ist z. B. in einer Engineeringabteilung zwischen Konstrukteuren und Zeichnern zu unterscheiden. Es können jedoch nicht nur Qualifikationsgruppen, sondern auch Individuen als Engpassressourcen betrachtet werden.

Wesentliche Grundlagen für die Projektressourcenplanung werden bereits bei der Ermittlung der Mengengerüste im Rahmen der Projektkostenplanung geschaffen.

Projektressourcen planen: Ziele und Vorgehensweise

Der Bedarf und das Angebot an einer Engpassressource können projektbezogen in Projektressourcenhistogrammen und in Projektressourcenkurven dargestellt werden. Aufgrund eines Vergleichs des Ressourcenbedarfs mit den jeweils verfügbaren Ressourcen können projektbezogene Über- bzw. Unterdeckungen von Projektressourcen festgestellt werden. Diese können möglicherweise zu Erhöhungen oder Reduktionen des Ressourcenangebots führen oder durch zeitliche Verschiebungen von Arbeitspaketen ausgeglichen werden.

Netzplangestützte Projektressourcenpläne können für unterschiedliche zeitliche Lagen der Arbeitspakete entwickelt werden. Als Basis für Optimierungsentscheidungen werden in der Regel zwei zeitliche Extremlagen der Arbeitspakete, nämlich die frühestmögliche und die spätesterlaubte Lage, angenommen.

Da sich die Planung der Projektressourcen auf die Betrachtung von Engpassressourcen beschränkt, stellt sie kein Instrument zur generellen Ressourcenplanung der projektorientierten Organisation dar. Sie ist somit z. B. kein Ersatz für eine abteilungsbezogene Ressourcenplanung.

Projektressourcenpläne sind jeweils für eine Projektressource zu erstellen. Die Engpassressource, für die ein Projektressourcenplan erstellt werden soll, ist zu definieren. Arbeitspakete sind die Träger des Bedarfs an Ressourcen. Je Arbeitspaket ist festzustellen, ob die zu verplanende Engpassressource benötigt wird. Für die Engpassressource ist der Bedarf je Arbeitspaket je Planungsperiode zu schätzen. Diesbezügliche Mengengerüste stehen als Ergebnisse der Projektkostenplanung entweder direkt zur Verfügung oder können aus dieser abgeleitet werden. Durch die Summierung des Bedarfs an einer Engpassressource aller Arbeitspakete eines Projekts je Periode kann ein Ressourcenhistogramm erstellt werden. Die Akkumulation des periodischen Ressourcenbedarfs führt zur Ressourcensummenkurve.

Die in der Organisation verfügbaren Mengen der Engpassressource sind zu ermitteln und dem Ressourcenbedarf gegenüberzustellen. Die verfügbare Ressourcenmenge kann über die Projektdauer gleichbleiben oder in verschiedenen Perioden variieren. Der Ressourcenbedarf eines Projekts je Periode kann geringer oder größer als diese verfügbare Ressourcenmenge sein. Über- bzw. Unterdeckungen können festgestellt werden (siehe Abb. I9). Mit der Projektmanagement-Software ist es möglich, den zeitlichen Anfall des Ressourcenbedarfs zum Start, zum Ende oder gleichbleibend über die Arbeitspaketdauer zu differenzieren.

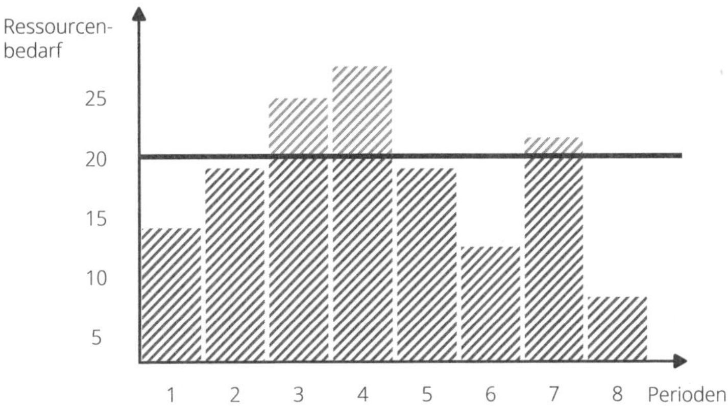

Abb. I9: Über- und Unterdeckung der verfügbaren Engpassressource (Histogramm)

Bei Ressourcenengpässen ist eine Überarbeitung der Projektpläne notwendig. Durch Verschieben der Arbeitspakete bzw. durch Veränderung der Ablauflogik oder durch Teilen von Arbeitspaketen kann versucht werden, einen möglichst gleichmäßigen Einsatz der Engpassressource zu sichern und Engpässe auszugleichen. Weiters sind die Möglichkeiten, das Ressourcenangebot zu erhöhen oder zu reduzieren, zu berücksichtigen. Mögliche Maßnahmen zur Erhöhung des Angebots an personellen Ressourcen sind z. B. Schaffen von Anreizen zu höheren Leistungen, Leisten von Überstunden oder Einsatz von Aushilfskräften.

Exkurs: Projektfinanzmittel planen

Finanzmittel sind in internen Projekten für projektbezogene Auszahlungen oder in externen Projekten für Auszahlungsüberschüsse (kumulierte Auszahlungen minus kumulierte Einzahlungen) bereitzustellen. Die bereitzustellenden Finanzmittel können eine Engpassressource eines Projekts sein. Zur Ermittlung der notwendigen Finanzmittel ist zwischen projektbezogenen Auszahlungen und Projektkosten zu unterscheiden. Die Abgrenzung von Kosten und Auszahlungen ist in Abbildung I10 dargestellt.

Abb. I10: Abgrenzung von Kosten und Auszahlungen

Beispiele auszahlungswirksamer Projektkosten sind Kosten für zu beschaffende Dienstleistungen und Produkte, projektbezogene Personal- und Materialkosten, projektbezogene Reisekosten etc. Auszahlungen, die in einer Betrachtungsperiode nicht kostenwirksam werden, sind z. B. Investitionsauszahlungen für Geräte, die im Rahmen eines Projekts beschafft werden. Nicht-auszahlungswirksame Kosten sind z. B. kalkulatorische Zinsen, kalkulatorische Abschreibungen oder kalkulatorische Risikoaufschläge.

Der zeitliche Anfall von Auszahlungen ist meist vom zeitlichen Anfall der Kosten abhängig. Dabei ist zu berücksichtigen, dass Kosten kontinuierlich im Zeitablauf und proportional zur Leistungserstellung anfallen, Auszahlungen hingegen zu definierten Zeitpunkten und unabhängig von der Leistungserstellung anfallen (siehe Abb. I11).

Projektbezogene Einzahlungen bei externen Projekten fallen zu den vertraglich festgelegten Zahlungsterminen an.

Projektfinanzmittelpläne dienen zur projektbezogenen Liquiditätsplanung. Es besteht ein projektbezogener Finanzmittelbedarf, wenn es in einzelnen Perioden Auszahlungsüberschüsse gibt. Diese errechnen sich aus der Differenz von projektbezogenen Auszahlungen minus projektbezogenen Einzahlungen. Die durch den Finanzmittelbedarf eines Projekts verursachten Zinskosten sollten als kalkulatorische Kosten des Projekts in der Projektkostenrechnung berücksichtigt werden. Falls die projektbezogenen Einzahlungen die Auszahlungen überschreiten, ergibt sich ein Einzahlungsüberschuss. Die durch Einzahlungsüberschüsse erzielbaren Zinserträge sollten als kalkulatorische Erträge eines Projekts berücksichtigt werden.

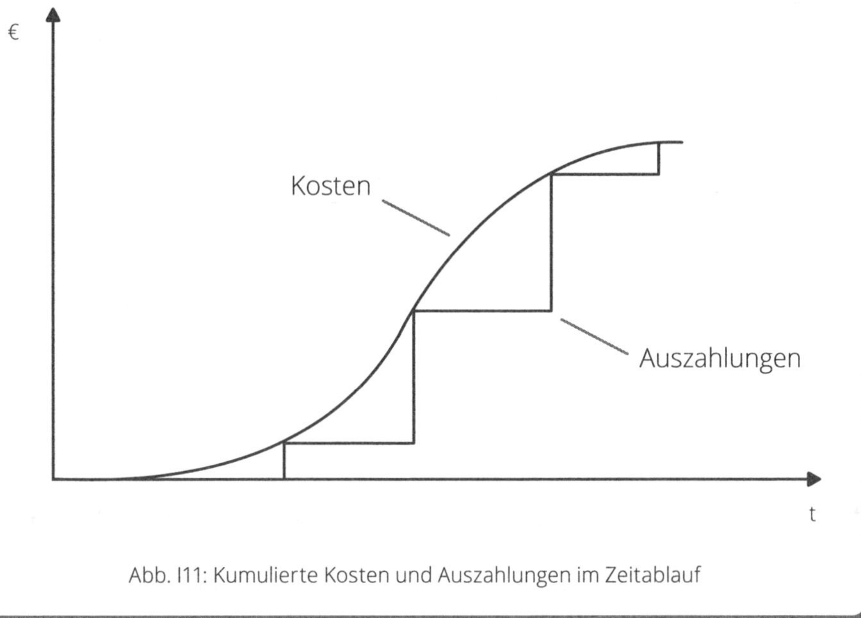

Abb. I11: Kumulierte Kosten und Auszahlungen im Zeitablauf

I5 Methoden: Projektkontext analysieren

Als Projektkontexte werden die Zusammenhänge, in denen ein Projekt durchgeführt wird, verstanden. Kontexte eines Projekts sind

> die strategischen Ziele der projektdurchführenden Organisation,
> andere Projekte, zu denen das Projekt Beziehungen hat,
> die Vor- und die Nachprojektphase des Projekts,
> die Projektstakeholder und
> die Investition, die durch das Projekt implementiert wird.

Diese Projektkontexte können analysiert und es können Strategien und Maßnahmen zur Gestaltung der Projektkontextbeziehungen geplant werden. Methoden zur Analyse des Zusammenhangs eines Projekts zu der durch das Projekt implementierten Investition sind die Business-Case-Analyse und die Kosten-Nutzen-Analyse. Diese wurden bereits im Kapitel C behandelt. Methoden zur Analyse der sonstigen Projektkontexte sind im Folgenden beschrieben.

I5.1 Kontext „Strategische Ziele der Organisation" analysieren

Kontext „Strategische Ziele der Organisation" analysieren: Definitionen und Beispiel

Bei der Analyse des Zusammenhangs zwischen einem Projekt und den strategischen Zielen der projektdurchführenden Organisation ist zu klären, ob die Ziele der Organisation die Durchführung des Projekts veranlassten und in welcher Form das Projekt zur Realisierung der Ziele der Organisation beiträgt (siehe auch Kap. C). Es ist auch möglich, dass durch ein Projekt die Ziele einer Organisation verändert werden (siehe Abb. I12).

Abb. I12: Zusammenhänge eines Projekts mit den strategischen Zielen einer Organisation

Externe Projekte sollen immer zur Sicherung von Marktanteilen und zur relativ kurzfristigen Erzielung des finanziellen Erfolgs einer Organisation beitragen. Interne Projekte dienen vor allem der langfristigen Überlebenssicherung einer Organisation durch Produkt-, Organisations- und Personalentwicklungen und durch die Weiterentwicklung der Infrastruktur der Organisation.

Die strategischen Ziele einer Organisation können entweder explizit geplant und dokumentiert sein oder können nur implizit existieren. Im zweiten Fall sind entsprechende Annahmen über die Ziele der Organisation zu treffen. Als Beispiel sind die Ergebnisse der Analyse der Beiträge des Projekts „Values4Business Value entwickeln" zum Realisieren der strategischen Ziele der RGC in Tabelle I14 dargestellt.

Fallstudie: Values4Business Value entwickeln – Beiträge des Projekts zum Realisieren der strategischen Ziele der RGC

Zusammenhänge des Projekts mit den strategischen Zielen

Values4Business Value entwickeln

V. 1.001 v. S. Füreder per 5.10.2015

Strategische Ziele der RGC	Zusammenhänge zum Projekt
Beiträge zu einem nachhaltigen Projekt-, Programm- und Changemanagement in der Gesellschaft geleistet	RGC Managementansätze durch Innovationen weiterentwickelt und im Buch PROJEKT.PROGRAMM.CHANGE dokumentiert
Nachhaltigen Business Value für RGC Kunden gesichert	RGC Dienstleistungen und Produkte weiterentwickelt
Evolutionäres Wachstum der RGC in der DACH-Region realisiert	Weiterentwickelte Dienstleistungen und Buch in DACH-Region erstvermarktet
Themenführerschaft zum Prozess-, Projekt-. Programm- und Changemanagement in der Scientifc & Consulting Community wahrgenommen	RGC Managementansätze durch Innovationen weiterentwickelt und in Buch "PROJEKT.PROGRAMM.CHANGE" dokumentiert
Management der RGC weiterentwickelt	Projekt, Programm und Change Management weiterentwickelt
Zufriedenheit von Mitarbeitern aufgrund der werteorientierten Führung gesichert	MitarbeiterInnen durch Mitwirkung im Projekt inhaltlich weiterentwickelt

Tab. I14: Zusammenhänge des Projekts „Values4Business Value entwickeln" mit den strategischen Zielen der RGC

Kontext „Strategische Ziele der Organisation" analysieren: Ziele und Vorgehensweise

Ziel der Analyse der Beiträge eines Projekts zum Realisieren der strategischen Ziele einer Organisation ist es, den Sinn eines Projekts darzustellen. Das Verständnis des Beitrags eines Projekts zur Realisierung der strategischen Ziele einer Organisation fördert die Akzeptanz eines Projekts durch die Mitglieder der Projektorganisation und Vertreter von Stakeholdern.

Falls keine Zusammenhänge zwischen einem Projekt und den strategischen Zielen einer projektdurchführenden Organisation existieren, sind entweder die Ziele zu adaptieren oder es ist die Durchführung des Projekts zu hinterfragen.

15.2 Kontext „Andere Projekte" analysieren

Kontext „Andere Projekte" analysieren: Definitionen und Beispiel

Für ein betrachtetes Projekt kann es durch gleichzeitig durchgeführte Projekte Potenziale oder Probleme, z. B. hinsichtlich der Realisierung der Projektziele, der eingesetzten Methoden oder der eingesetzten Ressourcen, geben. Die Realisierung von Zielen oder von Zwischenzielen anderer Projekte kann für ein betrachtetes Projekt Voraussetzung für die weitere Arbeit darstellen. So kann z. B. die Implementierung einer neuen Software Voraussetzung für die Fortsetzung der Arbeit in einem Organisationsentwicklungsprojekt sein. Potenziale für ein Projekt können sich z. B. durch den gemeinsamen Einsatz von Methoden oder von Lieferanten ergeben. Ressourcenmäßige Probleme können z. B. durch den Zugriff anderer Projekte auf die benötigten Experten als Projektteammitglieder entstehen.

Im Gegensatz zum Projektnetzwerken (siehe Kap. P) werden hier die Einflüsse „anderer" Projekte auf den Erfolg eines betrachteten Projekts analysiert und Maßnahmen zum Optimieren des Erfolgs des betrachteten Projekts geplant. Als Beispiel für die Analyse und die Planung von Maßnahmen zur Gestaltung der Beziehungen eines Projekts zu anderen Projekten ist in der Abbildung I13 für das Projekt „Values4Business Value entwickeln" dargestellt.

Kontext „Andere Projekte" analysieren: Ziele und Vorgehensweise

Ziel der Analyse der Beziehungen zwischen einem betrachteten Projekt und anderen gleichzeitig durchgeführten Projekten ist es, mögliche Potenziale oder Probleme für das betrachtete Projekt festzustellen. Auf dieser Grundlage können Maßnahmen zum Nützen der Potenziale bzw. zum Vermeiden der Probleme geplant werden. Potenziale bzw. Probleme können z. B. bezüglich des Realisierens der Projektziele oder des Einsatzes von Methoden und Ressourcen bestehen.

Projekte, die in einem Zusammenhang zu einem betrachteten Projekt stehen, sind zu listen und die Zusammenhänge sind zu analysieren. Grundlage für die Identifikation relevanter Projekte können Informationen der Projektportfoliodatenbank bzw. Informationen von Mitgliedern der Projektorganisation sein. Eventuelle Potenziale oder Probleme für das betrachtete Projekt sind zu analysieren, Maßnahmen sind zu planen und an die Mitglieder der Projektorganisation zu kommunizieren.

Fallstudie „Values4Business Value entwickeln": Beziehungen zu anderen Projekten

Beziehungen zu anderen Projekten
Values4Business Value entwickeln

V. 1.001 v. S. Füreder per 5.10.2015

Projekt	Einfluss auf Projekterfolg	Intensität der Interaktion	Qualität der Beziehung	Interpretation der Bewertung	Maßnahmen zur Gestaltung der Beziehung	Zuständigkeit
Kundenprojekt A	mittel	mittel	fördernd	Inhaltliche Mitarbeit des Kunden in der Peer Review Group	Einladen von Kundenvertetern in die Peer Review Group. Kooperieren in der Peer Review Group	PAG L. Gareis
Kundenprojekt B	gering	gering	neutral	Innovationen können teilweise in der Zusammenarbeit mit dem Kunden eingesetzt werden. Erfahrungen können gesammelt werden.	Möglichen Einsatz von Managementinnovationen klären. Erfahrungen am Einsatz reflektieren und umsetzen.	PTM Weiterentwicklung DL L. Gareis
Sales 16	hoch	hoch	fördernd	Maßnahmen des Projekts Sales 16 unterstützen die Realisierung der marktbezogenen Ziele des Projekts "Values4Business Value entwickeln".	Planen von Salesmaßnahmen, die marktbezogene Ziele unterstützen. Laufende Abstimmung dieser Maßnahmen	PAG R. Gareis
Event HP 16	mittel	mittel	fördernd	Vorträge und Workshops zum Prototyping	Vorträge und Workshops zum Prototyping planen Erfahrungen aus Vorträgen und Workshops reflektieren.	PTM Prototyping S. Füreder

Abb. I13: Beziehungen des Projekts „Values4Business Value entwickeln" zu anderen Projekten

Die Einflüsse der zum Analysezeitpunkt im Oktober 2015 aktuellen Projekte auf den Projekterfolg von „Values4Business Value entwickeln" waren unterschiedlich: Der Einfluss des Projekts „Sales 16" war hoch, da dieses Projekt die Realisierung der marktbezogenen Ziele von „Values4Business Value entwickeln" förderte. Aber auch die Beziehungen zu Projekten mit mittlerem und geringem Einfluss wurden betrachtet und entsprechend gestaltet.

I5.3 Kontext „Vor- und Nachprojektphase" analysieren

Kontext „Vor- und Nachprojektphase" analysieren: Definitionen und Beispiel

Der zeitliche Kontext, in dem ein Projekt steht, kann durch eine Analyse relevanter Handlungen und Entscheidungen der Vorprojektphase und durch eine Analyse der Erwartungen an die Nachprojektphase festgestellt werden (siehe Abb. I14).

Abb. I14: Projekt im zeitlichen Kontext

Projekte haben oft lange Vorgeschichten. Informationen über den Anlass, der zu einem Projekt geführt hat, über Handlungen vor dem Projektstart und über Stakeholder, die Entscheidungen in der Vorprojektphase getroffen haben, sind wesentlich für das Verständnis eines Projekts. Die Handlungen und Entscheidungen der Vorprojektphase sind während der Durchführung eines Projekts zwar nicht mehr beeinflussbar, können aber den Projekterfolg fördern bzw. hemmen.

Erwartungen an die Nachprojektphase beeinflussen die Strukturierung von Projekten und sind daher transparent zu machen. Solche Erwartungen können z. B. die Verwendung von Projektergebnissen zu Referenzzwecken, die Etablierung einer langfristigen Kundenbeziehung, Karrieresprünge von Projektteammitgliedern etc. sein. Die Erfüllung dieser Erwartungen kann vom Projekt beeinflusst werden.

Die Entscheidungen der Vorprojektphase und die Erwartungen an die Nachprojektphase können z. B. die Auswahl von Projektteammitgliedern, die Definition von Projektwerten, die Planung von Kommunikationsformaten, die Festlegung der einzusetzenden Projektmanagementmethoden etc. beeinflussen. Als Beispiel für eine Analyse der Zusammenhänge eines Projekts zur Vorprojekt- und Nachprojektphase ist in der Tabelle I15 die Analyse der Vor- und Nachprojektphase des Projekts „Values-4Business Value entwickeln" dargestellt.

Fallstudie: Values4Business Value entwickeln – Analyse der Vorprojekt- und Nachprojektphase

Analyse der Vor- und Nachprojektphase
Values4Business Value entwickeln

V. 1.001 v. S. Füreder per 5.10.2015

Beschreibung der Vorprojektphase
Wesentliche Stakeholderbeziehungen der Vorprojektphase
RGC: Bedarfe zur Weiterentwicklung der RGC Managementansätze erkannt
Kunden: gute persönliche Beziehungen als Grundlage für Einladungen in die Peer Review Group
Manz Verlag: Bestehende Kooperation aufgrund mehrerer Publikationen
Getroffene Entscheidungen der Vorprojektphase
Kooperation mit Manz sowie Verlagen in Deutschland und in der Schweiz
Im Projekt keine Weiterentwicklung des RGC Prozessmanagementansatzes; erfolgt erst in einem Folgeprojekt
Berücksichtigung neuer Werte und klare erkenntnistheoretische Positionierung der Managementansätze als Innovationen
Wesentliche in der Vorprojektphase erstellte Dokumente
Konzept als Ergebnis der Arbeitsgruppe „Values4Business Value"
Initialer Backlog, initiale Projektpläne, initiale Changepläne
Vorhandene Consulting und Trainingsunterlagen

Beschreibung der Nachprojektphase
Weiterentwicklung von Stakeholderbeziehungen
Verlage: Kooperation ausgebaut bzw. entwickelt
Peer Review Group Mitglieder: Wahrnehmung der Rolle als Change Agents
Maßnahmen in der Nachprojektphase
Durchführen des Projekts „Values4Business Value stabilisieren"
Weitere Vermarktung der neuen RGC Managementansätze
Englische Version des Buches entwickeln
Nutzung von Erfahrungen aus dem Projekt
Weiterentwickelte Dienstleistungen und Produkte in Beratungs- und Trainingssituationen einsetzen
Neue Managementansätze zur Professionalisierung des RGC Managements einsetzen

Tab. I15: Analyse der Vor- und Nachprojektphase des Projekts „Values4Business Value entwickeln"

Kontext „Vor- und Nachprojektphase" analysieren: Ziele und Vorgehensweise

Ziel der Analyse der Zusammenhänge eines Projekts zur Vorprojektphase und Nachprojektphase ist es, Handlungen und Entscheidungen der Vorprojektphase sowie Erwartungen an die Nachprojektphase transparent zu machen. Erst dadurch wird eine adäquate Strukturierung des Projekts möglich.

Informationen über die relevanten Handlungen und Entscheidungen der Vorprojektphase und die Erwartungen an die Nachprojektphase sind beim Projektstarten durch die Mitglieder der Projektorganisation auszutauschen. Dadurch wird ein einheitlicher Informationsstand gesichert. Vorhandene Dokumente (Protokolle, Pläne, Beschreibungen etc.), die in der Vorprojektphase erstellt wurden, sind zu erfassen und bezüglich relevanter Informationen zu analysieren. Eventuell sind auch Interviews mit Promotoren der Projektidee und mit Entscheidungsträgern zu führen. Mögliche Fragen für die Analyse sind in der Tabelle I16 dargestellt. Konsequenzen der Analyse der Zusammenhänge für die Strukturierung des Projekts können abgeleitet und dokumentiert werden.

Analyse der Vorprojekt- und Nachprojektphase eines Projekts
> Welcher konkrete Anlass hat zum Projekt geführt?
> Wer hat das Projektinitiieren gefördert? Wer hat es gehemmt?
> Welche relevanten Unterlagen und Dokumentationen sind erarbeitet worden?
> Welche Entscheidungen sind getroffen worden, die zu berücksichtigen sind?
> Welche ähnlichen Projekte wurden schon in der Organisation durchgeführt?
> Wer hat welche Erwartungen an die Ergebnisse in der Nachprojektphase?
> Welche Handlungen und Entscheidungen sind nach Projektende notwendig?
> Welche Folgeprojekte soll es geben?

Tab. I16: Fragen zur Analyse der Vorprojekt- und Nachprojektphase eines Projekts

I5.4 Kontext „Projektstakeholder" analysieren

Kontext „Projektstakeholder" analysieren: Definitionen und Beispiel

Den sozialen Kontext eines Projekts stellen dessen Stakeholder dar. In einer Projektstakeholderanalyse können die Beziehungen eines Projekts zu seinen Stakeholdern betrachtet werden. Es ist davon auszugehen, dass die Stakeholder eines Projekts nicht verändert werden können, dass aber die Beziehungen zu den Projektstakeholdern gestaltbar sind. Die Gestaltung dieser Beziehungen ist eine wesentliche Projektmanagementaufgabe.

„Relevant" für ein Projekt sind jene Stakeholder, die den Projekterfolg beeinflussen können bzw. die durch ein Projekt wesentlich beeinflusst werden. Die Projektstakeholder können in projektinterne, organisationsinterne und organisationsexterne Stakeholder unterschieden werden. Organisationsexterne Stakeholder sind z. B. Kunden, Partner, Lieferanten, Anrainer etc., organisationsinterne Projektstakeholder können Bereiche, Abteilungen und/oder Mitarbeiter der projektdurchführenden Organisation sein. Der Projektauftraggeber, der Projektmanager und das Projektteam sind projektinterne Stakeholder, deren Beziehungen zu einem Projekt auch dessen Erfolg beeinflussen. Es sind auch diese Beziehungen aus Sicht des Projekts entsprechend zu gestalten.

Fallstudie: Values4Business Value entwickeln – Projektstakeholderanalyse

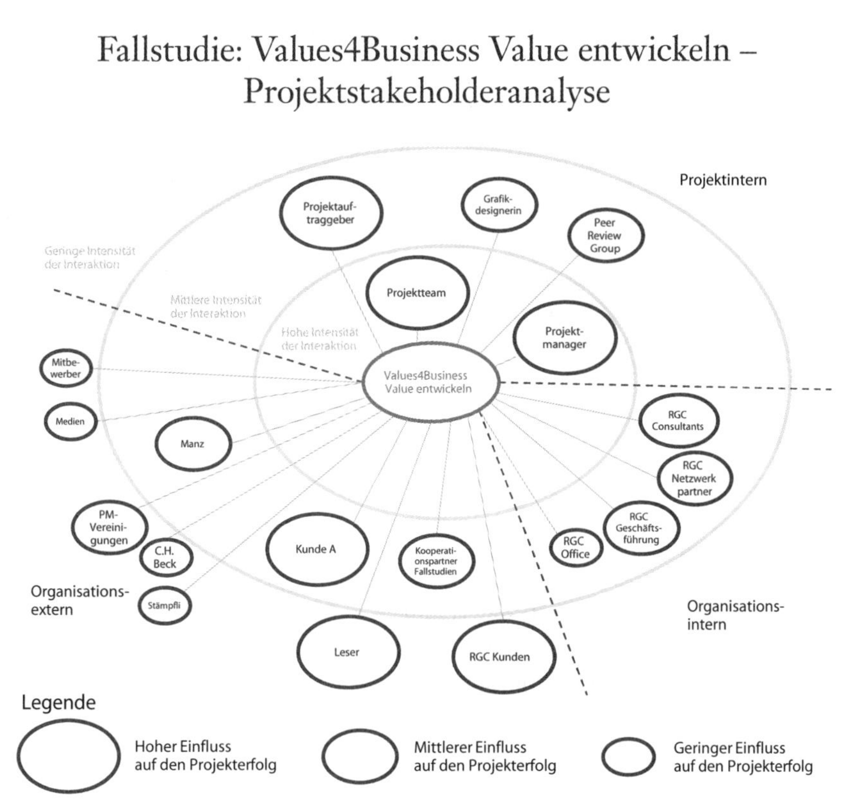

Abb. I15: Projektstakeholderanalyse für das Projekt „Values4Business Value entwickeln" (Stichtag: Projektstart im Oktober 2015)

Die soziale Komplexität des Projekts aufgrund der Stakeholderbeziehungen wurde als durchschnittlich beurteilt. Organisationsintern wurde viel Unterstützung erwartet. In den frühen Projektphasen war die Intensität der Interaktionen mit den organisationsexternen Stakeholdern, wie z. B. den Verlagen, Projektmanagementvereinigungen und Kunden, relativ gering.

Die Dokumentation der Projektstakeholderanalyse kann sich auf eine grafische Darstellung der Beziehungen eines Projekts zu den Stakeholdern beschränken oder kann Analysen der Erwartungen zwischen einem Projekt und dessen Stakeholdern, Analysen der Potenziale und Konflikte in den Beziehungen sowie Strategien und Maßnahmen zur Gestaltung der Beziehungen beinhalten. Als Beispiel für eine Projektstakeholderanalyse ist in der Abbildung I15 eine Stakeholderanalysegrafik für das Projekt „Values4Business Value entwickeln" zum Projektstart dargestellt.

Kontext „Projektstakeholder" analysieren: Ziele und Vorgehensweise

Ziel der Projektstakeholderanalyse ist es, eine Grundlage für ein entsprechendes Management der Projektstakeholderbeziehungen zu leisten. Durch diese Analyse wird eine Außenorientierung im Projekt gewährleistet. Die Projektstakeholderanalyse ist daher auch eine Grundlage für das Projektmarketing.

Zur Erstellung einer Projektstakeholderanalyse sind „relevante" Projektstakeholder zu identifizieren. Die Identifikation von Projektstakeholdern stellt eine soziale Konstruktion dar. Vom Projekt werden jene Stakeholder identifiziert, die es als solche wahrnimmt und die Managementaufmerksamkeit bekommen sollen. Eine Differenzierung von Projektstakeholdern ist notwendig, wenn unterschiedliche Strategien und Maßnahmen zur Gestaltung der Beziehungen eines Projekts zu einzelnen Stakeholdern notwendig sind. So kann es z. B. sinnvoll sein, statt eines Stakeholders „Führungskräfte" einzelne Führungskräfte einer zu verändernden Organisation als Stakeholder zu betrachten.

Bei der Identifikation von Projektstakeholdern sind diese von Changestakeholdern zu unterscheiden. Projektstakeholder haben Interessen bezüglich des Projekts und haben Möglichkeiten, den Projekterfolg zu beeinflussen. Changestakeholder haben Interessen bezüglich des Changes und haben Möglichkeiten, den Changeerfolg zu beeinflussen. Organisationen, Gruppen und Individuen können gleichzeitig sowohl Projekt- als auch Changestakeholder sein oder auch nicht. In jedem Fall haben sie unterschiedliche Erwartungen an das Projekt und den damit verbundenen Change.

Die Bedeutung einzelner Projektstakeholder für ein Projekt und das Ausmaß der Interaktion zwischen dem Projekt und dem jeweiligen Stakeholder können analysiert und bewertet werden.2 Die Ergebnisse dieser groben Analyse können in Listenform dokumentiert werden. Ein diesbezügliches Beispiel für das Projekt „Values4Business Value entwickeln" ist in der Tabelle I17 dargestellt. Diese Bewertung der Bedeutung und der Intensität der Interaktionen bezieht sich auf einen bestimmten Analysestichtag. Im Projektablauf verändern sich die Projektstakeholderbeziehungen und bedürfen daher eines „sozialen" Projektcontrollings (siehe Kap. J).

2 Da die Beziehung eines Stakeholders zu einem Projekt auch von dessen Beziehungen zu anderen Stakeholdern abhängig sein kann, ist es auch sinnvoll, Beziehungen zwischen Projektstakeholdern zu betrachten. Dadurch erhöht sich die Komplexität der Projektstakeholderanalyse. Rowley spricht in diesem Zusammenhang von „Stakeholder Multiplicity" (Vgl. Rowley, T.J., 1997, S. 890). Die Stakeholder werden aus einer Netzwerkperspektive betrachtet, da sie einander kennen und auch interagieren können.

Fallstudie: „Values4Businesss Value entwickeln" – Bedeutung und Intensität der Interaktion mit Projektstakeholdern

Stakeholder	Einfluss 1...sehr groß 3...sehr klein	Interaktion 1...sehr häufig 3...sehr selten
Projektauftraggeberteam	1	2
Projektteam	1	1
Geschäftsleitung	2	2
Kunde A	2	2
Grafikdesignerin	2	2
Medien	3	3

Tab. I17: Analyse der Bedeutung und der Intensität der Interaktion des Projekts mit einzelnen Projektstakeholdern

In der Projektstakeholdergrafik werden die Bedeutung und die Intensität der Interaktion zwischen dem Projekt und dem jeweiligen Stakeholder durch Symbole ausgedrückt. Die Größe, in der ein Stakeholder dargestellt wird, symbolisiert dessen Bedeutung für das Projekt zum Analysestichtag. Die Distanz, in der ein Stakeholder zum Projekt dargestellt wird, drückt die Intensität der Interaktionen zwischen dem Projekt und dem jeweiligen Stakeholder aus.

Ausgewählte Projektstakeholderbeziehungen können einer detaillierteren Analyse und Planung unterzogen werden. Die Art einer Beziehung zwischen einem Projekt und einem Stakeholder kann aufgrund der Beschreibung der wechselseitigen Erwartungen erfolgen. Dabei kann zwischen prozess- und ergebnisbezogenen Erwartungen unterschieden werden, wobei Befürchtungen auch Erwartungen sind, nämlich negative.

Der Vorteil der Formulierung von Erwartungserwartungen besteht darin, dass sich Projektteammitglieder in die Position eines Stakeholders versetzen und dadurch seine Sichtweise verstehen lernen. Potenzielle Konflikte zwischen dem Projekt und dem Stakeholder können dadurch z. B. als strukturbedingt und nicht als personenbedingt erkannt werden.

Aufgrund der Analyse der wechselseitigen Erwartungen können Potenziale und/oder Konflikte einer Projektstakeholderbeziehung festgestellt werden. Das ermöglicht die Definition von Strategien und Maßnahmen zur Gestaltung der jeweiligen Projektstakeholderbeziehung (siehe als Beispiel die Abb. I16).

Fallstudie: Values4Business Value entwickeln – Analyse einer Projektstakeholderbeziehung

Analyse der Projektstakeholderbeziehung
Values4Business Value entwickeln

V. 1.001 v. S. Füreder per 5.10.2015

Projekt an Projektmanagementvereinigungen	Projektmanagementvereinigungen an Projekt
Ergebnisbezogene Erwartungen	
Positive Sicht auf Weiterentwicklung der Managementansätze	Keine Konkurrenz bezüglich der Managementansätze
Empfehlung als Standardwerk	
Publikation als Add-On zu neuen Projektmanagementstandards und nicht in Konkurrenz zu Zertifizierungsinhalten stehend wahrnehmen	
Kooperation bei Events zur Präsentation der Managementinnovationen	
Prozessbezogene Erwartungen	
Unterstützung in der Vermarktung des Buchs	keine Mitarbeit bei der Erstellung der Publikation
	Übliche Unterstützung bei der Vermarktung der Publikation

Strategie
Entsprechend Information nach Vorliegen des Buchs
Maßnahmen
Bereitstellen der Publikation
Einladung zur Buchpräsentation
Gemeinsame Planung der Unterstützung der Vermarktung

Abb. I16: Analyse einer Projektstakeholderbeziehung

Aus der Analyse der wechselseitigen Erwartungen konnten eine Strategie und Maßnahmen zum Gestalten der Beziehungen zu den Projektmanagementvereinigungen abgeleitet werden. Es wurde offensichtlich, dass erst in der späteren Phase des Vermarktens Maßnahmen sinnvoll waren.

Auf Basis der initialen Analyseergebnisse des Projektinitiierens kann eine detaillierte Projektstakeholderanalyse durch das Projektteam im Rahmen eines Projektstartworkshops erfolgen. Das aktive Einbeziehen von Vertretern von Stakeholdern ist dabei möglich. Die Kommunikation der erzielten Ergebnisse, vor allem der Bewertung der Stakeholderbeziehungen, ist selektiv vorzunehmen.

Kontext „Projektstakeholder" analysieren: Management for Stakeholders

Freeman et al. unterscheiden ein „Management of Stakeholders" und ein „Management for Stakeholders".[3] Relevant für diese Unterscheidung sind die „Breite" der Definition von Stakeholdern und die Art der Interaktion einer Organisation mit den Stakeholdern. Der oben beschriebene Ansatz des Projektstakeholdermanagens entspricht grundsätzlich einem „Management of Stakeholders", da die Projektsicht und die Projektinteressen im Vordergrund stehen. Die Berücksichtigung der Prinzipien der nachhaltigen Entwicklung stellt aber eine Weiterentwicklung des „traditionellen" Ansatzes dar. Im Folgenden werden Möglichkeiten zur Weiterentwicklung des Projektstakeholdermanagens aufgrund eines expliziten „Management for Stakeholders" aufgezeigt.

Die Differenzierung von Stakeholdern und Nicht-Stakeholdern bestimmt die „Breite" der Definition von Stakeholdern. Freeman definiert Stakeholder" als „any group or individual who can affect or is affected by the achievement of the organization's objectives".[4] Als Projektstakeholder wahrgenommen zu werden und damit Managementaufmerksamkeit zu erlangen, ist daher nicht nur von den Interessen eines Projekts, sondern auch von den Interessen von Organisationen, Gruppen oder Individuen an einem Projekt abhängig. Projektstakeholder haben eigene Interessen und Ansprüche und sind nicht nur Mittel zum Zweck von Projekten.

Als Projektstakeholder sind daher nicht nur Organisationen, Gruppen und Individuen zu identifizieren, die ein Projekt unterstützen oder einem Projekt schaden können, sondern auch jene, die Nutzen von einem Projekt haben oder die Schaden durch ein Projekt erleiden können. Auch Organisationen, Gruppen und Individuen, die durch die Beeinflussung anderer Stakeholder ein Projekt indirekt unterstützen bzw. einem Projekt indirekt schaden können, sind zu berücksichtigen. Ein „Management for Stakeholders" setzt daher eine breite Definition von Stakeholdern voraus.

Stakeholder haben ein Recht, Managementaufmerksamkeit zu bekommen.[5] Das Ausmaß der Managementaufmerksamkeit, die ein Projektstakeholder erhält, drückt sich vor allem in der Art der Interaktion zwischen dem Projekt und dem Stakeholder aus. Dabei kann zwischen „Informieren" und „Einen Dialog führen" unterschieden werden. Beim Informieren werden Fakten über ein Projekt und dessen Konsequenzen in Form einer Einwegkommunikation vermittelt. Beim Kommunizieren in Dialogform erfolgt ein Informationsaustausch, es werden von Vertretern des Projekts und von Projektstakeholdern Workshops und Events zum Sichern gemeinsamer Sichtweisen durchgeführt. Stakeholder werden in die Managementstrukturen von Projekten einbezogen, um ihre Bedürfnisse kennen und verstehen zu lernen. Ein aktives Stakeholder Engagement wird betrieben. „Engaging Stakeholders" bedeutet Maßnahmen zu treffen, die Stakeholder die aktive Teilnahme an Aktivitäten ermöglichen.[6]

3 Vgl. Freeman, R. E. et al., 2007.
4 Freeman, R. E., 1984, S. 46.
5 Vgl. Julian et al., 2008.
6 Vgl. Greenwood, H., 2007.

Als ein Beispiel für das Einbeziehen von und das Kommunizieren mit Projektstakeholdern ist der „Stakeholder Engagement Plan" des Projekts „Windpark Dorobantu implementieren" der OMV Petrom in Rumänien in der Abbildung I17 dargestellt.[7] Die im Inhaltsverzeichnis unter 7.2 gelistete „Grievance Procedure" zur Abwicklung von Beschwerden ist in der Abbildung I18 dargestellt. Daraus werden die formalen Strukturen zur Gestaltung der Stakeholderbeziehungen sichtbar.

Table Of Contents

1 Introduction
- 1.1 Objectives of the Stakeholder Engagement Plan
- 1.2 Project Programme

2 Regulatory Requirements
- 2.1 National Requirements of Romania
- 2.2 Good International Practice

3 Previous Stakeholder Engagement
- 3.1 Previous Stakeholder Engagement for Dorobantu Wind Park

4 Future Stakeholder Engagement
- 4.1 Future Stakeholder Engagement for Dorobantu Wind Park

5 Stakeholder Indentification and Analysis

6 Disclosure of Information
- 6.1 The types of information to be disclosed
- 6.2 Location of Information
- 6.3 Communication during Construction and Operation

7 Grievance Mechanism
- 7.1 General
- 7.2 Procedure

Abb. I17: „Stakeholder Engagement Plan" des Projekts "Windpark Dorobantu implementieren" (Inhaltsverzeichnis)

Die Ressourcen zum Stakeholdermanagen, um Nutzen für das Projekt und für Projektstakeholder zu sichern bzw. um Schäden zu reduzieren, sind begrenzt. Ein „Management of Stakeholders" ist daher mit einem „Management for Stakeholders" zu kombinieren. Eine entsprechende Balance ist zu finden. Man darf im Projektstakeholdermanagen nicht den Fokus verlieren. Dazu sind Priorisierungen vorzunehmen. Die Aufmerksamkeit, die dem Management einer Stakeholderbeziehung gegeben wird, ist laut Mitchell et al. von der Macht des Stakeholders, der Legitimität und der Dringlichkeit des Anspruchs abhängig. Mitchell et al. unterscheiden Stakeholder in Abhängigkeit von „the stakeholder's power to influence the firm, the legitimacy of the stakeholder's relationship with the firm, and the urgency of the stakeholder's claim on the firm."[8]

7 Gareis, R. et al., 2013, S. 105.

8 Mitchell, R. K. et al., 1997, S. 854.

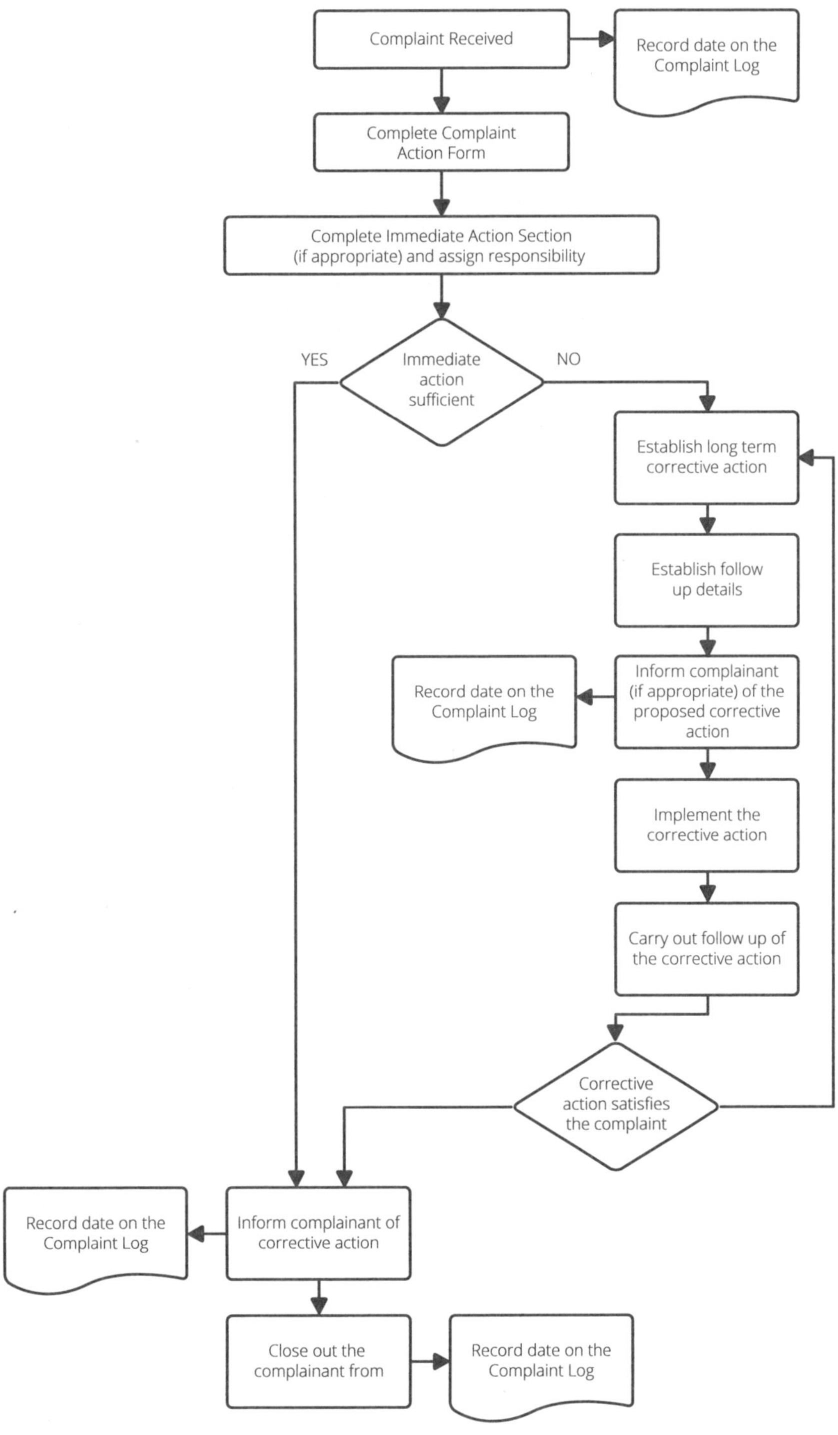

Abb. I18: „Grievance Procedure" des Projekts „Windpark Dorobantu implementieren"

Ein Vergleich der Ansätze „Management of Stakeholders“ und „Management for Stakeholders“ findet sich in der Tabelle I18.

	Management of Stakeholders	Management for Stakeholders
Wahrnehmung der Stakeholder	> Stakeholder sind Instrumente zur Erreichung von Zielen > Stakeholderinteressen werden für die Erreichung der Projektziele als störend betrachtet	> Stakeholder sind Quellen von Ideen > Stakeholder werden als Co-Kreatoren involviert, um Ziele zu erreichen, von denen viele Stakeholder profitieren
Berücksichtigte Stakeholder	> Nur wichtige Stakeholder werden berücksichtigt > Der wichtigste Stakeholder ist der Investor	> Viele Stakeholder werden berücksichtigt > Die unterschiedlichen Interessen der Stakholder werden berücksichtigt.
Konfliktverständnis	> Konflikte sind schlecht und sind zu vermeiden	> Konflikte sind inherent. > Eine Kultur, die mit Widersprüchen umgehen kann, ist erforderlich
Werte	> Starke ökonomische Orientierung > Eher kurzfristige Orientierung > Geringe Berücksichtigung ethischer Prinzipien	> Berücksichtigung der Prinzipien der nachhaltigen Entwicklung, wie ökonomisch, ökologisch und sozial orientiert, kurz-, mittel- und langfristig orientiert > Berücksichtigung ethischer Prinzipien, wie Fairness, Transparenz und Mitwirkung
Herausforderungen	> Erzielen nachhaltiger Lösungen	> Hohe Managementkomplexität, langsamer Entscheidungsprozess

Tab. I18: Vergleich Ansätze „Management of Stakeholders“ und „Management for Stakeholders“

I6 Methoden: Projektorganisation designen, Projektkultur entwickeln, Projektpersonal im Projekt managen

I6.1 Projektorganisation designen

Projektorganisation designen: Überblick

Die traditionellen Formen der Projektorganisation, neue Elemente zum Designen von Projektorganisationen, das Gestalten von Projektorganigrammen und die Beschreibung von Projektrollen werden im Kapitel G, Konzepte zur Teamarbeit und zum Führen in Projekten werden im Kapitel H behandelt. Auf diesen Konzepten wird bei der Beschreibung der folgenden Methoden aufgebaut:

> Projektauftrag erstellen,
> Projektrollen definieren,
> Projektorganigramm erstellen,
> Projektfunktionendiagramm erstellen,
> Projektkommunikation planen und
> Projektregeln definieren.

Das Designen einer Projektorganisation ist ein kreativer Prozess. Durch eine adäquate Organisation zur Durchführung eines Projekts werden Wettbewerbsvorteile geschaffen. Die Projektorganisation ist beim Projektstarten zu designen. Dabei kann auf die initialen Pläne aus der Projektinitiierung zurückgegriffen werden.

Die Projektorganisation verändert sich im Projektablauf. Eventuell werden zusätzliche Projektteammitglieder benötigt, verändert sich die Häufigkeit der Projektteamsitzungen, sind Projektregeln zu ergänzen etc. Solche Adaptionen erfolgen, um die Effizienz eines Projekts zu steigern. Sie sind das Ergebnis von Reflexionsprozessen im Projekt. Die Projektorganisation ist daher Gegenstand des „social“ Projektcontrollings. Grundlegende Veränderungen einer Projektorganisation werden beim Transformieren eines Projekts notwendig.

Projektauftrag erstellen: Definitionen und Beispiel

In einem Projektauftrag werden die Vereinbarungen zwischen dem Projektauftraggeber und dem Projektmanager bzw. dem Projektteam zusammengefasst. Der Projektauftrag sollte folgende Informationen beinhalten: Projektstarttermin und Projektendtermin, Projektziele und Nicht-Projektziele, Projektphasen, Projektkosten und eventuell Projekterträge, Projektauftraggeber, Projektmanager und Projektteammitglieder, Zusammenhänge mit anderen Projekten und wesentliche Projektstakeholder. Als Beispiel ist in der Tabelle I19 der Projektauftrag des Projekts „Values4Business Value entwickeln“ dargestellt.

Fallstudie: Values4Business Value entwickeln – Projektauftrag

Projektauftrag
Values4Business Value entwickeln

V. 1.001 v. S. Füreder per 5.10.2015

Projektstarttermin:	05.10.2015	Projektendtermin:	31.03.2017
Projektstartereignis	1.1.1 Projekt beauftragt	Projektendereignis (formal)	1.1.7 Projekt abgenommen

Hauptziele
Dienstleistungs- und marktbezogene Projektziele
RGC Managementansätze durch Innovationen (Werte und Managementansätze, Nachhaltig entwickeln, Agile Ansätze, Benefits Realization Management, Anforderungsmanagement, Business Modelling) weiterentwickelt.
RGC Managementansätze in Buch (Hardcover und E-Book) "PROJEKT.PROGRAMM.CHANGE" dokumentiert
Praxisbezug der weiterentwickelten RGC Managementansätze und Leserfreundlichkeit des Buchs durch Peer Reviews und Layoutoptimierungen sichergestellt
Dienstleistungen (Consulting, Training, Events, Vorträge) und Produkte (sProject, Bücher) durch Optimierung der Prozesse und Hilfsmittel weiterentwickelt
Weiterentwickelte Dienstleistungen und Buch "PROJEKT.PROGRAMM.CHANGE" in Deutschland, Österreich und der Schweiz erstvermarktet; weitere Vermakrtung geplant
Organisations- und personalbezogene Projektziele
Management weiterentwickelt
Personal weiterentwickelt
Infrastruktur- und finanzenbezogene Projektziele
Grundlagen zur Steigerung der Umsätze bei RGC Dienstleistungen und RGC Produkten geschaffen
Stakeholderbezogene Projektziele
Manz Kooperation fortgesetzt
Verlagspartner C.H. Beck (Deutschland) und Stämpfli (Schweiz) eingebunden
Kunden durch weiterentwickelte Managementansätze gebunden
MitarbeiterInnen durch Mitwirkung inhaltlich weiterentwickelt
Peer Reviewer eingebunden
Nicht-Ziele
Englische Buchversion entwickelt
Advanced-Seminare weiterentwickelt

Projektphasen:	Projektbudget:
1.1 Projekt managen	Projektkosten
1.2 Prototyping und weiter planen	
1.3 Kapitel A-F entwickeln	381.000.-
1.4 Kapitel G-L entwickeln	
1.5 Marketing und E-Book planen, sonstige Buchinhalte erstellen	Proejkterträge
1.6 Kapitel M-Q entwickeln	
1.7 Hardcover und E-Book produzieren	
1.8 Dienstleistungen, Produkte, Management weiterentwickeln	30.000.-
1.9 Erstvermarktung Buch und Dienstleistungen	
Projektauftraggeber:	R. Gareis, L. Gareis
Projektmanagerin:	S. Füreder
Product Owner Team:	R. Gareis, L. Gareis
Projektteammitglieder:	
PTM Prototyping S. Füreder	
PTM Weiterentwicklung Dienstleistungen L. Gareis	
PTM Kapitelentwicklung R. Gareis	
Beziehungen zu anderen Projekten	**Wesentliche Stakeholder**
Kundenprojekt A	Projektauftraggeber
Kundenprojekt B	Projektmanagerin
Sales 16	RGC Consultants
Event HP 16	Verlage
	Grafikdesignerin

Projektauftraggeber　　　　Projektmanagerin

Tab. I19: Projektauftrag des Projekts „Values4Business Value entwickeln"

Projektauftrag erstellen: Ziele und Vorgehensweise

Der Projektauftrag hat die Dokumentation der zwischen dem Projektauftraggeber, dem Projektmanager und dem Projektteam im Projektstartprozess getroffenen Vereinbarungen zum Ziel. Deren Nachvollziehbarkeit soll gesichert werden.

Grundlage für die Erstellung des Projektauftrags stellt die Detaillierung und Ergänzung der initialen Projektpläne im Zuge des Projektstartens dar. Die Überarbeitung der Projektpläne durch das reale Projektteam macht auch eine Anpassung des Projektauftrags am Ende des Projektstartens notwendig. Die iterative Erstellung des Projektauftrags während der Projektinitiierung und des Projektstartens sichert dessen Qualität. Der Projektauftrag sollte in schriftlicher Form erstellt werden. Zum Symbolisieren des Empowerments des Projektteams sollte der Projektauftraggeber das Projektteam und nicht nur den Projektmanager mit der Projektdurchführung beauftragen.

Projektrollen definieren: Definition und Beispiel

Eine Projektrolle ist ein aufbauorganisatorisches Element eines Projekts. Es kann zwischen Individualrollen (z. B. Projektmanager oder Projektteammitglied) und Teamrollen (z. B. Projektauftraggeberteam und Projektteam) unterschieden werden. Projektrollen sind zu definieren und personell zu besetzen. Die Erwartungen an die unterschiedlichen Projektrollen bestehen unabhängig von deren personeller Besetzung. Als Beispiel für die Definition von Projektrollen und deren personelle Besetzung ist die Projektrollenliste des Projekts „Values4Business Value entwickeln" in der Tabelle I20 dargestellt.

Projektrollen definieren: Ziele und Vorgehensweise

Ziel der Definition von Projektrollen ist die Identifikation aller Projektrollen, die für die Durchführung eines Projekts benötigt werden. Dabei sind Individualrollen und Teamrollen zu berücksichtigen. Auf die Vollständigkeit der Definition der Projektrollen ist zu achten. Die Projektrollen sind projektspezifisch zu bezeichnen, es sind daher nicht die Bezeichnungen der Rollen, welche die Projektrollenträger in der Stammorganisation haben, zu verwenden.

Durch die definierten Projektrollen sollen Durchführungsverantwortungen für alle Arbeitspakete übernommen werden können. Das bedeutet, dass auch unternehmensexterne Partner Projektrollen wahrnehmen können. In den frühen Phasen des Projekts „Values4Business Value entwickeln" wurden z. B. die Rollen „PMA Grafikdesign", „PMA Buchproduktion, Vertrieb" durch einen Lieferanten bzw. einen Projektpartner wahrgenommen.

Projektrollen können durch die Darstellung der Ziele der Rolle, von deren organisatorischer Eingliederung und der durch die Rolle zu erfüllenden Aufgaben beschrieben werden. Durch die Beschreibung von Projektrollen erlangen die Projektrollenträger Klarheit bezüglich ihrer Aufgaben und der Zusammenarbeit mit anderen Projektrollen. Beschreibungen von Projektrollen können standardisiert werden. Im Kapitel G finden sich Standardrollenbeschreibungen für alle Projektrollen. Obwohl diese Beschreibungen grundsätzlich generell gültig sind, können sie bei Bedarf projektspezifisch angepasst werden. Diese Adaptionen sollen durch das Projektteam erfolgen, um gemeinsam die Erwartungen an einzelne Rollen zu klären. Die definierten Projektrollen stellen die Grundlage für die Entwicklung eines Projektorganigramms dar.

Fallstudie Values4Business Value entwickeln – Projektrollenliste (für die frühen Projektphasen)

Projektrollenliste
Values4Business Value entwickeln

Projektrolle	Name
Projektauftraggeber	R. Gareis; L. Gareis
Projektmanagerin	S. Füreder
Product Owner Team	R. Gareis, L. Gareis
PTM Prototyping	S. Füreder
PTM Weiterentwicklung Dienstleistungen	L. Gareis
PTM Kapitelentwicklung	R. Gareis
Subteam Prototyping	
PMA Consulting und Produkte	R. Gareis
PMA Vorträge	L. Gareis
PMA Seminare	M. Stummer, W. Seidler
PMA Dokumentation	K. Ludat
PMA Oragnisation	V. Riedling
Subteam Kapitelentwicklung	
PMA Visualisierungen	L. Weinwurm
PMA Recherche	P. Ganster
PMA Kapitelentwicklung	L. Gareis
PMA Fallstudie Kooperationspartner 1	F. Mahringer
PMA Fallstudie Kooperationspartner 2	M. Paulus
Peer Review Group	
PMA Buchproduktion, Vertrieb	C. Dietz
PMA Grafikdesign	M. Riedl

Legende:
PTM...Projektteammitglied
PMA...Projektmitarbeiter

Tab. I20: Projektrollenliste des Projekts „Values4Business Value entwickeln"

Die Projektorganisation des Projekts „Values4Business Value entwickeln" veränderte sich im Zeitablauf. In der Liste sind die Rollen für die frühen Projektphasen „Prototyping und planen" sowie „Kapitel A–F erstellen" dargestellt. Aus dem Projektorganigramm in der Abbildung I19 sind die Rollen und deren Beziehungen zueinander ersichtlich.

Projektorganigramm erstellen: Definition und Beispiel

Ein Projektorganigramm ist ein Organisationsschaubild zur Darstellung der Aufbauorganisation eines Projekts. In einem Projektorganigramm werden die Rollen der Projektorganisation und deren Beziehungen zueinander dargestellt. Als Beispiele werden in den Abbildungen I19 und I20 Projektorganigramme des Projekts „Values4Business Value entwickeln" dargestellt.

Fallstudie: Values4Business Value entwickeln – Projektorganigramme

Aus den beiden Organigrammen wird die Evolution der Projektorganisation im Zeitablauf ersichtlich. Für die späten Projektphasen wurden zusätzliche Projektrollen definiert, Rollen der frühen Phasen, wie z. B. das Subteam „Prototyping und planen", wurden aufgelöst.

In beiden Projektorganigrammen wurden aufgrund des Einbezugs externer Projektpartner integrierte Projektorganisationen designed.

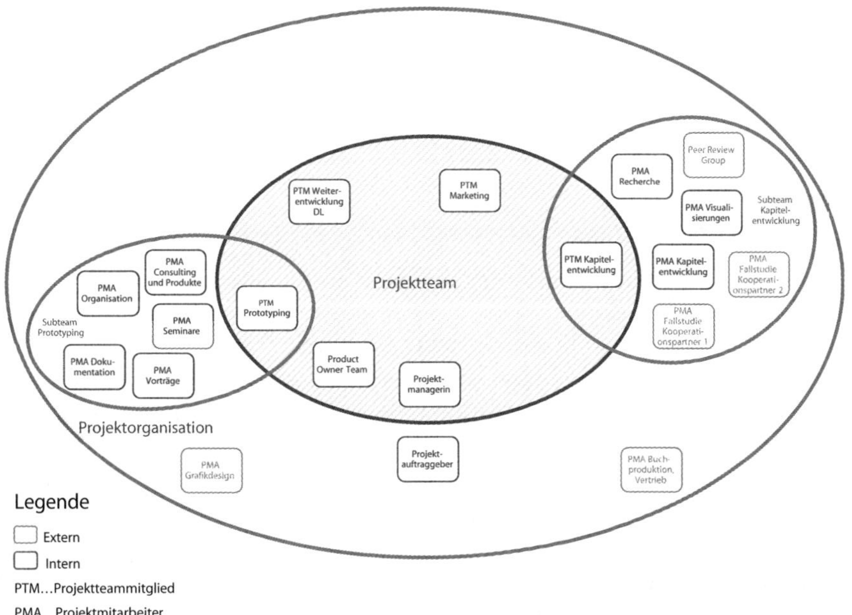

Abb. I19: Projektorganigramm des Projekts „Values4Business Value entwickeln" – frühe Projektphasen

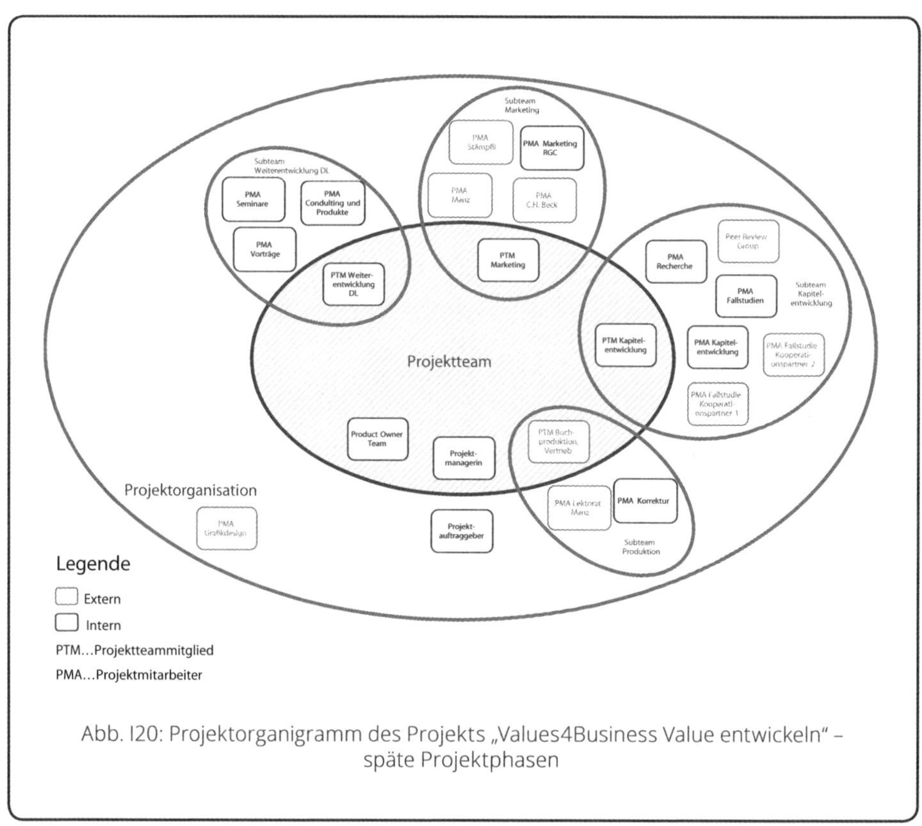

Abb. I20: Projektorganigramm des Projekts „Values4Business Value entwickeln" – späte Projektphasen

Projektorganigramm erstellen: Ziele und Vorgehensweise

Ziel der Erstellung eines Projektorganigramms ist die Visualisierung der Aufbauorganisation eines Projekts. Es werden die Projektrollen und die wesentlichen Beziehungen zwischen den Rollen dargestellt. Zusätzlich können auch die Namen der Projektrollenträger im Projektorganigramm sichtbar gemacht werden. Ein Projektorganigramm soll den Mitgliedern der Projektorganisation Orientierung für die Projektarbeit geben.

Für die Erstellung eines Projektorganigramms können Standardprojektorganigramme (siehe z. B. Abb. G10) als Grundlage verwendet werden. Die Beziehungen zwischen Projektrollen können im Organigramm exemplarisch dargestellt werden. Es ist kein Anspruch auf Vollständigkeit zu erheben. Es soll aber die Menge der Beziehungen und damit die Komplexität des Projekts zum Ausdruck kommen. Die Kommunikationsbeziehungen werden auch aus einem zusätzlich zu erstellenden Projektkommunikationsplan ersichtlich.

Projektfunktionendiagramm erstellen: Definitionen und Beispiel

Ein Projektfunktionendiagramm zu erstellen, ist eine Methode zum Planen der Zusammenarbeit der Projektrollen zur Erfüllung einzelner Arbeitspakete eines Projekts. Ein Funktionendiagramm ist ein Instrument zum Konfliktmanagement. Etwaige Konflikte bezüglich der Erfüllung einzelner Arbeitspakete können frühzeitig identifiziert und bereits vor Eintreten des Konfliktfalls behandelt werden.

Das Funktionendiagramm ist ein integrierendes Planungsinstrument. Die Ergebnisse der Projektstrukturplanung, der Rollendefinition und der Projektstakeholderanalyse werden bei der Planung der Erstellung zusammengeführt. Dabei können die Vollständigkeit und der Detaillierungsgrad dieser Projektpläne überprüft werden.

Projektfunktionendiagramme sind Matrixdarstellungen. In den Zeilen der Matrix finden sich die Arbeitspakete und in den Spalten die Projektrollen bzw. die Projektstakeholder. In den Kreuzungsfeldern der Matrix sind die von den Projektrollenträgern bzw. Stakeholdern jeweils wahrzunehmenden Funktionen dargestellt. Als Beispiel eines Projektfunktionendiagramms ist in der Tabelle I21 ein Ausschnitt des Funktionendiagramms des Projekts „Values4Business Value entwickeln" dargestellt.

Projektfunktionendiagramm erstellen: Ziele und Vorgehensweise

Ziel des Erstellens eines Projektfunktionendiagramms ist das Regeln der Zusammenarbeit der Mitglieder der Projektorganisation und von Vertretern von Stakeholdern bei der Erfüllung einzelner Arbeitspakete.

Der Projektstrukturplan, die Projektrollen und die Projektstakeholder stellen die Grundlagen für die Erstellung des Funktionendiagramms dar. Jene Arbeitspakete, die bei der Erstellung des Funktionendiagramms berücksichtigt werden sollen, sind auszuwählen. Arbeitspakete, für die die organisatorischen Zuständigkeiten grundsätzlich klar sind oder zu deren Erfüllung keine Kooperationen zwischen Projektrollenträgern notwendig sind, brauchen nicht berücksichtigt werden. Dadurch kann der Planungsaufwand gering gehalten werden. Der Fokus sollte auf bezüglich der organisatorischen Zuständigkeiten unklaren Arbeitspaketen liegen.

Das Erstellen eines Funktionendiagramms erfolgt durch

> Listen zu berücksichtigender Arbeitspakete als Zeilen des Funktionendiagramms,
> Listen der Projektrollen und Projektstakeholder als Spalten des Funktionendiagramms und
> Eintragen der Funktionen bezüglich der Erfüllung der Arbeitspakte durch Codes in die Kreuzungsfelder der Matrix.

Fallstudie: Values4Business Value entwickeln – Projektfunktionendiagramm

Funktionendiagramm

Values4Business Value entwickeln

V. 1.001 v. S. Füreder per 5.10.2015

PSP-Code	Legende D...durchführen M...mitarbeiten I...wird informiert K...koordiniert Prozessaufgaben	Rollen								
		Projektmanagerin	Projektauftraggeber	Product Owner Team	PTM Prototyping	PTM Kapitelentwicklung	Subteam Kapitelentwicklung	PTM Marketing	PTM Weiterentwicklung DL	PTM Buchproduktion, Vetrieb
...	....									
1.3.2.1	Iteration 1 planen	I		M		K	D			
1.3.2.2	Inhalt Kapitel A recherchieren	I				K	D			
1.3.2.3	Erstansatz Kapitel A entwickeln	I				K	D			
1.3.2.4	Erstansatz Kapitel A abnehmen	I	I	D		K	M			
1.3.2.5	Kapitel A fertigstellen	I				K	D			
1.3.2.6	Kapitel A abnehmen und reflektieren	I	I	D		K	M			
1.3.2.7	Backlog controllen	I		D		K	M			
...	...									

Tab. I21: Ausschnitt des Projektfunktionendiagramms des Projekts „Values4Business Value entwickeln"

Zur Bezeichnung einzelner Funktionen können unterschiedliche Codes verwendet werden. Zum leichteren Verständnis empfiehlt es sich, sprechende Buchstabencodes und keine Zahlencodes zu verwenden. Es sollten nicht mehr als vier bis fünf verschiedene Codes verwendet werden.

Aus der Analyse der Zeilen des Funktionendiagramms wird ersichtlich, welche Kooperationen zur Erfüllung einzelner Arbeitspakete notwendig sind. Aufgrund einer Spaltenanalyse kann die projektbezogene Arbeitsbelastung einzelner Projektrollen festgestellt werden.

Die Kommunikation im Projektteam bei der Erstellung des Funktionendiagramms über die Abgrenzungen der einzelnen Arbeitspakete und über die möglichen organisatorischen Zuständigkeiten ist ein wesentliches Ziel des Erstellungsprozesses. Dabei sichtbar werdende potenzielle Konflikte können im Projektteam behandelt werden. Wesentliche Rollenträger sind daher im Erstellungsprozess einzubeziehen. Für repetitive Projekte können Standard-Funktionendiagramme entwickelt und eingesetzt werden. Diese Standards sind jeweils projektspezifisch zu adaptieren.

Projektkommunikation planen: Definitionen und Beispiel

In der Projektkommunikation kann zwischen der Kommunikation in der Projektorganisation und der Kommunikation mit projektexternen Stakeholdern unterschieden werden. Grundsätzlich können diese Projektkommunikationen digital oder analog erfolgen. Digitale Medien, die eingesetzt werden können, sind das Intranet, E-Mails, elektronische Newsletter, Postings in Social Media etc.

Formate für die persönliche Kommunikation, die entweder „Face-to-face" oder virtuell erfolgen kann, sind Einzelgespräche, Sitzungen, Workshops und Präsentationen (siehe Kap. F). Diese Formate, die als Führungsinstrumente zu verstehen sind, können nach Bedarf kombiniert werden. Mithilfe eines Projektkommunikationsplans können die in einem Projekt zum Einsatz gelangenden Kommunikationsformate hinsichtlich ihrer Art, Ziele, Teilnehmer und Häufigkeit geplant werden. In der Abbildung I21 ist der Kommunikationsplan des Projekts „Values4Business Value entwickeln" differenziert für die Kommunikation in der Projektorganisation und die Kommunikation mit Projektstakeholdern dargestellt.

Projektkommunikation planen: Ziele und Vorgehensweise

Ziel des Planens der Projektkommunikation ist es, die Kommunikationsformate und Medien differenziert für die Kommunikation in der Projektorganisation und die Kommunikation mit Projektstakeholdern festzulegen. Die Strukturen zur Projektkommunikation haben eine wesentliche integrative Funktion in Projekten, sie ermöglichen auch das Steuern der „Energie" im Projekt.

Mithilfe eines Projektkommunikationsplans können die Ziele, die Teilnehmer und die Häufigkeiten von Kommunikationsformaten geplant und vereinbart werden. Zur Orientierung für alle Teilnehmer der Kommunikationsformate sollten die Termine für Sitzungen und Workshops mittelfristig vereinbart werden. Bei Bedarf können zusätzliche Sitzungen einberufen werden.

Fallstudie: Values4Business Value entwickeln – Projektkommunikationsplan

Projektkommunikationsplan
Values4Business Value entwickeln

V. 1.001 v. S. Füreder per 5.10.2015

Kommunikation in der Projektorganisation				
Meeting	**Inhalt**	**TeilnehmerInnen**	**Häufigkeit**	**Zuständigkeit**
Projektstartworkshop	Start des Projekts; Erstellung Projekthandbuch; gemeinsame Sichtweise schaffen	Projektauftraggeber, Projektmanagerin, Projektteammitglieder	1x	Projektmanagerin
Projektteamsitzung	Koordination des Projektteams; Diskussion inhaltlicher Zusammenhänge	Projektmanagerin, Projektteammitglieder	1x/ Monat	Projektmanagerin
Projektauftraggebersitzung	Diskussion Projektstatus; Entscheidungsfindung	Projektauftraggeber, Projektmanagerin, bei Bedarf ausgewählte Projektteammitglieder	1x/Monat	Projektmanagerin
Subteamsitzung	Koordination des Subteams; Behandlung inhaltlicher Themen	Projektteammitglied, ProjektmitarbeiterInnen des jeweiligen Subteams	nach Bedarf	Projektteam-mitglieder
Projekt Standup Meetings	Informationsaustausch	Projektteammitglieder, Subteams	nach Bedaerf, mind. 1x/Woche	Projektmanagerin
Projektabschlussworkshop	Reflexion & Feedback; Auflösung des Projektteams; Klärung verbleibender Aufgaben	Projektauftraggber, Projektmanagerin, Projektteammitglieder	1x	Projektmanagerin
Peer Review Group	Reflexion und Feedback zu den Kapiteln Diskussion inhaltlicher Themen	Projektmanagerin, Projektauftraggeber, Projektteam, Peer Review Group	3x	Projektmanagerin
Kommunikation mit projektexternen Stakeholdern				
Stakeholder	**Kommunikationsformat & Inhalt**	**TeilnehmerInnen**	**Häufigkeit**	**Zuständigkeit**
RGC Kunden	Information über Buchpublikation bei Events des Prototypings und bei RGC Events	PTM Marketing, PTM Weiterentwicklung DL, Eventteilnehmer	je Seminar / Event	PTM Marketing

Abb. I21: Kommunikationsplan des Projekts „Values4Business Value entwickeln"

Zusätzlich zu den üblichen Kommunikationsformaten von Projekten wurden regelmäßig Stand-up Meetings durchgeführt. Diese erwiesen sich für die kurzfristige Koordination als besonders hilfreich.

In den frühen Projektphasen wurde „Values4Business Value" nur an RGC Kunden (Teilnehmer von Seminaren und Events des Prototypings) kommuniziert.

Projektregeln definieren: Definitionen und Beispiel

Zusätzlich zu generellen Organisationsregeln projektorientierter Organisationen, die in Projekten zu befolgen sind, können auch projektspezifische Regeln definiert werden. Diese Projektregeln können sich z. B. auf Unterschriftsberechtigungen, auf finanzielle Entscheidungsbefugnisse, auf die Dokumentation und Ablage, auf das Verhalten im Projekt, den Einsatz von Informations- und Kommunikationstechnik, die Projektkommunikation und auf das Verhalten im Projekt beziehen. Bei Bau- oder Anlagenbauprojekten sind z. B. auch Regeln für den Baustellenbetrieb festzulegen.

Fallstudie: Values4Business Value entwickeln – Projektregeln

Projektregeln
Values4Business Value entwickeln

V. 1.001 v. S. Füreder per 5.10.2015

Regeln zum Einsatz von Informations- und Kommunikationstechnik
sProject zur Projektmanagement Dokumentation einsetzen
MS Office 2013 für Emails und sonstige Abbildungen einsetzen
Grafiken von PTM Grafikdesign im InDesign erstellen
Regeln zur Ablage von Projektdokumenten
Alle Projektdokumente am Dropboxordner "PROJEKT.PROGRAMM.CHANGE" zentral ablegen
Aus ökologischen Gründen elektronische Formate verwenden
Regeln zu Meetings
Meetingprotokolle zu allen Projektsitzungen und Workshops erstellen
Scrum Board wird zur Dokumentation bei Standup Meetings verwendet
Keine Handys, keine Telefonate während den Projektsitzungen
Alle erscheinen pünktlich zu Projektsitzungen
Anwesende sind entscheidungsbefugt
Störungen haben Vorrang
Keine Entsendung von Stellvertretern
Regeln zum Verhalten im Projekt
Neues zulassen und unterschiedliche Sichtweisen ermöglichen
Gemeinsame Verantwortung von Ergebnissen

Abb. I22 Ausschnitt der Projektregeln des Projekts „Values4Business Value entwickeln"

Projektregeln: Ziele und Vorgehensweise

Projektregeln sollen den Mitgliedern der Projektorganisation Handlungsorientierung geben. Die Zusammenarbeit im Projekt soll effizient und kooperativ gestaltet werden.

Der Erstansatz der Projektregeln ist beim Projektstarten vom Projektteam zu erstellen und mit dem Projektauftraggeber zu vereinbaren. Projektregeln sind zu dokumentieren. Aufgrund regelmäßiger Reflexionen des Projektteams im Rahmen des „social" Projektcontrollings sind die Projektregeln bei Bedarf zu adaptieren.

16.2 Projektkultur entwickeln

Projektkultur entwickeln: Definitionen und Beispiele

Als temporäre Organisation hat ein Projekt eine spezifische Kultur. Eine Projektkultur kann aufgrund des Verhaltens der Mitglieder der Projektorganisation sowie der im Projekt eingesetzten Methoden und Kommunikationsformen beobachtet werden. Beobachtbare Elemente der Projektkultur sind ein Projektname, ein Projektlogo, projektspezifische Werte, Projektslogans, aber auch Artefakte, wie z. B. die Projektpläne (siehe Kap. G). Als diesbezügliche Beispiele sind Projektkulturelemente des Projekts „Values4Business Value entwickeln" im Folgenden dargestellt.

Fallstudie: Values4Business Value entwickeln – Elemente der Projektkultur

Projektname

Als Projektname wurde „Values4Business Value entwickeln" aufgrund des Namens der Investition und des Changes „Values4Business Value" gewählt. Dadurch sollte der Zusammenhang zwischen der Investition, dem Change und dem ersten Projekt der Projektekette zum Realisieren des Changes ersichtlich werden. Das Folgeprojekt hatte den Namen „Values4Business Value stabilisieren".

Projektwerte

Die für das Projekt „Values4Business Value entwickeln" handlungsleitenden Werte sind in Abbildung I23 dargestellt.

Projektwerte	
Lösungsbezogen	> Innovativ > Ganzheitlich > Praxisorientiert
Prozessbezogen	> Iterativ > Kontextorientiert

Abb. I23 Lösungsbezogene und prozessbezogene Werte für das Projekt „Values4Business Value entwickeln"

Bei der Definition der projektspezifischen Werte orientierte sich die Projektorganisation an den generellen Managementwerten der RGC. Es wurde zwischen lösungsbezogenen und prozessbezogenen Projektwerten unterschieden. Diese Werte waren für die Strukturierung des Projekts, für wesentliche Projektentscheidungen und für das Verhalten der Mitglieder der Projektorganisation handlungsleitend. Der Wert „ganzheitlich" förderte z. B. die integrative Betrachtung des Projekt-, Programm- und Changemanagens, der Wert „praxisorientiert" führte z. B. zur Einladung der Peer Review Group. Die Projektwerte wurden von den Projektauftraggebern und der Projektmanagerin situativ interpretiert, um Projektentscheidungen nachvollziehbar zu machen.

Projektslogan

Da „Values4Business Value" als Name der Investition und des Changes als Slogan formuliert wurde, konnte dieser auch für das Projekt verwendet werden. In einer späteren Projektphase wurde für diesen Slogan ein Logo in Form eines Wortbilds entwickelt.

Mit dem Slogan „Values4Business Value" wurde der Nutzen der im Projekt erarbeiteten Lösung für RGC Kunden kommuniziert. Damit wurde der Kontext- und Business-Value-Orientierung entsprochen.

Projektartefakte

Wesentliche Artefakte des Projekts waren die Projektpläne und die Projektergebnisdokumente. Die Professionalität im Managen des Projekts „Values-4Business Value entwickeln" konnte durch die Verwendung von Projektplänen an die Mitglieder der Projektorganisation und an die Projektstakeholder vermittelt werden. Das Erscheinungsbild der Projektartefakte war durch die generellen RGC Standards, wie z. B. dem Einsatz der Projektmanagement-Software, vordefiniert.

Projektinfrastruktur

Projektworkshops und Projektmeetings fanden in den Räumen des RGC Office statt, Stand-up-Meetings wurden durch Visualisierungen des Projektstatus auf einer Scrum Board unterstützt.

Projektevents

Im Rahmen des Projekts „Values4Business Value entwickeln" fanden zwei Peer-Review-Group-Workshops statt und eine Buchpräsentation wurde geplant. Die halbtägigen Peer-Review-Group-Workshops (siehe Foto in Abb. I24) fanden in Seminarhotels statt. Die Präsentation des Buchs „PROJEKT.PROGRAMM.CHANGE" wurde in Kooperation mit dem Kommunikationsanbieter A1 geplant.

Abb. I24: Gute Stimmung beim zweiten Peer-Review-Group-Workshop

Projektkultur entwickeln: Ziele und Vorgehensweise

Die Ziele einer expliziten Entwicklung einer Projektkultur werden im Kapitel H beschrieben. Es soll eine projektspezifische Identität geschaffen werden, um Wettbewerbsvorteile zu sichern. Wettbewerbsvorteile werden durch eine klare Abgrenzung eines Projekts von anderen Projekten, durch die Sicherung der (Wieder-) Erkennbarkeit des Projekts und die Förderung der Identifikation der Mitglieder der Projektorganisation mit dem Projekt geschaffen. Die Ergebnisse der Projektkulturentwicklung stellen auch die Grundlage für das Projektmarketing dar.

Das Projektkulturentwickeln benötigt Zeit und Energie. Da Projekte meist zur Durchführung kurz- bzw. mittelfristiger Geschäftsprozesse eingesetzt werden und nach der Projektbeauftragung möglichst schnell mit der inhaltlichen Arbeit begonnen werden soll, ist dieses Defizit an verfügbarer Zeit durch einen hohen Ressourceneinsatz und durch entsprechende Kommunikationsformate beim Projektstarten zu kompensieren. Erstansätze der Projektkulturelemente können aus der Projektinitiierung verfügbar sein.

I6.3 Projektpersonal im Projekt managen

Projektpersonal im Projekt managen: Definitionen und Beispiele

Personen, die Rollen in Projekten bzw. in Programmen wahrnehmen, können als das Projektpersonal einer projektorientierten Organisation bezeichnet werden. Das Rekrutieren, das Disponieren, das Beurteilen, das Entwickeln und das Freisetzen des Projektpersonals haben projektbezogen, aber auch generell, nicht-projektbezogen, zu erfolgen.

Eine nicht-projektbezogene Aufgabe des Managens des Projektpersonals ist das Rekrutieren zukünftiger Mitarbeiter, ohne dass deren Einsatz in einem bestimmten Projekt bereits vorgesehen ist. Weitere nicht-projektbezogene Aufgaben sind das Beurteilen und das generelle Weiterentwickeln von Projektpersonal sowie das Freisetzen von Projektpersonal, wenn die Organisation keinen Bedarf an deren Leistungen mehr hat.

Das Rekrutieren, das Disponieren, das Führen, das Entwickeln und das Freisetzen von Projektpersonal in einem konkreten Projekt sind integrierter Teil des Projektmanagens. Die im Rahmen der Projektmanagement-Teilprozesse zu erfüllenden Aufgaben des Projektpersonalmanagens sind in der Tabelle I22 zugeordnet.

Teilprozesse des Projektmanagens	Projektpersonal im Projekt managen
Projekt starten	> Projektpersonal rekrutieren, disponieren und führen > Anreizsysteme schaffen > Entwicklung planen
Projekt koordinieren	> Projektpersonal führen
Projekt controllen	> Projektpersonal führen, beurteilen und disponieren > Entwicklung controllen
Projekt abschließen	> Projektpersonal führen, beurteilen und freisetzen

Tab. I22: Projektpersonal managen als Aufgaben der Teilprozesse des Projektmanagens

Reflexionen zum projektbezogenen Managen des Projektpersonals beim Projektstarten des Projekts „Values4Business Value entwickeln" werden als Beispiel in der Abbildung I25 dargestellt.

Fallstudie: Values4Business Value entwickeln – Projektpersonal im Projekt managen

Beim Projektstarten des Projekts „Values4Business Value entwickeln" wurden die in der Abbildung I25 dargestellten Aufgaben zum Managen des Projektpersonals durchgeführt.

Projektpersonal managen	Aufgaben
Rekrutieren des Projektpersonals	> Das Projektpersonal wurde vor allem aus dem Pool der RGC Mitarbeiter rekrutiert. > Zwei Mitglieder der Projektorganisation, nämlich die Projektmitarbeiterin „Grafikerin" und der Projektmitarbeiter „Buchproduktion & Vertrieb" kamen von einem Lieferanten bzw. einem Projektpartner.
Disponieren des Projektpersonals	> Das Projektpersonal wurde von der Projektmanagerin bezüglich ihrer Rollen im Projekt mit Hilfe der Projektpläne und der vorhandenen Standardrollen-beschreibungen gebrieft. > Abstimmungen bezüglich der zeitlichen Verfügbarkeit wurden getroffen.
Planen der Personalentwicklung	> Da das Projekt „Values4Business Value entwickeln" Managementinnovationen zum Ziel hatte, gab es für alle Mitglieder der Projektorganisation große Lernchancen. Diese wurden auch von allen Mitgliedern gesehen. > Es wurde geplant, ein explizites Lernen durch regelmäßige Reflexionen im Projekt zu organisieren. > Auch eine Behandlung der Managementinnovationen im Rahmen des jährlichen RGC-internen Workshops „Knowledge Management" wurde vereinbart
Anreize vereinbaren	> Das Lernen zu den Managementinnovationen stellte für alle Mitglieder der Projektorganisation einen wichtigen Anreiz in der Projektarbeit dar. > Es wurde vereinbart, dass das Projekt „Values4Business Value entwickeln" von der Projektmanagerin als Basis für die IPMA Projektmanagement-Zertifizierung verwendet werden konnte.
Projektpersonal führen	> Die Projektmanagerin und das Projektteam wurden im Projektstartworkshop über die Projektkontexte, die Investitionsziele und die Strukturen des Changes „Values4Business Value" informiert. > Die Projektmanagerin entwickelte gemeinsam mit dem Projektteam die Projektpläne und stimmte diese mit den Projektauftraggebern ab.

Abb. I25: Projektbezogenes Managen des Projektpersonals beim Starten des Projekts „Values4Business Value entwickeln"

Projektpersonal im Projekt managen: Ziele und Vorgehensweise

Ziele des Managens des Projektpersonals beim Projektstarten sind das Sichern der für ein konkretes Projekt notwendigen Personen, deren adäquate Disposition zu Projektrollen und eventuell das Planen der Weiterentwicklung sowie das Vereinbaren projektbezogener Anreize mit den für das Projekt rekrutierten Personen (siehe Kap. P).

Projektpersonal kann unternehmensintern oder am externen Personalmarkt rekrutiert werden. Voraussetzungen dafür sind ein klares Design der Projektorganisation, definierte Projektrollen und Anforderungsprofile je Projektrolle.

Projektspezifische Anreize können materieller oder immaterieller Art sein. Das Vereinbaren von Anreizen sollte beim Projektstarten vom Projektauftraggeber gemeinsam mit dem Projektmanager und den Projektteammitgliedern erfolgen. Auch das Vereinbaren projektbezogener Beurteilungen des Projektpersonals und projektbezogene Weiterentwicklungen können beim Projektstarten erfolgen. Die Weiterentwicklung kann „On the job“ und durch ein „Training on the project“ erfolgen. Auch die Disposition von Personen des Projektpersonals nach Abschluss eines Projekts kann beim Projektstarten geplant werden.

Als Hilfsmittel zum Erfüllen der Aufgaben des Personalmanagens im Projekt können Rekrutierungspläne, Beurteilungsformulare und Personalentwicklungspläne verwendet werden. Zum projektbezogenen Weiterentwickeln des Projektpersonals können Trainings und Coachings eingesetzt werden. Ein „Training on the project“ wird spezifisch für die Bedürfnisse eines Projekts durchgeführt. Es hat die Qualifikation von Mitgliedern der Projektorganisation zum Ziel. Ein projektbezogenes Training ermöglicht individuelles und kollektives Lernen. Die Mitglieder der Projektorganisation eignen sich ein gemeinsames Methodenwissen an und lernen eine gemeinsame Sprache. Vereinbarungen von Regeln für die Zusammenarbeit im Projekt können im Rahmen des Trainings getroffen werden.

Ein individuelles Managementcoaching kann für den Projektmanager, für einzelne Projektteammitglieder, aber auch für den Projektauftraggeber sinnvoll sein. Ziel eines projektbezogenen Managementcoachings ist die Unterstützung der Person bei der Erfüllung der jeweiligen Projektrolle. Es sollen die Kompetenzen der Person weiterentwickelt und eventuell die Umsetzung einer Richtlinie zum Projektmanagen gesichert werden (siehe Kap. P). Managementcoaching kann nicht nur für Einzelpersonen, sondern auch für Teams, nämlich für Projektauftraggeberteams, Projektteams und für einzelne Subteams, organisiert werden. Das Coaching eines Teams hat die Entwicklung der Teamkompetenz zum Ziel. Kompetenzen zur gemeinsamen Konstruktion von Wirklichkeiten, zur Sicherung von Verbindlichkeit im Team, zur Lösung von Konflikten und zur Nutzung von Synergien im Team sollen geschaffen werden.

I7 Methode: Projektrisiko managen

Projektrisiko: Definition und Risikoarten in Projekten

Projekte sind aufgrund ihrer relativen Einmaligkeit, Komplexität und Dynamik mit Risiken behaftet. Ein Projektrisiko kann als die Möglichkeit einer negativen oder positiven Abweichung von einem Projektziel definiert werden.[9] Beim Projektrisikomanagen werden vor allem Abweichungen bezüglich der Projektleistungen, der Projekttermine, der Projektkosten und der Projekterträge betrachtet.

Mögliche Differenzierungen von Projektrisiken in Risikoarten sind in der Abbildung I26 dargestellt. Diese Aufstellung kann als grobe Checkliste beim Risikoanalysieren verwendet werden.

Kriterium	Risikoart	Kriterium	Risikoart
Ebene des Projekts	> Projektrisiko > Projektphasenrisiko > Arbeitspaketrisiko	Ursache	> Risiko aus Markt > Risiko aus Organisation > etc.
Ebene des Objekts	> Objektrisiko > Objektteil 1-Risiko > Objektteil 2-Risiko > etc.	Reichweite	> isoliertes Risiko > Risikoverbund
Funktion	> Abhängig von den Projektleistungen (z.B. Engineering-, Beschaffungs-, Installationsrisiko)	Messbarkeit	> messbares Risiko > nicht messbares Risiko
Bereich	> Technisches Risiko > Wirtschaftliches Risiko > Rechtliches Risiko	Abdeckbarkeit	> abdeckbares Risiko > nicht abdeckbares Risiko

Abb. I26: Differenzierung von Projektrisiken

Wenn Risiken voneinander abhängig sind, besteht ein Risikoverbund. Bei Vorliegen eines Risikoverbunds sind die Risiken zusammenzufassen und gemeinsam zu betrachten, um Mehrfachbewertungen zu vermeiden.

Projektrisiken, die während der Projektdurchführung auftreten können, sind von Investitionsrisiken zu unterscheiden. Investitionsrisiken beziehen sich vor allem auf die Phase des Anwendens eines Investitionsobjekts. Diese Risiken sind beim Erstellen einer Kosten-Nutzen-Analyse oder einer Business-Case-Analyse zu identifizieren, zu bewerten und es sind risikopolitische Maßnahmen bezüglich der Investition zu planen.

9 In der Praxis des Projektmanagements ist zu beobachten, dass positive Zielabweichungen nicht als Risiko verstanden und daher in der Risikoanalyse auch nicht berücksichtigt werden. Dadurch gehen wesentliche Potenziale in Projekten verloren.

Projektrisiko managen: Definition und Beispiel

Das Projektrisikomanagen ist eine Projektmanagementaufgabe, die beim Projektstarten und beim Projektcontrollen zu erfüllen ist. Es beinhaltet das Risikoanalysieren, das Planen und Durchführen risikopolitischer Maßnahmen und das Risikocontrollen (siehe Abb. I27). Beim Projektrisikomanagen werden Abweichungen von geplanten Projektleistungen, Projektterminen, Projektkosten und Projekterträgen auf den Ebenen der Arbeitspakete, der Projektphasen und des Projekts betrachtet.

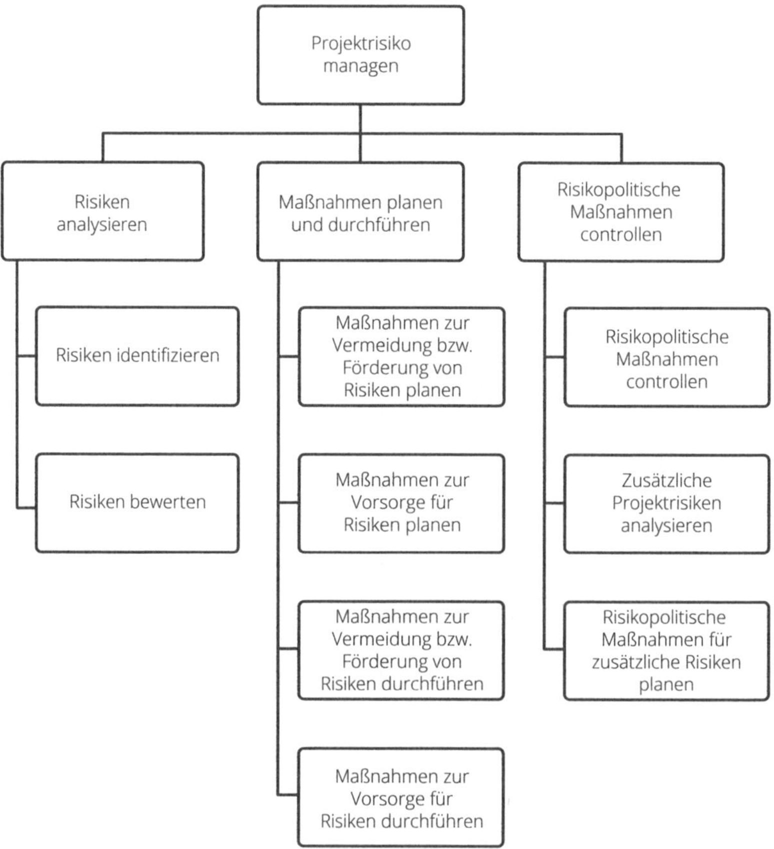

Abb. I27: Aufgaben des Projektrisikomanagens

Beim Planen von risikopolitischen Maßnahmen ist zwischen risikovermeidenden und risikovorsorgenden Maßnahmen zu unterscheiden. Mögliche Maßnahmen zum Vermeiden des Risikos eines Autounfalls sind z. B. die Wahl eines bekannten Weges oder vorsichtiges Fahren. Mögliche Maßnahmen zur Vorsorge für den Fall, dass ein Autounfall passiert, sind z. B. der Abschluss einer Unfallversicherung und das Anlegen von Sicherheitsgurten.

Fallstudie: Values4Business Value entwickeln – Projektrisikoanalyse

Die Ergebnisse der im Projekt „Values4Business Value entwickeln“ durchgeführten Analyse der Projektrisiken und der Planung von risikopolitischen Maßnahmen sind als Beispiel in der Abbildung I28 dargestellt.

Projektrisikoanalyse
Values4Business Value entwickeln

V. 1.001 v. S. Füreder per 5.10.2015

PSP-Code	Projektphase	Projektrisiko	Positive Zielabweichung	Negative Zielabweichung	Maßnahme
1.1	Projekt managen	Leistung: Projektorganisation		Rollenkonflikte durch viele Multirollenträger	Klare Abgrenzung der Rollen
1.2	Prototyping und weiter planen	Termine: Dauer der Phase		Dauerüberschreitung wegen nicht entsprechender Ergebnisse	Einbinden kompetenter Kooperationspartner
1.3, 1.4, 1.6	Kapitel A-Q entwickeln	Leistung: Praxisrelevanz		Zu hoher inhaltlicher Anspruch durch Innovationen für manche Zielgruppen	Einsatz einer Peer Review Group zum Feedback
1.5	Marketing und E-Book planne, sonstige Buchinhalte erstellen	Leistung: Marketing durch Verlage	Neue Kundenkontakte in DACH-Region		Direkte Ansprechpersonen für Marketing bei Verlagen identifizieren
1.9	Erstvermarktung Buch und Dienstleistungen	Leistung: Buchpräsentation	Kooperation für Buchpräsentation mit Industriepartner		Nutzen für Industriepartner definieren

Abb. I28: Analyse der Projektrisiken und Planung risikopolitischer Maßnahmen des Projekts „Values4Business Value entwickeln“

Das Risikomanagen im Projekt „Value4Business Value entwickeln“ erfolgte grob und intuitiv. Im Projektteam wurden zuerst in Form eines Brainstormings mögliche Risiken und deren Abweichungen gelistet. Das Identifizieren erfolgte dann durch die Auswahl der wesentlichsten Projektrisiken. Diese wurden auf der Ebene der Projektphasen dokumentiert. Es erfolgten keine monetären Bewertungen und keine Schätzungen der Eintrittswahrscheinlichkeiten. Zum Management der identifizierten Risiken wurden risikopolitische Maßnahmen geplant und deren Durchführung vereinbart.

Projektrisiko managen: Ziele und Vorgehensweise

Durch das Projektmanagen wird (implizit) dazu beigetragen, negative Abweichungen von Projektzielen zu vermeiden und positive Zielabweichungen zu fördern. Es empfiehlt sich aber zusätzlich zu diesem impliziten auch ein explizites Managen von Projektrisiken.

Die frühzeitige, möglichst vollständige Identifikation möglicher Projektrisiken und die Minimierung negativer bzw. die Optimierung positiver Zielabweichungen sind Ziele des Projektrisikomanagens.

Bezüglich der Vorgehensweise kann zwischen einem detaillierten, einem analytischen und einem groben, intuitiven Managen von Projektrisiken unterschieden werden. Deren Einsatz ist vom erwarteten Ausmaß der Abweichungen und deren Eintrittswahrscheinlichkeiten abhängig. Nur bei erwarteten hohen absoluten Zielabweichungen und hohen Eintrittswahrscheinlichkeiten wird man sich für das detaillierte, analytische Projektrisikomanagen entscheiden (siehe Abb. I29). Für andere Situationen wird in der Regel ein grobes, intuitives Projektrisikomanagen genügen. Ein Beispiel einer groben, intuitiven Analyse für das Projekt „Values4Business Value entwickeln" wurde oben in Abbildung I28 dargestellt.

Abb. I29: Vorgehensweisen beim Projektrisikomanagen

In der Praxis wird ein detailliertes, analytisches Risikomanagen für repetitive Kundenauftragsprojekte am häufigsten eingesetzt. Dort liegen meist Erfahrungswerte für die Risikoanalyse vor und es werden standardisierte Risikoaufschläge zur Risikovorsorge vorgenommen. Unabhängig von der Projektart kann beim Projektstarten auf initiale Ergebnisse des Risikomanagens aus der Projektinitiierung aufgebaut werden.

Identifizieren von Projektrisiken

Die Identifikation von Projektrisiken sollte arbeitspaketbezogen erfolgen, da die Planung und das Controlling von Leistungen, Terminen, Kosten und Erträgen auf der Ebene der Arbeitspakete erfolgen. Daher können auch eventuelle Abweichungen von diesen Zielen auf Arbeitspaketebene analysiert werden. Für eine Risikoanalyse sind nur jene Projektphasen und Arbeitspakete auszuwählen, für die Risiken erwartet werden.

Es ist nicht notwendig, alle Phasen und Arbeitspakete zu berücksichtigen.

Für das Identifizieren von Projektrisiken können andere Projektpläne, wie z. B. der Betrachtungsobjekteplan und die Projektstakeholderanalyse, als projektspezifische Checklisten verwendet werden. Häufig findet man in generellen Risikochecklisten, die auch als Standards Anwendung finden, Kombinationen von arbeitspaket-, betrachtungsobjekte- und stakeholderbezogenen Risiken. Solche Checklisten sind nicht kompatibel mit den sonstigen Projektplänen, ihr Nutzen ist daher beschränkt. Es empfiehlt sich, die Projektpläne als projektspezifisch geschaffene Checklisten zu erkennen und einzusetzen.

Bewerten von Projektrisiken

In der Risikobewertung erfolgen qualitative und eventuell auch quantitative Bewertungen der möglichen Zielabweichungen. Oft genügt eine qualitative Beschreibung der Abweichungen. Eine Quantifizierung der Risiken in Projekten, in Form von Schätzungen der Kosten-, Ertrags- und Terminabweichungen, ist nicht in jedem Fall notwendig.

Die quantitative Bewertung kann monetär, für Kosten und Erträge, und in Zeiteinheiten, für Dauern und Termine, erfolgen. Bewertungen können auch aufgrund anderer Skalen, wie z. B. (sehr) niedrig, mittel und (sehr) hoch, durchgeführt werden. Ein diesbezügliches Beispiel ist in Abbildung I30 dargestellt.

PSP-Code	Arbeitspaket	Risiko	Positive Zielabweichung	Negative Zielabweichung	Ausmaß der Abweichung	Eintritts-wahrscheinlichkeit
1.1	Projektmanagement	Beziehung zu Consultant	Hohes Vertrauen in Leistung		4	h
1.2	Erarbeitung Richtlinien	Erstellungsprozess		Abstimmungsprozesse, keine gemeinsame Sichtweise, unterschiedliche Vorkenntnisse	5	m
		Kompabilität Konzern		Kompabilitätsproblem mit Konzernrichtlinien	2	n
1.3.4	Datenerfassung	Datenqualität		Qualität ungenügend	3	m
		Erarbeitungsprozess	Viele Informationen vorhanden, besonders schnelle Erfassung		4	m
1.3.6	Workshop: Abstimmung Entscheidungsträger	Entscheidungsfindung		langsame Enscheidungsfindung	2	m
1.3.8	Erstellung Konzept für IT-Umsetzung	Kompatibilität Infrastruktur		Standard-Tool mit Infrastruktur nicht kompatibel	1	m
1.4.1	Festlegung: Rollen, Karrierepfad, Zertifizierung	Akzeptanz		Widerstand Betriebsrat, Personalmanagement	3	m
1.4.3	Durchführung Assessment Personal	Akzeptanz		Widerstand Mitarbeiter, Betriebsrat	3	n
1.5	Konzept Aufbauorganisation	Erstellungsprozess		Interessensunterschiede Vetreter F&E, Organisation, Engineering	4	h
...	...					

Legende:
Skala zur Bewertung des Ausmaßes der Abweichung: von 1 (sehr gering) bis 5 (sehr hoch)
Skala zur Bewertung der Eintrittswahrscheinlichkeit: „niedrig", „mittel", „hoch"

Abb. I30: Ausschnitt einer Risikobewertung eines Organisationsentwicklungsprojekts

Zur quantitativen Bewertung der Risiken sind Schätzungen der Eintrittswahrscheinlichkeiten notwendig. Ein diesbezügliches Beispiel einer Risikobewertung aus dem Anlagenbau ist in der Abbildung I31 dargestellt. Dabei wird der Erwartungswert eines Risikos als Produkt der möglichen Risikokosten („finanzieller Schaden") und der Eintrittswahrscheinlichkeit des Schadens ermittelt. Dieser „Erwartungswert" entspricht nicht den durch den Eintritt eines Risikos verursachten Kosten, sondern stellt nur eine statistische Größe dar.

PSP-Code	Arbeitspaket	Risiko	Zielabweichung	Kosten in € 1.000.-	Eintritts-wahrscheinlichkeit	Erwartungswert in € 1.000.-
1160	Konstruktion Gewinde	Konstruktiver Aufwand für Gewinde	Zusätzlicher konstruktiver Aufwand, da geforderte Zugkräfte nicht realisierbar	50,-	50%	25,-
2110	Lieferung Komponente	Lieferzeit	Verzögerung der Lieferzeit, da kein geeigneter Lieferant vorhanden	200,-	30%	60,-
3250	Fertigung Drehwerk	Fertigstellungs-termin	Verzögerung Fertigstellungstermin Drehwerk, da zu hoher Ausschuss, Toleranzen können nicht eingehalten	30,-	70%	21,-
Erwartungswert: Finanzielles Projektrisiko gesamt						**106.-**

Abb. I31: Beispiel aus dem Anlagenbau zur monetären Risikobewertung

Exkurs: Ermittlung von Projektrisiken mithilfe der Wahrscheinlichkeitstheorie

Die Anwendung der Wahrscheinlichkeitstheorie ermöglicht es, die Projektkosten, den Projekterfolg oder die Projektdauer als Wahrscheinlichkeitsverteilungen darzustellen. Dazu werden Arbeitspaketkosten und Erträge bzw. Arbeitspaketdauern als stochastische Größen definiert. Die Kosten und Erträge bzw. Dauern werden als Zufallsvariable angesehen, die durch Wahrscheinlichkeitsverteilungen beschrieben werden können. Bei diesen Wahrscheinlichkeitsverteilungen handelt es sich in der Regel um stetige Verteilungen, da Arbeitspaketkosten oder Dauern innerhalb bestimmter Grenzen jeden Wert annehmen können.

Da für die Projektplanung statistische Daten meist nur im beschränkten Umfang vorhanden sind, werden Wahrscheinlichkeitsdaten in der Regel durch subjektive Schätzungen ermittelt. Diese können Standardwahrscheinlichkeitsverteilungen (z. B. Normalverteilung, Beta-Verteilung oder Gleichverteilung) dargestellt werden. Der Vorteil der Verwendung von Standardverteilungen liegt darin, dass nur wenige Schätzwerte erforderlich sind, um die gesamte Verteilung darzustellen.

Die Bestimmung der Standardverteilungen ist aufgrund von drei Schätzwerten, einem optimistischen, einem häufigsten und einem pessimistischen Schätzwert, in einfacher Weise möglich. Dazu müssen die Wahrscheinlichkeiten, dass der optimistische Wert nicht über- bzw. der pessimistische Wert nicht unterschritten wird, angenommen werden. Diese Daten genügen, um den Erwartungswert und die Varianz (Standardabweichung) der Zufallsvariablen zu errechnen. Die diesbezüglichen Formeln sind in der Abbildung I32 dargestellt.

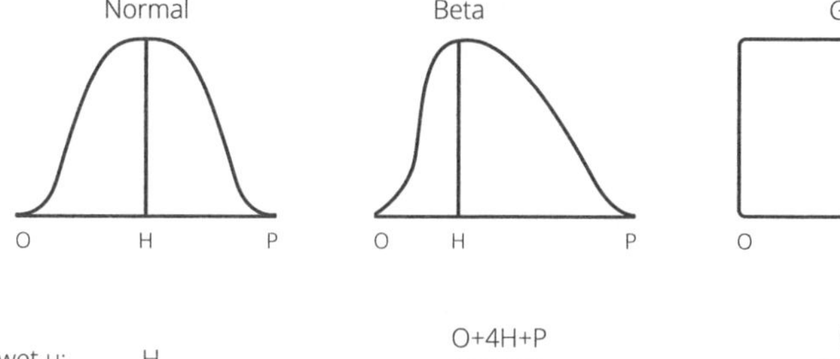

	Normal	Beta	Gleich
Erwartungswet μ:	H	$\frac{O+4H+P}{6}$	$\frac{O+P}{2}$
Varianz σ^2:	$\frac{(H-\mu^2)}{2}$	$\frac{(P-O)^2}{2z}$	$\frac{(P-O)^2}{12}$

Legende:

O = Optische Schätzung
H = Häufigste Schätzung
P = Pessimistische Schätzung
z = Faktor zur Umrechnung der Varianz auf die Werte der Standardnormalverteilung

Abb. I32: Berechnung von Erwartungswerten und Varianzen von Standardverteilungen

Die Erwartungswerte und Varianzen der Projektkosten bzw. Projekterfolge und der Projektdauer können mittels Monte-Carlo-Simulation ermittelt werden. Die dabei errechneten Varianzen stellen Risikokennzahlen dar.

Die Verteilung der Projektkosten, der Projekterfolge bzw. der Projektdauer ist angenähert normal verteilt, da der zentrale Grenzwertsatz besagt, dass die Summe von vielen unabhängigen, beliebig verteilten Zufallsvariablen angenähert normalverteilt ist.[10] Aus Standardnormalverteilungen kann die Wahrscheinlichkeit, dass ein bestimmter Wert der Projektkosten, des Projekterfolgs bzw. der Projektdauer über- bzw. unterschritten wird, berechnet werden.

10 Vgl. Jann, B., 2002, S. 126.

Risikopolitische Maßnahmen in Projekten

Risikopolitische Maßnahmen in Projekten sollen den Eintritt negativer Zielabweichungen vermeiden bzw. deren Folgen durch vorsorgende Maßnahmen vermindern. Andererseits sollen der Eintritt positiver Zielabweichungen bzw. deren Folgen gefördert werden. Risikopolitische Maßnahmen sind zu planen und durchzuführen.

Die Planung von risikopolitischen Maßnahmen setzt die Auswahl jener Risiken, für die Maßnahmen gesetzt werden sollen, bzw. die Definition von Prioritäten zwischen den zu betrachtenden Risiken voraus. Die Auswahl relevanter Risiken kann mithilfe einer Projektrisikomatrix erfolgen. Eine Projektrisikomatrix mit Standardhandlungsanweisungen ist in Abbildung I33 dargestellt. Die Standardhandlungsanweisungen beziehen sich auf unterschiedliche Kombinationen von Zielabweichungen und Eintrittswahrscheinlichkeiten.

Risikopolitische Maßnahmen können in vermeidende oder fördernde und vorsorgende Maßnahmen unterschieden werden. Vermeidende Maßnahmen sollen den Eintritt von negativen Zielabweichungen vermeiden. Vorsorgende Maßnahmen sollen die negativen Folgen im Fall des Eintritts eines Risikos vermindern. Beispiele für vermeidende bzw. fördernde und vorsorgende Maßnahmen sind in der Tabelle I23 dargestellt.

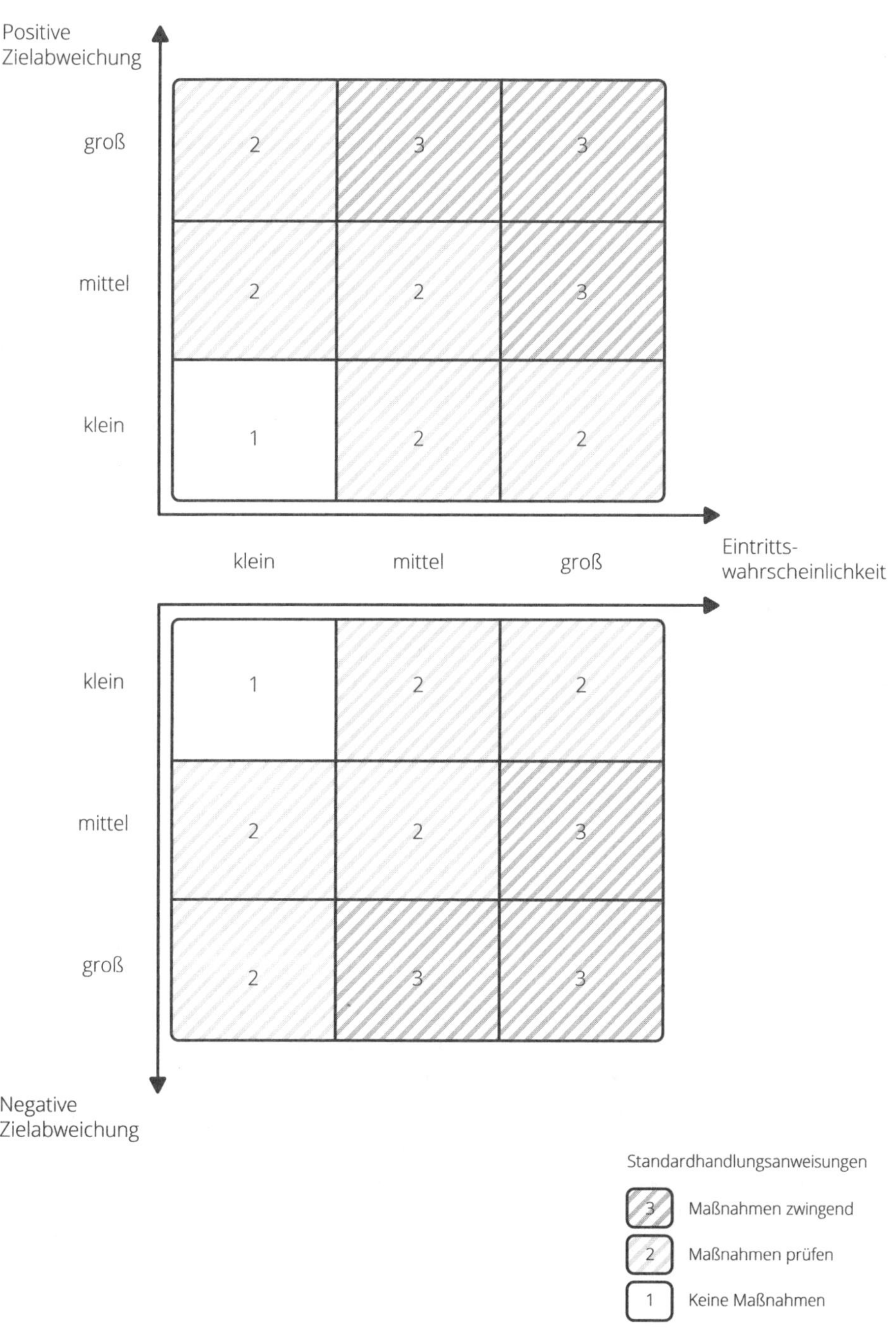

Abb. I33: Projektrisikomatrix mit Standardhandlungsanweisungen

Vermeidende bzw. fördernde Maßnahmen	Vorsorgende Maßnahmen
> Bonitätssicherung bei der Lieferantenauswahl > Einsatz von erfahrenem Projektpersonal > Verwendung bewährter Verfahren und Produkte > Einbezug der vom Projektergebnis betroffenen Stakeholder > Förderung der Kreativität bei Problemlösungen > Etc.	> Risikotransfer an Kunden, Konsorten oder Lieferanten bei der Vertragsgestaltung > Risikoaufschläge in der Kalkulation > Rücklagenbildung > Versicherungsabschlüsse > Schaffung von Redundanzen in den Projektstrukturen > Definition eines Eskalationsmodells für Problemsituationen > Etc.

Tab. I23: Beispiele für Projektrisiken vermeidende bzw. fördernde und vorsorgende Maßnahmen

Vermeidende bzw. fördernde und vorsorgende Maßnahmen verursachen Kosten. Bevor die Maßnahmen realisiert werden, sind daher ihre Kosten und Nutzen zu schätzen. Der Nutzen kann in einer Eliminierung eines Projektrisikos oder aber nur in einer Risikoreduktion bestehen.

Geplante risikopolitische Maßnahmen sind in die Projektpläne aufzunehmen: zusätzliche Arbeitspakete in den Projektstrukturplan, zusätzlichen Kosten in den Projektkostenplan etc.

Projektrisiko managen: Organisation

Das Projektrisikomanagen ist eine Projektmanagementaufgabe und als solche von den Mitgliedern der Projektorganisation, nämlich Projektauftraggeber, Projektmanager und Projektteam, zu erfüllen. Die Mitarbeit von Vertretern von Stakeholdern beim Risikomanagen erweitert die Sichtweisen und schafft Gestaltungsmöglichkeiten bei der Vereinbarung der risikopolitischen Maßnahmen.

Das Risikomanagement benötigt entsprechende Kommunikationsformate, um die notwendige Erfahrung und Kreativität zur Risikoidentifikation, Risikobewertung und zum Planen risikopolitischer Maßnahmen zu sichern. Teamarbeit und die Durchführung von Risikomanagementworkshops sind zu empfehlen. Mögliche Teilnehmer an einem Risikomanagementworkshop sind in der Abbildung I34 dargestellt.

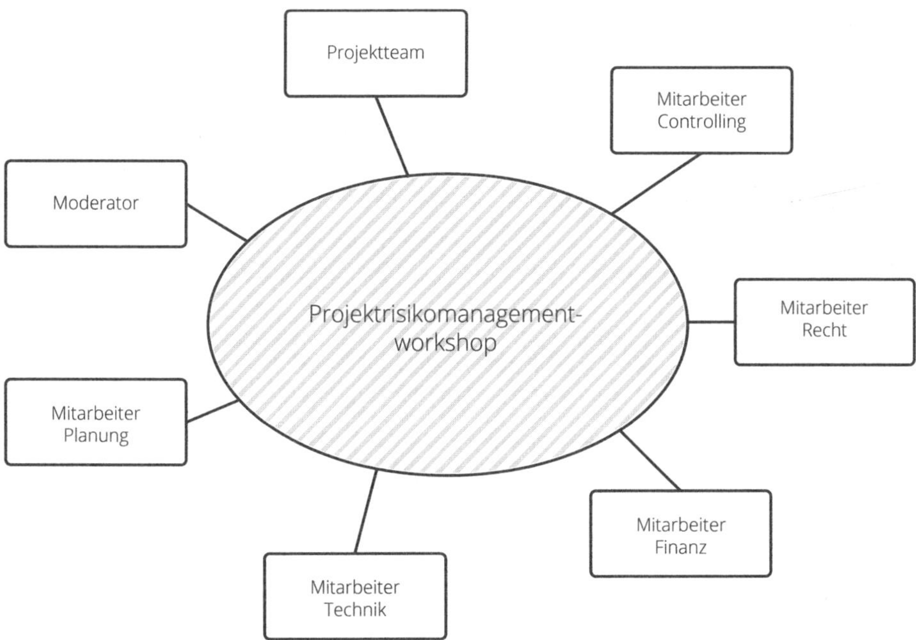

Abb. 134: Mögliche Teilnehmer eines Projektrisikomanagementworkshops

Zur Bewertung einzelner Projektrisiken, zur Berechnung des Projektrisikos und zur Projektrisikodokumentation stehen Risikomanagement-Softwarelösungen zur Verfügung. Diese Softwarepakete können z. B.

- Kosten, Erträge, Ressourcen und Dauern als stochastische Größen definieren,
- Monte-Carlo-Simulationen vornehmen,
- Wahrscheinlichkeitsverteilungen für Startereignisse von Arbeitspaketen, für die Projektdauer bzw. für Projektkosten und Projekterfolge darstellen und
- auch einen „Criticality index" für nichtkritische Netzplanvorgänge entwickeln.

Diese speziellen Softwarelösungen können bei Bedarf als Ergänzung zur Projektmanagement-Software eingesetzt werden. Manche Projektmanagement-Softwarelösungen, wie z. B. MS Project, verfügen auch über einfache Funktionen zum Projektrisikomanagement.

Literatur

Freeman, R.E.: Strategic Management: A Stakeholder Approach, Pitman, Boston, MA, 1984

Freeman, R.E., Harrison, J.S., Wicks, A.C.: Managing for Stakeholders: Survival, Reputation, and Success, Yale University Press, London, New Haven, CT, 2007

Gareis, R., Huemann, M., Martinuzzi, A.: Project Management & Sustainable Development Principles, Project Management Institute (PMI), Newton Square, PA, 2013

Greenwood, M.: Stakeholder Engagement: Beyond the Myth of Corporate Responsibility, Journal of Business Ethics, 74(4), S. 315–327, 2007

Jann, B., Einführung in die Statistik, Oldenbourg, München, Wien, 2002

Julian, S.D., Ofori-Dankwa, J.C., Justis, R.T.: Understanding Strategic Responses to Interest Group Pressures, Strategic Management Journal, 29(9), S. 963–984, 2008.

Mitchell, R.K., Agle, B.R., Wood, D.J.: Toward a Theory of Stakeholder Identification and Salience: Defining the Principle of Who and What Really Counts, Academy of Management Review, 22(4), S. 853–886, 1997

Rowley, T.J.: Moving beyond Dyadic Ties: A Network Theory of Stakeholder Influences, Academy of Management Review, 22(4), S. 887–910, 1997

J Teilprozesse: Projekt koordinieren und Projekt controllen

Im Gegensatz zum periodischen Projektcontrollen findet das Projektkoordinieren kontinuierlich über die gesamte Projektdauer statt. Ziele des Projektkoordinierens sind, neben der laufenden Information der Mitglieder der Projektorganisation und der Vertreter der Projektstakeholder, die Koordination der Projektressourcen sowie das Sichern des Projektfortschritts und der Qualität der Arbeitspaketergebnisse sowie das Projektmarketing.

Der Bedarf nach einem periodischen Projektcontrollen ergibt sich aufgrund der Eigendynamik von Projekten und der Dynamik der Beziehungen zu den Projektstakeholdern. Eventuelle Abweichungen von Planungen sind festzustellen. Steuernde Maßnahmen zum Nutzen neuer Potenziale bzw. zum Korrigieren ungewünschter Abweichungen führen zu Veränderungen, zu einem Change eines Projekts. Das Projektcontrollen kann zu den Changes „Lernen eines Projekts" oder „Weiterentwickeln eines Projekts" führen.

Das Projektcontrollen bezieht sich auf alle Dimensionen des Projektmanagens, d. h. dass bei einem „social" Controllen auch die Projektorganisation, die Projektkultur und die Beziehungen zu Projektstakeholdern und anderen Projekten betrachtet werden.

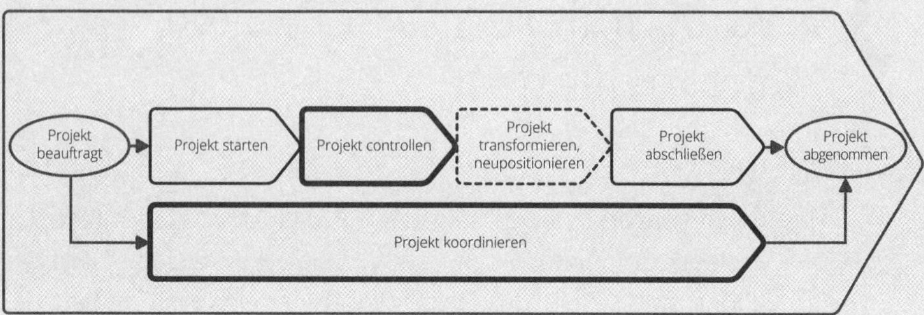

Übersicht: „Projekt koordinieren" und „Projekt controllen" als Teilprozesse des Geschäftsprozesses „Projekt managen"

J Teilprozesse: Projekt koordinieren und Projekt controllen

J1 Teilprozess: Projekt koordinieren

Der Teilprozess „Projekt koordinieren“ beginnt mit dem erteilten Projektauftrag. Parallel zum Projektstarten ist mithilfe der initialen Projektpläne bereits das Erfüllen erster Arbeitspakete zu koordinieren. Als Ergebnis des Projektstartens liegen in weiterer Folge detaillierte Projektpläne zum Projektkoordinieren vor. Das Projektkoordinieren endet mit der Projektabnahme, sie findet daher während der gesamten Projektdauer statt.

Vorgelagert zum Projektkoordinieren findet der Prozess „Projekt initiieren“ statt. Teilweise parallel ablaufende Prozesse sind „Projekt starten“, „Projekt controllen“, „Lösung erarbeiten“, „Projekt administrieren“, „Change managen“, „Nutzenrealisierung controllen“ und „Projekt abschließen“.

Im Gegensatz zum periodisch stattfindenden Projektcontrollen findet das Projektkoordinieren kontinuierlich statt. Es beinhaltet die laufenden Tätigkeiten des Projektmanagens. Der Methodeneinsatz beim Projektkoordinieren ist nicht anspruchsvoll. Trotzdem ist dieser Teilprozess aufgrund der intensiven Kommunikationen bedeutend für den Projekterfolg.

J1.1 Projekt koordinieren: Ziele und Ablauf

Projekt koordinieren: Ziele

Ziele der Projektkoordination sind, neben der laufenden Information der Mitglieder der Projektorganisation und der Vertreter von Projektstakeholdern, die Koordination der Projektressourcen, das Sichern des Projektfortschritts und der Arbeitspaketqualität sowie das Projektmarketing. Die Sicherung des Projektfortschritts erfolgt durch die Koordination der Zusammenhänge zwischen den Arbeitspaketen und durch die Abnahme einzelner Arbeitspakete durch den Projektmanager. Wenn Projektrisiken akut werden, sind Maßnahmen zum Bewältigen der jeweiligen Situation zu treffen. Diese Maßnahmen sind ad hoc zu planen oder sind aufgrund vorsorgender risikopolitischer Maßnahmen bereits definiert.

Die Ziele des Teilprozesses „Projekt koordinieren“, differenziert in ökonomische, ökologische und soziale Ziele, sind in der Tabelle J1 beschrieben.

Ziele des Teilprozesses „Projekt koordinieren"
Ökonomische Ziele > Mitglieder der Projektorganisation und Vertreter von Projektstakeholdern laufend informiert > Projektressourcen koordiniert > Zusammenhänge zwischen Arbeitspaketen koordiniert > Projektfortschritt und Qualität der Arbeitspaketergebnisse laufend gesichert > Maßnahmen zum Managen einer Situation aufgrund des Eintritts eines Projektrisikos getroffen > Arbeitspakete abgenommen > Das Projektkoordinieren effizient durchgeführt
Ökologische Ziele > Ökologische Konsequenzen des Projektkoordinierens optimiert
Soziale Ziele > Projektpersonal beim Projektkoordinieren entsprechend geführt > Projektstakeholder in das Projektkoordinieren einbezogen

Tab. J1: Ziele des Teilprozesses „Projekt koordinieren"

Projekt koordinieren: Ablauf

Die Aufgaben, die Rollen und die Zuständigkeiten zum Erfüllen der Aufgaben des Projektkoordinierens sind aus dem Funktionendiagramm der Tabelle J2 ersichtlich.

Die Aufgaben des Projektkoordinierens sind kontinuierlich durch den Projektmanager wahrzunehmen. Die Kommunikationen mit dem Projektauftraggeber, den Projektteammitgliedern und den Projektmitarbeitern sowie mit Vertretern von Projektstakeholdern können in Einzelgesprächen, in Sitzungen, aber auch per E-Mail, Telefon oder Videokonferenz erfolgen. Das Projektmarketing kann sowohl face to face als auch digital erfolgen. Das Abnehmen von Arbeitspaketen durch den Projektmanager erfolgt in der Regel persönlich und kann durch ein Abnahmeprotokoll formalisiert werden.

Da das Projektkoordinieren laufend stattfindet, bedarf es keiner expliziten Vorbereitung, Durchführung und Nachbereitung. Die einzelnen Kommunikationen des Projektmanagers bedürfen aber in Form des Selbstmanagens auf einer Mikroebene einer Strukturierung.

Legende D...durchführen M...mitarbeiten I...wird informiert K...koordiniert Prozessaufgaben	Rollen						
	Projektauftraggeber	Projektmanager	Projektteammitglieder	Subteam	Expertenpoolmanager	Projektstakeholder	Hilfsmittel/Dokument
Mit Projektauftraggeber kommunizieren	M	D	M				1
Mit Projektteammitgliedern und Projektmitarbeitern kommunizieren		D			I	M	1
Projektressourcen koordinieren		D	M		M	M	
Arbeitspakete abnehem	I	D	M	M			2
Kommunikation mit Vertretern von Projektstakeholdern durchführen	M	D	M			M	1
Laufendes Projektmarketing durchführen	M	D	M			M	
An Subteamsitzungen teilnehmen		M		D			3

Hilfsmittel/Dokument
1 ... To-do-Liste
2 ... Abnahmeprotokoll
3 ... Sitzungsprotokoll

Tab. J2: Teilprozess „Projekt koordinieren" – Funktionendiagramm

J1.2 Projekt koordinieren: Organisation und Qualität

Das Projektkoordinieren ist eine zentrale Aufgabe des Projektmanagers. Bei größeren Projekten kann er beim Projektmanagen und daher auch beim Projektkoordinieren von einem Projektmanagementassistenten oder einem Projektcontroller unterstützt werden.

Die Qualität des Projektkoordinierens ist von der Qualität der Kommunikation des Projektmanagers mit den Mitgliedern der Projektorganisation und den Vertretern der Projektstakeholder abhängig. Dazu sind einerseits entsprechende soziale Kompetenzen erforderlich und andererseits sind Kommunikationshilfsmittel einzusetzen. Das sind vor allem die Projektpläne, aber auch spezifische Hilfsmittel der

Projektkoordination, nämlich To-do-Listen, Sitzungsprotokolle und Abnahmeprotokolle. Die Verbindlichkeit der Ergebnisse der Kommunikationen bestimmt die Qualität des Projektkoordinierens wesentlich.

J1.3 Methoden: Mit Projektplänen kommunizieren, Sitzungsprotokoll erstellen, To-do-Liste führen, Abnahmeprotokoll für ein Arbeitspaket erstellen

Beim Projektkoordinieren ist mit den beim Projektstarten erstellten und beim Projektcontrollen adaptierten Projektplänen zu kommunizieren. Zusätzlich können die Methoden „Sitzungsprotokolle erstellen", „To-do-Listen führen" und „Abnahmeprotokolle für Arbeitspakete erstellen" eingesetzt werden.

Mit Projektplänen kommunizieren

Die laufende Kommunikation des Projektmanagers mit den Mitgliedern der Projektorganisation und den Vertretern von Projektstakeholdern beim Projektkoordinieren ist durch Projektpläne, wie z. B. den Projektzieleplan, den Projektstrukturplan, den Projektbalkenplan, den Projektkostenplan und die Projektstakeholderanalyse, zu unterstützen. Dadurch wird die Komplexität des Projekts reduziert. Man bezieht sich auf bereits Vereinbartes, auf bekannte Begriffe und stellt Diskussionsthemen in den jeweiligen Projektkontext.

Sitzungsprotokoll erstellen

Zum Sichern von Verbindlichkeit und von Nachvollziehbarkeit im Projekt sind nach Projektsitzungen Sitzungsprotokolle zu erstellen. Dieser Formalismus ist gerechtfertigt, da in Projekten teilweise einander unbekannte Personen an unterschiedlichen Standorten an relativ neuartigen Aufgaben arbeiten. Das Dokumentieren von Vereinbarungen stellt daher eine wesentliche Koordinationsmethode dar.

Ein Sitzungsprotokoll soll möglichst kurz und stichwortartig formuliert sein. Als Anhang zum Protokoll sind vereinbarte Maßnahmen, Termine und Zuständigkeiten in einer To-do-Liste zu dokumentieren. In einem Sitzungsprotokoll sind die Sitzungsziele und Tagesordnungspunkte, aber auch Datum und Dauer der Sitzung, Sitzungsteilnehmer und Sitzungsort festzuhalten. Um die Nachvollziehbarkeit zu ermöglichen, sollte die Dokumentation von Diskussionsbeiträgen und Entscheidungen entsprechend den Projektphasen und Arbeitspaketen strukturiert sein.

To-do-Liste führen

Eine To-do-Liste ist eine wichtige Methode zum Projektkoordinieren. Je Projekt sollte vom Projektmanager nur eine To-do-Liste geführt werden. Sie ist als Ergänzung zum Projektstrukturplan einzusetzen, da sie detaillierte Maßnahmen (To-dos) zur Erfüllung der Arbeitspakete des Projektstrukturplans beinhaltet.[1]

Die To-do-Liste sollte nach Projektphasen und Arbeitspaketen strukturiert sein. Sie sollte außer der Listung von Maßnahmen und deren Zuordnung zu Arbeitspaketen auch die Zuständigkeiten, die Fertigstellungstermine und die Status der Maßnahmen beinhalten. Abgeschlossene Maßnahmen mit dem Status „abgeschlossen" zu versehen, zusätzlich vereinbarte Maßnahmen sind in die Liste aufzunehmen und mit einem Zieltermin zu versehen.

Eine To-do-Liste ist fortschreibend zu erstellen. Abgeschlossene Maßnahmen sollten in der To-do-Liste erhalten bleiben, um den Projektablauf zu dokumentieren. Die To-do-Liste bekommt dadurch den Charakter eines „Projekttagebuchs". Falls das Dokument mit den abgeschlossenen Maßnahmen zu groß wird, können Teile der To-do-Liste abgelegt werden.

Wenn die To-do-Liste im Rahmen einer Sitzung adaptiert wird, ist sie als Anhang dem Sitzungsprotokoll beizufügen. Ein Beispiel einer To-do-Liste des Projekts „Values4Business Value entwickeln" ist in der Tabelle J3 dargestellt.

1 In der Projektpraxis wird manchmal nur mit einer To-do-Liste gearbeitet, ohne das Big Project Picture, das der Projektstrukturplan liefert, zu haben.

Fallstudie: Values4Business Value entwickeln – To-do-Liste

TO DO-Liste
Values4Business Value entwickeln

V. 1.006 v. P. Ganster per 27.02.2017

PSP-Code	Vorgang	Vereinbarungstermin	Zuständig	Fertigstellungstermin	Status
...	...	...	...	...	...
1.6.5	Abbildungen für Kapitel Q mit Grafikdesignerin abstimmen	22.02.2017	P. Ganster	01.03.2017	erledigt
1.6.7	Literaturverzeichnis erstellen	27.02.2017	T. Koch	01.03.2017	in Arbeit
	Stichwortverzeichnis erstellen	27.02.2017	T. Koch	15.03.2017	in Arbeit
	Einleitung verfassen	27.02.2017	R. Gareis	01.03.2017	in Arbeit
1.6.8	Projektstrukturplan für Fallstudie aktualisieren	27.02.2017	L. Weinwurm	28.02.2017	offen
	Projektbalkenplan für Fallstudie aktualisieren	27.02.2017	L. Weinwurm	28.02.2017	offen
	Kapitel M-Q korrekturlesen	27.02.2017	R. Gareis	01.03.2017	in Arbeit
...	...	...	...	...	...
...	...	...	...	...	...

Tab. J3: Ausschnitt der To-do-Liste des Projekts „Values4Business Value entwickeln"

Aus der To-do-Liste wird ersichtlich, dass zum Bearbeiten eines Arbeitspakets mehrere Vorgänge benötigt werden. Zum Sichern der Flexibilität wurden diese teilweise auch erst kurzfristig vereinbart.

Abnahmeprotokoll für ein Arbeitspaket erstellen

Der Leistungsfortschritt und die Qualität der Ergebnisse einzelner Arbeitspakete sind laufend zu controllen. Diese Aufgabe erfolgt im Rahmen des Projektkoordinierens.

Nach der Fertigstellung eines Arbeitspakets durch ein Projektteammitglied oder ein Subteam erfolgt die Abnahme des Arbeitspakets durch den Projektmanager. Diesen formalen Abschluss der Arbeit nehmen der Projektmanager und das Projektteammitglied durch die Erstellung eines Abnahmeprotokolls vor. Dadurch wird das Projektteammitglied formal entlastet. In einem Abnahmeprotokoll wird die Fertigstellung der Arbeit entsprechend der definierten Anforderungen bestätigt.

J2 Teilprozess: Projekt controllen

Der Bedarf nach einem periodischen Projektcontrollen ergibt sich aufgrund der Eigendynamik von Projekten und der Dynamik der Beziehungen von Projekten zu deren Projektstakeholdern. Projektsitzungen und Workshops ermöglichen das Reflektieren im Projekt, Schwächen und Potenziale können identifiziert werden, akut gewordene Risiken werden bekannt. Eventuelle Abweichungen von Planungen sind daher festzustellen und steuernde Maßnahmen, zur Nutzung neuer Potenziale bzw. zur Korrektur ungewünschter Abweichungen, sind zu setzen.

Das Projektcontrollen bezieht sich auf alle Betrachtungsobjekte des Projektmanagens, d. h. nicht nur auf die „Hard Facts", wie Projektziele, Projektleistungen, Projekttermine und Projektkosten, sondern auch auf „Soft Facts", wie die Projektorganisation, die Projektkultur und die Beziehungen zu Projektstakeholdern, die beim „Social Controllen" betrachtet werden.

Die steuernden Maßnahmen des Projektcontrollens führen zu Veränderungen, zu einem Change des Projekts. Das Projektcontrollen führt bei geringen Änderungen zum Change „Lernen eines Projekts", bei umfangreicheren Veränderungen zum Change „Projekt weiterentwickeln".[2]

J2.1 Projekt controllen: Ziele und Ablauf

Projekt controllen: Ziele

Ziel des Projektcontrollens ist es, periodisch entsprechende Maßnahmen zu vereinbaren, um die Projektziele zu erreichen. Das setzt ein gemeinsames Reflektieren, Konstruieren von Projektwirklichkeiten und Entscheiden durch die Mitglieder der Projektorganisation voraus.

Projektcontrollen ist periodisch zu erfüllen. Die Häufigkeit ist in Abhängigkeit von der Projektdauer zu planen. Bei einem sechs Monate dauernden Produktentwicklungsprojekt wird sich ein formales Projektcontrollen alle drei Wochen empfehlen. Bei einem Anlagenbauprojekt mit einer Durchlaufzeit von z. B. 18 Monaten werden eventuell alle sechs Wochen Sitzungen zum Projektcontrollen genügen. Ein Zyklus des Projektcontrollens dauert in Abhängigkeit von der Projektgröße etwa eine Woche.

Die Ziele des Teilprozesses „Projekt controllen", differenziert in ökonomische, ökologische und soziale Ziele, sind in der Tabelle J4 beschrieben.

2 Die Methoden des Changemanagens können auch auf temporäre Organisationen angewandt werden (siehe Kap. K).

Ziele des Teilprozesses „Projekt controllen"
Ökonomische Ziele
> Projektstatus festgestellt, gemeinsame Projektwirklichkeit in der Projektorganisation konstruiert > Steuernde Maßnahmen vereinbart > Projektpläne adaptiert > Projektcontrollingberichte (Projektfortschrittsberichte, Project Score Card) erstellt > Lernen des Projekts durchgeführt > Das Projektcontrollen effizient durchgeführt
Ökologische Ziele
> Ökologische Konsequenzen des Projektcontrollens optimiert
Soziale Ziele
> Projektpersonal beim Projektcontrollen entsprechend geführt > Projektstakeholder in das Projektcontrollen einbezogen > Organisatorisches Lernen des Projekts durchgeführt

Tab. J4: Ziele des Teilprozesses „Projekt controllen"

Projekt controllen: Ablauf

Das Projektcontrollen ist periodisch, mehrmals in einem Projekt durchzuführen. Ein Zyklus des Projektcontrollens ist abgeschlossen, wenn die Projektcontrollingberichte an die Mitglieder der Projektorganisation verteilt sind. Die Aufgaben, die Rollen und die Zuständigkeiten zum Erfüllen der Aufgaben eines Zyklus des Projektcontrollens sind aus dem Funktionendiagramm der Tabelle J5 ersichtlich.

Beim Projektstarten sind die Strukturen für das Projektcontrollen, d. h. die Häufigkeit, die Inhalte und die Form der Berichte, die Kommunikationsformate etc., zu planen. Die Entscheidung, welche Mindestanforderungen das Projektcontrolling zu erfüllen hat, ist durch den Projektauftraggeber zu treffen. Für unterschiedliche Projektarten können unterschiedliche Controllingstandards funktional sein.

Prozessaufgaben		Projektauftraggeber	Projektmanager	Projektteam	Projektteammitglieder	Expertenpoolmanager	Projektstakeholder	Hilfsmittel/Dokument
1	Projektcontrolllen vorbereiten							
1.1	Ist-Daten erfassen und Soll-Ist vergleichen		D		M			
1.2	Abweichungen analysieren, steuernde Maßnahmen planen		D		M	M	M	
1.3	Projektpläne adaptieren		D		M		M	
1.4	Projektcontrollingberichte erstellen		D		M			
1.5	Projektcontrollingsitzungen vorbereiten		D					1
2	Projektcontrollingsitzungen durchführen							
2.1	Info-Material an Teilnehmer verteilen	I	D	I		I	I	
2.2	Projektteamsitzung durchführen	M	K	D			M	
2.3	Projektauftraggebersitzung durchführen	D	K		M			
3	Projektcontrollen nachbereiten							
3.1	Projektpläne fertig adaptieren		D		M			2
3.2	Projektcontrollingberichte fertig erstellen		D		M			3
3.3	Updates in Projektportfoliodatenbank veranlassen		D					
3.4	Projektmarketing durchführen	M	K		D		M	
3.5	Projektcontrollingberichte verteilen	I	D		I	I	I	
4	Inhaltliche Arbeiten durchführen (parallel)				D		D	

Legende
D...durchführen
M...mitarbeiten
I...wird informiert
K...koordiniert

Rollen: Projektauftraggeber, Projektmanager, Projektteam, Projektteammitglieder, Expertenpoolmanager, Projektstakeholder

Hilfsmittel/Dokument

1 ... Einladung der Teilnehmer zur Projektteamsitzung
2 ... Adaptierte Projektpläne
3 ... Projektcontrollingberichte

Tab. J5: Teilprozess „Projekt controllen" – Funktionendiagramm

Folgende Aufgaben sind durch den Projektauftraggeber, den Projektmanager und die Projektteammitglieder in einem Zyklus des Projektcontrollens zu erfüllen:

> Projektkontrollieren: Ist-Daten erfassen, Soll-Ist-Vergleiche durchführen, Abweichungen analysieren
> Projektsteuern: Steuernde Maßnahmen planen und vereinbaren
> Neuplanen des Projekts: Projektpläne updaten
> Projektcontrollingberichte erstellen: Projektstatusberichte, Project Scorecard, Abweichungstrendanalyse erstellen

Beim Projektcontrollen sind Veränderungen zu fördern, Abweichungen als Lernchancen zu sehen. Es ist eher ein „grober" statt ein „feiner" Zugang und ein Denken in Alternativen gefragt.

Grundsätzlich erfolgt das Projektcontrollen je Dimension des Projektmanagens, d. h. für die Projektziele, die Projektleistungen, die Projekttermine, die Projektkosten etc. In der Earned-Value-Analyse erfolgt eine integrierte Betrachtung des Leistungsfortschritts, der Kosten und der Termine. Das Projektsteuern erfolgt für das Projekt als Ganzes oder für einzelne Arbeitspakete. Die entschiedenen Maßnahmen sind in den einzelnen Projektplänen entsprechend zu berücksichtigen. Das Erstellen von Projektcontrollingberichten erfolgt für das Projekt gesamt.

Die Kommunikationsformate des Projektcontrollens beinhalten in der Regel Projektteamsitzungen und Projektauftraggebersitzungen, bei Bedarf auch Subteamsitzungen. In diesen Sitzungen ist eine gemeinsame Projektwirklichkeit der Mitglieder der Projektorganisation zu konstruieren. Diese stellt die Grundlage für das Vereinbaren von steuernden Maßnahmen dar. Die vorbereiteten Projektcontrollingberichte werden bei den Sitzungen ergänzt.

J2.2 Projekt controllen: Organisation und Qualität

Projektcontrollen: Organisation

Das Projektcontrollen ist ein Teilprozess des Projektmanagens. Es erfolgt daher durch die Rollenträger des Projekts, nämlich den Projektauftraggeber, den Projektmanager und die Projektteammitglieder. Bei großen Projekten kann der Projektmanager manche Funktionen an einen Projektcontroller oder einen Projektmanagementassistenten delegieren.

Das Controllen der projektorientierten Organisation stellt für Projekte einen Kontext dar (siehe Abb. J1). Der Projektmanager oder ein Projektcontroller berichten z. B. einer Controllingabteilung (oder einem Projektmanagement Office) einer projektorientierten Organisation über den Satus der einzelnen Projekte. Diese Informationen können vom Controlling zu Organisationsergebnissen zusammengefasst werden.

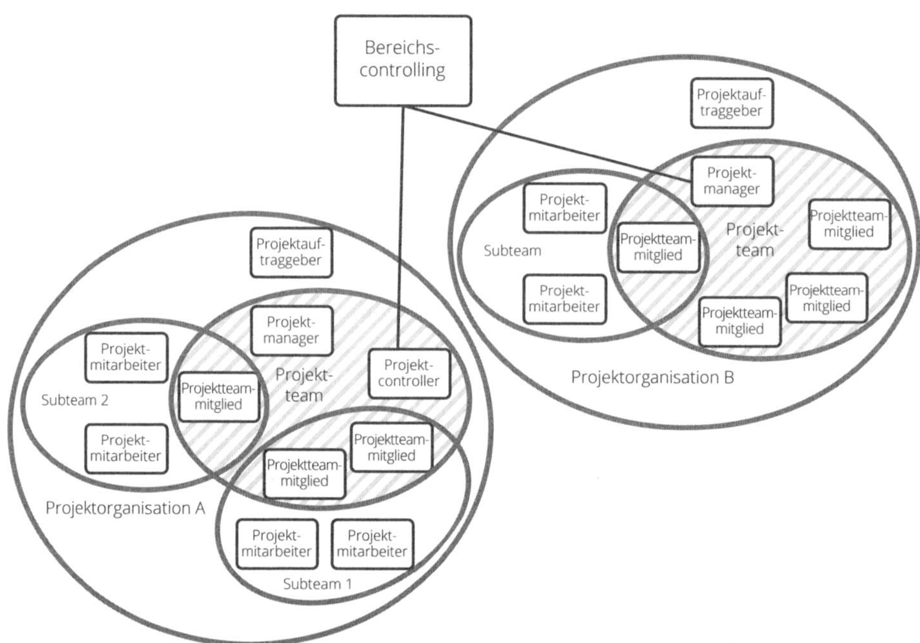

Abb. J1: Zusammenhang zwischen Projektcontrollen und dem Controllen der projektorientierten Organisation

Zum Projektcontrollen werden spezifische Methoden eingesetzt (siehe Tab. F2). Neben dem Updaten der Projektpläne sind vor allem Projektstatusberichte, die Earned-Value-Analyse und Projekttrendanalysen relevant. Eine spezielle Form des Projektstatusberichts ist die Project Scorecard. Diese Methoden werden im Folgenden beschrieben.

Projektcontrollen: Qualität

Eine entsprechende Qualität des Projektmanagens wird durch die Durchgängigkeit der Kommunikationsformate und der eingesetzten Projektmanagementmethoden beim Projektstarten, Projektkoordinieren, Projektcontrollen und Projektabschließen gesichert. Die Projektpläne, die beim Projektstarten entwickelt wurden, sind beim Projektcontrollen einerseits zur Kommunikationsunterstützung zu verwenden und andererseits bei Bedarf zu adaptieren. Der Kommunikationsaufwand zum Erstellen der Projektpläne beim Projektstarten wird durch das Verwenden der Projektpläne in den folgenden Teilprozessen des Projektmanagens gerechtfertigt.

In der Praxis wird dem Projektcontrollen oft zu wenig Bedeutung beigemessen. Der Aufwand des Datenerfassens, des Analysierens und des Berichterstattens erscheint oft nicht gerechtfertigt. Die Klarheit, die beim Projektstarten erzielt wurde, scheint zu genügen … Dadurch gehen viele Lern- und Optimierungspotenziale verloren.

J2.3 Methoden: Projekt kontrollieren, steuern und neuplanen

Das Projektkontrollieren, das Steuern und das eventuelle Neuplanen sind für alle Dimensionen des Projektmanagens zu erfüllen, d. h. für die Lösungsanforderungen, die Projektziele, die Projekttermine etc. Diesbezügliche Methoden sind im Folgenden beschrieben – mit der Ausnahme des Controllens der Anforderungen, das bereits im Kapitel D behandelt wurde.

Projektziele kontrollieren, steuern und neuplanen

Das Beurteilen des Status der Projektziele zum Kontrollstichtag ist schwierig, da die Projektziele nicht stichtagsbezogen, sondern als Ergebnis am Ende des Projekts formuliert werden. Es ist daher zu beurteilen, ob die Einhaltung der für das Projektende definierten Ziele aufgrund der Entwicklungen bis zum Kontrollstichtag noch realistisch ist.

Beim Steuern und Neuplanen der Projektziele sind nicht mehr relevante Ziele zu streichen, nach wie vor aktuelle Ziele beizubehalten und eventuelle neue Ziele zu ergänzen. Anlass für Neuplanungen der Projektziele sind quantitative oder qualitative Veränderungen der Lösungsanforderungen Die Veränderung der Projektziele kann auf Grundlage sogenannter „Change Requests" erfolgen (siehe Kap. D). Wenn umfangreichere Veränderungen der Lösungsanforderungen und damit der Projektziele erfolgen, kann diese Situation als Change „Weiterentwickeln eines Projekts" wahrgenommen werden (siehe Kap. K). Eine Veränderung der Projektziele bedingt Adaptionen in den meisten Projektplänen. Nicht nur der Leistungsumfang ist im Projektstrukturplan zu adaptieren, sondern auch die Projekttermine, Projektkosten und wahrscheinlich auch die Projektorganisation und die Projektstakeholderbeziehungen sind anzupassen.

Als Beispiel für einen adaptierten Projektzieleplan ist in der Tabelle J6 der Zieleplan des Projekts „Values4Business Value entwickeln" zum Kontrollstichtag 20.12.2016 dargestellt.

Fallstudie: Values4Business Value entwickeln – Zieleplan

Projektzieleplan
Values4Business Value entwickeln

V. 1.003 v. P.Ganster per 20.12.2016

Dienstleistungs- und marktbezogene Projektziele	Ziele adaptiert per 20.12.2016
RGC Managementansätze durch Innovationen (Werte und Managementansätze, Nachhaltig entwickeln, Agile Ansätze, Benefits Realization Management, Anforderungsmanagement, Business Modelling) weiterentwickelt.	Business Model nicht berücksichtigt
RGC Managementansätze in Buch (Hardcover und E-Book) "PROJEKT.PROGRAMM.CHANGE" dokumentiert	
Praxisbezug der weiterentwickelten RGC Managementansätze und Leserfreundlichkeit des Buchs durch Peer Reviews und Layoutoptimierungen sichergestellt	Statt 3 nur 2 Peer Review Group Workshops durchgeführt
Dienstleistungen (Consulting, Training, Events, Vorträge) und Produkte (sProject, Bücher) durch Optimierung der Prozesse und Hilfsmittel weiterentwickelt	
Weiterentwickelte Dienstleistungen und Buch "PROJEKT.PROGRAMM.CHANGE" in Deutschland, Österreich und der Schweiz erstvermarktet; weitere Vermakrtung geplant	
	Konzept für englische Buchübersetzung entwickelt
	Marketinghilfsmittel (z.B. Logo "Values4Business Value", Marketingblatt, Testimonials etc.) entwickelt
Organisations- und personalbezogene Projektziele	
Management weiterentwickelt	
Personal weiterentwickelt	
Infrastruktur- und finanzenbezogene Projektziele	
Grundlagen zur Steigerung der Umsätze bei RGC Dienstleistungen und RGC Produkten geschaffen	
Stakeholderbezogene Projektziele	
Manz Kooperation fortgesetzt	
Verlagspartner C.H. Beck (Deutschland) und Stämpfli (Schweiz) eingebunden	
Kunden durch weiterentwickelte Managementansätze gebunden	
MitarbeiterInnen durch Mitwirkung inhaltlich weiterentwickelt	
Peer Reviews eingebunden	
	PR für "Values4Business Value" durchgeführt
Zusatzziele	
Grundlage für Zertifizierung der Projektmanagerin geschaffen	
Fallstudie für RGC Trainings geschaffen	
Nicht-Ziele	
Englische Buchversion entwickelt	
Advances-Seminare weiterentwickelt	

Tab. J6: Adaptierter Projektzieleplan des Projekts „Values4Business Value entwickeln" zum Kontrollstichtag 20.12.2016

Im Projekt „Values4Business Value entwickeln" wurden im Zuge des Projektcontrollens am 20.12.2016 einerseits Projektziele ergänzt (z. B. „Konzept für englische Buchübersetzung entwickelt") und andererseits verändert bzw. gestrichen (z. B. „Statt 3 nur 2 Peer Review Workshops durchgeführt").

Aufgrund der Veränderungen der Projektziele waren auch der Projektstrukturplan, der Projektkostenplan, die Projektstakeholderanalyse etc. zu adaptieren. Die vorgenommenen Veränderungen wurden im Projektteam und mit dem Projektauftraggeber vereinbart und an ausgewählte Projektstakeholder (z. B. Verlage, Grafikdesignerin) kommuniziert.

Projektbetrachtungsobjekte kontrollieren, steuern und neuplanen

Bei der Kontrolle der Betrachtungsobjekte eines Projekts ist zu überprüfen, ob der Betrachtungsobjekteplan vollständig ist, ob definierte Betrachtungsobjekte eventuell wegfallen und ob die Bezeichnung der Betrachtungsobjekte zu adaptieren ist. Auch die Konsistenz des Betrachtungsobjekteplans mit den anderen Projektplänen ist zu kontrollieren. Wenn Abweichungen existieren, ist ein Neuplanen notwendig.

Falls zusätzliche Lösungsanforderungen bzw. Projektziele definiert wurden, sind die diesbezüglichen Betrachtungsobjekte beim Neuplanen zu berücksichtigen. Auch eine Differenzierung von bereits definierten Betrachtungsobjekten kann sinnvoll sein. Als diesbezügliches Beispiel sind die zusätzlichen Betrachtungsobjekte des Projekts „Values4Business Value entwickeln" zum Kontrollstichtag 20.12.2016 im Folgenden beschrieben.

Fallstudie: Values4Business Value entwickeln – Betrachtungsobjekte

Aufgrund der zusätzlichen Projektziele des Projekts „Values4Business Value entwickeln" wurden im Betrachtungsobjekteplan folgende Betrachtungsobjekte zusätzlich berücksichtigt:

> Konzept Englische Version des Buchs PROJEKT.PROGRAMM.CHANGE
> Diverse Marketinghilfsmittel (z. B. Logo „Values4Business Value")
> PR für „Values4Business Value"

Projektleistungen kontrollieren, steuern und neuplanen: Leistungsfortschritt messen und gewichten

Ziel der quantitativen Kontrolle der Projektleistungen ist es, die Leistungsfortschritte einzelner Arbeitspakete, der Projektphasen und des Projekts zu ermitteln. Die erbrachten Projektleistungen („Ist-Leistungen") sind mit den bis zum Controllingstichtag geplanten Leistungen („Planleistungen") zu vergleichen. Dieser Vergleich ermöglicht es, eine eventuelle Planabweichung festzustellen.[3]

3 Die qualitative Kontrolle der Arbeitspaketleistungen liegt in der „empowered" Projektorganisation bei den einzelnen Projektteammitgliedern und beim Projektteam. Die Abstimmung der inhaltlichen Ergebnisse kann durch Präsentationen und Diskussionen bei Projektteamsitzungen sowie im Rahmen der Projektkoordination stattfinden.

Zur Messung des Leistungsfortschritts eines Arbeitspakets können folgende Techniken eingesetzt werden:

> 0 %- oder 100 %-Annahme
> Intuitive Schätzung
> Outputmessung
> Definition von Leistungsmeilensteinen

Bei der Technik der „0 %- oder 100 %-Annahme" werden die in Durchführung befindlichen Arbeitspakete entweder als noch nicht begonnen (Leistungsfortschritt = 0 %) oder als fertig gestellt (Leistungsfortschritt = 100 %) bewertet. Diese Technik setzt eine starke Detaillierung der Arbeitspakete voraus. Sie ist die ungenaueste der hier angeführten Techniken. Bei der Technik „Intuitive Schätzung" gibt das mit der Leistungserbringung befasste Projektteammitglied eine Schätzung über den prozentuellen Leistungsfortschritt ab. Die Genauigkeit kann aufgrund von 3-Punkt-Schätzungen (optimistischer, wahrscheinlicher und pessimistischer Wert) gesteigert werden. Bei der Technik der „Outputmessung" wird der Leistungsfortschritt aufgrund einer Messung des erzielten Outputs festgestellt. Diese Methode ist für relativ kontinuierlich zu erbringende Leistungen geeignet. In der Tabelle J7 sind diesbezügliche Beispiele aus dem Bauwesen dargestellt.

Leistung	Messgröße
Erdaushub	m^3 ausgehobene Erde
Betoneinbringung	m^3 eingebrachter Beton
Rohrleitungsmontage	lm montierter Rohrleitungen
Ausrüstungsmontage	t montierter Ausrüstungen

Tab. J7: Beispiele für Messgrößen für Outputmessungen

Bei vielen Leistungen, wie z. B. beim Konstruieren, Ausbilden, Testen etc., erfolgt der Leistungsfortschritt nicht kontinuierlich. Zur Messung des Leistungsfortschritts können in solchen Fällen „Leistungsmeilensteine" definiert werden. Diesen können vom Projektmanager und dem jeweiligen Projektteammitglied Leistungsfortschrittsprozentsätze zugeordnet werden. Ein Beispiel für Leistungsmeilensteine und die zugeordneten kumulativen Leistungsfortschrittsprozentsätze ist in der Tabelle J8 dargestellt.

Mithilfe der Relevanzbaumtechnik können aufgrund der Leistungsfortschritte der Arbeitspakete die Leistungsfortschritte von Projektphasen und des Projekts berechnet werden.

Leistungsmeilenstein des Arbeitspakets: Erstellung der Baupläne		
Leistungs-meilenstein	Bezeichnung des Leistungsmeilensteins	Leistungsfortschritt (kumulativ)
1	Fertigstellung der Baupläne zur internen Kontrolle	40%
2	Fertigstellung der Baupläne zur Durchbesprechung mit dem Kunden	50%
3	Fertigstellung der Baupläne zur Ausschreibung und Vergabe der Bauleistungen	80%
4	Ablieferung der Baupläne	100%

Tab. J8: Leistungsmeilensteine des Arbeitspakets „Erstellung der Baupläne"

Durch Gewichtungen der Arbeitspakete und der Arbeitspaketgruppen im Projektstrukturplan kann ein Relevanzbaum entwickelt werden. Die Gewichtungen bestimmen die Relevanzen von Arbeitspaketen bezüglich ihrer jeweils übergeordneten Arbeitspaketgruppe („relative Relevanz") und bezüglich des Projekts („absolute Relevanz"). Die Relevanz eines Arbeitspakets für das Projekt kann durch die Multiplikation der relativen Relevanz des Arbeitspakets mit der absoluten Relevanz der übergeordneten Arbeitspaketgruppe ermittelt werden.

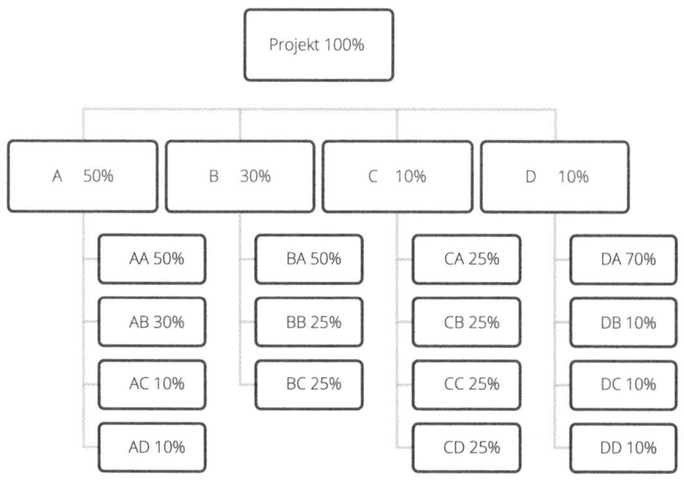

Abb. J2: Gewichtungen von Arbeitspaketen eines Projekts mit dem Relevanzbaum

Die Summe der Gewichte der einer Arbeitsgruppe angehörenden Arbeitspakete ergibt 100 %. Für alle einer Arbeitspaketgruppe angehörenden Arbeitspakete ist jeweils ein einheitliches Gewichtungskriterium (z. B. Anzahl Personentage) anzuwenden. Wenn in einem Projekt unterschiedliche Ressourcen eingesetzt werden, sind auf höheren Ebenen des Relevanzbaums immer die Kosten das einheitliche Gewichtungskriterium. Ein Beispiel eines Relevanzbaums ist in der Abbildung J2 dargestellt.

Projektleistungen kontrollieren, steuern und neuplanen: Projektstrukturplan adaptieren

Das Kontrollieren der Projektleistungen kann mithilfe des Projektstrukturplans erfolgen. Veränderungen in den Projektzielen und bei den Betrachtungsobjekten bedingen Veränderungen im Leistungsumfang. Die Dokumentation der Veränderung des Leistungsumfangs eines Projekts kann im Projektstrukturplan vorgenommen werden. Eventuell zusätzlich durchzuführende Arbeitspakete sind zu ergänzen, nicht mehr notwendige Arbeitspakete sind zu streichen.

Im Projektstrukturplan kann auch der Projektleistungsfortschritt visualisiert werden. Für die einzelnen Arbeitspakete können die Leistungsfortschritte im Projektstrukturplan dargestellt werden. In der Abbildung J3 wird der Leistungsfortschritt des Projekts „Values4Business Value entwickeln" zum Kontrollstichtag 20.12.2016 dargestellt. Abgeschlossene Arbeitspakete sind durch zwei gekreuzte Striche, in Durchführung befindliche Arbeitspakete durch einen Schrägstrich gekennzeichnet. Wenn der Projektstrukturplan prozessorientiert gegliedert ist, sollten die Arbeitspakete von links nach rechts abgearbeitet werden.

Fallstudie: Values4Business Value entwickeln – Projektstrukturplan

Aufgrund der zusätzlichen Projektziele und der Ergebnisse des Erstellens des Marketingbacklogs wurde die letzte Phase des Projektstrukturplans „1.9.Erstvermarktung Buch und Dienstleistungen" um Arbeitspakete ergänzt und neu strukturiert. Das in der Phase 1.6 schraffiert dargestellte Arbeitspaket „1.6.7 Sonstige Buchinhalte erstellen" wurde von der Phase 1.5. in die Phase 1.6 verlegt. Der Leistungsumfang des Arbeitspakets 1.6.8 wurde reduziert, da kein 3. Workshop der Peer Review Group geplant wurde. Alle veränderten Arbeitspakete werden zur besseren Nachvollziehbarkeit im PSP schraffiert dargestellt.

Projektstrukturplan
Values4Business Value entwickeln

V. 1.003 v. P.Ganster per 20.12.2016

- 1 Values4Business Value entwicklen – 50%
  - 1.1 Projekt managen – 50 %
    - 1.1.1 Projekt beauftragt – 100% – 0 Tage
    - 1.1.2 Projekt starten – 100% – 9 Tage
    - 1.1.3 Projekt koordinieren – 50% – 361 Tage
    - 1.1.4 Zum Changemanagen beitragen – 50% – 361 Tage
    - 1.1.5 Projekt controllen – 50% – 308 Tage
    - 1.1.6 Projekt abschließen – 0% – 14 Tage
    - 1.1.7 Projekt abgenommen – 0% – 0 Tage
  - 1.2 Prototyping und weiter planen – 100%
    - 1.2.1 Initialen Backlogteil Prototyping controllen – 100% – 4 Tage
    - 1.2.2 Konferenz " Agilität & Prozesse" prototypen – 100% – 14 Tage
    - 1.2.3 Forum "Nachhaltig entwickeln" prototypen – 100% – 14 Tage
    - 1.2.4 Seminar "Agilität & Projekte" prototypen – 100% – 19 Tage
    - 1.2.5 Seminar "Agilität & Projekte" Prototyping durchgeführt – 100% – 0 Tage
    - 1.2.6 Consulting Digitale Transformation prototypen – 100% – 59 Tage
    - 1.2.7 Weiterentwicklung sPROJECT prototypen – 100% – 59 Tage
    - 1.2.8 HP 16 "Benefits Realization Mgmt" prototypen – 100% – 24 Tage
    - 1.2.9 Prototypen abgeschlossen – 100% – 0 Tage
    - 1.2.10 Buchlayout und Peer Reviews planen – 100% – 54 Tage
    - 1.2.11 Integrierende Texte erstellen – 100% – 29 Tage
  - 1.3 Kapitel A-F entwickeln – 50 %
    - 1.3.1 Initialen Backlogteil Buch controllen – 100% – 4 Tage
    - 1.3.2 Iteration 1: Kapitel A entwickeln – 100% – 9 Tage
    - 1.3.3 Iteration 2: Kapitel B entwickeln – 100% – 9 Tage
    - 1.3.4 Iteration 3: Kapitel C entwickeln – 100% – 9 Tage
    - 1.3.5 Iteration 4: Kapitel D entwickeln – 100% – 9 Tage
    - 1.3.6 Iteration 5: Kapitel E entwickeln – 100% – 9 Tage
    - 1.3.7 Iteration 6: Kapitel F entwickeln – 100% – 9 Tage
    - 1.3.8 Peer Review 1 und Adaptionen durchführen – 50% – 94 Tage
    - 1.3.9 Adaptionen aufgrund Peer Review 1 durchgeführt – 0% – 0 Tage
  - 1.4 Kapitel G-L entwickeln – 50 %
    - 1.4.1 Iteration 7: Kapitel G entwickeln – 100% – 6 Tage
    - 1.4.2 Iteration 8: Kapitel H entwickeln – 100% – 5 Tage
    - 1.4.3 Iteration 9: Kapitel I entwickeln – 100% – 6 Tage
    - 1.4.4 Iteration 10: Kapitel J entwickeln – 100% – 6 Tage
    - 1.4.5 Iteration 11: Kapitel K entwickeln – 100% – 6 Tage
    - 1.4.6 Iteration 12: Kapitel L entwickeln – 50% – 6 Tage
    - 1.4.7 Fallstudie "Values4 Business Value" reflektieren (Kap G-L) – 50% – 8 Tage
    - 1.4.8 Peer Review 2 und Adaptionen durchführen – 0% – 17 Tage
  - 1.5 Marketing und E-Book planen – 50 %
    - 1.5.1 Marketing planen – 100% – 14 Tage
    - 1.5.2 Marketing Vorlage planen – 100% – 14 Tage
    - 1.5.3 Marketing-Backlog erstellen – 100% – 2 Tage
    - 1.5.4 Marketing-Backlog erstellt – 100% – 0 Tage
    - 1.5.5 E-Book planen – 50% – 5 Tage
    - 1.5.6 E-Book-Backlog erstellen – 0% – 4 Tage

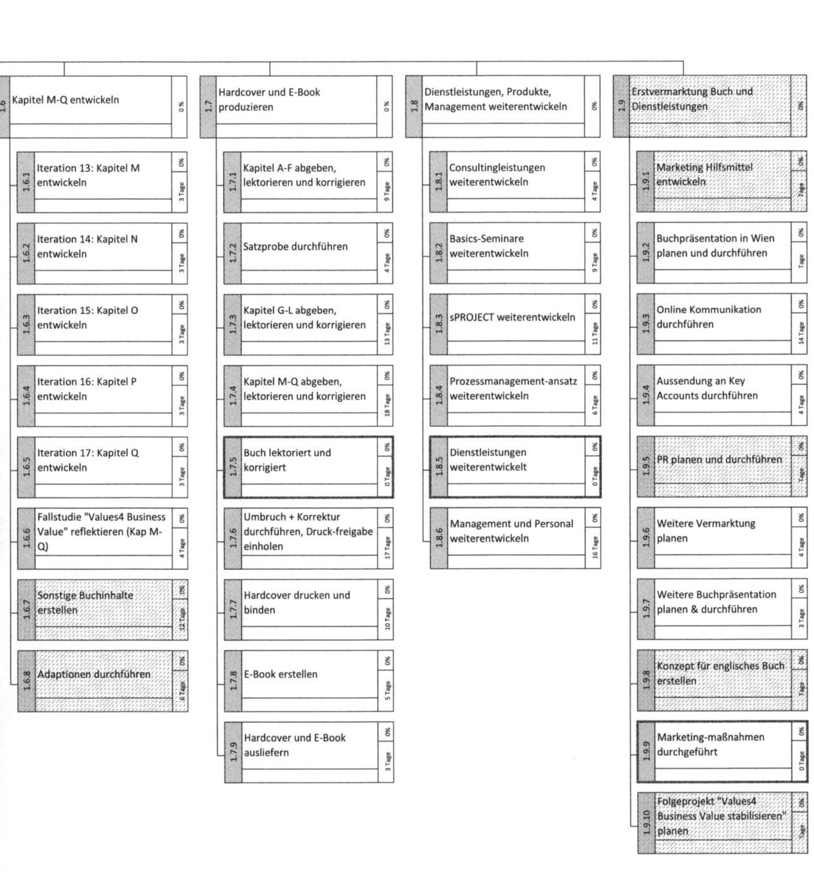

Abb. J3: Darstellung des Leistungsfortschritts des Projekts Values4Business Value entwickeln" per 20.12.2016 im Projektstrukturplan

Projekttermine kontrollieren, steuern und neuplanen

Ziel der Kontrolle der Projekttermine ist es, den terminlichen Status einzelner Arbeitspakete und des Projekts zu erfassen. Bei der Terminkontrolle sind die in der Periode zwischen zwei Kontrollstichtagen fertiggestellten bzw. in Durchführung befindlichen Arbeitspakete zu betrachten. Die Leistungsfortschrittkontrolle stellt die Grundlage für die Terminkontrolle dar, da Aussagen über terminliche Abweichungen nur in Bezug zum erzielten Leistungsfortschritt gemacht werden können. Die Terminkontrolle kann in Meilensteinplänen, Terminlisten, Balkenplänen oder Netzplänen erfolgen.

In Meilensteinplänen bzw. in Terminlisten werden die Ist-Termine der Meilensteine bzw. der Arbeitspakete erfasst und mit den Planterminen verglichen. Eventuelle Abweichungen zwischen Plan- und Ist-Terminen sind zu interpretieren, um entsprechende Informationen für die Planung steuernder Maßnahmen bereitzustellen.

Der terminliche Status eines Projekts kann mithilfe der Projektpläne visualisiert werden. Die terminliche Lage eines durchgeführten Arbeitspakets kann im Balkenplan durch die Positionierung des Ist-Balkens sichtbar gemacht werden. Für in Durchführung befindliche Arbeitspakete können die Anfangszeitpunkte und die Dauer bis zum Kontrollstichtag dargestellt werden. In Netzplänen können sowohl die Ablauflogik eines Projekts als auch die Projekttermine kontrolliert werden.

Das Steuern und Neuplanen der Projekttermine ist notwendig, wenn es zu terminlichen Veränderungen gekommen ist bzw. wenn Termine für zusätzliche Arbeitspakete geplant werden müssen.

Im Meilensteinplan können die Plantermine des „Basisplans", eventuell adaptierte Plantermine und Ist-Termine dargestellt werden (siehe Tab. J9). Im Balkenplan können Balken mit den ursprünglichen Planterminen, eventuell adaptierte Planterminen und Ist-Terminen zum Vergleich übereinander dargestellt werden.

Fallstudie: Values4Business Value entwickeln – Meilensteinplan

Projektmeilensteinplan

Values4Business Value entwickeln

V. 1.003 v. P. Ganster per 20.12.2016

PSP Code	Meilenstein	Plantermine per	Isttermine per	Adaptierte Plantermine per
		05.10.2016	20.12.2016	20.12.2016
1.1.1	Projekt beauftragt	05.10.2015	05.10.2016	
1.2.6	Seminar "Agilität & Projekte" Prototyping durchgeführt	18.03.2016	18.03.2016	
1.2.9	Prototypen abgeschlossen	27.05.2016	27.05.2016	
1.5.4	Marketing-Backlog erstellt	18.11.2016	18.11.2016	
1.3.9	Adaptionen aufgrund Peer Review 1 durchgeführt	23.11.2016		16.01.2017
1.7.5	Buch lektoriert und korrigiert	13.01.2017		06.03.2016
1.8.5	Dienstleistungen weiterentwickelt	24.02.2017		26.04.2016
1.9.8	Marketingmaßnahmen durchgeführt	10.03.2017		12.05.2016
1.1.7	Projekt abgenommen	31.03.2017		31.05.2016

Tab. J9: Projektmeilensteinplan per 20.12.2016

Der erste Workshop der Peer Review Group war sehr kreativ und konstruktiv. Da die Peer Review Group berechtigterweise anmerkte, dass der rote Faden für den kritischen Leser nicht gut genug nachzuvollziehen war, mussten die Kapitel A–F grundsätzlich überarbeitet werden. Dadurch verschob sich das Ende der Phase 1.3 vom 23.11.2016 auf den 16.1.2017. Diese Verzögerung hatte eine Verlängerung der Projektdauer um zwei Monate zur Konsequenz.

Projektkosten und Projekterträge kontrollieren, steuern und neuplanen

Ziele der Kontrolle der Projektkosten und der Projekterträge sind das Erfassen der angefallenen Kosten und Erträge und das Feststellen von Abweichungen bei den Projektkosten, den Projekterträgen und beim erwarteten Projekterfolg zum Kontrollstichtag. Eine Kontrolle der Projektressourcen kann durch die Kontrolle der Mengengerüste implizit im Rahmen der Projektkostenkontrolle oder auch explizit erfolgen.

Ein Soll-Ist-Vergleich von Projekt- und von Arbeitspaketkosten lässt erkennen, ob es Abweichungen vom Plan gibt. Eventuelle Fehler beim Planen der Projektkosten, Verfahrensänderungen, Mengenänderungen und Preisänderungen können die Projektkosten und den Projekterfolg beeinflussen. Durch Soll-Ist-Vergleiche sollen auch Potenziale für Kosteneinsparungen und Ertragserhöhungen identifiziert werden.

Voraussetzung für eine effiziente Kontrolle der Projektkosten sind adäquate Projektstrukturen. Die Strukturen der Projektkostenplanung müssen den Strukturen der Leistungsfortschrittsmessung und der Ist-Kosten-Erfassung entsprechen. Die Ist-Kosten-Erfassung erfolgt entsprechend dem Prozess der Leistungserfüllung. Daher sollte auch der Projektkostenplan prozessorientiert strukturiert sein.

Die Erfassung der Ist-Kosten für Arbeitspakete erfolgt für Personalkosten aufgrund des Nachweises der Arbeitsstunden der Mitglieder der Projektorganisation, für Dienstleistungskosten aufgrund der Abrechnungen von Lieferanten, für Materialkosten aufgrund der Materialabrechnungen sowie für sonstige Kosten aufgrund von diesbezüglichen Nachweisen, wie z. B. Reisekostenbelegen.

Mögliche Schwächen beim Controllen von Projektkosten sind in der Tabelle J10 gelistet.

Mögliche Schwächen beim Controllen von Projektkosten
> Keine einheitlichen Strukturen der Plankosten und Istkosten > Keine klare Unterscheidung von Kosten und Auszahlungen > Abrechnungen, Belege zum Kostenerfassen für den Projektmanager nicht verfügbar > Opportunitätskosten (z.B. interne Personalkosten) werden nicht als Teil der Projektkosten definiert > Keine dem Leistungsfortschritt entsprechende Erfassung der Kosten von Lieferantenleistungen

Tab. J10: Mögliche Schwächen beim Controllen der Projektkosten

Wenn der Leistungsumfang eines Projekts im Zuge der Projektdurchführung verändert wird, sind die Plankosten zu aktualisieren. Durch einen Vergleich der Plankosten des Basisplans mit den aktualisierten Plankosten können die kostenmäßigen Auswirkungen von Änderungen des Leistungsumfangs festgestellt werden (siehe Tab. J11).

aktualisierte Plankosten (nach Veränderung des Leistungsumfangs)
- ursprüngliche Plankosten (Basisplan)

Kostenabweichung (auf Grund der Veränderung des Leistungsumfangs)

Tab. J11: Berechnung der Kostenabweichung aufgrund der Veränderung des Leistungsumfangs

Die Neuplanung der Projektkosten erfolgt durch die Ermittlung der Restkosten für in Durchführung befindliche Arbeitspakete und durch die eventuelle Adaption der Kosten der noch zu erfüllenden Arbeitspakete. Die Restkostenermittlung ist keine Extrapolation bereits angefallener Arbeitspaketkosten, sondern eine systematische

Neuplanung der Kosten unter Berücksichtigung des verbesserten Informationsstands und der getroffenen steuernden Maßnahmen, wie z. B. veränderter Ressourceneinsatz, Berücksichtigung neuer Preisinformationen etc.

Eine relativ ungenaue Neuplanung der Arbeitspaketkosten kann aufgrund einer Schätzung der noch zu erwartenden Restkosten, ohne Bewertung der bereits erfüllten Leistungen, erfolgen. Für eine entsprechende Planung der Restkosten eines Arbeitspakets ist die Information über die bereits erfüllten Leistungen, wie sie in der Earned-Value-Analyse bereitgestellt wird, notwendig (siehe Exkurs: Earned-Value-Analyse).

Das Neuplanen der Projektkosten ist gemeinsam von den Projektteammitgliedern und vom Projektmanager vorzunehmen. Jedes Projektteammitglied ermittelt für die Arbeitspakete die Rest- bzw. Gesamtkosten. Dabei sind eventuelle Kostenabweichungen für zukünftige Leistungen so früh wie möglich aufzuzeigen.

Exkurs: Earned-Value-Analyse

Ziele der Earned-Value-Analyse

Ziel der Earned-Value-Analyse ist eine monetäre Bewertung des Leistungsfortschritts eines Arbeitspakets, einer Projektphase oder eines Projekts. Diese erfolgt durch eine integrierte Betrachtung des Leistungsfortschritts, der Kosten und der Termine. Die Berechnung des sogenannten „Earned Value" ermöglicht eine klare Aussage über den Projektstatus und dient in der Folge als Basis für die Schätzung der Restkosten und der Restdauer.

Einleitend wird die globale Analyse für ein Projekt, anschließend die Anwendung der Earned-Value-Analyse für Arbeitspakete beschrieben.

Earned-Value-Analyse für ein Projekt

Ein Soll-Ist-Vergleich von Projektkosten ist nur dann sinnvoll, wenn die zu vergleichenden Kosten auf einer gleichartigen Leistungsbasis beruhen. Ein Vergleich der „Plankosten" (für die Planleistung) mit den „Ist-Kosten" (für die Ist-Leistung) hat wenig Aussagekraft. Als einheitliche Basis zum Vergleich von Plan- und Ist-Kosten ist die Ist-Leistung heranzuziehen.

Die in der Kostenplanung ermittelten Plankosten gehen von einer bis zum Kontrollstichtag angenommenen Planleistung aus. Zum Kontrollstichtag kann aber nicht die Planleistung, sondern die tatsächlich erbrachte Leistung („Ist-Leistung"), die zum Anfall der Ist-Kosten geführt hat, gemessen werden. Die Erfassung der Ist-Leistung macht es aber möglich, die ursprünglich geplanten Kosten für diese Ist-Leistung zu errechnen. Diese Plankosten der Ist-Leistung werden als „Earned Value" oder auch „Soll-Kosten" bzw. „Leistungswert" bezeichnet. Um eine Kostenabweichung festzustellen, ist der Earned Value mit den Ist-Kosten zu vergleichen.

Die Erfassung der Ist-Leistung erfolgt auf der untersten Ebene des Projektstrukturplans. Die Earned-Value-Analyse setzt die Möglichkeit der Aggregation von Daten durch den Einsatz der Relevanzbaumtechnik voraus. Bezüglich des Zusammenhangs zwischen Leistungen, Kosten und Terminen werden folgende Annahmen getroffen:

> Auf allen Betrachtungsebenen (Projekt, Projektphase, Arbeitspaket) besteht Proportionalität zwischen Leistungsfortschritt und Kosten und
> Proportionalität zwischen Leistungsfortschritt und Dauer wird nicht angenommen.

Die Daten der Planung und der Kontrolle der Leistungen, Kosten und Termine ermöglichen es, kumulative Kurven für die Plankosten, die Planleistungen (diese entspricht der Kurve der Plankosten), die Ist-Kosten, die Ist-Leistungen und den Earned Value zu entwickeln. Diese Kurven können in einem Koordinatensystem mit der Projektdauer auf der x-Achse und dem Leistungsfortschritt bzw. den Projektkosten auf der y-Achse dargestellt werden. Aufgrund der Annahme der Proportionalität zwischen Leistungen und Kosten können sowohl der Leistungsfortschritt als auch die Kosten auf der y-Achse dargestellt werden (siehe Abb. J4).

Stichtagsbezogen können die Ist-Leistung des Projekts mit der Planleistung (ergibt Δ Leistungsfortschritt zum Kontrollstichtag) und die Ist-Kosten des Projekts mit dem Earned Value (ergibt Δ Projektkosten zum Kontrollstichtag) verglichen werden.

Durch die Projektion des Ist-Leistungsfortschritts auf die Planleistungskurve kann auch die Soll-Dauer (für die Ist-Leistung des Projekts) grafisch ermittelt werden. Durch den Vergleich der Soll-Dauer mit der Ist-Dauer kann eine (theoretische) Abweichung der Projektdauer (Δt) festgestellt werden.

Earned-Value-Analyse für Arbeitspakete

Der Earned Value eines Arbeitspakets kann durch Multiplikation der Plankosten des Arbeitspakets mit der erbrachten Ist-Leistung (in Prozent) ermittelt werden. Die Anwendung der Earned-Value-Analyse auf Arbeitspaketebene ist in der Abbildung J5 für zwei Arbeitspakete in einem Beispiel dargestellt.

Die Earned-Value-Analyse ermöglicht die Ermittlung von stichtagsbezogenen Kostenabweichungen. Durch die Ermittlung von stichtagsbezogenen Leistungsfortschritten bietet sie auch eine adäquate Basis für die Ermittlung der Restkosten von in Durchführung befindlichen Arbeitspaketen. Als Grundlage dafür sind die zu erfüllenden Restleistungen zu klären.

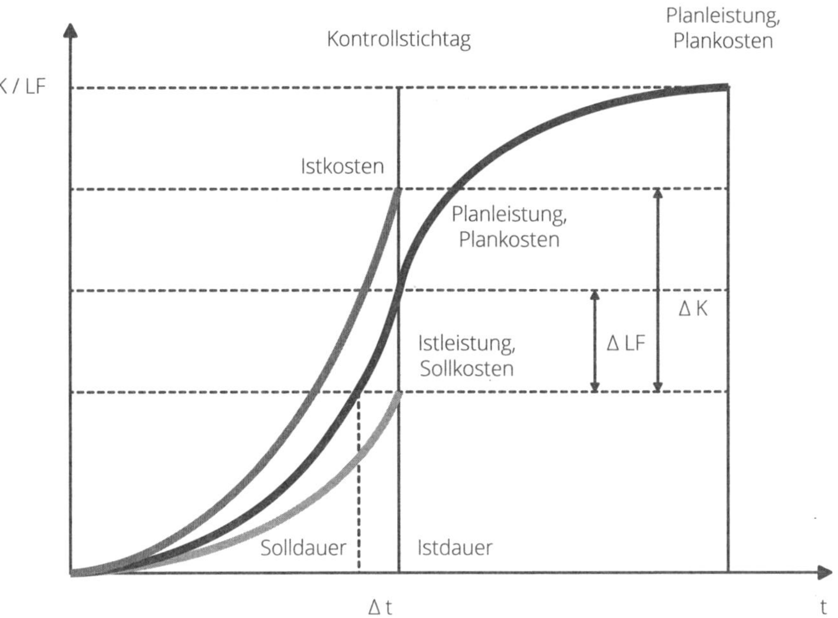

Legende:

K ... Kosten
LF ... Leistungsfortschritt

Abb. J4: Earned-Value-Analyse auf Projektebene

Arbeits-paket Nr.	Arbeitspaketname	Plankosten (Basisplan)	Leistungsfortschritt zum Stichtag	Earned Value	Istkosten zum Stichtag	Kostenabweichung zum Stichtag	Geplante Restkosten	Adaptierte Gesamtkosten	Gesamte Kostenabweichung
		(1)	(2)	(3) = (1) x (2)	(4)	(5) = (4) - (3)	(6)	(7) = (4) + (6)	(8) = (7) - (1)
2.2.1	Planung durchführen	€ 30.000,00	50%	€ 15.000,00	€ 15.500,00	€ 500,00	€ 15.000,00	€ 30.500,00	€ 500,00
2.2.2	Anfragespezifikation erstellen	€ 20.000,00	20%	€ 4.000,00	€ 7.000,00	€ 3.000,00	€ 16.000,00	€ 23.000,00	€ 3.000,00
...									

Abb. J5: Earned-Value-Analyse für Arbeitspakete

Durch den Vergleich von Ist-Kosten mit Ist-Preisen, Ist-Kosten mit Planpreisen und Soll-Kosten kann die Kostenabweichung eines Arbeitspakets in eine Preis- und Mengenabweichung differenziert werden (siehe Abb. J6). Die Preisabweichung ist jener Teil der Kostenabweichung, der durch Veränderungen in den Verrechnungspreisen entstanden ist. Die Mengenabweichung ist jener Teil der Kostenabweichung, der durch die Veränderung des Mengengerüsts entstanden ist. Erst durch die Differenzierung in Preis- und Mengenabweichung ist eine Analyse der Ursachen von Kostenabweichungen und eine Kostenverantwortungsrechnung möglich.

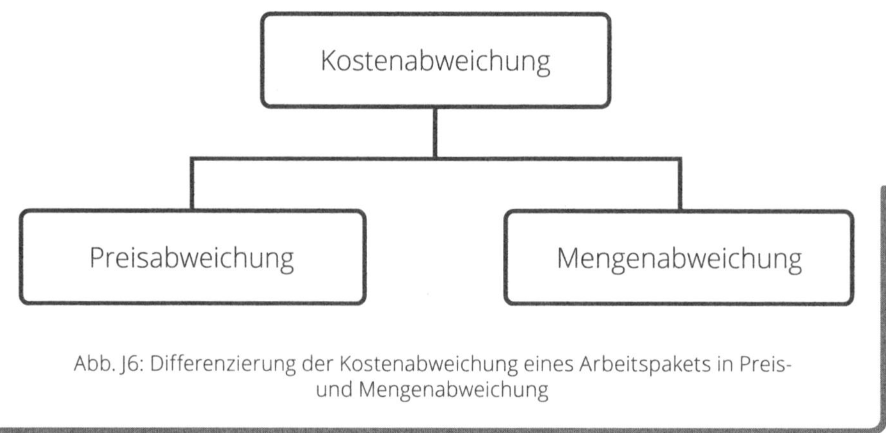

Abb. J6: Differenzierung der Kostenabweichung eines Arbeitspakets in Preis- und Mengenabweichung

Projektrisiken kontrollieren, steuern und neuplanen

Das Controlling von Projektrisiken umfasst das Controlling der gesetzten risikopolitischen Maßnahmen, die Identifikation neuer Risiken, die Bewertung der neu identifizierten Risiken, die Adaption der Bewertungen der alten, noch aktiven Risiken und das Planen und Durchführen neuer risikopolitischer Maßnahmen.

Zur Erfüllung dieser Aufgaben sind grundsätzlich die beim Projektstarten eingesetzten Methoden zu verwenden (siehe Kap. I).

„Social" Projektcontrolling: Projektorganisation kontrollieren, steuern und neuplanen

Das „social" Projektcontrolling umfasst das Controllen der Projektorganisation, der Projektkultur, der Beziehungen eines Projekts zu Projektstakeholdern und zu anderen Projekten.

Die Funktionalität der Organisationsstrukturen eines Projekts ist zu überprüfen, die entwickelte Projektkultur ist zu reflektieren und die Angemessenheit der Maßnahmen zur Gestaltung der Beziehungen zu Projektstakeholdern und zu anderen Projekten ist zu kontrollieren. Veränderungen der Projektziele und der Betrachtungsobjekte des Projekts oder auch der verbesserte Informationsstand im Projekt können Adaptionen notwendig machen.

Das Controlling der Projektorganisation bezieht sich auf das Design des Projektorganigramms, die Beschreibung der Projektrollen, die Zusammensetzung des Projektteams, die personellen Besetzungen der Projektrollen, die Kommunikationsformate und die Projektregeln. Auch die Beziehungen im Projektteam können durch Reflexionen und wechselseitiges Feedback der Projektteammitglieder einem „social" Controlling unterzogen werden (siehe Kap. H).

Als Beispiel für die Veränderung der Projektorganisation im Zeitablauf eines Projekts sind in der Abbildung I19 bzw. I20 die Projektorganigramme des Projekts „Values-4Business Value entwickeln" dargestellt.

Fallstudie: Values4Business Value entwickeln – Projektorganigramme

Projektrollenliste
Values4Business Value entwickeln

V. 1.003 v. P. Ganster per 20.12.2016

Projektrolle	Name
Projektauftraggeber	R. Gareis; L. Gareis
Projektmanagerin	P. Ganster
Product Owner Team	R. Gareis, L. Gareis
PTM Weiterentwicklung Dienstleistungen	L. Gareis
PTM Marketing	V. Riedling
PTM Kapitelentwicklung	R. Gareis
PTM Buchproduktion, Vertrieb	R. Gareis
Subteam Weiterentwicklung Dienstleistungen	
PMA Consulting und Produkte	R. Gareis
PMA Vorträge	L. Gareis
PMA Seminare	M. Stummer
Subteam Marketing	
PMA Manz	C. Dietz
PMA Stämpfli	H. Gruber
PMA C. H. Beck	M. Maier
PMA Marketing RGC	P. Ganster
Subteam Kapitelentwicklung	
PMA Fallstudien	L. Weinwurm
PMA Recherche	P. Ganster
PMA Kapitelentwicklung	L. Gareis
PMA Fallstudie Kooperationspartner 1	F. Mahringer
PMA Fallstudie Kooperationspartner 2	M. Paulus
Peer Review Group	
Subteam Buchprodutkion, Vertrieb	
PMA Lektorat Manz	C. Dietz
PMA Korrektur	P. Ganster
PMA Grafikdesign	M. Riedl

Legende:
PTM...Projektteammitglied
PMA...Projektmitarbeiter

Tab. J12: Liste der Projektrollen für die späteren Phasen des Projekts „Values4Business Value entwickeln"

Aus den in der Abbildung I19 bzw. I20 dargestellten Organigrammen wird ersichtlich, dass nach dem Beenden der Phase „1.2 Prototyping und planen" das diesbezügliche Subteam aufgelöst wurde und die neuen Subteams „Marketing", „Weiterentwicklung Dienstleistungen" und „Buchproduktion,

Vertrieb" etabliert wurden. Dadurch hat sich auch die Zusammensetzung des Projektteams verändert.

Die Rollen und die Subteams für die späteren Projektphasen und deren personelle Besetzungen sind aus der Tabelle J12 ersichtlich.

„Social" Projektcontrolling: Projektkultur kontrollieren, steuern und neuplanen

Auch ein Controlling der Projektkultur erfolgt im Rahmen des Projektcontrollings. Eventuelle Adaptionen der Projektkultur sind das Ergebnis von Reflexionsprozessen im Projekt.

Dabei sollten aber die identitätsstiftenden Elemente der Projektkultur, nämlich ein Projektname, ein Projektlogo und Projektwerte, nicht grundsätzlich verändert werden. Geringe Adaptionen der Werte bzw. die Entwicklung von phasenspezifischen Slogans sind möglich, um den spezifischen Anforderungen unterschiedlicher Projektphasen zu entsprechen. So können z. B. bei einem IT-Projekt andere Werte für die Phasen der Softwareentwicklung relevant sein als für die folgende Phase des Roll-outs.

Eine grundlegende Veränderung der Projektkultur ist beim Transformieren oder beim Neupositionieren eines Projekts notwendig.

„Social" Projektcontrolling: Projektstakeholderbeziehungen kontrollieren, steuern und neuplanen

Das Controllen der Beziehungen zu Projektstakeholdern umfasst folgende Aufgaben:

- Analysieren der Beziehungen des Projekts zu einzelnen Projektstakeholdern,
- Planen von Strategien und Maßnahmen zur Neugestaltung bestehender Beziehungen,
- Identifizieren von nicht mehr zu berücksichtigenden Projektstakeholdern,
- Identifizieren von zusätzlich zu berücksichtigenden Projektstakeholdern und
- Planen von Strategien und Maßnahmen zur Gestaltung der Beziehungen zu den zusätzlich zu berücksichtigenden Projektstakeholdern.

Beim Analysieren der Beziehungen des Projekts zu einzelnen Projektstakeholdern können die Qualität der Beziehung, eventuelle Veränderungen in der Bedeutung eines Stakeholders und in der Intensität der Kommunikation mit dem Stakeholder betrachtet werden und kann ein eventueller Bedarf zur Adaption der Beziehung definiert werden.

Als ein Beispiel für das Neuplanen der Beziehungen eines Projekts zu Projektstakeholdern ist in der Abbildung J7 die Projektstakeholderanalyse des Projekts „Values-4Business Value entwickeln" auf Grundlage des Projektcontrollens am 20.12.2016 dargestellt.

Fallstudie: Values4Business Value entwickeln – Projektstakeholderanaylse

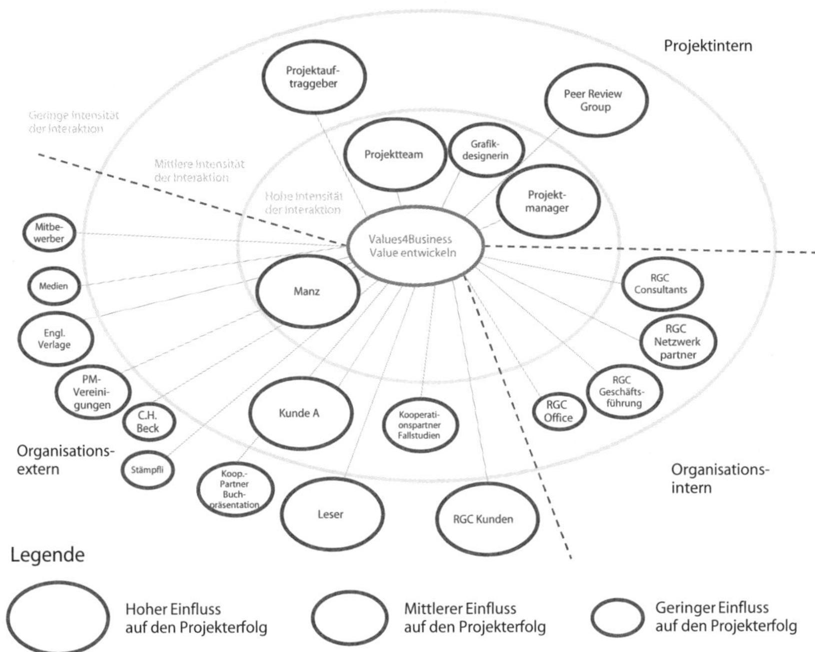

Abb. J7: Projektstakeholderanalyse des Projekts „Values4Business Value entwickeln" per 20.12.2016

Im Vergleich zu der im Kapitel I dargestellten Projektstakeholderanalyse, die zum Zeitpunkt des Projektstartens erstellt wurde, ergaben sich folgende Änderungen:

> Englische Verlage und der Kooperationspartner wurden als zusätzliche Projektstakeholder berücksichtigt.
> Der Manz Verlag hat an Bedeutung gewonnen, auch die Interaktion mit diesem Stakeholder wurde intensiver.
> Auch die Peer Review Group gewann an Bedeutung.
> Die Interaktionen mit der Grafikerin wurden intensiver.
> Die Bedeutung der Leser und der RGC Kunden für den Projekterfolg blieb hoch. Es wurde aber geplant, eine entsprechende Information erst in der Phase „Erstvermarkten" durchzuführen.

„Social" Projektcontrolling: Beziehungen zu anderen Projekten kontrollieren, steuern und neuplanen

Auch die Beziehungen eines Projekts zu anderen Projekten sind im Rahmen des Projektcontrollens zu kontrollieren und bei Bedarf neu zu planen. Die Basis dafür stellen eventuell zu berücksichtigende Projekte des Projektportfolios der projektorientierten Organisation dar. Es können aber eventuell auch Projekte von Kunden und Partnern relevant für den Erfolg des betrachteten Projekts sein.

Investition kontrollieren, steuern und neuplanen

Beim Projektcontrollen ist auch eine eventuelle Investition, die durch ein Projekt realisiert wird, zu kontrollieren, zu steuern und bei Bedarf neu zu planen. Getroffene Annahmen bezüglich der Kosten und Nutzen einer Investition sind zu hinterfragen und bei Bedarf zu verändern, die erstellte Kosten-Nutzen-Analyse oder Business-Case-Analyse ist zu adaptieren.

Das Controllen einer Investition kann aber auch als Aufgabe des Controllens der Nutzenrealierung verstanden werden (siehe Kap. C).

J2.4 Methoden: Projektcontrollingberichte erstellen

Projektstatusbericht

Der zentrale Bericht als ein Ergebnis eines Projektcontrollingzyklus ist der Projektstatusbericht. In diesem wird der Status eines Projekts zu einem Kontrollstichtag beschrieben. Die Struktur eines Projektstatusberichts orientiert sich an den Dimensionen des Projektmanagens. Nach einer Bewertung und Interpretation des gesamten Projektstatus ist der jeweilige Status der Projektziele, des Projektleistungsfortschritts, der Projekttermine, der Projektressourcen, der Projektkosten und Projekterträge, der Projektorganisation und der Projektkultur sowie der Projektstakeholderbeziehungen zu bewerten und zu interpretieren.[4]

Der Umfang des Projektstatusberichts sollte kurz gehalten werden, die Formulierungen können in Stichwörtern erfolgen. Als Ergänzung zu den verbalen Beschreibungen ist im Anhang auf die adaptierten Projektpläne zu verweisen. Der Projektstatusbericht ist ein formaler, relativ aufwändiger Bericht, der daher in größeren Zeitabständen, etwa einmal pro Monat, erstellt werden sollte.

Zielgruppen für den Projektstatusbericht sind der Projektauftraggeber und die Projektteammitglieder. Der Projektstatusbericht stellt ein wichtiges projektinternes Kommunikationsinstrument dar. Bei Kundenauftragsprojekten dient der Projektstatusbericht auch der Information des Kunden.

4 Auch die Kosten-Nutzen-Analyse ist während der Projektdurchführung periodisch zu controllen. Das kann aber im Rahmen des Controllen der Nutzenrealisierung erfolgen (siehe Kap. C).

Project Scorecard

Die Project Scorecard ist eine spezifische Form eines Projektcontrollingberichts. Die Project Scorecard beinhaltet grundsätzlich die gleiche Information wie ein Projektstatusbericht, jedoch in einer stärker visualisierten Form.

In Analogie zum Balanced-Scorecard-Modell von Kaplan und Norton werden in der Project Scorecard mehrere quantitative und qualitative Kriterien zur Beurteilung des Projektstatus herangezogen.[5] Die zu berücksichtigenden Kriterien sind von dem zum Einsatz gelangenden Projektmanagementansatz abhängig. Die in Abbildung J8 dargestellte Project Scorecard des Projekts „Values4Business Value entwickeln" basiert auf dem RGC Projektmanagementansatz. In Abhängigkeit von der Projektart können einzelne Kriterien berücksichtigt werden oder entfallen. Es kann z. B. bei Kundenauftragsprojekten die Betrachtung der Business-Case-Analyse entfallen. Die zu berücksichtigenden Projektstakeholder sind immer projektspezifisch zu definieren.

Fallstudie: Values4Business Value entwickeln – Project Scorecard

Der Status des Projekts „Values4Business Value entwickeln" per 20.12.2016 wurde in einer Project Scorecard dargestellt (siehe Abb. J8).

Interpretation der Scores der Project Scorecard zum 20.12.2016:

Planung, Controlling:

> Der Projektleistungsfortschritt zum Kontrollstichtag war nicht plangemäß, da die erste Kapitelgruppe A–F nach dem Workshop mit der Peer Review Group grundsätzlich überarbeitet werden musste.
> Diese zusätzlichen Arbeiten führten auch zu einer Verlängerung der Projektdauer um zwei Monate und eine entsprechende Steigerung des Ressourceneinsatzes und der Projektkosten.
> Projektstakeholderbeziehungen:
  - Die Beziehungen zum Manz Verlag und zur Peer Review Group waren konstruktiv und trugen wesentlich zur Qualitätssicherung bei.
  - Die RGC Netzwerkpartner wurden in diese Projektphase noch zu wenig eingebunden.
  - Die Beziehungen zu den Unternehmen, die Fallstudien zur Verfügung stellten, waren teilweise herausfordernd, da zu klären war, inwieweit Unternehmensdaten veröffentlicht werden durften. Diese Klärung war herbeizuführen.

5 Vgl. Kaplan, R., Norton, P., 1997.

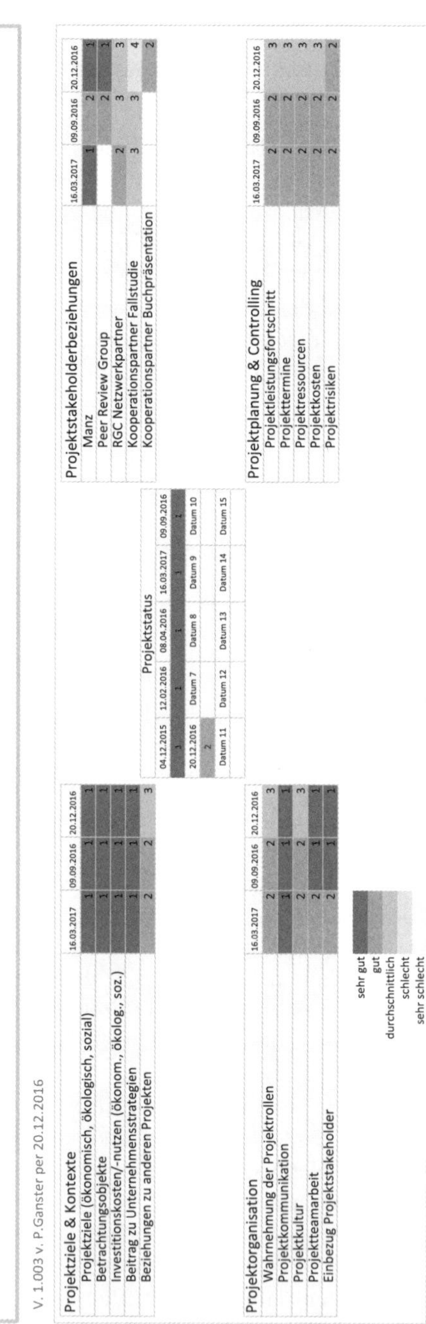

Project Score Card

Values4Business Value entwickeln

V. 1.003 v. P.Ganster per 20.12.2016

Projektziele & Kontexte	16.03.2017	09.09.2016	20.12.2016
Projektziele (ökonomisch, ökologisch, sozial)	1	1	1
Betrachtungsobjekte	1	1	1
Investitionskosten/-nutzen (ökonom., ökolog., soz.)	1	1	1
Beitrag zu Unternehmensstrategien	1	1	1
Beziehungen zu anderen Projekten	2	2	3

Projektstakeholderbeziehungen	16.03.2017	09.09.2016	20.12.2016
Manz	1	2	1
Peer Review Group		2	1
RGC Netzwerkpartner	2	3	3
Kooperationspartner Fallstudie	3	3	4
Kooperationspartner Buchpräsentation			2

Projektstatus				
04.12.2015	12.02.2016	08.04.2016	16.03.2017	09.09.2016
1	1	1	1	1
20.12.2016	Datum 7	Datum 8	Datum 9	Datum 10
2				
Datum 11	Datum 12	Datum 13	Datum 14	Datum 15

Projektorganisation	16.03.2017	09.09.2016	20.12.2016
Wahrnehmung der Projektrollen	2	2	3
Projektkommunikation	1	1	1
Projektkultur	2	2	3
Projektteamarbeit	2	1	1
Einbezug Projektstakeholder	2	1	1

Projektplanung & Controlling	16.03.2017	09.09.2016	20.12.2016
Projektleistungsfortschritt	2	2	3
Projekttermine	2	2	3
Projektressourcen	2	2	3
Projektkosten	2	2	3
Projektrisiken	2	2	2

Abb. J8: Project Scorecard des Projekts „Values4Business Value entwickeln" per 20.12.2016

Projektziele und Kontexte:

> Die Erreichung der inhaltlichen Projektziele erschien zum Kontrollstichtag gewährleistet. Die relevanten Betrachtungsobjekte wurden berücksichtigt, die Investitionsnutzen und die entsprechenden Beiträge zu den Unternehmensstrategien erschienen gesichert.
> Inhaltlich gab es keine Konflikte mit anderen Projekten, aber es gab Konkurrenz um knappe personelle Ressourcen.

Projektorganisation:

> Grundsätzlich wurde die Projektorganisation als adäquat wahrgenommen. Die Projektkommunikation und die Projektteamarbeit funktionierten gut. Projektstakeholder, wie z. B. der Manz Verlag, die Grafikerin und Scrum-Experten wurden entsprechend einbezogen.
> Da die RGC ein kleines Unternehmen ist, wurden mehrere Projektrollen durch dieselben Personen wahrgenommen. Das erhöhte die Projektkomplexität.
> Im Dezember 2016 fand ein Wechsel der Rolle „Projektmanagerin" statt, da Susanne Füreder die RGC verließ und Patricia Ganster an ihre Stelle trat.

Das Projekt gesamt wurde mit „gut" beurteilt, da das Fertigstellen der Lösung nicht zeitkritisch war, sondern angenommen wurde, dass vor allem die Qualität der Lösung den nachhaltigen Business Value beeinflusste.

Die Beurteilung der einzelnen Kriterien der Project Scorecard kann mit den Ampelfarben Rot, Gelb und Grün oder mit einer Fünffarben-Skala erfolgen. Diese ermöglicht eine stärkere Differenzierung der „Scores". Die Project Scorecard vermittelt eine ganzheitliche Sicht des Projektstatus. Der Status der einzelnen Betrachtungsobjekte des Projektmanagements wird in integrierter Form beurteilt. Zusammenhänge zwischen den Ausprägungen einzelner Kriterien können berücksichtigt werden. So kann z. B. die Beziehung zum Projektauftraggeber nicht sehr gut sein, wenn der Leistungsfortschritt des Projekts sehr schlecht ist.

Die Beurteilung des Gesamtstatus eines Projekts kann entweder intuitiv oder mithilfe eines Algorithmus durchgeführt werden. Eine Algorithmusregel kann z. B. sein: „Wenn zwei einzelne Kriterien mit Rot beurteilt werden, dann ist auch der Gesamtscore des Projekts rot." Die einzelnen Scores sind kurz zu interpretieren, die Gründe für die Bewertungen sind zu erläutern. Zur Beobachtung der Entwicklung der Kriterien der Project Scorecard können Scores mehrerer Kontrollstichtage dargestellt werden.

Die Visualisierung des Projektstatus in einer Project Scorecard stellt ein wichtiges Kommunikationsinstrument im Projekt dar. Ein Erstansatz der Project Scorecard kann vom Projektmanager erstellt werden. Dieser Erstansatz ist im Projektteam zu diskutieren und zu adaptieren und dann dem Projektauftraggeber zu präsentieren.

Abweichungstrendanalyse

Eine Abweichungstrendanalyse ist eine grafische Darstellung der zu einzelnen Kontrollstichtagen festgestellten Abweichungen von einer Projektkennzahl. Trendanalysen können für die je Kontrollstichtag geplanten Projektkosten, die geplanten Projekterträge oder den geplanten Projektendtermin erstellt werden.

In der Abbildung J9 ist eine Abweichungstrendanalyse für den Endtermin eines Projekts dargestellt. Es wird ersichtlich, dass bei jedem Controllingstichtag ein jeweils späterer Projektendtermin geplant wurde und die Projektdauer sich kontinuierlich verlängert hat.

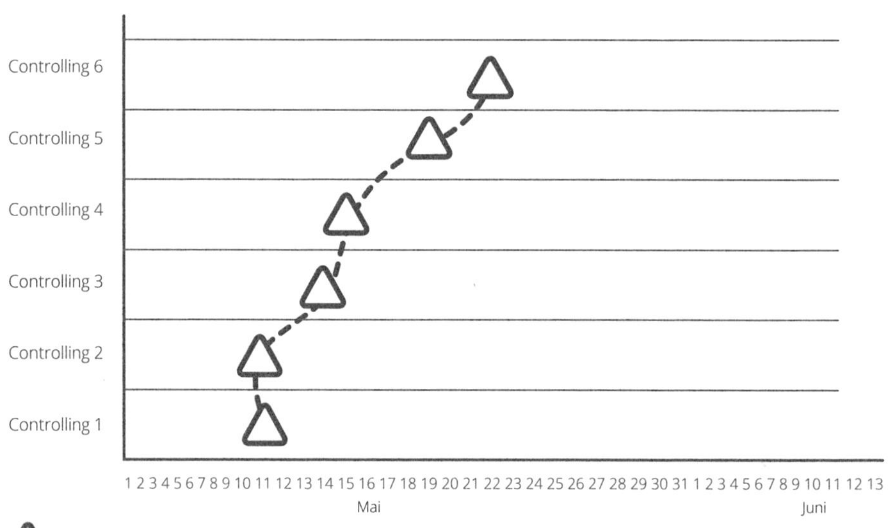

Abb. J9: Abweichungstrendanalyse für den Projektendtermin

Literatur

Kaplan, R., Norton, P.: Balanced Scorecard, Strategien erfolgreich umsetzen, Schäffer-Poeschel, Stuttgart, 1997.

K Teilprozesse: Projekt transformieren und Projekt neupositionieren

Während ihrer Durchführung entwickeln sich Projekte, kontinuierlich und diskontinuierlich. Entwicklungen von Projekten können als Projektchanges wahrgenommen werden. Es sind daher nicht nur permanente Organisationen, sondern auch temporäre Organisationen Changeobjekte. Auch für Projektchanges können Methoden des Changemanagens angewendet werden.

Es kann zwischen den Changes „Lernen eines Projekts", „Projekt weiterentwickeln", „Projekt transformieren" und „Projekt neupositionieren" unterschieden werden. Die Changes „Lernen eines Projekts" und „Projekt weiterentwickeln" wurden auch schon im Kapitel J im Rahmen des Projektcontrollens betrachtet.

Das Managen diskontinuierlicher Entwicklungen von Projekten, also von Projektdiskontinuitäten, beinhaltet das Vermeiden bzw. Fördern von Projektdiskontinuitäten, das Vorsorgen für deren eventuellen Eintritt und das Bewältigen einer Projektdiskontinuität. Zum Bewältigen einer Projektdiskontinuität können die Changes „Projekt transformieren" oder „Projekt neupositionieren" durchgeführt werden. Als Fallstudie zum „Projekt transformieren" wird das Transformieren eines Projekts zum Etablieren eines Krankenhauses dargestellt.

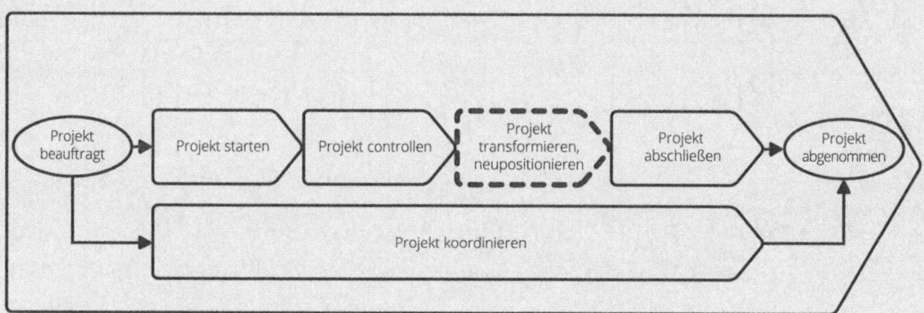

Übersicht: „Projekt transformieren" und „Projekt neupositionieren" als Teilprozesse des Geschäftsprozesses „Projekt managen"

K Teilprozesse: Projekt transformieren und Projekt neupositionieren

K1 Projektchanges

K1.1 Kontinuierliche und diskontinuierliche Entwicklungen von Projekten

Projekte können sich kontinuierlich und diskontinuierlich entwickeln. Anlass für kontinuierliche oder diskontinuierliche Entwicklungen von Projekten können deren selbstorganisatorische Prozesse oder Interventionen von Projektstakeholdern sein. Der häufige Eintritt von Diskontinuitäten in Projekten ist auf deren Komplexität und Dynamik zurückzuführen.

Kontinuierliche Entwicklung eines Projekts: Definition

Die kontinuierliche Entwicklung eines Projekts erfolgt aufgrund von Veränderungen einer oder weniger Projektdimensionen in geringem Ausmaß. Eine kontinuierliche Entwicklung kann im Rahmen des Projektcontrollens reflektiert und eventuell formalisiert werden. Eine kontinuierliche Entwicklung eines Projekts führt zu keiner Änderung der Projektidentität.

Diskontinuierliche Entwicklungen eines Projekts: Definition

Eine diskontinuierliche Entwicklung eines Projekts, also eine Projektdiskontinuität, ist eine Phase der Instabilität in einem Projekt, die zu einer Änderung der Projektidentität führt.

Definition der unterschiedlichen Projektdiskontinuitäten	
Projektkrise	> Eine existenzielle Gefährdung eines Projektes > Konsequenz: Change „Projekt neupositionieren"
Projektchance	> Neue Potentiale für das Projekt > Konsequenz: Change „Projekt neupositionieren"
Strukturell bedingte Identitätsänderung	> Erwartete, grundsätzliche Veränderung eines Projekts > Konsequenz: Change „Projekt transformieren"
Notwendige Identitätsänderung	> Unerwartete, grundsätzliche Veränderung eines Projekts > Konsequenz: Change „Projekt transformieren"
Keine Diskontinuitäten sind ...	> Konflikte oder Katastrophen

Tab. K1: Definition unterschiedlicher Projektdiskontinuitäten

Man kann folgende Arten von Projektdiskontinuitäten unterscheiden:

> eine Projektkrise,
> eine Projektchance,
> eine strukturell bedingte Identitätsänderung und
> eine ad hoc notwendige Identitätsänderung.

Projektkrisen und Projektchancen kommen trotz eventueller Maßnahmen zu ihrer Vermeidung bzw. Förderung überraschend. Das gilt auch für „ad hoc notwendige Identitätsänderungen". Strukturell bedingte Identitätsänderungen sind vorhersehbar und daher planbar.

Beispiele für Projektkrisen, Projektchancen und strukturell bedingte Identitätsänderungen von Projekten sind in der Tabelle K2 dargestellt. Das Eintreten eines oder mehrerer der in Tabelle K3 gelisteten Faktoren kann zur Definition einer Projektkrise bzw. Projektchance führen.

Beispiele für Projektkrisen
> Die Neugestaltung eines Dienstleistungsbereichs eines Magistrats musste unterbrochen werden, weil grundsätzliche Organisationsentscheidungen, die außerhalb des Projekts durch Politiker und die Magistratsdirektion zu treffen waren, ausständig waren. > Ein Reaktorunfall führte zu einer Gefährdung des Personals eines österreichischen Großanlagenbauers auf einer nahe gelegenen Baustelle. Krisenbewältigungsmaßnahmen auf der Baustelle und in Österreich für Familienmitglieder des Baustellenpersonals waren zu treffen.
Beispiele für Projektchancen
> Eine entwickelte Software-Applikation konnte nicht nur für die Muttergesellschaft sondern auch für Tochterunternehmen eingesetzt werden. Das diesbezügliche Projekt wurde daher während der Durchführung wesentlich im Leistungsumfang erweitert. Es wurde als Kooperationsprojekt mit den Tochterunternehmen redefiniert. > Im Zuge der Durchführung eines Logistikprojekts für ein Ministerium bot sich eine neu auf den Markt gekommene Technologie an. Die Fachabteilungen entschieden, auf die neue Technologie umzusteigen, die angestrebte Lösung zu optimieren und um Lernchancen zu nutzen. Die Strukturen des Projekts mussten dazu grundsätzlich verändert werden.

Beispiele für strukturell bedingte Identitätsänderungen in Projekten
> Nach der Entwicklung einer organisatorischen Lösung für die Niederlassungen eines Handelbetriebs wurde ein Roll-out in den Niederlassungen vorgenommen. Um nach den ersten Phasen der Kreativität und Innenorientierung eine entsprechende Außenorientierung zu schaffen, wurde eine Neuorientierung im Projekt notwendig. Die Projektorganisation musste für den Roll-out designed werden. > Die notwendige Neuorientierung eines Anlagenbauprojekts zu Beginn der Baustellenphase nach den Phasen der technischen Planung, Beschaffung und Fertigung bedarf einer strukturell bedingte Identitätsänderung.
Beispiel für eine adhoc notwendige Identitätsänderung
> Das Projekt „Values4Business Value entwickeln“ wurde anfangs als Buchpublikationsprojekt definiert und verstanden. Während den frühen Projektphasen wurde das Potenzial erkannt, die RGC Managementansätze weiterzuentwickeln. Dadurch konnte ein größerer Nutzen für die RGC Kunden und Mitarbeiter gestiftet werden. Diese veränderte Wahrnehmung des Projekts führte zu einer „adhoc notwendigen“ Identitätsänderung des Projekts. Der Nutzen der Investition, die Projektziele, der Leistungsumfang, die Kosten, die Dauer, etc. wurden verändert.

Tab. K2: Beispiele für Diskontinuitäten in Projekten

Faktoren, die zum Definieren einer Projektkrise führen können:
> Wesentlichen Verschlechterung des Ergebnisses der Business Case Analyse bzw. der Kosten-Nutzen-Analyse der Investition, die durch ein Projekt realisiert wird > Wesentliche Erhöhung des Projektleistungsumfangs (etwa um 50%) bei gleichbleibendem Budget > Wesentliche Überschreitung der Projektkosten (etwa um 50%) bei gleichbleibender Leistung > Wesentliche Überschreitung der Projektdauer (etwa um 50%) bei gleichbleibender Leistung > Ausfall eines wesentlichen Projektpartners > Zahlungsunfähigkeit des Kunden (bei Kundenauftragsprojekten)
Faktoren, die zum Definieren einer Projektchance führen können:
> Wesentliche Verbesserung des Ergebnisses der Business Case Analyse bzw. der Kosten-Nutzen-Analyse der Investition, die durch ein Projekt realisiert wird > Wesentliche Einsparungspotenziale und Referenzpotenziale aufgrund des Einsatzes einer neuen Technologie im Projekt (etwa 50% geringerer Leistugnsumfang bei gleichbleibendem Budget) > Wesentliche Erweiterung des Umfangs eines Kundenauftrags (etwa 50% bei Kundenauftragsprojekten)

Tab. K3: Mögliche Faktoren zum Definieren einer Projektkrise bzw. Projektchance

K1.2 Projekte als Changeobjekte, Arten von Projektchanges

Entwicklungen von Projekten, die zu Veränderungen und nicht zu Abbrüchen oder Unterbrechungen führen, können als Projektchanges wahrgenommen werden. Es kann zwischen den Changes „Lernen eines Projekts“, „Projekt weiterentwickeln“, Projekt transformieren“ und „Projekt neupositionieren“ unterschieden werden.

Projekte als Changeobjekte

Projekte entwickeln sich im Zeitablauf, und zwar kontinuierlich und diskontinuierlich. Diese Entwicklungen können als Projektchanges wahrgenommen werden. Als Projektchange wird eine kontinuierliche oder diskontinuierliche Entwicklung eines Projekts verstanden, in der eine oder mehrere Dimensionen des Projekts verändert werden.[1,2] Es wird davon ausgegangen, dass bei einem Projektchange die sozialen Strukturen des Projekts und die Projektstakeholderbeziehungen verändert werden. Es handelt sich daher um einen „sozialen" und nicht z. B. um einen technologischen Change.

Die Wahrnehmung von kontinuierlichen und diskontinuierlichen Entwicklungen von Projekten als Projektchanges ermöglicht es, Konzepte des Changemanagens, wie z. B. das Definieren einer Changevision, das Sichern eines Verständnisses für die Dringlichkeit des Changes, das Definieren von Quick Wins, das Praktizieren einer entsprechenden Changekommunikation, zum Managen von Projektchanges anzuwenden.

Grundsätzlich sind soziale Systeme Objekte von Changes. Die sozialen Systeme, die hier betrachtet werden, sind die temporären Organisationen.[3] Sowohl Projekte als auch Programme können Objekte von Changes sein (siehe Abb. K1).

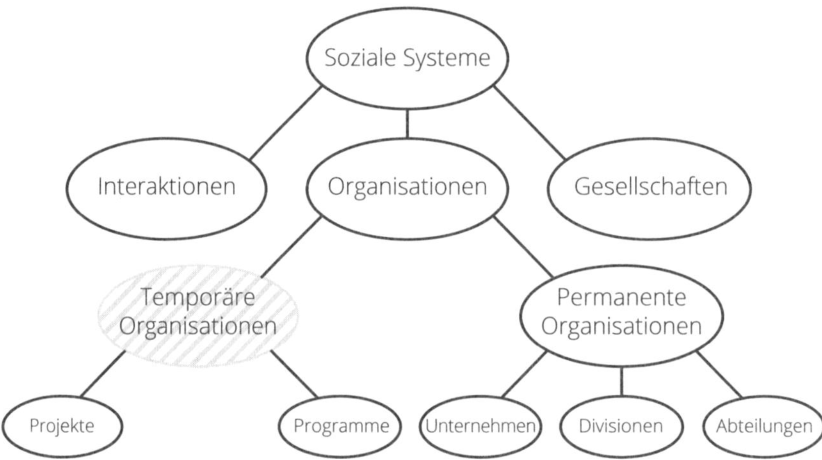

Abb. K1: Temporäre Organisationen als Changeobjekte

Dimensionen eines Projekts, die sich verändern können, sind dessen Betrachtungsobjekte, Ziele, Strategien, Termine, Kosten, Organisation, Kultur, Personalstrukturen, Infrastrukturen, Stakeholderbeziehungen, Beziehungen zu anderen Projekten, dessen Zusammenhang mit den Zielen der projektorientierten Organisation und dessen Zusammenhang mit der Investition, die durch das Projekt realisiert wird.

Als Projektchange wird eine kontinuierliche oder diskontinuierliche Entwicklung eines Projekts verstanden, in der eine oder mehrere Dimensionen eines Projekts verändert werden.

1 Lewin definiert Change als Transformation einer bestehenden, dynamischen Balance einer Organisation in eine neue.

2 Vgl. Lewin, K., 1947.

3 Im Kapitel N werden Changes permanenter Organisationen behandelt.

Arten von Projektchanges

Unter Berücksichtigung des Changebedarfs eines Projekts und der Anzahl der zu berücksichtigenden Changedimensionen kann man zwischen den 1st Order Changes „Lernen eines Projekts“ und „Projekt weiterentwickeln“ sowie den 2nd Order Changes „Projekt transformieren“ und „Projekt neupositionieren“ unterscheiden (siehe Abb. K2). 1st Order Changes tragen zu kontinuierlichen Veränderungen von Projekten bei, 2nd Order Changes führen zu Veränderungen der Projektidentitäten (siehe Kap. N bezüglich der Definition der 1st und 2nd Order Changes).

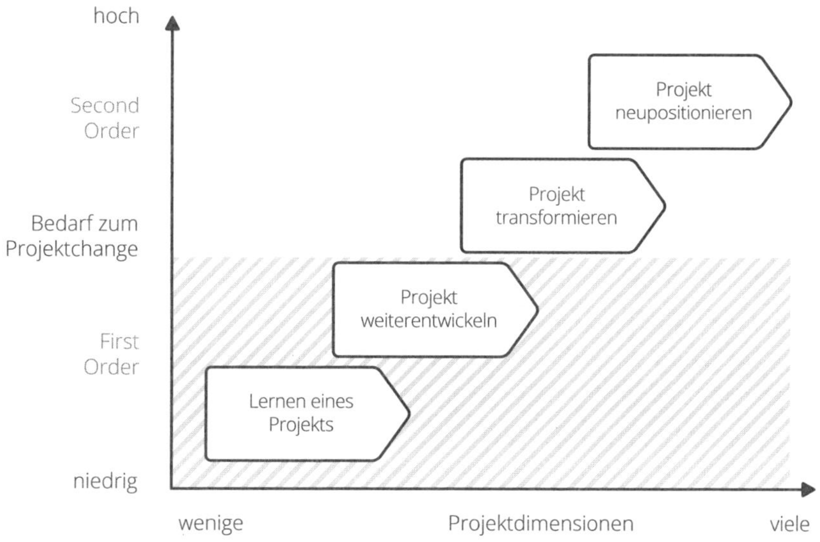

Abb. K2: Changearten von Projekten

Ein relativ niedriger Changebedarf, der den Change „Lernen eines Projekts“ notwendig macht, ergibt sich aus den laufenden Veränderungen eines Projekts. Diesem Bedarf wird durch das periodische Projektcontrollen entsprochen. Die beim Projektcontrollen vereinbarten Verbesserungen werden in die laufende Projektdurchführung integriert.

Ein mittlerer Changebedarf, der den Change „Projekt weiterentwickeln“ notwendig macht, ergibt sich meist aufgrund einer Veränderung der Anforderungen an die Lösung, die durch ein Projekt bereitgestellt werden soll. Neue Lösungsanforderungen werden oft in „Change Requests“ oder Änderungsanträgen formuliert.

Signale bezüglich einer zukünftigen Gefährdung, aber auch bezüglich neuer Potenziale eines Projekts, können einen mittleren bis hohen Changebedarf verursachen. Eine strategische und kulturelle Neuorientierung für ein Projekt kann notwendig werden, viele oder alle Dimensionen eines Projekts sind zu berücksichtigen. Das „Projekt transformieren“ ist dafür die adäquate Changeart.

Der höchste Changebedarf für ein Projekt liegt vor, wenn jenes sich in einer Krise befindet oder wenn eine Chance besteht, die eine grundsätzliche Veränderung des Projekts notwendig macht. Der Verlust des Projektauftraggebers oder eines wichtigen Projektpartners, eine neue Technologie, für deren Einsatz man nicht qualifiziert ist, neue Ziele und Strategien der projektorientierten Organisation oder stark gestiegene Projektkosten sind Indikatoren einer Projektkrise. Eine Projektchance existiert z. B., wenn ein Kunde das Volumen eines Auftrags, der als Projekt abgewickelt wird, um 100% erhöht, oder wenn man eine grundsätzlich neue Technologie in einem Projekt einsetzen kann, wodurch sich die Projektkosten und die Projektdauer wesentlich reduzieren. In diesen Fällen sind alle Projektdimensionen im Change zu berücksichtigen, es bedarf eines Changes „Projekt neupositionieren". Das grundsätzliche Ziel des Changes „Projekt neupositionieren" ist es, das Projekt weiterführen. Dazu sind positive Projektkennzahlen zu erreichen und es sind wesentliche Projektinnovationen zu implementieren.

K2 Managen kontinuierlicher Entwicklungen von Projekten

Kontinuierliche Entwicklungen können durch die Changes „Lernen eines Projekts" und „Projekt weiterentwickeln" gemanaged werden.

K2.1 Managen des Changes: Lernen eines Projekts

Anlass für den Change „Lernen eines Projekts" ist das Ziel, kontinuierlich die Qualität der Projektergebnisse und des Projektmanagens zu verbessern. Die vorhandenen Lernpotenziale sollen genützt werden, kleine Innovationen sollen gefördert werden.

Vom Change „Lernen eines Projekts" sind nur wenige Projektdimensionen betroffen. Es wird eventuell eine Stakeholderbeziehung durch das Optimieren eines gemeinsam verwendeten Hilfsmittels verändert oder es wird der Ablauf eines angewandten Projektkommunikationsformats verbessert.

Dieses Lernen eines Projekts erfolgt im Teilprozess „Projekt controllen" (siehe Kap. J). Bei Controllingsitzungen können bestehende Praktiken reflektiert und Vereinbarungen zu deren Verbesserung getroffen werden. Mit dem Lernen ist oft auch der Bedarf zum Entlernen verbunden. Das Entlernen gewohnter Praktiken ist schwer. Symbolische Akte, wie z. B. das Zerreißen eines bisher angewandten Formulars im Rahmen einer Projektteamsitzung, unterstützen das Entlernen.

Zum Sichern des Lernens von Projekten ist das Lernen und sind kleine Innovationen als ein explizites Projektziel zu formulieren. Wertschätzungen für Verbesserungsvorschläge sind zu zeigen, auch (nichtmonetäre) Anreize sind wichtig.

K2.2 Managen des Changes: Projekt weiterentwickeln

Auch der Change „Projekt weiterentwickeln" erfolgt im Teilprozess „Projekt controllen". Im Gegensatz zum Lernen eines Projekts sind aber mehrere Projektdimensionen davon betroffen und ist meist eine formale Bewilligung eines Änderungsantrags notwendig.

Anlass für einen Change „Projekt weiterentwickeln" ist oft ein Änderungsantrag. In diesem Fall ist der Change durch eine Änderung der Anforderungen der durch das Projekt bereitzustellenden Lösung verbunden. Ziel können aber auch Optimierungen der Projektstrukturen und größere Innovationen sein.

Aufgrund geänderter Lösungsanforderungen oder anderer Verbesserungen sind die Projektstrukturen zu adaptieren, sind die Projektpläne upzudaten und sind die

Veränderungen entsprechend zu kommunizieren. Im Change „Projekt weiterentwickeln“ verändern sich zwar die Projektstrukturen, es findet aber keine Identitätsveränderung des Projekts statt.

In den Abbildungen K3 und K4 sind der Prozess zum Bewilligen eines Änderungsantrags und ein Änderungsantragsformular exemplarisch dargestellt.

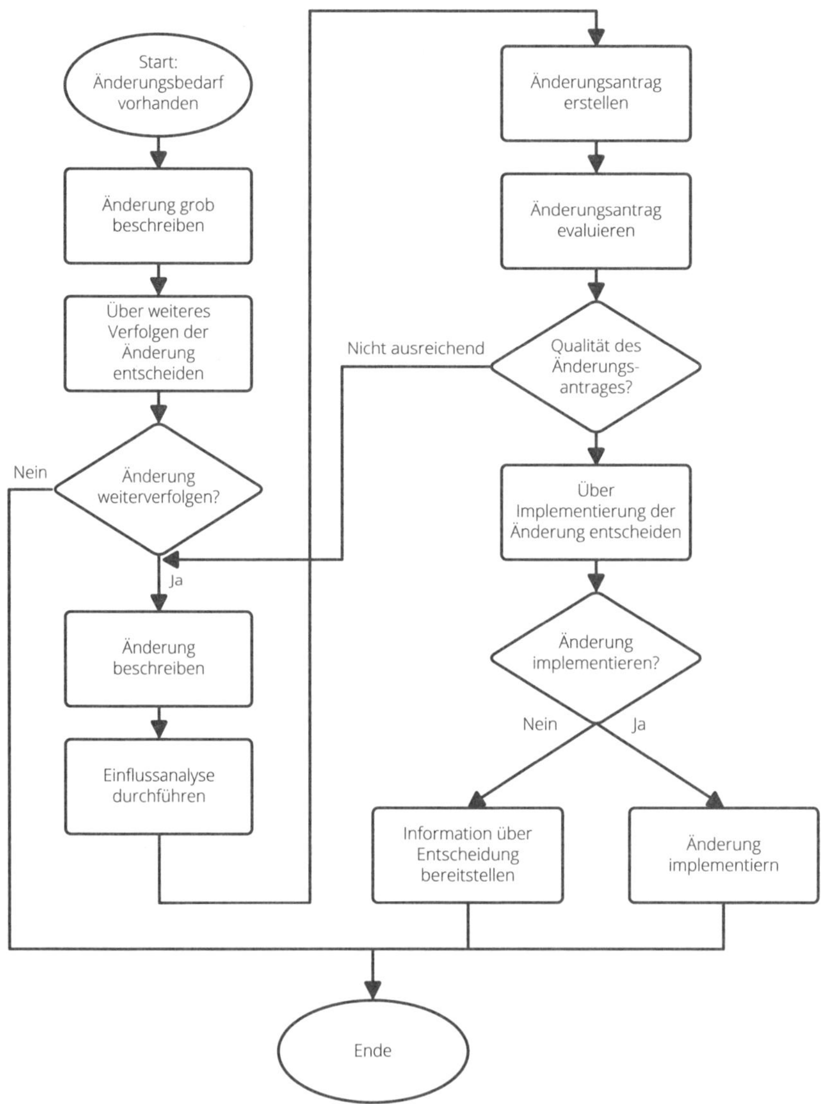

Abb. K3: Prozess des Bewilligens eines Änderungsantrags

<table>
<tr><td colspan="4">Projektname</td></tr>
<tr><td>Änderungsantrags-
nummer:</td><td>Anforderer:</td><td>Priorität:
Gering / Mittel / Hoch</td><td>Initiierungsdatum:</td></tr>
<tr><td colspan="4">Titel:</td></tr>
<tr><td colspan="4">Grund der Änderung:</td></tr>
<tr><td colspan="4">Kurze Beschreibung der Änderung:</td></tr>
<tr><td colspan="4">Einflussanalyse</td></tr>
<tr><td colspan="2" rowspan="4">Auswirkung der Änderung auf:</td><td colspan="2">Ziele:</td></tr>
<tr><td colspan="2">Termine:</td></tr>
<tr><td colspan="2">Ressorucen:</td></tr>
<tr><td colspan="2">Budget:</td></tr>
<tr><td colspan="2">Datum:</td><td colspan="2">Verantwortlich für die Änderung:</td></tr>
</table>

Abb. K4: Formular „Änderungsantrag für Projekte"

K3 Managen diskontinuierlicher Entwicklungen von Projekten

Aufgaben des Managens von Projektdiskontinuitäten sind einerseits das Bewältigen einer Projektdiskontinuität und andererseits das Vermeiden von Projektkrisen bzw. das Fördern von Projektchancen und das Vorsorgen für Projektdiskontinuitäten (siehe Abb. K5).

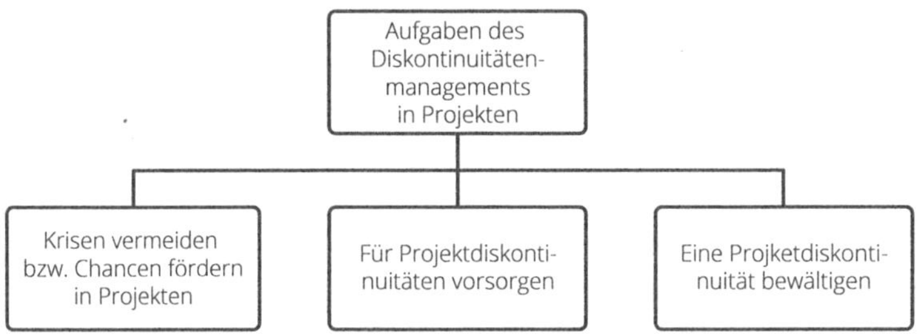

Abb. K5: Aufgaben des Managens von Projektdiskontinuitäten

Das Vermeiden von Projektkrisen bzw. das Fördern von Projektchancen und die Vorsorge für Projektdiskontinuitäten sind keine eigenen Teilprozesse des Projektmanagens, sondern sind Aufgaben, die beim Projektstarten und beim Projektcontrollen wahrzunehmen sind.

Das Bewältigen einer strukturell bedingten Identitätsänderung eines Projekts unterscheidet sich grundsätzlich vom Bewältigen einer Projektkrise oder einer Projektchance. Es entspricht bezüglich der Ziele und des Ablaufs dem Projektstartprozess und wird hier daher nicht als eigener Geschäftsprozess dargestellt. Als eigene Teilprozesse des Projektmanagens zum Bewältigen einer Projektdiskontinuität werden im Folgenden daher die Changes „Projekt transformieren" und „Projekt neupositionieren" betrachtet.

K3.1 Vermeiden von Projektkrisen bzw. Fördern von Projektchancen

Aufgaben des Vermeidens von Projektkrisen sind

> das Früherkennen von Potenzialen für Projektkrisen,
> das Analysieren bereits gesetzter Maßnahmen zum Vermeiden von Projektkrisen,
> das Entwickeln von Strategien und Maßnahmen zum Vermeiden von Projektkrisen,

- das Umsetzen dieser Maßnahmen und
- das Kommunizieren der gesetzten Maßnahmen zum Vermeiden von Projektkrisen.

In jedem Fall relevante Maßnahmen zum Vermeidung von Projektkrisen sind das Praktizieren eines professionellen Projektmanagements und das Durchführen eines expliziten Projektrisikomanagements.

Ähnliche Aufgaben, nur mit umgekehrten Vorzeichen, sind zum Fördern von Projektchancen zu erfüllen. Die Planung und Umsetzung der Strategien und Maßnahmen zum Vermeiden von Projektkrisen bzw. zum Fördern von Projetchancen hat durch das Projektteam in Abstimmung mit dem Projektauftraggeber zu erfolgen.

K3.2 Vorsorgen für Projektkrisen bzw. Projektchancen

Ziel der Vorsorge für Projektkrisen bzw. Projektchancen ist es, Strategien und Maßnahmen für den Fall des Eintretens einer Projektdiskontinuität zu entwickeln. Dadurch soll eine effiziente Bewältigung im Fall des Eintritts ermöglicht werden.

Aufgaben des Vorsorgens für Projektkrisen bzw. Projektchancen sind

- das Früherkennen von Potenzialen für Projektkrisen bzw. Projektchancen,
- das Analysieren bereits gesetzter Maßnahmen zum Vorsorgen für Projektkrisen und Projektchancen,
- das Planen von Vorsorgestrategien und Vorsorgemaßnahmen,
- das Umsetzen dieser Vorsorgestrategien und Vorsorgemaßnahmen und
- das Kommunizieren der Vorsorgestrategien und Vorsorgemaßnahmen.

In jedem Fall relevante Maßnahmen zur Vorsorge für Projektkrisen bzw. Projektchancen sind das Schaffen standardisierter Strukturen zur Bewältigung einer Projektkrise und das Erstellen alternativer Projektpläne.

Der Bedarf nach Maßnahmen zur Vermeidung bzw. Förderung von und zur Vorsorge für Projektdiskontinuitäten ist abhängig von der Projektart. Für externe Kundenauftragsprojekte werden bereits bei der Angebotserstellung krisenvermeidende Maßnahmen gesetzt. Es werden einerseits detaillierte Objektplanungen, Projektplanungen und Vertragswerke erstellt. Andererseits werden risikopolitische Maßnahmen, wie z. B. Versicherungsabschlüsse oder die Vornahme von Risikoaufschlägen, gesetzt. Da die Risiken und die Komplexität von Angebotserstellungen hoch sind, setzen Organisationen für umfangreiche Angebotserstellungen Projekte ein. Das ist auch eine risikovermeidende Maßnahme zu sehen.

Interne Projekte sind aufgrund ihrer sozialen Komplexität und Dynamik in einem höheren Ausmaß Diskontinuitäten ausgesetzt als externe Projekte. Projektabbrüche sind bei internen Projekten häufiger zu beobachten als bei externen Projekten.

K3.3 Vermeiden bzw. Fördern von sowie Vorsorgen für Projektdiskontinuitäten: Methoden

Grundlage für das Vermeiden bzw. das Fördern von sowie für das Vorsorgen für Projektdiskontinuitäten ist das Identifizieren möglicher Projektkrisen bzw. Projektchancen. Diesbezügliche Methoden, differenziert nach Methoden der ersten, zweiten und dritten „Generation", sind in der Tabelle K4 gelistet. Sowohl die Methoden der ersten als auch der zweiten Generation sind vergangenheitsorientierte Methoden, die Methoden der dritten Generation sind hingegen zukunftsorientiert.

Methoden zur Identifikation von Potenzialen für Projektkrisen und Projektchancen	
Methoden der ersten Generation: Projektkennzahlen	> Projektleistungen > Projektkosten > Projektdauer > Projektgewinn
Methoden der zweiten Generation: Indikatoren	> Fluktuation der Projektmitarbeiter > Formalismus im Projekt > Verbindlichkeit von Lieferanten
Methoden der dritten Generation: Schwache Signale	> Schlecht strukturierte bzw. schwierig zu interpretierende Informationen

Tab. K4: Methoden zum Identifizieren möglicher Projektkrisen und Projektchancen

Schwache Signale werden oft übersehen oder überhört, sie bedürfen eines spezifischen Monitorings. Beispiele für schwache Signale für Projekte sind

- die plötzliche Häufung gleichartiger Ereignisse,
- Meinungen, Stellungnahmen und Verlautbarungen von Projektstakeholdern und
- Veränderung von Gesetzen oder Vorschriften.

Ebenfalls eine zukunftsorientierte Methode ist die Entwicklung von Projektszenarien.[4] Diese dient zur Beschreibung möglicher zukünftiger Zustände eines Projekts. Es wird nicht nur von einem gewünschten Zielszenario ausgegangen, sondern es werden auch alternative Projektszenarien (z. B. ein positives und ein negatives) entwickelt. Es wird bewusst in Alternativen gedacht, um dadurch das Handlungsspektrum (trichterförmig) zu erweitern (siehe Abb. K6). Die Projektszenarien stellen eine Grundlage für Vorsorgemaßnahmen für diese Szenarien dar. So können z. B. Maßnahmen zum Erreichen des Zielszenarios definiert werden und es können vorsorgend für unterschiedlichen Szenarien alternative Projektpläne erarbeitet werden.

4 Vgl. Reibnitz, U. v., 1992.

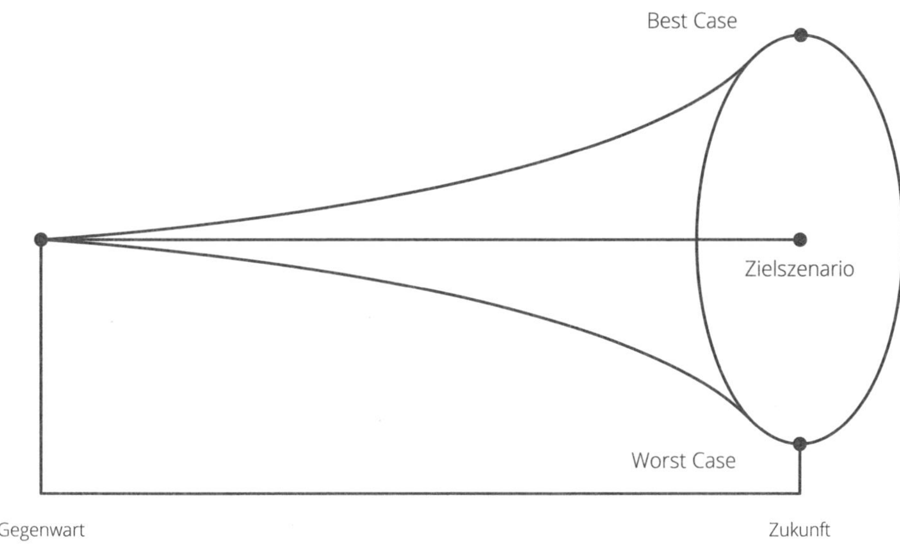

Abb. K6: Szenariotrichter

K3.4 Bewältigen einer Projektkrise bzw. Projektchance: Optionen

Zum Bewältigen von Projektdiskontinuitäten gibt es folgende grundsätzliche strategische Optionen:

> das Projektabbrechen,
> das Projektunterbrechen sowie
> die Changes „Projekt transformieren“ und „Projekt neupositionieren“.

Durch das Projektabbrechen bzw. das Projektunterbrechen wird die Existenz des sozialen Systems „Projekt“ (zumindest für einen Zeitraum) beendet. Beim Projekttransformieren und Projektneupositionieren wird das soziale System verändert. Es wird versucht, das Projekt am Leben zu erhalten, aber seine Identität wird verändert.

Beim Projektabbrechen sind folgende Aufgaben zu erfüllen:

> die Projektstakeholderbeziehungen auflösen,
> die erzielten Projektergebnisse sichern,
> Feedback an die Mitglieder der Projektorganisation geben und
> die Mitglieder der Projektorganisation bei deren Neuorientierung unterstützen.

Folgende Aufgaben sind beim Projektunterbrechen zu erfüllen:

> die Projektstakeholder über die Projektunterbrechung informieren,
> die erzielten Projektergebnisse sichern,
> Feedback an die Mitglieder der Projektorganisation geben,

> das Neustarten des Projekts planen und
> die Verfügbarkeit der Mitglieder der Projektorganisation für das Neustarten sichern.

Das Projektabbrechen stellt die Katastrophe in der Entwicklung des sozialen Systems „Projekt" dar, da dessen Überlebensfähigkeit nicht mehr gewährleistet ist. Aus der Sicht des projektorientierten Unternehmens kann die Entscheidung, ein Projekt abzubrechen aber sinnvoll sein. Beim Projektunterbrechen wird davon ausgegangen, dass ein Projekt nach der Unterbrechung fortgeführt werden kann. Die Ziele und der Ablauf des Projektabbrechens bzw. des Projektunterbrechens sind jenen des Projektabschließens ähnlich (siehe Kap. L). Sie werden hier daher nicht beschrieben.

Die Teilprozesse des Projektmanagens, nämlich die Changes „Projekt transformieren" und „Projekt neupositionieren", werden im Folgenden behandelt.

K4 Managen des Changes: Projekt transformieren

Der Change „Projekt transformieren" ist ein 2nd Order Change. Das bedeutet, dass er zu einer Veränderung der Identität eines Projekts führt.

K4.1 Projekt transformieren: Ziele und Ablauf

Ursachen für den Change „Projekt transformieren" können Signale bezüglich einer existenziellen Gefährdung oder bezüglich grundsätzlicher Potenziale zum Optimieren eines Projekts sein. Ziele des Transformierens sind eine strategische und kulturelle Neuorientierung eines Projekts anhand des Optimierens der Projektstrukturen bzw. des Implementierens wesentlicher Projektinnovationen.

Beim Projekttransformieren werden alle Projektdimensionen berücksichtigt. Es erfolgt ein ergebnisorientiertes Top-down-Management. Die Ziele des Projektchanges sind zu formulieren, Mitglieder der Projektorganisation und Projektstakeholder, die von der Dringlichkeit des Projektchanges nicht überzeugt, sind zu überzeugen. Quick Wins sind zu sichern, um eine entsprechende Changedynamik herzustellen. Der Widerspruch zwischen einschneidenden Rationalisierungen und neuen Potenzialen im Projekt ist zu managen. Der Change „Projekt transformieren" ist explizit zu definieren und nach der Durchführung explizit abzuschließen. Über das „Back to daily business" (aber in neuen Projektstrukturen) ist zu informieren.

Das Projektransformieren ist ein Teilprozess des Projektmanagens mit den Phasen „Projekttransformieren planen", Projekttransformieren implementieren" und „Projekt stabilisieren" (siehe Abb. K7). Die Aufgaben dieser Projektphasen und die Zuständigkeiten für deren Erfüllung sind aus der Tabelle K5 ersichtlich.

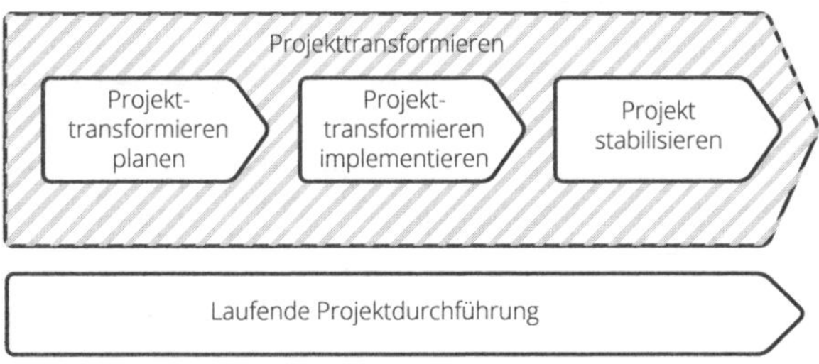

Abb. K7: Phasen des Teilprozesses „Projekt transformieren"

Legende D...durchführen M...mitarbeiten I...wird informiert K...koordiniert Prozessaufgaben		Rollen							
		Projektauftraggeber	Projektmanager	Projektteam	Projektteammitglied	PM-Consultant	Expertenpoolmanager	Projektstakeholder	Hilfsmittel/Dokument
1	Projekttransformieren planen								
1.1	Projektroutine unterbrechen	D	M	M		M	I	I	
1.2	Projektsituation analysieren	M	K	D		M			1
1.3	Projektchangevision formulieren	M	K	D		M			
1.4	Bewusstsein bezüglich Dringlichkeit des Projektchanges schaffen	D	M	M		M	M	M	
1.5	Kompetenzen für Projektransformieren aufbauen		K		D	M		M	
1.6	Projektchangekommunikation durchführen	D	K	M		M	I	I	2
1.7	Implementieren der Projektransformieren planen	M	K	D		M	I		
2	Projekttransformieren implementieren								
2.1	Projektziele, Projektstartegien neuplanen	M	K	D					
2.2	Projektleistungen, Termine, Kosten, etc. neuplanen		K	D		M			
2.3	Projektorganisation neudesignen	M	K	D		M	M		
2.4	Projektkultur neu entwickeln	M	K	D					
2.5	Projektkontextbeziehungen neugestalten	M	K	D		M	M	M	
2.6	Neue Projektstrukturen, Kontextbeziehungen dokumentieren	I	K	D					3
2.7	Projektchangekommunikation durchführen	D	K	M		M	I	I	
2.8	Stablisieren des Projekts planen	M	K	D					

Legende D...durchführen M...mitarbeiten I...wird informiert K...koordiniert Prozessaufgaben		Rollen							
		Projektauftraggeber	Projektmanager	Projektteam	Projektteammitglied	PM-Consultant	Expertenpoolmanager	Projektstakeholder	Hilfsmittel/Dokument
3	Projekt stabilisieren								
3.1	Projektstrukturen weiterentwickeln	I	K	D					
3.2	Projektkontextbeziehungen weiterentwickeln	I	K	M					
3.3	Projektchangekommunikation durchführen	D	K	M		M	I	I	
3.4	Projekttransformieren abschließen	D	K	M		M	I	I	
4	Inhaltliche Arbeiten durchführen				D				

Hilfsmittel/Dokument
1 ... Projektchangevision
2 ... Projektchangekommunikationsplan
3 ... Projekthandbuch

Tab. K5: Aufgaben und Zuständigkeiten des Teilprozesses „Projekt transformieren"

K4.2 Projekt transformieren: Organisation und Qualität

Projekt transformieren: Organisation

Das Projekttransformieren kann grundsätzlich von der Projektorganisation durchgeführt werden. Es ist zu sichern, dass der Projektauftraggeber stark einbezogen wird. Dessen Entscheidungskompetenz ist gefragt. Auch die Mitglieder der Projektorganisation und Vertreter von Projektstakeholdern sind einzubinden, um ihr Kreativitätspotenzial nutzen zu können. Bei Bedarf kann ein projektexterner Projektmanagementconsultant den Prozess unterstützen. Eine intensive Projektkommunikation ist notwendig.

Projekt transformieren: Qualität

Eine Herausforderung beim Projektransformieren ist das gleichzeitige Erfüllen der Aufgaben des Projekttransformierens und der laufenden Projektaufgaben. Für alle Aufgaben sind die Mitglieder der Projektorganisation zuständig.

Die Stabilisierungsphase ist für den Erfolg des Projektransformierens wichtig. Sie ist entsprechend durchzuführen, um den Nutzen der neuen Projektstrukturen und Kontextbeziehungen zu sichern.

K5 Managen des Changes: Projekt neupositionieren

Auch der Change „Projekt neupositionieren„ ist ein 2nd Order Change. Das bedeutet, dass er zu einer Veränderung der Identität eines Projekts führt.

K5.1 Projekt neupositionieren: Ziele und Ablauf

Im Fall einer Projektkrise ist eine existenzielle Gefährdung eines Projekts Ursache für den Change „Projekt neupositionieren". Diese Gefährdung kann aufgrund von Projektfehlern, von finanziellen Verlusten, von schlechten Beziehungen mit Projektstakeholdern etc. entstehen.

Ziele des Neupositionierens eines Projekts sind im Fall einer Projektkrise das grundsätzliche Verbessern der Projektergebnisse, das Sichern von positiven Projektkennzahlen und das Wiedergewinnen von Potenzialen für eine effiziente Weiterführung des Projekts. Dazu ist eine strategische und kulturelle Neuorientierung des Projekts notwendig.

Beim Projektneupositionieren werden alle Projektdimensionen berücksichtigt. Es ist ein Fokussieren auf wesentliche Projektziele und Projektleistungen notwendig. Das ermöglicht auch ein Reduzieren der Projektkosten und der Durchlaufzeit und trägt zur Reduktion der Projektkomplexität bei. Die kurzfristige Ergebnisorientierung ist beim Neupositionieren zentral. Die Intensität des Projektcontrollings ist zu steigern, d. h. dass wesentliche Projektkennzahlen auch täglich controlled werden können, um den Erfolg gesetzter Maßnahmen beurteilen zu können. Meist ist die Projektorganisation zu redesignen. Dabei stellt das Sichern der weiteren Mitarbeit qualifizierter Mitglieder der Projektorganisation eine zentrale Herausforderung dar. Qualifizierte Projektteammitglieder gehen oft verloren, der Integrationsaufwand für neue Mitglieder ist groß.

Herausfordernd ist auch die Projektkrisenkommunikation. Es ist iterativ zu entscheiden, wann welchen Projektstakeholdern mit welchen Kommunikationsmedien welche Informationen bezüglich der Projektkrise zur Verfügung zu stellen sind. Der Change „Projekt neupositionieren" ist explizit zu definieren und explizit abzuschließen. Über das „Back to daily business" (aber in neuen Projektstrukturen) ist zu informieren.

Das Projektneupositionieren ist ein Teilprozess des Projektmanagens mit den Phasen „Projektkrise definieren, Sofortmaßnahmen setzen", „Ursachen analysieren, Zusatzmaßnahmen setzen 1", „Zusatzmaßnahmen setzen 2" und „Projekt stabilisieren" (siehe Abb. K8). Die Aufgaben dieser Projektphasen und die Zuständigkeiten für deren Erfüllung sind aus der Tabelle K6 ersichtlich.

Legende

D...durchführen
M...mitarbeiten
I...wird informiert
K...koordiniert

	Prozessaufgaben	Rollen							
		Projektauftraggeber	Projektmanager	Projektteam	Projektteammitglied	PM-Consultant	Expertenpoolmanager	Projektstakeholder	Hilfsmittel/Dokument
1	Projektkrise definieren, Sofortmaßnahmen setzen								
1.1	Projektroutine unterbrechen, Projketkrise definieren	D	M	M			I		
1.2	Grobe Situationsanalyse durchführen	M	K	D		M			1
1.3	Sofortmaßnahmen planen	M	K	D		M			
1.4	Sofortmaßnahmen entscheiden	D	K	M			M		2
1.5	Sofortmaßnahmen durchführen		K		D	M		M	
1.6	Sofortmaßnahmen controllen	D	K	M					
1.7	Ergebnisse der Sofortmaßnahmen kommunizieren	M	K		D	M	I	I	
1.8	Projektkrisenkommunikation planen	M	K	D		M			3
1.9	Erste Projektkrisenkommunikation durchführen	D	K	M		M	I	I	
2	Ursachen analysieren, Zusatzmaßnahmen setzen 1								
2.1	Ursachen analysieren	M	K	D		M		M	
2.2	Bewältigungsstrategien planen		K	D			M	M	
2.3	Bewältigungsstrategie entscheiden	D	K						
2.4	Entscheidung Bewältigungsstrategie kommunizieren	M	K	D		M	I	I	
2.5	Zusatzmaßnahmen 1-m planen	M	K	D		M	M		2
2.6	Zusatzmaßnahmen 1-m durchführen		K		D	M		M	
2.7	Zusatzmaßnahmen 1-m controllen	D	K	M					
2.8	Ergebnisse der Zusatzmaßnahmen 1-m kommunizieren	M	K		D	M	I	I	

Nr.	Legende D...durchführen M...mitarbeiten I...wird informiert K...koordiniert Prozessaufgaben	Rollen: Projektauftraggeber	Projektmanager	Projektteam	Projektteammitglied	PM-Consultant	Expertenpoolmanager	Projektstakeholder	Hilfsmittel/Dokument
3	Zusatzmaßnahmen setzen 2								
3.1	Zusatzmaßnahmen n-x planen	M	K	D		M			
3.2	Zusatzmaßnahmen n-x durchführen		K		D	M			
3.3	Zusatzmaßnahmen n-x controllen	D	K	M					
3.4	Ergebnisse der Zusatzmaßnahmen n-x kommunizieren	M	K		D	M	I	I	
4	Projekt stabilisieren								
4.1	Projekt stabilisieren	M	K	D		M		M	
4.2	Neue Projektpläne in Projekthandbuch dokumentieren		K	D		M			4
4.3	Lessons learned reflektieren	M	K	D		M		M	
4.4	Beendigung der Projektkrise kommunizieren	M	K		D	M	I	I	
5	Inhaltliche Arbeiten durchführen (parallel)				D			D	

Hilfsmittel/Dokument

1 ... Situationsanalyse
2 ... Maßnahmenplan
3 ... Kommunikationsplan
4 ... Projekthandbuch

Tab. K6: Aufgaben und Zuständigkeiten des Teilprozesses „Projekt neupositionieren"

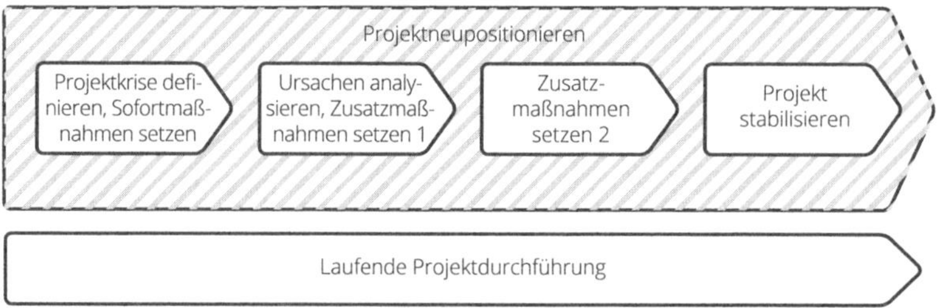

Abb. K8: Phasen des Teilprozesses „Projekt neupositionieren"

Die Definition der Projektkrise stellt eine zentrale Aufgabe beim Neupositionieren eines Projekts dar. Eine Projektdiskontinuität ist nicht anhand objektiver Kriterien, wie z. B. anhand von Projektkennzahlen, definierbar, sondern ist das Ergebnis eines Kommunikationsprozesses im Projekt. Es handelt sich um die bewusste Konstruktion einer Krise als eine Projektwirklichkeit. Erst durch die Definition einer Diskontinuität wird dieser Situation ein spezifischer Sinn gegeben. Die Bezeichnung einer Situation als Krise oder als Chance wirkt als „Label", das besondere organisatorische Aufmerksamkeit sichert. Dieses Label legitimiert zur Vornahme (radikaler) Maßnahmen zur Bewältigung einer Diskontinuität.

Zum Neupositionieren eines Projekts sind Sofortmaßnahmen zu planen und umzusetzen, sind die Ursachen der Krise oder der Chance zu analysieren, sind mögliche Bewältigungsstrategien zu planen und sind iterativ, in mehreren Phasen, Zusatzmaßnahmen zu planen, umzusetzen und zu controllen. Das Neupositionieren eines Projekts kann zum Einsatz eines neuen Projektauftraggebers, Projektmanagers oder einzelner Projektteammitglieder führen, bedingt die Redefinition der Projektziele und die Neugestaltung der Projektstakeholderbeziehungen. Es wird eine neue Projektidentität entwickelt. Dadurch soll die Grundlage für eine erfolgreiche Fortführung des Projekts geschaffen werden.

Im Zuge des Stabilisierens eines Projekts ist zu vereinbaren, welche neuen Projektregeln und Projektwerte gelten. So wie die Definition einer Projektkrise stellt auch deren Beendigung einen Akt des symbolischen Managens dar. Die Beendigung der Projektkrise sollte so früh wie möglich und so spät als notwendig vorgenommen werden.

Das Bewältigen einer Projektchance durch eine Neupositionierung verläuft analog zum Bewältigen einer Projektkrise. Die Anlässe, nämlich einerseits existenzielle Bedrohung und andererseits neue Potenziale, und die Zielsetzungen sind unterschiedlich. Der grundsätzliche Ablauf des Neupositionierens eines Projekts ist aber sehr ähnlich.

K5.2 Projekt neupositionieren: Organisation und Qualität

Projekt neupositionieren: Organisation

In der Regel werden zum Neupositionieren eines Projekts zusätzlich zu den Mitgliedern der Projektorganisation externe Experten (z. B. Rechtsexperten und PR-Experten) benötigt, die kurzfristig Know-how bereitstellen. Falls der Projektauftraggeber und der Projektmanager nicht selbst Anlass der Projektkrise sind, sollten sie auch bei der Bewältigung der Projektdiskontinuität ihre Rollen beibehalten. Führungskräfte der permanenten Organisation können aber zum Bewältigen der Projektkrise einbezogen werden und diesbezügliche Entscheidungsbefugnisse bekommen.

Es sind Entscheidungsbefugnisse, um kurzfristig reagieren zu können, und soziale Beziehungen, um die Akzeptanz der Bewältigungsmaßnahmen zu sichern, notwendig.

Die Kommunikationsstrukturen des Projekts sind neu zu gestalten. Das Ausmaß und die Intensität der Projektkommunikation erhöhen sich während der Bewältigung der Projektdiskontinuität. Die Ziele und die Teilnehmer von Projektsitzungen sind neu zu definieren. Grundlagen für Sitzungen stellen Projektcontrollingberichte dar, die kurzfristig zu erstellen sind.

Die Kommunikation der Ursachen einer Projektkrise, der Bewältigungsstrategie und des jeweiligen Status der Bewältigungsmaßnahmen an die Mitglieder der Projektorganisation sowie an Vertreter von Projektstakeholdern ist zu planen und professionell durchzuführen. Der Erfolg der Neupositionierung eines Projekts ist auch vom Umgang mit Projektinformationen abhängig. Die grundsätzliche Kommunikationsstrategie ist zu definieren. Die Formen und die Häufigkeit der Informationsweitergabe und die zielgruppenspezifischen Informationsgestaltung sind festzulegen.

Projekt neupositionieren: Qualität

Krisen und Chancen treten zwar häufig in Projekten auf, werden aber in der Praxis kaum professionell bewältigt. Das Neupositionieren eines Projekts ist nur in wenigen projektorientierten Organisationen formalisiert, diesbezügliche organisatorische Kompetenzen sind meist nicht vorhanden. Die Qualität des Bewältigens von Projektdiskontinuitäten ist von den individuellen Kompetenzen einzelner Mitarbeiter abhängig.

K6 Projekt transformieren und Projekt neupositionieren: Methoden

Methoden, die zum Projekt transformieren und Projekt neupositionieren eingesetzt werden können, sind das Analysieren der Ursachen einer Projektkrise bzw. Projektchance, das Planen und das Controllen von Sofort- und Zusatzmaßnahmen. Auch die Methoden des Changemanagens können bei Projektchanges eingesetzt werden. Die Methoden zur Bewältigung einer Projektkrise oder einer Projektchance unterscheiden sich nicht.

Ursachen einer Projektkrise bzw. Projektchance analysieren

Grundlage für das Planen von Strategien zum Transformieren oder zum Neupositionieren und für das Planen von Maßnahmen stellt eine Analyse der Ursachen, die zu einer Projektdiskontinuität geführt haben, dar. Stärken bzw. Schwächen der Projektstrukturen sowie in den Projektkontextbeziehungen sind zu identifizieren. Eine gemeinsame Sichtweise der Mitglieder der Projektorganisation bezüglich der Projektsituation ist herzustellen. In der Analyse sind alle Projektdimensionen zu berücksichtigen.

Sofort- und Zusatzmaßnahmen planen und controllen

Beim Planen und Controllen von Maßnahmen ist in Sofortmaßnahmen und in Zusatzmaßnahmen zum Bewältigen von Projektdiskontinuitäten zu unterscheiden. Kurz- und mittelfristig wirksame Sofortmaßnahmen sind aufgrund einer Kurzanalyse des Projekts zu planen und durchzuführen. Zusatzmaßnahmen können anschließend aufgrund einer umfangreicheren Ursachenanalyse und der Planung von Bewältigungsstrategien in mehreren Iterationen vereinbart werden.

Die Maßnahmen zum Bewältigen einer Projektdiskontinuität können in einer To-do-Liste geplant und controlled werden. Eine Aufnahme der Maßnahmen in die Projektpläne empfiehlt sich während des Transformierens bzw. Neupositionierens nicht. Die Überarbeitung der Projektpläne ist vielmehr selbst eine Maßnahme, die in einer späteren Phase des jeweiligen Changes durchzuführen ist.

Changemanagementmethoden einsetzen

Die Wahrnehmung des Bewältigens von Projektdiskontinuitäten als Projektchanges fördert den Einsatz von Changemanagementmethoden (siehe Kap. N) beim Transformieren bzw. Neupositionieren von Projekten.

Es empfiehlt sich z. B., eine Projektchangevision zu formulieren, ein Verständnis für die Dringlichkeit des Projektchanges bei Projektstakeholdern herzustellen, Quick Wins des Projektchange zu definieren und einen entsprechenden Changekommunikationsplan für ein Projekt zu entwickeln.

K7 Projekt transformieren: Fallstudie „Krankenhaus etablieren"

In der Fallstudie „Krankenhaus etablieren" wird das Transformieren eines Projekts in eine Kette aus zwei Projekten und ein Programm zum Errichten eines Krankenhauses beschrieben.

Lösung „Krankenhaus"

Ein Krankenhausträger, der mehrere Krankenhäuser in Österreich betreibt, entschloss sich im Jahr 2009, ein neues Krankenhaus zu errichten. Die durch ein Projekt zu errichtende „Lösung" wird im Folgenden kurz beschrieben. Folgende Fakten vermitteln die Größe des Krankenhauses:

> Anzahl Betten: 800
> Anzahl Mitarbeiter: 2.000
> Fläche: Krankenhaus 160.000 m^2, Parkanlage 45.000 m^2
> Erstinvestition: € 900 Mio.

In dem Krankenaus sollten neue Konzepte zum Krankenhausmanagement, wie z. B. zum Bettenmanagement und zum OP-Management, umgesetzt werden. Die neuesten Technologien der Medizintechnik, des Informations- und Kommunikationswesens sowie des Facility Managements sollten zur Anwendung kommen. 2.000 Mitarbeiter sollten rekrutiert und ausgebildet werden, sodass sie zum Zeitpunkt der geplanten Inbetriebnahme im Jahr 2016 einsatzbereit gewesen wären.[5] Abstimmungen mit anderen Krankenhäusern des Krankenhausträgers sollten erfolgen, da geplant war, bestehende Abteilungen anderer Krankenhäuser in das neue Krankenhaus zu verlegen.

Ein Spezifikum der angestrebten Lösung war die Berücksichtigung der Prinzipien der nachhaltigen Entwicklung bei der Planung und beim Bau des Krankenhauses.

Ursprünglich geplantes Projekt

Aufgrund eines in den Jahren 2007 und 2008 erstellten Konzepts wurde das Projekt „Krankenhaus etablieren" im Jahr 2009 gestartet. Es beinhaltete die Projektphasen „Vorentwurf", „Entwurf" und „Errichtung" (siehe Abb. K9).

Wie aus den für die Bezeichnung der Projektphasen gewählten Begriffen ersichtlich wird, wurde das Projekt als ein „Bauprojekt" wahrgenommen. Dadurch ergaben sich sehr enge, auf die Erfüllung der Objektplanung und der Bauleistung beschränkte Projektgrenzen. Es wurde keine ganzheitliche Definition der Lösung „Krankenhaus" vorgenommen. Diese hätte auch die Dienstleistungen des Krankenhauses,

5 Der Termin der Inbetriebnahme hat sich während der Durchführung auf 2018 verschoben.

die Medizintechnik, die Informations- und Kommunikationstechnologie, die Krankenhausorganisation, das Krankenhauspersonal, das Facility Management und die Stakeholderbeziehungen des Krankenhauses berücksichtigen müssen.

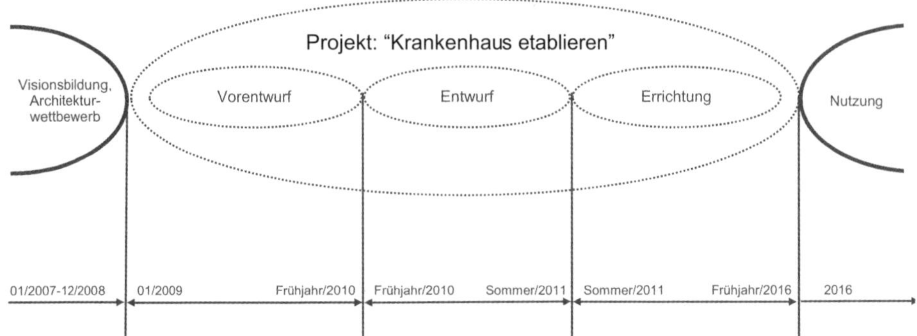

Abb. K9: Grenzen des Projekts „Krankenhaus etablieren"

Da diese Betrachtungsobjekte nicht Teil der definierten Lösung waren, hätten diese, sobald ein diesbezügliches Bewusstsein entstanden wäre, entkoppelt vom Projekt behandelt werden müssen. Das hätte zu suboptimalen Ergebnissen geführt, da keine integrative Betrachtung aller Lösungskomponenten erfolgt wäre. Die zu lange Projektdauer von acht Jahren ohne entsprechende Qualitätssicherung durch Stage Gates während dieses Zeitraums brachte ein hohes Projektrisiko mit sich.

Aufgrund dieser Analyse entschloss sich die Generaldirektion des Krankenhausträgers im Jahr 2011 zu einer Transformation des Projekts in ein Programm.

Transformieren des Projekts „Krankenhaus etablieren"

Beim Transformieren des Projekts „Krankenhaus etablieren" wurden zwei zentrale Ziele verfolgt:

> Die Lösung „Krankenhaus" sollte ganzheitlich und integrativ betrachtet werden, um ein optimiertes Ergebnis erzielen zu können.
> Es sollten mehrere Projekte (auch in Projekteketten) unterschieden werden, um die Komplexität für das Managen zu reduzieren und Stage Gates zwischen den Projekten zur Qualitätssicherung zu etablieren.

Der Prozess „Projekt transformieren" erfolgte durch ein Team bestehend aus dem Projektauftraggeber, dem Projektmanager und dessen Stellvertreter sowie den Mitgliedern des Projektteams. Consultants der RGC unterstützten dieses Transformieren.

Der Changeprozess startete im Frühjahr 2011 und dauerte etwa fünf Monate. Aufgrund einer Projektanalyse wurde eine Kette aus einem Projekt „Krankenhaus grob planen", einem Projekt „Krankenhaus planen" und einem Programm „Krankenhaus realisieren" definiert (siehe Abb. K10).

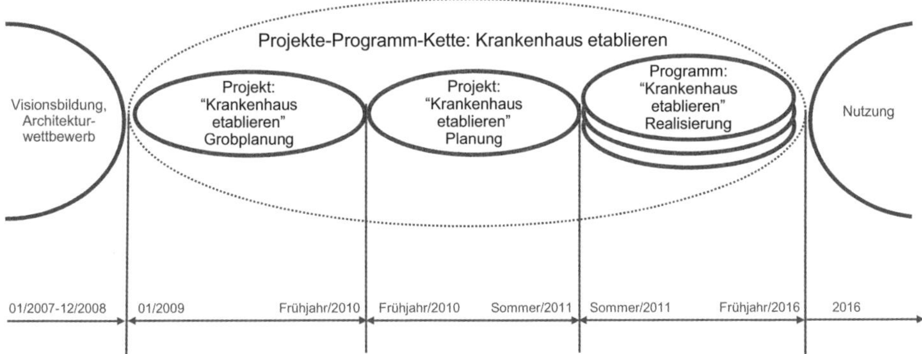

Abb. K10: Kette aus Projekten und einem Programm zum „Krankenhaus etablieren"

Da das Transformieren während des Projekts „Krankenhaus planen" stattfand, wurde das Projekt „Krankenhaus grob planen" nur zur Zweck der Geschichtsschreibung in die Projektekette aufgenommen. Nach der Definition der Kette wurde das Projekt „Krankenhaus planen" neu strukturiert. Es wurden vor allem seine Ergebnisse definiert, um die Voraussetzungen zum Starten des Programms festzulegen. Das Initiieren des Programms war ein Ziel des Planungsprojekts (siehe Kap. M). Im September 2011 wurde das Programm formal gestartet.

Ergebnisse der Projektransformation

Als Beispiele der Ergebnisse der Projektransformation sind im Folgenden die Programmstruktur, das Programmorganigramm und die Zusammenfassung der geänderten Projektdimensionen dargestellt.

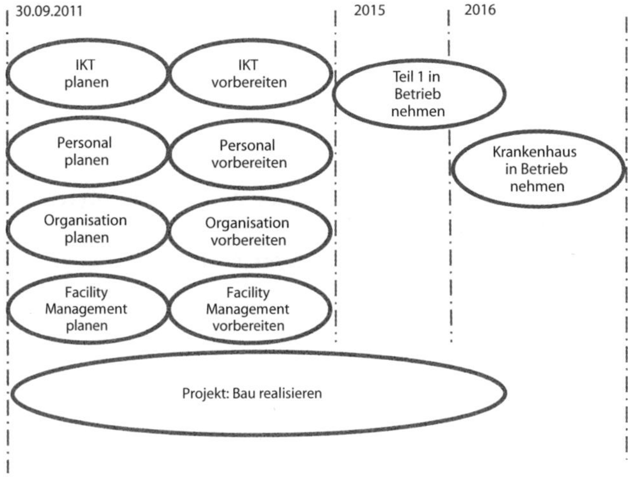

Abb. K11: Struktur des Programms „Krankenhaus etablieren"

Aus der Struktur des Programms „Krankenhaus etablieren“ wird ersichtlich, dass für die Betrachtungsobjekte IKT, Personal, Organisation und Facilty Management jeweils eine Kette aus einem Planungs- und einem Vorbereitungsprojekt definiert wurden. Daraus ergeben sich mehrere Stage Gates jeweils am Ende eines Projekts. Begleitend dazu läuft das Projekt „Bau realisieren“. Die darauf folgende Inbetriebnahme erfolgt in zwei überlappenden Projekten.

In der Abbildung K12 ist das Programmorganigramm dargestellt. Daraus wird die Zusammensetzung des umfangreichen Programmteams ersichtlich. Außerdem sind die zum Programmstart aktiven Projekte dargestellt.

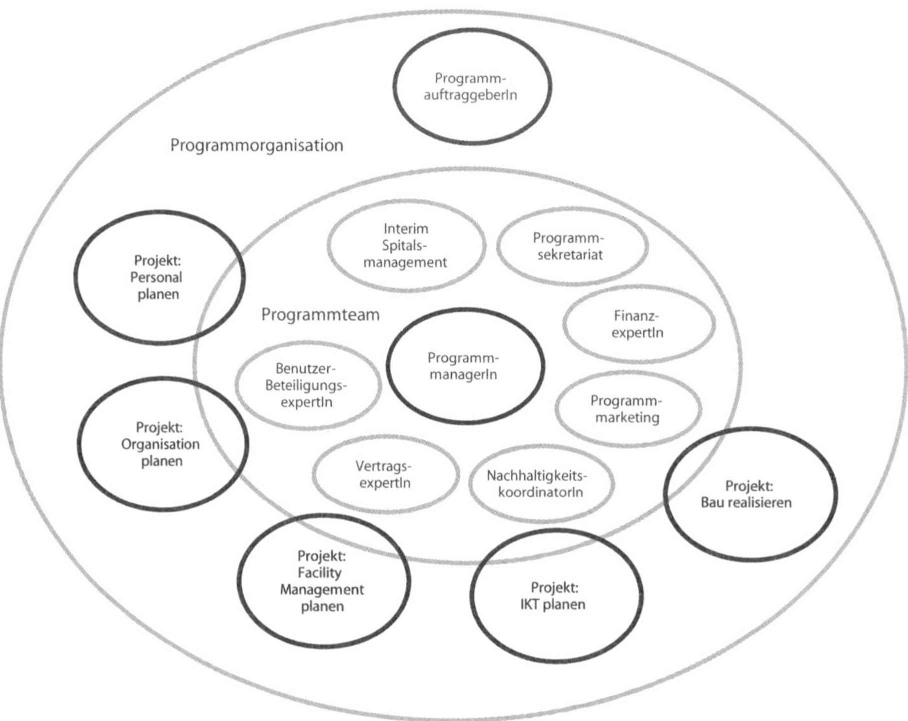

Abb. K12: Programmorganigramm „Krankenhaus etablieren"

Die aufgrund der Projektransformation geänderten Projektdimensionen sind in der Tabelle K7 zusammengefasst.

Aufgrund der Projekttransformation geänderte Projektdimensionen	
Ziele	> Differenzierung zwischen den Investitionszielen, den Programmzielen und den Projektzielen der unterschiedlichen Projekten des Programms > Differenzierung in ökonomische, ökologische und soziale Ziele
Leistungsumfang	> Bau der Krankenhausgebäudes plus Berücksichtigung der Krankenhaus-dienstleistungen, der Betriebsorganisation, des Krankenhauspersonals, der Medizintechnik, der ICT, etc.
Pläne	> Kurzfristige Projektpläne, mittelfristige Programmpläne, langfristige Kosten-Nutzen-Analyse für die Investition > Berücksichtigung von Opportunitätskosten > Operationalisierung der Berücksichtigung der Prinzipien der nachhaltigen Entwicklung
Risiko	> Risikominimierung durch Reduzierung der hohen Komplexität eines „Groß-Projekts"; Definition mehrerer überschaubarer Projekte > Unterschiedliche Risikoanalysen für die Investition, das Programm und die Projekte
Kultur	> Transparenz, Risikoorientierung, Empowerment (z.B. durch mehrere Projekte im Programm) > Klare Differenzierung zwischen den Werten des Krankenhauses, des Programms, und der einzelnen Projekte
Organisation	> Etablierung eines Programmmanagementteams plus mehrerer Projektorganisationen (mit verschiedenen Projektauftraggebern, Projektmanagern, Projektteams) > Integrierende Verantwortung des Programmauftraggebers und der Programmanagers > Differenzierte Kommunikationsformate für das Programm und die einzelnen Projekte
Personal	> Zusätzliches Personal für das Management des Programms und der Projekte benötigt; neue Aufgabenstellungen > Humane Führung, da überschaubare Projekte beauftragt wurden
Stakeholder-beziehungen	> Identifikation unterschiedlicher Stakeholder des Krankenhauses, des Programms und der einzelnen Projekte > Unterschiedliche Strategien zur Gestaltung der Beziehungen zu den Stakeholdern des Krankenhauses, des Programms und der einzelnen Projekte

Tab. K7: Aufgrund der Projektransformation geänderte Projektdimensionen

Literatur

Lewin, K.: Frontiers in Group Dynamics. Concept, Method and Reality in Social Science: Social Equilibria and Social Change, Human Relations, 1(1), S. 5–40, 1947

Reibnitz, U. v.: Szenario-Technik: Instrumente für die unternehmerische und persönliche Erfolgsplanung, Gabler, Wiesbaden, 1992

L Teilprozess: Projekt abschließen

Wenn die inhaltlichen Ziele eines Projekts erfüllt sind, hat ein Projekt als soziales System keine Berechtigung zum Fortbestand. Es ist daher abzuschließen. Das Projektabschließen ist ein Teilprozess des Geschäftsprozesses „Projekt managen" (siehe Übersicht unten).

Ziele des Projektabschließens sind das inhaltliche und emotionale Abschließen eines Projekts. Im Projekt gewonnenes Know-how soll durch die Projektdokumentation und durch Erfahrungsaustausch in die projektorientierte Organisation und in andere Projekte transferiert werden. Wesentliche Methoden zum Projektabschließen sind „Nachprojektphase planen", „Projektleistungen beurteilen", „Know-how transferieren" und „symbolisch Handeln".

Außer den Mitgliedern der Projektorganisation sind beim Projektabschließen zum Sichern des organisatorischen Lernens auch Vertreter der projektorientierten Organisation und von Stakeholdern beteiligt.

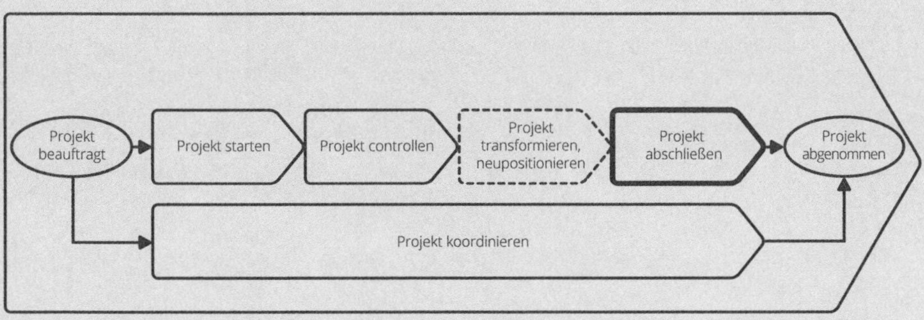

Übersicht: „Projekt abschließen" als Teilprozess des Geschäftsprozesses „Projekt managen"

L Teilprozess: Projekt abschließen

L Teilprozess: Projekt abschließen

Wenn die inhaltlichen Ziele eines Projekts erfüllt sind, hat ein Projekt als soziales System keine Berechtigung zum Fortbestand. Das steht im Widerspruch zur grundsätzlichen Zielsetzung sozialer Systeme, ihre Lebensfähigkeit zu sichern. Der Abschluss eines Projekts bedarf daher – wie der Projektstart – eines hohen energetischen Aufwands.

Herausforderungen beim Projektabschließen bestehen darin, dass

- die inhaltlichen Projektaufgaben erfüllt sind, aber noch unattraktive Restaufgaben zu erledigen sind,
- einige wichtige Projektstakeholder, wie z. B. ein Kunde, die Nutzer der im Projekt erarbeiteten Lösung oder einzelne Projektteammitglieder, noch Interesse am Fortbestand des Projekts haben können (siehe Exkurs: Projektabschließen im Kontext) und
- Projektteammitglieder schon in neuen Projekten eingesetzt werden und daher kaum für die Aufgaben beim Projektabschließen zur Verfügung stehen.

Dem Projektabschließen vorgelagert finden die Prozesse „Projekt starten", „Projekt controllen", „Lösung erarbeiten", „Projekt administrieren", „Change managen" und „Nutzenrealisierung controllen" statt. Parallel läuft noch das „Projekt koordinieren" ab. Idealerweise wurde der Prozess des Projektabschließens schon beim Projektstarten entsprechend geplant und auch budgetiert.

Exkurs: Projektabschließen im Kontext des Startens

Die eventuelle Angst eines Kunden bzw. der Nutzer einer erarbeiteten Lösung, keine qualitativ entsprechende Lösung geliefert bekommen zu haben oder mit der Lösung nicht umgehen zu können, kann das Projektabschließen verzögern.

Da die Projektorganisation grundsätzlich interessiert ist, ein Projekt so schnell wie möglich abzuschließen, sind Maßnahmen zu treffen, die dem Kunden bzw. den Nutzern das notwendige Vertrauen in und die Kompetenzen zum Anwenden der Lösung vermitteln. Ein Abschluss eines Projekts stellt gleichzeitig einen Start eines neuen Geschäftsprozesses für den Kunden bzw. für die Nutzer einer Lösung dar (siehe Abb. L1). Aus einer gemeinsamen Betrachtung der Abschluss- und der Startsituation können sich Potenziale für die Gestaltung des Projektabschließens ergeben. So können eventuell gemeinsam mit Vertretern des Kunden oder von Nutzern Abläufe für die Nachprojektphase geplant und diesbezügliche Hilfsmittel bereitgestellt werden. Auch Supportfunktionen für die Anwendung einer Lösung können vereinbart werden.

Der Teilprozess „Projekt abschließen" beginnt mit der Entscheidung, ein Projekt abzuschließen, und endet mit der formalen Projektabnahme durch den Projektauftraggeber. Das Projektabschließen dauert in Abhängigkeit von der Projektgröße ein bis zwei Wochen.

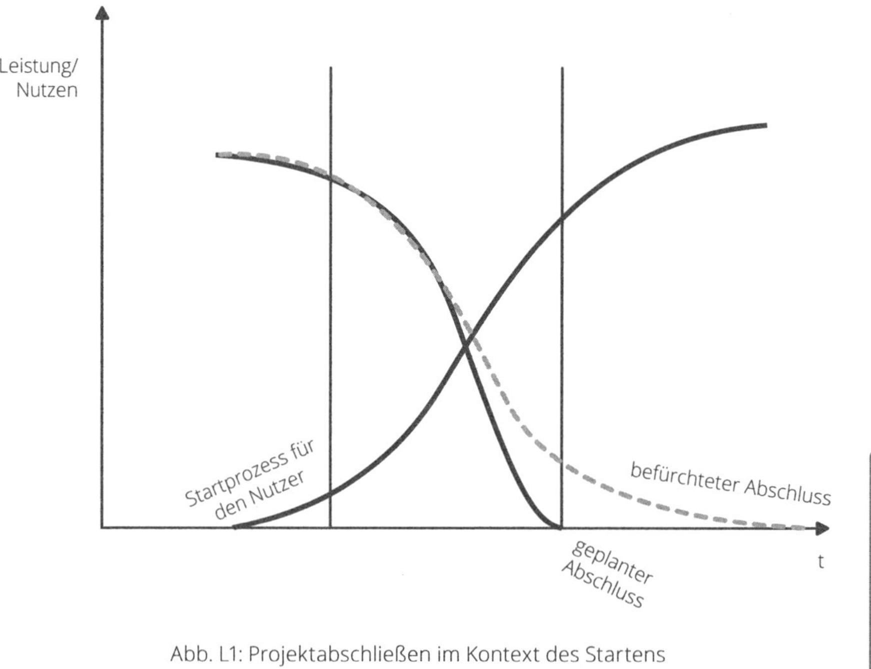

Abb. L1: Projektabschließen im Kontext des Startens

L1 Projekt abschließen: Ziele und Ablauf

Projekt abschließen: Ziele

Ziele des Projektabschließens sind das inhaltliche und emotionale Abschließen eines Projekts. Durch das formale Abschließen eines Projekts sollen Ressourcen und Energien für neue Aufgaben freigesetzt werden. Im Projekt gewonnenes Know-how soll durch die Projektdokumentation und durch Erfahrungsaustausch in die projektorientierte Organisation und in andere Projekte transferiert werden. Ein Beitrag zum Wissensmanagement der projektorientierten Unternehmen ist zu leisten. Im Rahmen des Projektabschließens sind die inhaltlichen und zeitlichen Projektgrenzen endgültig zu entscheiden. Nicht mehr zum Projekt gehörende Ziele und Inhalte entfallen oder werden eventuell als Ziele und Aufgaben der Nachprojektphase definiert. Das Projektende ist nach innen und nach außen zu kommunizieren. Mögliche symbolische Handlungen sind z. B. eine Abschlusspräsentation oder ein „social" Abschlussevent.

Die Ziele des Teilprozesses „Projekt abschließen", differenziert in ökonomische, ökologische und soziale Ziele, sind in der Tabelle L1 beschrieben.

Projekt abschließen: Ablauf

Die Aufgaben, die Rollen und die Zuständigkeiten zum Erfüllen der Aufgaben des Projektabschließens sind aus dem Funktionendiagramm der Tabelle L2 ersichtlich.

Ein Erstansatz einer Planung des Projektabschließens sollte bereits beim Projektstarten vorgenommen werden, da auch die Kosten des Projektabschließens im Projektkostenplan zu berücksichtigen sind. Dieser Erstansatz ist nach dem Veranlassen des Projektabschließens durch den Projektauftraggeber vom Projektmanager zu konkretisieren.

Ziele des Teilprozesses „Projekt abschließen"
Ökonomische Ziele
> Maßnahmen der Nachprojektphase geplant > Letzte Version der Kosten-Nutzen-Analyse bzw. Business Case Analyse übergeben > Gewonnenes Know-how in die projektorientierte Organisation transferiert > Projektabschlussbericht erstellt > Vereinbarungen bezüglich eines eventuellen Controllens der Nutzenrealisierung getroffen > Projektstakeholderbeziehungen aufgelöst und neue Beziehungen der projektorientierten Organisation etabliert > Abschließendes Projektmarketing durchgeführt > Projekterfolg und Beiträge der Mitglieder der Projektorganisation zum Projekterfolg beurteilt > Projektteam aufgelöst > Projektabnahme durch Projektauftraggeber erfolgt > Das Projektabschließen effizient durchgeführt
Ökologische Ziele
> Ökologische Konsequenzen des Projektabschließens optimiert
Soziale Ziele
> Projektpersonal beim Projektabschließen entsprechend geführt > Projektstakeholder in das Projektabschließen einbezogen

Tab. L1: Ziele des Teilprozesses „Projekt abschließen"

Legende D...durchführen M...mitarbeiten I...wird informiert K...koordiniert Prozessaufgaben		Rollen						
		Projektauftraggeber	Projektmanager	Projektteam	Projektteammitglieder	Expertenpoolmanager	Projektstakeholder	Hilfsmittel/Dokument
1	Projektabschließen planen und vereinbaren							
1.1	Strukturen zum Projektabschließen planen		D	M				
1.2	Strukturen zum Projektabschließen vereinbaren	M	D					1
2	Projektabschließen vorbereiten							
2.1	Nachprojektphase planen		D		M			
2.2	Beurteilung des Projekterfolgs vorbereiten		D		M		M	
2.3	Auflösung und Etablierung von Stakeholderbeziehungen vorbereiten		D		M			
2.4	Erstansatz des Projektabschlussberichts erstellen		D		M		M	
3	Projektabschlusskommunikation durchführen							
3.1	Info-Material an Teilnehmer Abschlusskommunikation verteilen	I	D	I			I	2+3
3.2	Projektabschlussworkshop durchführen	M	K	D			M	
3.3	Abschließende Proejtauftraggebbersitzung durchführen	D	M		M			
3.4	Erfahrungsaustausch-Workshop durchführen		D			M	M	
3.5	„Soziale" Abschlussveranstaltung durchführen	M	K	D		M	M	

Legende D...durchführen M...mitarbeiten I...wird informiert K...koordiniert Prozessaufgaben		Rollen						
		Projektauftraggeber	Projektmanager	Projektteam	Projektteammitglieder	Expertenpoolmanager	Projektstakeholder	Hilfsmittel/Dokument
4	Projektabschließen nachbereiten							
4.1	Stakeholderbeziehungen auflösen und etablieren		D		M		M	
4.2	Projektabschlussberichte fertigstellen		D		M		M	4
4.3	Eintragungen Projektportfoliodatenbank veranlassen		D					
4.4	Projektabschlussberichte verteilen	I	D		I	I	I	
4.5	Kostenstelle schließen	I	D					
4.5	Abschließendes Projektmarketing durchführen	I	D					
5	Inhaltliche Restarbeiten durchführen (parallel)				D		D	

Tab. L2: Teilprozess „Projekt abschließen" – Funktionendiagramm

Das Vorbereiten des Projektabschließens umfasst das Planen eventuell noch zu erfüllender Restarbeiten sowie das Planen der Nachprojektphase, das Beurteilen des Projekterfolgs, das Auflösen bzw. Etablieren von Stakeholderbeziehungen und das Erstellen des Projektabschlussberichts. Beim Projektabschließen sind unterschiedliche Kommunikationsformate einzusetzen. Ein Projektabschlussworkshop mit dem Projektteam, eine Abschlusssitzung mit dem Projektauftraggeber, ein abschließender „social" Event und eventuell ein Erfahrungsaustauschworkshop sind möglich.

Das Nachbereiten umfasst das Fertigstellen der Dokumentationen und deren Verteilung, das abschließende Projektmarketing und das Schließen der Projektkostenstelle. Diese Aufgaben des Projektabschlussprozesses sind durch symbolische Handlungen, wie z. B. das Versenden von Dankesbriefen oder das Übergeben von Geschenken, das Veranstalten eines abschließenden „social" Events, zu unterstützen.

Das Abschließen unterschiedlicher Projektarten ist mit unterschiedlichen Herausforderungen bzw. Aufgaben verbunden (siehe Tab. L3).

Abschließen unterschiedlicher Projektarten	
Erfolgreiches und nicht erfolgreiches Projekt	> Die Beurteilung des Projekterfolgs und die Beurteilung des Beitrags der Mitglieder der Projektorganisation zum Projekterfolg sind beim Abschließen eines erfolgreichen Projekts einfacher als bei einem nicht erfolgreichen Projekte. Der Umgang mit Misserfolg schafft eine hohe soziale Komplexität.
Konzeptions- und Realisierungsprojekt	> In einem Konzeptionsprojekt sind beim Projektabschließen die Grundlagen für den Transfer des gesammelten Know-hows in das folgende Realisierungsprojekt zu schaffen. Dies ist einerseits durch eine entsprechende Projektdokumentation und andererseits durch den Einbezug von Mitarbeitern, die später im Realisierungsprojekt arbeiten werden, möglich.
Repetitives Projekt und Pilotprojekt	> In einem repetitiven Projekt ist beim Projektabschließen das Lernen für ähnliche Projekte zu organisieren. > Das Wissensmanagement ist vor allem bei Pilotprojekten von Bedeutung.

Tab. L3: Herausforderungen beim Abschließen unterschiedlicher Projektarten

L2 Projekt abschließen: Organisation und Qualität

Projekt abschließen: Organisation

Außer den Mitgliedern der Projektorganisation sind beim Projektabschließen zum Sichern des organisatorischen Lernens auch Vertreter der projektorientierten Organisation einzubeziehen. An der Auflösung bzw. Etablierung von Stakeholderbeziehungen sind auch Vertreter der Stakeholder beteiligt.

Zum Projektabschließen sind unterschiedliche Kommunikationsformate einzusetzen. Es empfiehlt sich die Durchführung eines Projektabschlussworkshops. Dieser ermöglicht es, die Potenziale der Teamarbeit und einer ganzheitlichen Projektsicht abschließend zu nutzen, um den Projekterfolg und die Leistungen der Mitglieder der Projektorganisation zu beurteilen. Der Workshop bietet auch eine Gelegenheit, teamintern über die Personaldispositionen nach Projektende zu informieren.

Projekt abschließen: Qualität

Die Qualität beim Projektabschließen wird ähnlich wie beim Projektcontrollen durch die Durchgängigkeit der angewandten Projektmanagementmethoden gesichert. So stellen z. B. der Projektzieleplan oder die Projektstakeholderanalyse auch Methoden des Projektabschließens dar. Auf Basis der beim Projektstarten vereinbarten und beim Projektcontrollen adaptierten Projektziele kann beim Projektabschließen der Projekterfolg beurteilt werden. Eine „retrograde Sinnstiftung" durch eine Redefinition der Projektziele beim Projektabschließen ist oft notwendig. Eine ganzheitliche Abgrenzung eines Projekts beim Projektstarten ist Grundlage für einen erfolgreichen Projektabschluss. „Happy Stakeholders" kann es nur geben, wenn alle Komponenten einer Lösung bei der Definition der Projektziele berücksichtigt wurden.

Die Projektstakeholderanalyse ermöglicht es, in entsprechender Qualität bestehende Stakeholderbeziehungen aufzulösen und neue Beziehungen der projektorientierten Organisation für die Nachprojektphase zu etablieren. Sie stellt auch die Grundlage für das abschließende Projektmarketing dar.

Zur Ermöglichung eines sozialen Projektabschlusses bedarf es entsprechender sozialer Kompetenzen. Als Individuum und als Organisation Feedback zu geben und zu nehmen, Positives und Negatives anzusprechen, setzt entsprechende Kompetenzen voraus.

In der Praxis wird ein formaler Projektabschluss selten durchgeführt, es mangelt oft an der diesbezüglichen Kultur. Das Recht der Mitglieder der Projektorganisation auf ein entsprechendes Feedback und einen emotionalen Abschluss sowie die Lernpotenziale für die beteiligten projektorientierten Organisationen stehen aber auch im Konflikt mit der Dynamik des Geschäftsalltags und einer Unterschätzung des Nutzens des professionellen Projektmanagens (siehe Tab. L4).

Was kann man beim Projektabschließen schlecht machen?
> Kein klares Projektendereignis definieren. Das führt zu „Neverendingstories"
> Kein Planen der Nachprojektphase. Das reduziert den Nutzen der erarbeiteten Lösung
> Nahtloser Übergang zu neuen Zielen, keine Wertschätzung für die erbrachten Leistungen
> Keinen Projektabschlussbericht erstellen („No job is finished until the paper work is done" - Graffiti)
> Mangelnde strategische Orientierung bezüglich des Abschlusses der Projektbeziehungen mit den Kunden, Lieferanten etc.
> Keine Reflexion der Lernerlebnisse im Projekt
> Kein Feedback an die Mitglieder der Projektorganisation; kein individuelles Lernen möglich
> Individuelles statt gemeinsames Verabschieden der Projektteammitglieder
> Projektkostenstelle nicht geschlossen

Tab. L4: NO-NOs beim Projektabschließen

L3 Methoden: Nachprojektphase planen, Projektleistungen beurteilen, Know-how transferieren, symbolisches Handeln

Zur Erfüllung der Aufgaben beim Projektabschließen können spezifische Methoden und Techniken, wie z. B. Projektabschlussberichte oder Leistungsbeurteilungen, und spezifische Kommunikationsformate, wie z. B. Erfahrungsaustauschworkshops, eingesetzt werden. Dabei kann auf die beim Projektstarten und beim Projektcontrollen eingesetzten Projektpläne zurückgegriffen werden. So kann z. B. der Projekterfolg durch einen Vergleich der im Projektzieleplan geplanten mit den tatsächlich realisierten Projektzielen beurteilt werden, oder es kann die Auflösung der Projektstakeholderbeziehungen mithilfe der Projektstakeholderanalyse vorgenommen werden. Ein professionelles Projektmanagen zeichnet sich durch solch einen durchgängigen Projektmanagementansatz aus.

Nachprojektphase planen

Im Projektabschlussprozess ist die Nachprojektphase zu planen. Als diesbezügliche Techniken können die Projektstakeholderanalyse, die Investitionsanalyse und eine To-do-Liste eingesetzt werden.

Grundlage für das Planen der Nachprojektphase ist das Gestalten der Projektstakeholderbeziehungen. Da beim Projektabschließen das Projekt als temporäre Organisation aufgelöst wird, sind auch die Beziehungen des Projekts zu den Projektstakeholdern aufzulösen. Es können aber auch neue Beziehungen zwischen ehemaligen Projektstakeholdern und den Organisationseinheiten der projektorientierten Organisation etabliert werden. So kann es z. B. im Interesse der projektorientierten Organisation sein, einen neuen Lieferanten, mit dem im Projekt zum ersten Mal kooperiert wurde, als Stammlieferanten zu gewinnen. Die Verantwortung zur Gestaltung der Beziehung mit dem Lieferanten in der Nachprojektphase ist z. B. an die Einkaufsabteilung zu übertragen.

Zum Planen der Auflösung bestehender Projektstakeholderbeziehungen und der Etablierung neuer Beziehungen kann die Projektstakeholderanalyse eingesetzt werden. Ein Beispiel des Einsatzes der Projektstakeholderanalyse beim Projektabschließen ist in der Abbildung L2 für das Projekt „Values4Business Value entwickeln“ dargestellt.

Fallstudie: Values4Business Value entwickeln – Projektstakeholderbeziehungen beim Projektabschließen

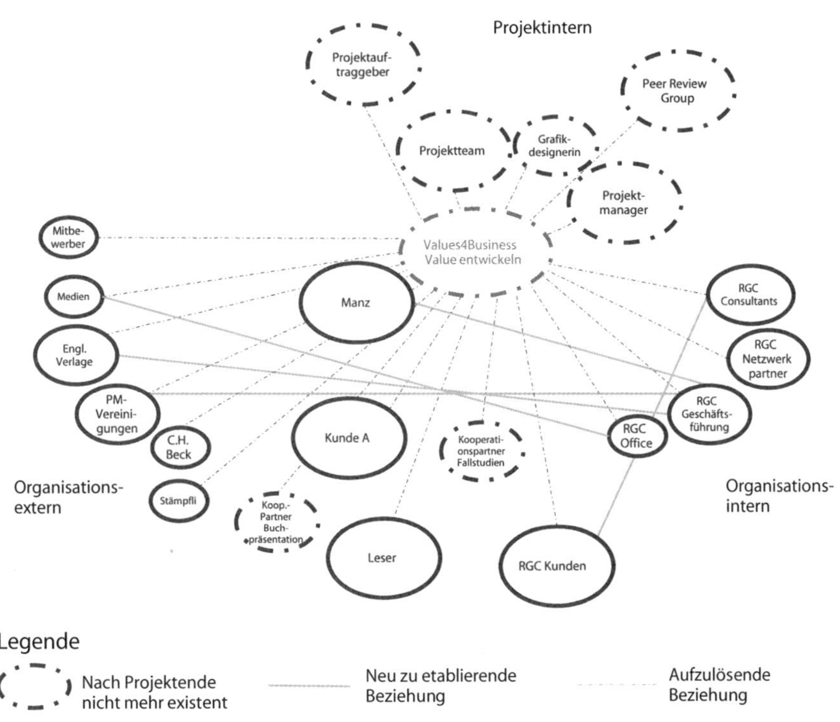

Abb. L2: Gestalten der Stakeholderbeziehungen beim Projektabschließen des Projekts „Values4Business Value entwickeln"

Das Abschließen des Projekts „Values4Business Value entwickeln" fand erst drei Monate nach Fertigstellung dieses Buchtextes statt. Zum Fortführen der Fallstudie wurde daher bereits anfangs März das Projektabschließen geplant.

Einerseits wurden Maßnahmen zum Auflösen der Stakeholderbeziehungen geplant. Dieses Auflösen ist durch gestrichelte Linien zwischen Projekt und Projektstakeholder symbolisiert. Zum Abschließen der projektinternen Beziehungen wurde ein Projektabschlussworkshop mit einer Beurteilung des Projekterfolgs und mit wechselseitigen Feedbacks geplant. Vertreter organisationsinterner und organisationsexterner Projektstakeholder sollten zur Buchpräsentation eingeladen werden, VIPs und die Mitglieder der Peer Review Group sollten mit einem Exemplar von PROJEKT.PROGRAMM.CHANGE „beglückt" werden.

> Andererseits wurde geplant, neue Beziehungen zwischen Vertretern der permanenten Organisation der RGC und ausgewählten „ehemaligen“ Projektstakeholdern zu etablieren. So sollte z. B. die Geschäftsführung der RGC die Beziehung zum Manz Verlag, zu dem englischen Verlag und den Projektmanagementvereinigungen wahrnehmen. Die Consultants sollten sich natürlich um die Kundenbeziehungen im neuen Kontext des „Values4Business Value“ kümmern, die RGC Office-Mitarbeiterinnen um die neuen Medienkontakte.

Die Maßnahmen zum Gestalten der Stakeholderbeziehungen sind zu planen und umzusetzen. Hilfsmittel zur Auflösung von Projektstakeholderbeziehungen sind Dankesbriefe, Geschenke und ein „social“ Projektevent. Dadurch kann gegenüber Kunden, Partnern und Lieferanten die Wertschätzung für eine gute Zusammenarbeit im Projekt ausgedrückt werden. Ein gemeinsamer abschließender „social“ Event ermöglicht einen emotionalen Abschluss eines Projekts und unterstützt die Auflösung des Projektteams.

In einer To-do-Liste „Nachprojektphase“ sind vor allem die unmittelbar nach Projektende zu erfüllenden Aufgaben und die diesbezüglichen Zuständigkeiten zu planen. Es ist sicherzustellen, dass auch nach Auflösung der Projektorganisation die Qualität bei der Erfüllung von Aufgaben, die durch das Projekt ausgelöst wurden, gewährleistet ist. Typische Aufgaben der Nachprojektphase sind z. B. Wartungsaufgaben und weitere Ausbildungen von Nutzern einer neuen Lösung. In der To-do-Liste „Nachprojektphase“ ist auch festzuhalten, ob nach Projektende ein Controllen der Nutzenrealisierung geplant ist.

Als diesbezügliches Beispiel ist in der Tabelle L5 die To-do-Liste „Nachprojektphase“ des Projekts „Values4Business Value entwickeln“ dargestellt.

Fallstudie: Values4Business Value entwickeln – To-do in der Nachprojektphase

To-do-Liste
Values4Business Value entwickeln

V. 1.007 v. P. Ganster per 01.03.2017

Vorgang	Vereinbarungs-termin	Zuständig	Fertigstellungs-termin
Netzwerkpartner bezüglich "Values4Business Value" briefen	01.03.2017	Consultants	Juli 2017
Umsetzung von "Values4Business Value" in Kundenaufträgen reflektieren	01.03.2017	Geschäftsführung und Consultants	ab Juli 2017
Weitere Seminare adaptieren	01.03.2017	Consultants	ab Juni 2017
Designs von Consultingleistungen weiter adaptieren	01.03.2017	Consultants	ab Juni 2017
Anwendung der weiterentwickelten Managementansätze in der RGC	01.03.2017	alle RGC Mitarbeiter	ab Juni 2017
Anwendung der weiterentwickelten Managementansätze in der RGC reflektieren	01.03.2017	alle RGC Mitarbeiter	01.07.2017
...			

Tab. L5: To-do-Liste „Nachprojektphase" des Projekts „Values4Business Value entwickeln"

Auch ein Erstansatz der To-do-Liste „Nachprojektphase“ wurde zum Fortführen der Fallstudie bereits anfangs März 2017 für das Projektabschließen geplant.

In der To-do-Liste sind nur wenige Maßnahmen dargestellt, da geplant wurde, zum Realisieren des Changes auch ein Folgeprojekt „Values4Business Value stabilisieren“ durchzuführen. Als Inhalte dieses Folgeprojekts wurde als Ergebnis des Arbeitspakets „Folgeprojekt planen“ das Erstellen der englischen Buchversion, das weitere Marketing von „Values4Business Value“, das Weiterentwickeln des RGC Prozessmanagementansatzes etc. geplant.

Projekterfolg beurteilen

Im Projektabschlussprozess sind einerseits der Projekterfolg und andererseits die Leistungen der Mitglieder der Projektorganisation zu beurteilen.

Basis für die Beurteilung des Projekterfolgs stellen die während der Projektdurchführung adaptierten Projektziele dar. Es ist möglichst jene Lösung zu liefern, die der Projektauftraggeber und die Projektstakeholder zum Ende des Projekts erwarten, und nicht jene, die beim Projektstarten definiert wurde. Manchmal wird erst beim Projektabschließen klar, welche Ziele im Projekt realisiert wurden. Diese Klärung entspricht einer „retrograden" Sinnstiftung für das Projekt.

Die Beurteilung des Projekterfolgs kann durch die Mitglieder der Projektorganisation und durch Projektstakeholder erfolgen. Bei Kundenauftragsprojekten ist vor allem auch die Sicht des Kunden von Interesse. Das Einholen von Feedback von Vertretern des Kunden ist in vielen Unternehmen Teil des Qualitätsmanagementsystems. Für die Beurteilung des Projekterfolgs können unterschiedliche Reflexionstechniken eingesetzt werden. In Abbildung L3 ist eine Projekterfolgsmatrix dargestellt. In dieser Matrix kann der Zusammenhang zwischen den erzielten Projektergebnisse und dem Prozess der Zusammenarbeit im Projekt betrachtet werden.

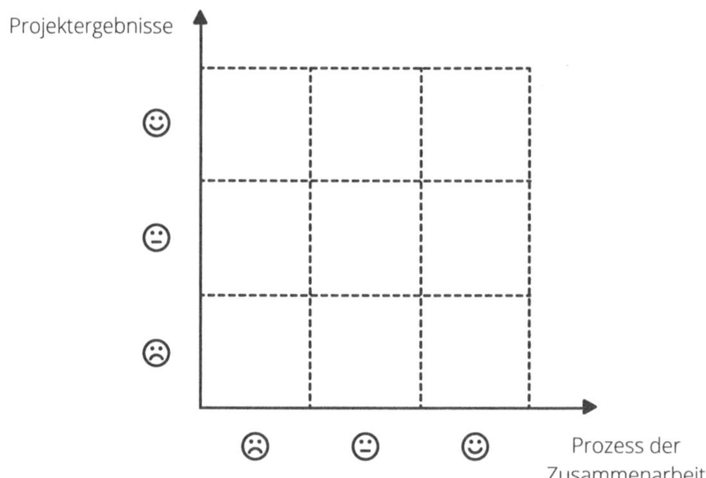

Abb. L3: Projekterfolgsmatrix

Eine formalere Technik zur Beurteilung des Projekterfolgs ist ein Fragebogen. Dieser ist von den Mitgliedern der Projektorganisation auszufüllen. Die Auswertungen sind gemeinsam zu diskutieren.

Zur Beurteilung des Projekterfolgs bedarf es auch einer abschließenden Adaption der Kosten-Nutzen-Analyse bzw. Business-Case-Analyse der Investition, die durch ein Projekt realisiert wird. Die Adaption dieser Analyse hat das Ziel, die endgültigen Ist-Daten des Projekts und die aktuellen Annahmen bezüglich der Nachprojektphase zu berücksichtigen. Aufgrund dieser aktualisierten Ergebnisse der Investitionsanalyse kann beurteilt werden, ob die Grundlagen für einen „nachhaltigen Business Value" durch das Projekt geschaffen wurden.

Leistungen der Mitglieder der Projektorganisation beurteilen

Beim Projektabschließen kann eine explizite Beurteilung der Leistungen der Mitglieder der Projektorganisation stattfinden. Ziele dieser Leistungsbeurteilungen sind die Würdigung der Leistungen und das Lernen für die einzelnen Mitglieder der Projektorganisation. Diese Lernchance sollte vom Projektmanager, den einzelnen Projektteammitgliedern, aber auch vom Projektauftraggeber genutzt werden.

Kriterien zur Beurteilung der Projektleistungen der einzelnen Mitglieder der Projektorganisation sind deren Beiträge zur Realisierung des Projekterfolgs. Dadurch wird ein direkter Zusammenhang zwischen dem Projekterfolg und den projektbezogenen Leistungen der Mitglieder der Projektorganisation hergestellt.

Als Techniken zur Leistungsbeurteilung einzelner Mitglieder der Projektorganisation können das persönliche Feedback und Fragebögen eingesetzt werden. Ein persönliches Feedback kann in Einzelgesprächen, aber auch im Projektteam im Rahmen eines Projektabschlussworkshops organisiert werden. Voraussetzung für die Beurteilung der Projektleistungen von Individuen sind entsprechende soziale Kompetenzen jener Personen, die Feedback geben und nehmen.

Ein Fragebogen für ein 360°-Feedback an den Projektmanager und eine Auswertung dieser Beurteilung sind in den Abbildungen L4 und L5 dargestellt:

Beurteilung des Projektmanagers des Projekts ______________________________

durch ☐ das Projektauftraggeberteam ☐ das Projektteam ☐ Sonstige __________

Kriterium	sehr schwach	schwach	mittel	gut	sehr gut
> Designen des Prozesses „Projekt managen"					
> Business Value Orientierung					
> Adäquater Einsatz von Projektmanagementmethoden					
> Gestalten der Projektkontextbeziehungen					
> Fördern der Teamarbeit im Projekt					
> Produkt- und Branchenkompetenz					

Abb. L4: Beurteilung des Projektmanagers

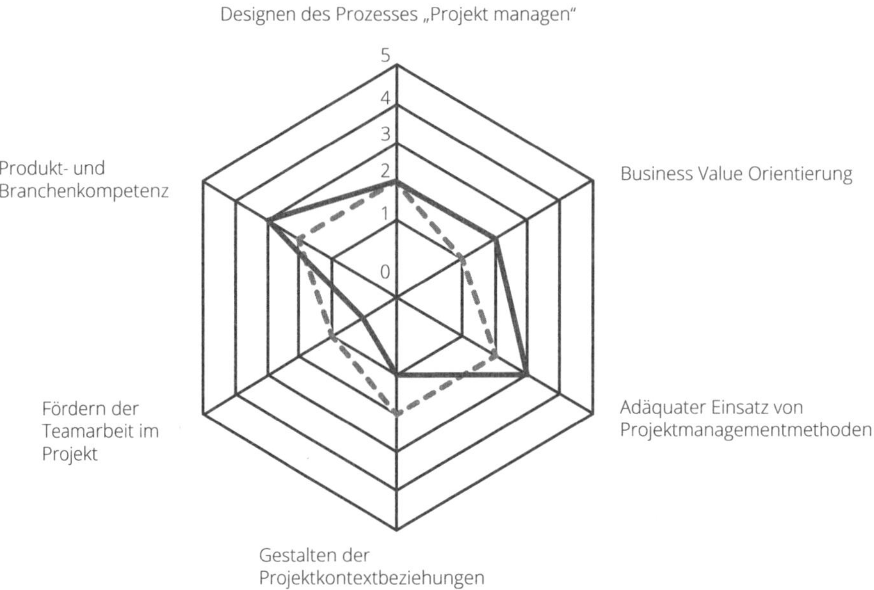

Abb. L5: Beurteilung des Projektmanagers durch unterschiedliche Projektstakeholder

Die Leistungsbeurteilungen der Mitglieder der Projektorganisation können die Grundlage für projektbezogene Prämien und auch sonstige Bonifikationen darstellen. Die Ergebnisse der Leistungsbeurteilungen sind nicht nur projektbezogen relevant, sondern können auch als Information für die Planung von Personalentwicklung- und Personaldispositionsmaßnahmen in der projektorientierten Organisation genutzt werden.

Know-how transferieren

Wesentliche Methoden zum Transfer des in einem Projekt erworbenen Know-hows in andere Projekte und in die mitwirkenden projektorientierten Organisationen sind der Projektabschlussbericht und Erfahrungsaustauschworkshops.

Der Projektabschlussbericht fasst die wesentlichen Projektergebnisse und das im Projekt erworbene Know-how zusammen. Er dient zur abschließenden Projektinformation aller Mitglieder der Projektorganisation und ausgewählter Vertreter von Projektstakeholdern. Grundsätzlich ist nur ein Projektabschlussbericht zu erstellen. Zielgruppenspezifische Anpassungen sind aber möglich. Falls spezifische Schwerpunkte größeren Umfangs nur für einzelne Zielgruppen von Interesse sind, ist der Projektabschlussbericht durch Spezialberichte für diese Zielgruppen zu ergänzen.

Der Projektabschlussbericht kann nach Projektphasen und nach Projektstakeholdern strukturiert werden. Er soll möglichst kurz und stichwortartig formuliert sein. Der letzte Stand der Projektpläne ist dem Projektabschlussbericht als Anhang beizulegen. Auch die Projektpläne sind ein Instrument des Wissensmanagements projektorientierter Organisationen. Sie können als Grundlage für die Planung ähnlicher Projekte dienen.

Das in einem Projekt erworbene Know-how kann in Erfahrungsaustauschworkshops vermittelt werden. Die Kosten eines solchen Workshops sind jedoch nicht mehr dem Projekt anzulasten, sondern sind Gemeinkosten der projektorientierten Organisation. Ein abschließendes Projektmarketing kann in Form einer Projektpräsentation und eventuell durch Beiträge über das Projekt in einem Newsletter und auf der Homepage der projektorientierten Organisation erfolgen.

Symbolisches Handeln beim Projektabschließen

Wichtige Symbole zum Abschließen von Projekten sind das Schließen der Projektkostenstelle, die Organisation eines abschließenden „social" Events und die formale Projektabnahme durch den Projektauftraggeber.

Die formale Abnahme eines Projekts durch den Projektauftraggeber kann entweder durch ein Projektabnahmeprotokoll oder durch einen Abnahmevermerk am Projektauftrag erfolgen. Die Projektabnahme stellt das letzte Ereignis im Projekt dar. Durch die Projektabnahme werden der Projektmanager und die anderen Projektteammitglieder formal von der Projektverantwortung entlastet.

M Programm initiieren und Programm managen

Wenn zum Implementieren einer Investition ein Programm benötigt wird, ist dieses zu initiieren. Ähnlich wie beim Projektinitiieren sind initiale Programmpläne zu entwickeln und Programmstrategien festzulegen, ist der Zusammenhang zum existierenden Projektportfolio zu analysieren und ist ein Programmantrag zu erstellen. Zusätzlich sind auch die ersten Projekte, die im Rahmen des Programms durchgeführt werden, zu initiieren.

Der Geschäftsprozess „Programm managen" beinhaltet die Teilprozesse Programm starten, Programm koordinieren, Programmmarketing, Programm controllen, Programm transformieren bzw. Programm neu positionieren und Programm abschließen.

Ziel des Programmmanagens ist die Integration der Projekte eines Programms, um die Programmziele realisieren zu können. Die beim Programmmanagen einzusetzenden Methoden sind jenen des Projektmanagens ähnlich. Spezifische Herausforderungen beim Programmmanagen bestehen im Strukturieren von Programmen und im Designen adäquater Programmorganisationen.

Die Gestaltung der Geschäftsprozesse „Programm initiieren" und „Programm managen" erfolgt entsprechend der diesen Prozessen zugrundeliegenden Werte. Der Einsatz von Methoden des Programmmanagens wird in der Fallstudie eines Energieversorgungsunternehmens ersichtlich.

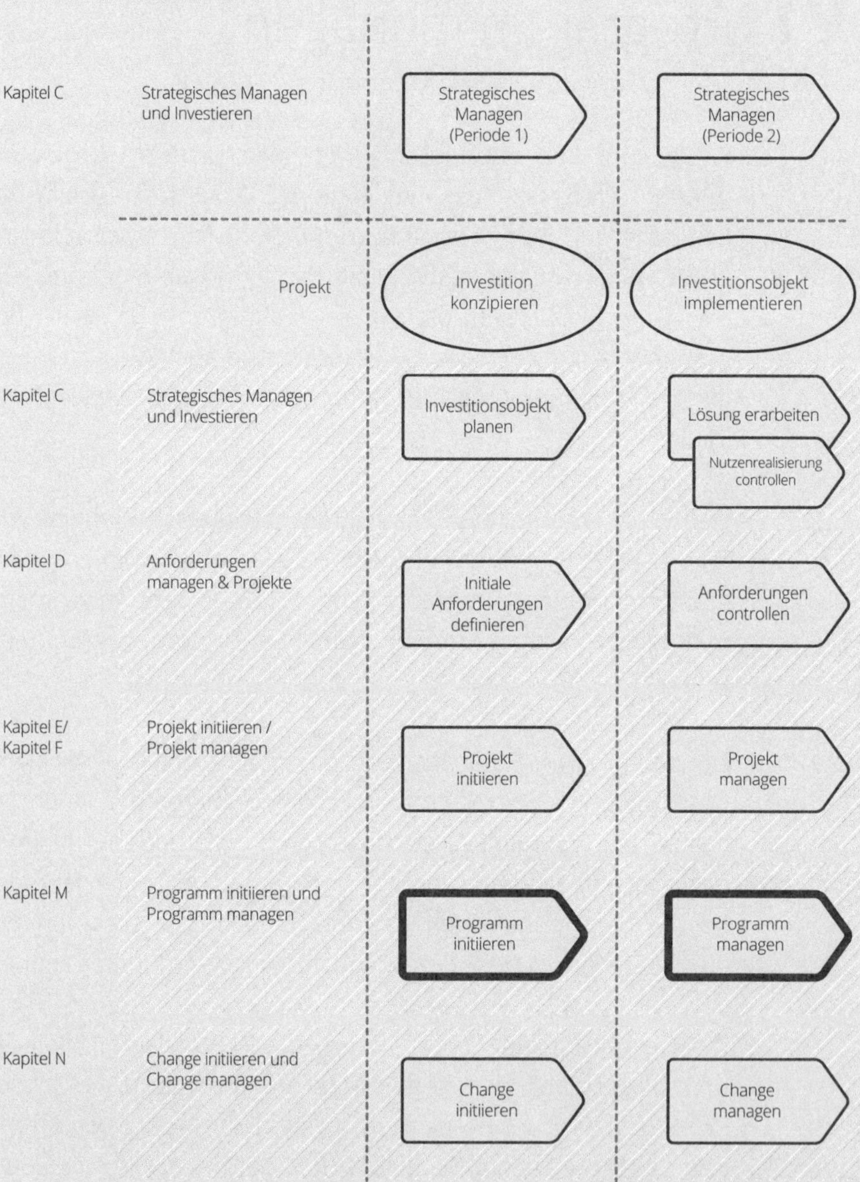

Übersicht: „Programm initiieren" und „Programm managen" im Kontext

M Programm initiieren und Programm managen

M1 Programm initiieren

Programm initiieren: Ziele

Programm initiieren ist ein Geschäftsprozess der projektorientierten Organisation. Ziele des Programminitiierens sind:

> Grundlagen zum Starten des Programms sind geschaffen,
> Grundlagen zum Starten der ersten Projekte des Programms sind geschaffen,
> Entscheidung bezüglich der adäquaten Organisationsform zum Durchführen eines umfangreichen Geschäftsprozesses ist getroffen,
> Programmauftrag ist erteilt und
> ausgewählte Stakeholder sind in den Initiierungsprozess einbezogen.

Nicht-Ziel des Programminitiierens ist die Entwicklung detaillierter Programmpläne. Diese werden beim Programmstarten erstellt.

Definition: Programm initiieren

Programm initiieren ist ein Geschäftsprozess projektorientierter Organisationen, der die Entscheidung, einen Geschäftsprozess als Programm durchzuführen, einen Programmauftrag zu erteilen und Grundlagen zum Starten eines Programms sowie zum Starten der ersten Projekte des Programms zu schaffen, zum Ziel hat.

Anlass zum Initiieren eines Programms ist in der Regel eine „Top-down"-Entscheidung auf Grundlage des strategischen Managens (siehe Kap. C). Ein „Bottom-up"-Bedarf als Anlass für das Initiieren eines Programms stellt die Ausnahme dar. Ein in der Praxis aber häufig beobachtbarer Fall ist das Transformieren eines bereits in Durchführung befindlichen Projekts in ein Programm. Hier werden offensichtlich die Komplexität und der Umfang von zu erfüllenden Geschäftsprozessen anfangs unterschätzt. Eine diesbezügliche Fallstudie wird im Kapitel K behandelt.

Programm initiieren: Ablauf

Der Ablauf des Geschäftsprozesses „Programm initiieren" ist in einem Flussdiagramm in der Abbildung M1 dargestellt. Die Zuständigkeiten zur Erfüllung der einzelnen Prozessaufgaben sind aus dem Funktionendiagramm in der Tabelle M1 ersichtlich.

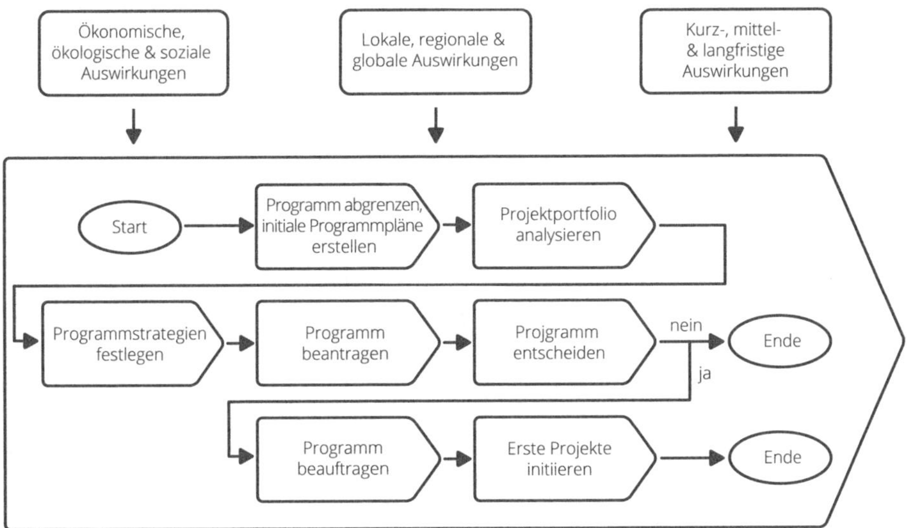

Abb. M1: Programm initiieren – Flussdiagramm

Startereignis des Programminitiierens ist die Entscheidung, ein Programm zu initiieren. Das setzt die Entscheidung, eine Investition zu implementieren, voraus. Endereignis ist die Erteilung (oder Nicht-Erteilung) des Programmauftrags. Das Initiieren eines Programms beinhaltet folgende Aufgaben:

> das betrachtete Programm adäquat abzugrenzen und eine initiale Programmplanung zu erstellen,
> die Zusammenhänge des betrachteten Programms zu anderen Projekten und Programmen im Projektportfolio der Organisation zu analysieren,
> Programmstrategien festzulegen,
> zu entscheiden, dass das Programm die adäquate Organisationsform zum Durchführen des Geschäftsprozesses ist,
> erste Projekte des Programms zu initiieren und
> den Programmmanager und das Programmteam mit der Programmdurchführung zu beauftragen.

Grundlage für das Erstellen initialer Programmpläne ist das Abgrenzen eines Programms. Analog zu Projekten (siehe Kap. F) ist ein Programm auch dann adäquat abgegrenzt, wenn es die zum Erfüllen der Anforderungen des Investors und wesentlicher Stakeholder notwendigen Programmziele und Programmleistungen berücksichtigt. Aufgrund der initialen Programmpläne können Programmstrategien zum Realisieren der Programmziele vereinbart sowie der Programmauftraggeber, der Programmmanager und das Programmteam definiert werden.

Da parallel mit dem Programmstarten auch erste Projekte des Programms gestartet werden können, sind auch diese Projekte im Rahmen des Programminitiierens zu initiieren.

Teilprozess: Programm initiieren									
Legende D...durchführen M...mitarbeiten I...wird informiert K...koordiniert	Rollen								
Prozessaufgaben	Initiator	Initiierungsteam	PM Office	Projektportfolio Group	Expertenpoolmanager	Programmauftraggeber	Programmmanager	Programmstakeholder	Hilfsmittel/Dokument
Programm abgrenzen, initiale Programmpläne erstellen		D	M		M			M	1
Projektportfolio analysieren		M	D						2
Programmstrategien festlegen	I	D	M						3
Programm beantragen	I	D	M						4
Programm entscheiden	I	M	M	D	I	I		I	5
Programm beauftragen			I		I	D	M	I	6
Erste Projekte initiieren	I	D	M	M	M	I	M	M	7

Hilfsmittel/Dokument

1 ... Initiale Programmpläne
2 ... Projektportfolio-Datenbank
3 ... Dokumentation der Programmstrategie
4 ... Programmantrag
5 ... Protokoll
6 ... Programmauftrag
7 ... Initiale Projektpläne

Tab. M1: Programm initiieren – Funktionendiagramm

Programm initiieren: Methoden

Folgende Methoden können beim Programminitiieren eingesetzt werden:

> die Betrachtungsobjekte planen, die Programmziele planen, die Programmstrategien definieren,
> den Programmstrukturplan erstellen, die Programmtermine planen,
> das Programmbudget planen, die Programmrisiken analysieren,
> die Programmstakeholder analysieren und das Programmorganigramm erstellen.

Weitere Methoden zum Programminitiieren sind die Analyse des Projektportfolios und die Erstellung des Programmantrags. Die Strukturen des Programmantrags und des Programmauftrags sollten jenen des Projektantrags und Projektauftrags entsprechen. Aus dem Programmantrag werden die Strukturen und Kontexte des beantragten Programms ersichtlich. Ein Beispiel eines Programmauftrags ist in der Fallstudie zum Programmmanagen in Abbildung M16 dargestellt. Anlagen eines Programmantrags sind zusätzlich zu den initialen Programmplänen auch die Ergebnisse der Initiierungen der ersten Projekte des Programms. Diese Informationen ermöglichen es der Projektportfolio Group, bezüglich der Durchführung des Programms und der Durchführung der ersten Projekte des Programms zu entscheiden.

Programm initiieren: Organisation

Die notwendigen Rollen zur Durchführung des Programminitiierens sind im Funktionendiagramm in der Tabelle M1 ersichtlich. Das sind der Initiator der Investition, das Initiierungsteam, das PM Office, die Projektportfolio Group, die Experten Pool Manager, der zu ausgewählte Programmauftraggeber, der zu beauftragende Programmmanager und ausgewählte Stakeholder des Programms. Idealerweise erfolgt die Erstellung des Programmantrags in Kooperation mit dem designierten Programmmanager und in Abstimmung mit dem ausgewählten Programmauftraggeber.

Aufgrund der Komplexität von Programmen empfiehlt es sich, das Konzipieren einer Investition, die als Programm implementiert werden soll, als Projekt durchzuführen. Ziel eines diesbezüglichen Konzeptionsprojekts sind das Planen des Investitionsobjekts und das Initiieren des Programms. Aus der Sequenz des Konzeptionsprojekts und des Programms ergibt sich eine Projekt-Programm-Kette.

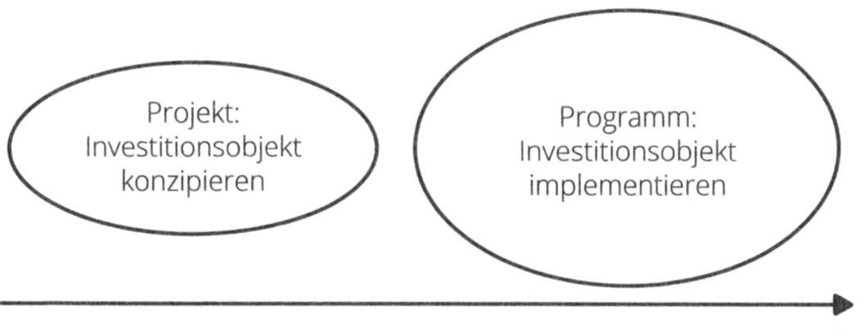

Abb. M2: Kette: Konzeptionsprojekt und Implementierungsprogramm

Im Konzeptionsprojekt werden das Investitionsobjekt geplant und die grundlegenden Strukturen des Implementierungsprogramms initial entwickelt. Im Programmstartprozess erfolgt eine Detaillierung und Konkretisierung dieser Strukturen. Zur Sicherung der Kontinuität werden Mitglieder der Projektorganisation des Konzeptionsprojekts auch Rollen in der Programmorganisation wahrnehmen.

M2 Programm managen: Überblick und Designen des Geschäftsprozesses

Programm managen: Ziele

Generelles Ziel des Geschäftsprozesses „Programm managen" ist es, durch ein professionelles Management einen Beitrag zur erfolgreichen Durchführung eines Programms zu leisten. Eine Operationalisierung dieses Ziels wird durch eine Differenzierung in ökonomische, ökologische und soziale Ziele des Programmmanagens möglich. Diese Ziele sind in der Tabelle M2 dargestellt.

Ziele des Geschäftsprozesses : Programm managen
Ökonomische Ziele > Programmkomplexität, Programmdynamik und Zusammenhänge zu den Programmkontexten gemanagt > Programm starten, Programm koordinieren, Programm vermarkten, Programm controllen und Programm abschließen professionell durchgeführt; eventuell auch ein Programm transformiert oder neupositioniert > Ökonomische Auswirkungen für den Change und die implementierte Investition optimiert
Ökologische Ziele > Lokale, regionale und globale ökologische Auswirkungen des Programms berücksichtigt > Ökologische Auswirkungen für den Change und die implementierte Investition optimiert
Soziale Ziele > Programmpersonal rekrutiert und disponiert, Anreizsysteme eingesetzt, Entwicklung des Programmpersonals realisiert > Lokale, regionale und globale soziale Auswirkungen des Programms berücksichtigt > Ökologische Auswirkungen für den Change und die implementierte Investition optimiert > Stakeholder in das Programmmanagement einbezogen

Tab. M2: Ziele des Geschäftsprozesses „Programm managen"

Das Programmmanagen ist zusätzlich zum Management der einzelnen Projekte eines Programms zu erfüllen. Die Sicherung des „Big Program Picture", die Anwendung der Methoden zum Programmcontrolling sowie der Einsatz der Formate zur Programmkommunikation sind Instrumente zur Integration der Projekte eines Programms. Auch die Einhaltung von inhaltlichen Standards und von Projektmanagementstandards bei der Durchführung der Projekte eines Programms wirkt integrierend. Durch das Programmmanagen werden die Projekte eines Programms gekoppelt. Es wird dadurch ein Mehrwert generiert, der durch das Managen der einzelnen Projekte nicht erzielbar ist.

Zu berücksichtigende Dimensionen von Programmen

Die beim Managen zu berücksichtigenden Dimensionen von Programmen entsprechen jenen des Projektmanagens. Folgende Strukturdimensionen von Programmen sind zu managen:

> die Lösungsanforderungen, die Betrachtungsobjekte eines Programms, die Programmziele und die Programmstrategien,
> die Programmleistungen, die Programmtermine, das Programmpersonal, die Programmressourcen, das Programmbudget und das Programmrisiko,
> die Programmorganisation, die Programmkultur und die Programminfrastruktur.

Folgende Kontextdimensionen von Programmen sind beim Programmmanagen zu berücksichtigen:

> die Vor- und Nachprogrammphase,
> die Programmstakeholder,
> gleichzeitig durchgeführte Projekte und Programme,
> die Ziele und Strategien der programmdurchführenden Organisation und
> die Investition, die durch ein Programm implementiert wird.

Programm managen: Ablauf

Der Ablauf des Programmmanagens ist in der Abbildung M3 als Überblick dargestellt. Der Programmauftrag des Programmauftraggebers an den Programmmanager und das Programmteam ist das Startereignis eines Programms, die Programmabnahme durch den Programmauftraggeber stellt das formale Programmende dar. Der Geschäftsprozess „Programm managen“ beinhaltet die Teilprozesse Programm starten, Programm koordinieren, Programmmarketing, Programm controllen, Programm transformieren oder Programm neu positionieren und Programm abschließen. Aus der Darstellung wird auch die Berücksichtigung der Prinzipien der nachhaltigen Entwicklung ersichtlich.

Aufgrund der hohen Bedeutung des Programmmarketings stellt dieses, anders als beim Projektmanagen, einen eigenen Teilprozess dar. Die professionelle Kommunikation der Programmziele und der Programmstrukturen ist ein Erfolgsfaktor von Programmen. Durch das Programmmarketing kann bei den Stakeholdern ein Verständnis für den Sinn eines Programms geschaffen werden und können Managementaufmerksamkeit, Know-how und Ressourcen für die Programmdurchführung gesichert werden. Das Projektmarketing der einzelnen Projekte von Programmen hat abgestimmt auf die Strategien und Maßnahmen des Programmmarketings zu erfolgen.

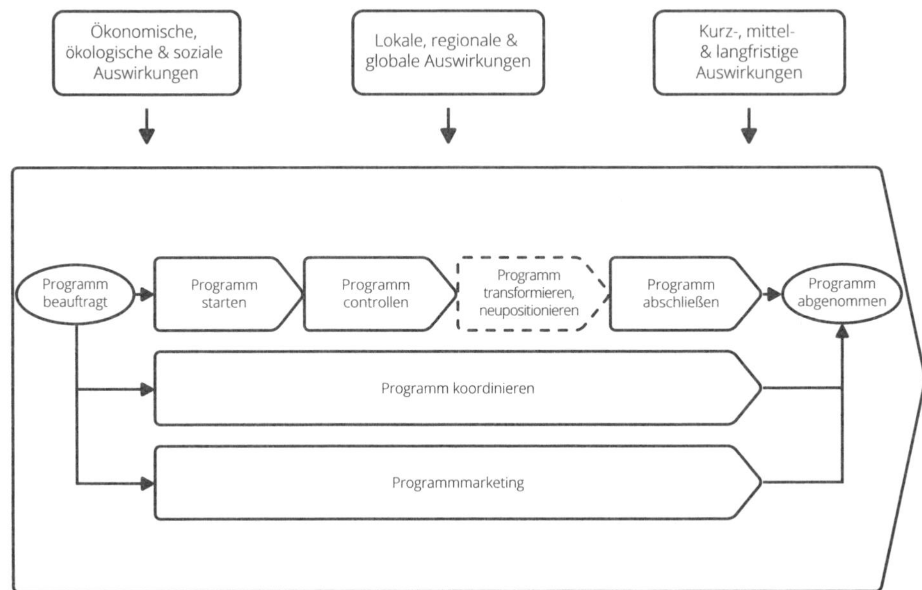

Abb. M3: Geschäftsprozess „Programm managen" – Flussdiagramm

Das Programmstarten und das Programmabschließen sind zeitlich befristet und werden nur einmal im Programm durchgeführt, das Programmcontrollen wird periodisch im Programm durchgeführt. Das Programmkoordinieren und das Programmmarketing sind kontinuierlich während des Programms zu erfüllen. Detaillierte Darstellungen der Ziele, Aufgaben, Zuständigkeiten und Ergebnisse der Teilprozesse des Programmmanagens finden sich im Folgenden im Kapitel M3. Die Teilprozesse des Programmmanagens hängen zusammen. Diese Zusammenhänge sind jenen des Projektmanagens ähnlich und werden daher nicht näher beschrieben.

Programm managen: Designen des Geschäftsprozesses

Der Geschäftsprozess „Programm managen" ist den spezifischen Bedürfnissen eines Programms entsprechend zu gestalten. Es ist der Einsatz von Methoden zum Programmmanagen, von Checklisten, von Programmkommunikationsformaten, einer adäquaten Programminfrastruktur und eventuell von Programmconsultants zu planen.

Die grundsätzliche Regelung bezüglich einzusetzender Programmmanagementmethoden und die grundsätzliche Beschreibung der Strukturen der Programmorganisation sind Corporate-Governance-Aufgaben der projektorientierten Organisation (siehe Kap. P). Diesbezügliche Regelungen sind gemeinsam mit den Regelungen für Projekte vorzunehmen.

Die Methoden zum Programmmanagen sind nach den Teilprozessen des Programmmanagens zu unterscheiden. Sie entsprechen den Methoden zum Projektmanagen, d. h. es gelangen in Programmen analog zu Projekten ein Programmzieleplan, ein Betrachtungsobjekteplan, ein Programmstrukturplan, ein Programmbalkenplan, eine Programmstakeholderanalyse etc. zum Einsatz. Die in der Tabelle F2 abgegebene Empfehlung bezüglich des Einsatzes von Methoden zum Projektmanagen kann daher auf das Programmmanagen übertragen werden. Ein Unterschied besteht hinsichtlich der Notwendigkeit des Einsatzes der Methoden. Aufgrund der hohen Komplexität und Dynamik von Programmen sollte für alle Methoden ein „Muss"-Einsatz gelten.

Die in der Tabelle F2 gelisteten und in den Kapiteln G bis K beschrieben Methoden sind auch für Programme relevant. Im Kapitel M4 werden Spezifika des Einsatzes von Methoden zum Programmmanagen behandelt.

In vielen Programmen kommt es zur Durchführung repetitiver Projekte. So stellen z. B. im Rahmen eines ERP-Programms eines Konzerns Projekte zur Implementierungen von Lösungen in einzelnen Konzernunternehmen repetitive Projekte dar. Ein anderes Beispiel sind die repetitiven Organisationsprojekte für unterschiedliche Krankenhausabteilungen im Rahmen eines Programms zur Etablierung eines neuen Krankenhauses.

Zur Durchführung von repetitiven Projekten im Rahmen eines Programms empfiehlt sich die Entwicklung von Programmstandards. Es können zum Managen repetitiver Projekte eines Programms Standardprojektpläne (z. B. Standardprojektstrukturpläne, Standardarbeitspaketspezifikationen oder Standardmeilensteinpläne) entwickelt und eingesetzt werden. Für die Erfüllung von inhaltlichen Prozessen repetitiver Projekte können einheitliche Strukturen, Methoden, Regeln und Formulare definiert und vorgegeben werden.

Exkurs: Standards zur Erfüllung inhaltlicher Prozesse in repetitiven Projekten

In einem Programm „Immobilienoffensive", das die Sanierung mehrerer ähnlicher Immobilien zum Ziel hatte, wurden folgende Standards für die Erfüllung inhaltlicher Prozesse entwickelt und eingesetzt:

Standardprozess zur Frequenzanalyse einer Immobilie

> Je Immobile war eine Frequenzanalyse durchzuführen, um die Sanierungsziele für die jeweilige Immobilie ableiten zu können.
> In einer Prozessbeschreibung wurden die Ziele, die Abläufe, die Zuständigkeiten sowie die Ergebnisse der Frequenzanalyse einer Immobilie spezifiziert.

Designmanual als Standard für das Designen der Immobilien

> Zum Sichern der Corporate Identity des Investors wurden Designstandards für die Immobilien festgelegt.

> Diesbezügliche Beispiele sind die Verwendung von Schriftarten und von Farben oder das Aufstellen von Automaten in den Immobilien.

Standards bezüglich der Vermietung von Objekten der Immobilien

> Zum Sichern guter Kooperationen mit Mietern von Objekten der Immobilien wurden Standards entwickelt.
> Diesbezügliche Beispiele sind Standardmietverträge und definierte Qualitätsstandards bezüglich möglicher Mieter für die Vermietung von Objekten.

Ziel des Einsatzes von Programmstandards ist die Vereinheitlichung der Vorgehensweisen in den Projekten eines Programms. Durch die Anwendung der Standards werden die Projekte eines Programms gekoppelt. Die relative Autonomie dieser Projekte ist daher geringer als jene von Projekten, die keinen Programmen angehören. Die Entwicklung und der Einsatz von Programmstandards sichern die Qualität der Projekte von Programmen und fördern das organisatorische Lernen in Programmen.

Der Bedarf bezüglich des Einsatzes von IKT-Instrumenten und von Consultants in Programmen unterscheidet sich nicht wesentlich vom jenem von Projekten.

M3 Programm managen: Teilprozesse

Die Ziele der Teilprozesse des Programmmanagens sind in der Tabelle M3 beschrieben. Diese können als Key Performance Indicators zum Beurteilen der Qualität der Teilprozesse des Programmmanagens verstanden werden. Exemplarisch sind die Aufgaben, Ergebnisse und Zuständigkeiten des Teilprozesses „Programm starten" in einem Funktionendiagramm in der Tabelle M4 dargestellt.

Programm managen: Teilprozess	Ziele
Programm starten	> Programmmanagementpersonal rekrutiert und disponiert, Anreizsysteme geschaffen, Entwicklung des Programmmanagementpersonals geplant > Informationstransfer aus der Vorprogrammphase in das Programmdurchgeführt > Erwartungen an die Nachprogrammphase definiert > Adäquate Programmpläne entwickelt > Maßnahmen zum Programmrisikomanagement geplant > Maßnahmen zur Vermeidung bzw. Förderung sowie zur Vorsorge für Programmdiskontinuitäten geplant > Programmorganisation designed, Programmkultur entwickelt > Ziele und Strukturen für die folgenden Teilprozesse des Programmmanagens definiert > Kommunikationsbeziehungen mit Programmstakeholdern etabliert > Erstes Programmmarketing durchgeführt > Dokumentation „Programm starten" erstellt, verteilt und abgelegt > Programm starten effizient durchgeführt > Programmstakeholder ins Programmstarten einbezogen
Programm koordinieren	> Abstimmungen mit Mitgliedern der Programmorganisation vorgenommen > Abstimmungen mit Vertretern von Programmstakeholdern vorgenommen > Programmressourcen gesichert > Programmfortschritt durch Koordinieren der laufenden Projekte und Arbeitspakete gesichert > Fertiggestellte Projekte und Arbeitspakete abgenommen > Inhaltliche Zusammenhänge zwischen den Projekten des Programms abgestimmt > Programm koordinieren effizient durchgeführt > Programmstakeholder ins Programmkoordinieren einbezogen
Programmmarketing	> Mit Mitgliedern der Programmorganisation über Ziele, Strukturen und Ergebnisse des Programms durch Einsatz adäquater Medien kommuniziert > Mit Vertretern von Programmstakeholdern über Ziele, Strukturen und Ergebnisse des Programms durch Einsatz adäquater Medien kommuniziert > Managementaufmerksamkeit für das Programm gesichert > Programmkommunikationsplan laufend aktualisiert und Grundlagen für Programmmarketing weiterentwickelt (Slogans, Abbildungen, etc.) > Programmmarketing effizient durchgeführt > Programmstakeholder ins Programmmarketing einbezogen

Programm managen: Teilprozess	Ziele
Programm controllen	> Programmmanagementpersonal beurteilt und disponiert, Entwicklung controllt > Programmstatus gemeinsam durch die Mitglieder der Programmorganisation konstruiert > Maßnahmen zum Steuern des Programms vereinbart und veranlasst > Programmpläne und Programmorganisation weiterentwickelt > Programmstakeholderbeziehungen analysiert und Maßnahmen zur Weiterentwicklung vereinbart > Programmcontrollingberichte erstellt > Organisatorisches Lernen des Programms gefördet > Programm controllen effizient durchgeführt > Programmstakeholder beim Programmcontrollen einbezogen
Programm transformieren bzw. Programm neu positionieren	> Programmdiskontinuität erfolgreich bewältigt > Möglichen Schäden für das Programm aufgrund einer Diskontinuität minimiert bzw. mögliche Nutzen für das Programm aufgrund einer Diskontinuität maximiert > Grundlagen für eine erfolgreiche Fortführung des Programms geschaffen > Programm transformieren bzw. Programm neu-positionieren effizient durchgeführt > Vertreter von Programmstakeholdern in das Programmtransformieren bzw. Neu-positionieren einbezogen
Programm abschließen	> Programmmanagementpersonal beurteilt und freigesetzt > Inhaltliche Restarbeiten fertiggestellt > Ist-Programmdokumentation erstellt > Abschließendes Programmmarketing durchgeführt > Vereinbarungen für die Nachprogrammphase (inklusive das Controllen der Nutzenrealisierung) getroffen > Programmerfolg beurteilt, Mitglieder der Programmorganisation beurteilt, Programmorganisation aufgelöst > Programmabschlussberichte erstellt > Know-how in die Stammorganisationen und in andere Programme transferiert > Programm abschließen effizient durchgeführt > Beziehungen zu Programmstakeholdern aufgelöst

Tab. M3: Ziele der Teilprozesse des Programmmanagens

Teilprozess: Programm starten

Legende
D...durchführen
M...mitarbeiten
I...wird informiert
K...koordiniert

	Prozessaufgaben	Programmauftraggeber	Programmmanager	Programm Office	Programmteam (inkl. Projektmanager)	Programmteammitglieder	Expertenpoolmanager	Programmstakeholder	Hilfsmittel/Dokument
1	Planung Programmstarten								
1.1	Programmauftrag und Ergebnisse Vorprogrammphase checken		D						
1.2	Startkommunikationsformate auswählen	I	D	M					
1.3	Programmteammitglieder auswählen	I	M				D	M	
1.4	Einzusetzender Methoden auswählen		D	M					
1.5	Mit Programmauftraggeber abstimmen	M	D						1
2	Vorbereitung Programmstartkommunikation								
2.1	Startkommunikation I, II, ... vorbereiten		D	M					
2.2	Teilnehmer einladen	I	D	M		M	M	M	2
2.3	Ergebnisse der Vorprogrammphase dokumentieren		M	D		M		M	
2.4	Erstansätze der Programmpläne, Organisation, Marketing erstellen		M	D		M		M	
2.5	Info-Material für Startkommunikation erstellen		M	D		M		M	3

Teilprozess: Programm starten

Legende

D...durchführen
M...mitarbeiten
I...wird informiert
K...koordiniert

Nr.	Prozessaufgaben	Programmauftraggeber	Programmmanager	Programm Office	Programmteam (inkl. Projektmanager)	Programmteammitglieder	Expertenpoolmanager	Programmstakeholder	Hilfsmittel/Dokument
3	Durchführung Programmstartkommunikation								
3.1	Info-Material an Teilnehmer verteilen	I	M	D	I	I		I	
3.2	Startkommunikation I durchführen	M	K		D		M	M	
3.3	Erstansatz Dokumentation "Programm starten" erstellen		M	D					
3.4	Startkommunikation II, ... dürchführen	M	K		D				
4	Nachbereitung Programmstartkommunikation								
4.1	Dokumentation „Programm starten" fertigstellen		M	D				M	
4.2	Mit Programmauftraggeber abstimmen	M	D	M					4
4.3	Erstes Programmmarketing durchführen	M	D	M		M		M	
4.4	Dokumentation „Programm starten" verteilen	I	M	D		I	I	I	
4.5	Dokumentation „Programm starten" ablegen	M	K	D		M	M	M	
5	Inhaltliche Arbeiten durchführen (parallel)		K			D	M		

Hilfsmittel/Dokument

1 ... Liste einzusetzender Methoden zum Programmmanagen
2 ... Einladung an Teilnehmer zum Programmstart-Workshop
3 ... Informationsmaterial für Programmstart-Workshop
4 ... Dokumentation „Programm starten"

Tab. M4: Programm starten – Funktionendiagramm

M4 Programm managen: Spezifika beim Methodeneinsatz

Programmzieleplanung

Aufgrund des großen Umfangs und der langen Dauer von Programmen sind deren Ziele im Vergleich zu Projekten offener und dynamischer. Im Zuge des Programminitiierens werden initiale Programmziele definiert, die beim Programmstarten detailliert und beim Programmcontrollen periodisch adaptiert werden.

Ziel des oben angeführten Programms „Immobilienoffensive" war z. B. die Sanierung von etwa 40 Immobilien. Die tatsächliche Anzahl der zu sanierenden Objekte war aber von den Finanzierungsmöglichkeiten abhängig. Diese waren beim Programmstarten noch nicht geklärt. Die Sicherung der Finanzierungen für einzelne Immobilien war vielmehr eine Aufgabe, die im Rahmen des Programms durchzuführen war. Im Programm wurde dann eine Differenzierung in große und kleine Immobilien vorgenommen, da diese sehr unterschiedliche Finanzierungsanforderungen hatten. Es wurden letztlich etwa 20 kleine und sieben große Immobilien saniert.

Oft werden Programme aufgrund von Einsparungszielen durchgeführt. Konkrete Einsparungsmöglichkeiten werden aber erst im Rahmen von Planungsprojekten von Programmen erarbeitet. Solche Konzeptionsprojekte stellen daher ein zentrales Instrument zur Planung der Ziele eventueller Folgeprojekte und damit auch zur Konkretisierung der Programmziele dar.

Die Mittelfristigkeit und die Dynamik von Programmen kann die Planung alternativer Programmziele mit unterschiedlichen Endereignissen und Endterminen notwendig machen. Eine klare inhaltliche und terminliche Abgrenzung von Programmen sollte aber jedenfalls erfolgen. Programme sollen kein „open end" haben.

Programmstrukturplanung

In einem Programm sind Projekte aber auch von den Projekten unabhängige Arbeitspakete durchzuführen. In einem Programmstrukturplan sind daher einerseits die Projekte des Programms und andererseits nicht zu Projekten gehörende Arbeitspakete, wie z. B. das Programmmanagen, abzubilden. Zur klaren Differenzierung sollten im Programmstrukturplan für die Darstellung der Arbeitspakete andere Symbole (z. B. Kästchen) als für die Darstellung von Projekten (z. B. Ellipsen) verwendet werden (siehe z. B. Abb. M4).

Bei dem in der Abbildung M4 dargestellten Beispiel „Immobilienoffensive" handelte es sich um eine Anzahl von Immobilien, die saniert wurden. Es wird ersichtlich, dass dadurch eine Anzahl repetitiver Projekte jeweils zum Konzipieren, architektonisch Planen und Realisieren der Immobilien durchgeführt wurden.

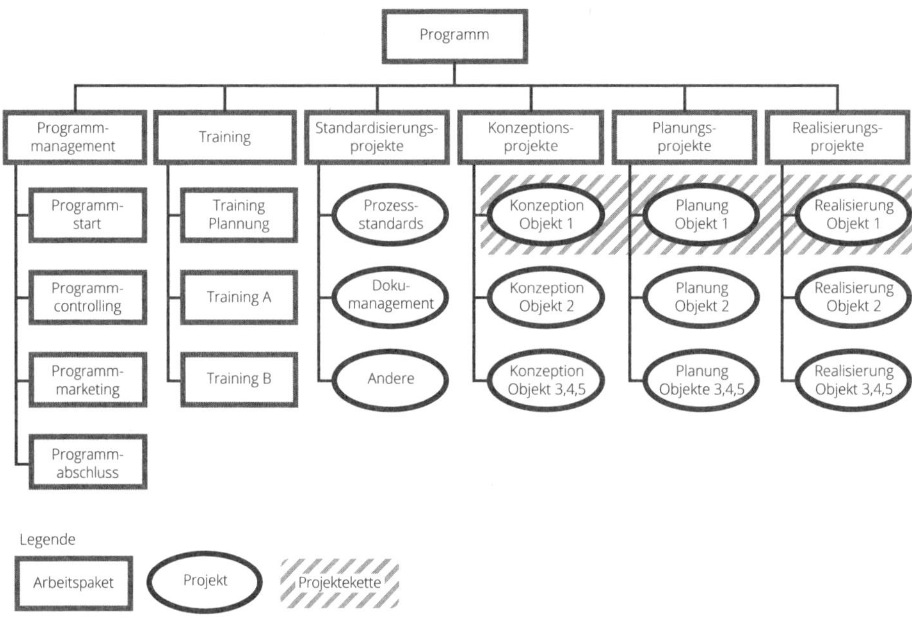

Abb. M4: Programmstrukturplan (Beispiel „Immobilienoffensive")

In einem Programmstrukturplan können entweder Projekte als Ganzes dargestellt werden oder es können die Phasen einzelner Projekte abgebildet werden. Nicht darzustellen sind die Arbeitspakete von Projekten. Diese sind in den jeweiligen Projektstrukturplänen abzubilden. Dadurch werden der Umfang und der Detaillierungsgrad des Programmstrukturplans relativ gering gehalten. In Programmen können Projekte auch sequenziell abgearbeitet werden. Dadurch ergeben sich Projekteketten in Programmen (siehe auch Abb. M4).

Wie bei der Erstellung eines Projektstrukturplans empfiehlt es sich auch für die Erstellung des Programmstrukturplans, die Betrachtungsobjekte eines Programms als Grundlage zu verwenden. Betrachtungsobjekte können wie bei Projekten die Struktur- und Kontextdimensionen von Organisationen, nämlich deren Dienstleistungen und Produkte, Organisationsstrukturen, Personalstrukturen, Infrastrukturen, Budget und Finanzierung sowie Stakeholderbeziehungen, aber auch unterschiedliche Standorte oder Lösungskomponenten sein.

Die Gliederung des Programmstrukturplans sollte prozessorientiert erfolgen. Aufgrund des großen Umfangs von Programmen und der meist gleichzeitigen Durchführung mehrerer Projekte wird sich aber eine stärkere Objektorientierung als bei der Strukturierung von Projekten ergeben.

Programme sind so zu strukturieren, dass sich möglichst ganzheitlich abgegrenzte Projekte ergeben, dass die einzelnen Projekte rasch zu Ergebnissen im Sinn von Minimum Viable Products führen. Als Ergebnis sollten relativ autonome Projekte lose bzw. mittelstark gekoppelt sein. Ziel dieses „Schneidens" von Programmen in Projekte ist es, die Komplexität des Programms durch die Schaffung überschaubarer und managebarer Projekte zu reduzieren.

Projekte eines Programms werden sowohl parallel als auch sequenziell durchgeführt. Die sequenzielle Durchführung von Projekten in Programmen führt zu Projekteketten. Die Konstruktion von Projekteketten fördert einerseits die Differenzierung der betrachteten Projekte, andererseits werden die Zusammenhänge zwischen den Projekten explizit gemanagt. Die Differenzierung erfolgt durch die Definition projektspezifischer Ziele, Stakeholder und Rollen. Die Integration der Projekte einer Kette erfolgt durch die Planung des jeweiligen Folgeprojekts im vorangegangenen Projekt und durch die Sicherung der personellen Kontinuität in den Projekten. Die Differenzierung in sequenziell durchzuführende Projekte fördert die Agilität von Programmen, da, wie oben ausgeführt, eine flexible Planung von Zielen gefördert wird.

Durch die Definition von Pilotprojekten in Programmen kann das organisatorische Lernen in Programmen gesichert werden. In Pilotprojekten sind Zeit und Raum zur Reflexion und Dokumentation gewonnener Erfahrungen bereitzustellen. Die gewonnen Erfahrungen sind Folgeprojekten im Programm zur Verfügung zu stellen. Dieses organisatorische Lernen schafft wesentliche Potenziale zur Effizienzsteigerung von Programmen.

Die Dynamik von Programmen kann es im Rahmen des Controllens von Programmen notwendig machen, Projekte zu „splitten“ oder zu „mergen“. Dieses Teilen eines Projekts in mehrere Projekte bzw. das Zusammenlegen von zwei oder mehreren Projekten stellen Diskontinuitäten für die betroffenen Projekte dar, da deren Strukturen grundsätzlich verändert werden. Die dahinterliegenden Programme sollten so resilient sein, dass solche Changes von Projekten nicht zu Programmdiskontinuitäten führen.

Programmstakeholder managen

Zusätzlich zum Managen projektspezifischer Stakeholderbeziehungen sind in Programmen auch die Beziehungen zu Programmstakeholdern zu managen. Einzelne Projekte eines Programms und das Programm insgesamt können gemeinsame, aber auch unterschiedliche Stakeholder haben. Eine entsprechende Differenzierung ist notwendig, um die Stakeholderbeziehungen im jeweiligen Kontext entsprechend managen zu können.

Stakeholder können unterschiedliche Erwartungen an einzelne Projekte eines Programms und das Programm insgesamt haben. Das macht die Komplexität eines Programms aus, da einheitliche Strategien zur Gestaltung von Stakeholderbeziehungen und Abstimmungen zwischen den für Stakeholderbeziehungen Verantwortlichen eines Programms und einzelner Projekte notwendig sind.

Programmrisiko managen

Aufgrund der Größe, der Komplexität und der Neuartigkeit von Programmen sind diese einem hohen Risiko ausgesetzt. Die Gefahr des Misserfolgs oder des

Abbruchs ist bei Programmen groß. Zusätzlich zu den einzelnen Projekten eines Programms ist auch das Programm als Ganzes einem Risikomanagement zu unterziehen. Auch beim Programmmanagen sind die Risikoanalyse, risikopolitische Maßnahmen zur Vermeidung bzw. zur Förderung von Risiken sowie zur Vorsorge für Risiken und das Risikocontrolling als Risikomanagementaufgaben wahrzunehmen. Das Risikomanagen in Programmen kann entweder global oder detailliert vorgenommen werden.

Beim globalen Risikomanagen werden die Risiken für das Programm analysiert, ohne auf die Risiken der einzelnen Projekte des Programms und die Beziehungen zwischen diesen Risiken einzugehen. Diese Vorgangsweise entspricht dem Risikomanagen für Projekte, das Programm wird wie ein einzelnes Projekt behandelt.

Beim detaillierten Risikomanagen für Programme werden die Risiken der einzelnen Projekte eines Programms und die Beziehungen zwischen diesen Risiken berücksichtigt. Aufgrund der Berücksichtigung der Beziehungen zwischen den Projektrisiken ist das Programmrisiko nicht gleich der Summe der Projektrisiken. Die Risiken von Projekten können positiv oder negativ korrelieren bzw. können sich auch neutral zueinander verhalten. Wenn angenommen wird, dass sich Risiken der Projekte eines Programms neutral zueinander verhalten, entspricht das Programmrisiko der Summe der Projektrisiken. Im Fall von positiven Korrelationen der Projektrisiken erhöht sich das Programmrisiko, im Fall von negativen Korrelationen vermindert sich das Programmrisiko.

Basis der detaillierten Programmrisikoanalyse stellt die Analyse der Risiken der einzelnen Projekte eines Programms dar. Dann können Korrelationen zwischen Projektrisiken analysiert werden. Positive Korrelationen von Projektrisiken gibt es z. B.

- in Projekteketten zwischen Pilot- und Folgeprojekten oder Konzeptions- und Implementierungsprojekten,
- bei Kooperation mit gleichen Lieferanten oder Partnern in mehreren Projekten,
- beim Einsatz gleicher Technologien in mehreren Projekten,
- bei der Durchführung mehrerer Projekte für gleiche Kunden und
- bei der Durchführung mehrerer Projekte in gleichen Ländern.

Durch den Einsatz eines gleichen Lieferanten oder einer gleichen Technologie für mehrere Projekte können einerseits „Economies of Scale“ und Lernpotenziale genutzt werden, was sich in reduzierten Projektkosten niederschlägt. Andererseits entsteht aber eine höhere Abhängigkeit von einem gewählten Lieferanten oder der eingesetzten Technologie. Bei Ausfall des Lieferanten oder bei nicht ausgereifter Technologie erleidet nicht nur ein Projekt, sondern erleiden gleichzeitig mehrere Projekte Schaden. Hier ist zwischen niedrigeren Programmkosten und dem Risiko eines höheren Programmverlusts abzuwägen.

Negative Korrelationen von Projekten ergeben sich, wenn bei Akutwerden eines Risikofalls in einem Projekt ein Risikofall eines anderen Projekts ausgeschlossen wird. Solche Beziehungen zwischen Projekten wird es nur selten geben. Durch das Gestalten der Korrelationen von Projektrisiken kann das Programmrisiko beeinflusst werden. Ziel des Risikomanagens in Programmen ist vor allem die Reduktion positiver Korrelationen von Projektrisiken.

Aufgrund einer Programmrisikoanalyse sind in Abhängigkeit von der Risikoneigung (risikofreudig, risikoneutral oder risikoaversiv) der Entscheidungsträger eines Programms unterschiedliche risikopolitische Maßnahmen möglich.

Obwohl für die Anwendung der detaillierten Risikoanalyse für Programme in der Praxis noch grundlegende Voraussetzungen zu schaffen sind, wie z. B. die Durchführung von Risikoanalysen für Projekte, ist die Berücksichtigung von Korrelationen als Denkansatz – und nicht als quantitatives Rechenmodell – zu empfehlen.

M5 Programm organisieren

Programmorganigramm und Programmrollen

Ein zentraler Unterschied zwischen Projekten und Programmen besteht im organisatorischen Design. Aufbauorganisatorische Elemente von Programmen sind einerseits die Projekte des Programms und andererseits programmspezifische Rollen, nämlich das Programmauftraggeberteam, der Programmmanager, das Programmteam, das Programm Office und eventuell ein Product Team. Die Programmrollen und ihre Beziehungen zueinander können in einem Programmorganigramm visualisiert werden. In der Abbildung M5 ist ein Standard eines Programmorganigramms dargestellt.

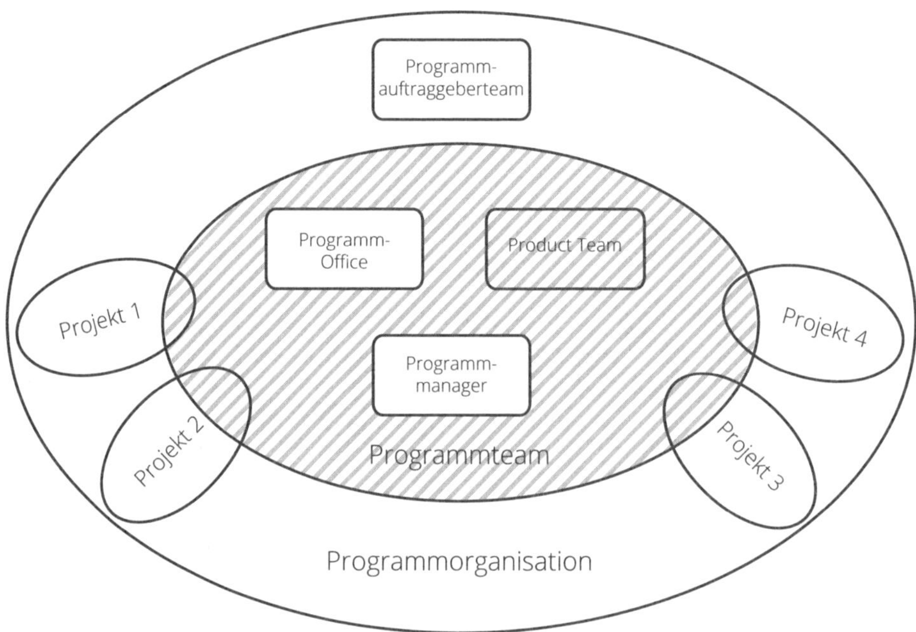

Abb. M5: Standard eines Programmorganigramms

Das Programmauftraggeberteam beauftragt den Programmmanager mit der Durchführung eines Programms. Strategische Programmentscheidungen, wie z. B. die Auswahl von zu startenden Projekten, die Veränderung von Programmprioritäten, die Definition von Programmstrategien, werden durch das Programmauftraggeberteam getroffen.

Das Programmauftraggeberteam entscheidet auch über projektbezogene Themen, die über die Entscheidungsbefugnisse des Programmteams bzw. des jeweiligen Projektauftraggebers und Projektmanagers hinausgehen. Die Gestaltung der Beziehungen zwischen dem Programmauftraggeberteam und den Projektauftraggebern ist anspruchsvoll. Das Programmauftraggeberteam verantwortet das Programm als Ganzes und ist stärker strategisch orientiert als die Projektauftraggeber der Projekte eines Programms. Die Projektauftraggeber sind dafür stärker inhaltlich orientiert und sind auch qualifiziert, grundsätzliche inhaltliche Entscheidungen zu treffen. Ein Projektauftraggeber eines Projekts eines Programms hat weniger Autonomie als ein Projektauftraggeber eines unabhängig durchgeführten Projekts. Konfliktpotenziale zwischen den Interessen des Programmauftraggeberteams und jenen der Projektauftraggeber können durch Multi-Rollenzuordnungen reduziert werden. Das heißt, dass eine Person z. B. gleichzeitig die Rollen als Programm- und als Projektauftraggeber wahrnehmen kann.

Das Programmauftraggeberteam sollte sich aus Führungskräften wesentlicher von dem Programm betroffener Organisationsbereiche zusammensetzen. Es sollte nicht mehr als drei Personen umfassen. Ein Sprecher des Programmauftraggeberteams ist als primärer Ansprechpartner des Programmmanagers zu nominieren. Ein erweitertes Programmauftraggeberteam kann auch Vertreter von Projektpartnern und von wichtigen Lieferanten als Mitglieder haben. In diesem Fall spricht man in der Praxis häufig von einem Lenkungsausschuss. Die Rolle des Programmauftraggeberteams ist in der Tabelle M5 beschrieben.

Der Programmmanager ist für die Realisierung der Programmziele verantwortlich. Er sichert die professionelle Erfüllung des Geschäftsprozesses „Programm managen". Aufgrund des hohen Management- und Marketingaufwands von Programmen empfiehlt es sich, ein Programm Office zur Unterstützung des Programmmanagers zu etablieren.

Im Programm Office wird das Programmmanagen institutionalisiert, es wird eine „Home Base" für das Programm geschaffen. Es stehen den Mitgliedern der Projektorganisationen und den Vertretern von Stakeholdern für das Programmmanagen zuständige Ansprechpartner zur Verfügung. Das Programm Office organisiert auch das Programmmarketing. Es entwickelt einen Programmmarketingplan und disponiert das Budget für das Programmmarketing. Ein kleines Programm Office kann durch einen Programmmanagement-Assistenten und einen Programmadministrator besetzt sein. Ein größeres Programm Office kann zusätzlich auch die Rollen Programmmarketingexperten, Prozessmanagementexperten und Controller besetzen.

Die Rollen des Programmmanagers und des Programm Office sind in den Tabellen M6 und M7 beschrieben.

Rolle: Programmauftraggeberteam	
Ziele	> Realisierung der Programmziele strategisch gesichert > Programmziele und Ziele der programmdurchführenden Organisation abgestimmt > Programmmanager mit der Durchführung des Programms beauftragt > Strategisches Programmcontrolling durchgeführt > Programmmanager geführt
Organisatorische Stellung	> Ist Teil der Programmorganisation > Programmmanager berichtet dem Programmauftraggeberteam
Aufgaben beim Programmstarten	> Über den Programmkontext informieren > Bereitstellung der Programmressourcen sichern > Zum ersten Programmmarketing beitragen > Am Programmstart-Workshop teilnehmen > Programmauftraggeberteamsitzung durchführen
Aufgaben beim Programmcontrollen	> Programmauftraggeberteamsitzungen durchführen > Programm mit sonstigen Programmen, Projekten und den Organisationszielen abstimmen > Programmfortschrittsberichte analysieren > Projektauftraggeber und Projektmanager der Projekte des Programms auswählen > Strategische Programmentscheidung treffen > Projekte des Programms beauftragen > Bereitstellung der Programmressourcen sichern > Zum Programmmarketing beitragen
Aufgaben beim Programmtrans-formieren bzw. Neupositionieren	> Programmdiskontinuität definieren > Bezüglich Sofortmaßnahmen entscheiden > Bei der Ursachenanalyse der Programmdiskontinuität mitarbeiten > Bezüglich Strategien zum Programmtransformieren bzw. Neupositionieren entscheiden > Bei der Durchführung von Maßnahmen zum Programmtransformieren bzw. Neupositionieren mitarbeiten > Programmdiskontinuität beenden
Aufgaben beim Programmabschließen	> Programmauftraggeberteamsitzung durchführen > Am Programmabschluss-Workshop teilnehmen > Programmm abnehmen
Formale Entscheidungs-befugnisse	> Programmmanager beauftragen > Programmbudget bereitstellen > Programmziele verändern > Programmdiskontinuität definieren > Programm abbrechen > Programm abnehmen

Tab. M5: Rollenbeschreibung: Programmauftraggeberteam

Rolle: Programmmanager	
Ziele	> Realisierung der Programmziele operativ gesichert > Die jeweils aktuellen Projekte gemeinsam mit den Projektmanagern, Vernetzen aktueller Projekte des Programms strategisch controllt > Programmteam geleitet > Programm gegenüber Programmstakeholdern vertreten
Organisatorische Stellung	> Ist Mitglied des Programmteams > Berichtet dem Programmauftraggeberteam > Wird vom Programm Office organisatorisch unterstützt > Ist Ansprechpartner für Projektauftraggeber und Projektmanager der Projekte des Programms
Aufgaben beim Programmstarten	> Programmstarten gemeinsam mit dem Programm Office designen > Programmteamsitzungen und einen Programmstart-Workshops durchführen > Adäquate Programmpläne und Designen der Programmorganisation gemeinsam mit dem Programm Office erstellen > Gestaltung von Programmkontextbeziehungen gemeinsam mit dem Programm Office planen > Erstes Programmmarketing gemeinsam mit dem Programm Office durchführen > Programmstartdokumentation gemeinsam mit dem Programm Office erstellen
Aufgaben beim Programmcontrollen	> Programmcontrollen gemeinsam mit dem Programm Office designen > Programmteamsitzungen durchführen und an Programmauftraggeber-teamsitzungen teilnehmen > Die im Programm eingesetzten externen Ressourcen controllen > Steuernde Maßnahmen gemeinsam mit dem Programmteam vereinbaren bzw. vornehmen > Prioritäten innerhalb des Programms festlegen > Programmpläne gemeinsam mit dem Programm Office adaptieren > Programmfortschrittsberichte gemeinsam mit dem Programm Office erstellen > Programmmarketing gemeinsam mit dem Programm Office durchführen > Neue Projekte des Programms gemeinsam mit den Projektauftraggebern und Projektmanagern starten > Projektdiskontinuitäten gemeinsam mit den jeweiligen Projektauftraggeber definieren > Beim Abschließen von Projekten des Programms mitwirken > Know-how in andere Projekte des Programms transferieren
Aufgaben beim Programmtrans-formieren bzw. Neupositionieren	> Sofortmaßnahmen gemeinsam mit Programmteam erarbeiten > Ursachen der Programmdiskontinuität gemeinsam mit Programmteam analysieren > Strategien zum Transformieren bzw. Neupositionieren gemeinsam mit Programmteam erarbeiten > Maßnahmen zum Transformieren bzw. Neupositionieren gemeinsam mit Programmteam durchführen > Programmdiskontinuität gemeinsam mit Programmauftraggeber beenden

Aufgaben beim Programm-abschließen	> Programmabschließen gemeinsam mit dem Programm Office designen > Programmabschlusssitzungen und einen Programmabschlussworkshop gemeinsam mit dem Programmteam durchführen > Programmabschlussberichte gemeinsam mit dem Programm Office erstellen > An der abschließenden Programmauftraggeberteamsitzung teilnehmen > Know-how in die Stammorganisation und in andere Programme transferieren > Vereinbarungen für die Nachprogrammphase treffen > Abschließendes Programmmarketing erstellen
Formale Entscheidungs-befugnisse	> Projektprioritäten im Rahmen des Programms festlegen > Programmbudget verantworten > Programmauftraggeberteamsitzungen einberufen > Bezüglich der im Programm tätigen externen Ressourcen entscheiden > Projekte gemeinsam mit jeweiligen Projektauftraggebern und Projektmanagern starten > Projektziele verändern, Projektdiskontinuitäten definieren und Projekte abschließen gemeinsam mit den jeweiligen Projektauftraggebern

Tab. M6: Rollenbeschreibung: Programmmanager

Rolle: Programm Office	
Ziele	> Programmmanager und Projekte des Programms unterstützt > Einhaltung von Managementstandards im Programm gesichert > Programmadministration durchgeführt
Organisatorische Stellung	> Berichtet dem Programmmanager > Wird von Leiter des Programm Office geleitet > Leiter des Programm Office ist Mitglied des Programmteams
Aufgaben	> Programmauftraggeberteamsitzungen, Programmworkshops und Programmteamsitzungen vorbereiten > Infrastruktur zum Programmmanagement sichern (Räume, IKT, etc.) > Programmmanager beim Aufbereiten von Programmentscheidungen unterstützen > Programmmanager beim Adaptieren der Programmpläne unterstützen > Programmmanager beim Erstellen von Programmfortschrittsberichten unterstützen > Programmmanager beim Durchführen des Programmmarketings unterstützen > Einzelne Projekte des Programms im Projektmanagen und im Projektmarketing unterstützen > Vertragsadministration, Personaladministration, Ablage durchführen > Einhaltung der Programmmanagementstandards in Projekten des Programms sichern
Formale Entscheidungs-befugnisse	> Bezüglich der Prozesse im Programm Office entscheiden

Tab. M7: Rollenbeschreibung: Programm Office

Das Programmteam besteht aus dem Programmmanager, Vertretern des Programm Office, dem Product Team und den Projektmanagern der jeweils aktuellen Projekte bzw. der kurz vor dem Start befindlichen Projekte eines Programms. Die Zusammensetzung des Programmteams verändert sich daher im Zeitablauf, da zu unterschiedlichen Zeitpunkten unterschiedliche Projekte aktiv sind. Aufgaben des Programmteams sind das wechselseitige Informieren der Mitglieder des Programmteams, das Sichern von Synergien, das Lösen von Konflikten, das Setzen von Prioritäten im Programm und das Programmcontrollen. Die Rolle des Programmteams ist in Tabelle M8 beschrieben.

Rolle: Programmteam	
Ziele	> Programminteressen wahrgenommen > Gemeinsamer Sichtweisen konstruiert, „Big Program Picture" geschaffen > Zur Sicherung von Synergien im Programm, zum Lösen von Konflikten beigetragen > Mitverantwortung für den Programmerfolg übernommen
Organisatorische Stellung	> Wird von Programmmanager geleitet > Mitglieder sind der Programmmanager, der Leiter des Programm Office, die Projektmanager der jeweils aktuellen Projekte des Programms
Aufgaben	> Programmteamsitzungen durchführen > Programmteammitglieder wechselseitig informieren > Zum Controllen des Programms beitragen > Vereinbarungen im Programmteam treffen
Formale Entscheidungsbefugnisse	> Vereinbarungen im Programmteam treffen > Vereinbarungen mit dem Programmauftraggeberteam treffen

Tab. M8: Rollenbeschreibung: Programmteam

Formate zur Programmkommunikation

Grundsätzlich können Kommunikationsformate zum Programmmanagen und zur Kommunikation mit Programmstakeholdern unterschieden werden. Zusätzlich zu den Kommunikationsformaten der Projekte, wie z. B. Projektauftraggebersitzung oder Projektteamsitzung, werden in Programmen spezielle Kommunikationsformate benötigt. Ein Überblick über Kommunikationsformate zum Programmmanagen findet sich in der Tabelle M9. Daraus wird auch ersichtlich, dass die häufige Kommunikation im Programm Office von der periodischen, aber relativ seltenen Kommunikation im Programmteam bzw. mit dem Programmauftraggeber zu unterscheiden ist.

Als ein Beispiel für die programminterne Kommunikation ist der interne Kommunikationsplan des Programms „Krankenhaus etablieren“ in der Abbildung M6 dargestellt. Daraus wird der hohe Kommunikationsaufwand für den Programmmanager und die Mitglieder des Programmteams ersichtlich.

Kommunikationsformate zum Programmmanagen				
Format	Ziele	Teilnehmer	Häufigkeit	Dauer
Programmstart-Workshop	Starten des Programms im Programmteam	Programmteam, Gäste: Programmauftraggeber-team, Vertreter von Stakeholdern	1x	2-3 Tage
Programmauftrag-gebersitzung	Strategisches Programmcontrollen	Programmauftraggeber, Programmmanager, Gäste (nach Bedarf)	1x je Monat bzw. alle 2 Monate	2-3 Stunden
Programmteam-sitzung	Programmcontrollen	Programmteam, Gäste (nach Bedarf)	1x je Monat	2-3 Stunden
Programm Office-Sitzung	Operatives Programm-managen, Vorbereiten des Programmcontrollens	Programmmanager, Mitarbeiter des Programm Office, Gäste (bei Bedarf)	1x je Woche	2 Stunden
Programm Office Stand-up Meeting	Koordinieren der Aufgaben des Programm Office	Mitarbeiter des Programm Office	1x – 2x je Woche	30 Minuten
Programmab-schluss-Workshop	Abschließen des Programms im Programmteam	Programmteam, Gäste: Programmauftraggeber-team, Vertreter von Stakeholdern	1x	2 Tage

Tab. M9: Kommunikationsformate zum Programmmanagen

Kommunikationsformat	Dauer in Stunden	Frequenz	Programmleitung	Programmleitung Stellvertreter	Programmleitung Stellvertreter	Projektleitungen	Medizinischer Direktor	Personal	Organisation	Facilitymanagement	Controlling	IT	Bau	Stadt Wien	Berater Bau	Berater Organisation	Berater Statik	Steuerung	Bauaufsicht	Begleitende Kontrolle
Jour fixe des Medizinischen Koordinators	2	Monatlich	X				X		X						X					
Jour fixe Programmleitung	1,5	wöchentlich	X	X	X	X		X	X	X	X		X							
KOFÜ & Kernteam & Programmteam	1,5	Monatlich	X	X	X		X	X	X	X			X			X				
KOFÜ & Kernteam	1,5	Monatlich					X		X							X				
Jour fixe Poragmmleitungund Begleitender Kontrolle	1,5	wöchentlich	X	X	X															X
Jour fixe von Begleitender Kontrolle und Steuerung	1,5	wöchentlich	X	X	X					X			X					X		X
Programmkoordinationsbesprechung	2	wöchentlich	X	X	X				X	X	X		X		X		X	X	X	X
Liquiditätsmanagement	1	Monatlich																		
Wochen-Vorbereitungssitzung	1	wöchentlich																		
Programmteam Quartalsklausur	4,5	1x pro Quartal	X	X	X	X	X	X	X	X	X	X	X	X						
Vergaben und Verträge	1,5	14-tägig																X	X	X
Jour fixe der Ombudsfrau	1	Monatlich	X	X	X	X														
Programmbeirat	2	halbjährlich	X	X	X	X	X		X	X			X							
Koordination Änderungsanträge	1	wöchentlich							X						X		X	X		X

Abb. M6: Interner Kommunikationsplan des Programms „Krankenhaus etablieren“

Kompetenzen zum Programmmanagement

Die Agilität von Programmen setzt individuelle Kompetenzen zur Kommunikation und Partizipation voraus. Es ist eine Managementaufgabe, die Agilität eines Programms zu gewährleisten, um dessen Erfolg zu sichern. Das setzt die Entwicklung der individuellen und organisatorischen Kompetenzen zum Programmmanagen voraus.

Spezifische Anforderungen an die Rollenträger von Programmen stellen der Umgang mit der Programmkomplexität und das Erfüllen integrativer Funktionen im Programm dar. Programmmanager benötigen daher mehrjährige Erfahrungen im Projektmanagement und hohe soziale Kompetenzen. Eine entsprechende Programmmanagement-Kompetenz stellt eine wesentliche Dimension der Maturity einer projektorientierten Organisation dar.[1]

1 Das RGC Modell zur Analyse der Maturity einer projektorientierten Organisation wird im Kapitel O behandelt.

M6 Programm initiieren und Programm managen: Werte

Die Werte des RGC Managementparadigmas können für das Programminitiieren und das Programmmanagen interpretiert werden (siehe Abb. M7).

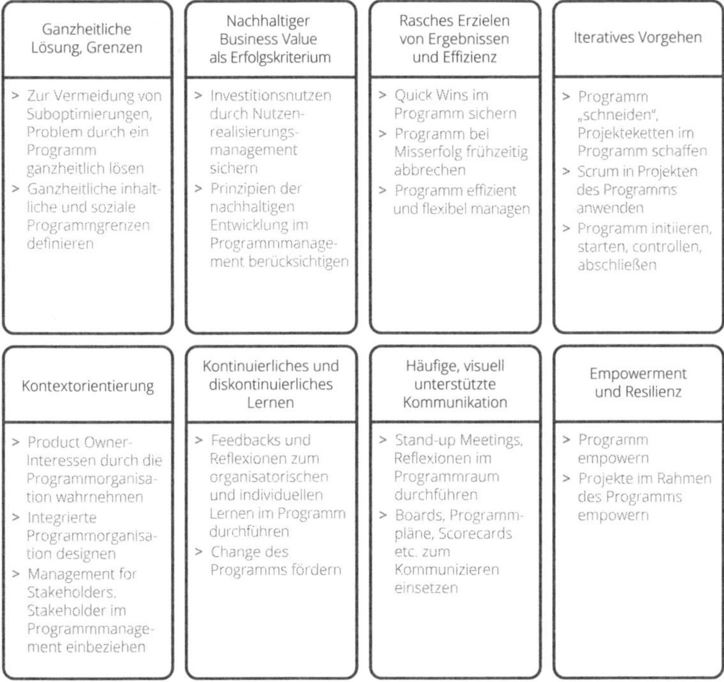

Abb. M7: Werte des RGC Managementparadigmas, Programminitiieren und Programmmanagen

Ganzheitliche Lösung, Grenzen

Das Erarbeiten einer ganzheitlichen Lösung durch ein Programm setzt eine Definition ganzheitlicher Programmgrenzen voraus. Da Programme länger dauern als Projekte und einen größeren Umfang sowie ein höheres Risiko haben, sind die Programmgrenzen flexibler als Projektgrenzen zu managen. Programmgrenzen sind offener und dynamischer. In jedem Fall sind die Programmgrenzen aber, z. B. durch Programmziele und einen Programmendtermin, zu definieren, da sie eine Klammer und Orientierung für die Projekte eines Programms bieten.

Ganzheitliches Vorgehen beim Programmmanagen bedeutet, dass die Managementdimensionen von Programmen wie z. B. die Programmziele, Programmleistungen, die Programmorganisation und die Programmkontexte umfassend verstanden und dass alle Teilprozesse des Programmmanagens sowie deren Zusammenhänge berücksichtigt werden. Eine wesentliche Grundlage für das Programmmanagen stellen die Informationen der einzelnen Projekte des Programms dar.

Nachhaltiger Business Value als Erfolgskriterium

Als Ergebnis eines Programms wird ein nachhaltiger Business Value für die durchführende Organisation angestrebt. Wie Projekte werden auch Programme in den Kontexten der durch die Programme zu realisierenden Investitionen und der mittelfristigen Ziele und Strategien der durchführenden Organisation durchgeführt. Die Beiträge, die ein Programm zur nachhaltigen Entwicklung einer Organisation leistet, können in einer Kosten-Nutzen-Analyse analysiert werden. Dabei sind sowohl die ökonomischen als auch die ökologischen und sozialen Kosten und Nutzen unterschiedlicher Stakeholder zu berücksichtigen. Da sich die Qualität der Informationen und die möglichen Annahmen während der Durchführung eines Programms verbessern, ist die Kosten-Nutzen-Analyse periodisch zu adaptieren.

Die Prinzipien der nachhaltigen Entwicklung beeinflussen auch den Prozess des Programmmanagens und dessen Methoden. So können die Nachhaltigkeitsprinzipien z. B. im Programmzieleplan oder in der Programmstakeholderanalyse berücksichtigt werden.

Rasches Erzielen von Ergebnissen und Effizienz

Programme dauern mehrere Jahre, sollten aber aufgrund der Dynamik im Umfeld der Organisation nicht länger als drei Jahre dauern. Aufgrund dieses längeren Zeitraums ist das Erzielen von Zwischenergebnissen besonders wichtig, um die Motivation, ein Programm weiterzuführen, aufrechtzuerhalten. Die Zwischenergebnisse eines Programms werden im Rahmen der einzelnen Projekte des Programms erzielt. Quick Wins eines Programms, also rasch und leicht zu erzielende Ergebnisse, sind daher über die Projektgrenzen hinweg zu planen und zu controllen. Auch während der Projektdurchführungen neu definierte Anforderungen sind auf Programmebene zu berücksichtigen und führen z. B. zur Adaption der Programmziele.

Ein rasches Erzielen von Ergebnissen des Programmmanagens ist möglich, da Programme zwar einen hohen Integrationsbedarf haben, der Planungs- und Controllingaufwand für Programme jedoch relativ gering ist. In der Programmplanung sind zwar alle Managementdimensionen von Programmen zu berücksichtigen, sie findet aber auf einer hohen Abstraktionsebene statt. Objekte des Programmmanagens sind die einzelnen Projekte und deren Zusammenhänge. In einem Programmstrukturplan sind daher entweder nur die einzelnen Projekte oder auch deren Phasen dargestellt. Auch im Programmbalkenplan wird es genügen, die Phasen der Projekte als unterste Detaillierungsebene zu verwenden. Die detailliertere Planung erfolgt dezentralisiert und empowered auf Projektebene.

In Programmen ist jedoch nicht nur das Programmmanagen effizient zu gestalten, es sollten vor allem auch die Geschäftsprozesse zur inhaltlichen Erarbeitung der Lösungen effizient durchgeführt werden. Bei Programmen mit repetitiven Projekten können Programmstandards die Effizienz oft wesentlich steigern.

Iteratives Vorgehen

Das Definieren von Programmen mit mehreren parallelen und sequenziellen Projekten statt des Durchführens von „Großprojekten“ entspricht einem iterativen Ansatz. Auch das Priorisieren von Projekten eines Programms aufgrund der jeweiligen Beiträge zum Business Value, inhaltlicher Abhängigkeiten oder knapper Ressourcen entspricht einer iterativen Vorgehensweise.

Eine Programmstrategie kann der Einsatz agiler Methoden in Projekten sein. Die hohe Komplexität und Dynamik von Programmen macht eine iterative Vorgehensweise zum Managen der durch Programme zu erfüllenden Anforderungen notwendig.

Auch beim Programmmanagen wird iterativ vorgegangen: Eine initiale Programmplanung erfolgt beim Programminitiieren, beim Programmstarten werden die Programmpläne detailliert, beim Programmcontrollen werden die Pläne adaptiert und weiter konkretisiert.

Kontextorientierung

Kontextorientierung im Programm bedeutet ähnlich wie im Projekt, dass zur Sicherung des Programmerfolgs Kontextdimensionen von Programmen, wie z. B. die Vor- und Nachprogrammphase sowie die Beziehungen zu anderen Projekten und Programmen, berücksichtigt werden.

Stakeholderorientierung im Programm bedeutet, dass Programmstakeholder identifiziert und die Beziehungen zu diesen explizit und differenziert von den Beziehungen zu den jeweiligen Stakeholdern der Projekte eines Programms gemanagt werden. Auch beim Programmmanagen ist ein „Management for Stakeholders“ relevant.

Es können Interessenskonflikte zwischen Stakeholdern der unterschiedlichen temporären Organisationen bestehen, was auch zur Komplexität von Programmen beiträgt. So werden z. B. Gesamtinteressen des Product Teams auf Programmebene und spezifische Interessen unterschiedlicher Product Teams auf Projektebene wahrgenommen. Eine explizite Stakeholderengagementstrategie ist notwendig. Das frühzeitige Involvieren und Integrieren von ausgewählten Stakeholdern in die Programmorganisationen reduziert die Programmrisiken und schafft Optimierungspotenziale.

Kontinuierliches und diskontinuierliches Lernen

Der Prozess der Programmdurchführung ist dynamischer als jener von Projekten. Die hohe Komplexität und Dynamik von Programmen erfordert kontinuierliches und diskontinuierliches Lernen. Feedbacks und Reflexionen als Instrumente zum individuellen und organisatorischen Lernen fördern deren wichtige kulturelle Entwicklung. In Programmen gibt es oft repetitive Projekte. Das Lernen solcher Programme kann einerseits durch Pilotprojekte und andererseits durch die Entwicklung programmspezifischer Standards organisiert werden.

Ein Bedarf nach formalen Changes von Programmen ist aufgrund deren hoher Komplexität und Dynamik wahrscheinlich. Das Transformieren oder Neu-Positionieren eines Programms ist daher als möglicher Teilprozess des Programmmanagens zu berücksichtigen.

Häufige, visuell unterstütze Kommunikation

Die Komplexität und Dynamik von Programmen erfordert häufige Interaktionen der Mitglieder der Programmorganisationen, aber auch häufige Kommunikationen mit Vertretern der Programmstakeholder. Der Führungsstil in Programmen ist daher durch einen besonders hohen Kommunikationsbedarf geprägt. Die Integration der Projekte von Programmen erfolgt vor allem durch die Programmkommunikation. Häufige, kurzfristige Kommunikationen sind zwar mit Programmauftraggebern oder in Programmteams nicht möglich, sehr wohl aber im Programm Office zur laufenden Programmkoordination.

Eine wichtige Funktion der Kommunikationsformate von Programmen ist deren Beitrag zur Programmkulturentwicklung. Durch unterschiedliche Meetings entsteht Vertrauen, wird das Netzwerken zwischen den Projekten des Programms gefördert und wird Stress durch gemeinsame Problemlösungen reduziert.

Zur Programmkommunikation können visuelle Hilfsmittel wie z. B. Programmpläne und Programm Score Cards eingesetzt werden. Eine entsprechende Raum- und IKT-Infrastruktur zur Unterstützung der Programmkommunikation ist bereitzustellen.

Empowerment und Resilienz

Empowerment kann im Programm auf den Ebenen des Programms, der Projekte des Programms, des Programmteams und der Projektteams, von Subteams, aber auch einzelner Mitglieder der Programm- und Projektteams erfolgen. Es wird angenommen, dass Empowerment die Motivation von Mitarbeitern und auch deren Loyalität steigert. Das setzt gleichzeitig klare Regeln zur Zusammenarbeit voraus. Ein spezifisches Spannungsfeld bezüglich des Empowerments in Programmen ist aber die Aufteilung der Entscheidungsbefugnisse zwischen der Programm- und der Projektebene. Diese Frage ist vor allem für die Rollenverständnisse der Programmauftraggeber, Programmmanager, Projektauftraggeber und Projektmanager relevant.

Die Resilienz von Programmen ist zu sichern. Das heißt, dass z. B. die Stabilität eines Programms nicht gefährdet sein sollte, auch wenn einzelne Projekte des Programms Probleme haben oder sogar in eine Schieflage geraten. Diese Widerstandsfähigkeit von Programmen kann sowohl durch agile und flexible als auch durch redundante Programmstrukturen gefördert werden.

M7 Programm managen: Nutzen

Durch das Programmmanagen wird die Durchführung von Programmen ermöglicht und die Qualität der Programmergebnisse gesichert. Ohne ein entsprechendes Managen können Programme aufgrund ihrer Komplexität und Dynamik entweder gar nicht oder nur äußerst ineffizient durchgeführt werden.

Ergebnisse von Programmen sind die zu Programmende existierenden Lösungen und die geschaffenen Grundlagen zum Erzielen eines nachhaltigen Business Values. Die Nutzen des Programmmanagens liegen daher im Sichern von Effizienz und Effektivität. Die Effizienz im Programm wird z. B. durch die Koordination der Zusammenhänge zwischen den Projekten, die abgestimmte Nutzung von Ressourcen und durch den möglichen Know-how-Transfer zwischen den Projekten gesichert. Die Effektivität wird durch einen entsprechenden „Business Fokus" gesichert.

M8 Programm managen: Fallstudie eines Energieversorgungsunternehmens

In der folgenden Fallstudie zum Programmmanagen werden einerseits die tatsächlich angewandten Strukturen eines Energieversorgungsunternehmens zum Implementieren einer ERP-Lösung beschrieben. Andererseits wird diesbezüglich eine idealtypische Lösung dargestellt und interpretiert.

Anlass und Kontexte für die ERP-Implementierung

Im Jahr 2013 wurde das hier betrachtete Energieversorgungsunternehmen mit einem Unternehmen der Energieproduktion fusioniert. Die beiden Unternehmen betrieben bis zu diesem Zeitpunkt zwei voneinander unabhängige ERP-Systeme.[2] Diese Systeme sollten in ein gemeinsames ERP-System zusammengeführt werden. Dabei sollten folgende Unternehmensaufgaben durch das neue ERP-System unterstützt werden:[3]

> Finanzmanagement (FI): Kreditoren-, Debitoren-, Hauptbuchhaltung, Cash-Management, Rechnungsprüfung, ...
> Anlagenmanagement (FI-AA): Anlagenführung, Anlagensimulation, Versicherungsmanagement, ...
> Controlling (CO/IM/PS/PPM): Gemeinkostencontrolling, Produktkostencontrolling, Ergebniscontrolling, Profit-Center-Rechnung, Investitionsmanagement, Projektportfoliomanagement, Projektmanagement, Projektcontrolling,...
> Einkauf (SRM/MM): Operativer und strategischer Einkauf, Lieferantenmanagement, Vertragsmanagement, ...
> Materialwirtschaft (MM): Bestandsführung, Disposition, Inventur, ...
> Instandhaltung (PM): Problemanalyse, Wartung, Instandsetzung, ...
> Technischer Betrieb (PM): Freischaltabwicklung, Schichtenbuch-Dokumentation
> Vertrieb (SD/CS): Kundenauftragserfassung und Bearbeitung exkl. Energieverrechnung

Nach der Fusion wurde im Jänner 2014 ein Projekt zum Konzipieren der ERP Lösung und zur Initiierung des Projekts „ERP implementieren" durchgeführt. Dabei wurde der „Go live"-Meilenstein für den Start der Nutzung der Kernmodule des Systems mit dem 11.1.2016 festgelegt Nach dem Abschluss des Implementierungsprojekts im März 2016 wurde ein Folgeprojekt zur Konzeption und Implementierung von ERP Phase II gestartet. Diese Zusammenhänge sind aus der Darstellung der resultierenden Projektekette in der Abbildung M8 ersichtlich.

2 Enterprise-Resource-Planning (ERP) bezeichnet die unternehmerische Aufgabe, Ressourcen wie Kapital, Personal, Betriebsmittel, Material und Dienstleistungen im Sinne des Unternehmenszwecks rechtzeitig und bedarfsgerecht zu planen und zu steuern.

3 Die Abkürzungen bezeichnen die jeweiligen Module des Systems.

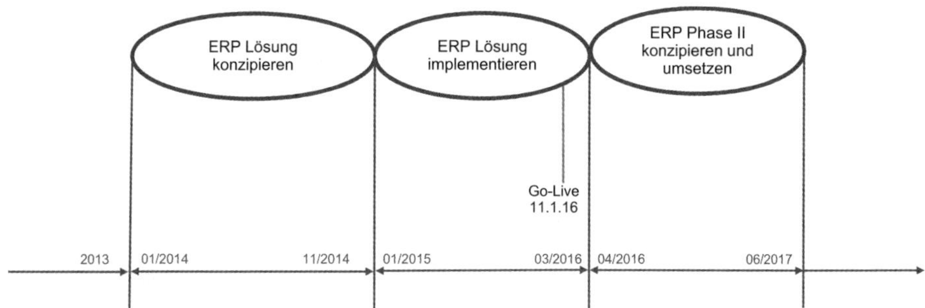

Abb. M8: Projektekette zur Konzeption und Implementierung von ERP bei einem Energieversorgungsunternehmen

Parallel zu der Projektekette zur Konzeption und Implementierung des ERP-Systems wurde ein Programm zur Reorganisation des Unternehmens durchgeführt. Ziel dieses Programms war es, die grundsätzlichen Organisationsstrukturen für das Unternehmen gesamt und für deren einzelne Organisationseinheiten zu entwickeln. Für diese Reorganisation wurde im Gegensatz zur ERP-Implementierung der Programmbegriff verwendet.

Projekt „ERP implementieren"

Folgende Ziele wurden für das Projekt „ERP implementieren" definiert:

> Kernmodule implementiert und akzeptiert,[4]
> IT-Prozesse und Daten der Organisationseinheiten harmonisiert,
> Integration mit externen Systemen erfolgt,
> Datenmigration durchgeführt,
> Finanzberichte aller Organisationseinheiten in Startbilanz für 2016 integriert,
> Konzeption für die Implementierung der Zusatzmodule erfolgt und
> Anwender im neuen System geschult.

Nicht-Ziele waren die Reorganisationsmaßnahmen, die Berücksichtigung von Anforderungen früherer Projekte und die Berücksichtigung von Nicht-ERP-Prozessen.

Die Organisationsstruktur des Projekts „ERP implementieren" ist in der Abbildung M9 dargestellt. Daraus wird ersichtlich, dass einerseits je Modul ein Teilprojekt definiert wurde und dass andererseits integrierende Strukturen mit Lenkungsausschuss/Projektauftraggeber, Projektleiter und zwei Koordinationsteams existierten. Je Teilprojekt gab es einen Teilprojektleiter, Fachexperten, Prozess- und Anwendungsberater. Es wurde also die Begriffe „Projekt" und „Teilprojekt" verwendet.

4 Die implementierten Kernmodule sind aus den Zeilen der Abbildung M11 ersichtlich.

Wie aus den Spalten der Abbildung M10 hervorgeht, wurden je Teilprojekt folgende Objekte betrachtet bzw. Phasen durchgeführt:

> Customizing, Entwicklung, Formulare
> Workflow, Berechtigungen, Migration
> Test, Schulung
> Integration/Schnittstellen/ESB, BI/BW/DWH und IT Security

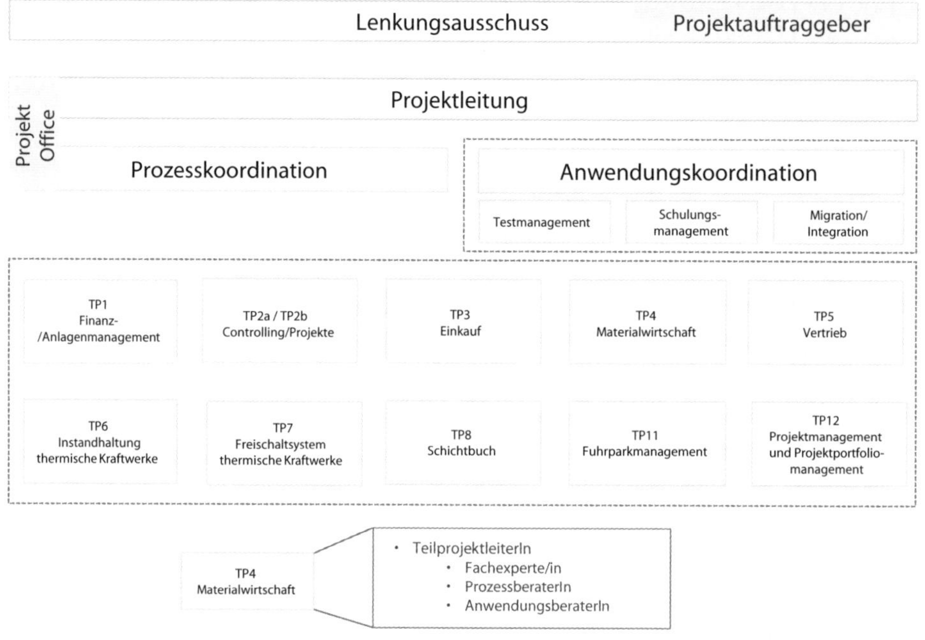

Abb. M9: Organigramm des Projekts „ERP implementieren"

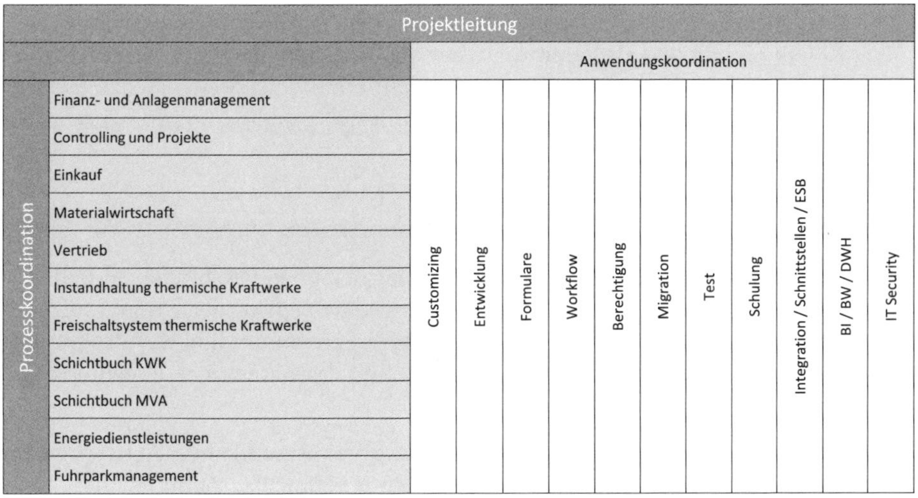

Projektleitung												
		Anwendungskoordination										
		Customizing	Entwicklung	Formulare	Workflow	Berechtigung	Migration	Test	Schulung	Integration / Schnittstellen / ESB	BI / BW / DWH	IT Security
Prozesskoordination	Finanz- und Anlagenmanagement											
	Controlling und Projekte											
	Einkauf											
	Materialwirtschaft											
	Vertrieb											
	Instandhaltung thermische Kraftwerke											
	Freischaltsystem thermische Kraftwerke											
	Schichtbuch KWK											
	Schichtbuch MVA											
	Energiedienstleistungen											
	Fuhrparkmanagement											

Abb. M10: Objekte der Prozess- und Anwendungskoordination im Projekt „ERP implementieren"

Interpretation der Strukturen zum Implementieren von ERP

Aus den oben dargestellten Plänen des Projekts „ERP implementieren" wird Folgendes ersichtlich:

> Die Projektekette startete mit einem Konzeptionsprojekt. Als Grundlage für die Implementierung wurden offensichtlich grundsätzliche Analysen durchgeführt, alternative Lösungen analysiert, eine zu implementierende Lösung ausgewählt und das Implementierungsprojekt initiiert. Die Durchführung der Konzeption als Projekt war aufgrund des Umfangs der Aufgaben und der hohen strategischen Bedeutung der Entscheidungen notwendig.

> Aus der Darstellung der Projektekette wird auch eine zweite Implementierungsphase für zusätzliche Module ersichtlich. Diese Differenzierung in Implementierungen von Kernmodulen und von Zusatzmodulen war sinnvoll, da dadurch einerseits eine klare Priorisierung und andererseits eine iterative Vorgehensweise erfolgten. Die Projektekette ermöglichte aber wenig Integration der beiden sequenziellen Projekte.

> Die Implementierungen der einzelnen Module im Rahmen des Implementierungsprojekts wurden als Teilprojekte bezeichnet. Die Definition von Teilprojekten hat den Nachteil, dass dadurch relativ starre Grenzen geschaffen werden. Eine Betrachtung von Zusammenhängen zu anderen Teilprojekten erfolgt durch diese starke Objektorientierung oft nicht. Teilprojekte haben auch keine (Teil-)Projektauftraggeber. Dadurch ist die Managementaufmerksamkeit für Teilprojekte gering.
> Durch ihre relative Autonomie können Teilprojekte eigentlich Projektcharakter erlangen. Dann ist aber statt von einem Projekt mit Teilprojekten von einem Programm mit Projekten zu sprechen.

> Das Reorganisationsprogramm wurde formal von der Implementierung von ERP entkoppelt und als Parallelaktivität definiert. Der Programmbegriff wurde daher unterschiedlich verwendet. Man orientierte sich zu wenig an den tatsächlichen Bedarfen zur Differenzierung durch Projekte und Integration durch Programme.

Idealtypische Lösung – Programm „Reorganisation durchführen"

Im Folgenden wird eine idealtypische Lösung für den oben beschriebenen Fall dargestellt. Als Methoden werden der Betrachtungsobjekteplan, der Programmzieleplan, der Programmstrukturplan, das Programmorganigramm und der Programmauftrag angewandt. In dieser Übersichtsform wären das wesentliche Ergebnisse der Programminitiierung.

Um eine entsprechende integrative Betrachtung der wesentlichen Aktivitäten im Zusammenhang mit der Reorganisation des Unternehmens zu ermöglichen, wird vorgeschlagen, die Reorganisation und die Implementierung von ERP gemeinsam als ein Programm zu betrachten. Die ERP-Lösungen sind eng mit den organisatorischen Lösungen gekoppelt und sollten daher auch gemeinsam gemanagt werden. Da die Reorganisation des Unternehmens das zentrale Programmziel war und die ERP-Lösungen nur eine diesbezüglich infrastrukturelle Unterstützung darstellten, könnte das idealtypische Programm „Reorganisation durchführen" genannt werden.

Basis für das Programm „Reorganisation durchführen" sind das Projekt „Reorganisation konzipieren" und das Projekt „Grundlagen für die Reorganisation schaffen" (siehe Abb. M11). Ziel des Projekts „Reorganisation konzipieren" wäre, ähnlich wie bei der realen Durchführung, den aufgrund der Fusion notwendigen Change im Unternehmen unter Berücksichtigung aller Organisationsdimensionen zu planen. Auf den diesbezüglichen Entscheidungen könnte das Projekt „Grundlagen für Reorganisation schaffen" aufbauen. Ziele dieses Projekts wären eine grundsätzliche Planung der Organisation des Energieversorgungsunternehmens und die damit verbundene Konzeption ERP. Nach dem Programm „Reorganisation durchführen" könnte es sinnvoll sein, ein Projekt zur Stabilisierung der neuen Strukturen des Unternehmens durchzuführen.

Abb. M11: Projekte-Programm-Kette zur Reorganisation des Energieversorgungsunternehmens

Die im Rahmen des Programms zu berücksichtigenden Betrachtungsobjekte sind in einem Betrachtungsobjekteplan in der Abbildung M12 als Übersicht dargestellt. Die Betrachtungsobjekte stellen die Grundlagen zur Formulierung der Programmziele dar. Eine grobe Beschreibung der Programmziele findet sich in der Abbildung M13.

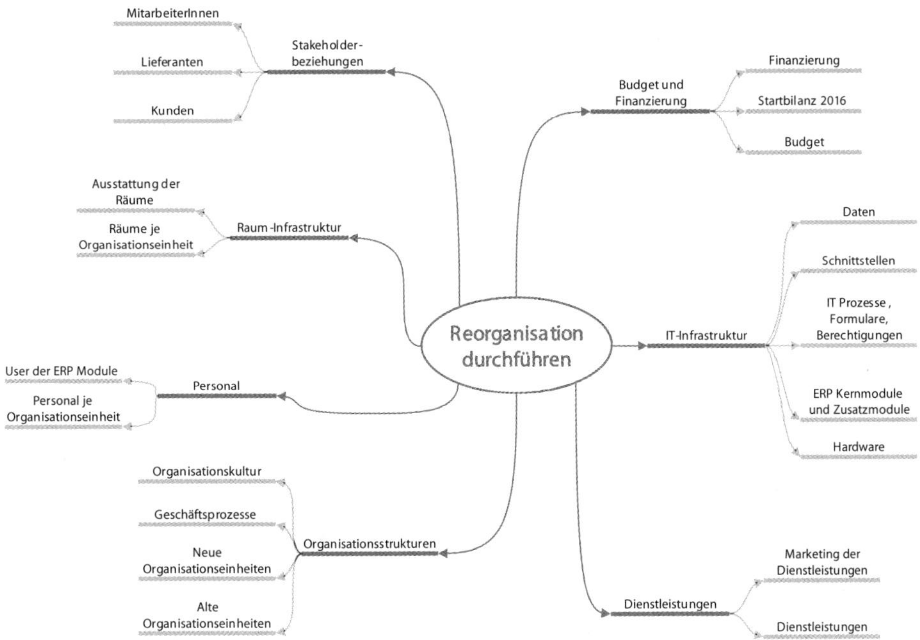

Abb. M12: Betrachtungsobjekte des Programms „Reorganisation durchführen"

Ökonomische Programmziele
Dienstleistungsbezogene Programmziele
Dienstleistungen der fusionierten Unternehmen integriert
Marketinghilfsmittel für erweiterte Dienstleistungen erstellt
Erstes Marketing durchgeführt
Organisationsbezogene Programmziele
Alte Organisationseinheiten der Unternehmen aufgelöst
Neue Organisationseinheiten etabliert
Geschäftsprozesse vereinbart und dokumentiert
Organisationskultur weiter entwickelt
Personalbezogene Programmziele
Personal je Organisationseinheit definiert, Stellen besetzt und Personen qualifiziert
User der ERP Module für deren Anwendung geschult
Rauminfrastruktur
Räume je Organisationseinheit zur Verfügung gestellt
Ausstattung für Räume adäquat erfolgt
IT-Infrastruktur bezogene Programmziele
Hardware für Anwendung der ERP Module verfügbar
ERP Kernmodule und Zusatzmodule implementiert und akzeptiert
IT-Prozesse und Daten der Organisationseinheiten harmonisiert
Integration mit externen Systemen erfolgt, Berechtigungen gesichert
Datenmigration durchgeführt
Budget und Finanzierung
Beide Unternehmen in einem Budget berücksichtigt
Anfangsbilanz 2016 unter Berücksichtigung des fusionierten Unternehmens erstellt
Finanzierung des fusionierten Energieversorgers optimiert
Ökologische Programmziele
Mobilitätsaufwand für MitarbeiterInnen reduziert
Papierloses Office weiterentwickelt
Soziale Programmziele
Kunden des Energieversorgers über Fusion informiert
Lieferantenbeziehungen der des fusionierten Unternehmens integriert
Neupositionierung innerhalb der Konzernstrukturen vorgenommen
MitarbeiterInnen beider Unternehmen integriert
Nicht-Ziele
Personal abgebaut
Prozesse, die nicht für die ERP Lösung relevant sind, berücksichtigt

Abb. M13: Ziele des Programms „Reorganisation durchführen"

Dem Programmstrukturplan (siehe Abb. M14) und dem Programmorganigramm (siehe Abb. M15) liegen folgende Annahmen zugrunde:

> Die ursprünglich getrennten Themen Reorganisation, Implementierung ERP und zweite Implementierungsphase ERP werden in ein Programm zusammengefasst. Dadurch erfolgt eine ganzheitliche Programmabgrenzung, die ein integratives Managen dieser Themen durch die Programmorganisation ermöglicht.
> Eine iterative Vorgehensweise wird realisiert. Einerseits wird eine Kette aus zwei sequenziellen Projekten und einem Programm gebildet und andererseits werden Pilotprojekte zum Lernen genutzt, um danach optimiert Folgeprojekte durchführen zu können. Nach den Kernmodulen werden die Zusatzmodule implementiert.
> Es wird ein Programm mit mehreren Projekten statt eines Projekts mit Teilprojekten definiert. Dadurch können Projektauftraggeber je Projekt eingesetzt werden, was die Managementaufmerksamkeit im Programm erhöht. Es wird damit auch eine Grundlage für differenzierte Planungen für die einzelnen Projekte des Programms möglich, was die Komplexität der Programmpläne reduziert.
> Das Organigramm des Programms verändert sich im Zeitablauf, da nur immer die gerade aktuellen Projekte des Programms darzustellen sind. Die Programmorganisation wird einer Evolution unterzogen.
> Das Programm startet nach Abschluss des Projekts „Grundlagen Reorganisation schaffen". Im Rahmen dieses Projekts wird daher auch das Programm initiiert. Das Programm endet, wenn alle Organisationseinheiten des Energieversorgungsunternehmens reorganisiert und die ERP-Lösung unterstützt ist. Inhalt des Programms ist es noch, ein eventuell folgendes Projekt „Stabilisieren durchführen" zu initiieren.

Programmorganigramme verändern sich im Zeitablauf. Es sind nur die in einer Periode jeweils aktuellen Projekte darzustellen. Eine erste Periode wäre z. B. die Periode der Durchführung des Projekts „ERP konzipieren" und der beiden Pilotprojekte. Eine folgende Periode wäre die Periode der Reorganisation der Organisationseinheiten und der Implementierung der ERP-Kernmodule. Das Organigramm für diese Periode ist in Abbildung M14 exemplarisch dargestellt. Die bereits abgeschlossenen Pilotprojekte bzw. die Projekte zur Implementierung der ERP-Zusatzmodule sind in dieser Darstellung daher nicht beinhaltet.

Die wesentlichen Informationen dieser groben Programmpläne stellen die Basis für den Programmauftrag dar, der sich strukturell am Projektantrag orientiert.

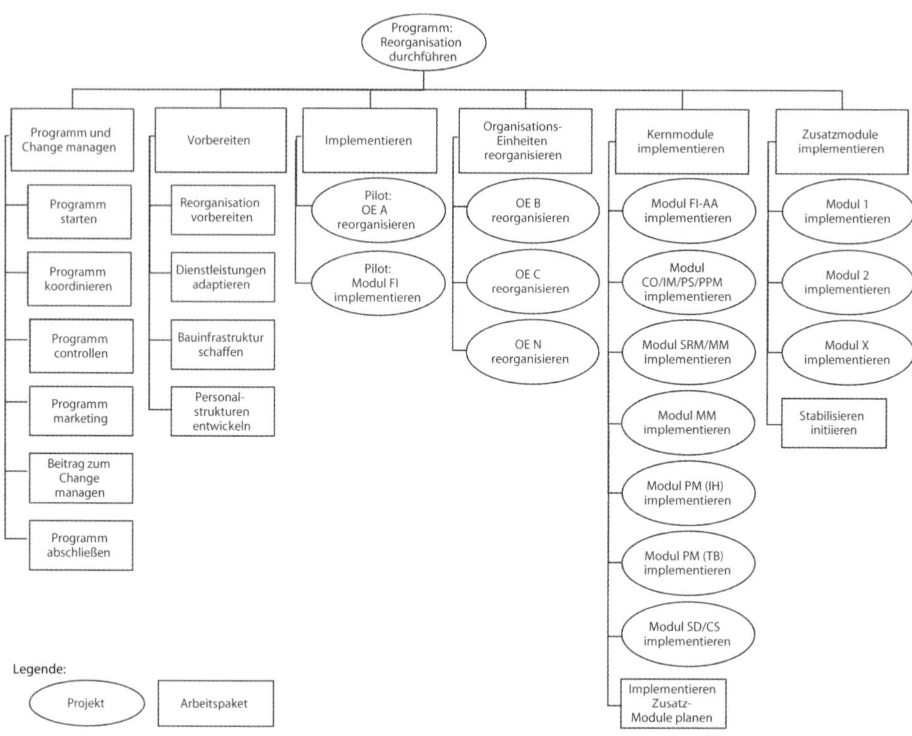

Abb. M14: Strukturplan des Programms „Reorganisieren durchführen"

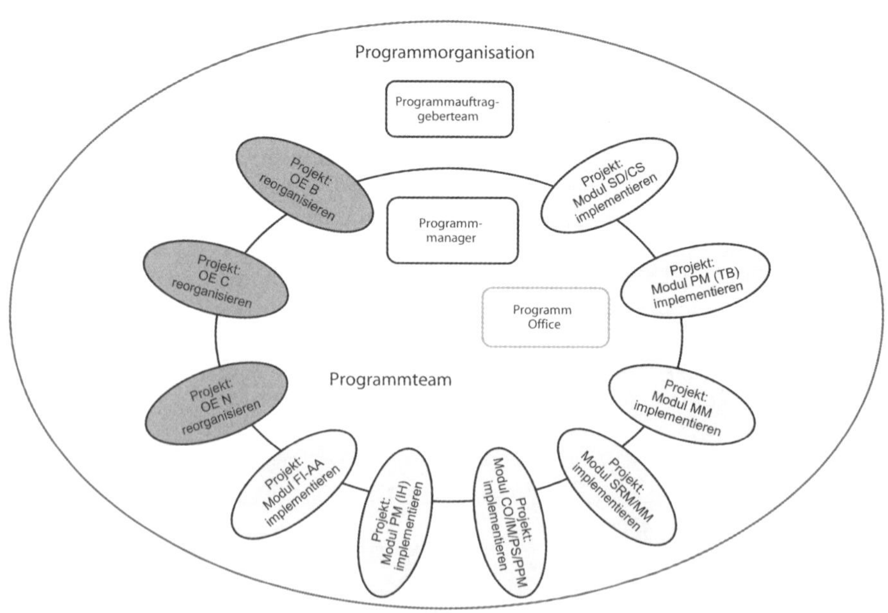

Abb. M15: Organigramm des Programms „Reorganisation durchführen"

N Change initiieren und Change managen

„Projects deliver changes!" Die Realisierung von Changes erfolgt durch Projekte, Ketten von Projekten und/oder Programme. Der strukturelle Zusammenhang zwischen einem Change und Projekten wird durch die jeweilige Changearchitektur, d. h. durch die Strukturierung der Kette von Changeprozessen „by projects", ersichtlich. Projektorientierte Organisationen können zum Changemanagen auf ihre Projektmanagementkompetenzen zurückgreifen

„Change managen" ist ein Geschäftsprozess von Organisationen, der zum erfolgreichen Durchführen von Changes beitragen soll. In der Praxis erfolgt das Changemanagen entweder nicht explizit oder es wird oft auf die Changekommunikation reduziert.

Ähnlich wie das Projekt- und das Programmmanagen beinhaltet auch das Changemanagen Teilprozesse, nämlich „Change starten", „Change koordinieren", „Change controllen", „Change kommunizieren" und „Change abschließen". Der Fokus des Changemanagens liegt auf dem Managen eines Changes und nicht auf der Erfüllung inhaltlicher Changeaufgaben. Für das Changemanagen wird das Erfüllen von Changemanagementrollen, nämlich eines Changeauftraggebers, eines Changemanagers und von Changeagents, notwendig.

Um erfolgreiche Changes zu ermöglichen, ist der Prozess des Changemanagens entsprechend zu designen und sind dessen Zusammenhänge zum Projekt- bzw. Programmmanagen zu gestalten. Eine initiale Planung der zu berücksichtigenden Changedimensionen, der notwendigen Changeprozesse, der Changestakeholder etc. erfolgt im Geschäftsprozess „Change initiieren". Beispiele zum Changeinitiieren und Changemanagen sind als Fallstudie "Values4Business Value" im Kapitel N9 dargestellt.

Die Geschäftsprozesse „Change initiieren" und „Change managen" sind im Folgenden im Kontext zu anderen relevanten Geschäftsprozessen dargestellt.

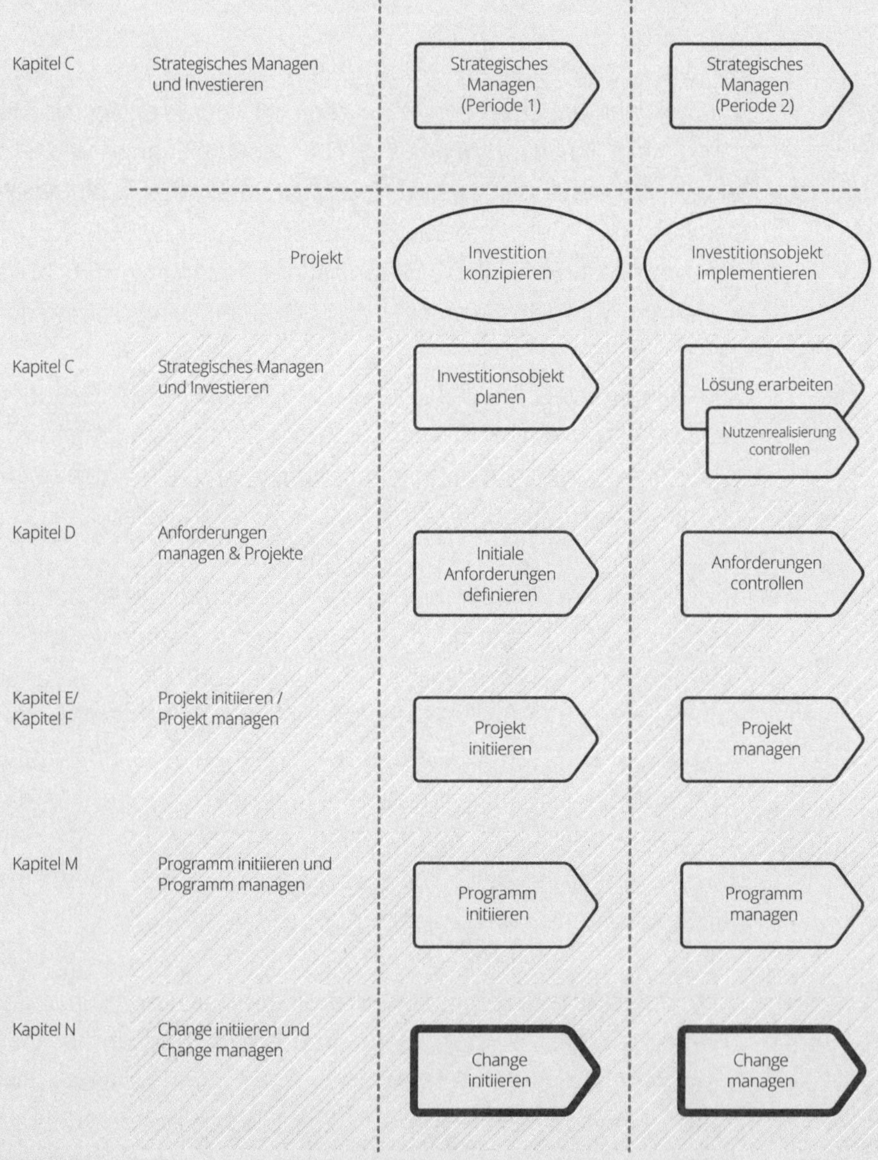

Übersicht: „Change initiieren" und „Change managen" im Kontext

N Change initiieren und Change managen

N1 Changeobjekte, Changedefinition, Changearten

Changeobjekte

Objekte von Changes sind soziale Systeme. Die sozialen Systeme, die hier betrachtet werden, sind permanente Organisationen.[1]

Dimensionen einer permanenten Organisation, die verändert werden können, sind deren Dienstleistungen und Produkte, Märkte, Organisationsstrukturen, Kulturen, Personalstrukturen und Infrastrukturen, das Budget und die Finanzierung sowie deren Stakeholderbeziehungen.

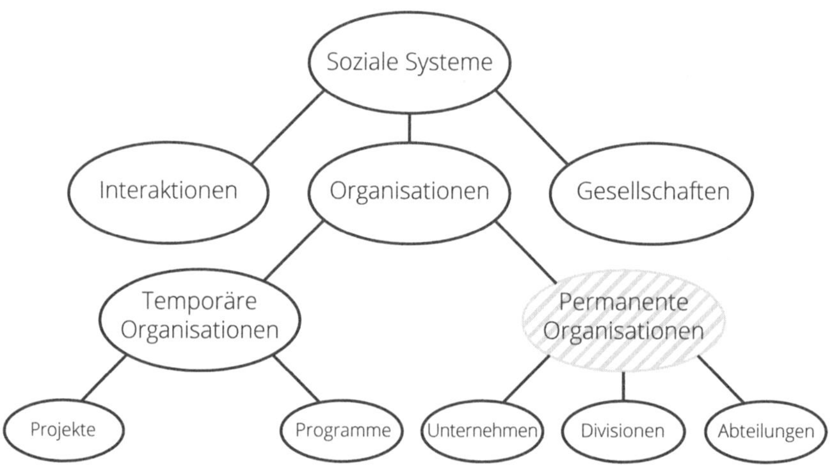

Abb. N1: Permanente Organisationen als Changeobjekte

Changedefinition

Unter Change wird die kontinuierliche oder diskontinuierliche Entwicklung einer Organisation verstanden, in der eine oder mehrere Dimensionen der Organisation verändert werden.[2,3] Es wird davon ausgegangen, dass bei einem Change die sozialen Strukturen und Stakeholderbeziehungen verändert werden. Es handelt sich daher um einen „sozialen" Change.

1 Im Kapitel K werden auch Changes temporärer Organisationen behandelt.

2 Lewin definiert Change als Transformation einer bestehenden, dynamischen Balance einer Organisation in eine neue.

3 Vgl. Lewin, K., 1947, S. 5–40.

Changearten

Unter Berücksichtigung des Changebedarfs einer Organisation und der Anzahl der zu berücksichtigenden Changedimensionen kann man zwischen den 1st Order Changes „Organisatorisches Lernen" und „Weiterentwickeln" sowie den 2nd Order Changes „Transformieren" und „Radikal Neupositionieren" unterscheiden (siehe Abb. N2). 1st Order Changes tragen zu kontinuierlichen Veränderungen von Organisationen bei, 2nd Order Changes stellen Diskontinuitäten dar und führen zu Veränderungen der Identitäten von Organisationen.[4]

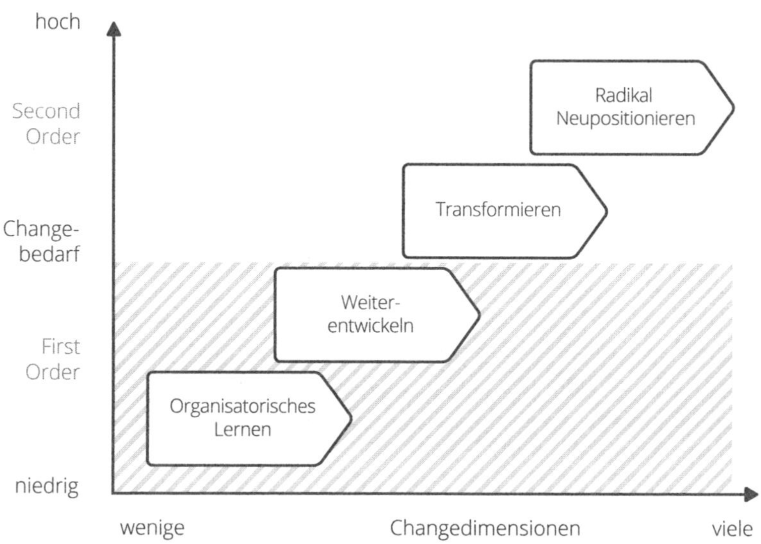

Abb. N2: Changearten permanenter Organisationen

Ein relativ niedriger Changebedarf, der „Organisatorisches Lernen" notwendig macht, ergibt sich aus der laufenden Geschäftstätigkeit einer Organisation. Es kann z. B. ein Kunde wünschen, einen Geschäftsprozess zu adaptieren. Diesem Bedarf kann entsprochen werden, indem eine Veränderung geringen Ausmaßes erfolgt. Dabei wird in der Regel nur eine Dimension einer Organisation, wie hier z. B. ein Geschäftsprozess, betrachtet. Auch eine Produktänderung geringen Ausmaßes ist ein Ergebnis des organisatorischen Lernens. Solche kontinuierlichen Verbesserungen werden in die laufende Geschäftstätigkeit integriert und bedürfen für ihre Durchführung keiner Projekte.

Ein mittlerer Changebedarf, der ein „Weiterentwickeln" einer Organisation notwendig macht, kann sich z. B. aus einer gesteigerten Marktdynamik ergeben. Zur Sicherung von weiterhin guten Geschäftserfolgen können grundsätzliche Innovationen, wie z. B. die Entwicklung eines neuen Produkts oder das Erschließen eines neuen Marktes, notwendig sein. Solche Changes beziehen sich auf mehrere Dimensionen

4 Vgl. Gareis, R., 2010, S. 318.

einer Organisation. Sie bedürfen einer entsprechenden Managementaufmerksamkeit, die z. B. durch die Durchführung als Projekt oder Projektekette gesichert werden kann.

Signale bezüglich zukünftiger Gefährdungen, aber auch bezüglich neuer Potenziale einer Organisation können einen mittleren bis hohen Changebedarf verursachen. Changes, die sich durch Gefährdungen bzw. neue Potenziale ergeben können, sind z. B. das Akquirieren einer anderen Organisation, eine Fusion mit einer anderen Organisation oder das Etablieren eines neuen Geschäftsmodells. Dabei wird von der Notwendigkeit einer strategischen und kulturellen Neuorientierung ausgegangen. In diesen Changes sind viele oder alle Dimensionen von Organisationen zu berücksichtigen. Das „Transformieren" ist dafür die adäquate Changeart. Zum Durchführen einer Transformation ist eine Projektekette oder eventuell eine Kette aus einem Projekt und einem Programm notwendig.

Der höchste Changebedarf einer Organisation liegt vor, wenn sich eine Organisation in einer Krise befindet. Finanzielle Verluste über eine längere Periode, das Abspringen von Kunden, schlechte Beziehungen mit Stakeholdern etc. sind diesbezügliche Indikatoren. Hier sind alle Dimensionen einer Organisation im Change zu berücksichtigen, es bedarf einer „Radikalen Neupositionierung". Das grundsätzliche Ziel in einem solchen Fall ist es, das Überleben der Organisation zu sichern. Dazu ist die Liquidität zu sichern, es sind positive Kennzahlen zu erreichen, Potenziale für die zukünftige Entwicklung wiederzugewinnen etc. Auch zum Durchführen des „Radikalen Neupositionierens" sind in der Regel mehrere Projekte oder auch ein Programm notwendig.

Die für die Praxis relevantesten Changearten sind das „Organisatorische Lernen", das „Weiterentwickeln" und das „Transformieren". Das „Organisatorische Lernen" ist zwar relevant, bedarf aber keiner Projekte zum Durchführen und wird hier daher nicht weiter behandelt. Das „Radikal Neupositionieren" ist ausschließlich in Krisensituationen von Organisationen relevant.

Definition: Change

Ein Change ist eine kontinuierliche oder diskontinuierliche Entwicklung einer Organisation, in der eine oder mehrere Dimensionen der Organisation verändert werden. Es können die Changearten „Organisatorisches Lernen", „Weiterentwickeln", „Transformieren" und „Radikal Neupositionieren" unterschieden werden.

N2 Changearchitektur und Changerollen

Ketten von Changeprozessen und von Changeprojekten

Zur Durchführung unterschiedlicher Changearten sind unterschiedliche Ketten von Changeprozessen notwendig. Changes beinhalten die Geschäftsprozesse des Planens, Implementierens und Stabilisierens, jedoch in unterschiedlichen Umfängen. Zur Durchführung der einzelnen Geschäftsprozesse werden daher je nach Bedarf unterschiedliche Organisationen, nämlich Arbeitsgruppen, Kleinprojekte, Projekte oder Programme, eingesetzt. Dadurch ergeben sich Projekteketten bzw. Projekte-Programme-Ketten. Diese machen die grundsätzliche „Architektur" eines Changes aus. Exemplarisch werden im Folgenden die Architekturen für die Changearten „Weiterentwickeln" und „Transformieren" behandelt.

„Projects deliver changes!"

Die Realisierung von Changes erfolgt durch Projekte, Ketten von Projekten und/oder Programme. Der strukturelle Zusammenhang zwischen einem Change und Projekten wird durch die jeweilige Changearchitektur ersichtlich.

In der Abbildung N3 ist die Architektur des Changes „Weiterentwickeln" dargestellt.

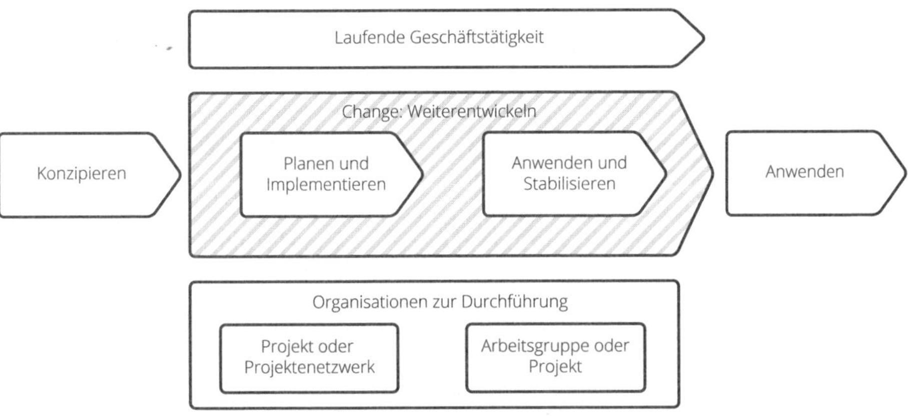

Abb. N3: Architektur des Changes „Weiterentwickeln"

Zum Weiterentwickeln einer Organisation sind die Geschäftsprozesse „Planen und implementieren" und „Anwenden und stabilisieren" durchzuführen. Das Stabilisieren einzelner Lösungskomponenten kann meist bereits während des Implementierens erfolgen.

Das Durchführen des „Planens und Implementierens" kann durch ein Projekt oder ein Projektenetzwerk erfolgen. Beim „Weiterentwickeln" sind in der Regel dafür keine Programme notwendig. Das „Anwenden und Stabilisieren" kann entweder durch eine Arbeitsgruppe oder ein Projekt erfolgen.

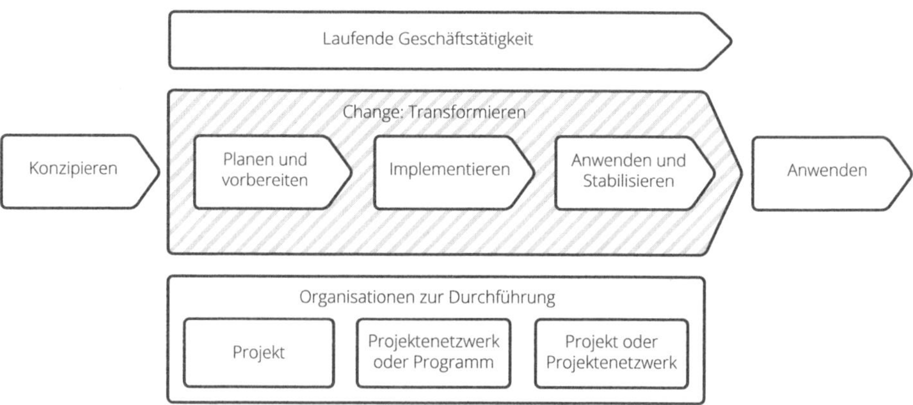

Abb. N4: Architektur des Changes „Transformieren"

In der Abbildung N4 ist die Kette von Changeprozessen des Changes „Transformieren" dargestellt. Zum Transformieren einer Organisation sind die Geschäftsprozesse „Planen und vorbereiten", „Implementieren" und „Anwenden und Stabilisieren" durchzuführen. Auch hier kann das Stabilisieren einzelner Lösungskomponenten meist bereits während des Implementierens erfolgen. Das Stabilisieren der Gesamtlösung kann erst nach dem Ende des Implementierens der Lösung erfolgen.

Die Erfüllung der einzelnen Geschäftsprozesse im Change „Transformieren" kann durch unterschiedliche temporäre Organisationen erfolgen. Der Prozess „Planen und Vorbereiten" kann durch ein Projekt erfüllt werden. Der Prozess „Implementieren" kann abhängig vom Prozessumfang durch ein Projektenetzwerk oder ein Programm erfolgen. Das „Anwenden und Stabilisieren" kann entweder durch ein Projekt oder ein Projektenetzwerk erfolgen. Daraus ergibt sich eine Kette von Projekten, Projektenetzwerken bzw. Programmen zum Transformieren einer Organisation. Das Changemanagement sichert die integrative Betrachtung dieser Ketten von Projekten bzw. Programmen, wodurch optimierte Ergebnisse erreicht werden sollen.

Aus den beiden Abbildungen N3 und N4 wird ersichtlich, dass Changes immer parallel zur laufenden Geschäftstätigkeit einer Organisation stattfinden. Daraus leitet sich auch die Komplexität von Changes und die diesbezüglichen Herausforderungen an das Changemanagen ab. Um den Fokus auf das Realisieren der Changeziele zu sichern, wird in der Praxis bei 2nd Order Changes manchmal versucht, den Umfang der laufenden Geschäftstätigkeit zu reduzieren.

Im Exkurs „Projekte zum Strukturieren von 2nd Order Changes" wird der Einsatz von Projekten zum Durchführung der Changes „Transformieren" und „Radikal Neupositionieren" beschrieben und es werden die besonderen Anforderungen an das Managen dieser Changes dargestellt.

Exkurs: Projekte zum Strukturieren von 2nd Order Changes

Flexibilität und Dynamik im Change durch den Einsatz von Projekten

Häufig wird zum Managen der 2nd Order Changes „Transformieren" und „Radikal Neupositionieren" auf die Strukturen der permanenten Organisation vertraut. Die für das Management von Routineprozessen gestaltete Aufbau- und Ablauforganisation ist aber für die Durchführung dieser sozial komplexen Geschäftsprozesse nicht geeignet. Die Hierarchie verhindert in kritischen Situationen unbürokratische und schnelle Problemlösungen. Projekte hingegen fördern organisatorische Flexibilität und Dynamik. Durch flache Projektorganisationen kann den hohen Kommunikationsanforderungen zur Bewältigung einer Diskontinuität entsprochen werden.

Charakteristika der Changes „Transformieren" und „Radikal Neupositionieren"

Die Changes „Transformieren" und „Radikal Neupositionieren" sind durch eine hohe Unsicherheit charakterisiert. Tradierte Strukturen der Organisation werden hinterfragt bzw. grundsätzlich verändert. Neue Lösungen sind nicht offensichtlich. Fast täglich können Konsequenzen gesetzter Maßnahmen und neue Fakten den Changestatus und die Vorgangsweise verändern. Es wird Kreativitätspotenzial benötigt und es besteht ein starker Zeit- und Entscheidungsdruck.

Die hohe soziale Komplexität von 2nd Order Changes und der damit verbundenen Projekte ist durch die Betroffenheit der Stakeholder gegeben. Eine professionelle Kommunikation mit den Changestakeholdern ist notwendig. Die im Change gesetzten Maßnahmen sind von der laufenden Geschäftstätigkeit der Organisation klar abzugrenzen.

Managen von Projekten zur Durchführung der Changes „Transformieren" und „Radikal Neupositionieren"

Die Anforderungen zum Managen von Projekten zur Durchführung von 2nd Order Changes übersteigen die Bedürfnisse „normaler" Projekte und verlangen eine hohe Projektmanagementkompetenz. Da Projekte zum Transformieren bzw. Neupositionieren (relativ) einmalige Projekte sind, kann im Gegensatz zu repetitiven Projekten nicht auf Erfahrungen bei ähnlichen Projekten und auf Standardprojektpläne zurückgegriffen werden.

Beim Projektstarten ist eine für diese Bedürfnisse adäquate Projektorganisation zu designen und sind möglichst flexible Projektpläne zu erstellen. Häufig wird sich die Erstellung von alternativen Projektplänen für unterschiedliche Szenarien empfehlen. Die personellen Besetzungen der Rollen Projektauftraggeber und Projektmanager beeinflussen den Projekterfolg wesentlich.

Bei der Gestaltung der Projektorganisation ist darauf zu achten, dass Fachwissen für die Analysen, die strategischen Planungen und die Umsetzungsmaßnahmen sowie Entscheidungskompetenzen und Beziehungskapital vorhanden sind. Entscheidungskompetenzen sind notwendig, um kurzfristig auf Veränderungen reagieren und relativ autonom Strategien und Maßnahmen festlegen zu können. Die Abhängigkeiten von den Entscheidungsstrukturen der Hierarchie sind zu minimieren. Wesentliche Entscheidungsträger des betroffenen sozialen Systems haben daher Rollen in der Projektorganisation wahrzunehmen. Durch die Bereitstellung von „Beziehungskapital" im Projekt ist die Akzeptanz der getroffenen Entscheidungen durch die Betroffenen zu sichern.

Besonderer Aufmerksamkeit beim Design der Projektorganisation bedürfen die Kommunikationsstrukturen. Der intensive Informationsaustausch, Konstruktionen jeweils aktueller „Changewirklichkeiten" sowie regelmäßige Reflexionen über Erfolge und Misserfolge gesetzter Maßnahmen sind durch die Projektorganisation wahrzunehmen. Vertreter von Projektstakeholdern sind entsprechend einzubeziehen.

Bedeutung kommt bei 2nd Order Changes dem symbolischen Management zu. Die Bedeutung eines Changes kann durch Events und durch Rituale sichtbar gemacht werden. Mithilfe der Projektpläne kann eine gemeinsame Projektsicht der Mitglieder der Projektorganisation gesichert werden. Durch den Einsatz von Projektmanagement kann Vertrauen bezüglich einer professionellen Vorgehensweise vermittelt werden.

Changerollen

Zur Erfüllung der Aufgaben in Changes sind, wie in Tabelle N1 dargestellt, einerseits Changemanagementrollen und andererseits Projekt- und Programmrollen notwendig. Zur Erfüllung der Aufgaben des Changemanagens werden Changeauftraggeber, Changemanager und Changeagents, ein Changeteam und eventuell Changemanagementconsultants eingesetzt. Diese Changemanagementrollen sind in der Tabelle N2 beschrieben.

Wahrnehmen der Changerollen und Formate der Changemanagementkommunikation beim „Transformieren" und „Radikal Neupositionieren"

Für die 2nd Order Changes „Transformieren" und „Radikal Neupositionieren" sind die Changemanagementrollen durch spezifisches Changepersonal zu besetzen. Personen zur Übernahme der Changemanagementrollen sind zu bestimmen und für die gesamte Changedauer einzusetzen. Die Changemanagementrollen sind zusätzlich zu den Projekt- und Programmrollen der im Rahmen eines Changes durchgeführten Projekte und Programme zu erfüllen. Es ist daher einerseits auf die Abgrenzung und andererseits auf die Kooperation dieser Rollen zu achten. So ist z. B. zu sichern, dass der Changemanager die Mitglieder der Projektorganisation über die Changevision informiert, sodass diese verstanden und akzeptiert wird. Dadurch können die Projektrollenträger zur Changekommunikation beitragen. Gemeinsam sind vom Changemanager und den Mitgliedern der Projektorganisation ausgewählte Projektergebnisse als Quick Wins des Changes zu definieren.

Es sind für das Changemanagen spezielle Kommunikationsformate, wie z. B. Changeauftraggeber- und Changeteamsitzungen, zu etablieren. Dabei ist zwischen den Formaten der Changemanagementkommunikation und den Formaten der Changekommunikation zu unterscheiden. Teilnehmer von Changeteamsitzungen sind, außer dem Changemanager und der Changeagents, auch die Manager der jeweils aktuellen Projekte bzw. Programme.

Changemanagementrollen
> Changeauftraggeber > Chanagemanager > Changeagent > Changemanagementconsultant > Changeteam
Projektrollen
> Projektauftraggeber > Projektmanager > Projektteammitglied/Projektmitarbeiter > Projektteam > Subteams
Programmrollen
> Programmauftraggeber > Programmmanager > Programmteammitglied/Programmmitarbeiter > Programmteam

Tab. N1: Rollen in Changes

Changemanagement-rollen	Aufgaben
Changeauftraggeber	> Ergebnisse des Changes verantworten > Strategische Entscheidungen im Change treffen > Einzelne Prozesse in der Changeprozesse-Kette beauftragen > Eventuell: Change abbrechen > Change kommunizieren > Ressourcen für den Change sichern > In Changeprojekten bzw. Changeprogrammen mitarbeiten (als AuftraggeberIn, ManagerIn)
Changemanager	> Change managen > Changemanagement-Team leiten > Übergänge zwischen den einzelnen Prozessen in der Changeprozesse-Kette sichern > Einhaltung der Standards zum Changemanagement sichern > Change kommunizieren > In Changeprojekten bzw. Changeprogrammen mitarbeiten (als Auftraggeber, Manager, Expert)
Changeagent	> Im Changemanagement-Team mitarbeiten > Mitarbeiter über den Change informieren > Changemaßnahmen in der eigenen Organisation umsetzen > In den Changeprojekten mitarbeiten
Changemanagement Consultant	> Kompetenzen der jeweiligen Changeorganisation weiterentwickeln > Informationen sammeln, Hypothesen entwicklen, Interventionen planen > Bei der Anwendung der Changemanagement-Methoden unterstützen > Analysen, Beobachtungen,... zur Verfügung stellen > Sitzungen, Workshops moderieren, dokumentieren
Changeteam	> Prozess: Change managen gemeinsam gestalten > Gemeinsames „Big Change Pictures“ entwickeln > Synergien im Change sichern > Konflikte im Change lösen > Lernen im Change organisieren

Tab. N2: Beschreibung der Changemanagementrollen

Wahrnehmen der Changerollen und Formate der Changemanagementkommunikation beim „Weiterentwickeln“

Für den weniger komplexen Change „Weiterentwickeln“ können die Changemanagementrollen in Personalunion mit den Projektrollen wahrgenommen werden. Das heißt, dass z. B. der Projektauftraggeber eines Projekts „Planen und Implementieren“ auch die Rolle des Changeauftraggebers wahrnehmen kann. Falls der Change „Weiterentwickeln“ als Projektekette organisiert ist, sollten die Auftraggeberrollen in der Projektenkette von derselben Person wahrgenommen werden, um damit auch die Kontinuität im Change zu sichern. Da in einer Projektekette unterschiedliche Projektmanager eingesetzt werden können, ist mit diesen jeweils die zusätzliche Wahrnehmung der Changemanagerrolle während der Dauer des jeweiligen Projekts zu vereinbaren. In der Folge resultiert das in einer Übergabe der Changemanagerrolle in Projekteketten.

Auch die Formate zur Managementkommunikation des Changes „Weiterentwickeln“ und des Projekts „Planen und Implementieren“ können kombiniert werden, um den Prozess des Changemanagens möglichst „schlank“ zu halten. Das heißt, dass im Rahmen von Projektauftraggeber- und Projektteamsitzungen auch Themen des Changemanagens behandelt werden können. Zusätzlich können auch Kommunikationsformate der Stammorganisation, wie z. B. Profitzentrumssitzungen, zur Changemanagementkommunikation genutzt werden.

Grundsätzlich heißt das, dass beim Change „Weiterentwickeln“ das Changemanagen gemeinsam mit dem Projektmanagen erfüllt werden kann, um Synergien zu sichern und den Managementaufwand möglichst gering zu halten.

Beim „Transformieren“ und „Radikal Neupositionieren“ sind die Changemanagementrollen für die Changedauer mit Changepersonal zu besetzen. Für den weniger komplexen Change „Weiterentwickeln“ können die Changemanagementrollen für die jeweilige Projektdauer in Personalunion mit Projektrollen wahrgenommen werden. In Projekteketten ist jedoch Kontinuität bezüglich der Wahrnehmung der Rolle „Projektauftraggeber/Changeauftraggeber“ zu sichern.

N3 Change initiieren

Change initiieren: Ziele

Anlässe für einen Change können entweder top-down erzielte Ergebnisse einer strategischen Planung einer Organisation oder Bottom-up-Bedarfe sein, die aufgrund einer Stakeholderintervention identifiziert wurden. Um einen Change starten zu können, ist dieser zu initiieren.

Ziel des Initiierens eines Changes ist es, Entscheidungen bezüglich des Managens eines Changes zu treffen. Diese Entscheidungen beziehen sich auf

> die auszuwählende Changeart,
> die Abgrenzung der zu verändernden Organisation,
> die zu berücksichtigenden Changedimensionen,
> die notwendigen Changerollen sowie deren personelle Besetzung und
> die Changevision.

Change initiieren: Ablauf

Das Initiieren eines Changes erfolgt wie das Initiieren eines Projekts oder eines Programms im Rahmen des Konzipierens einer Investition. Der Geschäftsprozess „Change initiieren“ umfasst folgende Aufgaben:

> initiale Changepläne erstellen,
> die initialen Changepläne mit den initialen Projektplänen abstimmen,
> Changestrategien festlegen,
> den Change beantragen und den Change entscheiden, sowie
> den Change (eventuell) beauftragen.

Der grobe Ablauf des Changeinitiierens ist in Abbildung N5 dargestellt.

Die Ergebnisse des Changeinitiierens stellen eine Grundlage für das strategische Managen dar. Sie fließen in das Managen der strategischen Ziele einer Organisation ein (siehe Abb. N6).

Für den Change „Weiterentwickeln“ empfiehlt es sich, den Prozess „Change initiieren“ gleichzeitig mit dem Prozess „Projekt initiieren“ durchzuführen. Für dieses integrierte Initiieren ist in Tabelle N3 exemplarisch ein Funktionendiagramm dargestellt.

Die Entscheidungen bezüglich der Durchführung eines Changes und eines Projekts haben durch ein Entscheidungsgremium und eine Projektportfolio Group zu erfolgen (siehe Kap. O).

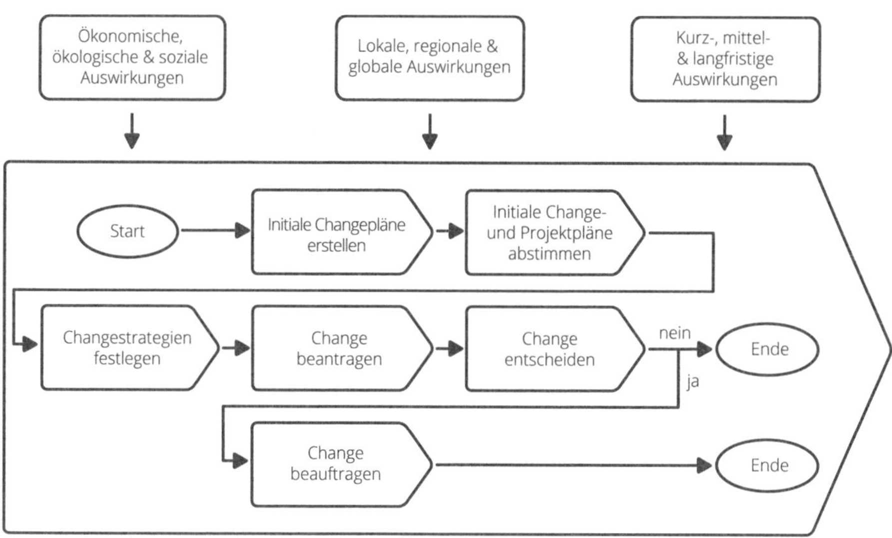

Abb. N5: Ablauf des Geschäftsprozesses „Change initiieren" – Flussdiagramm

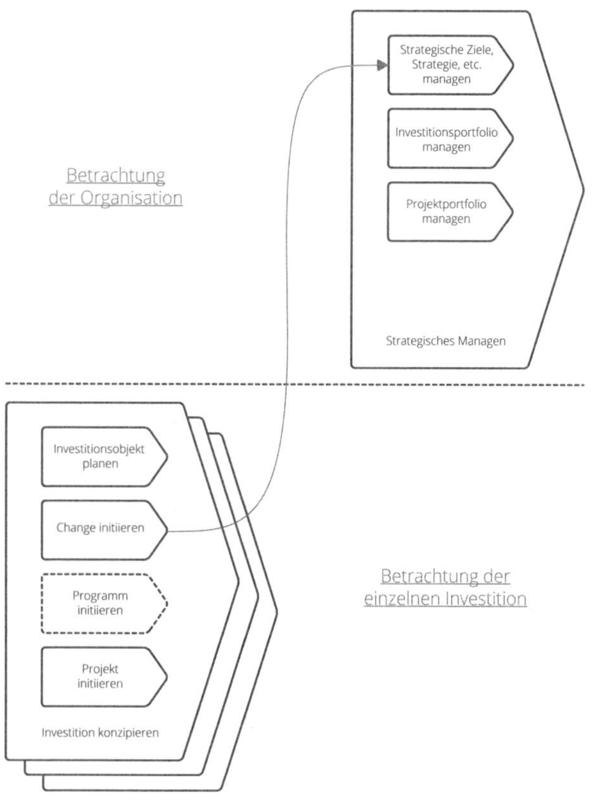

Abb. N6: Zusammenhang zwischen dem Changeinitiieren und dem Managen der strategischen Ziele einer Organisation

Change und Projekt initiieren

Legende
D...durchführen
M...mitarbeiten
I...wird informiert
K...koordiniert

Prozessaufgaben	Rollen							Hilfsmittel/Dokument
	Initiator	Initiierungsteam	Entscheidungsgremium	Expertenpoolmanager	Change-/ Projektauftraggeber	Change-/ Projektmanager	Change-/ Projektstakeholder	
Initiale Changepläne erstellen	I	D,K		M			M	1
Initiale Projektpläne erstellen	I	D,K		M			M	2
Projektportfolio analysieren		D,K		M				3
Initiale Change- und Projektpläne abstimmen	M	D,K		M			M	
Change- und Projektstrategien festlegen	M	D,K		M			M	
Change und Projekt beantragen	D	M,K						4
Change und Projekt entscheiden	M	M,K	D					5
Change und Projekt beauftragen		K		I	D	M	I	6

Hilfsmittel/Dokument
1 ... Initiale Projektpläne
2 ... Initiale Changepläne
3 ... Projektportfoliodatenbank
4 ... Projekt-, Changeantrag
5 ... Protokoll
6 ... Projekt-, Changeauftrag

Tab. N3: Gemeinsames Initiieren eines Changes und eines Projekts

Change initiieren: Methoden

Das Erstellen der initialen Changepläne beinhaltet das Analysieren der Changekontexte, das Abgrenzen der zu verändernden Organisation, das Definieren der Changedimensionen und der Changeart, das Identifizieren wesentlicher Changestakeholder, das Formulieren der Changevision sowie das grobe Designen der Kette der Changeprozesse und das Definieren der Changerollen.

Kotter sieht im Formulieren der Changevision die wichtigste Changemanagementmethode.[5] In der Changevision werden die Changeziele definiert, ein zukünftiger Sollzustand wird beschrieben. Eine Changevision soll klar, prägnant und leicht verständlich sein. Sie soll begeistern, inspirieren und herausfordern, aber gleichzeitig realisierbar sein. Die Changevision ist von der Gesamtvision der Organisation zu unterscheiden. Changevisionen mehrerer eventuell auch parallel ablaufender Changes können zur Vision der Organisation beitragen (siehe Abb. N7).

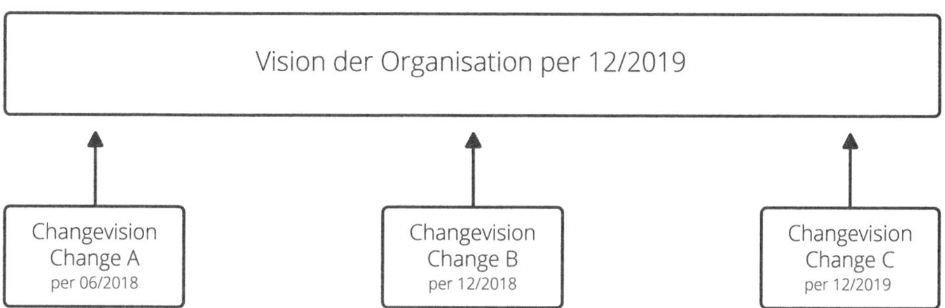

Abb. N7: Zusammenhang zwischen Changevision und Vision der Organisation

Die Changestrategien zur Realisierung der Changevision können sich ähnlich wie bei Projekten auf die Themen der Beschaffung, des Technologieeinsatzes, des Methodeneinsatzes, der Gestaltung von Stakeholderbeziehungen und der Changekommunikation beziehen. Der Unterschied zwischen Change- und Projektstrategien besteht darin, dass sich die Changestrategien einerseits auf den Change und nicht nur auf ein Projekt des Changes beziehen und dass sie damit andererseits für die Dauer des Changes und nicht nur für die Dauer eines Projekts definiert werden.

Die aus dem Einsatz von Methoden des Changeinitiierens resultierenden initialen Changepläne sind die Grundlage für das Entwickeln des Changeantrags bzw. Changeauftrags.

Beispiele initialer Changepläne und eines Changeantrags sind als Ergebnis der Fallstudie „Values4Business Value“ im Kapitel N9 dargestellt. Die Erstellung des Changeantrags und der initialen Changepläne wurde durch den Einsatz von Formularen zum Changeinitiieren unterstützt. Diese Formulare können in weiterer Folge auch für das Changemanagen verwendet werden.

5 Vgl. Kotter J. P., 1996, S. 72.

N4 Change managen: Geschäftsprozess

Change managen: Ziele

Change managen ist ein Geschäftsprozess von Organisationen, der zum erfolgreichen Durchführen von Changes beitragen soll. Er beinhaltet die Teilprozesse „Change starten", „Change koordinieren", „Change controllen", „Change kommunizieren" und „Change abschließen". Der Fokus des Changemanagens liegt auf dem Managen eines Changes und nicht auf dem Durchführen von inhaltlichen Aufgaben im Rahmen eines Changes.

Die Ziele des Geschäftsprozesses „Change managen" sind in der Tabelle N4 dargestellt.

Ziele des Prozesses: Change managen
Ökonomische Ziele > Komplexität und Dynamik des Changes gemanagt > Change starten, Change koordinieren, Change controllen und Change abschließen professionell durchgeführt > Ökonomische Auswirkungen für die implementierte Investition optimiert > Sicherung von Quick Wins
Ökologische Ziele > Lokale, regionale und globale ökologischen Auswirkungen des Changes berücksichtigt > Ökologische Auswirkungen für die implementierte Investition optimiert
Soziale Ziele > Changemanagementpersonal rekrutiert, disponiert, Anreizsysteme eingesetzt > Changemanagementpersonal beurteilt, entwickelt, freigesetzt > Lokale, regionale und globale soziale Auswirkungen des Changes berücksichtigt > Soziale Auswirkungen für die zu realisierende Investition optimiert > Akzeptanz des Changes gesichert > Stakeholder im Changemanagement einbezogen

Tabelle N4: Ziele des Geschäftsprozesses „Change managen"

Startereignis für das Managen eines Changes ist die Beauftragung des Changes, die Changeabnahme stellt das Endereignis dar. Dem Changemanagen vorgelagert ist der Geschäftsprozess „Change initiieren“. Parallel zum „Change managen“ verlaufen die Geschäftsprozesse „Projekt managen“, eventuell „Programm managen“, „inhaltliche Lösungen erarbeiten“ und „Nutzenrealisierung controllen“. Nachgelagerte Geschäftsprozesse sind das „Anwenden“ und eventuell das „Nutzenrealisierung controllen“.

Change managen: Ablauf

Ein grober Ablauf des Prozesses „Change managen“ ist in der Abbildung N8 dargestellt. Dabei wird auch die Berücksichtigung der Prinzipien der nachhaltigen Entwicklung ersichtlich. Detaillierte Beschreibungen der Ziele und Aufgaben der Teilprozesse des Changemanagens finden sich in der Tabelle N5. Der Umfang der zu erfüllenden Changemanagementaufgaben ist bei den Changes „Transformieren“ und „Neupositionieren“ größer als beim „Weiterentwickeln“.

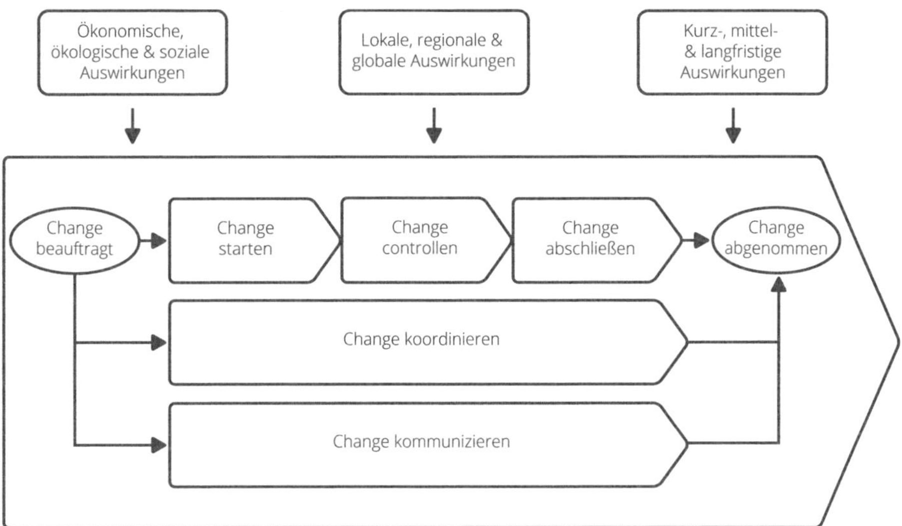

Abb. N8: Geschäftsprozess Change managen – Flussdiagramm

Change starten	
Ziele	> Changemanagementpersonal rekrutiert und disponiert, Anreizsysteme geschaffen, Entwicklung des Changemanagementpersonals geplant > Strukturelle Voraussetzungen zur Realisierung der Changeziele und zum Managen der Komplexität und Dynamik eines Change geschaffen
Aufgaben	> Initiale Changepläne, die beim Changeinitiieren entwickelt wurden, analysieren > Grenzen der Organisation, die verändert wird und die zu berücksichtigenden Changedimensionen verifizieren > Organisation zur Durchführung des Changes designen > Changemanagementrollen und deren personelle Besetzung verifizieren > Organisatorische und individuelle Kompetenzen sowie Anreize für einen Change schaffen > Changevision und Changestrategien, zum Realisieren dieser Vision, weiterentwickeln > Ausgewählte Changestakeholder von der Changedringlichkeit überzeugen > Quick Wins planen > Zusammenhang zum Prozess „Nutzenrealisierung controllen" planen
Change koordinieren	
Ziele	> Mit Mitgliedern der Changeorganisation und Vertretern von Changestakeholdern erfolgt Koordination des Changes > Den Fortschritt und die Akzeptanz des Change gesichert
Aufgaben	> Mitglieder der Changeorganisation laufend abstimmen > Mit Vertretern von Changestakeholdern laufend abstimmen > An Programm- und Projektsitzungen teilnehmen (Changemanager bzw. Mitgliedern des Changemanagementteams)
Change controllen	
Ziele	> Changemanagementpersonal beurteilt und disponiert, Entwicklung controllt > Strukturelle Voraussetzungen zur Realisierung der Changeziele und zum Managen der Komplexität und Dynamik des Changes gesichert
Aufgaben	> Changestatus analysieren > Beiträge der Projekte bzw. Programme zum Change controllen > Changestrukturen analysieren und Beziehungen zu Changestakeholdern analysieren > Bei Bedarf, Maßnahmen zur Gestaltung der Beziehungen zu Changestakeholdern definieren > Bei Bedarf Changeorganisation weiterentwickeln > Bei Bedarf Changevision und Changestrategien adaptieren > Realisierung der Quick Wins controllen > Zusammenhang zum Nutzenrealisierungscontrollen managen > Erste Ideen bezüglich der Stabilisierung der Organisation entwickeln

Change kommunizieren	
Ziele	> Information über die Changevision, die Changeorganisation und den Changeprozess weitergegeben > Orientierung bezüglich des Change vermittelt > Committment der MitarbeiterInnen für den Change erhöht > Vorbereitung auf positive und negative Konsequenzen des Change getroffen > Dialoge mit Changestakeholdern durch Changeagents geführt
Aufgaben	> Ziele und Strategien der Changekommunikation verifizieren > Changekommunikation planen (Kommunikationsziele, Kommunikationsinhalte, Kommunikationsmmedien, etc.) > Changekommunikation vorbereiten > Changekommunikation durchführen > Ergebnisse der Changekommunikation reflektieren
Change abschließen	
Ziele	> Changemanagementpersonal beurteilt und freigesetzt > Strukturen der Changeorganisation aufgelöst > Weiterer Voraussetzungen zur Nutzenrealisierung geschaffen
Aufgaben	> Maßnahmen für die Phase nach dem Change planen > Change Lessons Learned analysieren > Feedback an die Changeorganisation und deren Mitglieder geben

Tab. N5: Ziele und Aufgaben der Teilprozesse des Changemanagens

Durch das Changemanagen sollen nachhaltige Changeergebnisse, unter Berücksichtigung der ökonomischen, ökologischen und sozialen Auswirkungen des Changes und der durch einen Change realisierten Investition, erzielt werden. Wenn das Changemanagen auf die Durchführung der Changekommunikation reduziert wird oder es mit der Erbringung inhaltlicher Changeaufgaben verwechselt wird, können diese Changeziele nicht realisiert werden.

N5 Change managen: Designen des Geschäftsprozesses

Grundsätzliche Regelungen zum Designen der Changeorganisation und zum Einsatz von Changemanagementmethoden zu erstellen, ist eine Corporate-Governance-Aufgabe. Entsprechend dieser Regelungen ist der Geschäftsprozess „Change managen“ im Einzelfall den spezifischen Changebedürfnissen entsprechend zu designen. Es ist der Einsatz von Methoden und von Kommunikationsformaten zum Changemanagen, der Einsatz einer Changemanagementinfrastruktur und eventuell der Einsatz von Changemanagementconsultants zu planen.

Change managen: Methoden

Methoden zum Changemanagen sind in der Tabelle N6 dargestellt. Es wird eine Empfehlung bezüglich des „Muss“- und „Kann“-Einsatzes dieser Methoden gegeben. Die Ziele der Methoden zum Changemanagen sind in Tabelle N7 gelistet. Die aus dem Methodeneinsatz resultierenden Changepläne für den Change „Weiterentwickeln“ sind in der Regel weniger detailliert als für die Changes „Transformieren“ oder „Neupositionieren“.

Methoden zum Changemanagen	Weiter-entwickeln	Transformieren, Neupositionieren
Changeantrag bzw. Changeauftrag erstellen	Muss	Muss
Zu verändernde Organisation, Changedimensionen, Changeart und Changekontexte definieren	Muss	Muss
Changeprozess-Kette und Changeorganisation planen	Muss	Muss
Changestakeholderanalyse durchführen	Muss	Muss
Changevision formulieren	Muss	Muss
Changekommunikation planen	Muss	Muss
Bezüglich der Changedringlichkeit überzeugen	Kann	Muss
Changemanagement-Training durchführen	Kann	Muss
Changeanreizsystem definieren	Kann	Kann
Quick Wins planen	Kann	Muss
Change Score Card erstellen	Kann	Muss
Stabilisierung planen	Kann	Muss

Tab. N6: Methoden zum Managen der Changes „Weiterentwickeln“ und „Transformieren“ bzw. „Neupositionieren“

Methode zum Changemanagen	Ziele
Zu verändernde Organisation und Changedimensionen identifizieren, Changeart und Changekontexte definieren	> Jener Organisationsbereiche, die vom Change betroffen sind, die zu verändern sind identifiziert > Relevante Changedimensionen identifiziert > Changeart aufgrund der Anzahl der Changedimensionen und des aktuellen Changebedarfs definiert > Changekontexte beschrieben (Anlass, Ziele und Strategien der Organisation etc.)
Changeprozesse-Kette und Changeorganisation planen	> Die für einen Change in einer Kette zu erfüllenden Geschäftsprozesse abgegrenzt > Prozessziele, Prozessstart- und Prozessendtermin, Vor – und Nachphase, Organisation zur Durchführung des Prozesses je Geschäftsprozess definiert > Benötigte Changemanagementrollen gelistet und diese Rollen personell besetzt
Changevision beschreiben	> Die zu realisierenden Changeziele als einen zukünftigen Soll-Zustand nach Beendigung eines Changes definiert > Changevision anhand der definierten Changedimensionen und durch eine Kurzformulierung als Slogan oder Metapher beschrieben
Changestakeholder analysieren	> Changestakeholder identifiziert und abhängig vom Einfluss und der Akzeptanz des Changes in Unterstützer, Verbündete, Blockierer, Gegner und Unentschlossene unterschieden > Erwartungen der Changestakeholder analysiert > Strategien, Maßnahmen und Zuständigkeit der Beziehungen zu den Changestakeholdern geplant und controllt
Change-kommunikation planen	> Changestakeholder, die aus der „Komfortzone" geholt werden müssen und bei denen ein entsprechendes Problembewusstsein zu schaffen ist, identifiziert > Je Changestakeholdern spezifische Zahlen, Daten und Fakten aufbereitet, um einerseits Schwächen und andererseits Nutzen für den jeweiligen Stakeholder aufzuzeigen zu können
Bezüglichder Changedringlichkeit überzeugen	> Grundsätzliche Strategien zur Changekommunikation festgelegt > Changekommunikation periodisch geplant, differenziert für die jeweiligen Changestakeholder > Changekommunikation periodisch controllt
Quick Wins planen	> Die in einem Change realisierbaren Quick Wins geplant > In ökonomische, ökologische und soziale Quick Wins unterschieden > Realisierungstermine, Zuständigkeiten, Realisierungsaufwand bzw. erzielbarer Nutzen der Quick Wins dargestellt > Verwendung von Quick Wins in der Changekommunikation geplant
Change Score Card	> Changestatus in visualisierter Form zu einem Changecontrolling-Stichtag dargestellt und interpretiert > Gesamtstatus des Changes und einzelner Dimensionen des Changemanagements bewertet

Tab. N7: Ziele der Methoden zum Changemanagen

Formulare zur Unterstützung des Methodeneinsatzes sind aus den Beispielen der Fallstudie „Values4Business Value" im Kapitel N9 ersichtlich.

Die Methoden zum Changemanagen sind von Methoden zur inhaltlichen Arbeit in Changes zu unterscheiden. Methoden zur inhaltlichen Changearbeit können, wie in Tabelle N8 gelistet, nach Changedimensionen differenziert werden.

Changedimensionen	Methoden
Strategisches Managen	> SWOT Analyse durchführen > Produkt-Markt-Portfolio Analyse durchführen > Szenariotechnik anwenden > Organisationsvision, etc. definieren
Organisatorisches Design	> Organigramm erstellen > Stellenbeschreibung erstellen > Prozessmanagement durchführen > Werte definieren > Regeln, etc. aufstellen
Personalmanagement	> Management by Objectives durchführen > Personalentwicklung planen > Anreizsysteme, etc. definieren
Marketing	> Branding definieren > Events durchführen > Kampagnen, etc. durchführen
Infrastrukturmanagement	> IT-Planung durchführen > Raumplanung, etc. durchführen
Controlling und Finanzierung	> Budget planen > Finanzplan, etc. erstellen
Management von Stakeholderbeziehungen	> Stakeholderanalyse durchführen > Verträge gestalten, etc.

Tab. N8: Methoden zur inhaltlichen Changearbeit

Die Durchführung von Changes erfolgt in Form von Projekten, Projektenetzwerken bzw. Programmen. In Changes sind daher auch Methoden zum Projekt- und Programminitiieren, zum Projekt- und zum Programmmanagen sowie zum Managen von Projektenetzwerken einzusetzen (siehe Kap. E, F und P).

Change managen: Kommunikationsformate der Changeorganisation

Die Kommunikationsformate des Changemanagens werden in Changes zusätzlich zu jenen des Projekt- bzw. Programmmanagens benötigt. Die Kommunikationsformate des Changemanagens sind:

> Workshops zum Changestarten und Changeabschließen,
> Changeauftraggebersitzung zum Changestarten, Changecontrollen und Changeabschließen und
> Changeteamsitzung zum Changestarten, Changecontrollen und Changeabschließen.

Beim Change „Weiterentwickeln" können die Kommunikationsformate des Changemanagens mit jenen des Projektmanagens kombiniert werden.

Change managen: Kommunikationsformate mit Changestakeholdern

Von den Kommunikationsformaten der Changeorganisation sind jene zur Kommunikation mit Changestakeholdern zu unterscheiden. Diese sind changespezifisch zu gestalten.

Die Kommunikation mit Changestakeholdern kann mit digitalen Medien, mit Printmedien und durch persönliche Kommunikation erfolgen. Das Intranet, E-Mails, elektronische Newsletter, Postings in Social Media etc. können eingesetzt werden. Relevante Printmedien sind z. B. Changefolder oder eine Mitarbeiterzeitung. Persönliche Kommunikationsformate sind z. B. Workshops, Präsentationen, Vernissagen, Open Space Events, World Cafés oder Road Shows. Changestakeholdern werden Informationen über Changes aber auch in Kommunikationsformaten der Stammorganisation, wie z. B. in Geschäftsführungssitzungen oder Abteilungssitzungen, vermittelt.

Infrastruktur zum Change managen

Professionelles Changemanagen setzt den Einsatz einer entsprechenden IKT-Infrastruktur sowie einer entsprechenden räumlichen Infrastruktur voraus. Formulare zum Changemanagen können elektronisch bereitgestellt werden, Kollaborationsportale, Telefonkonferenzen und Videokonferenzen können eingesetzt werden. Für die Abhaltung von Changemanagementsitzungen sowie zur Schaffung eines Arbeitsraums für ein eventuell zu etablierendes Change Office ist die räumliche Infrastruktur bereitzustellen.

Einsatz von Changemanagementconsultants

Consultants können in Changes sowohl zur Unterstützung der inhaltlichen Arbeiten als auch zum Changemanagen eingesetzt werden.

Der Einsatz von Changemanagementconsultants empfiehlt sich vor allem beim Changeinitiieren und beim Changestarten, wenn die grundsätzlichen Changestrukturen geschaffen werden. Die Entscheidung bezüglich des Einsatzes von Consultants sollte durch die Changeorganisation getroffen werden. Die Consultingrollen können entweder von dafür kompetenten Mitarbeitern der Organisation oder von externen Consultants wahrgenommen werden. Klientensysteme für Changemanagementconsultants sind die jeweils zu verändernden Organisationen.

N6 Change initiieren und Change managen: Werte

Die Werte des RGC Managementparadigmas (siehe Abb. N9) werden im Folgenden für das Changemanagen interpretiert.

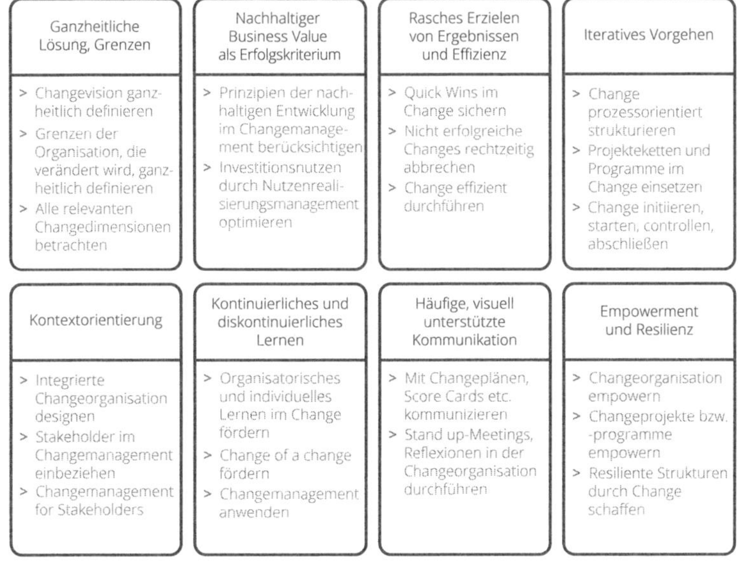

Abb. N9: RGC Managementparadigma & Change managen

Ganzheitliche Lösung, Grenzen

Die Grenzen der Organisation, die durch einen Change verändert wird, sind ganzheitlich zu definieren. Das heißt, dass alle Organisationseinheiten, die von einem Change betroffen sind, in den Changeprozess einbezogen werden.

Um ganzheitliche Lösungen zu ermöglichen, sind alle relevanten Changedimensionen zu betrachten. Das können die Dienstleistungen der zu verändernden Organisation, deren Märkte, Geschäftsprozesse, Aufbauorganisation, Personal, Infrastruktur, Budget und Finanzierung sowie deren Stakeholderbeziehungen sein. Die Betrachtung der relevanten Changedimensionen schafft auch die Grundlage für eine ganzheitliche Definition der Changevision.

Ganzheitliches Vorgehen beim Changemanagen bedeutet, dass alle Teilprozesse des Changemanagens sowie deren Zusammenhänge berücksichtigt werden und dass die Methoden zum Changemanagen adäquat und miteinander vernetzt eingesetzt werden.

Nachhaltiger Business Value als Erfolgskriterium

„Agility is the ability to both create and respond to change in order to profit in a turbulent business environment."[6]

Agil zu sein, bedeutet daher nicht nur zu reagieren, sondern auch zu agieren, um Nutzen zu stiften.

Bei einem Change stellt das Erzielen eines nachhaltigen Business Values für die veränderte Organisation das Erfolgskriterium dar. Es werden die ökonomischen, ökologischen und sozialen Konsequenzen eines Changes, aber auch seine kurz-, mittel- und langfristigen sowie lokalen, regionalen und globalen Konsequenzen berücksichtigt. Die Nutzen der durch einen Change implementierten Investitionen können durch das Controllen der Nutzenrealisierung optimiert werden.

Die Prinzipien der nachhaltigen Entwicklung beeinflussen auch den Prozess des Changemanagens und dessen Methoden. So können z. B. die Ziele des Changemanagens nach ökonomischen, ökologischen und sozialen Zielen unterschieden werden und Stakeholder in das Changemanagen einbezogen werden. Die Nachhaltigkeitsprinzipien können in den Methoden des Changemanagens wie z.B. im Erstellen der Changevision berücksichtigt werden.

Rasches Erzielen von Ergebnissen und Effizienz

Rasch und relativ leicht erzielbare Ergebnisse werden beim Changemanagen als „Quick Wins" bezeichnet. Quick Wins entstehen in den für einen Change notwendigen Projekten. Die Planung und das Controlling von Quick Wins setzt daher eine Abstimmung zwischen dem Changemanager und den jeweiligen Projektmanagern voraus.

Der zeitliche Anfall von Quick Wins ist aus der Abbildung N10 ersichtlich. Der Nutzen von Quick Wins liegt nicht nur in der Motivation der Mitarbeiter der zu verändernden Organisation, sondern auch im Optimieren der Kosten-Nutzen-Relation einer Investition (siehe Abb. N11).

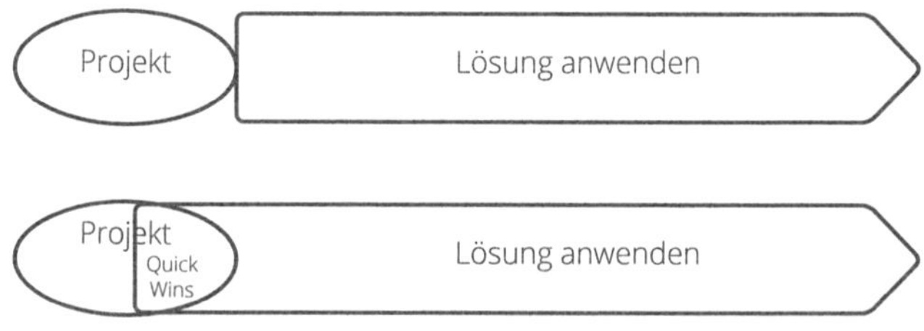

Abb. N10: Zeitlicher Anfall von Quick Wins

6 Vgl. auch Highsmith J., 2010, S. XXIII.

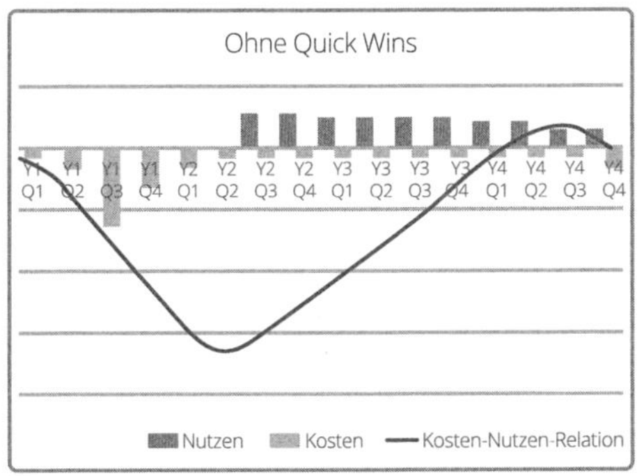

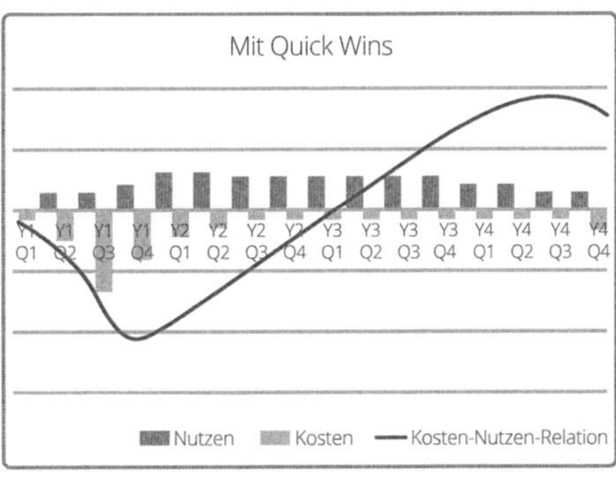

Abb. N11: Optimieren der Kosten-Nutzen-Relation einer Investition durch Quick Wins

Ein Change ist so zu strukturieren, dass anhand erzielbarer Zwischenergebnisse die Erfolgswahrscheinlichkeit des Changes frühzeitig beurteilt werden kann. Ein nicht erfolgsversprechender Change kann frühzeitig abgebrochen werden.

Sowohl Changes als auch das Changemanagen sind effizient und schlank zu gestalten. In einem Change sind nur Maßnahmen durchzuführen, die einen Beitrag zum Realisieren der Changevision leisten. Die Kommunikation mit Changestakeholdern ist dann adäquat, wenn nicht zu viel Information oder Information zum falschen Zeitpunkt bereitgestellt wird. Beim Changemanagen können standardisierte Abläufe die Effizienz oft wesentlich steigern. Eine Institutionalisierung des Changemanagens in der Organisation stellt dafür eine Voraussetzungen dar.

Iteratives Vorgehen

Im Change kann ein iteratives Vorgehen zum Erzielen eines nachhaltigen Business Values beitragen. Bei einer Anwendung iterativer Vorgehensmodelle erfolgt die Definition der Anforderungen und die Erarbeitung der inhaltlichen Lösung iterativ. Es werden die Lösungsanforderungen und damit die Changeziele laufend konkretisiert und priorisiert.

Durch das Erarbeiten von „Minimal Viable Products" werden Quick Wins im Change ermöglicht. Schon während des Erarbeitens in mehreren Zyklen des Designens, Entwickelns, Testens und Anwendens erfolgt eine Stabilisierung der Teillösungen (siehe Abb. N12).

Auch im Changemanagen kann iterativ vorgegangen werden: Auf einer Metaebene erfolgt ein iteratives Vorgehen durch eine prozessorientierte Changearchitektur. Dadurch entstehen Prozesseketten und Projekteketten bzw. Projekt-Programm-Ketten. Auch die zyklische Weiterentwicklung von Changeplänen wie z. B. der Changevision, der Changestakeholderanalyse, des Changekommunikationsplans, des Quick-Wins-Plans etc. beim Changeinitiieren, Changestarten und Changecontrollen entspricht einer iterativen Vorgehensweise.

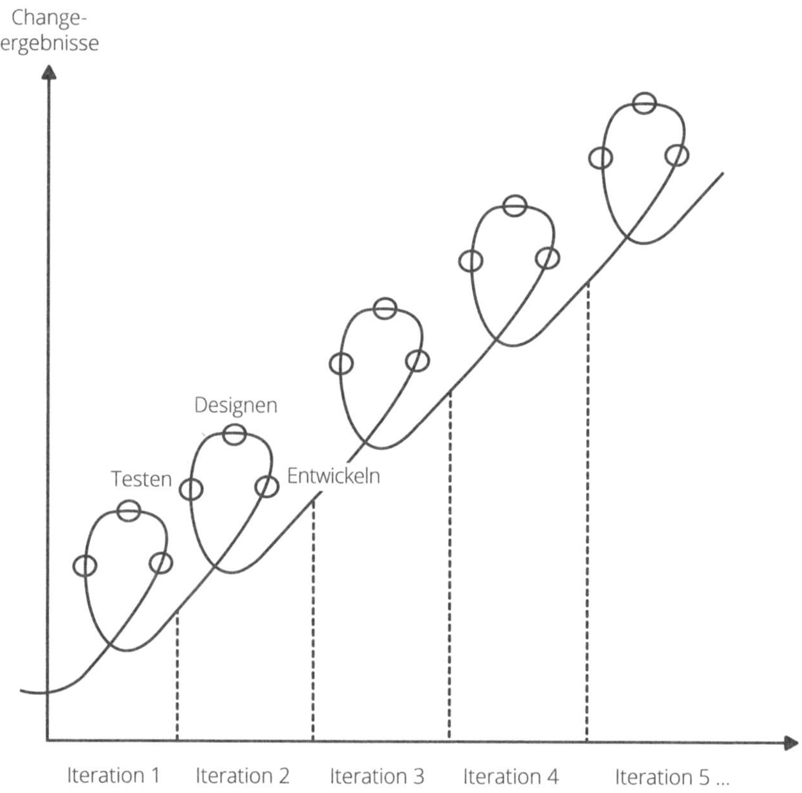

Abb. N12: Iterative Vorgehensweise im Changeprozess

Kontextorientierung

Kontextorientierung im Change bedeutet, dass zur Sicherung des Changeerfolgs die Changekontexte wie z. B. die durch den Change implementierte Investition, die Ziele und Strategien der durchführenden Organisation sowie die Beziehungen zu den Changestakeholdern berücksichtigt werden.

Changestakeholder sind zu identifizieren und die Beziehungen zu diesen sind explizit zu managen, um nachhaltige Ergebnisse zu sichern. Dabei ist zwischen Change- und Projektstakeholdern zu unterscheiden, da in der Regel nicht alle Projektstakeholder auch vom Change „betroffen" sind und Stakeholder unterschiedliche Erwartungen an ein Projekt und den damit verbundenen Change haben.

Ähnlich wie beim Projektmanagen kann auch im Changemanagen ein „Management for Stakeholders" praktiziert werden, können Stakeholder in das Managen einbezogen werden und kann eine integrierte Changeorganisation designed werden.

Kontinuierliches und diskontinuierliches Lernen

Die Komplexität und Dynamik eines Changes erfordert kontinuierliches, manchmal aber auch diskontinuierliches Lernen. Das Lernen der Mitglieder der Changeorganisation und der Projekte im Change ist durch häufige Reflexionen und Feedbacks zu fördern. Dadurch können die Effizienz im Changeprozess und innovative Changeergebnisse gesichert werden.

Ein „Change eines Changes" kann aufgrund sich verändernder Rahmenbedingungen der durchführenden Organisation notwendig sein.

Häufige, visuell unterstütze Kommunikation

In Changes ist zwischen der Changemanagementkommunikation in der Changeorganisation und der Changekommunikation mit Changestakeholdern zu unterscheiden. Die adäquate Kommunikation mit den Changestakeholdern ist eine wichtige Aufgabe des Changemanagens. Die Changekommunikationsziele und Strategien, die Intensität der Kommunikation, die eingesetzten Formate etc. sind explizit zu planen. Visualisierungsinstrumente der Projekte, eines eventuellen Programms und des Changes können eingesetzt werden. Nach Kotter ist die Changevision das wichtigste Instrument zur Changekommunikation mit Stakeholdern.[7]

Eine entsprechende Raum- und IKT-Infrastruktur ist zur Unterstützung der Kommunikation im Changeteam und mit Changestakeholdern bereitzustellen.

Empowerment und Resilienz

Empowerment und Resilienz können einerseits für die Changeergebnisse und andererseits für den Changeprozess interpretiert werden.

Ziel eines Changes ist es, Strukturen zu schaffen, die „empowered" und resilient sind. Zur Sicherung der Nachhaltigkeit der veränderten Organisation soll diese die Eigenverantwortung von Mitarbeitern und von permanenten und temporären Organisationseinheiten möglichst fördern. Die geschaffenen Strukturen sollen auch ein hohes Ausmaß an Stabilität durch ein entsprechendes „Fließgleichgewicht" sichern.

Empowerment im Changeprozess bedeutet, dass sowohl der Changeorganisation als auch den zum Change eingesetzten Projekten und/oder Programmen Verantwortung zum Realisieren des Changes übertragen wird. Das Übertragen von Verantwortung an unterschiedliche temporäre Organisationen setzt klare Strukturen und Regeln voraus. Der starken Differenzierung der Changearchitektur ist durch umfangreiche Integrationsmaßnahmen zu entsprechen.

Die Stabilität im Changeprozess darf nicht gefährdet sein, auch wenn einzelne Projekte des Changes Probleme haben. Die Resilienz eines Changes ist ähnlich jener eines Programms zu sichern. Dazu sind agile und redundante Strukturen zu schaffen sowie Quick Wins zu sichern, da diese zur Stabilität eines Changes beitragen.

7 Kotter, J. P., 1996, S. 85ff.

Werte bestimmen die im Changemanagen verfolgten Ziele, die im Prozess zu erfüllenden Aufgaben, die einzusetzenden Methoden und die wahrzunehmenden Rollen.

N7 Change managen: Nutzen

Die Nutzen des Changemanagens bestehen im Leisten eines Beitrags zum effizienten Erzielen nachhaltiger Ergebnisse und im Sichern von Transparenz bezüglich der Durchführung von Changes. Eine hohe Effektivität wird vor allem durch einen starken „Business Fokus“ der Changevision gesichert. Im Detail werden folgende Nutzen des Changemanagens gesehen:

> Sicherung von Wettbewerbsvorteilen wie hohe Ergebnisqualität, niedrige Changekosten und kurze Changedauer durch ein professionelles Changemanagen,
> Schaffung von Transparenz durch das Bereitstellen realistischer Changepläne und konsistenter Changeberichte,
> Vermittlung von Klarheit über den Changestatus, dadurch Bereitstellung von Grundlagen für changebezogene Managemententscheidungen,
> Sicherung des individuellen und organisatorischen Lernens durch Reflexionen im Change,
> Erfüllung der Erwartungen der Changestakeholder und Sicherung der Akzeptanz der Changeergebnisse durch eine entsprechende Stakeholderkommunikation und durch den Einbezug von Stakeholdern beim Changemanagen,
> Beitrag zum Optimieren der Zusammenhänge zwischen dem Change und der für die Realisierung der Changes notwendigen Projekte und Programme,
> Beitrag zur Optimierung der Kosten-Nutzen-Differenz der durch einen Change realisierten Investition und
> Bereitstellung adäquater Informationen als Basis für ein professionelles Projektportfoliomanagen.

Ohne ein begleitendes Changemanagen ist das Risiko, dass Ergebnisse von Projekten bzw. Programmen von Stakeholdern nicht akzeptiert werden, hoch. Um nachhaltige Changeergebnisse zu ermöglichen, ist ein entsprechendes Changemanagen notwendig. Wenn das Changemanagen auf die Durchführung der Changekommunikation reduziert wird oder wenn es mit der Erbringung inhaltlicher Changeaufgaben verwechselt wird, kann dieser Nutzen nicht erzielt werden.

N8 Zusammenhänge: Changemanagen und Projekt- bzw. Programmmanagen

„Projects deliver changes!“ – diese Tatsache bedingt eine Analyse der grundsätzlichen und auch changeartenspezifischen Zusammenhänge zwischen dem Changemanagen und dem Projekt- bzw. Programmmanagen.

Grundsätzliche Zusammenhänge zwischen Changemanagen und Projekt- bzw. Programmmanagen

Folgende grundsätzliche Zusammenhänge zwischen Changemanagen und Projekt- bzw. Programmmanagen bestehen:

- Das Managen von Projekten bzw. Programmen erfolgt meist im Rahmen von Changes. Im Changemanagen werden daher Ziele, Regeln und Standards definiert, die im Projekt- bzw. Programmmanagen zu berücksichtigen sind.
- Die Projekt- bzw. Programmkommunikation ist ein integrativer Teil der Changekommunikation. Eine Abstimmung von Projekt- bzw. Programmkommunikation mit der Changekommunikation ist notwendig.
- Changestakeholder sind von Projekt- bzw. Programmstakeholdern zu unterscheiden. Einerseits gibt es Projektstakeholder, die nur projektbezogene Erwartungen haben. Andererseits können Projektstakeholder aber auch Changestakeholder sein. In diesem Fall haben die Stakeholder unterschiedliche Erwartungen an das Projekt und an den Change.
- „Externe“ Kundenauftragsprojekte tragen zu Changes in Kundenorganisationen bei. Ein gemeinsames Change- und Projektmanagementverständnis der Organisation, die einen Kundenauftrag durchführt, und der Kundenorganisation, schafft Win-Win-Verhältnisse.
- Quick Wins von Changes werden in Projekten erzielt. Die Planung von Quick Wins hat daher gemeinsam von Mitgliedern der Changeorganisation und den jeweiligen Projektorganisationen zu erfolgen.
- Programm- und Projektauftraggeber, Programm- und Projektmanager sowie Programm- und Projektteammitglieder leisten Beiträge zu Changes.
- Es bestehen Unterschiede zwischen Programm- bzw. Projektmanagern und Changemanagern: Programm- bzw. Projektmanager sind für die Programm- bzw. Projektergebnisse verantwortlich und erfüllen integrative Funktionen in Programmen bzw. Projekten. Changemanager sind für Changeergebnisse verantwortlich und integrieren in Changes.
- Die Rolle Projektmanager unterscheidet sich von der Rolle Changemanager auch durch die kurzfristige Orientierung (für ein Projekt) im Vergleich zur mittelfristigen Orientierung (für einen Change). Um die Kooperation effizient zu gestalten, besteht ein Bedarf, diese Rollenverständnisse bei den Change- und Programm- bzw. Projektmanagern entsprechend zu sichern.

- Projekte und Programme als temporäre Organisationen können auch Changes bedürfen. Die Mitglieder von Programm- und Projektorganisation können daher auch Kompetenzen zum Changemanagen benötigen. 2nd Order Changes von Programmen oder Projekten sind das Projekt- bzw. Programmtransformieren und das Projekt- bzw. Programmneupositionieren.
- Methoden des Changemanagens können in Projekten angewendet werden, auch wenn formell keine Changes definiert werden. So kann z. B. die Planung der Stabilisierung einer Lösung in der Nachprojektphase im Rahmen des Projekts erfolgen.

Changearten-spezifische Zusammenhänge zwischen Changemanagen und Projekt- bzw. Programmmanagen

Zum Management der Changearten „Weiterentwickeln" bzw. „Transformieren" und „Radikal Neupositionieren" bedarf es unterschiedlicher Vorgangsweisen. Im Change „Weiterentwickeln" sind die Changemanagementrollen durch die Projektrollenträger zu besetzen und es sind keine eigenen Formate zur Changemanagementkommunikation erforderlich. Es werden weniger Methoden zum Changemanagen eingesetzt als beim „Transformieren" und der Detailierungsgrad der Changepläne ist geringer. Dadurch wird das Changemanagen „schlank" gehalten.

Beim Change „Weiterentwickeln" werden die Changemanagementrollen gleichzeitig von den für die Projektrollen zuständigen Personen erfüllt. Das heißt, dass der Projektauftraggeber gleichzeitig auch Changeauftraggeber, der Projektmanager gleichzeitig auch Changemanager und das Projektteam gleichzeitig auch Changeteam ist. Um die Kontinuität in einer Projektekette zu gewährleisten, sollte der Projektauftraggeber eines Implementierungsprojekts auch Projektauftraggeber eines eventuell folgenden Stabilisierungsprojekts sein. Der Projektmanager bzw. das Projektteam sind für das Stabilisierungsprojekt neu zu besetzen. Damit werden auch die Rollen Changemanager und Changeteam neu besetzt.

Obwohl das Changemanagen beim Change „Weiterentwickeln" organisatorisch wenig formalisiert ist, ist trotzdem sicherzustellen, dass die Changemanagementaufgaben entsprechend wahrgenommen werden. Dazu sind z. B. die Changemanagementaufgaben im Projektstrukturplan zusätzlich zu den Projektmanagementaufgaben darzustellen und als „(Beitrag zum) Changemanagement" zu bezeichnen.

Im Change „Transformieren" wird eine eigene Changeorganisation etabliert, es werden die Changemanagementrollen explizit wahrgenommen und nur in Ausnahmefällen in Personalunion mit Programm- oder Projektrollen besetzt. Es werden auch eigene Formate zur Changemanagementkommunikation angewandt. Der Changeauftraggeber hat sich mit dem Programmauftraggeber und den Projektauftraggebern abzustimmen, der Changemanager hat sich mit dem Programmmanager und den Projektmanagern abzustimmen. Dadurch werden die Beiträge des Programms und der Projekte zum Change koordiniert.

Auftraggeber, Manager und Teammitglieder von Programmen und Projekten benötigen ein entsprechendes Changemanagementverständnis, um zusätzlich zur Erfüllung ihrer Aufgaben beim Programm- und Projektmanagen folgende Beiträge zum Change „Transformieren“ leisten zu können:

- Beitrag zum Definieren der Organisation, die verändert wird, und der zu berücksichtigenden Changedimensionen
- Beitrag zum Strukturieren des Changeprozesses
- Beitrag zum Entwickeln der Changevision und von Changestrategien
- Beitrag zur Definition von Strategien und Maßnahmen zum Managen der Changestakeholderbeziehungen
- Beitrag zur Changekommunikation
- Beitrag zur Planung von Quick Wins
- Beitrag zur Planung von Stabilisierungsmaßnahmen
- Beitrag zur Feststellung des Changestatus im Rahmen des Changecontrollens
- Beiträge zum Adaptieren der Changevision und der Changestrukturen

Durch die Berücksichtigung dieser Zusammenhänge zwischen Changemanagen und Projekt- bzw. Programmmanagen können die Effizienz des Changes sowie der Projekte bzw. Programme sowie die Qualität von deren Ergebnissen gesichert werden.

N9 Change initiieren und managen: Fallstudie „Values4Business Value" der RGC

Wahrnehmung von „Values4Business Value" als Change

Im Rahmen des Konzipierens von „Values4Business Value" wurde die Weiterentwicklung der RGC Managementansätze, der Dienstleistungen und der Produkte als Change der RGC identifiziert. Der Change wurde als „Weiterentwicklung" wahrgenommen. Der Change sowie auch die diesbezügliche Investition bekamen den Namen „Values4Business Value", da die Werteorientierung im Managen und das Sichern eines nachhaltigen Business Values für Kunden zentrale Ziele waren.

Das Initiieren des Changes erfolgte gemeinsam mit dem Initiieren des Projekts „Values4Business Value entwickeln". In den Tabellen N9 bis N13 und in den Abbildungen N10 und N11 sind folgende initiale Changepläne dargestellt:

> Changevision,
> Changearchitektur,
> Changemanagementorganisation,
> Changestakeholderanalyse,
> Beziehungen zu den Changestakeholdern,
> Changemanagementkommunikationsplan und
> Changekommunikationsplan.

Die initialen Changepläne wurden dem Changeantrag (siehe Tab. N15) als Anhang beigelegt. Der Changeauftrag wurde gemeinsam mit dem Projektauftrag erteilt. Während des Changestartens wurden die initialen Changepläne adaptiert, zusätzlich wurde der im Folgenden dargestellte Quick-Wins-Plan (siehe Tab. N16) erstellt.

Initiale Changepläne

Die Vision des Changes „Values4Business Value" wurde per Dezember 2019 definiert. Als Slogan wurde „Values4Business Value" gewählt, je Changedimension wurden Visionsstatements zur Kommunikation an die Changestakeholder formuliert. Die in der Changevision formulierten Ziele sollten zur Realisierung folgender in der RGC Vision per Dezember 2019 formulierter strategischer Ziele beitragen:

> Beiträge zu einem nachhaltigen Projekt-, Programm- und Changemanagements in der Gesellschaft geleistet
> Nachhaltigen Business Values für RGC Kunden gesichert
> Evolutionäres Wachstum der RGC in der DACH-Region realisiert
> Themenführerschaft zum Prozess-, Projekt-, Programm- und Changemanagement in der Scientifc & Consulting Community wahrgenommen

> Professionelles Management der RGC weiterentwickelt
> Zufriedenheit von Mitarbeitern aufgrund der werteorientierten Führung gesichert

Changevision
Values4Business Values

V. 1.001 v. S. Füreder per 5.10.2015

Changedimension	Visionsstatement
Dienstleistungen und Produkte	Dienstleistungen und Produkte zum nachhaltigen Projekt-, Programm- und Changemanagement in der Gesellschaft kommuniziert und umgesetzt
	Das Buch PROJEKT.PROGRAMM.CHANGE in Deutsch und in Englisch vermarktet
Märkte	Beitrag zum evolutionären Wachstum der RGC durch die Marktentwicklung in der DACH Region geleistet
Organisation	Management der RGC durch Wertorientierung und weiterentwickelte Managementansätze professionalisiert
	Stakeholderorientierung in den Prozessen gesteigert
Personal	Personal durch attraktive Arbeitsplätze gebunden
	Beitrag zur internationalen Anerkennung der Consultants als Managementexperten und Innovatoren geleistet
Stakeholderbeziehungen	Grundlagen bei Kunden geschaffen zur Sicherung von
	nachhaltigen Business Values
	Empowerment, Resilienz und Effizienz
	Kontext- und Stakeholder-orientierung
	Beitrag zur Themenführerschaft in der Scientifc & Consulting Community durch das Publizieren und Vermarkten von PROJEKT.PROGRAMM.CHANGE geleistet
	Weiterführende Kooperationen mit Verlagen realisiert
Changeslogan	
Values4Business Value	

Tab. N9: Fallstudie "Values4Business Value" – Changevision

Die Architektur des Changes „Values4Business Value“ und dessen zeitlicher Kontext ist aus der Abbildung N13 ersichtlich. Der Change beinhaltete den Prozess „Values-4Business Value entwickeln“, der als Projekt durchgeführt wurde, und den Prozess „Values4Business Value stabilisieren“, der als Kleinprojekt durchgeführt wurde. Vor diesen Prozessen wurde „Values4Business Value“ durch eine Arbeitsgruppe konzipiert. Das Anwenden von „Values4Business Value“ erfolgt durch die Linienorganisation der RGC. In der Tabelle N10 sind die beiden Changeprozesse kurz beschrieben.

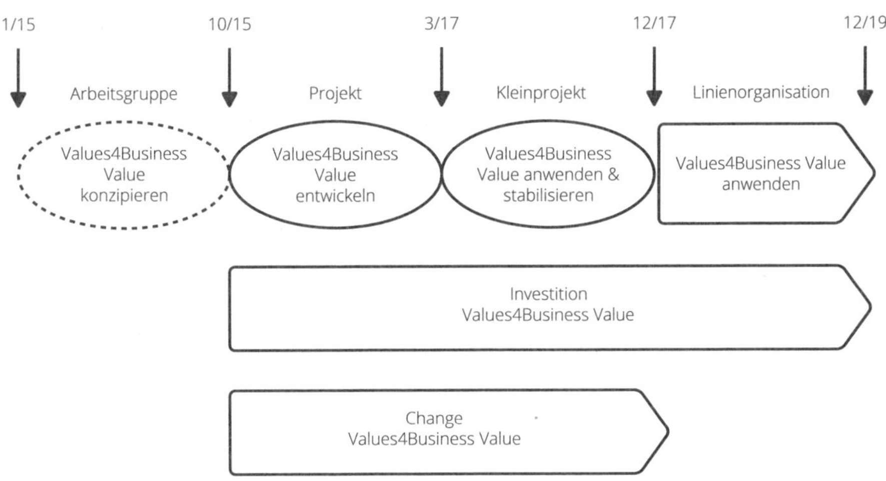

Abb. N13: Architektur des Changes „Values4Business Value"

Als Changemanagementrollen im engeren Sinn wurden die Changeauftraggeber, die Changemanagerin und das Changeteam definiert. Diese Changemanagementrollen wurden von den RGC Mitarbeitern gemeinsam mit den Rollen Projektauftraggeber, Projektmanager und Projektteam des Projekts „Values4Business Value entwickeln" wahrgenommen. Es wurde geplant, die Projektauftraggeber im Folgeprojekt „Values4Business Value anwenden & stabilisieren" beizubehalten. Es wurde erwartet, dass die Rollen der Projektmanagerin und des Projektteams und damit auch jene der Changemanagerin und des Changeteams von anderen Personen als im Entwicklungsprojekt wahrgenommen werden. Als „informelle" Changeagents, die einen Beitrag zur Kommunikation von „Values4Business Value" in die Community leisteten, wurden die Mitglieder der Peer Review Group definiert.

Prozessekette des Change „Values4Business Value"

Values4Business Value

V. 1.001 v. S. Füreder per 5.10.2015

Prozess: Values4Business Value entwickeln	
Prozessziele	• RGC Managementansätze und Dienstleistungen weiterentwickelt und in Buch dokumentiert • Kunden durch weiterentwickelte Managementansätze gebunden bzw. gewonnen • Grundlage zur Steigerung der Umsätze und Deckungsbeiträge geschaffen • Kooperation mit Verlagspartner weiterentwickelt • Peer Review Group zur Qualitätssicherung eingebunden • RGC Management professionalisiert und Personal weiterentwickelt
Prozessstarttermin	01.10.2015
Prozessendtermin	31.03.2017
Vorprozessphase	Values4Business Value konzipieren
Nachprozessphase	Values4Business Value anwenden und stabilisieren
Organisation zur Durchführung des Prozesses	Projekt
Auftraggeber	R. Gareis, L. Gareis
Manager	S. Füreder
Prozess: Values4Business Value stabilisieren	
Prozessziele	• RGC Dienstleistungen optimiert • RGC Ansatz zum Prozessmanagement weiterentwickelt • Zusätzliche Personalentwicklung durchgeführt • Weiterführendes Marketing von Values4Business Values durchgeführt
Prozessstarttermin	03.04.2017
Prozessendtermin	22.12.2017
Vorprozessphase	Values4Business Value entwickeln
Nachprozessphase	Values4Business Value anwenden
Organisation zur Durchführung des Prozesses	Kleinprojekt
Auftraggeber	R. Gareis, L. Gareis
Manager	S. Füreder

Tab. N10: Kurzbeschreibung der Prozesse des Changes „Values4Business Value"

Changemanagementrollen
Values4Business Value

V. 1.001 v. S. Füreder per 5.10.2015

Changeauftraggeber	Roland Gareis; Lorenz Gareis
Changemanagerin	Susanne Füreder
Changeteam	Roland Gareis, Lorenz Gareis, Susanne Füreder
Changeagents	Mitglieder der Peer Review Group

Tab. N11: Fallstudie „Values4Business Value" – Changemanagementrollen

Die Teilnehmer, Inhalte, Termine und Zuständigkeiten für die unterschiedlichen Formate zur Changemanagementkommunikation wurden in einem Changemanagementkommunikationsplan definiert (siehe Tab. N12).

Changemanagementkommunikationsplan
Values4Business Value

V. 1.001 v. S. Füreder per 5.10.2015

Kommunikationsformat	Teilnehmer	Inhalt	Termin	Zuständig
Changestartworkshop	Changeteam und Changeauftraggeber	Starten des Changes, Adaptieren der Changepläne	10/2015	Changemanager
Changeteamcontrollingmeeting	Changeteam	Controllen des Changes	1x pro Monat	Changemanager
Changeauftraggebermeeting	Changeauftraggeber, Changemanager	Strategische Changemanagement-Entscheidungen	1x pro Monat	Changemanager
Peer Group Workshop	Changeauftraggeber, Changemanager, Peer Group Mitglieder	Kommunizieren des Changes	2x	Changemanager
Changeabschlussworkshop	Changeteam und Changeauftraggeber	Abschließen des Changes	03/2017	Changemanager

Tab. N12: Fallstudie „Values4Business Value" – Changemanagementkommunikationsplan

Die Ergebnisse einer Analyse der Changestakeholder im Oktober 2015 sind in der Abbildung N14 dargestellt. Dabei wurden die Changestakeholder entsprechend ihrer Macht, den Change zu beeinflussen, und ihres Buy-in differenziert. Diese Analyse wurde während des Changes periodisch adaptiert. Das stellte jeweils auch eine Grundlage zur Adaption der Strategien und Maßnahmen zur Gestaltung der Beziehungen zu den Changestakeholdern dar. Die Strategien und Maßnahmen zur Gestaltung der Beziehungen per Oktober 2015 sind in der Tabelle N13 beschrieben.

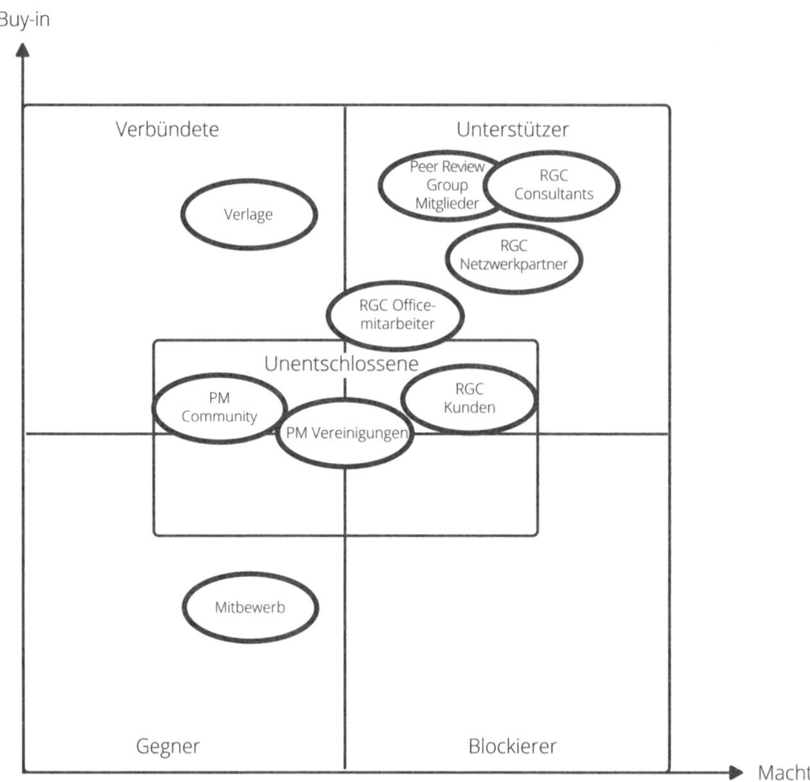

Abb. N14: Fallstudie „Values4Business Value" – Analyse der Changestakeholder

Annahmen aufgrund der Stakeholderanalyse waren, dass RGC-nahe Stakeholder, wie z. B. die Consultants und Netzwerkpartner, sowohl die Möglichkeit, den Change zu beeinflussen, als auch die Bereitschaft, den Change zu unterstützen, hätten. RGC Kunden müssten vom Nutzen des Changes informiert bzw. überzeugt werden. Auch die Projektmanagementvereinigungen, wie z. B. die IPMA – International Project Management Association oder das PMI – Project Management Institute, stellten „Unentschlossene" dar, die erst entsprechend informiert werden mussten, um sie zu „Verbündeten" zu machen.

Die Analyse der Changestakeholder und die Planung der Beziehungen zu ihnen bildeten die Grundlage zur Entwicklung eines ersten Changekommunikationsplans für die Periode Oktober bis Dezember 2015 (siehe Tab. N14).

Changeantrag

Im Changeantrag wurden die wesentlichen Informationen bezüglich des Changes „Values4Business Value" zusammengefasst und durch die erstellten initialen Changepläne ergänzt. Diese Informationen stellten die Grundlagen für die Entscheidung der RGC Geschäftsführung dar, den Change wie geplant zu beauftragen.

Beziehungen zu Changestakeholdern

Values4Business Value

V. 1.001 v. S. Füreder per 5.10.2015

Stakeholder	Interpretation der Position (Macht, Buy in)	Strategie zur Gestaltung der Beziehung	Maßnahmen zur Gestaltung der Beziehung	Zuständig
Unterstützer				
Peer Review Group Mitgleider	Haben Möglichkeit, „Values4Business Value" in der Community zu vertreten; identifizieren sich mit dem Change	Kooperieren	Planen von Kommunikationszielen und -inhalten	Changeauftraggeber
RGC Consultants	Vertreten den Change gegenüber den Kunden und RGC-intern	Eng kooperieren	Laufende inhaltliche Abstimmungen, Mitwirkung in de Peer Review Group, Umsetzung bei Kunden	Changeauftraggeber
RGC Netzwerkpartner	Sind an Ergebnissen interessiert, aber nicht intensiv eingebunden	Kooperieren	Mitwirkung in der Peer Review Group, Umsetzen bei Kunden	Changeauftraggeber
RGC Officemitarbeiter	Sind an Ergebnissen interessiert, haben aber auch umfangreiche zusätzliche Aufgaben im Change zu erfüllen	Eng kooperieren	Mitarbeit im Changeprojekt, regelmäßige Information bei „RGC Grenzchen"	Changeauftraggeber
Verbündete				
Verlage	Können Kommunikation an Community unterstützen; sind am Erfolg der Publikation interessiert	Kooperieren	Gemeinsames Marketing der Publikation	Changemanager
Gegner				
Mitbewerb	Sind an Managementinnovationen interessiert	Nicht gezielt informieren		
Blockierer				
Unentschlossene				
RGC Kunden	Sind an Managementinnovationen interessiert	Informieren und kooperieren		RGC Consultants
PM Community	Sind an Managementinnovationen interessiert	Informieren	Informieren über wesentliche Innovationen der Publikation, über neue Dienstleistungen mittels unterschiedlicher Medien	Changeauftraggeber, Changemanager
Projektmanagement-Vereinigungen	Sind an Managementinnovationen interessiert, erwarten eventuell inhaltliche Interessenskonflikte	Informieren	Information über die Managementinnovationen, über die Zusammenhänge zu den vertretenen Ansätzen	Changeauftraggeber

Tab. N13: Fallstudie „Values4Business Value" – Beziehungen zu Changestakeholdern

Changekommunikationsplan: Oktober bis Dezember 2015

Values4Business Value

V. 1.001 v. S. Füreder per 5.10.2015

Changestakeholder	Kommunikations-format	Inhalt	Termin	Zuständig
RGC-interne Changestakeholder				
RGC Mitarbeiter	RGC Grenzchen	Information über Change, über Rolle im Change	Oktober und Dezember	Changeauftraggeber
RGC Consultants	Projektteamsitzung	Information über Change, über Rolle im Change; Entscheidung bezüglich inhaltlicher Kooperation	1x pro Monat	Changeauftraggeber
RGC Netzwerkpartner	Mail	Information über Change, über Rolle im Change	November	Changeauftraggeber
RGC-externe Changestakeholder				
Verlag Manz	Meeting	Information über Change, über Inhalte und Form der Publikation, Verinbarung des gemeinsamen Marketings	Dezember	Changemanagerin

Tab. N14: Fallstudie „Values4Business Value" – Changekommunikationsplan

Changeantrag

Values4Business Value

V. 1.001 v. S. Füreder per 5.10.2015

Changeart	
Weiterentwickeln	
Changeauftraggeber	Changemanagerin
Roland Gareis; Lorenz Gareis	Susanne Füreder
Changeteammitglieder	
Roland Gareis, Lorenz Gareis, Susanne Füreder	
Changevision	
Innovative Dienstleistungen und Produkte zum nachhaltigen Prozess-, Projekt-, Programm- und Changemanagement bei RGC Kunden umgesetzt	
Grundlagen zur Sicherung von nachhaltigen Business Values für Kunden geschaffen	
Das Buch PROJEKT.PROGRAMM.CHANGE in Deutsch und in Englisch vermarktet	
Beitrag zur Themenführerschaft geleistet	
Beitrag zum evolutionären Wachstum der RGC durch die Marktentwicklung in der DACH Region geleistet	
Beitrag zur Professionalisierung des Managements der RGC geleistet	
Zu verändernde Organisation	
RGC	
Changedimensionen	
Dienstleistungen und Produkte, Märkte	
Organisation, Personal, Stakeholderbeziehungen	
Zusammenhang zu den strategischen Zielen der zu verändernden Organisation	
Beiträge zu einem nachhaltigen Projekt-, Programm- und Changemanagements in der Gesellschaft geleistet	
Nachhaltigen Business Values für RGC Kunden gesichert	
Themenführerschaft zum Prozess-, Projekt-, Programm- und Changemanagement in der Scientifc & Consulting Community wahrgenommen	
Evolutionäres Wachstum der RGC realisiert	
Professionelles Management der RGC weiterentwickelt	
Changestakeholder	
RGC Consultants, RGC Netzwerkpartner, RGC Office, Verlage	
Peer Review Group	
RGC Kunden	
PM Community, Projektmanagement-Vereinigungen	
Changearchitektur	**Changemanagementkosten**
Projekt: Values4Business Value entwickeln	Kommunikation mit den RGC Consultants, Netzwerkpartnern, PM Community und RGC Kunden
Kleinprojekt: Values4Business Value stabilisieren	Stakeholderspezifische Analyse des Bewusstseins für Dringlichkeit des Change
Changestarttermin	**Changeendtermin**
05.10.2015	20.12.2017
Anhang	
Initiale Changepläne	

Changeinitiator

Changeinitiierungsteam

Tab. N15: Fallstudie „Values4Business Value" – Changeantrag

Zusätzlich erstellte Changepläne

Beim Changestarten wurden einerseits die initialen Changepläne adaptiert, andererseits wurde noch ein Quick Wins Plan erstellt (siehe Tab. N16). Da das Projekt „Values4Business Value entwickeln" und damit auch der diesbezügliche Change relativ lange dauerten, erschien die Definition von Quick Wins zum Sichern von Nutzen für die RGC und zur Motivation der Mitglieder der Changeorganisation wichtig.

Wesentliche Quick Wins sollten durch das „Prototypen" gesichert werden. Beiträge zu diversen Konferenzen und das Gestalten von Seminaren zu den Themen „Agilität & Prozesse", „Nachhaltig entwickeln", „Benefits Realization Management", „Agilität & Projekte" etc. wurden als Quick Wins definiert. Durch dieses Prototyping sollten in einem ersten Schritt wesentliche Erkenntnisse für die Weiterentwicklung der Managementansätze gesammelt werden.

Quick Wins
Values4Business Value

V. 1.001 v. S. Füreder per 5.10.2015

PSP-Code	Bezeichnung	Kategorisierung					Plantermin Realisierung	Zuständig
		Auswirkungen			Realisierungs-aufwand G / M / H	Nutzen G / M / H		
		ökonomisch	ökologisch	sozial				
1.2.2	Konferenz "Agilität und Prozesse" prototypen	x		x	M	M	1/16	R. Gareis
1.2.3	Forum "Nachhaltig entwickeln" prototypen	x			G	M	2/16	R. Gareis
1.2.4	Seminar "Agiltät & Projekte" prototypen	x		x	M	H	3/16	L. Gareis
1.2.6	Consulting Digitale Transformation prototypen	x		x	M	M	3/16-6/16	M. Stummer
1.2.7	Weiterentwicklung sPROJECT prototypen	x	x	x	M	G	3/16-6/16	L. Gareis
1.2.9	HP 16 "Benefits Realization Management" prototypen	x		x	M	H	5/16	R. Gareis

Tab. N16: Fallstudie „Values4Business Value" – Quick-Wins-Plan

Literatur

Gareis, R.: Changes of Organizations by Projects, International Journal of Project Management, 28(4), S. 314–327, 2010

Highsmith, J.: Agile Project Management, 2nd Edition, Addison-Wesley, Boston, MA, 2010

Highsmith, J.: Agile Software Development Ecosystems, Addison-Wesley, Boston, MA, 2002

Kotter, J. P.: Leading Change, Harvard Business Review Press, Boston, MA, 1996

Lewin, K.: Frontiers in Group Dynamics. Concept, Method and Reality in Social Science: Social Equilibria and Social Change, Human Relations, 1(1), S. 5–40, 1947

O Strategien, Strukturen und Kulturen der projektorientierten Organisation

Eine Organisation, die häufig Projekte und Programme zur Durchführung relativ einmaliger und umfangreicher Geschäftsprozesse einsetzt, kann als „projektorientierte Organisation" wahrgenommen werden. Die projektorientierte Organisation definiert „Management by Projects" als eine Organisationsstrategie. Sie hat spezifische Strukturen und Kulturen zum Management von Projekten, Programmen und Projektportfolien. Spezifische permanente Organisationseinheiten der projektorientierten Organisation, nämlich eine Projektportfolio Group, ein PM Office und Expertenpools, sind den jeweiligen Bedürfnissen entsprechend zu designen.

Aufgrund der spezifischen Strategien, Strukturen und Kulturen hat die projektorientierte Organisation auch spezifische Corporate-Governance-Strukturen. Diese werden im Rahmen der Entwicklung als projektorientierte Organisation geschaffen.

Ein Beispiel eines Organigramms der projektorientierten Organisation ist im Folgenden als Übersicht dargestellt.

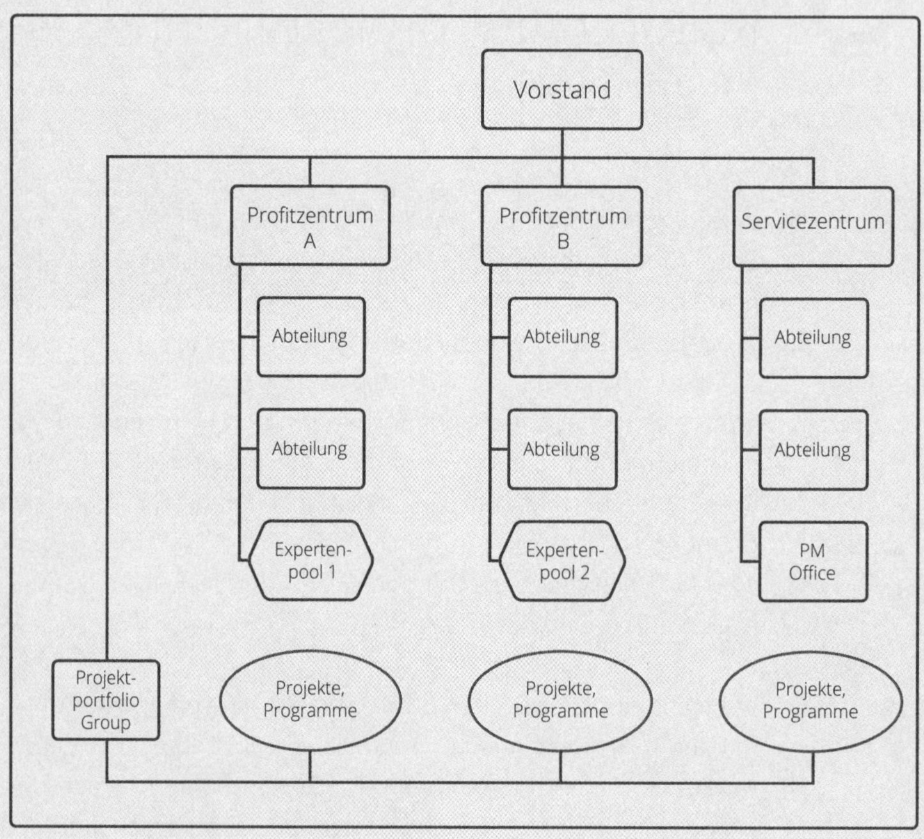

Übersicht: Standardorganigramm der projektorientierten Organisation

O Strategien, Strukturen und Kulturen der projektorientierten Organisation

O1 Projektorientierte Organisation: Überblick

O1.1 Projektorientierte Organisation: Definition

Eine Organisation, die zusätzlich zur laufenden Geschäftstätigkeit relativ einmalige, riskante und umfangreiche Geschäftsprozesse durchführt, für die Projekte und Programme eingesetzt werden, kann als „projektorientierte Organisation" wahrgenommen werden. Die temporären Organisationen werden mit der permanenten Linienorganisation, die weniger umfangreiche Routineprozesse durchführt, kombiniert.

Eine projektorientierte Organisation ist durch Projekte und Programme geprägt. In der Organisation wird gleichzeitig zur laufenden Geschäftstätigkeit eine Anzahl von Projekten gestartet, geführt, abgeschlossen bzw. abgebrochen. Dadurch wird ein „Fließgleichgewicht" hergestellt, das die Flexibilität in der Entwicklung der Organisation sichert. Je mehr Projekte und Programme eine projektorientierte Organisation durchführt, desto höher wird deren Managementkomplexität. Das ist einerseits auf die Komplexität und Dynamik der einzelnen Projekte und andererseits auf die Vielfalt der Beziehungen zwischen den Projekten zurückzuführen.

Eine projektorientierte Organisation hat folgende Merkmale:

> Management by Projects ist explizit als Organisationsstrategie definiert,
> zusätzlich zu Profitzentren und Servicezentren sind Projekte, Programme, Projektenetzwerke, Projekteketten und Projektportfolien Managementobjekte,
> eine Projektportfolio Group, ein PM Office und Expertenpools sind permanente Organisationseinheiten mit integrativen Aufgaben,
> Mitarbeiter sind kompetent im Projekt-, Programm-, Projektportfolio- und Changemanagen,
> organisatorische Kompetenzen zum Projekt-, Programm-, Projektportfolio- und Changemanagen werden durch entsprechende Governancestrukturen gesichert und
> ein systemisches Managementparadigma, das z. B. durch Business Value als Erfolgskriterium, Empowerment, Resilienz und nachhaltige Entwicklung, etc. charakterisiert ist, wird angewandt.

Diese Merkmale der projektorientierten Organisation können in Abhängigkeit von der Unternehmensgröße bzw. der Anzahl gleichzeitig durchgeführter Projekte unterschiedlich ausgeprägt sein. So haben z. B. kleine Unternehmen, wie z. B. die RGC, keine Projektportfolio Group oder kein PM Office. Diese Aufgaben können z. B. von der Geschäftsführung oder von einem Führungskreis erfüllt werden.

Eine Organisation kann aus unterschiedlichen Perspektiven, wie z. B. der Marketing- oder der Technologieperspektive, betrachtet werden. Die „Projektorientierung" stellt eine mögliche Konstruktion dar. Durch die Betrachtung einer Organisation als „projektorientierte Organisation“ können Interventionsmöglichkeiten geschaffen werden, die das Potenzial für erfolgreiche Durchführungen von Projekten und Programmen steigern.

Eine projektorientierte Organisation hat spezifische Strategien, organisatorische Strukturen und Kulturen zum Management von Projekten bzw. Programmen sowie von Projektportfolien. Die Schaffung des entsprechenden „Organizational fit“ zwischen den Strategien, Strukturen und Kulturen ist eine Herausforderung im Management der projektorientierten Organisation (siehe Abb. O1).

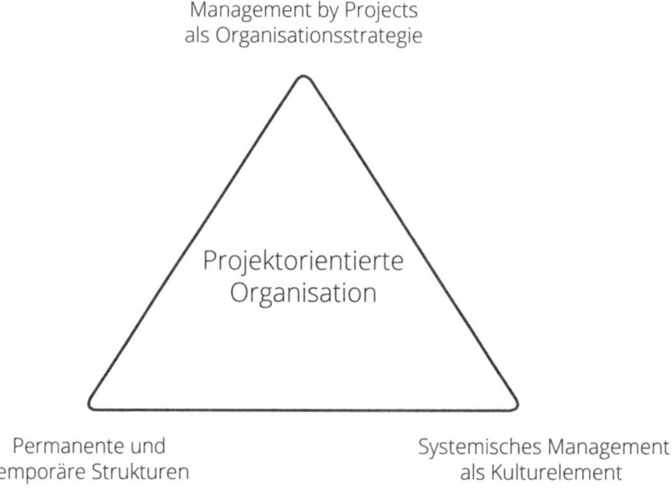

Abb.O1: „Organizational Fit“ der projektorientierten Organisation

Eine Organisation kann auch Projekte durchführen, ohne die strategischen, strukturellen und kulturellen Voraussetzungen für deren Erfolg zu schaffen. Die Merkmale einer solchen Organisation, die daher nicht projektorientiert ist, sind in der Tabelle O1 beschrieben.

Definition: Projektorientierte Organisation

Eine Organisation, die zusätzlich zur laufenden Geschäftstätigkeit Projekte und Programme zur Durchführung relativ einmaliger, riskanter und umfangreicher Geschäftsprozesse einsetzt, kann als „projektorientierte Organisation“ wahrgenommen werden. Projekte und Programme werden als temporäre Organisationen mit der Linienorganisation, die weniger umfangreiche Routineprozesse durchführt, kombiniert. Die projektorientierte Organisation ist durch spezifische Strategien, Strukturen und Kulturen charakterisiert.

Merkmale einer nicht-projektorientierten Organisation
> Der Projektbegriff wird für vieles verwendet, auch für nicht-projektwürdige Aufgaben. Es entsteht eine „Inflation" von Projekten. Projekte erhalten dadurch keine adäquate Managementaufmerksamkeit.
> Die Projektgrenzen werden bereichs- bzw. abteilungsbezogen definiert. Dadurch entstehen zu viele kleine Projekte, deren Ergebnisse nur Suboptimierungen darstellen. Die Integrationsarbeit muss durch die permanente Organisation geleistet werden, die aber damit überfordert ist.
> Niemand weiß, welche und wie viele Projekte gleichzeitig durchgeführt werden. Es gibt keine Information über das Projektportfolio. Projekte entstehen informell. Es werden parallele Projekte mit gleichen Zielen durchgeführt. Für Projekte benötigte Ressourcen können nicht entsprechend gemanaged werden.
> In Projekten werden keine Projektmanagementmethoden eingesetzt. Dadurch fehlt die Transparenz und es fehlt die Möglichkeit zur effizienten Kommunikation in Projekten. Kreativität wird dadurch nicht gewonnen sondern geht verloren.
> Individuen prägen die Arbeitsformen in Projekten. Dadurch wird bei jedem Projekt „das Rad neu erfunden". Die Professionalität im Projektmanagement ist von der Qualifikation einzelner Personen abhängig.
> Die Ziele von und die Aufgaben in Projekten werden jeweils von einer Projektsitzung zur nächsten vereinbart. Durch das fehlende „Big Project Picture" haben die Mitglieder der Projektorganisation keine Handlungsorientierung.

Tab. O1: Merkmale einer nicht-projektorientierten Organisation

O1.2 Dynamik der projektorientierten Organisation

Die projektorientierte Organisation ist durch dynamische Grenzen charakterisiert (siehe Abb. O2).

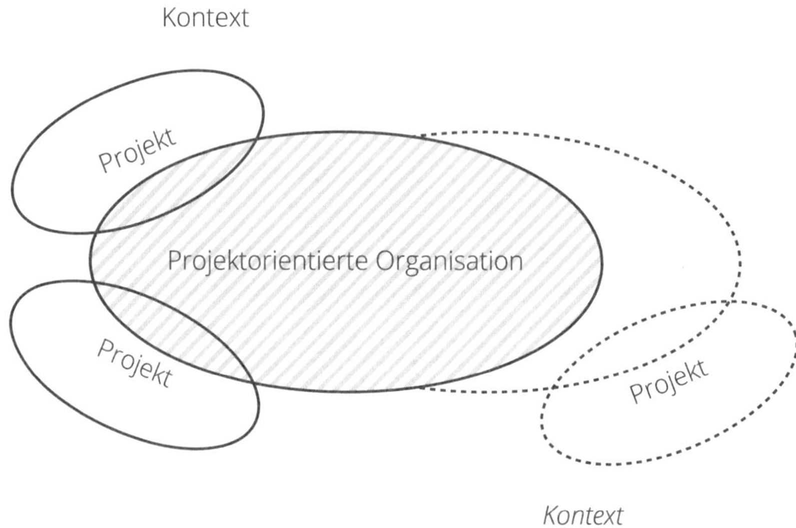

Abb. O2: Dynamische Grenzen der projektorientierten Organisation

Die Anzahl, die Ziele und die Größen der Projekte und Programme sowie die eingesetzten Ressourcen und Kooperationspartner der projektorientierten Organisation verändern sich laufend. So können sich z. B. die jährlichen Budgets von IT-, Bau- oder Anlagenbauunternehmen, die Kundenaufträge in Projektform durchführen, um mehr als 50 % unterscheiden.

Auch der Kontext der projektorientierten Organisation ist dynamisch. Die Beziehungen zu jeweils neuen Projektstakeholdern sind zu gestalten und Kooperationen sind nach Bedarf zu etablieren. Je mehr Projekte eine Organisation in ihrem Projektportfolio hält und je unterschiedlicher diese Projekte sind, umso größer sind die Dynamik und die Komplexität der Organisation.

Um mit dieser Dynamik entsprechend umgehen zu können benötigt eine projektorientierte Organisation Kompetenzen zum Reflektieren, zum organisatorischen Lernen und zum strategischen Controllen. Projektorientierte Organisationen haben einerseits hohe Lernchancen, aber andererseits auch hohe Krisenpotenziale. Die Lernchancen ergeben sich vor allem aufgrund der Monitoringmöglichkeiten in Projekten. Projektstakeholder können während der Projektdurchführungen beobachtet werden, organisatorisches Lernen kann stattfinden. Krisen einer projektorientierten Organisation können z. B. aufgrund mangelnder Managementkompetenzen, zu engen Koppelungen von Projekten und mangelnder Wahrnehmung der Eigendynamik entstehen.

O1.3 Projektorientierte Organisation: Betrachtungsobjekte des Managens

Zusätzlich zu den Strukturen der permanenten Organisation sind Projekte und Programme wichtige Betrachtungsobjekte des Managements der projektorientierten Organisation. Durch die gleichzeitige Durchführung mehrerer Projekte und Programme ist die projektorientierte Organisation stark differenziert. Zur Erfüllung von Integrationsfunktionen können Projekte und Programme in Projektportfolien, Projektenetzwerken und Projekteketten „geclustert“ werden (siehe Abb. O3). Durch diese Cluster können Beziehungen zwischen Projekten berücksichtigt werden. Es können Synergien geschaffen und eventuelle Konflikte vermieden werden, um die Realisierung der Organisationsziele zu ermöglichen.

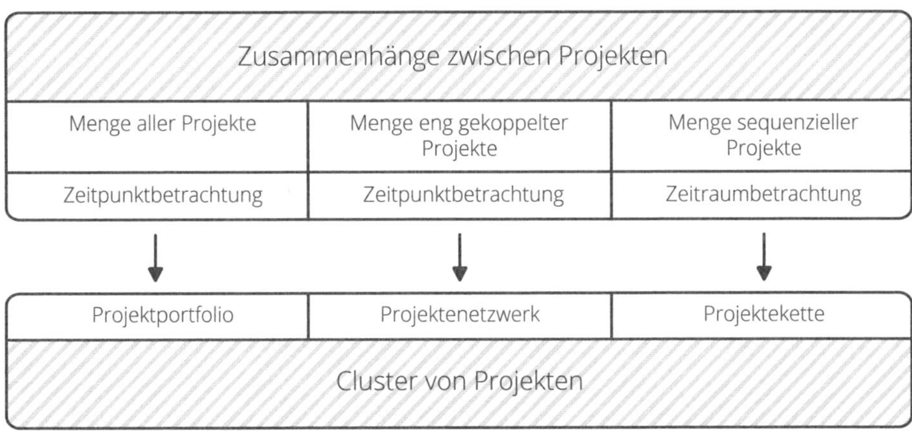

Abb. O3: Cluster von Projekten

Projektportfolien, Projektenetzwerke und Projekteketten sind daher zusätzliche Betrachtungsobjekte des Managements der projektorientierten Organisation.

Ein Projektportfolio ist die Menge aller Projekte (und Programme) einer projektorientierten Organisation. Im Projektportfolio werden alle zu einem Stichtag aktuellen (und eventuell auch geplanten) Projekte und Programme berücksichtigt. Ein Projektportfolio stellt eine zeitpunktbezogene Betrachtung dar.

Ein Projektenetzwerk ist eine Menge relativ eng gekoppelter Projekte. Zur Koppelung von Projekten in Projektenetzwerken können unterschiedliche Kriterien, wie z. B. der Einsatz einer gemeinsamen Technologie, die Durchführung in der gleichen geografischen Region oder die Durchführung für einen gemeinsamen Kunden, herangezogen werden. Das jeweils relevante Kriterium zur Konstruktion eines Projektenetzwerks ist auszuwählen. Ein Projektenetzwerk ist stichtagsbezogen zu konstruieren. Ein Beispiel eines Projektenetzwerks ist das Netzwerk der Angebotserstellungs-, Kundenauftrags- und Joint-Venture-Projekte eines Anlagenbauunternehmens in einem regionalen Markt.

Eine Projektekette ist eine Menge sequenzieller Projekte zur Durchführung sequenzieller Geschäftsprozesse. Sie stellt eine spezifische Form eines Projektenetzwerks dar. Eine Projektekette wird über einen Zeitraum betrachtet. Es sind auch Ketten aus Projekten und Programmen möglich (z. B. ein Konzeptionsprojekt gefolgt von einem Realisierungsprogramm). Beispiele für Projekteketten sind Kette der Projekte „Konzeption einer IT-Applikation“ und „Realisierung einer IT-Applikation“ oder die Kette der Projekte „Angebotserstellung Kundenauftrag“ und „Durchführung Kundenauftrag“.

Projektportfolien, Projektenetzwerke und Projekteketten stellen im Gegensatz zu Projekten und Programmen keine Organisationen dar, sondern sind Cluster temporärer Organisationen. Zum Managen dieser Cluster bedarf es individueller und organisatorischer Kompetenzen.

O2 Ziele, Strategien und Geschäftsprozesse der projektorientierten Organisation

O2.1 Ziele und Strategien der projektorientierten Organisation

Die projektorientierte Organisation betrachtet temporäre Organisationen als eine strategische Option des organisatorischen Designens. Durch die Definition von „Management by Projects" als Organisationsstrategie sollen folgende Ziele realisiert werden:

> Steigerung der organisatorischen Flexibilität durch den Einsatz temporärer Organisationen,
> Delegation von Managementverantwortung in Projekte und Programme,
> Steigerung des zielorientierten Arbeitens durch Projekte und Programme und
> Sicherung des individuellen und organisatorischen Lernens aufgrund der Monitoringpotenziale von Projekten und Programmen.

Durch ein „Management by Projects" werden auch strategische Ziele des Personalwesens realisiert. In Projekten können die oft isoliert oder in Konkurrenz zueinander eingesetzten Führungstechniken Management by Objectives, Management by Delegation, Management by Motivation etc. operationalisiert und integriert werden. „Management by Projects" nutzt als Führungsstrategie die Motivations- und Personalentwicklungsfunktionen von Projekten.

Durch die Definition und Durchführung von Projekten wenden viele Organisationen implizit ein „Management by Projects" an. Das Erzielen von Wettbewerbsvorteilen setzt eine explizite Definition dieser Strategie und die Schaffung entsprechender struktureller und kultureller Voraussetzungen voraus.

„Management by Projects" ist eine Organisations- und Personalstrategie der projektorientierten Organisation. Um erfolgreich zu managen, setzen Unternehmen sowohl permanente Organisationen wie Profitzentren oder Servicezentren, als auch temporäre Organisationen, nämlich Projekte und Programme, ein.

O2.2 Geschäftsprozesse der projektorientierten Organisation

Die projektorientierte Organisation ist durch folgende Geschäftsprozesse charakterisiert:

> Projekt initiieren bzw. Programm initiieren,
> Projekt managen bzw. Programm managen,
> Managementqualität eines Projekts bzw. eines Programms durch Consulting sichern,

> Change initiieren bzw. Change managen,
> Projektportfolio managen,
> Projektenetzwerken,
> Strukturen der projektorientierten Organisation managen und
> Projektpersonal managen.

Ziele der Geschäftsprozesse „Projekt initiieren“ bzw. „Programm initiieren“ sind jeweils die Auswahl einer adäquaten Organisationsform zum Durchführen eines relativ einmaligen, umfangreichen Geschäftsprozesses und das Bereitstellen von initialen Projektplänen bzw. von initialen Programmplänen. Ziele der Geschäftsprozesse „Projekt managen“ bzw. „Programm managen“ sind das Beitragen zum erfolgreichen Durchführen eines Projekts bzw. Programms.

Ziel der Geschäftsprozesse zum Sichern der Managementqualität eines Projekts bzw. eines Programms durch Consulting ist das Sichern der Professionalität im Projekt- bzw. Programmmanagen. Ziel des Initiierens eines Changes ist es, Entscheidungen bezüglich der Strukturen zum Managen eines Changes zu treffen, Ziel des „Changemanagens“ ist es, einen Beitrag zum erfolgreichen Durchführen eines Changes zu leisten.

Durch den Geschäftsprozess „Projektportfolio managen“ soll das Abstimmen der Ziele der Projekte des Projektportfolios mit den Zielen und Strategien der projektorientierten Organisation und das Koordinieren der in den Projekten eingesetzten Ressourcen erfolgen, so dass die Projektportfolioergebnisse optimiert werden. Durch das „Projektenetzwerken“ sollen Synergien geschaffen bzw. Konflikte zwischen den Projekten eines Netzwerks vermieden werden.

Ziel des Geschäftsprozesses „Strukturen der projektorientierten Organisation managen“ ist das Schaffen von Organisationsstrukturen, wie z. B. einer Projektportfolio Group, eines PM Office und von Expertenworkshops, um die erfolgreiche Durchführung von Projekten und Programmen zu fördern. Ziele der Geschäftsprozesse des Projektpersonalmanagens der projektorientierten Organisation sind das Bereitstellen von entsprechend qualifiziertem Projektpersonal in entsprechender Quantität.

Die Geschäftsprozesse „Projekt initiieren“ und „Projekt managen“ sind in den Kapiteln E und F, die Geschäftsprozesse „Programm initiieren“ und „Programm managen“ im Kapitel M, die Geschäftsprozesse „Change initiieren“ und „Change managen“ im Kapitel N beschrieben. Der Geschäftsprozess „Strukturen der projektorientierten Organisation managen“ wird im Folgenden in diesem Kapitel dargestellt. Die Geschäftsprozesse „Managementqualität eines Projekts bzw. Programms durch Consulting sichern“, „Projektportfolio managen“, „Netzwerken von Projekten“ und „Projektpersonal managen“ werden im Kapitel P behandelt.

O3 Strukturen der projektorientierten Organisation managen

O3.1 Flache Struktur der projektorientierten Organisation

Die permanenten Strukturen einer Organisation sind für die effiziente Durchführung von Routineprozessen designed. Die diesbezügliche Aufbauorganisation soll den Mitarbeitern durch klare Aufgaben-, Kompetenzen- und Verantwortungsverteilungen und konkrete Handlungsanweisungen Orientierung geben. Es soll auch Kontinuität in den Beziehungen zu Stakeholdern der Organisation gewährleistet werden.

Diesen Zielen kann durch eine stabile, permanente Organisation, wie z. B. durch eine hierarchische Linienorganisation, entsprochen werden. Eine Organisation hingegen, die laufend Projekte unterschiedlicher Inhalte und Größen durchführt, erfordert flexible, vernetzte Organisationsstrukturen.

Grundsätzlich können Organisationen auf einem Kontinuum zwischen den Extremen „Steile, hierarchische Struktur" und „Flache, netzwerkartige Struktur" positioniert sein. Das Ausmaß von Routineprozessen in Relation zum Ausmaß von Geschäftsprozessen, die als Projekte durchgeführt werden, bestimmt die Positionierung auf diesem Kontinuum. Auch wenn keine Regeln für eine optimale Positionierung für eine Organisation festgelegt werden können, ist ein Trend zu flacheren, vernetzten Strukturen festzustellen.

Durch den Einsatz von Projekten werden Organisationen flacher und flexibler (siehe Abb. O4). Die Verflachung entsteht durch eine Vergrößerung der Kommunikationsspanne und eine (teilweise) Verringerung der Anzahl hierarchischer Ebenen. Die Flexibilität entsteht auch durch den temporären Charakter von Projekten. Projekte werden eingesetzt und nach Realisieren der Projektziele wieder aufgelöst.

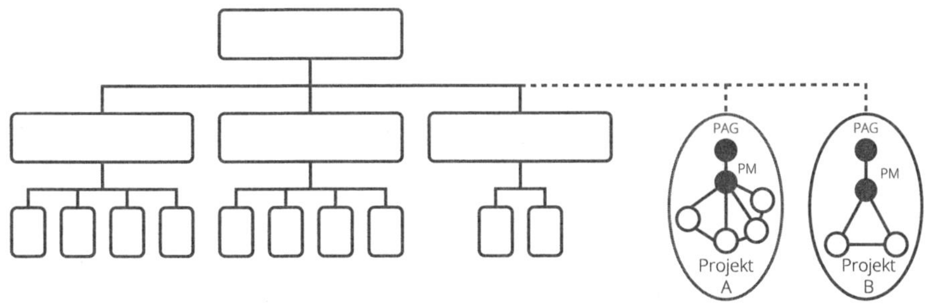

Legende:
PAG ... Projektauftraggeber
PM ... Projektmanager

Abb. O4: Verflachung von Organisationen durch Projekte

O3.2 Organigramm der projektorientierten Organisation

Die Aufbauorganisation einer projektorientierten Organisation kann in einem Organigramm visualisiert werden. Die Kombination permanenter und temporärer Organisationseinheiten wird dabei sichtbar. Permanente Organisationseinheiten sind üblicherweise Divisionen oder Profitzentren sowie Servicezentren und Abteilungen. Zusätzliche, spezifische permanente Organisationseinheiten projektorientierter Organisationen, die entsprechend der jeweiligen Bedürfnisse designed werden, können eine Projektportfolio Group, ein PM Office und Expertenpools sein.

Da Projekte und Programme eine hohe strategische Bedeutung für die projektorientierte Organisation haben, sollten diese auch symbolisch im Organigramm sichtbar werden. Dabei ist nicht jedes einzelne Projekt darzustellen, sondern Gruppen von Projekten (z. B. gegliedert nach Projektarten) und Programme.

Ein Beispiel zur Visualisierung einer projektorientierten Organisation ist in der Abbildung O5 dargestellt.

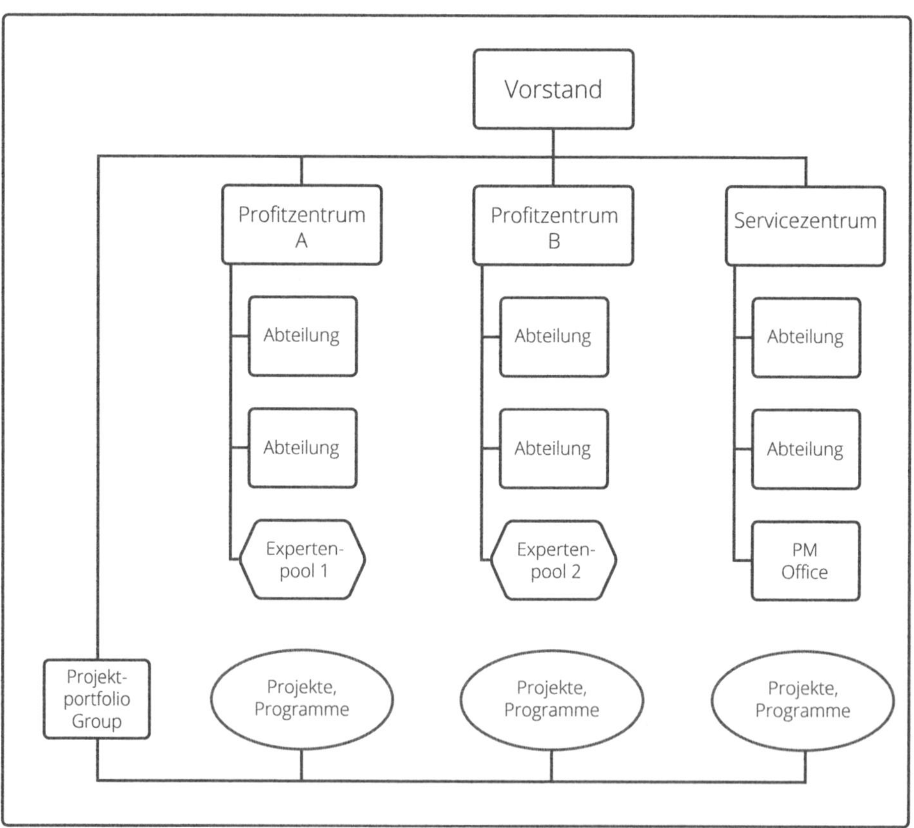

Abb. O5: Organigramm der projektorientierten Organisation (Beispiel)

Beim Designen des Organigramms einer projektorientierten Organisation gibt es Gestaltungsmöglichkeiten bezüglich der Verwendung von Symbolen zur Differenzierung permanenter und temporärer Organisationen, bezüglich der Bezeichnungen der Organisationseinheiten und bezüglich deren organisatorischer Eingliederung. Zur Darstellung permanenter und temporärer Organisationen können z. B. Kästchen und Ellipsen verwendet werden. Das Gremium zum Managen des Projektportfolios kann als Projektportfolio Group oder z. B. auch als Projektportfolio Lenkungsausschuss bezeichnet werden. Die organisatorischen Eingliederungen eines PM Office, der Projektportfolio Group und der Expertenpools sind vor allem von der Größe der Organisation und deren grundsätzlicher Strukturierung abhängig.

O3.3 Spezifische Organisationseinheiten der projektorientierten Organisation

Aus organisationstheoretischer Sicht können Projekte und Programme als Instrumente der organisatorischen Differenzierung verstanden werden. Um zu gewährleisten, dass durch die Projekte und Programme die Ziele und Regeln der Organisation verfolgt werden, benötigen projektorientierte Organisationen auch integrierende Strukturen.

Zur Integration der Projekte und Programme sowie zum Management von Projektportfolien, Projektenetzwerken und Projekteketten dienen die spezifischen permanenten Strukturen der projektorientierten Organisation, nämlich eine Projektportfolio Group, ein PM Office und Expertenpools.

Projektportfolio Group

Eine Projektportfolio Group stellt eine permanente Organisationseinheit projektorientierter Organisationen dar. Ziele einer Projektportfolio Group sind vor allem die strategische Gestaltung der Projektportfoliostrukturen, die Optimierung der Projektportfolioergebnisse und das Optimieren des Projektportfoliorisikos. Eine Beschreibung der Ziele, der organisatorischen Stellung, der Aufgaben und der formalen Entscheidungsbefugnisse der Projektportfolio Group findet sich in der Tabelle O2.

Erst ab etwa 20 bis 30 gleichzeitig durchgeführten Projekten erreichen Organisationen eine Komplexität, die eigenständige Gremien für das Projektportfoliomanagement sinnvoll machen. Dann sollte dem Managen der Projektportfolios durch die Etablierung einer Projektportfolio Group eine entsprechende Aufmerksamkeit gewidmet werden. Bei weniger Projekten können diese Aufgaben durch bestehende Organisationseinheiten, wie z. B. die Geschäftsführung, wahrgenommen werden.

Eine Projektportfolio Group sollte direkt der Geschäftsführung der projektorientierten Organisation berichten. Die Projektportfolio Group ist entscheidungsbefugt und daher nicht nur als beratende Stabstelle zu verstehen. Obwohl in Organigrammen von Organisationen integrative Strukturen, wie z. B. Führungskreise, oft nicht abgebildet werden, empfiehlt sich eine Darstellung der Projektportfolio Group im Organigramm der projektorientierten Organisation.

Rolle: Projektportfolio Group	
Ziele	> Projektportfoliostrukturen strategisch gestaltet > Projektportfolioergebnisse optimiert > Projektportfoliorisikos optimiert > Zur Optimierung der Ergebnisse des Projektenetzwerkens beigetragen > Zur Optimierung des Managens von Projekteketten beigetragen
Organisatorische Stellung	> Berichtet der Geschäftsführung der projektorientierten Organisation > Mitglieder sind Führungskräfte der projektorientierten Organisation und der Manager des PM Office
Aufgaben beim Projekt initiieren bzw. Programm initiieren	> Projektziele mit den strategischen Zielen der projektorientierten Organisation abstimmen > Über die Organisationsform zum Durchführen eines umfangreichen, relativ einmaligen Geschäftsprozesses entscheiden > Projektauftraggeber auswählen
Aufgaben beim Projektportfolio managen	> Die in Projekten eingesetzten internen und externen Ressourcen koordinieren > Projektprioritäten festlegen > Strategien zur Gestaltung von Beziehungen zu Projektstakeholdern festlegen > Ausgewählte (kritische) Projekte analysieren > Bezüglich des Unterbrechens oder Abbrechens von Projekten entscheiden (aus strategischen Gründen)
Aufgaben beim Projektenetzwerken	> Lernen von und zwischen Projekten organisieren > Projektauftraggeber in Projekteketten auswählen
Formale Entscheidungs-befugnisse	> Entscheidungen zur strategischen Gestaltung des Projektportfolios treffen > Projektanträge akzeptieren oder ablehnen > Projektauftraggeber nominieren > Projektziele in Projektanträgen adaptieren, um diese konsistent mit den Organisationszielen zu machen > Entscheidungen zur strategische Gestaltung der Stakeholderbeziehungen treffen > Neue Projekte starten > Projekte aus strategischen Gründen der Organisation abbrechen oder unterbrechen > Projekte priorisieren > Managementconsultings für Projekte und Programme veranlassen > Controllen von Nutzenrealisierungen von Investitionen veranlassen > Netzwerken von Projekten veranlassen

Tab. 02: Beschreibung der Rolle „Projektportfolio Group"

Mitglieder der Projektportfolio Group sollten Führungskräfte der projektorientierten Organisation sein. Typische Mitglieder der Projektportfolio Group sind Leiter von Profitzentren und Leiter von Servicebereichen, wie z. B. die Leiter der Bereiche Marketing, Finanzen, IT und Organisation. In projektorientierten Organisationen mittlerer Größe können auch Vertreter der Geschäftsführung der Projektportfolio Group angehören. Ein Mitglied der Projektportfolio Group sollte als Sprecher der Projektportfolio Group nominiert werden.

In Abhängigkeit von der Anzahl und der Komplexität der zu koordinierenden Projekte können auch mehrere Projektportfolio Groups in einem projektorientierten Unternehmen benötigt werden. Maximal sollten Projektportfolios mit 20 bis 30 Projekten von einer Projektportfolio Group gemanagt werden. Differenzierungen von Projektportfolio Groups können nach Organisationseinheiten oder nach Projektarten erfolgen. Ein österreichisches Anlagenbauunternehmen unterscheidet z. B. in drei Projektportfolio Groups, eine für Angebotserstellungs- und Kundenauftragsprojekte, eine für Produktentwicklungsprojekte und eine für Personal-, Organisations- und Marketingprojekte. Um sicherzustellen, dass die Entscheidungen dieser drei Projektportfolio Groups aufeinander abgestimmt sind, sind einzelne Führungskräfte Mitglieder in mehreren Projektportfolio Groups.

Die Projektportfolio Group ist vom PM Office in der Vorbereitung, Durchführung und Nachbereitung von Sitzungen zu unterstützen. Vor allem kann die Erstellung von Projektportfolioanalysen und -berichten durch ein PM Office erfolgen. PM Offices erbringen daher nicht nur Dienstleistungen bezüglich des Projekt- und Programmmanagements, sondern auch bezüglich des Projektportfoliomanagements.

PM Office

Auch das PM Office ist eine spezifische permanente Organisationseinheit der projektorientierten Organisation. Ziel eines PM Offices ist es, einen Beitrag zur Sicherung des professionellen Managens von Projekten und Programmen bzw. zur Sicherung des Projektportfolios der projektorientierten Organisation zu leisten. Diesbezügliche individuelle, kollektive und organisatorische Kompetenzen werden durch ein PM Office gesichert.

Mit der Zunahme der Bedeutung von Projekten und Programmen in Organisationen entsteht ein Bedarf zur Vereinheitlichung der Vorgehensweisen und zur Sicherung der Qualität im Projekt- und Programmmanagen. Auch der Bedarf nach einer „Wahrnehmung" des Projektportfolios entsteht.

Im Zuge der Formalisierung des Projekt- und Programmmanagens wird häufig auch ein PM Office etabliert. Das PM Office repräsentiert die institutionalisierten Kompetenzen einer Organisation im Projekt-, Programm- und Projektportfoliomanagen.

Durch Governancestrukturen zum Projekt- und Programmmanagen und durch Managementsupport leistet das PM Office einen Beitrag zur Erreichung der Projekt- und Programmziele. Durch Governancestrukturen zum Projektportfoliomanagen und durch Support des Projektportfoliomanagens leistet das PM Office einen Beitrag zur Optimierung des Projektportfolios. Das Selbstverständnis eines PM Offices ist das eines Dienstleisters und nicht eines Controllers. Mögliche Dienstleistungen des PM Offices sind in der Tabelle O3 beschrieben. Nicht-Ziele des PM Offices sind die Wahrnehmung von Projektauftraggeber- und Projektmanagerrollen.

PM Office: Dienstleistungen	
Dienstleistungen zum Projekt- und Programmmanagen	
Bereitstellen von Governance-strukturen zum Projekt- und Programmmanagen	> Richtlinien zum Projekt- und Programm-managen bereitstellen > Formulare und Software-Lösungen zum Projekt- und Programmmanagen bereitstellen
Leisten von Managementsupport für Projekte und Programme	> Managementsupport beim Starten, Controllen, Abschließen von Projekten und Programmen leisten > Managementsupport beim Transformieren bzw. Neupositionieren von Projekten
Organisieren von Management-consulting und -auditing zum Sichern der Managementqualität von Projekten und Programmen	> Managementconsulting von Projekten und Programmen organisieren > Managementauditing von Projekten und Programmen organisieren
Organisieren des individuellen und kollektiven Lernens zum Projekt- und Programmmanagen	> Aus- und Weiterbildungen zum Projekt- und Programmmanagen für Projekt-personal und für Projekte und Programme organisieren > Coachings für Rollenträger von Projekten und Programmen organisieren > Erfahrungsaustausch zwischen Projekt- und Programmmanagern organisieren
Organisieren des organisatorischen Lernens zum Projekt- und Programmmanagen	> Wissensdatenbank zum Projekt- und Programmmanagen warten > Kompetenzen zum Projekt- und Programmmanagen benchmarken
Marketing des Projekt- und Programmmanagens in der Organisation	> Marketing durch die Durchführung von Events zum Projekt- und Programm-managen betreiben > Marketing durch die Durchführung von „Projektvernissagen" betreiben > PM Office Homepage warten

PM Office: Dienstleistungen	
Dienstleistungen zum Projektportfoliomanagen	
Bereitstellen von Governance-strukturen zum Projektportfoliomanagen	> Richtlinien zum Projektportfoliomanagen bereitstellen > Formulare und Software-Lösungen zum Projektportfoliomanagen bereitstellen
Leisten von Support beim Initiieren von Projekten bzw. Programmen	> Qualität von Projektanträgen überprüfen > Beziehungen eines neuen Projekts zum existierenden Projektportfolio analysieren
Leisten von Support beim Projektportfoliomanagen	> Projektportfoliodatenbank warten > Projektportfoliostruktur analysieren > Projektportfolioberichte erstellen > Bei Sitzungen der Projektportfolio Group teilnehmen
Veranlassen und Mitwirken beim Netzwerken von Projekten	> Netzwerken von Projekten veranlassen > Beim Netzwerken von Projekten mitwirken > Kontinuität im Managen von Projekteketten sichern

Tab. O3: Mögliche Dienstleistungen des PM Offices

Zur Erfüllung der Dienstleistungen kann das PM Office unterschiedliche Hilfsmittel einsetzen. Ein Überblick über mögliche Hilfsmittel zum Projekt- und Programmmanagen und zum Projektportfoliomanagen findet sich in der Tabelle O4. Da das Managementconsulting und das Managementauditing zur Qualitätssicherung von Projekten und Programmen an Bedeutung gewinnen, kann auch diesbezüglich eine Richtlinie zur Verfügung gestellt werden.

Die permanente Organisationseinheit „PM Office" ist von den temporären Organisationseinheiten „Project Office" und „Program Office" zu unterscheiden. Das PM Office erfüllt Dienstleistungen für die projektorientierte Organisation als Ganzes, während ein Project Office bzw. ein Program Office Dienstleistungen für jeweils ein Projekt bzw. Programm erfüllen.

Die grundsätzliche Struktur eines PM Offices ist im Organigramm in der Abbildung O6 dargestellt. Die Rolle des PM Office Managers ist in der Tabelle O5 beschrieben. Wesentlich im Organigramm des PM Offices ist die Differenzierung in Stellen, die Dienstleistungen zum Projekt- und Programmmanagen erbringen, und Stellen, die Dienstleistungen zum Projektportfoliomanagen erbringen. Die Expertenpools „Projektmanager", „Projektmanagementsupport" und „Projektmanagementtrainer/Consultants" können im PM Office, aber auch in anderen Organisationseinheiten angesiedelt sein.

Projekt- und Programmmanagen: Hilfsmittel
> Richtlinie und Formulare zum Projekt- und Programmmanagement > Standardprojektpläne > Karrierepfad im Projekt- und Programmmanagement > Ausbildungsprogramme zum Projekt- und Programmmanagen > IKT-Infrastruktur zum Projekt- und Programmmanagen > Moderationstools > PM Office Homepage
Projektportfoliomanagen: Hilfsmittel
> Richtlinie und Formulare zum Projektportfoliomanagen > Standards für Projektanträge > IkT-Infrastruktur zum Projektportfoliomanagen > Standardprojektportfolioberichte

Tab. O4: Mögliche Hilfsmittel des PM Offices

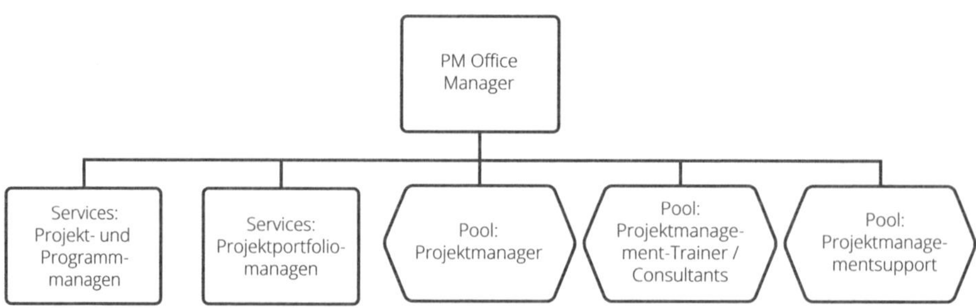

Abb. O6: Organigramm eines PM Office

Rolle: PM Office Manager	
Ziele	> Professionelles Projekt-, Programm- und Projektportfoliomanagen durch Corporate Governance und durch Supportleistungen gesichert > Die Funktion des Prozesseigentümers der Geschäftsprozesse des Projekt- und Programmmanagens und des Projektportfoliomanagens erfüllt > Mitarbeiter des PM Office geführt
Organisatorische Stellung	> Berichtet dem Manager des Geschäftsbereichs, dem das PM Office angehört > Die Mitarbeiter des PM Office berichten dem PM Office Manager > Ist Mitglied der Projektportfolio Group
Dienstleistungs-bezogene Aufgaben	> Governancestrukturen zum Projekt-, Programm- und Projektportfoliomanagen bereitstellen > Managementsupport für Projekte und Programme organisieren > Managementconsulting und -auditing von Projekten und Programmen zum Sichern deren Managementqualität organisieren > Individuelles und kollektives Lernen zum Projekt- und Programmmanagen organisieren > Organisatorisches Lernen zum Projekt- und Programmmanagen organisieren > Marketing des Projekt- und Programmmanagens in der Organisation betreiben > Support beim Initiieren von Projekten bzw. Programmen leisten > Support beim Projektportfoliomanagen leisten > Projektenetzwerken veranlassen und mitwirken
Management-aufgaben bezüglich des PM Office	> PM Office organisieren > Personal des PM Office managen > Budget des PM Office managen
Formale Entscheidungs-befugnisse	> Organisations-, Personal-, Infrastruktur- und Budgetentscheidungen im PM Office treffen > Feedback an Initiierungsteams zu Projektanträgen geben > Projektenetzwerken veranlassen

Tab. O5: Beschreibung der Rolle „PM Office Manager"

Bezüglich der organisatorischen Eingliederung eines PM Offices in der projektorientierten Organisation bestehen unterschiedliche Möglichkeiten. In der Abbildung O7 sind mögliche Eingliederungen in einem Profitzentrum, in einem Servicezentrum und als Stabstelle der Geschäftsführung dargestellt.

Wenn mehrere PM Offices in unterschiedlichen Profitzentren bestehen, müssen sich diese formell oder informell abstimmen, um bei Projekten, in denen mehrere Profitzentren kooperieren, eine einheitliche Vorgehensweise zu sichern.

Die Dienstleistungen eines PM Offices (siehe Tab. O3) können einerseits in Governance- und strategische Aufgaben, wie z. B. das Projektportfoliomanagen, und andererseits in operative Aufgaben, wie z. B. den Managementsupport, unterschieden werden. Manche Organisationen schaffen dementsprechend zwei PM Offices, ein strategisches und ein operatives. Ein strategisches PM Office könnte dann, wie in

Abbildung O7 gezeigt, als eine Stabstelle zur Geschäftsführung, ein operatives PM Office als Teil eines Profit- oder Servicezentrums eingegliedert werden.[1]

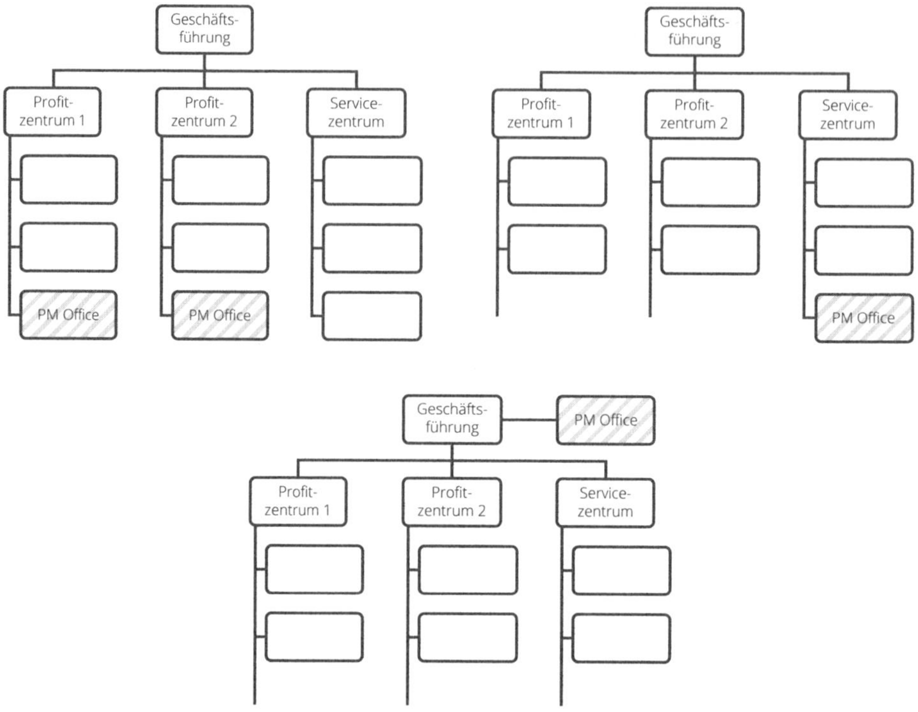

Abb. O7: Mögliche organisatorische Eingliederungen des PM Offices

In Abhängigkeit von der Größe der projektorientierten Organisation, vom Umfang des Projektportfolios und von den angebotenen Dienstleistungen kann ein PM Office nur aus einer Person oder aus mehreren Personen bestehen. Ein österreichisches Produktions- und Handelsunternehmen mit etwa 350 Mitarbeitern und einem Projektportfolio von durchschnittlich 25 Projekten besetzt das PM Office z. B. mit zwei Parttime-Mitarbeitern. Größere Organisationen besetzen PM Offices mit mehreren Fulltime-Mitarbeitern.

Expertenpools

Die Erfüllung von Geschäftsprozessen in Projekten und Programmen erfolgt durch Experten unterschiedlicher Expertenpools der projektorientierten Organisation.[2]

Der Unterschied zwischen einem Expertenpool und einer „traditionellen" Abteilung liegt außer im „Empowerment" der Experten vor allem in der Wahrnehmung der

1 Vgl. Ortner, G., Stur, B., 2015, S. 25ff.

2 Statt „Expertenpool" finden sich in der Praxis auch andere Bezeichnungen, wie z. B. „Ressourcen Pool" und „Center of Excellence".

Leitungsrollen. Der „traditionelle" Abteilungsleiter versteht sich vor allem als Experte, der für die inhaltlichen Leistungen der Abteilungsmitarbeiter verantwortlich ist. Der Expertenpoolmanager versteht sich vor allem als Manager des Pools mit Personal- und Organisationsverantwortung und nicht als inhaltlicher Experte. Dieses Selbstverständnis des Expertenpoolmanagers schließt jedoch nicht aus, dass er auch Expertenaufgaben in Projekten wahrnimmt. Er ist aber nicht für die Leistungen der anderen Experten des Pools verantwortlich.

Ziel eines Expertenpools ist es, genügend und entsprechend qualifizierte Experten für Projekte und Programme bereitzustellen. Es ist auch Ziel, durch entsprechende Governancestrukturen die Voraussetzungen zur effizienten Erfüllung der Geschäftsprozesse in Projekten und Programmen zu sichern.

Die im Expertenpool zu erfüllenden Aufgaben sind Personalmanagement-, Prozessmanagement- und Wissensmanagementaufgaben. Die Erfüllung projektbezogener Aufgaben und auch deren qualitative Kontrolle erfolgt nicht im Expertenpool, sondern in den Projekten. Entsprechend dem Modell der „empowered" Projektorganisation (siehe Kap. G) sind die Projektteammitglieder und Projektmitarbeiter für die Art der Leistungserfüllung – im Rahmen der definierten Richtlinien und Standards – und für die Qualität der Leistungserfüllung selbst verantwortlich.

Abhängig von der Geschäftstätigkeit einer projektorientierten Organisation können mehrere Arten von Expertenpools unterschieden werden. In einem Anlagenbauunternehmen gibt es z.B. unterschiedliche technische Expertenpools (Mechanisches Engineering, Elektrisches Engineering etc.), einen Expertenpool „Beschaffung", einen Expertenpool „Montage" etc. In einem IT-Unternehmen kann man z. B. Expertenpools von Designern, Programmierern, Testern etc. unterscheiden. Es ist aber nicht nur in Organisationen, die Kundenaufträge abwickeln, sinnvoll, Expertenpools zu schaffen. Auch für interne Projekte können Personen, die qualifiziert sind, in Projekten mitzuarbeiten, Expertenpools zugeordnet werden. So sind z. B. nicht alle Mitarbeiter der Marketingabteilung einer Bank für die Projektarbeit qualifiziert. Personen, die aber Abteilungsinteressen in Projekten vertreten können, Fachkenntnisse besitzen und auch über genügend Projektmanagementkompetenzen verfügen, um als Projektteammitglieder arbeiten zu können, sollten (virtuell) einem Marketingexpertenpool zugeordnet werden.

In der projektorientierten Organisation sollte es immer einen Expertenpool „Projektmanager" geben. In größeren Organisationen können, wie oben beim PM Office beschrieben, auch die Expertenpools „Projektmanagementsupport" und „Projektmanagementtrainer/Consultants" definiert werden.

In einem Expertenpool sind unterschiedliche Rollen wahrzunehmen. Es ist zwischen dem Expertenpoolmanager und den Poolmitgliedern zu unterscheiden. Die Rolle des Managers eines Expertenpools „Projektmanager" kann durch den Manager eines PM Offices in Personalunion wahrgenommen werden. Die Mitglieder eines Expertenpools können unterschiedliche Qualifikationen repräsentieren. Eine Differenzierung in Junior Experte, Experte und Senior Experte ermöglicht die Etablierung eines Expertenkarrierepfads (siehe Kap. P).

Die Rolle des Expertenpoolmanagers ist in der Tabelle O6 beschrieben. Der Expertenpoolmanager sollte aufgrund der Erfüllung seiner Managementleistungen im Expertenpool und nicht aufgrund der Projekt- und Programmergebnisse beurteilt werden.

Rolle: Expertenpoolmanager	
Ziele	> Expertenpoolmitglieder geführt > Verfügbarkeit von Experten zur Durchführung von Projekten und Programmen gesichert > Governancestrukturen zur Erfüllung der Geschäftsprozesse des Expertenpools bereitgestellt > Wissensmanagement im Expertenpool bereitgestellt
Organisatorische Stellung	> Berichtet dem Manager des Profitzentrums oder Servicezentrums, dem der Expertenpool angehört > Leitet Junior Experten, Experten und Senior Experten im Pool
Dienstleistungs-bezogene Aufgaben	> Governancestrukturen zum Durchführen der Geschäftsprozesse des Expertenpools bereitstellen > Support beim Initiieren von Projekten bzw. Programmen leisten > Support beim Projektportfoliomanagen leisten > Personal des Expertenpools in Projekte und Programme disponieren > Die für die Erfüllung der Geschäftsprozesse des Expertenpools notwendigen Infrastruktur bereitstellen > Wissensdatenbank mit Informationen zur Erfüllung der Geschäftsprozesse des Expertenpools bereitstellen > Einhaltung der Governancestrukturen zur Erfüllung der Geschäftsprozesse des Expertenpools sichern (z. B. durch Erfahrungsaustausch, Supervisionen, Audits etc.), > Individuelles und kollektives Lernen organisieren z.B. in Projektsubteams
Management-aufgaben bezüglich des Expertenpools	> Personal des Expertenpools rekrutieren > Personal des Expertenpools entwickeln > Budget des Expertenpools managen > Expertenpool organisieren
Formale Entscheidungs-befugnisse	> Organisations-, Infrastruktur- und Budgetentscheidungen im Expertenpool treffen > Entscheidungen bezüglich der Rekrutierung und der Entwicklung von Personal für den Expertenpool treffen > Entscheidungen zur Disposition von Mitgliedern des Expertenpools in Projekte und Programme treffen > Supervisionen oder Audits bezüglich der Erfüllung der Geschäftsprozesse des Expertenpools veranlassen

Tab. O6: Beschreibung der Rolle „Expertenpoolmanager"

O4 Kulturen der projektorientierten Organisation

O4.1 Organisationskultur und Managementparadigma

Eine Organisationskultur kann als die Gesamtheit der Werte, Normen, Verhaltensmuster und Artefakte, die die Mitglieder einer Organisation entwickeln und leben, verstanden werden. Die Kultur einer Organisation ist nicht direkt fassbar, sondern kann aufgrund von Symbolen, Fähigkeiten und eingesetzter Hilfsmittel beobachtet werden.

In der projektorientierten Organisation ist eine kulturelle Differenzierung durch die Kombination der Kultur der permanenten Organisation mit Projekt- und Programmkulturen möglich. Zur Entwicklung projekt- bzw. programmspezifischer Kulturen tragen z. B. spezifische Namen, Logos, Regeln und Normen, Artefakte und Verhaltensweisen bei. Der kulturellen Differenzierung ist durch eine kulturelle Integration zu entsprechen.

Das Managementparadigma einer Organisation schafft einen kulturellen Rahmen. Ein Managementparadigma ist durch Werte, Ziele, Geschäftsprozesse, Methoden, Rollen und Stakeholderbeziehungen einer Organisation charakterisiert. Ein mechanistisches Managementparadigma (siehe Kap. B) ist durch arbeitsteilige Abläufe in funktionalen Organisationseinheiten, durch die Hierarchie als zentrales Integrationsinstrument und durch Kooperationen aufgrund von Schnittstellendefinitionen charakterisiert. Organisationen mit einem solchen traditionellen Managementparadigma können die organisatorischen Potenziale von Projekten und Programmen nur wenig nutzen.

Zur erfolgreichen und effizienten Durchführung von Projekten und Programmen ist ein systemisches Managementparadigma Voraussetzung. Die Werte des systemischen Managementparadigmas, die den RGC Managementansätzen zugrunde liegen, sind in der Abbildung O8 dargestellt und kurz interpretiert. Werte der Managementkonzepte Agilität und Resilienz wurden dabei berücksichtigt. Detaillierte Interpretationen der Werte des RGC Managementparadigmas für die RGC Managementansätze finden sich für das Projektmanagen im Kapitel F, für das Programmmanagen im Kapitel M, für das Changemanagen im Kapitel N und für das Projektportfoliomanagen im Kapitel P.

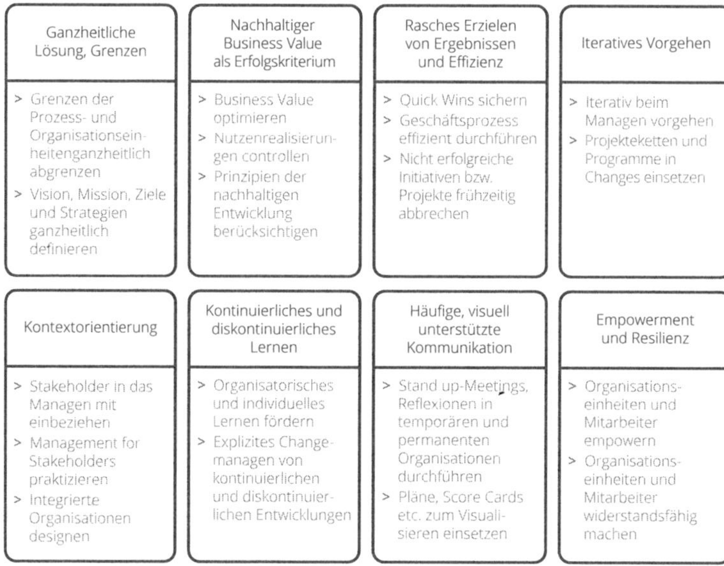

Abb. O8: Werte, die den RGC Managementansätzen zugrunde liegen

O4.2 Agilität und Resilienz der projektorientierten Organisation

Durch den Einsatz von Projekten und Programmen zur Durchführung einmaliger, umfangreicher, kurz- und mittelfristiger Geschäftsprozesse ist die projektorientierte Organisation agil und resilient. Die Kombination permanenter und temporärer Organisationen trägt wesentlich zur Flexibilität und Schnelligkeit sowie zur Widerstandsfähigkeit der projektorientierten Organisation bei. Relativ autonome Projekte und Programme schaffen ein hohes Ausmaß an Flexibilität. Projekte werden gestartet, nach Erreichung der Ziele abgeschlossen oder bei mangelndem Erfolg auch abgebrochen.

Der Agilität von Projekten und Programmen (siehe Kap. F und M) ist durch Agilität der permanenten Organisationseinheiten der projektorientierten Organisation zu entsprechen.

Agile Werte und Prinzipien (siehe Kap. B) können auch zum Managen permanenter Organisationseinheiten eingesetzt werden. Stand-up-Meetings, Visualisierungen in der Kommunikation, Teamarbeit, Einbeziehen von Stakeholdern, iteratives Vorgehen etc. sind im täglichen Managen möglich und tragen zur Qualitätssicherung bei.

„Agil" Managen kann entweder nur durch die Berücksichtigung agiler Werte oder auch durch den Einsatz agiler Methoden, wie z. B. Scrum, erfolgen. In beiden Fällen werden Verantwortungen neu verteilt und Arbeitsweisen verändert. Mitarbeiter werden in direkten Kontakt mit (internen) Kunden gebracht, unabhängig von ihrer hierarchischen Position. Führungskräfte unterstützen Teams und Mitarbeiter bei der Übernahme von Verantwortung und fördern die Selbstorganisation unter Einhaltung von Richtlinien und Regeln.

Holacracy ist ein Modell zur Umsetzung agiler Prinzipien auf Organisationsebene. Im Exkurs „Holacracy" wird ein Überblick dieses Modells gegeben.

Exkurs: Holacracy

„Holacracy" ist ein Organisationsmodell, das die Transparenz, Dynamik und Eigenverantwortung von Organisationen fördert. Robertson bezeichnet Holacracy als eine neue soziale Methodik für die Führung und Arbeitsweise einer Organisation.[3] „From the root ‚holarchy', holacracy means governance by the organizational entity itself, not governance by the people within the organization".[4]

Eine Organisation wird als eine „Holarchie semi-autonomer Circles" verstanden. Jeder Circle bekommt von einem übergeordneten Circle Zielvorgaben, deren Erfüllung eigenverantwortlich erfolgt. Ein untergeordneter Circle ist durch mindestens zwei Personen mit einem übergeordneten Circle verbunden. Diese Personen gehören beiden Circles an und haben in beiden Circles Entscheidungsverantwortungen.

Selbstorganisation eines Circles erfolgt im Kontext des jeweils übergeordneten Systems. Ein Circle kann nicht vollständig autonom sein, die Bedürfnisse anderer Circles müssen berücksichtigt werden, um das Ganze zu optimieren. Diese strukturellen Zusammenhänge sind aus der Abbildung O9 ersichtlich.

Das Holacracy-Modell fußt auf dem strikten Einsatz eines Rollenmodells, bei dem jedem Mitarbeiter eine bzw. mehrere Rollen zugewiesen werden. Dadurch ergibt sich eine höchst flexible Organisationsstruktur, die sich rasch an neue Gegebenheiten anpassen kann.

Transparent gemachte Spielregeln und klar definierte Autoritätsbereiche bilden den Rahmen für mehrere autonom handelnde Teams, sogenannte „Circles". Die einzelnen Circles zeichnen sich durch eine hohe Problemlösungskompetenz aus und fördern eine integrative Entscheidungsfindung auf niedrigen Hierarchieebenen.

Als wesentliches Element des Holacracy-Modells beschreibt der in Abbildung O10 dargestellte Meetingprozess die Zusammenarbeit der einzelnen Circles.[5]

3 Vgl. Robertson B., 2016.
4 Robertson B., 2006, S. 4, zitiert nach holacracy.org
5 Vgl. holacracy. org (abgerufen am 16.01.2017).

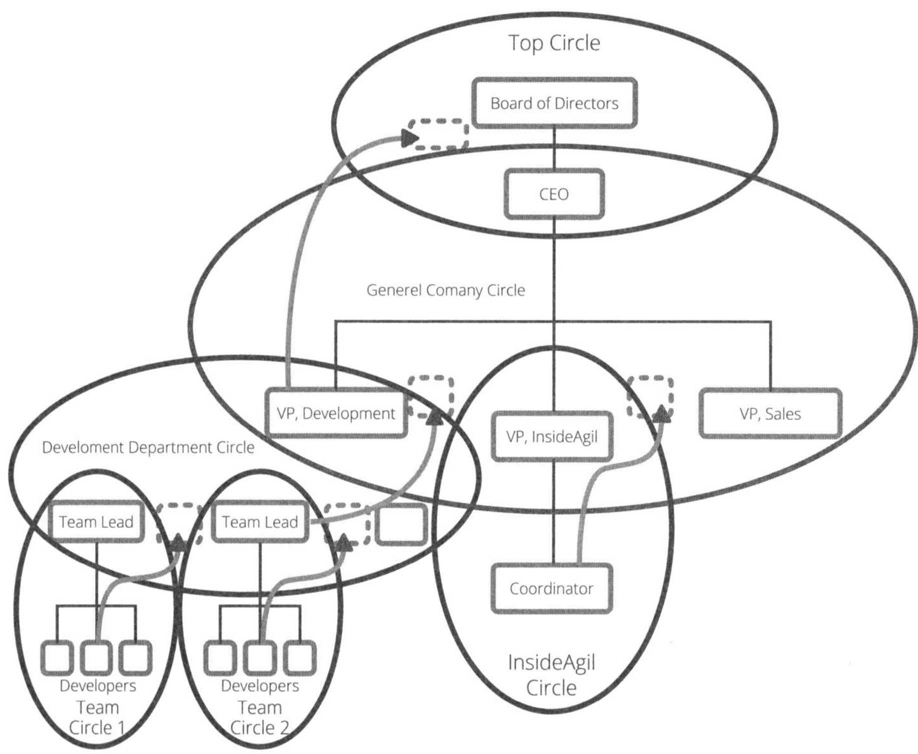

Abb. 09: Organigramm mit Circle-Strukturen[6]

Die klare Trennung von operativen und organisatorischen Themen soll eine effiziente Arbeitsweise sichern. Tactical Meetings dienen dem laufenden Informationsaustausch und der Bearbeitung von Reibungspunkten. In Governance Meetings liegt der Fokus auf der Weiterentwicklung der Organisationsstruktur, beispielsweise werden Rollen angepasst oder neu geschaffen.

6 Robertson B., 2006, S. 7.

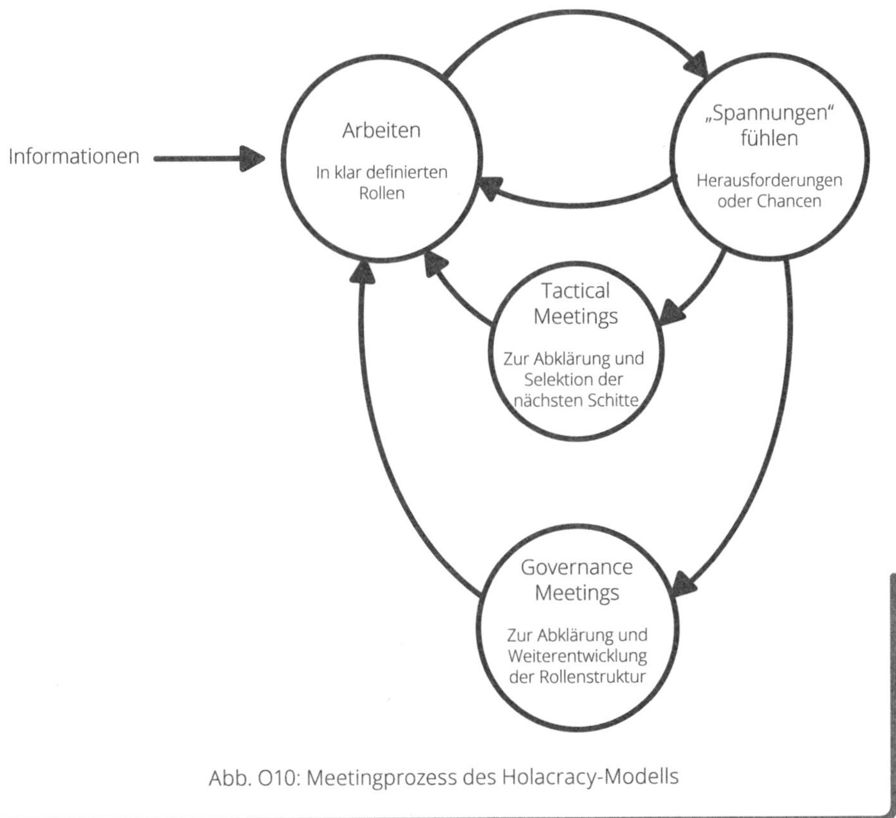

Abb. O10: Meetingprozess des Holacracy-Modells

Die Projektorientierung sichert Organisationen sowohl Flexibilität und Schnelligkeit als auch Resilienz im Umgang mit Komplexität und Dynamik. Eine wesentliche Führungsaufgabe in agilen und resilienten Organisationen ist das Wertemanagement. Werte sind von den Führungskräften zu definieren, zu kommunizieren, zu interpretieren und vorzuleben.

O4.3 Subkulturen in der projektorientierten Organisation

Durch die Definition von Projekten und Programmen erfolgt die Bildung von Subsystemen in der projektorientierten Organisation. Als Subsystem kann sich ein Projekt von anderen Subsystemen, wie z. B. Profitzentren, Servicezentren oder auch anderen Projekten, durch eine spezifische Kultur unterscheiden. Die kulturelle Differenzierung von Projekten ist dann für die projektorientierte Organisation funktional, wenn durch die entstehenden Autonomien die Erreichung der Ziele der Organisation gefördert wird.

Voraussetzung für die Definition von Subsystemen ist es, dass sich die jeweiligen Kulturen durch eigene Werte, Regeln und Verhaltensweisen auszeichnen, die von den Mitgliedern erlernt und kollektiv geteilt werden.

Projekte sind nicht nur Instrumente der kulturellen Differenzierung, sondern auch Integrationsinstrumente. Eine kulturelle Integration findet z. B. statt, wenn die Mitglieder einer Projektorganisation aus unterschiedlichen Organisationseinheiten kommen und/oder wenn die Projektziele für die Organisation als Ganzes relevant sind.

Die Ziele und Methoden zur Entwicklung projekt- und programmspezifischer Kulturen wurden im Kapitel H beschrieben.

O5 Corporate Governance und Entwicklung der projektorientierten Organisation

O5.1 Corporate Governance: Definition

Corporate Governance kann definiert werden "as a system by which companies are directed and controlled"[7] bzw. "as a system by which companies are strategically directed, integratively managed and holistically controlled in an entrepreneurial and ethical way and in a manner appropriate to each particular context".[8]

Ziel der Corporate Governance ist es, Richtlinien und Regeln zu schaffen, um die Risiken einer Organisation zu optimieren und die Qualität von deren Geschäftsprozessen sowie die Nutzen für deren Stakeholder nachhaltig zu sichern. Dadurch wird auch den Prinzipien des nachhaltigen Entwickelns entsprochen. Corporate Governance soll Voraussetzungen für transparente Organisationsstrukturen und wiederholbare Geschäftsprozesse schaffen.

Ergebnisse der Corporate Governance sind Richtlinien, Pläne, Kennzahlen und Beschreibungen, die sich auf die Ziele, Strategien und Werte, die Dienstleistungen und Produkte, die Rechtsform und die organisatorischen Strukturen, das Personal, die Infrastruktur, die Finanzierung und die Stakeholder einer Organisation beziehen können. Eine Liste möglicher Corporate-Governance-Dokumente sind in der Tabelle O7 dargestellt. Wie diese Beispiele zeigen, ist „Governing" nicht Managen. Durch Corporate Governance werden aber Regeln für das tägliche Managen bereitgestellt.

Corporate Governance beschränkt sich nicht auf das Bereitstellen von Dokumenten. Die Richtlinien und Regeln sind Stakeholdern in entsprechender Form zu kommunizieren und die Einhaltung dieser Vorgaben ist auch zu kontrollieren.

7 Cadbury Committee, 1992, S. 14.
8 Hilb, H., 2012, S. 7.

Art der Dokumente	Inhalt
Dokumente bezüglich der Ziele, Strategien und Werte der Organisation	> Richtlinien bezüglich der Planung, Kommunikation und Kontrolle strategischer Ziele, der Strategien und der Werte der Organisation > Beschreibung der strategischen Ziele, des Leitbilds, der Strategien und der Werte der Organisation > ...
Dokumente bezüglich der Dienstleistungen und Produkte der Organisation	> Regelungen bezüglich der Dienstleistungen und Produkte für unterschiedliche Märkte > Richtlinien und Regeln bezüglich der Erfüllung von Dienstleistungen und der Lieferung von Produkten für unterschiedliche Märkte > ...
Dokumente bezüglich der organisatorischen Strukturen	> Regelungen bezüglich der Erstellung von Organigrammen, Stellenbeschreibungen, Entscheidungsregeln, Beschreibungen von Geschäftsprozessen, etc. > Organigramme, Stellenbeschreibungen von Führungsgremien, ausgewählte Beschreibungen von Geschäftsprozessen > ...
Dokumente bezüglich	> ...

Tab. O7: Beispiele von Corporate-Governance-Dokumenten

O5.2 Corporate Governance der projektorientierten Organisation

Eine projektorientierte Organisation benötigt zur Governance von Projekten, Programmen und Projektportfolien spezifische Governance-Strukturen. Dabei ist das Sichern der Managementqualität der Projekte, Programme und Projektportfolien das Ziel.

Corporate-Governance-Strukturen der projektorientierten Organisation beinhalten Beschreibungen der Geschäftsprozesse zum Projekt- und Programmmanagen, zum Projektportfoliomanagen und eventuell auch zum Sichern der Managementqualität von Projekten und Programmen. Weitere relevante Dokumente können Werte, Rollenbeschreibungen, Beschreibungen von Kommunikationsstrukturen und Entscheidungsregeln zum Projekt-, Programm- sowie zum Projektportfoliomanagen sein.

Die Geschäftsführung einer projektorientierten Organisation entscheidet bezüglich der Implementierung der Corporate-Governance-Strukturen und deren Controllen, das PM Office ist für das Implementieren und Controllen operativ zuständig. Das Controllen kann durch periodische Audits bzw. Health Checks durch organisationsinterne oder -externe Auditoren erfolgen.

Projekt- bzw. Programmauftraggeber tragen zur Berücksichtigung der Corporate-Governance-Strukturen in den Projekten bzw. Programmen bei. Sie haben aber keine Verantwortung für das Implementieren und Controllen der Corporate-Governance-Strukturen. Die Verantwortung für die Corporate Governance der projektorientierten Organisation ist daher von der Managementverantwortung für Projekte und Programme zu unterscheiden. Aufgabe der Corporate Governance ist es, generell zu definieren, wie Projekte bzw. Programme gemanaged werden sollen, aber nicht deren jeweiliges Management.

Die Verantwortung für das Implementieren und Controllen der spezifischen Corporate-Governance-Strukturen der projektorientierten Organisation ist von der Managementverantwortung für Projekte und Programme zu unterscheiden. Es ist Aufgabe der Corporate Governance, generell zu definieren, wie Projekte bzw. Programme gemanaged werden sollen. Das jeweilige Managen eines Projekts bzw. Programms ist Aufgabe der jeweiligen Projekt- bzw. Programmorganisation. Es gibt daher keine Corporate-Governance-Aufgaben für einzelne Projekte oder Programme.

O5.3 Richtlinien und Standards der projektorientierten Organisation

Corporate-Governance-Dokumente der projektorientierten Organisation können in Richtlinien oder Standardprojektplänen zusammengefasst werden. Typische Richtlinien der projektorientierten Organisation sind Richtlinien zum Projekt- und Programmmanagen, zum Projektportfoliomanagen und eventuell auch zum Sichern der Managementqualität von Projekten und Programmen.

Richtlinie zum Projekt- und Programmmanagen

Ziele einer Richtlinie zum Projekt- und Programmmanagen sind die Vereinheitlichung der Vorgehensweise und die Sicherung der Qualität des Projekt- und Programmmanagens. Durch eine Richtlinie soll den Mitarbeitern Orientierung zum Managen von Projekten und Programmen gegeben werden und es soll die Effizienz der Durchführung von Projekten und Programmen gesichert werden. Eine Richtlinie zum Projekt- und Programmmanagen ist ein wesentlicher Teil der organisatorischen Kompetenz der projektorientierten Organisation.

In einer Richtlinie zum Projekt- und Programmmanagen sollte definiert sein, wann Geschäftsprozesse als Projekt bzw. als Programm zu organisieren sind, welche Methoden zu ihrem Management einzusetzen und welche Rollen in Projekten und Programmen wahrzunehmen sind. Es können auch Musterdokumentationen von Projekten und Standardprojektpläne zur Verfügung gestellt werden.

Exemplarisch ist ein Inhaltsverzeichnis einer Richtlinie zum Projekt- und Programmmanagen in der Tabelle O8 dargestellt.

Inhaltsverzeichnis
1 Einleitung 1.1 Ziele, Inhalte der Richtlinien zum Projekt- und Programmmanagen 1.2 Updating der Richtlinien
2 Definitionen 2.1 Definitionen: Kleinprojekt, Projekt, Programm 2.2 Definition: Projekt- und Programmmanagen 2.3 Projekt- und Programmarten
3 Projekt initiieren 3.1 Geschäftsprozess: Projekt initiieren 3.2 Rollen zum Projektinitiieren 3.3 Methoden zum Projektinitiieren
4 Programm initiieren 4.1 Geschäftsprozess: Programm initiieren 4.2 Rollen zum Programminitiieren 4.3 Methoden zum Programminitiieren
5 Projekt managen 5.1 Geschäftsprozess: Projekt managen 5.2 Teilprozess Projektstarten 5.3 Teilprozess Projektcontrollen 5.4 Teilprozess Projektkoordinieren 5.5 Teilprozess Projekttransformieren/Projektneupositionieren 5.6 Teilprozess Projektabschließen
6 Designen von Projektorganisationen 6.1 Projektorganigramm 6.2 Projektrollen 6.3 Projektkommunikationsformate 6.4 Projekte und Werte 6.5 Einsatz von Methoden zum Projektmanagen
7 Programm managen 7.1 Geschäftsprozess: Programm managen 7.2 Organisation von Programmen 7.3 Teilprozesse des Programmmanagens 7.4 Einsatz von Methoden zum Programmmanagen 7.5 Hilfsmittel zum Programmmanagen
8 Anhang 8.1 Formulare zum Projekt- und zum Programmmanagen 8.2 Glossar 8.3 Links zu Standardprojektplänen und zu Musterdokumentationen

Tab. O8: Inhaltsverzeichnis einer Richtlinie zum Projekt- und Programmmanagen (Beispiel)

Richtlinien zum Projekt- und Programmmanagen sind möglichst kurz zu halten (etwa 20–30 Seiten ohne Anhang). Der Einsatz der in der Richtlinie beschriebenen Geschäftsprozesse und Methoden sollte verbindlich sein. Die Richtlinien zum Projekt- und Programmmanagen beinhalten in der Regel auch einen Satz von Formularen, die die Anwendung der Methoden des Projekt- und Programmmanagens unterstützen.

Richtlinie zum Projektportfoliomanagen

Ziele einer Richtlinie zum Projektportfoliomanagen sind die Vereinheitlichung der Vorgehensweise und die Sicherung der Qualität des Projektportfoliomanagens. Dadurch werden organisatorische Kompetenzen geschaffen. In einer Richtlinie zum Projektportfoliomanagen sind die Geschäftsprozesse des Projektportfoliomanagens, die Rollen und die Methoden zum Projektportfoliomanagen beschrieben. In einer Richtlinie zum Projektportfoliomanagen kann auch der der Geschäftsprozess „Projektenetzwerken" (siehe Kap. P) beschrieben werden.

Inhaltsverzeichnis

Tab. O9: Inhaltsverzeichnis der Richtlinie zum Projektportfoliomanagen und Projektenetzwerken

Rollen zum Projektportfoliomanagement sind die Projektportfolio Group, das PM Office und Expertenpools (siehe oben). Ein Beispiel des Inhaltsverzeichnisses einer Richtlinie zum Projektportfoliomanagen und Projektenetzwerken ist in der Tabelle O9 dargestellt.

Standardprojektpläne

Standardprojektpläne können zum Managen repetitiver Projekte, wie z. B. Angebotserstellungsprojekte, Kundenauftragsprojekte, Produktentwicklungsprojekte, Eventorganisationsprojekte etc., entwickelt und eingesetzt werden. Diesbezügliche Standardprojektpläne können z. B. Standardprojektstrukturpläne, Standardmeilensteinpläne, Standardarbeitspaketspezifikationen, Standardfunktionendiagramme und Standardorganigramme sein.

Der Einsatz von Standardprojektplänen reduziert den Planungsaufwand beim Initiieren und Starten von Projekten und ermöglicht es, auf bereits gemachte Erfahrungen zurückzugreifen.

Ein Risiko beim Einsatz von Standardprojektplänen besteht in einer „linearen" Anwendung, ohne die Spezifika eines neuen Projekts entsprechend zu berücksichtigen. Auf eine adäquate Adaption der Standardprojektpläne zur Berücksichtigung von Projektspezifika ist daher zu achten.

O5.4 Entwickeln als projektorientierte Organisation

Ziele und Betrachtungsobjekte des Entwickelns als projektorientierte Organisation

Der häufige Einsatz von Projekten und Programmen setzt neben speziellen individuellen Kompetenzen auch entsprechende organisatorische Kompetenzen als projektorientierte Organisation voraus. Die organisatorischen Kompetenzen können durch Corporate-Governance-Strukturen formalisiert werden (siehe oben).

Dem systemischen Managementansatz folgend kann sich das Entwickeln einer Organisation auf deren Strukturdimensionen, nämlich Dienstleistungen und Produkte, Organisationsstrukturen und Kulturen, Personalstrukturen, Infrastrukturen, Budget und Finanzierung sowie auf deren Kontext beziehen. Relevante Kontextdimensionen von Organisationen sind deren Geschichte und Erwartungen an die Zukunft, deren Stakeholder und das übergeordnete soziale System, zu dem die Organisation einen Beitrag leistet (siehe auch Kap. C).

Diese Struktur- und Kontextdimensionen können Betrachtungsobjekte des Entwickelns als projektorientierte Organisation darstellen (siehe Tab. O10). Entsprechend der jeweiligen Zielsetzung ist das Ausmaß der Veränderung zu planen. Grundsätzlich können das Etablieren oder das Weiterentwickeln als projektorientierte Organisation Ziele sein.

Dimension	Betrachtungsobjekt der Entwicklung
Dienstleistungen	> Projekt- und Programmmanagen als Differenzierungsmerkmal und als eigenständige Dienstleistungen
Aufbauorganisation	> Projektportfolio Group, PM Office, Expertenpools > Aufgaben des Projekt- und Programmmanagens in Stellenbeschreibungen von Führungskräften
Geschäftsprozesse	> Projekt initiieren, Programm initiieren > Projekt managen, Programm managen > Managementqualität eines Projekts bzw. Programms sichern > Projektportfolio koordinieren, > Netzwerken von Projekten
Personal	> Projektmanagement-Karrierepfad > Entwickeln von Projektpersonal > Projektbezogene Anreizsysteme > Projektziele als Teil der MbOs von Führungskräften
Infrastruktur	> Software zum Projekt- und Programmmanagen > Software zum Projektportfoliomanagen > Moderationsmaterial > Projekträume
Stakeholder	> Integration von Kunden, Partnern, Lieferanten von Projekten und Programmen
Budget	> Projekt- und Programmbudgets > PM Office-Budget > Budget für das Sichern von Managementqualität von Projekten und Programmen

Tab. O10: Betrachtungsobjekte der Entwicklung als projektorientierte Organisation

Etablieren als projektorientierten Organisation

Beim Etablieren als projektorientierte Organisation wird davon ausgegangen, dass in der Organisation noch keine oder nur wenige individuelle und organisatorische Kompetenzen zum Projekt-, Programm- und Projektportfoliomanagen existieren. Es wird die Entwicklung grundsätzlicher Kompetenzen durch Personalentwicklungsmaßnahmen und durch aufbau- und ablauforganisatorische, infrastrukturelle, stakeholderbezogene und budgetäre Maßnahmen angestrebt.

Die Etablierung kann durch das Entwickeln grundlegender Strukturen und deren anschließendes Umsetzen im Projekt-, Programm- und im Projektportfoliomanagen erfolgen. Zum Schaffen der grundlegenden Strukturen einer projektorientierten Organisation sind folgende Maßnahmen durchzuführen:

- Entwickeln von Richtlinien zum Projekt-, Programm- und Projektportfoliomanagen,
- Entwickeln von Standardprojektplänen,
- Erstellen von Personalentwicklungsplänen und eines Karrierepfads für das Projektmanagement,
- Bereitstellen von Software zum Projekt-, Programm- und Projektportfoliomanagen und
- eventuell Schaffen eines PM Office und einer Projektportfolio Group.

Das Umsetzen dieser Strukturen im Projekt-, Programm- und Projektportfoliomanagen kann durch folgende Maßnahmen erfolgen:

- Ausbilden und eventuell Coachen von Auftraggebern, Managern und Teammitgliedern von Projekten und Programmen,
- Entwickeln einer Projektportfoliodatenbank,
- Erstellen von Projektportfolioberichten,
- Ausbilden und eventuell Coachen von Führungskräften zum Projektportfoliomanagen,
- Durchführen von Erfahrungsaustausch-Workshops zum Projekt- und Programmmanagen,
- Durchführen von Managementconsultings von Projekten und Programmen,
- Durchführen von Projektmanagement- und Programmmanagement-Marketing.

Weiterentwickeln als projektorientierte Organisation

Ziele des Weiterentwickelns als projektorientierte Organisation können einerseits das Optimieren der bereits etablierten Geschäftsprozesse und andererseits das Etablieren zusätzlicher Strukturen sein. Zur Definition der Ziele des Weiterentwickelns kommt der Analyse der Kompetenzen als projektorientierte Organisation eine besondere Bedeutung zu. Die Maßnahmen zum Weiterentwickeln sind in Abhängigkeit von den jeweils definierten Zielen zu planen.

Bei der Analyse als projektorientierte Organisation werden die individuellen und die organisatorischen Kompetenzen erfasst. Methoden zur Analyse der individuellen Kompetenzen des Projektpersonals sind im Kapitel P beschrieben. Die Analyse der organisatorischen Kompetenzen als projektorientierte Organisation kann mit Maturitymodellen für projektorientierte Organisationen erfolgen. Von Projektmanagementvereinigungen angebotene Maturitymodelle sind z. B. OPM3[9] und Delta[10]. Im Exkurs „RGC Modell zur Analyse der Maturity als projektorientierte Organisation" ist das diesbezügliche Modell der RGC kurz beschrieben.

9 Vgl. Project Management Institute, 2013.
10 Vgl. Gesellschaft für Projektmanagement, 2017.

Exkurs: RGC Modell zur Analyse der Maturity als projektorientierte Organisation

Der Fragebogen zur Analyse der Maturity als projektorientierte Organisation ist auf Grundlage der RGC Managementansätze nach Geschäftsprozessen der projektorientierten Organisation strukturiert. Die betrachteten Geschäftsprozesse sind aus der „Spinnennetzgrafik" des Maturitymodells (siehe Abb. O11) ersichtlich.

Die „Maturity" jedes Geschäftsprozesses kann anhand von Fragen analysiert werden (Tabelle O11).

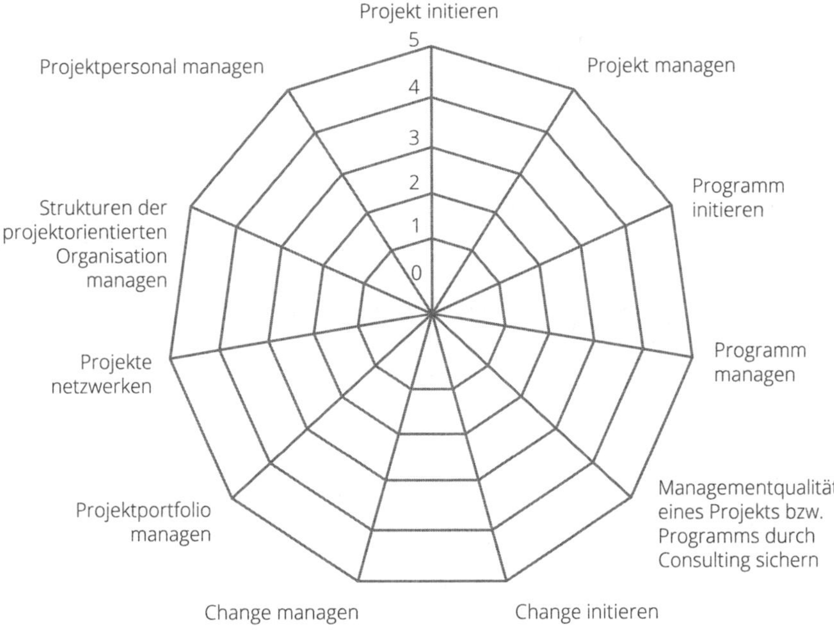

Abb. O11: Spinnennetz zur Darstellung der Maturity als projektorientierte Organisation

Maturity je Geschäftsprozess: 1 = beginnend, 2 = wiederholbar, 3 = definiert, 4 = gesteuert, 5 = optimierend

Exemplarisch sind in der Tabelle O11 Fragen zum Methodeneinsatz (nie, selten etc.) beim Projektstarten und beim Projektportfoliomanagen dargestellt.

Projekt starten: Methoden	Wert (0–5)
Projektziele planen	
Betrachtungsobjekte planen	
Projektstrukturplan erstellen	
Arbeitspaketspezifikationen (für ausgewählte AP) erstellen	
Projektbalkenplan erstellen	
Projektnetzplan erstellen (bei Bedarf)	
Projektressourcen planen (bei Bedarf)	
Projektfinanzmittel planen (bei Bedarf)	
Projektkosten planen	
Projektrisikoanalyse durchführen	
Projektszenarioanalyse durchführen (bei Bedarf)	

Projektportfolio koordinieren: Methoden	Wert (0–5)
Projektportfoliodatenbank erstellen/warten	
Projektportfolio Score Card erstellen	
Projektportfolioliste erstellen	
Prokektportfoliobalkenplan erstellen	
Projektportfoliomtarizen erstellen	
Projekteinterdependenzengrafik erstellen	
Projektanträge analysieren	
Ausgewählte Projektfortschrittsberichte analysieren	

0 = keine Antwort, 1 = nie, 2 = selten, 3= manchmal, 4 = oft, 5 = immer

Tab. O11: Fragen zur Analyse der Maturity als projektorientierte Organisation

Dem Maturitymodell der projektorientierten Organisation liegt ein Algorithmus zugrunde, der die Darstellung einer „Maturityfläche" im Spinnennetz und die Berechnung einer „Maturitykennzahl" ermöglicht. Bei der Interpretation der Analyseergebnisse sind nicht nur die einzelnen Geschäftsprozesse, sondern auch deren Zusammenhänge zu berücksichtigen. So kann z. B. die Maturity im Projektportfoliomanagen nur dann hoch sein, wenn auch die Basis dafür, nämlich die Maturity des Projektmanagens, hoch ist.

Die Analyseergebnisse können in einem Benchmarking mit Maturities anderer projektorientierter Organisationen verglichen werden.

Maßnahmen zum Weiterentwickeln als projektorientierte Organisation können in Optimierungs- und Etablierungsmaßnahmen unterschieden werden. Optimierungsmaßnahmen beziehen sich auf bereits existierende Geschäftsprozesse des Projekt-, Programm- und Projektportfoliomanagens. Mögliche Maßnahmen zum Etablieren zusätzlicher Kompetenzen und Strukturen sind z. B.:

> Fördern des Netzwerkens von Projekten,
> Entwickeln einer Richtlinie zum Sichern der Managementqualität eines Projekts oder Programms und
> Entwickeln potenzieller Consultants und Auditoren von Projekten oder Programmen.

O6 Weiterentwickeln als projektorientierte Organisation: Fallstudie RGC

Ausgangssituation 2015

Stärken der RGC sind die Kundenorientierung, die Innovationskraft und die professionelle Organisation, die es ermöglicht, effizient und effektiv zu arbeiten. Auch mit relativ wenigen Mitarbeitern können inhaltlich und finanziell gute Ergebnisse erzielt werden. Managementlösungen, die bei Kunden angeboten und implementiert werden, werden auch unternehmensintern eingesetzt. Damit ist auch Kunden gegenüber eine authentische Vorgehensweise möglich: „We practice what we preach."

Als Ergebnisse des strategischen Managens und der Corporate Governance existierten im Oktober 2015 eine Vision, Werte, ein Leitbild, Ziele und Strategien und ein Organigramm der RGC. Die Vision, das Leitbild und die Werte waren auf der Homepage zur Information der Stakeholder verfügbar. Der nachhaltige Zieleplan wurde seit 2010 jährlich den Stakeholdern zum Dialog gesendet.

Als Ergebnisse des Prozessmanagens existierte einerseits eine Prozesslandkarte, andererseits gab es für die meisten Geschäftsprozesse Beschreibungen. Als ein Ergebnis des Projektportfoliomanagens existierten eine Projektportfoliodatenbank und unterschiedliche Projektportfolioberichte. Als Corporate-Governance-Dokument bezüglich des Projekt-, Programm- und Projektportfoliomanagens wurde die Publikation „Happy Projects!" verstanden.

Qualität

> Erwartungen von Stakeholdern durch hohe Ergebnis- und Prozess-Qualität erfüllen

> Best Management Practices anwenden

Innovation

> Optimierte Strukturen entwickeln

> Neue Zusammenhänge systematisch erforschen

Transparenz

> Nachvollziehbar entscheiden

> Stakeholder umfassend informieren

Empowerment

> Ausmaß der Autonomie erhöhen

> Verantwortung übertragen und annehmen

Nachhaltige Entwicklung

> Prinzipien der nachhaltigen Entwicklung in Kooperationen berücksichtigen

> Strukturen und Kontext-Beziehungen nachhaltig entwickeln

Abb. O12: RGC Werte per Oktober 2015

Exemplarisch für die zu diesem Zeitpunkt vorliegenden Governance-Dokumente sind in den Abbildungen O12 bis O14 die Werte, die Prozesslandkarte und das Organigramm der RGC dargestellt.

Die Geschäftsprozesse sind in Abhängigkeit von der Kundennähe bei ihrer Erfüllung in Primär-, Sekundär- und Tertiärprozesse unterschieden. Die schraffierten Geschäftsprozesse können für ihre Durchführung der Projektform bedürfen. So werden z. B. kleine Events durch Arbeitsgruppen abgewickelt, die Abwicklung der Konferenz HAPPYPROJECTS erfolgt aber als Kleinprojekt.

Im Organigramm sind durch Kästchen und große Ellipsen die permanenten Organisationsstrukturen, durch kleine Ellipsen temporäre Organisationen symbolisiert.

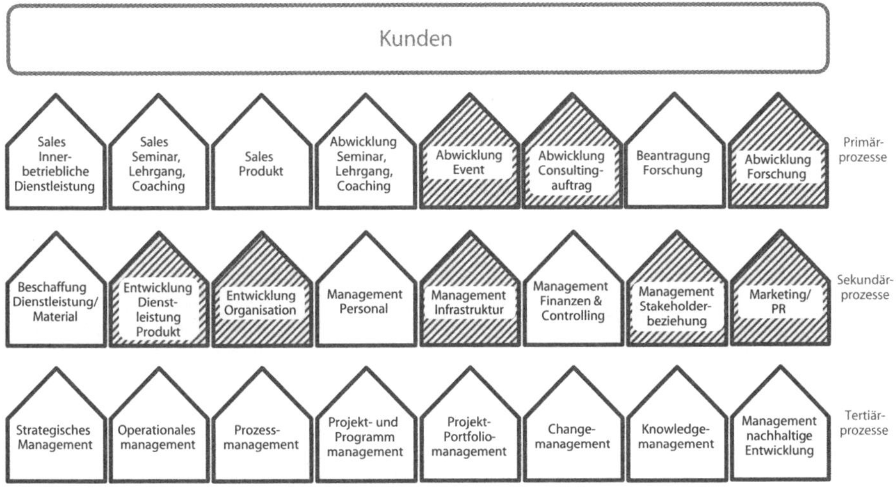

Abb. O13: RGC Prozesslandkarte per Oktober 2015

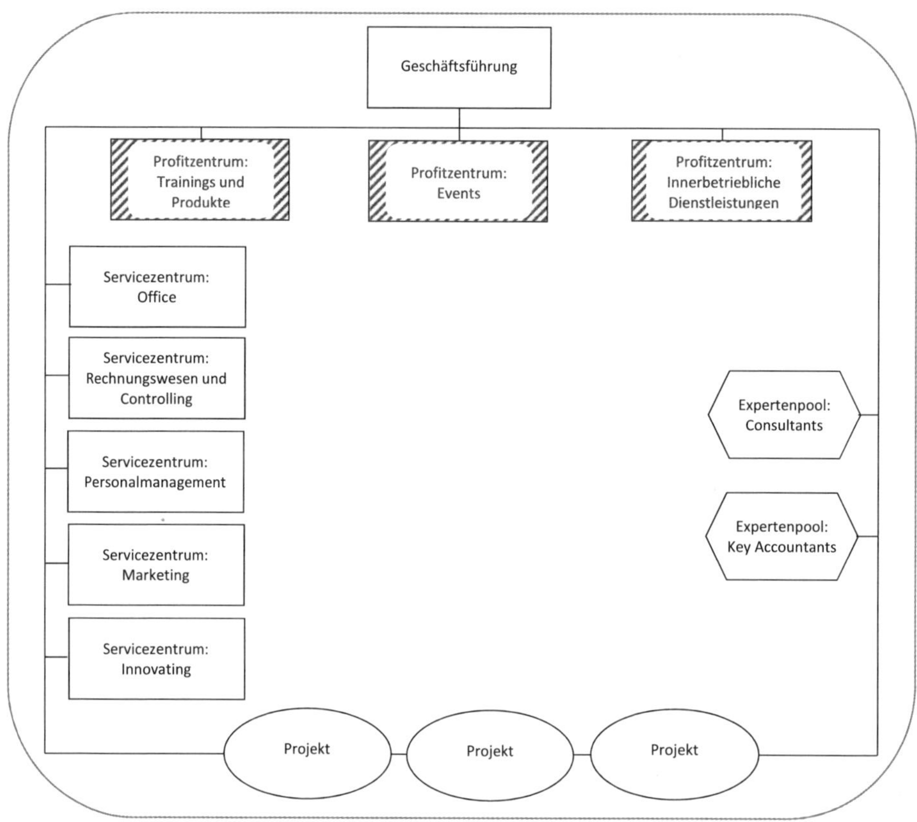

Abb. O14: RGC Organigramm per Oktober 2015

Intervention 2015

Im Oktober 2015 wurde entschieden, die RGC Managementansätze, Dienstleistungen und Produkte sowie die Managementpraktiken der RGC aufgrund der Changevision „Values4Business Value" weiterzuentwickeln. Im Projekt „Value4Business Value entwickeln" wurde daher eine Phase „Prototyping und weiter planen" definiert, die es ermöglichen sollte, „Minimal Viable Products" in Form von Dienstleistungen für Kunden, aber auch Lösungen für das Managen der RGC zu schaffen. Zusätzlich wurden parallel zur Erstellung der Buchkapitel Arbeitspakete zum Entwickeln, Umsetzen und Reflektieren neuer Managementlösungen definiert (siehe Abb. I3: Projektstrukturplan des Projekts „Values4Business Value entwickeln").

Eine begleitende Möglichkeit zum Lernen durch Reflexionen wurde durch die Definition des Weiterentwickelns als Investition, Change und Projektekette „Values-4Business Value" geschaffen.

Weiterentwickeln der RGC

Der Change hatte zwei inhaltliche Schwerpunkte: Zuerst erfolgte eine Reflexion und Weiterentwicklung der RGC Managementansätze und der zugrundeliegenden Werte sowie eine Interpretation der Werte für die das Prozess-, Projekt-, Programm-, Projektportfolio- und Changemanagen. Dazu wurden die Konzepte der Agilität, der Resilienz, des nachhaltigen Entwickelns, des Benefits Realization Managements, der Holacracy etc. berücksichtigt. In der Abbildung O8 oben sind die weiterentwickelten Werte als Grundlage der RGC Managementansätze dargestellt.

Danach wurden die Managementpraktiken weiterentwickelt. Einerseits wurden existierende Praktiken und Dokumente optimiert und andererseits neue Praktiken und Verhaltensweisen etabliert. Optimiert wurden die Struktur des Zieleplans, das Organigramm und Rollenbeschreibungen sowie die Struktur der Projektportfolioliste. Als Governance-Dokument bezüglich Projekt-, Programm-, Projektportfolio- und Changemanagen wurde „Happy Projects!" durch die vorliegende Publikation „PROJEKT.PROGRAMM.CHANGE" abgelöst.

Ziele 17 per 12/2016	Projekt 17
Seminare, Lehrgänge, Coachings; ökonomisch	
X Seminare mit Y TeilnehmerInnen in 2017 durchgeführt, Jahresumsatz von EUR xxx,- und DB von EUR xxx,- erzielt	
X Zert. Coachings mit insgesamt Y TeilnehmerInnen in 2017 durchgeführt, Jahresumsatz von EUR xxx,- und DB von xxx,- erzielt	
Sales Aktionen für Key Accounts durchgeführt	
X Kampagnen durchgeführt	
App für Seminare/Lehrgänge genutzt	RGC Digitalisierung
Events, Produkte; ökonomisch	
HAPPYPROJECTS 17 mit X TeilnehmerInnen durchgeführt; Umsatz von xxx,-, DB von xxx,- erzielt	HAPPYPROJECTS 17
HappyProjects 18 geplant und Vermarktung begonnen	
Symposium Projektaudit mit X zahlenden TeilnehmerInnen durchgeführt	Symposioum Projektaudit 17
Symposium Projektaudit 2018 geplant	
2 Analyseworkshops durchgeführt	
Aussteller bei pma focus umgesetzt	
Auftritte bei Events gesichert	
sPROJECT intern eingesetzt, extern vermarktet	
App für Events genutzt	RGC Digitalisierung
Seminare, Events, Produkte; ökologisch	
Veranstaltungort ökologisch optimiert (Mobilitätsziele realisieren)	

Tab. O12: Ausschnitt des nachhaltigen Zieleplans 2017 der RGC

Ein Ausschnitt des nachhaltigen Zieleplans 2017, der nach den Dimensionen innerbetriebliche Dienstleistungen, Trainings, Events und Produkte, Organisation, Personal etc. sowie Stakeholderbeziehungen strukturiert ist, findet sich in der Tabelle O12. Das neue Organigramm, das Ideen des Konzepts „Holacracy" umsetzt, ist in der Abbildung O15 dargestellt. Neustrukturierte Projektportfolioberichte werden im Kapitel P dargestellt. Daraus wird die Umsetzung der Stakeholderorientierung, der Business-Value-Orientierung und der Berücksichtigung der Prinzipien der nachhaltigen Entwicklung im Projektportfoliomanagen ersichtlich.

Im Ausschnitt des Zieleplans sind die ökonomischen und ökologischen Ziele des Bereichs „Überbetriebliche Trainings und Produkte" für 2017 gelistet und teilweise quantifiziert. Die jeweiligen sozialen Ziele finden sich zusammengefasst im hier nicht dargestellten Bereich „Stakeholderbeziehungen". Für jene Ziele, für deren Umsetzung Projekte notwendig sind, finden sich in der Spalte „Projekt" die jeweiligen Projekte genannt.

Das in Abbildung O15 dargestellte Organigramm bietet eine neue, zusätzliche Sichtweise der RGC Organisation. Unterschiedliche Darstellungen von Organisationen in Organigrammen können unterschiedliche Informationen bereitstellen. Speziell am Organigramm entsprechend des Holacracy-Modells ist das Verständnis des „RGC Grenzchens".[11] Dieses wurde in der Vergangenheit ausschließlich als Kommunikationsstruktur verstanden und nach dieser Konstruktion als Führungsstruktur wahrgenommen. Dadurch erfolgt ein Empowerment der Führungskräfte der Profit- und Servicezentren.

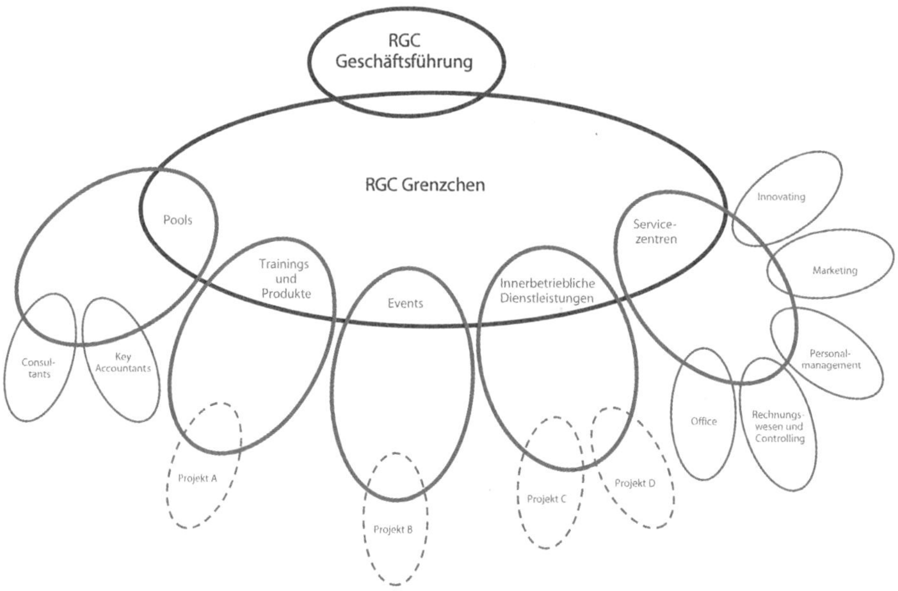

Abb. O15: RGC Organigramm per 15. Februar 2017

11 „RGC Grenzchen" wurde aus dem Bedarf sozialer Systeme, sich abzugrenzen, und nicht aus dem Bild des „Kaffeekränzchens" abgeleitet.

Neu etabliert wurde das regelmäßige „Stand-up-Meeting" als ein zusätzliches Kommunikationsformat. Zur Unterstützung des Kommunizierens wird oft das White Board als Visualisierungsinstrument verwendet (siehe Abb. O16).

Abb. O16: RGC Stand-up-Meeting

Ausblick

Ein wesentliches Ziel für die nächsten Jahre stellt, wie für viele andere Organisationen auch, die Digitalisierung dar. In diesem Kontext sind die RGC Managementansätze, Dienstleistungen und Managementpraktiken wieder zu hinterfragen und weiterzuentwickeln. Wir freuen uns darauf…

Literatur

Cadbury Committee: Report of the Committee on the Financial Aspects of Corporate Governance, Gee and Co., London, 1992

Gesellschaft für Projektmanagement (GPM): Assessments für Organisation (IPMA Delta), abgerufen von https://www.gpm-ipma.de/lightbox_seiten/ipma_delta.html (18.01.2017)

Hilb, M.: New Corporate Governance: Successful Board Management Tools, Springer, Berlin Heidelberg, 2012

Ortner, G., Stur, B.: Das Projektmanagement-Office, 2. Auflage, Springer, Berlin, Heidelberg, 2015

Project Management Institute (PMI): Organizational Project Management Maturity Model (OPM3), 3rd Edition, PMI, Newton Square, PA, 2013

Robertson, B.J.: Holacracy: Ein revolutionäres Management-System für eine volatile Welt, Franz Vahlen, München, 2016

Robertson, B.J.: Holocracy: A Complete System for Agile Organizational Governance and Steering, Agile Project Management Executive Report, 7(7), Cutter Consortium, 2006

P Geschäftsprozesse der projektorientierten Organisation

Die projektorientierte Organisation ist durch spezifische Geschäftsprozesse charakterisiert. Die Prozesse des Projektinitiierens, Projektmanagens, Programminitiierens, Programmmanagens, Changeinitiierens, Changemanagens und des Managens der Strukturen der projektorientierten Organisation wurden bereits in vorherigen Kapiteln behandelt.

Die Geschäftsprozesse „Projektportfolio managen" und „Projekte netzwerken" sowie die Geschäftsprozesse des Sicherns der Managementqualität eines Projekts durch Consulting sowie die Geschäftsprozesse des Managens des Projektpersonals werden im Folgenden beschrieben.

Ziele des Projektportfoliomanagens sind das Sichern einer entsprechenden Projektportfoliostruktur und das Erzielen guter Projektportfolioergebnisse. Ziele des Projektenetzwerkens sind das Schaffen von Synergien bzw. das Vermeiden von Konflikten im Projektenetzwerk und das Lernen im Projektenetzwerk.

Das Managementconsulting eines Projekts bzw. eines Programms soll zum Sichern von dessen Managementqualität beitragen. Diesbezügliche Prozesse sind das Consulting beim Projektinitiieren, das Consulting eines Projekts beim Durchführen eines Projektmanagementteilprozesses, das Managementauditing eines Projekts und das Durchführen einer Kurzintervention in ein Projekt.

Geschäftsprozesse zum Managen des Projektpersonals auf der Ebene der projektorientierten Organisation (und nicht im jeweiligen Projekt) sind das Rekrutieren und Disponieren, Beurteilen, Entwickeln und Freisetzen von Projektpersonal.

Die in diesem Kapitel behandelten Geschäftsprozesse der projektorientierten Organisation sind in der folgenden Übersicht hervorgehoben.

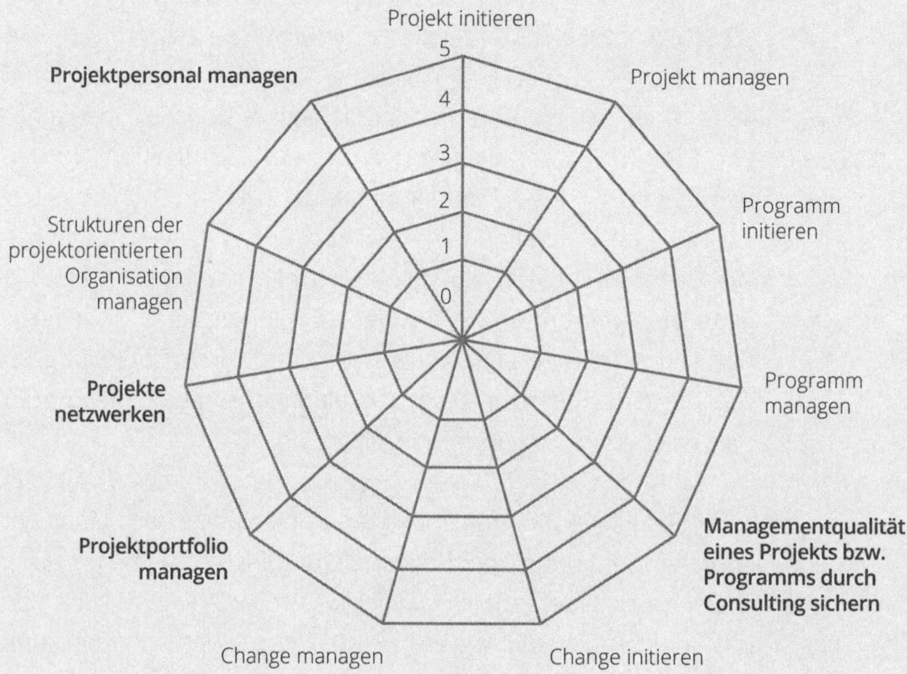

Übersicht: RGC Maturitymodell der projektorientierten Organisation

P Geschäftsprozesse der projektorientierten Organisation

P1 Strukturen von Projektportfolios

Projektportfolios sind Integrationsinstrumente der projektorientierten Organisation. Der sich durch die Definition von Projekten und Programmen ergebenden organisatorischen Differenzierung wird durch Projektportfolios eine integrierende Sichtweise gegenübergestellt.

Die Menge aller Projekte und Programme, die gleichzeitig in einer projektorientierten Organisation durchgeführt werden, stellen deren Projektportfolio dar. In einem Projektportfolio können entweder alle Projekte einer Organisation oder Teilmengen zusammengefasst werden. Wenn eine projektorientierte Organisation z. B. mehr als 30 Projekte gleichzeitig durchführt, ist es zum Reduzieren der Managementkomplexität sinnvoll, mehrere Teilportfolios von Projekten zu bilden. In Teilportfolios können Projekte nach Organisationseinheiten und nach Projektarten, wie z. B. Top-Projekte vs. sonstige Projekte oder externe Projekte vs. interne Projekte, zusammengefasst werden.

Um die Agilität von Projektportfolios zu sichern, sind die Dauern der berücksichtigten Projekte und Programme möglichst kurz zu halten. Die Realisierung dieses Ziels wird durch das Bilden von Projekteketten und Projekte-Programm-Ketten unterstützt.

Die in einem Projektportfolio beinhalteten Projekte, ihre Ziele und ihr jeweiliger Status verändern sich. Das Starten neuer und das Abschließen fertiggestellter Projekte bedingen die Dynamik von Projektportfolios. Im Gegensatz dazu sind die grundsätzlichen Strukturen von Projektportfolios aber stabil. Die in einem Projektportfolio beinhalteten Projektarten, die Anzahl der Projekte, die Stakeholder der Projekte und z. B. auch ihre Risikoarten sind je Projektportfolio relativ konstant. Aufgrund von Krisen von Projekten oder aufgrund wesentlicher Veränderungen im Umfeld einer Organisation sind diskontinuierliche Entwicklungen im Projektportfolio möglich. Diese führen zu grundsätzlich veränderten Strukturen des Projektportfolios.

Da projektorientierte Organisationen laufend Projekte durchführen, sind Projektportfolios zeitlich nicht begrenzt, sondern existieren während der gesamten Lebensdauer einer projektorientierten Organisation.

P2 Geschäftsprozess: Projektportfolio managen

P2.1 Projektportfolio managen: Ziele

Betrachtungsgegenstände des Projektportfoliomanagens sind die zu einem Stichtag aktuellen und geplanten Projekte und Programme, die in der Betrachtungsperiode abgebrochenen und abgeschlossenen Projekte und Programme einer Organisation sowie die Beziehungen zwischen diesen Projekten und Programmen.

Ziel des Managens eines Projektportfolios ist die Optimierung der Projektportfolioergebnisse. Nicht die Optimierung der Ergebnisse einzelner Projekte oder Programme, sondern die Optimierung der Ergebnisse des Projektportfolios ist aus Sicht der projektorientierten Organisation anzustreben. Dieses Ziel kann in Konflikt zur Optimierung der Ziele einzelner Projekte stehen.

Zum Erzielen guter Projektportfolioergebnisse sind einerseits adäquate Strukturen des Projektportfolios zu sichern. Andererseits sind die Ziele der Projekte des Projektportfolios mit den Zielen und Strategien der projektorientierten Organisation abzustimmen, die in den Projekten eingesetzten internen und externen Ressourcen zu koordinieren, das Lernen von und zwischen Projekten zu organisieren und Prioritäten bezüglich der Projekte des Projektportfolios festzulegen.

Beim Managen des Projektportfolios sind die Ziele, die benötigten Ressourcen und inhaltlichen Ergebnisse der laufenden Geschäftstätigkeit der Organisation als Kontext zu berücksichtigen. Die Projekte und Programme des Projektportfolios sind bezüglich ihrer Durchführbarkeit mit der laufenden Geschäftstätigkeit abzustimmen. Beim strategischen Managen erfolgt eine integrierte Betrachtung der Ziele und der Ressourcenbedarfe der laufenden Geschäftstätigkeit mit jenen der Projekte bzw. Programme. Im strategischen Zieleplan und im Umsetzungsplan einer Organisation werden daher die laufende Geschäftstätigkeit und die Projekte und Programme berücksichtigt.

P2.2 Projektportfolio managen: Ablauf

Die Häufigkeit des Projektportfoliomanagens ist abhängig von der Größe und der Dynamik des zu managenden Projektportfolios. Es kann notwendig sein, entweder einmal pro Monat oder jede zweite Woche eine etwa zwei- bis vierstündige Projektportfoliokoordinationssitzung abzuhalten.

Der Geschäftsprozess „Projektportfolio managen" beinhaltet die Teilprozesse „Information sammeln & analysieren", „Projektportfolioberichte erstellen", „Projektportfolio Group Sitzung vorbereiten", „Projektportfolio Group Sitzung durchführen“ und „Projektportfolio nachbereiten“ (siehe Abb. P1). Das Durchführen eines Zyklus des Projektportfoliomanagens sollte nicht länger als sieben bis zehn Tage dauern. Er beginnt mit dem (permanenten) Auftrag zur periodischen Durchführung und endet mit der Information der Mitarbeiter der projektorientierten Organisation über wesentliche Ergebnisse des Projektportfoliomanagens.

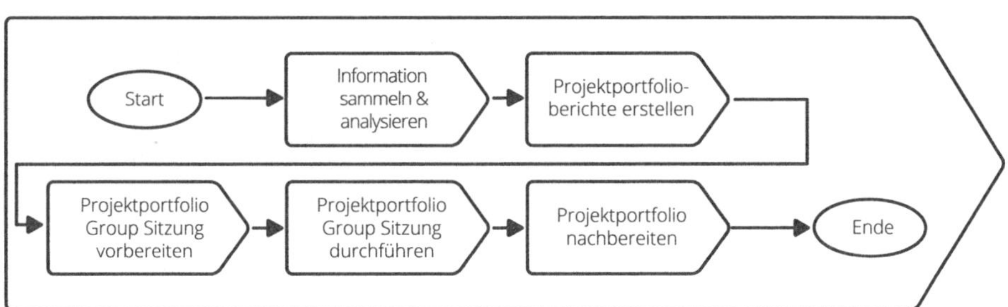

Abb. P1: Geschäftsprozess „Projektportfolio managen“ – Flussdiagramm

Der Geschäftsprozess „Projektportfolio managen“ ist in der Tabelle P1 als Funktionendiagramm dargestellt.

Optimierungen der Strukturen eines Projektportfolios und der Projektportfolioergebnisse können durch Projektportfolioanalysen, das Ermitteln von Projektportfoliokennzahlen und das Erstellen von Projektportfolioberichten unterstützt werden. Projektportfolioanalysen dienen zum Herstellen einer Gesamtsicht hinsichtlich der Projekte eines Projektportfolios und ihrer Beziehungen.

Analysen von Projektportfolios sind periodisch, je nach Dynamik eines Projektportfolios, auf Grundlage der Informationen in der Projektportfoliodatenbank vorzunehmen. Analysen sind vor allem bei einem geplanten Start bzw. bei einem Abschluss oder Abbruch eines Projekts vorzunehmen, um die diesbezüglichen Konsequenzen für das Projektportfolio festzustellen. Die Analyse der Konsequenzen des Abbruchs oder Abschlusses eines Projekts ermöglichen den Transfer von Know-how, personelle Umschichtungen, Widmung freigesetzter Ressourcen für andere Projekte etc.

Zum Sichern einer entsprechenden Projektportfoliostruktur können unterschiedliche Kennzahlen berücksichtigt und unterschiedliche Optimierungsmaßnahmen durchgeführt werden. Diesbezügliche Möglichkeiten sind in der Tabelle P2 dargestellt.

Teilprozess: Projektportfolio managen

Legende

D...durchführen
M...mitarbeiten
I...wird informiert
K...koordiniert

Prozessaufgaben		Rollen: Projektportfolio Group	PM Office	Ausgewählte Projektauftraggeber	Mitarbeiter, Projektmanager	Initiierungsteams	Expertenpoolmanager	Hilfsmittel/Dokument
1	Information sammeln & analysieren							
1.1	Projektfortschrittsberichte sammeln		D		M			1
1.2	Projektanträge sammeln		D			M		2
1.3	Projektportfoliodatenbank aktualisieren		D					3
1.4	Bestehendes Projektportfolio analysieren		D	M	M		M	
1.5	Projektfortschrittsberichte analysieren		D		M			
1.6	Projektanträge analysieren		D			M	M	
2	Projektportfolioberichte erstellen							
2.1	Projektportfoliokennzahlen ermitteln		D					
2.2	Projektportfolioberichte erstellen		D					4
2.3	Zusatzinformation sammeln		D		M	M	M	
3	Projektportfolio Group Sitzung vorbereiten							
3.1	Teilnehmer zur Projektportfolio Group Sitzung einladen	I	D	I				5
3.2	Ziele, Ablauf der Projektportfolio Group Sitzung planen	M	D					
3.3	Unterlage für die Projektportfolio Group Sitzung zur Verfügung stellen	I	D	I	I		I	

Teilprozess: Projektportfolio managen

Legende

D...durchführen
M...mitarbeiten
I...wird informiert
K...koordiniert

Prozessaufgaben		Projektportfolio Group	PM Office	Ausgewählte Projektauftraggeber	Mitarbeiter, Projektmanager	Initiierungsteams	Expertenpoolmanager	Hilfsmittel/Dokument
4	Projektportfolio Group Sitzung durchführen							
4.1	Abstimmen von Projektzielen mit den Zielen der Organisation	D	M	M	M			
4.2	Projektportfoliostruktur optimieren	D	M	M	M		M	
4.3	Projektportfoliorisiko optimieren	D	M	M	M			
4.4	Stakeholderbeziehungen optimieren	D	M	M	M		M	
4.5	Lernen von und zwischen den Projekten organisieren	D	M	M	M		M	
4.6	Projektprioritäten festlegen	D	M					
4.7	Sitzungsprotokoll erstellen		D					6
4.8	Veranlassen des Projektenetzwerkens	M	D	M	M		M	
5	Projektportfolio nachbereiten							
5.1	Projektportfoliodatenbank adaptieren		D					7
5.2	Projektportfolioberichte adaptieren		D					8
5.3	Projektportfolioinformation versenden	I	D	I	I		I	

Hilfsmittel/Dokument

1 ... Ausgewählte Projektfortschrittsberichte
2 ... Aktuelle Projektanträge
3 ... Aktuelle Projektportfoliodatenbank
4 ... Projektportfolioberichte
5... Einladung zur Projektportfolio Group Sitzung
6 ... Protokoll der Projektportfolio Group Sitzung
7 ... Adaptierte Projektportfoliodatenbank
8 ... Adaptierte Projektportfolioberichte

Tab. P1: Geschäftsprozess „Projektportfolio managen" – Funktionendiagramm

Kennzahlen zum Sichern einer entsprechenden Projektportfoliostruktur	Mögliche Maßnahmen zum Optimieren der Projektportfoliostruktur
optimale Anzahl Projekte im Projektportfolio und je Projektart	> Das Verschieben/Priorisieren neu zu startender Projekte > Das Zusammenlegen von Projekten > Das Abbrechen von Projekten > DasUnterbrechen von Projekten
minimale und maximale Projektportfoliobudget	> Das Verschieben/Priorisieren neu zu startender Projekte > Das Zusammenlegen von Projekten > Das Abbrechen von Projekten > Das Unterbrechen von Projekten
maximale Einsatz von Engpassressourcen im Projektportfolio	> Das Aufstocken von Engpassressourcen > Das Verschieben/Priorisieren neu zu startender Projekte > Das Zusammenlegen von Projekten > Das Abbrechen von Projekten > Das Unterbrechen von Projekten
maximale Anzahl von Kooperationsprojekten mit einem Lieferanten	> Das Setzen risikooptimierender Maßnahmen > Das Einsatz mehrerer Lieferanten statt nur eines Stammlieferanten > Das Verschieben/Priorisieren neu zu startender Projekte > Das Zusammenlegen von Projekten > Das Abbrechen von Projekten > Das Unterbrechen von Projekten
maximale Anzahl von Projekten mit der gleichen Person als Projektmanager	> Das Umdisponieren von Projektmanagern > Das Verschieben/Priorisieren neu zu startender Projekte > Das Zusammenlegen von Projekten > Das Abbrechen von Projekten > Das Unterbrechen von Projekten

Tab. P2: . Mögliche Maßnahmen zum Sichern einer entsprechenden Projektportfoliostruktur

Zum Erzielen guter Projektportfolioergebnisse können Optimierungen aus Projektportfoliosicht vorgenommen werden, und zwar durch

> das Managen der im Portfolio eingesetzten internen und externen Ressourcen,
> das Gestalten der Beziehungen zu Projekt- und Programmstakeholdern aus Portfoliosicht,
> das Abstimmen der Leistungsfortschritte der Projekte und Programme,
> das Organisieren des Lernens von und zwischen Projekten,
> das Sichern von Managementqualität der Projekte und Programme und
> das Controllen der Nutzenrealisierungen der durch Projekte oder Programme implementierten Investitionen.

Zum Managen der eingesetzten Ressourcen können Prioritäten bezüglich des Zugriffs von Projekten auf knappe interne Ressourcen festgelegt werden. Zum Gestalten der Beziehungen zu Projektstakeholdern können die in den jeweiligen Projekten umzusetzenden Kundenstrategien vereinbart werden. Zum Organisieren des Lernens zwischen Projekten können Multi-Rollenträger eingesetzt werden und zum Sichern von Managementqualität kann die Anwendung der Richtlinie zum Projekt- und Programmmanagen controlled sowie das Einsetzen von Managementconsultings entschieden werden.

P2.3 Projektportfolio managen: Methoden

Wesentlichen Methoden zum Projektportfoliomanagen sind in der Tabelle P3 dargestellt und im Folgenden beschrieben.

Projektportfolio managen: Methoden	
Projektportfoliodatenbank erstellen/warten	Muss
Projektportfolio Score Card erstellen	Muss
Projektportfolioliste erstellen	Muss
Prokektportfoliobalkenplan erstellen	Muss
Projektportfoliomtarizen erstellen	Muss
Projekteinterdependenzengrafik erstellen	Muss
Projektanträge analysieren	Muss
Ausgewählte Projektfortschrittsberichte analysieren	Muss

Tab. P3: Methoden zum Projektportfoliomanagen

Projektportfoliodatenbank erstellen bzw. warten

Grundlage für das Projektportfoliomanagen stellt die Projektportfoliodatenbank dar, die aggregierte Informationen von Projekten und Programmen bereitstellt. Die Projektportfoliodatenbank baut auf den Daten der einzelnen Projekte auf. Um die Daten von Projekten vergleichen und aggregieren zu können, sind einheitliche Minimalanforderungen für die Dokumentation von Projekten festzulegen. Auf Grundlage eines systemischen Projektmanagementansatzes sollte eine Projektportfoliodatenbank die in der Tabelle P4 dargestellten Informationen beinhalten.

Informationsart	Inhalt der Projektportfoliodatenbank
Informationen zur Projektorganisation	> z. B. Projektauftraggeber, Projektmanager, ausgewählte Projektteammitglieder
Informationen zu Stakeholdern	> z. B. Kunden, Lieferanten und Partner
Informationen zu Produkten und Märkten	> z. B. Produktart, Technologie und Region
Informationen zur Projektart	> z. B. aktuelles, geplantes, abgebrochenes und abgeschlossenes Projekt, externes und internes Projekt
Informationen zu Beziehungen des betrachteten Projekts zu anderen Projekten	> z. B. Zugehörigkeit zu einem Programm
Informationen zur Investition, die durch das Projekt implementiert wird	> z.B. Kosten und Nutzen der Investition; ökonomische, ökologische und soziale Bedeutung der Investition
Informationen über Projektkennzahlen	> z. B. Projektstarttermin, Projektendtermin, Projektkosten, Projekterfolg, Projektrisiko, Projektleistungsfortschritt und Gesamtstatus des Projekt

Tab. P4: Informationen in der Projektportfoliodatenbank

Durch Analysen der Projektportfoliodatenbank können Projektportfoliokennzahlen ermittelt, Projektportfolioberichte erstellt und das Projektenetzwerken veranlasst werden. Damit ist die Projektportfoliodatenbank nicht nur ein Instrument der Projektportfolio Group und des PM Office, sondern stiftet auch Nutzen für Projekt- und Programmmanager projektorientierter Organisationen. Den Projektmanagern wird das „Big Picture" des Projektportfolios vermittelt, sie werden durch die Bereitstellung relevanter Informationen „empowered" und sie haben die Möglichkeit, die Ergebnisse ihrer Projekte durch das Nutzen dieser Informationen zu optimieren.

Projektportfoliokennzahlen ermitteln

Projektportfoliokennzahlen können grundsätzlich definiert und im Rahmen der Projektportfoliokoordination jeweils ermittelt werden. Beispiele relevanter Kennzahlen sind oben in der Tabelle P2 dargestellt.

Für Projektportfoliokennzahlen können Zielwerte zur Corporate Governance definiert werden. Im Rahmen der Projektportfoliokoordination können die jeweils aktuellen Kennzahlen mit den Zielwerten der Organisation verglichen werden. Dadurch kann ein Beitrag zur Qualitätssicherung geleistet werden. Mithilfe der Kennzahl

„Anzahl Projekte im Projektportfolio" kann die Belastung der Organisation durch Projekte gesteuert werden. Mit der Kennzahl „Anzahl Projekte, die eine Person leitet" kann man z. B. Entscheidungen der Projektpersonaldisposition controllen.

Bei der Analyse der Kosten und Erträge bzw. Nutzen von Projektportfolios ist nach Kundenauftragsprojekten und internen Projekten zu unterscheiden. Die Kosten und Erträge von Kundenauftragsprojekten können mittels betriebswirtschaftlicher Kennzahlen, wie z. B. Kosten und Deckungsbeiträge, definiert werden. Für interne Projekte sind soziale Kosten und Nutzen aus der Sicht unterschiedlicher Stakeholder (siehe Kap. C) zu berücksichtigen.

Projektportfolioliste, Projektportfoliobalkenplan, Projekteinterdependenzengrafik und Projektportfolio Score Card

Eine Projektportfolioliste beinhaltet ausgewählte Informationen der Projektportfoliodatenbank in Listenformat. Unterschiedliche Projektportfoliolisten können Informationen für unterschiedliche Zielgruppen beinhalten. Zum Überblick ist z. B. eine Differenzierung nach geplanten, aktuellen, abgebrochenen bzw. unterbrochenen und abgeschlossenen Projekten interessant. Die Menge der geplanten Projekte kann als „Projekte-Backlog" definiert werden, aus dem zu startende Projekte ausgewählt werden können.

In einem Projektportfoliobalkenplan werden die Dauern und die terminlichen Lagen der Projekte eines Projektportfolios visualisiert. Bei Bedarf können in einem Projektportfoliobalkenplan auch terminliche Abhängigkeiten zwischen Projekten aufgezeigt werden.

Eine Projekteinterdependenzengrafik zeigt Abhängigkeiten zwischen Projekten des Projektportfolios auf. Aus der grafischen Darstellung wird ersichtlich, ob Interdependenzen bestehen. Falls diese vorliegen, sind sie zu spezifizieren. Abhängigkeiten zwischen Projekten können sich auf die Projektziele, die inhaltlichen Leistungen, den Projektleistungsfortschritt, die Projekttermine, die Projektressourcen, die Projektrisiken und die Projektstakeholder beziehen.

Mithilfe einer Projektportfolio Score Card kann der Status eines Projektportfolios zu einem Controllingstichtag beurteilt werden. Bei der Beurteilung eines Projektportfolios können folgende Schwerpunkte berücksichtigt werden:

> die Projektportfoliostruktur
> die durchschnittlichen Projektkennzahlen der Projekte des Projektportfolios
> die Beiträge der Projekte zur Realisierung der Organisationsziele
> die durchschnittliche Qualität der Beziehungen der Projekte je Stakeholdergruppe
> die Maßnahmen zum Sichern der Managementqualität der Projekte des Projektportfolios

Mögliche Kriterien zur Beurteilung eines Projektportfolios sind in der folgenden Fallstudie aus der Abbildung P6 ersichtlich.

Durch die Verwendung von Ampelfarben zum Scoring der in der Score Card berücksichtigten Kriterien kann die Aufmerksamkeit der Projektportfolio Group auf kritische Entwicklungen gelenkt werden. Das „Scoring" bezüglich der einzelnen Kriterien der Score Card bedarf einer entsprechenden Interpretation. Der jeweilige Status eines Projektportfolios ist im zeitlichen Kontext zu sehen. Die Veränderungen des Projektportfolios im Zeitablauf können durch stichtagsbezogene Vergleiche analysiert werden. Durch die Darstellung mehrerer Status des Projektportfolios im Zeitablauf in der Projektportfolio Score Card kann auch der Erfolg von steuernden Maßnahmen im Rahmen des Projektportfoliomanagens beurteilt werden.

Fallstudie: Projektportfoliomanagen der RGC

Aufbauend auf den grundlegenden Informationen zur RGC als projektorientierter Organisation im Kapitel O wird in dieser Fallstudie das Projektportfoliomanagen beschrieben.

Einerseits erfolgt das Managen des Projektportfolios im Rahmen von Controllingworkshops, den sogenannten „RGC Grenzchens", die alle sechs Wochen stattfinden. Bei diesen Workshops werden sowohl ein operatives Controlling der laufenden Geschäftstätigkeit als auch ein strategisches Controlling durchgeführt. Als Teil des strategischen Controllens wird das jeweils aktuelle Projektportfolio analysiert und Maßnahmen zum Steuern des Projektportfolios werden vereinbart. Bei Bedarf wird auch entschieden, neue Projekte zu starten oder aktuelle Projekte abzubrechen.

Ein grundsätzlicheres und formaleres strategisches Controlling mit meist umfangreichen Veränderungen im Projektportfolio erfolgt zweimal pro Jahr. Im Rahmen von Strategieworkshops, den sogenannten „RGC Höllentaltagen", werden die Vision, die Organisationsziele, das Budget und der Umsetzungsplan sowie das Projektportfolio weiterentwickelt.

Die im strategischen Controlling eingesetzten Methoden zur Projektportfoliokoordination, nämlich eine Projektportfolioliste, ein Projektportfoliobalkenplan, eine Projekteinterdependenzengrafik und eine Projektportfolio Score Card, sind in den Abbildungen P2 bis P5 exemplarisch dargestellt.

Die dargestellte Projektportfolioliste ist nach aktuellen, geplanten und abgeschlossenen Projekten differenziert.

Als „abgeschlossen" werden Projekte, die seit dem letzten Controllingstichtag abgeschlossen wurden, definiert. Das Projektportfolio beinhaltet sieben aktuelle Projekte, davon zwei externe Kundenauftragsprojekte, und fünf interne Projekte.[1]

1 Die RGC definiert nur jene Kundenaufträge, in denen die RGC auch formal das Projektmanagen ausübt, als Kundenauftragsprojekte. Consultants arbeiten auch inhaltlich in Projekten von Kunden mit. Diese Kundenaufträge werden aber nicht als Projekt der RGC definiert. Wenn man diese Differenzierung konsequent im Consulting vornähme, gäbe es nur relativ wenig Kundenauftragsprojekte in der Consultingbranche ...

Die relativ hohe Anzahl interner Projekte drückt die Innovationsorientierung der RGC aus.

Obwohl die in der Projektportfolioliste enthaltenen Informationen trivial erscheinen, ist doch eine relativ hohe „Maturity" im Projekt- und Programmmanagen für die Bereitstellung der beinhalteten Daten notwendig. Aus der Projektportfolioliste wird z. B. eine klare Differenzierung von Projektarten ersichtlich und es sind je Projekt wesentliche Informationen und Projektkennzahlen beinhaltet.

Aus dem Projektportfoliobalkenplan zum Stichtag wird ersichtlich, dass die aktuellen Projekte im Mai bzw. Juni 2017 ausliefen und das Starten geplanter Projekte erst danach vorgesehen war.

Projektportfolio der RGC (15.2.2017)

Aktuelle Projekte

Projekt	Projektart	Umfang	Projekt-auftraggeber	Projektl-manager	Projektstart	Projektende (geplant)	Projektende (adaptiert)	Personen-tage	Projekt-risiko	ökonomische Kosten-Nutzen-Differenz	ökologische Kosten-Nutzen-Differenz	soziale Kosten-Nutzen-Differenz	Wesentliche Projektstakeholder	Projekt-fortschritt	Projekt-status
Kundenauftrag A	Kundenauftrag	Projekt	Kunde	L.Gareis	Okt. 15	Okt. 16	Mrz. 17	630	mittel	hoch	gering	hoch	Kunde	80%	2
Kundenauftrag B	Kundenauftrag	Kleinprojekt	Kunde	M. Stummer	Feb. 16	Feb. 17		340	gering	mittel	gering	mittel	Kunde	90%	1
Sales 17	Marketing/Sales	Projekt	L. Gareis	V. Riedling	Feb. 17	Jun. 17		150	gering	hoch	gering	mittel	diverse Kunden	5%	1
Values4Business Value	Innovation	Projekt	R. Gareis + L. Gareis	P. Ganster	Okt. 15	Dez. 16	Mai. 17	2130	hoch	hoch	mittel	hoch	Leser, Verlage	70%	2
sPROJECT Anpassung	Innovation	Kleinprojekt	L.Gareis	L. Gareis	Apr. 16	Jun. 16	Apr. 17	120	mittel	mittel	gering	gering	Programmierer	80%	4
HAPPYPROJECTS 17	Event	Kleinprojekt	R. Gareis	V.Riedling	Sep. 16	Mai. 17		140	mittel	mittel	gering	hoch	TN, ReferentInnen	40%	1
2. Symposium Projektaudit	Event	Kleinprojekt	R. Gareis	V.Riedling	Sep. 16	Mrz. 17		90	mittel	gering	gering	hoch	TN, ReferentInnen	60%	2

Geplante Projekte

Projekt	Projektart	Umfang	Projekt-auftraggeber	Projektleiter	Projektstart	Projektende (geplant)	Projektende (adaptiert)	Personen-tage	Projekt-risiko	ökonomische Kosten-Nutzen-Differenz	ökologische Kosten-Nutzen-Differenz	soziale Kosten-Nutzen-Differenz	Projektstakeholder	Projekt-fortschritt	Projekt-status
Project Mining	Innovation	Kleinprojekt	R. Gareis	P. Ganster	Sep. 17	Feb. 18		220	gering	mittel	gering	mittel	WU Wien		
Values4Business Value Englisch	Innovation	Kleinprojekt	R. Gareis + L. Gareis	P. Ganster	Jul. 17	Dez. 17		130	gering	mittel	gering	mittel	Leser, Verlag		
ICB neu	Innovation	Kleinprojekt	M. Stummer	P. Ganster	Jul. 17	Dez. 17		80	mittel	mittel	gering	mittel	PMA. Consultants		
RGC Digitalisierung	Organisation	Projekt	R. Gareis	V.Riedling	Jul. 17	Mrz. 18		350	hoch	hoch	hoch	hoch	RGC Mitarbeiter		

Abgebrochene Projekte

Projekt	Projektart	Umfang	Projekt-auftraggeber	Projektleiter	Projektstart	Projektende (geplant)	Projektende (adaptiert)	Personen-tage	Projekt-risiko	ökonomische Kosten-Nutzen-Differenz	ökologische Kosten-Nutzen-Differenz	soziale Kosten-Nutzen-Differenz	Projektstakeholder	Projekt-fortschritt	Projekt-status
pm Test	Innovation	Kleinprojekt	R. Gareis	L. Gareis	Nov. 15	Jun. 16	Dez. 16	170	mittel	mittel	mittel	mittel	Programmierer	40%	5

Abb. P2: Projektportfolioliste der RGC per 15.2.2017 (Beispiel)

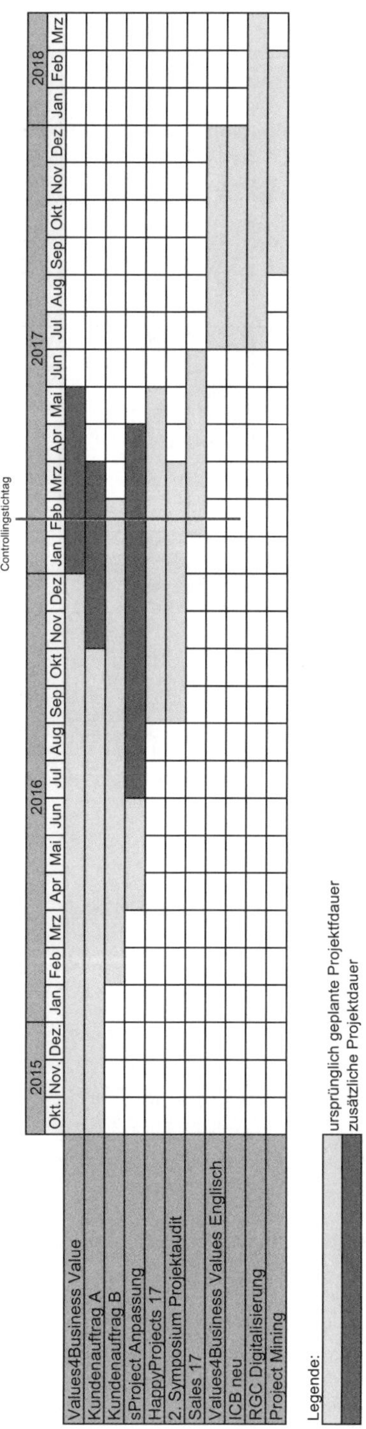

Abb. P3: Projektportfoliobalkenplan der RGC (Beispiel)

Projekt	Kundenauftrag A	Kundenauftrag B	Sales 17	Values4Business Value	sPROJECT Anpassung	HAPPYPROJECTS 17	2. Symposium Projektaudit
Kundenauftrag A	x	1)					
Kundenauftrag B	2)	x					
Sales 17	3)	4)	x			5)	
Values4Business Value	6)			x	7)	8)	9)
sPROJECT Anpassung					x	10)	11)
HAPPYPROJECTS 17	12)	13)				x	
2. Symposium Projektaudit	14)	15)					x

Abb. P4: Projekteinterdependenzengrafik

Aus der Projekteinterdependenzengrafik wurde ersichtlich, dass sich aus dem Projekt „Values4Business Value" die meisten Beziehungen zu anderen Projekten ergaben. Die Zusammenhänge sind im Folgenden kurz interpretiert.

Interpretation:

1) und 2) Einsatz des gleichen Senior Consultants

3) und 4) Sales bei Kunden A und B als Teil der Salesinitiative

5) HAPPYPROJECTS 17 zur Unterstützung von Sales 17 (Einladungen etc.)

6) Einladung von Kundenvertretern in die Peer Review Group

7) Neue Entwicklungen von Values4Business Value in sPROJECT berücksichtigen

8) und 9) Neue Entwicklungen von Values4Business Value bei HAPPYPROJECTS 17 und 2. Symposium präsentieren

10) und 11) Weiterentwickelte sPROJECT Version bei HAPPYPROJECTS 17 und 2. Symposium vermarkten

12) bis 15) Kunden A und B Möglichkeit zu Vorträgen und reduzierten Teilnahmepreis für HAPPYPROJECTS 17 und 2.Symposium anbieten

Legende	
sehr schwach	5
schwach	4
durchschnittlich	3
gut	2
sehr gut	1

Projektportfoliostruktur	20.12.	15.2.
Projektanzahl je Projektart	1	3
Projektportfoliobudget	1	3
Projektportfolioressourcen	2	3
Projektportfoliorisiko	2	2

Projekt-und Programmstakeholder	20.12.	15.2.
Beziehungen zu Kunden	1	1
Beziehungen zu Partnern	1	2
Beziehungen zu Behörden	2	2
Beziehungen zu Lieferanten	2	2

Kennzahlen externer Projekte/Programme	20.12	15.2.
Leistungsfortschritte	1	2
Termine	2	3
Ressourcen	1	3
Kosten	3	3
Deckungsbeiträge Kundenaufträge	2	2

Projekt-portfolio	
per 20.12.	per 15.2.

Sichern der Managementqualität	20.12.	15.2.
Einsatz des Projektpersonals	2	2
Einsatz der Richtlinie zum Projektmanagen	2	1
Managementconsulting	1	2
Entwicklung von Projektpersonal	2	1

Kennzahlen interne Projekte/Programme	20.12	15.2.
Leistungsfortschritte	1	2
Termine	2	3
Ressourcen	1	3
Kosten	3	3
Nutzen	2	2

Organisationsziele	20.12.	15.2.
Innovationsziele	2	1
Finanzielle Ziele	2	3
Kundenbezogene Ziele	1	1
Ökologische Prozessziele	2	2
Soziale, mitarbeiterbezogene Ziele	1	1

Abb. P5: Projektportfolio Score Card der RGC per 15.2.2017 (Beispiel)

Bei der Strukturierung des Projektportfolios orientierte sich die RGC an den in der Abbildung P6 gelisteten Kriterien, die Teil der Strukturen der Corporate Governance sind. Diese Kriterien stellen auch eine Grundlage für die Interpretation der Scores der Projektportfolio Score Card dar.

Anzahl aktueller Projekte im RGC Projektportfolio: maximal 10
Anzahl aktueller Projekte je Projektart
Kundenauftragsprojekte: maximal 4
Marketing- und Salesprojekte: maximal 2
Innovationsprojekte: maximal 1
Eventprojekte: maximal 2
Organisationsprojekte: maximal 1
Anzahl Projekte, die eine Person als Projektmanager wahrnehmen soll: maximal 2
Anzahl Projekte, die eine Person als Projektauftraggeber wahrnehmen soll: maximal 4

Abb. P6: Kriterien für die Strukturierung des RGC Projektportfolios im Jahr 2017

Aus der Projektportfolio Score Card sieht man, dass durch die relativ hohe Anzahl der aktuellen Projekte im Februar 2017 die Projektportfoliostrukturen durchschnittlich beurteilt wurden. Durch die hohe Anzahl aktueller Projekte waren auch das Projektportfoliobudget und der Ressourceneinsatz höher als im Vergleich zum Dezember 2016.

Durch die starke Belastung der Engpassressourcen hatten sich im Vergleich zum Dezember auch die Projektkennzahlen verschlechtert. Die Beziehungen zu den Stakeholdern waren stabil. Die wichtigen Beziehungen zu den Kunden waren gut, da mehrere Key Accounts in das Innovationsprojekt und die Eventprojekte als Kooperationspartner eingebunden werden konnten. Die Organisationsziele wurden durch das aktuelle Projektportfolio entsprechend realisiert. Eine Ausnahme stellte die Realisierung der finanziellen Ziele dar, da wesentliche Consultingkapazitäten in den internen Projekten gebunden waren und dadurch nicht in gewohntem Ausmaß in Kundenaufträgen arbeiten konnten. Mitarbeiterbezogene Ziele wurden durch das Einbinden der Mitarbeiter in die internen Projekte und die damit verbundene Personalentwicklung sehr gut realisiert.

Weitere Projektportfolioberichte

Weitere Projektportfolioberichte sind z. B. Analysen von Projektportfolioressourcen und Projektportfoliomatrizen. Eine Ressourcenanalyse des Projektportfolios ist dann notwendig, wenn mehrere Projekte auf eine (knappe) Ressource zugreifen. In diesem Fall ist eine Ressourcenplanung nicht mehr für einzelne Projekte unabhängig voneinander möglich, sondern es ist eine Planung, Abstimmung und Prioritätensetzung auf Projektportfolioebene erforderlich.

In Projektportfoliomatrizen können unterschiedliche Kennzahlen von Projekten visualisiert werden. Mögliche Kennzahlenkombinationen sind z. B. Deckungsbeitrag und Projektrisiko (siehe Abb. P7) oder Projektdauer und Projektrisiko.

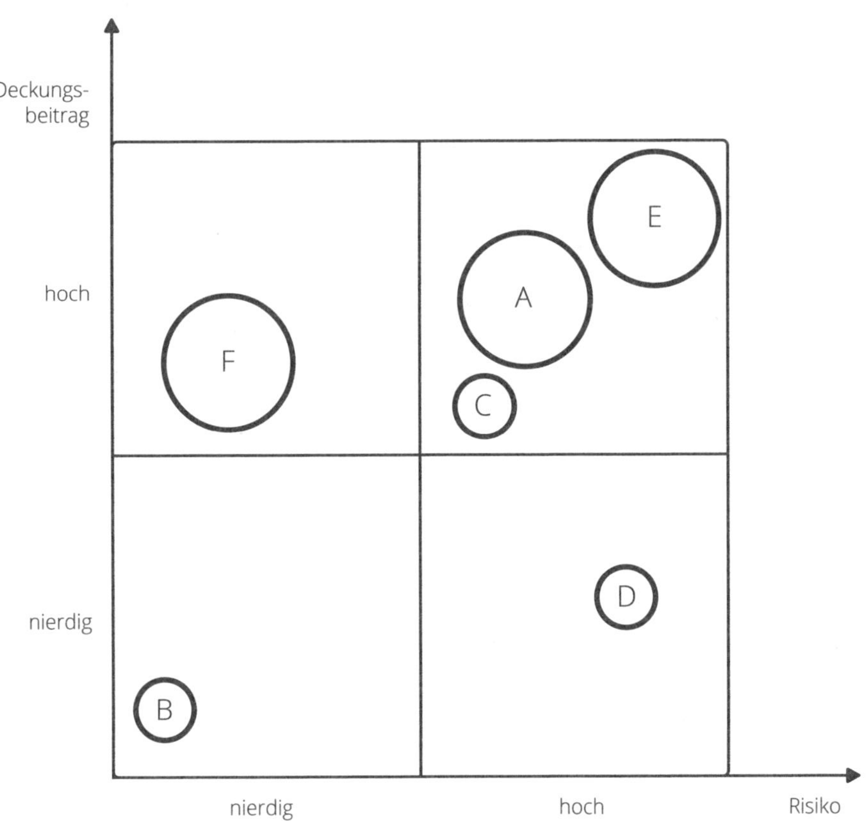

Abb. P7: Matrix von Deckungsbeitrag vs. Risiko der Kundenauftragsprojekte[2]

Die Aussagekraft von Projektportfolioberichten ist von der Qualität der Daten in der Projektportfoliodatenbank abhängig. Das Erstellen von Projektportfolioberichten erfordert spezifische Kompetenzen. Erst die entsprechende Auswahl der entscheidungsrelevanten Informationen, die Visualisierung von Informationen, deren Interpretation und das Einsetzen von Symbolen, wie z. B. der „Ampelfarben" zur Darstellung des Status von Projekten, sichert den Informationswert der Berichte.

2 Die Kennzahl Deckungsbeitrag wird als „Umsatz minus variable Kosten" definiert. Das Risiko wird als „negative finanzielle Zielabweichung" definiert.

P2.4 Projektportfolio managen: Organisation

Zentrale Rollen im Projektportfoliomanagen haben die Projektportfolio Group und ein PM Office (siehe Kap. O). Die Projektportfolio Group oder eine ähnliche Organisation ist für das Optimieren der Projektportfolioergebnisse verantwortlich. Aufgrund von Projekt- und Programmanträgen entscheidet die Projektportfolio Group über die adäquaten Organisationsformen zum Durchführen von Geschäftsprozessen und nominiert Projekt- bzw. Programmauftraggeber. Die Projektportfolio Group empfiehlt eventuell auch Controllings von Nutzenrealisierungen.

Das PM Office unterstützt die Projektportfolio Group bei der Erfüllung dieser Aufgaben und fördert das Netzwerken zwischen Projekten. Projektportfoliokennzahlen und Projektportfolioberichte können nach Zielgruppen differenziert kommuniziert werden. Die Analysen und das Aufbereiten von Informationen erfolgen entweder durch ein PM Office oder durch den jeweiligen Nutzer der Informationen selbst. Zur Kommunikation der relativ komplexen Zusammenhänge in Projektportfolios empfiehlt es sich, verschiedene Möglichkeiten zur Visualisierung (Listungen, Matrizen, Balkenpläne, Tabellen etc.) zu verwenden.

P3 Geschäftsprozess: Projekte netzwerken

P3.1 Projektenetzwerk und Projektekette: Definition

Ein Projektenetzwerk ist eine Menge gekoppelter Projekte. Die Koppelung von Projekten in Projektenetzwerken kann sich durch die Kooperation von Projekten mit gleichen Partnern, Lieferanten oder Kunden, durch die Durchführung von Projekten in der gleichen Region, durch den Einsatz einer gleichen Technologie etc. ergeben. Projektenetzwerke sind soziale Netzwerke (siehe Exkurs: Soziale Netzwerke).

Eine Projektekette ist eine Menge einander folgender Projekte zur Durchführung von sequenziellen Geschäftsprozessen. Eine Projektekette ist eine spezifische Form eines Projektenetzwerks. Eine Projektekette wird über einen Zeitraum betrachtet. Es sind auch Ketten aus Projekten und Programmen möglich.

Exkurs: Soziale Netzwerke

Das Wort „Netz" steht als Zeichen für ein Geflecht von Knoten und Verbindungen zwischen diesen Knoten. Jeder Knoten ist mit jedem anderen Knoten des Netzes entweder direkt oder indirekt verbunden. Alle Teile des Netzes sind beweglich. Was als Teil eines Netzwerkes angesehen wird, steht nicht als Entität allein, sondern kann über die verschiedenen Verbindungen die anderen Teile des Netzes beeinflussen und kann umgekehrt auch von diesen beeinflusst werden.

Das Wort „sozial" bezieht den Netzwerkbegriff auf ein Netz zwischen sozialen Systemen. „Ein soziales Netzwerk bezeichnet eine Menge von sozialen Einheiten mit den zwischen diesen Einheiten bestehenden sozialen Beziehungen. [...] Die sozialen Einheiten können dabei sowohl Personen, Positionen oder Rollen wie auch Gruppen, Organisationen oder sogar ganze Gesellschaften sein. Entsprechend können die sozialen Beziehungen variieren, so auf der individuellen Ebene etwa Sympathie, Kommunikation oder Rollenverpflichtungen und auf der Gruppenebene überlappende Mitgliedschaften, Kapitalverflechtungen oder auch Handelsbeziehungen zwischen Staaten sein."[3]

Bei sozialen Netzwerken ist die Abgrenzung zur Umwelt offen und unklar. Wo Interaktionen enden, wo und wie sie entstehen, sich verändern und vergehen, ist in seiner Komplexität auch von den Netzwerkteilnehmern nicht erkennbar. Die einzelnen Interaktionen haben zwar situativ Endpunkte, diese sind jedoch nur das Ende einer Kommunikationskette. Sie hören einfach auf, wenn eine weitere Verknüpfung nicht mehr sinnvoll oder möglich erscheint,

3 Endruweit, G., 1989, S. 465.

können sich aber, wenn sich die Bedingungen ändern, jederzeit ausdehnen oder zurückziehen.

„The boundaries of networks are often blurred and their activity often seems to turn on and off with no discernible regularity. [...] Instead of being held together within a boundary, a network coheres form shared values, goals, and objectives. A network is recognized by its' clusters of interaction and channels of communication, rather than by a fixed boundary that includes and excludes."[4]

Diese Unbestimmtheit gilt auch für die innere Ordnung (Funktionen, Ebenen, Rollen) eines sozialen Netzwerks. Die unklaren Grenzen und Unterteilungen erschweren es dem menschlichen Verstand, soziale Netzwerke als zusammenhängende, funktionierende soziale Gebilde anzuerkennen. Deshalb bereiten Objekte ohne feste Grenzen, wie soziale Netzwerke, Orientierungsprobleme.[5]

„Unlike a hierarchy, whose internal parts and external boundaries can be crisply mapped on a flow chart, a network has few inner divisions and has indistinct borderlines. A network makes a virtue out of its' characteristic fuzziness, frustrating outside observers determined to figure out where a network begins and ends."[6]

Der Zusammenhalt eines sozialen Netzwerks wird durch die gemeinsamen Intentionen und Werte der Mitglieder bewirkt. Ein soziales Netzwerk muss bestimmte Grundintentionen repräsentieren. Diese Intentionen bilden die Basis eines sozialen Netzwerks. Sie sind der Kitt, der das Netzwerk zusammenhält.

„If a network could be drawn on a paper, its lines of coherence would consist of the ideas that the participants agree upon, manifested in commitments to similar ideals."[7]

Diese kollektiven Basisintentionen bezeichnen das Netzwerk. Wenn diese Intentionen, der Sinn des Netzwerks, durch einen Namen oder ein Symbol repräsentiert werden, erleichtert dies sowohl die Identifikation des Netzwerks als auch die Identifikation der Teilnehmer mit dem Netzwerk.

„In contrast to bureaucracies, whose existence hinges on members who perform highly specialized tasks and who are totally dependent on one another, networks are composed of self-reliant and autonomous participants."[8]

Es ist ein besonderer Vorteil von sozialen Netzwerken, dass sie diese Selbstständigkeit und individuellen Interessen der Mitglieder nicht nur erlauben, sondern sie sogar fördern.[9] Denn die verschiedenen Intentionen und die

4 Lipnack, J., Stamps, J., 1982, S. 229 f.
5 Vgl. Lipnack, J., Stamps, J., 1982, Kap. 1.1.3.
6 Lipnack, J., Stamps, J., 1982, S. 8.
7 Lipnack, J., Stamps, J., 1982, S. 9.
8 Lipnack, J., Stamps, J., 1982, S. 7.
9 Vgl. Lipnack, J., Stamps, J., 1982, S. 8.

Autonomie der Netzwerkteilnehmer gefährden nicht, wie man annehmen könnte, den Bestand eines Netzwerks. Ganz im Gegenteil, sie machen es widerstandsfähiger.

„For governance, ‚network' implies a non-hierarchical system of equal, self-sustaining members. Unlike a bureaucracy a network is dependent on no one of its parts. No organ performs a specialized task necessary for the function of the whole. A net has no center. It is made up of links between parts. [...] It is precisely this attribute of self-sustaining parts that gives the network form its remarkable resiliency and its adaptability to stress. Segmentation explains why, for example underground political movements are so difficult to suppress. Squashing one node does little to impair the effectiveness of the net as a whole."[10]

Die Beziehungen in einem sozialen Netzwerk beruhen auf drei Merkmalen, die soziale Netzwerke von sozialen Systemen unterscheiden: autonome Teilnehmer, flexible, dezentrale Organisation und Freiwilligkeit der Teilnahme am Netzwerk.

Die Partner von Projektenetzwerken sind Projekte und Programme, die miteinander kommunizieren können. Die gemeinsame Intention der Netzwerkpartner ist das Schaffen von Synergien im Projektenetzwerk und das Organisieren des Lernens. Das Netzwerken passiert, z. B. in Workshops, Sitzungen und Gesprächen. Die Kommunikation kann durch gemeinsame Datenbanken, Chatrooms und Links unterstützt werden.

Projektenetzwerke haben keine klaren Grenzen, d. h. dass auch Projekte von Kunden, Partnern oder Lieferanten der projektorientierten Organisation berücksichtigt werden können, sofern deren Berücksichtigung einen Beitrag zur Realisierung gemeinsamer Ziele leisten kann.

Der Bedarf zum Projektenetzwerken kann von Projektmanagern, von einer Projektportfolio Group oder von einem PM Office erkannt werden. Durch die notwendige Konzentration auf die Projektziele und Projektleistungen in der täglichen Projektarbeit werden die Potenziale des Netzwerkens mit anderen Projekten für die Mitglieder von Projektorganisationen nicht immer ersichtlich. Daher ist es auch Aufgabe der Projektportfolio Group und des PM Offices, das Projektenetzwerken zu fördern.

Das Projektenetzwerken kann anlassbezogen erfolgen oder auch als periodische Kommunikationsform eines Netzwerks über einen Zeitraum etabliert werden. Anlässe für das Ad-hoc-Projektenetzwerken sind z. B. Projektdiskontinuitäten. Die Konsequenzen einer Krise oder einer Chance eines Projekts für andere Projekte sind zu analysieren und notwendige Maßnahmen sind zu vereinbaren. Zum Netzwerken sind situativ Kriterien zum Koppeln von Projekten zu definieren. Die Kommunikation kann dann in zu vereinbarenden Workshops und Sitzungen zum Netzwerken erfolgen.

10 Lipnack, J., Stamps, J., 1982, S. 223 und 225.

Das Projektenetzwerken setzt eine kooperative Organisationskultur voraus. Eine aktive Informationspolitik, die Möglichkeit zur horizontalen Kommunikation und wechselseitiges Vertrauen sind zentrale Werte beim Projektenetzwerken.

P3.2 Projekte netzwerken: Ziele und Ablauf

Ziele des Projektenetzwerkens sind das Schaffen von Synergien bzw. das Vermeiden von Konflikten sowie das Lernen im Projektenetzwerk.

Den Bedarf zum Netzwerken können Projektmanager, die Projektportfolio Group oder das PM Office erkennen. Diese können auch das Projektenetzwerken veranlassen. Das Projektenetzwerken beginnt, wenn die betroffenen Projektmanager sich zum Netzwerken entschließen. Der Prozess ist zu Ende, wenn die vereinbarten Maßnahmen zur Nutzung von Synergien bzw. zum Vermeiden von Konflikten zwischen den Projekten controlled wurden.

Zur Vorbereitung des Netzwerkens von Projekten ist das integrierende Kriterium des Netzwerks zu konkretisieren, sind Mitglieder der einzelnen Projektorganisationen einzuladen und sind relevante Informationen über die netzwerkenden Projekte bereitzustellen.

Zum Projektenetzwerken empfiehlt sich der Einsatz unterschiedlicher Kommunikationsformate. Der Workshop als Kommunikationsformat ermöglicht die direkte Interaktion der Mitglieder der unterschiedlichen Projektorganisationen. Auf Grundlage eines entsprechenden Informationsaustausches sind die Beziehungen zwischen den Projekten des Projektenetzwerks zu analysieren. Zur Visualisierung dieser Beziehungen kann eine Projektenetzwerkgrafik eingesetzt werden. Diese unterstützt die gemeinsame, stichtagsbezogene Konstruktion des jeweiligen Projektenetzwerks.

Auf Grundlage der Analyse synergetischer und konfliktärer Beziehungen zwischen den Projekten des Projektenetzwerks können Strategien und Maßnahmen zum Nutzen der Synergien bzw. zum Vermeiden der Konflikte festgelegt werden. Das Umsetzen der vereinbarten Maßnahmen ist Aufgabe der Projektmanager der jeweils netzwerkenden Projekte. Der Geschäftsprozess „Projekte netzwerken“ ist in der Tabelle P5 als Funktionendiagramm dargestellt.

Geschäftsprozess: Projekte netzwerken									
Legende D...durchführen M...mitarbeiten I...wird informiert K...koordiniert		Rollen							
Prozessaufgaben		Projektportfolio Group	PM Office	div. Vertreter von Projektauftraggeber	div. Projektmanager	Projektteammitglieder	Projektstakeholder	Expertenpoolmanager	Hilfsmittel/Dokument
1	Netzwerken planen								
1.1	Projektfortschrittsberichte sammeln		M		D				
1.2	Bedarf zum Netzwerken konkretisieren			M	D	M			
2	Projektnetzwerken vorbereiten								
2.1	Teilnehmern zum Netzwerken einladen		D	I	I	I	I	I	1
2.2	Informationen über die zu betrachtenden Projekte sammeln		D		M	M	M		
3	Workshop zum Projektenetzwerken durchführen								
3.1	Informationen zwischen Projekten austauschen		M	M	D	M	M	M	2
3.2	Projektenetzwerkgrafik entwickeln		M	M	D	M	M	M	
3.1	Steuernde Maßnahmen planen		M	M	D	M	M	M	
3.2	Steuernde Maßnahmen abstimmen	I	M	M	D		I	M	3
4	Projektennetzwerken nachbereiten								
4.1	Maßnahmen veranlassen	I	D	I	D	I	I		
4.2	Maßnahmen controllen		D		D				

Hilfsmittel/Dokument

1 ... Einladung zum Workshop zum Netzwerken
2 ... Projektnetzwerkgrafik
3 ... Liste mit steuernden Maßnahmen

Tab. P5: Geschäftsprozess „Projekte netzwerken" – Funktionendiagramm

Ergebnisse des Netzwerkens von Projekten sind einerseits das Verständnis der Beziehungen zwischen den Projekten und andererseits Maßnahmen zur Nutzung der Synergien bzw. zum Vermeiden von Konflikten im Projektenetzwerk. Folgende Maßnahmen sind grundsätzlich möglich:

> Redefinition von Projektzielen aufgrund von Zielkonflikten zwischen Projekten,
> personelle Umschichtungen aufgrund von Ressourcenkonflikten zwischen Projekten, eventuell Veränderungen von Projektprioritäten,
> Neugestaltung von Projektstakeholderbeziehungen aufgrund einer ganzheitlicheren Sichtweise durch die Betrachtung mehrerer Projekte,
> Risikoausgleich zwischen Projekten durch Veränderung von Vertragsbeziehungen mit Kunden, Partnern und Lieferanten,
> Transfer von Know-how zwischen den Projekten des Projektenetzwerks und
> Etablierung von Kommunikationsstrukturen zur periodischen Abstimmung zwischen Projekten des Projektenetzwerks.

Im Extremfall können die Erkenntnisse der Analyse der Beziehungen in einem Projektenetzwerk auch zum Abbruch oder zur Unterbrechung von Projekten führen.

P3.3 Projekte netzwerken: Methoden

Workshops und Sitzungen zum Projektenetzwerken

Das Projektenetzwerken wird durch die Schaffung spezifischer Kommunikationsformate ermöglicht. In Workshops können die Vertreter der netzwerkenden Projektorganisationen und der Projektstakeholder direkt interagieren.

Ein Workshop zum Projektenetzwerken kann einen halben Tag bis einen Tag dauern. Zum Projektenetzwerken ist meist nur ein Workshop notwendig. Bei Bedarf können Workshops durch periodische Sitzungen zum Netzwerken ergänzt werden.

Projektenetzwerkgrafik

Die Beziehungen zwischen den Projekten eines Projektenetzwerks können in einer Projektenetzwerkgrafik visualisiert werden. In dieser Grafik werden einerseits die netzwerkenden Projekte und andererseits die Beziehungen zwischen diesen Projekten dargestellt. Zur Darstellung der Projekte können Kreise in unterschiedlichen Größen und Farben verwendet werden, wobei die verwendeten Symbole in einer Legende zu erklären sind.

Mehrere Projekte mit Gemeinsamkeiten können durch unterschiedliche Einrahmungen zusammengefasst werden. Zur Darstellung der Beziehungen können Linien zwischen den Projekten (aber keine gerichteten Pfeile) verwendet werden. Betrachtungsgegenstände beim Netzwerken sind vor allem die Beziehungen zwischen den Projekten. Die Beziehungen zwischen einzelnen Projekten können durch qualitative Aussagen interpretiert werden. Als Beispiel ist in der Abbildung P10 das Projektenetzwerk der RGC per 15. 2. 2017 dargestellt.

Fallstudie: Projektportfoliomanagen der RGC

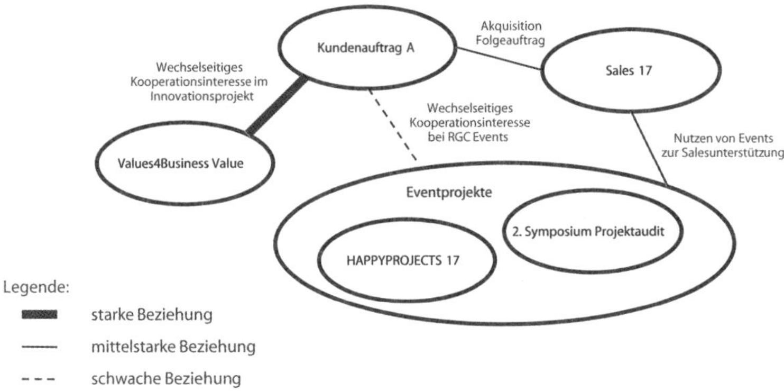

Abb. P8: Projektenetzwerkgrafik der RGC zum Managen der Beziehung mit dem Kunden A

Interpretation:

> Das Projektenetzwerk zum Managen der Kundenbeziehung A wurde konstruiert, um eine Strategie und Maßnahmen zum Gestalten der Kundenbeziehung zu planen.
> Projekte, die für das Managen der Kundenbeziehung A relevant erscheinen, wurden in der Projektenetzwerkgrafik dargestellt. Die Beziehungen zwischen den Projekten wurden, wie aus der Grafik ersichtlich, analysiert und kurz beschrieben.
> Folgende Strategie zur Kundenbindung wurde formuliert: „Vielfältige Kooperation, aber Fokus auf Sichern des Business Values für den Kunden."
> Folgende Maßnahmen zur Kundenbindung wurden auf Grundlage der Analyse definiert:
  - Lernen aus dem Kundenauftrag A für das weiterentwickeln der RGC Managementansätze im Projekt „Values4Business Value"
  - Einladen von Vertretern des Kunden A in die Peer Review Group
  - Einladen von Vertretern des Kunden A zu Vorträgen und zur Teilnahme an den RGC Events HAPPYPROJECTS 17 und 2. Symposium „Projektaudit"
  - Kundenvertreter bei den Events mit RGC Consultants bekannt machen
  - Nutzen von Erfahrungen im Innovationsprojekt „Values4Business Value" durch die Kundenvertreter in ihrer Praxis

P3.4 Projektekette managen

Die Projekte einer Projektekette sind durch ihre Zugehörigkeit zum gleichen Investitionsprozess eng gekoppelt. Typische Projekteketten sind die Ketten aus einem Konzeptions- und einem Realisierungsprojekt, aus einem Angebots- und einem Kundenauftragsprojekt und aus einem Pilot- und einem Folgeprojekt.

Das Management von Projekteketten hat die Sicherung der Kontinuität im Management von zwei oder mehr aufeinanderfolgenden Projekten bzw. Programmen, die zum Implementieren einer Investition durchgeführt werden, zum Ziel. Das Management von Projekteketten stellt keinen eigenen Geschäftsprozess der projektorientierten Organisation, sondern einen Sonderfall des Netzwerkens zwischen (aufeinanderfolgenden) Projekten dar.

Zum Management von Projekteketten sind personalpolitische und organisatorische Maßnahmen zu erfüllen. Eine wesentliche personelle Maßnahme ist die Einbindung von Mitgliedern der Projektorganisation des vorliegenden Projekts in die Projektorganisation eines Folgeprojekts. So sollten z. B. Überlappungen bei den Mitgliedern der Projektauftraggeber und der Projektteams erfolgen. Die Entscheidung der Besetzung des Projektauftraggebers trifft die Projektportfolio Group im Rahmen des Projektportfoliomanagens.

Das Ziel der Integration von zwei aufeinanderfolgenden Projekten in eine Projektekette kann im Projektabschlussprozess des vorliegenden Projekts und im Projektstartprozess des Folgeprojekts realisiert werden. Die Planung der Strukturen des Folgeprojekts und deren Dokumentation in einem Erstansatz eines Projekthandbuchs stellen einen zentralen Inhalt des davor durchgeführten Projekts dar. In den Projektabschlussprozess sind potenzielle Mitglieder der Projektorganisation des Folgeprojekts einzubinden, um die Strukturen des Folgeprojekts mitgestalten und Vertreter von Projektstakeholdern bereits kennenlernen zu können. Zur Sicherung des Know-how-Transfers in das Folgeprojekt sind im Projektstartprozess auch Mitglieder der Projektorganisation und Vertreter von Projektstakeholdern des davor durchgeführten Projekts einzuladen.

Zum Management von Projekteketten bedarf es keiner spezifischen Methoden. Die (organisatorischen) Maßnahmen zur Integration der beiden Projekte werden in den Projektmanagementplänen, insbesondere in den Dokumenten der Projektorganisation, dargestellt.

P4 Projektportfolio managen und Projekte netzwerken: Werte

Die Werte des RGC Managementparadigmas sind in der Abbildung P11 dargestellt und werden im Folgenden für das Projektportfoliomanagen und das Projektenetzwerken interpretiert.

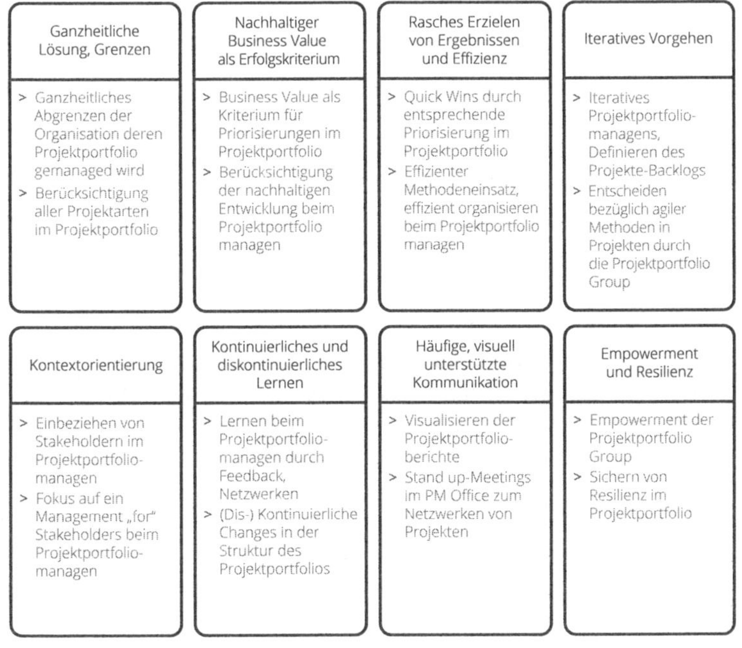

Abb. P9: Projektportfoliomanagen, Projektenetzwerken und Werte

Ganzheitliche Lösung, Grenzen

Um die Strukturen und Ergebnisse eines Projektportfolios optimieren zu können, ist ein Projektportfolio ganzheitlich zu betrachten. Dazu ist einerseits die Organisation, deren Projektportfolio zu managen ist, adäquat abzugrenzen und sind andererseits möglichst alle Projekte dieser Organisation zu berücksichtigen.

Die Grenzen der Organisation, deren Projektportfolio betrachtet wird, sind so zu ziehen, dass möglichst viele Beziehungen zwischen Projekten berücksichtigt werden können. Beim Strukturieren von Projektportfolios stellen daher Organisationseinheiten das erste Kriterium und Projektarten das zweite Kriterium dar. Eine Strukturierung ausschließlich nach Projektarten ermöglicht es nicht, wesentliche Beziehungen zwischen Projekten unterschiedlicher Projektarten zu berücksichtigen. Damit erfolgt eine nicht-adäquate Reduktion von Managementkomplexität, die nur suboptimale Lösungen ermöglicht.

Das bedeutet, dass z. B. eine größere Organisation mit mehreren Profitzentren einerseits ein Teilportfolio mit den strategischen Projekten der Organisation als Ganzes und andererseits Teilportfolios für die einzelnen Profitzentren benötigt. Eine Strukturierung von Teilportfolios nach Projektarten ist daher nicht zu empfehlen. Unterschiedliche Aufbereitungen der Daten der Projektportfoliodatenbank ermöglichen es aber, einer Matrixlogik folgend, Informationen zum Managen von Organisationseinheiten und zusätzlich Informationen zum Betrachten von Zusammenhängen je Projektart bereitzustellen.

Um eine adäquate Grundlage für das strategische Managen einer Organisation zu schaffen, sind der „Management by Projects"-Strategie folgend Projekte aller Projektarten in den Projektportfolios von Organisationen zu berücksichtigen. Manche Organisationen, die umfangreiche Kundenaufträge in Projekten durchführen, wie z. B. Bau-, Anlagenbau- oder IT-Unternehmen, reduzieren ihre Projektportfolios auf Kundenauftragsprojekte. Oder IT-Abteilungen betrachten nur die IT-Projekte und analysieren daher die Zusammenhänge zu Projekten anderer Projektarten nicht. Dadurch nehmen sich diese Unternehmen wesentliche Optimierungspotenziale im Management.

Ganzheitliches Projektportfoliomanagen bedeutet vor allem, ein Projektportfolio nicht nur als die Menge der Projekte und Programme zu verstehen, sondern auch deren Vernetzungen beim Managen zu berücksichtigen. Die Analyse und die Gestaltung der Beziehungen in Projektportfolios können durch die Berücksichtigung adäquater Informationen in der Projektportfoliodatenbank bezüglich Stakeholder, Produkte, Märkte oder Technologien gefördert werden. Im Risikomanagen für Projektportfolios ist das Projektportfoliorisiko daher nicht als die Summe der Risiken der einzelnen Projekte bzw. Programme zu verstehen. Wie auch im Finanzbereich bei Wertpapierportfolios sind die Zusammenhänge zwischen den Projekten, z. B. für einen Risikoausgleich, zu berücksichtigen. Diesbezüglich besteht eine Analogie zum Risikomanagen in Programmen (siehe auch Kap. M).

Nachhaltiger Business Value als Erfolgskriterium

Die Business-Value-Orientierung stellt ein wesentliches strategisches Element des Projektportfoliomanagens dar. Das Projektportfoliomanagen soll zum Sichern eines nachhaltigen Business Values für die Organisation beitragen. Obwohl das Treffen von Investitionsentscheidungen nicht Aufgabe des Projektportfoliomanagens ist, können Beiträge zum Sichern des Business Values geleistet werden, und zwar durch:

- die Auswahl der adäquaten Organisationsformen (Kleinprojekt, Projekt, Programm) zum Durchführen umfangreicher Geschäftsprozesse,
- die Auswahl von Auftraggebern, die ihren Projekten und Programmen die entsprechende Managementaufmerksamkeit schenken,
- das Managen von Stakeholderbeziehungen aus Projektportfoliosicht,

- das Auflösen enger Koppelungen von Projekten im Projektportfolio zur Risikoreduktion für die Organisation,
- das entsprechende Priorisieren von Projekten und Programmen im Projektportfolio und
- das Veranlassen des Netzwerkens zwischen Projekten.

Der mit einem Projekt verbundene Beitrag zum Business Value ist ein wesentliches Kriterium für Priorisierungen im Projektportfolio. Unter Berücksichtigung der Prinzipien der nachhaltigen Entwicklung kann der Business Value nicht nur ökonomisch, sondern auch ökologisch und sozial, nicht nur kurzfristig, sondern auch mittelfristig, und nicht nur lokal, sondern auch regional verstanden werden.

Die Prinzipien der nachhaltigen Entwicklung beeinflussen auch den Prozess des Projektportfoliomanagens und den diesbezüglichen Methodeneinsatz. So können die Nachhaltigkeitsprinzipien z. B. in der Projektportfoliodatenbank und in Projektportfolioberichten berücksichtigt werden und es können Stakeholder in das Projektportfoliomanagen einbezogen werden.

Rasches Erzielen von Ergebnissen und Effizienz

Rasche Projektportfolioergebnisse können durch ein entsprechendes Priorisieren von Projekten erzielt werden. Rasche Ergebnisse sind auch durch das „Schlankhalten“ von Projektportfolios erzielbar. Schlanke Projektportfolios können durch das Minimieren der Anzahl gleichzeitig durchgeführter Projekte, das Definieren von Projekten mit kurzen Projektlaufzeiten und das Differenzieren sequenzieller Projektarten in Projekteketten gesichert werden.

Das Definieren von Quick Wins von Projekten kann von den Zielen bezüglich der Projektportfolioergebnisse beeinflusst werden. Rasch und leicht zu erzielende Projektergebnisse können auch über Projektgrenzen hinweg geplant und controlled werden.

Eine wesentliche Grundlage für gute Projektportfolioergebnisse und für ein effizientes Projektportfoliomanagen stellt die Qualität der Informationen über die einzelnen Projekte und Programme des Projektportfolios dar. Ein professionelles Projekt- und Programmmanagen ist daher die Voraussetzung für ein effizientes und effektives Projektportfoliomanagen.

Effizienz im Projektportfoliomanagen setzt keine integrierte Projekt- und Projektportfoliodatenbank voraus. Für das Projektportfoliomanagen sind nur aggregierte Projektdaten notwendig, wie z. B. Projektart, Projektauftraggeber, Projektmanager, Projektbudget, Projektstakeholder, Projektstart- und Projektendtermin etc. Es werden keine detaillierten Daten über Arbeitspakete, deren Kosten, Termine und Risiken benötigt, auch Informationen über Zuständigkeiten für Arbeitspakete oder Stakeholderbeziehungen sind zum Managen des Projektportfolios nur in Ausnahmefällen notwendig. Diese Informationen stehen bei Bedarf in den Dokumentationen und Tools zum Managen der einzelnen Projekte zur Verfügung. Die detailliertere Projektplanung und das Projektcontrolling erfolgt dezentralisiert und empowered auf Projektebene.

Der Fokus im Projektportfoliomanagen liegt auf der Verfügbarkeit entscheidungsrelevanter Daten, auf der Kommunikation und der Vernetzung, um mit der Komplexität von Projektportfolios entsprechend umgehen zu können. Als Software zum Projektportfoliomanagen genügt daher auch eine relativ einfache Stand-alone-Lösung.

Iteratives Vorgehen

Das Projektportfoliomanagen ist eine strategische Managementaufgabe, die periodisch wahrgenommen wird. In Abhängigkeit von der Dynamik der jeweiligen projektorientierten Organisation werden iterativ Projekte und Programme beantragt, gestartet, priorisiert, abgebrochen etc. Die geplanten Projekte einer Organisation können als deren „Projekte-Backlog" wahrgenommen werden. Aus dem Backlog werden im Rahmen der periodischen Koordinationssitzungen zu startende Projekte ausgewählt.

Entsprechend dieser rollierenden Planung zu startender Projekte erfolgt auch eine rollierende Planung des Projektportfoliobudgets. Iterativ werden auch die strategischen Ziele der projektorientierten Organisation aufgrund von Rückkoppelungen aus den Projekten des Projektportfolios adaptiert.

Aufgrund der Dynamik im wirtschaftlichen Umfeld ist zu beobachten, dass die Zyklen des Projektportfoliomanagens kürzer werden. Manche Industrien stellen nicht nur noch einmal pro Jahr im Rahmen der Budgetierung Projektanträge, sondern entscheiden quartalsmäßig oder sogar monatlich über Projektanträge und führen dementsprechende rollierende Budgetierungen durch. Diese kurzfristigeren Planungszyklen setzen Projekte mit kurzen Projektdauern voraus, die sich aufgrund der Definition von Projekteketten ergeben.

Kontextorientierung

Den inhaltlichen Kontext des Projektportfoliomanagens stellt die laufende Geschäftstätigkeit der projektorientierten Organisation dar. Beim strategischen Managen sind daher in einer integrierenden Betrachtung die Ziele, Maßnahmen und Ressourcenbedarfe der laufenden Geschäftstätigkeit und des Projektportfolios abzustimmen.

Der zeitliche Kontext im Projektportfoliomanagen wird durch die Betrachtung der Veränderungen des Projektportfolios im Zeitablauf berücksichtigt. Der Dynamik des Projektportfolios ist durch entsprechende Strukturen des Projektportfoliomanagens, d.h. durch die Häufigkeit von Sitzungen und Workshops, das Einbeziehen von Stakeholdern, die Art der Analysen, der zu betrachtenden Kennzahlen und der zu erstellenden Projektportfolioberichte zu entsprechen.

Kontextorientierung im sozialen Sinn bedeutet, dass beim Konstruieren von Projektenetzwerken auch Projekte und Programme, die außerhalb der betrachteten Organisation durchgeführt werden, wie z. B. Projekte von Kunden, Lieferanten oder Partnern, berücksichtigt werden, sofern dadurch ein Zusatznutzen entsteht.

Das Gestalten von Beziehungen zu Stakeholdern aus Projektportfoliosicht unterscheidet sich vom Stakeholdermanagen einzelner Projekte durch eine stärkere strategische Orientierung. Es sind Strategien zum Gestalten von Beziehungen zu Stakeholdern, die gleichzeitig Stakeholder mehrerer Projekte sind, festzulegen. Beziehungen werden gesamthaft analysiert und strategisch gemanaged. Dabei können Interessenskonflikte von Stakeholdern bezüglich unterschiedlicher Projekte und Programme ersichtlich werden. Mit dieser Komplexität von Projektportfolios ist umzugehen. Auch im Projektportfoliomanagen kann ein Management „for“ Stakeholders erfolgen (siehe Kap. F).

Das Involvieren ausgewählter externer Stakeholder in das Initiieren von Projekten, in das Projektportfoliomanagen und vor allem in das Netzwerken zwischen Projekten ist anspruchsvoll, kann aber Risiken für die Organisation reduzieren und Optimierungspotenziale schaffen.

Kontinuierliches und diskontinuierliches Lernen

Beim Projektportfoliomanagen ist kontinuierliches und diskontinuierliches Lernen möglich. Lernen beim Projektportfoliomanagen erfolgt durch Beobachtungen, Reflexionen und durch Feedback. Es kann z. B. beobachtet und reflektiert werden,

- ob die Strukturen des Projektportfolios entsprechend sind,
- ob die zur Durchführung von Geschäftsprozessen definierten Organisationsformen adäquat sind,
- ob die Projekte und Programme des Projektportfolios einen Beitrag zur Umsetzung der Organisationsziele leisten,
- ob die Stakeholderbeziehungen entsprechend gestaltet sind und
- ob steuernden Maßnahmen auf Projektportfolioebene erfolgreich waren.

Sofern externe Stakeholder in das Portfoliomanagen involviert sind, kann von deren unterschiedlichen Erfahrungen gelernt werden. Durch das periodische Durchführen der Geschäftsprozesse des Projektportfoliomanagens können diese durch Reflexionen und Feedback optimiert werden.

Das Projektportfoliomanagen kann auch Beiträge zum Lernen von Projekten und Programmen bzw. bezüglich des strategischen Managens leisten. Indem controlled wird, ob die Corporate-Governance-Strukturen zum Projekt- und Programmmanagen in Projekten und Programmen ungesetzt werden, kann die Managementqualität von Projekten und Programmen gesichert werden. Aufgrund eventuell notwendiger Adaptionen von strategischen Zielen durch das Berücksichtigen von Erkenntnissen aus Projekten und Programmen leistet das Projektportfoliomanagen einen Beitrag zur Weiterentwicklung der strategischen Pläne.

Häufige, visuell unterstütze Kommunikation

Durch die hohe Dynamik von Projektportfolios sind häufige Kommunikationen im Projektportfoliomanagen notwendig. Dazu sind Mitglieder von Initiierungsteams, der Projektportfolio Group und von Projekt- und Programmorganisationen, Mitarbeiter des PM Office und Vertreter von Stakeholdern je nach Geschäftsprozess des Projektportfoliomanagens und nach akutem Bedarf einzubeziehen.

Das Ziel, durch das Projektportfoliomanagen eine integrative Funktion in der projektorientierten Organisation auszuüben, kann durch unterschiedliche Kommunikationsformate, wie Workshops von Projektinitiierungsteams, Projektkoordinationssitzungen, Workshops und Sitzungen zum Projektenetzwerken, gefördert werden. Häufige, kurzfristige Kommunikationen sind zwar mit einer Projektportfolio Group meist nicht möglich. Stand-up-Meetings von Initiierungsteams, im PM Office aber auch von Gruppen zum Projektenetzwerken, sind möglich und sinnvoll.

Eine wichtige Funktion der Kommunikationsformate des Projektportfoliomanagens ist es, zur Entwicklung der Kultur der projektorientierten Organisation beizutragen. Offenheit, Vertrauen zum Informationsaustausch und zum Lernen voneinander (in Projektenetzwerken) sind zu schaffen.

Zur Kommunikation können Projektportfoliokennzahlen und Projektportfolioberichte als visuelle Hilfsmittel eingesetzt werden. Diesbezüglich geeignet sind z. B. Projektportfoliolisten, Projektportfoliobalkenpläne und Projektportfolio Score Cards. Eine entsprechende Raum- und IKT-Infrastruktur zur Unterstützung der Projektportfoliokommunikation ist bereitzustellen.

Empowerment und Resilienz

Zum Projektportfoliomanagen sind die Projektportfolio Group und das PM Office zu empowern. In größeren Organisationen gibt es im PM Office eine eigene Rolle „Projektportfoliomanager“. Durch sie wird das Projektportfoliomanagen institutionalisiert.

Empowerment der Projektportfolio Group und des PM Office zum Projektinitiieren bedeutet, dass folgende Entscheidungen von der Projektportfolio Group mit Unterstützung des PM Office getroffen werden können:

- Akzeptieren oder Ablehnen von Projektanträgen
- Nominierungen von Projektauftraggebern
- Adaption von Projektzielen in Projektanträgen, um diese konsistent mit den Organisationszielen zu machen
- Veranlassen von Managementconsultings für Projekte und Programme

Beim Implementieren einer Investition stehen diese Entscheidungen im Zusammenhang mit Investitionsentscheidungen, die von einem Investitionsentscheidungsgremium oder auch von der Projektportfolio Group zu treffen sind.

Empowerment der Projektportfolio Group und des PM Office beim Projektportfoliomanagen bedeutet, dass diese Organisationseinheiten folgende Entscheidungen treffen können:

> Entscheidungen zur strategischen Gestaltung des Projektportfolios
> Starten neuer Projekte
> Abbrechen oder Unterbrechen von Projekten aus strategischen Gründen der Organisation
> Priorisieren von Projekten
> Entscheidungen zur strategischen Gestaltung der Stakeholderbeziehungen
> Veranlassen von Managementconsultings für Projekte und Programme
> Veranlassen des Controllens von Nutzenrealisierungen von Investitionen
> Veranlassen des Netzwerkens von Projekten

Beim Empowern der Projektportfolio Group ist auf die Abgrenzung der Entscheidungsbefugnisse der Projekt- und Programmauftraggeber zu achten.

Ein wesentliches Ziel des Projektportfoliomanagens ist das Sichern adäquater Projektportfoliostrukturen. Diese tragen zur Resilienz der projektorientierten Organisation bei. Die Stabilität der projektorientierten Organisation soll nicht gefährdet sein, wenn einzelne Projekte oder Programme des Projektportfolios Probleme haben und unvorhergesehene Entwicklungen eintreten. Die Widerstandsfähigkeit der projektorientierten Organisation kann durch agile und durch redundante Strukturen des Projektportfolios gefördert werden. Im Projektportfoliomanagen kann die projektorientierte Organisation beweisen, dass sie fähig ist, auf Dynamik zu reagieren und Change umzusetzen.

P5 Managementqualität eines Projekts bzw. Programms durch Consulting sichern[11]

Projektqualität: Definition

Projektqualität kann definiert werden als „die Erreichung der Gesamtheit der Eigenschaften eines Projekts, um gestellte und vorausgesetzte Projektanforderungen zu erfüllen".[12] Qualität kann auch als die Erfüllung von Erwartungen externer bzw. interner Kunden verstanden werden. Es sind die Anforderungen bzw. Erwartungen zum Zeitpunkt der Bereitstellung der Lösung an den Kunden, und nicht die initial definierten Anforderungen, zu erfüllen.

In Projekten kann zwischen der Qualität der zu erzielenden Projektergebnisse und der Prozessqualität des Projektmanagens unterschieden werden. Zum Sichern von Qualität ist ein entsprechendes Qualitätsmanagement notwendig (siehe Exkurs: Qualitätsmanagement).

Exkurs: Qualitätsmanagement

Qualitätsmanagement hat seinen Ursprung am Beginn des 20. Jahrhunderts. Durch die von Frederick W. Taylor eingeführte Arbeitsteilung und Massenproduktion entstand der Bedarf, die Qualität von Produkten zu kontrollieren.

Qualitätsmanagement hat sich seit damals von einer produktbezogenen Qualitätskontrolle zu einem organisationsbezogenen Total-Quality-Managementansatz mit dem Ziel der kontinuierlichen Verbesserung der Geschäftsprozesse entwickelt.[13]

Deming ist als einer der Begründer des Qualitätsmanagements zu nennen.[14] Er zeigte auf, dass Qualität und Produktivität einander nicht widersprechen, sondern positiv miteinander korrelieren, sofern die Produktion als ein Prozess wahrgenommen wird, der Kundenbeziehungen und Kundenfeedback berücksichtigt. Deming beschreibt folgende Kettenreaktion: Die Verbesserung der Qualität führt zu geringeren Produktionskosten, da weniger Fehlerkorrekturen notwendig sind. Weniger Fehler führen zu einer besseren Nutzung der Maschinen und des Materials. Niedrigere Produktionskosten führen zu einer besseren Produktivität und machen eine bessere Qualität zu niedrigeren Preisen möglich. Das führt zu einem höheren Marktanteil, der wie-

11 Im Folgenden wird vor allem auf das Sichern der Managementqualität von Projekten eingegangen. Die Ziele, Prozesse, Methoden und diesbezüglichen Organisationsstrukturen für Programme sind ähnlich.

12 Gesellschaft für Projektmanagement, 2005, S. 27ff.

13 Vgl. Seaver, M., 2003.

14 Vgl. Deming, W. E., 1992.

derum die Existenz der Firma und somit der Arbeitsplätze sichert. Deming führte auch den Deming-Zyklus ein, der sowohl die Fehlerkorrektur als auch die Fehlervermeidung berücksichtigt. Der Deming-Zyklus besteht aus den Schritten „plan, do, check and act – PDCA" (siehe Abb. P10). Damit wurde die Basis für eine kontinuierliche Verbesserung von Geschäftsprozessen gelegt.

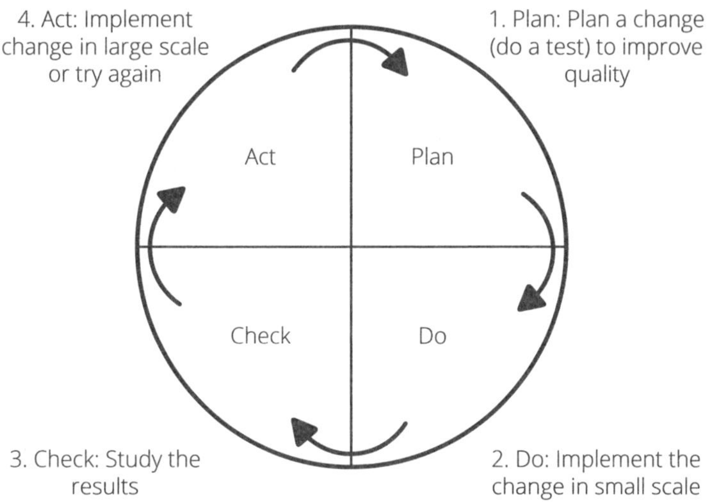

Abb. P10: PDCA-Zyklus von Deming

Der Ansatz von Deming wurde von den Japanern Ishikawa und Taguchi weiterentwickelt. Ishikawa postulierte, dass alle Unternehmensbereiche und alle Mitarbeiter für die Qualität verantwortlich seien. Die Qualität wird vom Kunden definiert – wobei unter Kunde nicht nur der Endkunde verstanden wird, der für das Produkt bezahlt, sondern jeweils die nächste Person im Prozess. Jeder Mitarbeiter ist daher sowohl Kunde als auch Lieferant zugleich.[15]

Aus dem Ansatz von Deming und den Weiterentwicklungen der Japaner entstand der Total-Quality-Managementansatz, der durch sieben Prinzipien charakterisiert werden kann.[16]

> Kundenorientierung,
> kontinuierliche Verbesserung der Systeme und Prozesse,
> Prozessmanagement,
> Suche nach der wahren Fehlerursache,
> Datenerhebung und statistische Methoden,
> Mitarbeiterorientierung,
> Teamorientierung.

15 Vgl. Ishikawa, K., Lu, D., 1985.

16 Vgl. Bounds, G. M., Dobbins, G. H., Fowler, O. S., 1995; Krczal, A., 1999, S. 399 ff.

Projekte und Programme als Klientensysteme des Consultings

Traditionell sind permanente Organisationen, wie z. B. Unternehmen, Profitzentren oder Servicezentren, Objekte des Consultings. Aufgrund der Komplexität und Dynamik von Projekten und Programmen besteht ein relativ hoher Bedarf zu deren Unterstützung bei der Erfüllung von inhaltlichen Prozessen bzw. von Managementprozessen. Die Wahrnehmung von Projekten und Programmen als temporäre Organisationen (siehe Kap. A) ermöglicht deren Definition als Consultingobjekte. Projekte und Programme können „Klientensysteme" des Consultings darstellen.

Sichern der Ergebnisqualität eines Projekts

Grundsätzlich soll die Ergebnisqualität eines Projekts durch ein professionelles Projektmanagen gefördert werden. Bei Bedarf kann zur Sicherung der Ergebnisqualität von Projekten ein inhaltliches Consulting erfolgen. Ziel des inhaltlichen Consultings eines Projekts ist es, zur Lösung eines inhaltlichen Problems im Projekt beizutragen. Beim inhaltlichen Consulting kooperiert ein Consultant als Projektmitarbeiter mit den Mitgliedern der Projektorganisation. Im Fall einer umfangreicheren Tätigkeit kann der Consultant auch Projektteammitglied sein.

Sichern der Managementqualität eines Projekts

Die Managementqualität eines Projekts ist grundsätzlich durch die Professionalität im Projektmanagement zu gewährleisten. Bei Bedarf kann das Sichern der Managementqualität eines Projekts, aber auch durch ein Managementconsulting erfolgen.

Das Managementconsulting eines Projekts kann nach folgenden Dienstleistungen bzw. Geschäftsprozessen differenziert werden:

- Consulting beim Projektinitiieren
- Consulting eines Projekts beim Durchführen eines Projektmanagementteilprozesses
- Managementauditing eines Projekts
- Durchführen einer Kurzintervention in ein Projekt

Ziel des Consultings beim Projektinitiieren ist, zu sichern, dass eine adäquate Organisationsform, um einen Geschäftsprozess durchzuführen, ausgewählt wird und dass strukturelle Grundlagen zum Starten eines Projekts vorliegen. Ziele des Consultings eines Projekts beim Durchführen eines Projektmanagementteilprozesses ist die (Weiter-)Entwicklung der Projektmanagementkompetenz des Projekts. Ziele des Managementauditings eines Projekts sind das Analysieren der Managementkompetenzen eines Projekts und das Entwickeln von Empfehlungen zur Weiterentwicklung dieser Kompetenzen. Ziel des Durchführens einer Kurzintervention in ein Projekt ist es, einen Beitrag zu einer konkreten Lösungen eines Managementproblems zu leisten.

Im Managementconsulting können die Werte des systemischen Managementansatzes (siehe Kap. B), wie Stakeholderorientierung, Sichern von Quick Wins, Optimieren des Business Values, iteratives Vorgehen, Sichern der nachhaltigen Entwicklung etc., berücksichtigt werden. Durch den Geschäftsprozess „Kurzintervention in ein Projekt durchführen" wird z. B. speziell versucht, Quick Wins durch eine rasche Lösung mit einem geringen Consultingaufwand zu sichern. Die später dargestellten Differenzierungen im Managementconsulting zwischen Klientensystem, Consultingsystem und Consultersystem fördern die effiziente Vorgehensweise.

Das Managementconsulting eines Projekts ist vom Projektmanagementtraining, vom Coaching der Mitglieder von Projektorganisationen und vom Projektmanagement auf Zeit zu unterscheiden. Das Coaching dient einerseits dem Transfer von Trainingsinhalten in die tägliche Praxis von Trainingsabsolventen und andererseits zur Lösung aktueller „On the job"-Herausforderungen von Managern. Beim Projektmanagement auf Zeit übernimmt der Projektmanager Managementverantwortung. Managementconsulting von Projekten wird in der Praxis oft mit Projektmanagementtraining und mit Coaching der Mitglieder von Projektorganisationen kombiniert.

P5.1 Consulting beim Projektinitiieren

Beim Initiieren eines Projekts werden projektstrategische Entscheidungen getroffen, durch die grundsätzliche Strukturen für das durchzuführende Projekt festgelegt werden (siehe Kap. E). Dementsprechend bedeutend ist ein professionelles Durchführen des Projektinitiierens.

Consulting beim Projektinitiieren hat das Optimieren der Ergebnisse des Projektinitiierens zum Ziel. Es ist zu sichern, dass

> eine adäquate Organisationsform, um einen Geschäftsprozess durchzuführen, ausgewählt wird,
> entsprechende initiale Projektpläne zum Starten des Projekts vorliegen,
> ein entsprechender Projektauftraggeber nominiert wird und
> eine optimale Beauftragung eines Projektmanagers und eines Projektteams erfolgt.

Das Consulting beim Projektinitiieren kann folgende Leistungen beinhalten:

> Unterstützen beim Abgrenzen des Projekts und beim Erstellen der initialen Projektpläne,
> Unterstützen beim Definieren der initialen Projektstrategien,
> Analysieren der lokalen, regionalen und globalen ökologischen sowie sozialen Auswirkungen des Projekts,
> Analysieren der Zusammenhänge des Projekts mit anderen Projekten und Programmen des Projektportfolios der projektorientierten Organisation,
> Unterstützen beim Erstellen des Projektantrags und
> Unterstützen beim Einbeziehen der Projektstakeholder in den Initiierungsprozess.

Auftraggeber des Consultings beim Projektinitiieren ist der jeweilige Projektinitiator. Im Consultingprozess beteiligte Systeme sind das Klientensystem „Initiierende Organisationseinheit", das Consultingsystem „Projektinitiieren" und das Consultersystem „Homebase" des Consultants (siehe Abb. P11). Dem Klientensystem können außer dem Projektinitiator, dem Initiierungsteam und der Projektportfolio Group auch Vertreter des PM Offices und von Stakeholdern angehören. Im Consultingsystem kooperieren der Consultant und Vertreter des Klientensystems. Die „Homebase" des Consultants kann organisationsintern (z. B. Expertenpool „Projektmanagen") oder organisationsextern (z. B. Consultingunternehmen) sein.

Abb. P11: Beteiligte Systeme des Consultings beim Projektinitiieren

P5.2 Consulting eines Projekts beim Durchführen eines Projektmanagementteilprozesses

Consulting beim Durchführen eines Projektmanagementteilprozesses: Ziele und Betrachtungsobjekte

Ziel des Consultings beim Durchführen eines Projektmanagementteilprozesses ist die (Weiter-)Entwicklung der Projektmanagementkompetenz des Projekts. Es werden nicht nur die Kompetenzen des Projektmanagers und/oder des Projektteams, sondern des Projekts als temporäre Organisation entwickelt. Das Projekt ist Klientensystem im Consultingprozess. Durch das Consulting können die Vorgaben einer eventuell existierenden Richtlinie zum Projekt- und Programmmanagen umgesetzt werden.

Das Consulting eines Projekts kann beim Durchführen der Teilprozesse „Projekt starten", „Projekt controllen", „Projekt abschließen", „Projekt transformieren" oder „Projekt neu positionieren" und „Projekt abschließen" stattfinden. Das Consulting kann sich auf einen oder auch auf mehrere Teilprozesse beziehen. So ist es z. B. üblich, ein Projekt beim Starten und anschließend beim Durchführen mehrerer Controllingzyklen zu consulten, um dadurch die Nachhaltigkeit der beim Projektstarten entwickelten Projektstrukturen zu sichern.

Folgende Betrachtungsobjekte sind im Consulting je Projektmanagementteilprozess zu berücksichtigen:

- > das Design des Teilprozesses im Kontext des Designs des Projektmanagementprozesses,
- > die Qualität der einzelnen Projektpläne und deren Konsistenz,
- > das Design der Projektorganisation und
- > die Gestaltung der Projektkontextbeziehungen.

Das Consulting eines Projekts beim Projektstarten kann folgende Leistungen beinhalten:

- > Analysieren vorhandener Projektmanagementdokumente
- > Durchführen von Interviews mit Projektstakeholdern
- > Unterstützen bei der Auswahl von Projektteammitgliedern
- > Vorbereiten und Reflektieren eines Projektstartworkshops
- > Unterstützen bei der Erarbeitung detaillierter Projektpläne und eines Projekthandbuchs
- > Unterstützen beim Einsatz einer entsprechenden Projektinfrastruktur (Räume, IKT etc.)
- > Unterstützen beim Gestalten der Projektkontextbeziehungen
- > Unterstützen beim Definieren möglicher Quick Wins
- > Vorbereiten und Reflektieren einer Projektauftraggebersitzung
- > Beobachten erster Projektsitzungen

Die Ergebnisse des Managementconsultings können aufgrund der im Projekt erzielten Weiterentwicklung der Managementkompetenz beurteilt werden. Eventuelle Qualitätsverbesserungen können in den Kompetenzen der Mitglieder der Projektorganisation, in der Effizienz von Sitzungen, in den Inhalten und der Form der Projektmanagementdokumentation, in der Business-Value-Orientierung der Mitglieder der Projektorganisation, im Image des Projekts und in den Beziehungen zu Projektstakeholdern beobachtet werden.

Consulting beim Durchführen eines Projektmanagementteilprozesses: Organisation

Auftraggeber eines Managementconsultings für ein Projekt sollte der Projektauftraggeber und nicht z. B. die Geschäftsführung einer Organisation oder ein Manager eines Profitzentrums sein. Diese Stellen der permanenten Organisation können ein Consulting anregen, der Projektauftraggeber sollte aber vom Nutzen des Consultings überzeugt sein, es wünschen und mit den Mitgliedern der Projektorganisation vereinbaren.

Das Managementconsulting erfolgt durch ein Consultingsystem. Dieses stellt ein intermediäres System zwischen dem Projekt als Klientensystem und der Organisation, aus der die Consultants kommen, dar. Das System „Projektmanagementconsulting" hat spezifische Ziele, Prozesse, Rollen und Methoden, durch die es sich z. B. vom Klientensystem „Projekt" unterscheidet. Organisationen, aus denen Consultants kommen (deren „Homebase"), können entweder Consultingfirmen oder unternehmensinterne Organisationseinheiten sein. In der Abbildung P12 sind diese Beziehungen für das Managementconsulting eines Projekts dargestellt.

Abb. P12: Consulting beim Durchführen eines Projektmanagementteilprozesses – Beteiligte Systeme

Die Vertreter des Projekts im Consultingsystem sind Experten in Bezug auf das Projekt, dessen Inhalte und Probleme und unterstützen den Transfer der Ergebnisse des Consultingsystems in das Projekt. Der Consultant kooperiert als Projektmanagementexperte mit den Vertretern des Projekts im Consultingsystem.

Die „Homebase", die ein Consultant repräsentiert, kann den Consultingerfolg beeinflussen. Die Akzeptanz eines internen Consultants, der z. B. aus einem Expertenpool „Projektmanagen" kommt, wird wahrscheinlich höher sein als jene eines Consultants, dessen „Homebase" ein Expertenpool „Moderatoren" ist.

P5.3 Managementconsulting eines Programms

Das Managementconsulting von Programmen unterscheidet sich vom Managementconsulting von Projekten aufgrund der längeren Dauer und der höheren Komplexität von Programmen. Spezielle Leistung des Managementconsultings von Programmen sind z. B. die Etablierung eines Programm Office, die Unterstützung beim Programmmarketing und die Schaffung integrierender Programmstandards (siehe Kap. M).

Das Managementconsulting eines Programms kann in Kombination mit dem Managementconsulting einzelner Projekte des Programms erfolgen, um die Effizienz des Consultings zu steigern.

P5.4 Managementauditing eines Projekts bzw. eines Programms

„Ein Audit ist eine systematische und unabhängige Untersuchung, um festzustellen, ob die qualitätsbezogenen Tätigkeiten und die damit zusammenhängenden Ergebnisse den geplanten Anordnungen entsprechen und ob diese Anordnungen wirkungsvoll verwirklicht und geeignet sind, die Ziele zu erreichen."[17] Auditing ist eine Qualitätssicherungsmethode, bei der sowohl die Einhaltung vorgegebener Vorgehensweisen und Standards als auch deren Wirksamkeit und Sinnhaftigkeit geprüft werden.

17 DIN EN ISO 8402:1995_08 bzw. DIN EN ISO 9000:2015-11.

Begriffe, die in der Praxis auch statt des Begriffs „Audit“ verwendet werden, sind z. B. Prüfung, Revision, Review oder Health Check. Mit den Begriffen „Prüfung“ und „Revision“ wird im Vergleich zu „Review“ und „Health Check“ häufig ein stärkeres Ausmaß der Formalisierung des Prozesses und dessen Konsequenzen verbunden.

Bei einem projektbezogenen Audit kann sowohl die Managementqualität als auch die Qualität der inhaltlichen Arbeiten eines Projekts einem Audit unterzogen werden. Beim Managementauditing eines Projekts wird die Projektmanagementqualität betrachtet, d. h. die organisatorische Kompetenz des Projekts, die kollektiven Kompetenzen der Teams eines Projekts und die individuellen Managementkompetenzen der Mitglieder der Projektorganisation.

Managementauditing eines Projekts: Ziele und Leistungen

Ziel des Managementauditings eines Projekts bzw. Programms ist das Beurteilen der Managementkompetenzen und das Bereitstellen von Empfehlungen zur Weiterentwicklung dieser Kompetenzen. Das Auditing soll für das auditierte Projekt eine Lernchance darstellen.

Ein Managementauditing kann routinemäßig oder anlassbezogen erfolgen. Das Durchführen eines Managementaudits zu unterschiedlichen Zeitpunkten ermöglicht das Verfolgen unterschiedlicher Ziele (siehe Abb. P13). Bei einem Projektaudit vor Beginn des Projekts kann geprüft werden, ob die notwendigen Grundlagen, um ein Projekt zu starten, vorliegen. Durch ein Projektaudit während eines Projekts wird das Lernen des Projekts möglich. Ein Projektaudit nach Ende eines Projekts hat für das auditierte Projekt keinen Nutzen mehr, ermöglicht aber das Lernen anderer Projekte und das Lernen der projektorientierten Organisation.

In Projekteketten sind mehrere Audits zum Sichern der Qualität jeweils vor dem Starten eines neuen Projekts möglich (siehe Abb. P14). Die Zeitpunkte, zu denen diese Audits durchgeführt werden, nennt man „Quality Gates“ oder „Toll Gates“.[18]

Ein Gate kann erst nach einem erfolgreichen Audit passiert werden. Die Audits werden in diesem Fall meist als „Gate Reviews“ bezeichnet. In Reviews werden die vorliegenden Ergebnisse analysiert und es wird beurteilt, ob eine entsprechende Grundlage für das Durchführen eines Folgeprojekts vorliegt. Falls die gewünschte Qualität nicht gewährleistet ist, sind Nacharbeiten notwendig. Durch das frühzeitige Erkennen von Mängeln oder Fehlern sollen Fehlerfolgekosten reduziert werden. Quality Gates werden ereignisbezogen und nur indirekt terminbezogen definiert. Dadurch unterscheiden sie sich von Meilensteinen.

18 Vgl. Cooper, R. G., 2010.

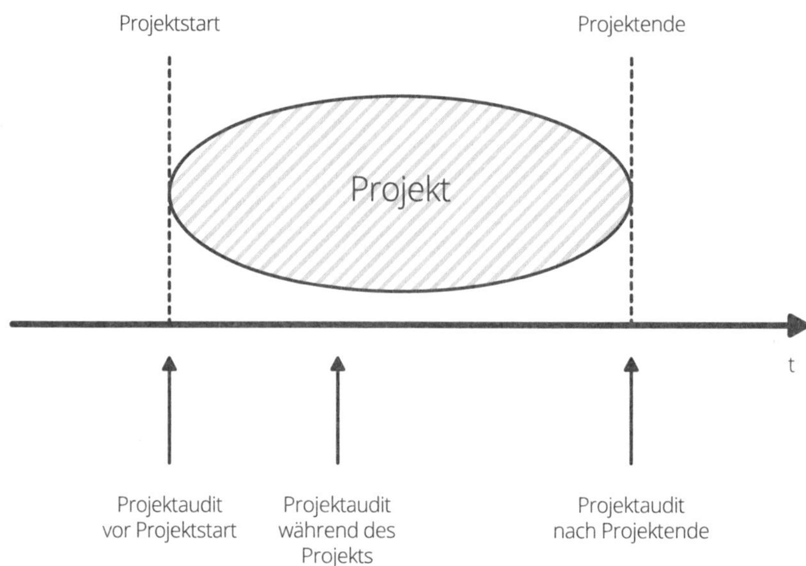

Abb. P13: Mögliche Zeitpunkte für Managementaudits von Projekten

Für repetitive Projekteketten, wie z. B. die Projektekette von internationalen Ölkonzernen zur Exploration von Erdöl oder die Projektekette von Bauträgern zur Entwicklung von Bauobjekten, können Quality Gates standardisiert werden und es können je Gate Qualitätskriterien festgelegt werden. Quality Gates synchronisieren Prozessschritte und stellen damit sicher, dass definierte Anforderungen erfüllt werden. Für Gate Reviews in repetitiven Projekteketten etablieren Organisationen oft eigene interdisziplinäre Gate Review Teams.

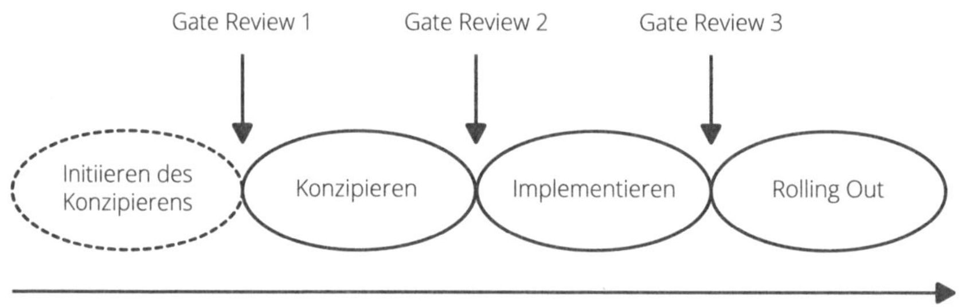

Abb. P14: Gate Reviews zur Qualitätssicherung in Projekteketten

Ein Managementaudit eines Projekts kann folgende Leistungen beinhalten:

> Analysieren der Projektmanagementdokumente
> Durchführen von Interviews mit Projektstakeholdern
> Beobachten von Projektsitzungen
> Analysieren der Managementkompetenz des betrachteten Projekts
> Benchmarking der Managementkompetenz des betrachteten Projekts mit anderen Projekten, mit „Best Practices" bzw. einem definierten Projektmanagementstandard
> Entwickeln von Empfehlungen zur Weiterentwicklung der Managementkompetenzen des betrachteten Projekts
> Erstellen eines Auditberichts
> Durchführen eines Auditworkshops
> Präsentieren der Ergebnisse des Managementaudits des Projekts

Der Projektmanagementansatz, der die Grundlage für ein Managementauditing eines Projekts darstellt, ist im Zuge der Beauftragung des Audits zu vereinbaren. Grundlage kann ein organisationsspezifischer Projektmanagementstandard, der in Form interner Richtlinien und projektbezogene Corporate-Governance-Regeln vorliegt, oder ein generischer Projektmanagementstandard, wie z. B. die ISO-Norm bzw. DIN zum Projektmanagement, das PMBOK von PMI oder auch der RGC Projektmanagementansatz, sein.

Managementauditing eines Projekts: Organisation

Das Managementauditing eines Projekts beginnt mit der Erteilung des Auftrags durch den Auftraggeber des Managementauditings an den Auditor bzw. die Auditoren. Auftraggeber eines Managementauditings eines Projekts kann entweder eine Stelle der permanenten Organisation, die Geschäftsführung einer Organisation oder auch der jeweilige Projektauftraggeber sein.

Das Managementauditing eines Projekts erfolgt im Rahmen eines intermediären Auditingsystems, in dem die Auditoren, Vertreter des Projekts bzw. Vertreter von Stakeholdern des auditierten Projekts kooperieren. Die Qualität des Auditings ist von der Kooperationswilligkeit der Vertreter des zu auditierenden Projekts, dem Umfang und der Qualität der bereitgestellten Informationen, der verfügbaren Zeit sowie der Verfügbarkeit der Ressourcen abhängig.

Auditoren können aus der projektorientierten Organisation oder von extern rekrutiert werden. In manchen projektorientierten Organisationen gibt es einen Expertenpool „Projektauditoren". Auditingaufgaben können als Jobenlargement von Senior-Projektmanagern wahrgenommen werden. Um die Auditingaufgaben gut erfüllen zu können, ist es wichtig, dass der jeweilige Auditor eine entsprechende Distanz zum Klientensystem „Projekt" hat.

P5.5 Kurzinterventionen in ein Projekt bzw. Programm

Ziel einer Kurzintervention in ein Projekt ist es, einen Beitrag zur Weiterentwicklung der Projektmanagementkompetenz des Projekts zu leisten. Durch eine Kurzintervention in ein Projekt kann ein rascher Beitrag zur Lösung eines akuten Projektmanagementproblems mit geringem Ressourceneinsatz erfolgen. Für das Klientensystem „Projekt" werden schnell und flexibel Lösungen geschaffen, die erzielten Lösungen werden abschließend reflektiert. Die Mitglieder der Projektorganisation haben dadurch die Möglichkeit, neue Reflexionsarten und Arbeitsformen kennenzulernen. Mögliche Arbeitsformen bei Kurzinterventionen sind das Expertenfeedback, die reflektierenden Positionen, das Reflecting Team, die Projektsimulation und die systemische Aufstellung.

Eine Kurzintervention in einem Projekt kann folgende Leistungen beinhalten:

- Analyse der Ist-Situation
- Definition des akuten Projektmanagementproblems bzw. der neuen Herausforderung
- Kurzanalyse des akuten Problems bzw. der aktuellen Herausforderung
- Erarbeitung von Lösungsvorschlägen
- Feedback zur Kurzanalyse und zu den Lösungsvorschlägen durch Vertreter der Projektorganisation

Eine Kurzintervention in einem Projekt wird durch einen Consultant oder ein Team von Consultern in Kooperation mit Vertretern der Projektorganisation durchgeführt.

P5.6 Institutionalisierung des Managementconsultings von Projekten bzw. Programmen

Zur Sicherung der Managementqualität gewinnt das Managementconsulting von Projekten bzw. Programmen in projektorientierten Organisationen an Bedeutung. Das Managementconsulting entwickelt sich zu einer neuen externen, aber auch einer unternehmensinternen Dienstleistung.

Durch die Entwicklung individueller und organisatorischer Kompetenzen erfolgt in manchen Organisationen eine Institutionalisierung des Managementconsultings von Projekten bzw. Programmen. Organisationen entwickeln interne Consultants und etablieren Expertenpools, denen interne und eventuell auch externe Consultants als Mitglieder angehören. „Interner Managementconsultant" kann auch eine Rolle im Projektmanagementkarrierepfad sein.

Die Entwicklung von internen Managementconsultants beinhaltet folgende Schritte:

- Sichern von Projektmanagementkompetenz (Training und Zertifizierung im Projektmanagement, Sammeln von Erfahrungen als Projektmanager),
- Erlangen sozialer Kompetenz durch Gruppendynamiktrainings, Teamarbeit etc.,

> Erlangen des Rollenverständnisses als Consultant durch Ausbildung und Netzwerken mit Projektmanagementconsultants,
> Sammeln von Erfahrungen als Projektmanagementtrainer,
> Kooperieren im Managementconsulting mit Senior-Consultants,
> Managementconsulting mit Supervision durch einen Senior-Consultant und
> Managementconsulting in eigener Verantwortung.

Organisatorische Kompetenzen zum Managementconsulting von Projekten bzw. Programmen werden durch Spezifikation der Consultingleistungen, Beschreibung der Consultingprozesse und -methoden und Treffen von Vereinbarungen bezüglich interner Leistungsverrechnungen geschaffen. In einer Richtlinie zum Consulting eines Projekts bzw. Programms als ein Dokument der Corporate Governance können diese Inhalte zusammengefasst werden. Als ein diesbezügliches Beispiel ist die Richtlinie zum Consulting eines Projekts bzw. Programms eines österreichischen Erdöl- und Erdgasunternehmens in der Tabelle P6 abgebildet.

Inhaltsverzeichnis: Richtlinie zum Consulting eines Projekts bzw. Programms
1 Einleitung
2 Definitionen 2.1 Inhaltliches Consulting eines Projekts bzw. Programms 2.2 Managementconsulting eines Projekts bzw. Programms 2.3 Managementauditing eines Projekts bzw. Programm
3 Geschäftsprozesse des Managementconsultings 3.1 Consulting des Projektinitiierens 3.2 Managementconsulting eines Projekts bzw. Programms 3.3 Managementauditing eines Projekts bzw. Programms 3.4 Kurzintervention in ein Projekt bzw. ein Programm
4 Rollen im Managementconsulting 4.1 Auftraggeber des Managementconsulting 4.2 Managementconsultant 4.3 Vertreter des Projekts bzw. Programms im Managementconsulting
5 Methoden zum Managementconsulting 5.1 Im Managementconsulting einzusetzende Methoden 5.2 Beschreibung der Methoden 5.3 Formulare und Checklisten zum Managementconsulting
6 Anhang

Tab. P6: Inhaltsverzeichnis „Richtlinie zum Managementconsulting eines Projekts bzw. Programms (Beispiel)

P6 Projektpersonal der projektorientierten Organisation managen

P6.1 Rollen und Karrieren in der projektorientierten Organisation

Rollen in der projektorientierten Organisation

In der projektorientierten Organisation kann zwischen permanenten und temporären Rollen unterschieden werden. Permanente Managementrollen sind z. B. Geschäftsführer, Manager eines Profitzentrums oder eines Servicezentrums, Manager eines Expertenpools, Mitglied der Projektportfolio Group und Manager des PM Office. Permanente Expertenrollen sind z. B. Mitglied eines Expertenpools oder Mitarbeiter des PM Office. Temporäre Rollen sind Projekt- und Programmauftraggeber, Projekt- und Programmmanager, Projekt- und Programmteammitglied, Projekt- und Programmmitarbeiter sowie auch Projekt- und Programmconsultant (siehe Rollenbeschreibungen im Kap. G).

Nicht nur Personen, die Rollen als Projekt- und Programmmanager wahrnehmen, sondern alle Personen, die Rollen in Projekten, Programmen, Changes sowie im Projektportfoliomanagen wahrnehmen, können als Projektpersonal definiert werden.

Definition: Projektpersonal

Alle Personen einer projektorientierten Organisation, die Rollen in Projekten, Programmen und Changes sowie im Projektportfoliomanagen wahrnehmen, können als deren Projektpersonal definiert werden. Diese Personen benötigen Kompetenzen im Projekt-, Programm-, Change- und Projektportfoliomanagen.

Karrierepfade in der projektorientierten Organisation

Traditionell wird unter „Karriere" ein hierarchischer Aufstieg einer Person innerhalb einer Organisation, aber auch über mehrere Organisationen hinweg verstanden. Schein unterscheidet vertikale, horizontale und zentripetale Karrierebewegungen.[19] Bei vertikalen Karrierebewegungen ist die Beförderung mit einem hierarchischen Aufstieg verbunden, bei horizontalen Karrierebewegungen findet kein hierarchischer Aufstieg statt. Zentripetale Karrierebewegungen bezeichnen Veränderungen in Richtung des inneren Kerns der Organisation. Ein Beispiel einer zentripetalen Karrierebewegung in der projektorientierten Organisation ist z. B. die Übernahme einer Mitgliedschaft in der Projektportfolio Group.

19 Schein, E., 1978, S. 37 ff.

In der projektorientierten Organisation sind Karrierebewegungen aufgrund der flachen Organisationsstruktur nicht unbedingt mit dem Erreichen einer hierarchisch höheren Position verbunden. Die Karriere kann in der projektorientierten Organisation daher auch als persönlicher Weiterentwicklungsprozess verstanden werden.

In projektorientierten Organisationen können eine Managementkarriere, eine Projektmanagementkarriere und eine Expertenkarriere unterschieden werden. Als Managementkarriere wird die Wahrnehmung von Rollen mit zunehmender Personal- und Führungsverantwortung verstanden. Eine Managementkarriere in der projektorientierten Organisation beinhaltet auch die Wahrnehmung der Rollen als Projekt- oder Programmauftraggeber. Dafür ist das Durchlaufen der Projektmanagementkarriere keine Voraussetzung. Der Einsatz als Auftraggeber setzt vor allem Kompetenzen, die mit der Managementrolle in der permanenten Organisation verbunden sind, voraus.

Die Stufen des Projektmanagement-Karrierepfads, nämlich „Junior Projektmanager", „Projektmanager" und „Senior Projektmanager", sind in der Abbildung P15 dargestellt. Mit unterschiedlichen Karrierestufen des Projektmanagement-Karrierepfads ist die Möglichkeit verbunden, unterschiedliche projektbezogene Rollen wahrzunehmen.

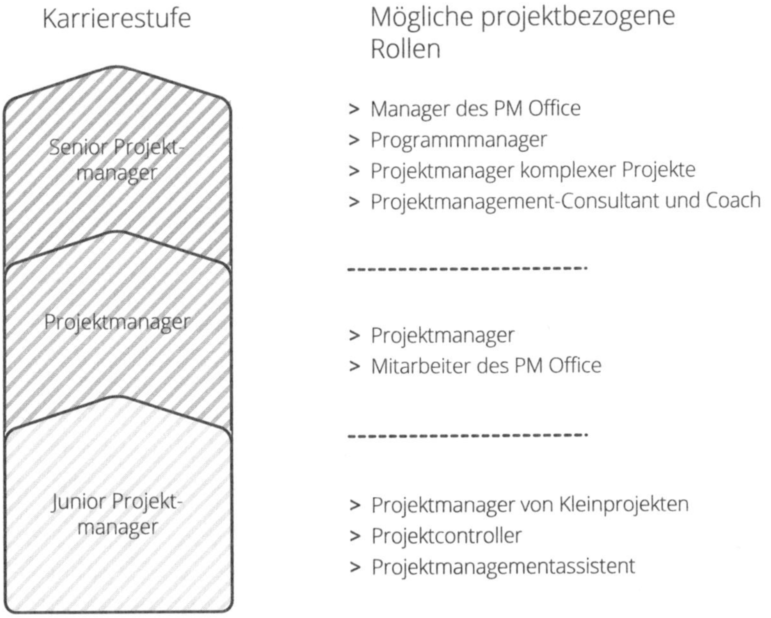

Karrierestufe	Mögliche projektbezogene Rollen
Senior Projektmanager	> Manager des PM Office > Programmmanager > Projektmanager komplexer Projekte > Projektmanagement-Consultant und Coach
Projektmanager	> Projektmanager > Mitarbeiter des PM Office
Junior Projektmanager	> Projektmanager von Kleinprojekten > Projektcontroller > Projektmanagementassistent

Abb. P15: Zusammenhang zwischen Karrierestufen und möglichen projektbezogenen Rollen

Die grundsätzlichen Möglichkeiten, projektbezogene Rollen wahrzunehmen, sind von der „Maturity" der projektorientierten Organisation abhängig. Das Durchführen von Projekten und Programmen, das Anbieten des Managementconsultings für Projekte und Programme, die Existenz eines PM Office und einer Projektportfolio Group beeinflussen diese Möglichkeiten. Damit verbunden ist auch der eventuelle Bedarf nach dem Berufsbild „Projektmanager", der entsteht, wenn Mitarbeiter vor allem im Projekt- und Programmmanagen tätig sind.

Da das Fachwissen von Experten ein wichtiger Wettbewerbsfaktor von projektorientierten Organisationen ist, sollten auch Möglichkeiten geschaffen werden, als Experte Karriere zu machen. Die Stufen eines Expertenkarrierepfads können Junior Experte, Experte und Senior Experte sein. Durch eine entsprechende Positionierung der Expertenkarriere in der Organisation ist zu vermeiden, dass eine Abwertung von Experten durch eine einseitige Förderung der Projektmanagementkarriere erfolgt. Die Gleichwertigkeit von Experten- und Projektmanagementkarriere sollte sichergestellt werden.

Der Management-, der Experten- und der Projektmanagement-Karrierepfad stehen in der projektorientierten Organisation nebeneinander und ergänzen sich. Um die Flexibilität im Personalmanagement der projektorientierten Organisation zu gewährleisten, ist die Durchlässigkeit zwischen den einzelnen Karrierepfaden zu sichern.

P6.2 Geschäftsprozesse zum Managen des Projektpersonals

Projektpersonal ist einerseits in den jeweiligen Projekten und Programmen und andererseits für die projektorientierte Organisation im Gesamten zu managen. Das Rekrutieren, das Disponieren, das Führen, das Entwickeln und das Freisetzen von Projektpersonal in einem Projekt sind Führungsaufgaben und damit integrierter Teil des Projektmanagens. Ziele und Methoden bezüglich der Erfüllung dieser Aufgaben des Projektmanagens sind in den Kapiteln H und I beschrieben.

Das Rekrutieren, das Disponieren, das Beurteilen, das Führen, das Entwickeln und das Freisetzen von Projektpersonal können aber auch nicht-projektbezogen erfolgen. Zukünftige Projektmanager können rekrutiert werden, ohne den Einsatz in einem bestimmten Projekt bereits vorzusehen, die Beurteilung und die Weiterbildung von Projektpersonal können der Erfüllung genereller Personalentwicklungszielen dienen und Projektmanager können freigesetzt werden, wenn die Organisation keinen Bedarf an ihren Leistungen mehr hat. Diese Geschäftsprozesse der projektorientierten Organisation zum Managen des Projektpersonals (siehe Abb. P16) sind im Folgenden beschrieben. Auch das Schaffen von Corporate-Governance-Strukturen zum Managen des Projektpersonals, wie z. B. das Definieren eines Karrierepfads, das Definieren von Personalentwicklungsstrukturen und das Festlegen genereller Anreizsysteme, ist eine generelle Organisationsaufgabe.

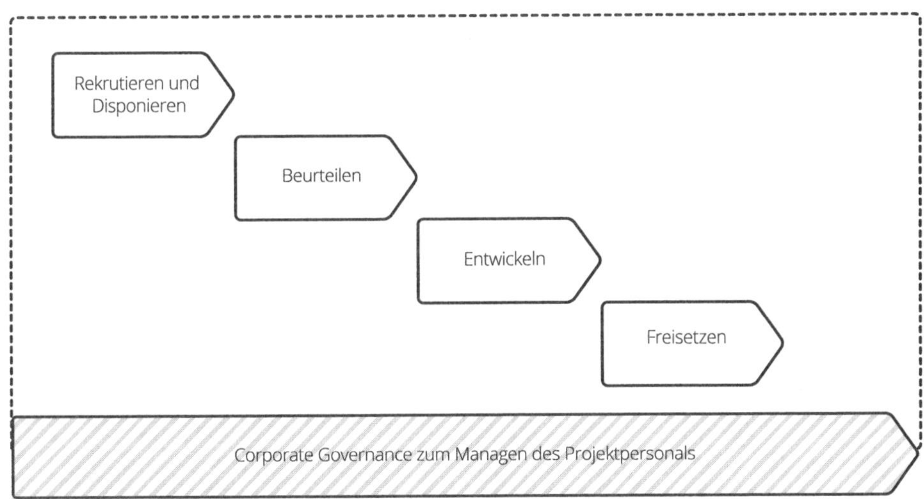

Abb. P16: Geschäftsprozesse der projektorientierten Organisation zum Managen des Projektpersonals

Geschäftsprozess: Rekrutieren und Disponieren eines Projektmanagers

Unter Rekrutierung versteht man die Beschaffung und Auswahl von Personal.[20] Das Rekrutieren eines Projektmanagers kann entweder nur die Vergrößerung des Expertenpools „Projektmanager" einer Organisation zum Ziel haben oder auch das Disponieren in ein konkretes Projekt beinhalten.

Aus der Bedarfsplanung für den Expertenpool ergibt sich der Bedarf der Organisation an Projektmanagern. Als Grundlage für die Durchführung von Beschaffungsmaßnahmen sind das Anforderungsprofil und die generellen Anreizmodelle für Projektmanager festzulegen und es ist zu entscheiden, ob vom internen oder externen Personalmarkt beschafft werden soll. Bei der organisationsinternen Beschaffung eines Projektmanagers können sich Experten, die sich durch die Arbeit als Projektteammitglied auch Projektmanagementkompetenz angeeignet haben und an einer Projektmanagementkarriere interessiert sind, um eine diesbezügliche Stelle bewerben. Bei der externen Personalbeschaffung wird auf den externen Personalmarkt zugegriffen. Mögliche Methoden zur Personalauswahl sind Bewerbungsschreiben, Bewerbungsgespräche, Tests oder Assessment Centers für Projektmanager.

Geschäftsprozess: Beurteilen eines Projektmanagers

Ziele des Beurteilens eines Projektmanagers sind einerseits das Beurteilen der Leistungen und andererseits das Planen von dessen weiterer Tätigkeit in der Organisation. Beim Beurteilen kann Feedback zur erbrachten Leistungen gegeben und können die Beziehungen zu Stakeholdern reflektiert werden. Der Bedarf zum Wei-

20 Lueger, G., 1996, S. 338.

terentwickeln kann identifiziert und Weiterentwicklungsmaßnahmen können geplant werden. Es sind auch zukünftige Einsätze in Projekten zu planen und es ist das Gehalt bzw. es sind Anreize neu festzulegen.

Projektmanager sind periodisch durch ihren Vorgesetzten in der permanenten Organisation zu beurteilen. Vorgesetzte können z. B. der Manager eines Profitzentrums, eines Expertenpools oder eines PM Office sein. Beim Beurteilen eines Projektmanagers können Feedbacks von Projektauftraggebern, Projektteammitgliedern und Stakeholdern der Projekte, die der Projektmanager geleitet hat, berücksichtigt werden.

In der projektorientierten Organisation sind nicht nur Projektmanager, sondern auch Projektauftraggeber und Projektteammitglieder zu beurteilen.

Geschäftsprozess: Entwickeln eines Projektmanagers

Das Ziel der Entwicklung eines Projektmanagers ist die Weiterentwicklung von dessen Kompetenzen zum Managen von Projekten und Programmen. Entwicklungsmaßnahmen können die Aus- und Weiterbildung, das Coaching und das Mentoring sein. Weiterentwickelt werden können nicht nur die Kompetenzen zum Projektmanagen, sondern auch Kompetenzen zum Programm- und zum Changemanagen sowie auch die sozialen Kompetenzen.

Die Entwicklungsmaßnahmen können organisationsintern oder organisationsextern, „on the project" oder unabhängig von einzelnen Projekten, individuell oder in Gruppen angeboten werden. Als Zielgruppe für Entwicklungsmaßnahmen können auch freiberufliche Projektmanager, die für die Organisation arbeiten, berücksichtigt werden.

In der projektorientieren Organisation sind nicht nur Projektmanager, sondern auch Projektteammitglieder und Projektauftraggeber, weiterzuentwickeln, um ein gemeinsames Managementverständnis aller in Projekten kooperierenden Rollen zu sichern.

Geschäftsprozess: Freisetzen eines Projektmanagers

Die Personalfreisetzung umfasst Maßnahmen, mit denen eine personelle Überdeckung in quantitativer, qualitativer, örtlicher und zeitlicher Hinsicht abgebaut wird. Der Bedarf zum Freisetzen eines Projektmanagers ergibt sich aus der Planung des Bedarfs der Organisation an Projektmanagern. Bevor ein Projektmanager freigesetzt wird, können alternative Einsatzmöglichkeiten berücksichtigt werden. So kann es Möglichkeiten zum Einsatz als temporärer Mitarbeiter im PM Office oder in einer permanenten Rolle der Organisation geben.

Beim Freisetzen freiberuflich tätiger Projektmanager aus der Organisation können Interessen bezüglich zukünftiger Kooperationen besprochen werden.

P6.3 Methoden zum Managen des Projektpersonals

Spezifische Methoden zum Managen des Projektpersonals sind Methoden zum Beurteilen der Projektmanagementkompetenzen, Methoden zum (Weiter-)Entwickeln und projektbezogene Anreizmodelle.

Methoden zum Beurteilen der Projektmanagementkompetenzen

Als Methoden zur Beurteilung der Projektmanagementkompetenzen des Projektpersonals können z. B. Self- und Fremdassessments und Assessmentcenters eingesetzt werden.

Ziel des Assessments individueller Projektmanagementkompetenzen ist die Beurteilung des Projektmanagementwissens und der Projektmanagementerfahrung einer Person. Das Assessment kann entweder durch die Person selbst als Selfassessment und/oder durch einen Dritten als Fremdassessment durchgeführt werden.

In der Tabelle P7 ist ein Ausschnitt eines Fragebogens für ein Selfassessment der Projektmanagementkompetenz dargestellt. Ein Fremdassessment baut auf den Ergebnissen eines Selfassessments auf. Der externe Assessor hinterfragt in einem persönlichen Gespräch die Selbsteinschätzung und analysiert vom Assessmentkandidaten erstellte Projektpläne. Dadurch kann anhand konkreter Dokumente das Projektmanagementwissen und die diesbezügliche Erfahrung beurteilt werden. Auch Interviews mit Personen, mit denen der Assessmentkandidat zusammenarbeitet, können zur Beurteilung beitragen.

Selfassessment: Projektmanagementkompetenz		
Bitte kreuzen Sie nachstehend an, wie hoch Sie Ihr Projektmanagementwissen und Ihre Projektmanagementerfahrungen einschätzen. Der Beurteilung ist eine Skalierung von 1–5 zu Grunde gelegt, wobei 1 die schwächste und 5 die stärkste mögliche Ausprägung des Wissens und der Erfahrung sind.		
Methoden zur Projektplanung		
1=kein/e, 2=geringe/s, 3=durchschnittlich, 4=viel, 5=sehr viel	Wissen	Erfahrung
Projektziele planen		
Projektstrategien planen		
Betrachtungsobjekte planen		
Projektstruktur planen		
Arbeitspakete spezifiieren		
Projektmeilenstein planen		

Selfassessment: Projektmanagementkompetenz		
Projektbalkenplan erstellen		
Projektnetzplan erstellen		
Projektressourcen planen		
Projektbudget planen		
Kosten-Nutzen-Analyse durchführen (Business Case Analyse)		
Projektauftrag erstellen		
Projektorganigramm erstellen bzw. Projektrollen listen		
Projektfunktionendiagramm erstellen		
Projektkommunikation planen		
Projektregeln definieren		
Projektname definieren		
Projektlogo definieren		
Methoden zum Projektrisikomanagen		
1=kein/e, 2=geringe/s, 3=durchschnittlich, 4=viel, 5=sehr viel	Wissen	Erfahrung
Projektrisiken analysieren		
Projektszenarien analysieren		
Projektalternativen planen		
Methoden zum Gestalten der Projektkontextbeziehungen		
1=kein/e, 2=geringe/s, 3=durchschnittlich, 4=viel, 5=sehr viel	Wissen	Erfahrung
Projektstakeholder analysieren		
Vor- und Nachprojektphase beschreiben		
Beziehung des Projekts zu anderen Projekten analysieren		
Beziehung des Projekts zur Unternehmensstrategie analysieren		
Projektmarketing durchführen		

Tab. P7: Fragebogen zum Selfassessment von Projektmanagementkompetenzen (Ausschnitt)

Projektmanagement-Assessmentcenter

In einem Assessmentcenter werden Kandidaten für eine Managementrolle in eine simulierte Arbeitssituation versetzt, um beurteilen zu können, wie kompetent sie zur Wahrnehmung der jeweiligen Rolle sind. Ein Assessment Center dauert in der Regel zwischen zwei bis fünf Tage.[21]

In projektorientierten Organisationen können Assessmentcenters zur Auswahl und zur Weiterentwicklung von Projektmanagern und Programmmanagern eingesetzt werden. Die generellen Methoden, die in Assessmentcenters verwendet werden, müssen spezifisch für die Arbeitssituationen in Projekten adaptiert werden. In der Tabelle P8 werden diesbezügliche Beispiele dargestellt.

Assessmentcenter-Methoden	Projektbezogene Anwendung
Präsentation	Präsentation der Projektziele im Rahmen eines Projektstartworkshops
Gruppendiskussion	Diskussion: Abgrenzung der Rolle des Projektmanagers zur Rolle des Projektauftraggebers
Rollenspiel	Rollenspiel Projektauftraggebersitzung: Krise im Projekt
Analyse	Analyse eines Projektfortschrittberichts oder einer Project Score Card

Tab. P8: Methoden für das Projektmanagement-Assessment-Center

Aus- und Weiterbildungen

Zielgruppen für die Aus- und Weiterbildung in der projektorientierten Organisation sind nicht nur Projektmanager, sondern auch Projektteammitglieder, Projektmitarbeiter und Projektauftraggeber. Die Inhalte und die Dauern der Aus- und Weiterbildungsmaßnahmen sind für diese unterschiedlichen Zielgruppen jeweils spezifisch zu gestalten.

Maßnahmen zur Aus- und Weiterbildung können „on-the-job" oder „off-the-job", innerbetrieblich oder überbetrieblich organisiert werden. Die Aus- und Weiterbildung von Projektmanagern „on-the-job" kann durch Praktika, Job Rotation und durch individuelles Coaching erfolgen.

Die innerbetriebliche Durchführung von Vorträgen, Seminaren und Lehrgängen hat den Vorteil, dass die Inhalte spezifisch auf die projektorientierte Organisation abgestimmt werden können. Der Vorteil des überbetrieblichen Trainings besteht im

21 Kompa, A., 1999, S. 31ff.

Kennenlernen der Praktiken anderer Organisationen und in der Möglichkeit zum Netzwerken mit Projektmanagern anderer projektorientierter Organisationen.

Coaching und Mentoring von Projektmanagern

Ein Coach leistet Hilfe zur Selbsthilfe, indem er dem Gecoachten Ratschläge zur Bewältigung konkreter Arbeitssituationen gibt. Das Coaching ist im Gegensatz zum Consulting personen- und nicht organisationsbezogen. Es wird in Arbeitssituationen, in denen eine Person einen Bedarf nach einer Problemlösung hat, eingesetzt. Ein Coaching eines Projektmanagers kann z. B. nach einem Projektmanagement-Training eingesetzt werden, um den Projektmanager bei der Umsetzung der gelernten Inhalte in ein aktuelles Projekt zu unterstützen.

Ein Mentoring dient zur längerfristigen Anleitung und Beratung junger Mitarbeiter durch regelmäßige Gespräche mit einem Mentor. In der Organisation erfahrene Kollegen können als Mentoren fungieren. Die Unterstützung kann durch die Vermittlung grundlegender Informationen zum besseren Verständnis der Strukturen und Kulturen der Organisation bestehen. In projektorientierten Organisationen werden „jungen" Projektmanagern oft erfahrene Projektmanager als Mentoren zur Seite gestellt.

Anreizmodelle der projektorientierten Organisation

Ziele des Einsatzes von Anreizmodellen sind das Anwerben kompetenter Mitarbeiter, das Schaffen von Rahmenbedingungen zur Motivation und die Bindung von Mitarbeitern an die Organisation. Aus systemischer Sicht können sich soziale Systeme nur selbst steuern. Daher müssen gesetzte „Anreize" erst von der Person oder vom Team als solche wahrgenommen werden, um wirksam zu werden. Man kann niemanden motivieren, Motivation ist immer Selbstmotivation.

In der projektorientierten Organisation kann zwischen Anreizmodellen für Mitarbeiter und Teams der permanenten Organisation und Anreizmodellen für Mitarbeiter und Teams von Projekten und Programmen unterschieden werden. Es ist darauf zu achten, dass sich diese unterschiedlichen Anreizmodelle ergänzen.

Mögliche projektbezogene Anreize sind die Projektarbeit an sich, Projektprämien und Geschenke, aber auch spezielle Formen der Wertschätzung als Belohnungen für besondere Leistungen. Die Projektarbeit an sich zählt zu den intrinsischen Anreizen, die das Leistungsmotiv, das Kompetenzmotiv und das Geselligkeitsmotiv von Personen ansprechen. Es ist die Verantwortung der Führungskräfte projektorientierter Organisationen, für herausfordernde und spannende Projekte zu sorgen. Diese sind ein Anreiz für Mitarbeiter, in der Organisation zu arbeiten.

Häufig reduzieren sich projektspezifische Anreizmodelle auf die Vereinbarung von Projektprämien. Projektprämien können entweder mit einzelnen Mitgliedern der Projektorganisation, z. B. dem Projektmanager und einem Experten, oder mit dem Projektteam vereinbart werden. Die für die Auszahlung der Projektprämien zu erzielenden Leistungen, ihre Höhe und die Aufteilung der Projektprämien im Projektteam sind im Projektstartprozess zu vereinbaren. Die Auszahlung von Projektprämien sollte abhängig vom Projekterfolg beim Projektabschließen stattfinden.

Auch bei Anreizen mit symbolischem Charakter kann zwischen Individualanreizen und Teamanreizen unterschieden werden. Der Ausdruck der persönlichen Wertschätzung, z. B. durch das Aussprechen eines Lobs in einer Projektteamsitzung, kann einen großen Einfluss auf die Motivation von Mitarbeitern haben.

P6.4 Organisation zum Managen des Projektpersonals

Die Aufgaben des Rekrutierens und Disponierens, Beurteilens und Entwickelns sowie des Freisetzens von Projektpersonal werden in der projektorientierten Organisation einerseits von den Managern von Profitzentren, von Expertenpools, eines PM Office, einer Projektportfolio Group sowie von der Personalabteilung wahrgenommen. Da meist mehrere Organisationseinheiten im Managen des Projektpersonals involviert sind, ist deren Vernetzungen und Kommunikation wichtig.

Die generellen Aufgaben zum Managen des Projektpersonals, wie z. B. die Etablierung des Berufsbilds „Projektmanager“, die Entwicklung eines Projektmanagementkarrierepfads, die Organisation der Aus- und Weiterbildung im Projektmanagement und eventuell die Förderung von Projektmanagementzertifizierungen, sind gemeinsam vom PM Office und vom Manager des Expertenpools „Projektmanager“ wahrzunehmen. Falls diese Organisationseinheiten in kleinen Organisationen nicht existieren, sind diese Aufgaben von der Geschäftsführung oder von einem Profitzentrumsmanager gemeinsam mit der Personalabteilung wahrzunehmen.

Literatur

Bounds, G.M., Dobbins, G.H., Fowler, O.S.: Management – A total Quality Perspective, South-Western Publication, Cincinnati, OH, 1995

Cooper, R.G.: Top oder Flop in der Produktentwicklung: Erfolgsstrategien: Von der Idee zum Launch, Wiley-VCH, Weinheim, 2010

Deming, W.E.: Out of the Crisis, Cambridge University Press, Cambridge, 1992

DIN EN ISO 8402:1995-08: Qualitätsmanagement – Begriffe, Beuth, Berlin, Wien, Zürich, 1995

DIN EN ISO 9000:2015-11: Qualitätsmanagement – Grundlagen und Begriffe, Beuth, Berlin, Wien, Zürich, 2015

Endruweit, G. (Hrsg.): Wörterbuch der Soziologie, Dt. Taschenbuch-Verlag, München, 1989

Gesellschaft für Projektmanagement (GPM): Projektqualität: Begriffliche und konzeptionelle Grundlagen des Qualitätsmanagements in Projekten, projektManagement aktuell, 3, 2005

Ishikawa, K., Lu, D.: What is Total Quality Control? The Japanese Way, Prentice Hall, Englewood Cliffs, NJ, 1985

Kompa, A.: Assessment Center – Bestandsaufnahme und Kritik, Rainer Hampp, München, 1999

Krczal. A.: Von der Qualitätskontrolle zur kontinuierlichen Qualitätsverbesserung, in: Eckardstein, D.v., Kasper, H., Mayrhofer, W. (Hrsg.), Management. Theorien – Führung – Veränderung, Schäffer-Poeschel, Stuttgart, 1999

Lipnack, J., Stamps, J.: Networking. The First Report and Directory, Doebleday, New York, NY, 1982

Lueger, G.: Beschaffung und Auswahl von Mitarbeitern, in: Kasper, H., Mayrhofer, W. (Hrsg.): Personalmanagement – Führung – Organisation, S. 338-387, Linde, Wien, 1996

Schein, E.: Career Dynamics: Matching Individual and Organizational Needs, Addison-Wesley, Reading, MA, 1978

Seaver, M. (Hrsg.): Gower Handbook of Quality Management, Gower, Aldershot, 2003

Q Message und Vision

Die Anwendung eines traditionellen, mechanistischen Projekt- und Programmmanagens führt oft zu Misserfolgen von Projekten und Programmen. Zentrale Aussagen, die ein systemisches, integratives Projekt-, Programm- und Changemanagen charakterisieren, werden formuliert. Die Anwendung eines systemischen Managementansatzes schafft „Business Value", denn sie trägt dazu bei, Misserfolge zu reduzieren.

Eine Gesellschaft, die in Profit- und in Non-Profit-Bereichen häufig Projekte und Programme zum Realisieren von Changes einsetzt und deren Institutionen Dienstleistungen zum Projekt-, Programm- und Changemanagen anbieten, kann als projektorientierte Gesellschaft wahrgenommen werden. Die Maturity – also der Reifegrad – als projektorientierte Gesellschaft kann analysiert und weiterentwickelt werden, um Wettbewerbsvorteile für die Gesellschaft zu schaffen.

Q Message und Vision

Q1 Message von PROJEKT.PROGRAMM.CHANGE

In der Management-Community wird nach wie vor häufig ein traditionelles, mechanistisches Projekt- und Programmmanagen vertreten. In Projekten wird im „Magic Triangle" von Projektleistungen, Projektkosten und Projektterminen gedacht. Damit sind aber zu viele Projekte nicht erfolgreich.

Die RGC vertritt seit 1990 einen systemisch-konstruktivistischen Projektmanagementansatz. Dieser Ansatz wird in der Community teilweise als theoretisch, als in der Praxis nicht anwendbar bewertet. Damit aber Misserfolge, Flops, Schieflagen, Schiffbrüche, Krisen, Diskontinuitäten etc. von Projekten und Programmen reduziert werden können, wird mit PROJEKT.PROGRAMM.CHANGE ein neuer Anlauf genommen, um den „Business Value" eines ganzheitlichen, kontextorientierten Projekt- und Programmmanagens zu vermitteln.

Wir sind überzeugt davon und wissen, dass durch die Anwendung eines ganzheitlichen und kontextorientierten Managementansatzes wesentliche Beiträge zum Sichern von Projekt- und Programmerfolgen geleistet werden. Wir wollen aber nicht nur einen ganzheitlichen und kontextorientierten Managementansatz vertreten, sondern wir ...

> integrieren in die Managementansätze neue Konzepte wie z.B. Agilität, Benefits Realization Management, Anforderungsmanagement, nachhaltige Entwicklung,
> betrachten zusätzlich das Changemanagen und die Zusammenhänge zwischen Projekt-, Programm- und Changemanagen,
> definieren die diesen Managementansätzen zugrundeliegenden Werte und
> beschreiben die erkenntnistheoretische Positionierung der Managementansätze.

Die Message von PROJEKT.PROGRAMM.CHANGE wird am besten von folgenden Aussagen zusammengefasst:

Projects deliver changes!

Projekte und Programme werden nicht zum Selbstzweck durchgeführt. Sie ermöglichen Changes. Die Ziele, Prozesse, Methoden, Rollen und Kommunikationsformate des Projekt-, Programm- und Changemanagens sind daher aufeinander abzustimmen.

Projektinitiieren findet vor dem Starten eines Projekts statt.

Das professionelle Initiieren von Projekten ist die Basis für deren erfolgreiche Durchführung. Strategische Entscheidungen, die Rahmenbedingungen für Projekte schaffen, werden beim Projektinitiieren getroffen.

Programme sind schon da!

Viele Organisationen, die de facto Programme durchführen, versuchen die Managementkomplexität dadurch zu reduzieren, dass sie diese nicht als Programme bezeichnen und daher auch nicht als Programme, sondern vielleicht als „Großprojekte" managen. Die eingesetzten Strukturen sind dann aber nicht zum Managen der vorhandenen Komplexität geeignet, was zu Problemen führt. Programme sind als solche wahrzunehmen und entsprechend zu managen.

Values for Business Value!

Durch ein werteorientiertes Managen kann ein nachhaltiger „Business Value" für eine Organisation gesichert werden. Werte, die eine Grundlage für Managementansätze darstellen können, sind z. B. Kontextorientierung, Ganzheitlichkeit, iteratives Vorgehen, Empowerment und Resilienz.

Der Projektmanager ist Intrapreneur!

Projektmanager verstehen sich nicht mehr als Abwickler einmaliger Aufgaben, sondern als Intrapreneure der projektorientierten Organisation.

Erkenntnistheoretisches Positionieren der Managementansätze

Grundlage der RGC Managementansätze sind die soziale Systemtheorie und der radikale Konstruktivismus. Permanente und temporäre Organisationen werden als soziale Systeme in ihren Kontexten wahrgenommen. Projektgrenzen, Projektstakeholder, Projektkrisen etc. sind soziale Konstruktionen, die durch Kommunikation und Konsens der Mitglieder der Projektorganisation geschaffen werden.

Adäquater Umgang mit Komplexität und Dynamik durch einen systemischen Managementansatz!

Komplexität, Dynamik und Selbstreferenz sind Charakteristika sozialer Systeme. Projekte, Programme und Changes sind daher per Definition komplex, dynamisch und selbstreferenziell und sind dementsprechend zu managen.

Q2 Vision der projektorientierten Gesellschaft

Konstrukt: Projektorientierte Gesellschaft

In vielen nationalen Gesellschaften werden Projekte und Programme in Unternehmen, aber auch in anderen Organisationen, wie z. B. in Gemeindeverwaltungen, in Vereinen, in Schulen und sogar in Familien, zum Realisieren von Changes durchgeführt. „Management by Projects“ wird zu einer Organisationsstrategie von Gesellschaften, um mit der steigenden Komplexität und Dynamik umzugehen. Die Globalisierung der Wirtschaft, neue Technologien mit immer kürzer werdenden Produktlebenszyklen und die Anwendung eines neuen Managementparadigmas fördern den Einsatz von Projekten, Programmen und Changes. Nicht nur die Industrie, sondern auch Non-Profit-Organisationen sehen Projekte und Programme als adäquate Organisationsformen, um Changes zu realisieren.

Die Bedeutung von Projekten und Programmen in der Gesellschaft, die Struktur der Gesellschaft, ihre Geschichte sowie ihre Erwartungen bezüglich ihrer Zukunft beeinflussen die Entwicklung der Kompetenzen der projektorientierten Gesellschaft. Die Wahrnehmung einer Gesellschaft als projektorientierte Gesellschaft ist eine Konstruktion. Sie setzt die Beobachtung der Gesellschaft durch eine „spezifische Brille“, nämlich die Brille der Projektorientierung, voraus. Dabei werden jene Kommunikationen der Gesellschaft, die im Zusammenhang mit Projekten, Programmen und Changes stehen, betrachtet.

Eine Gesellschaft, die häufig Projekte und Programme zum Realisieren von Changes einsetzt und deren Institutionen Dienstleistungen zum Projekt-, Programm- und Changemanagen anbietet, kann als projektorientierte Gesellschaft wahrgenommen werden.

Maturity als projektorientierte Gesellschaft

Zum erfolgreichen Durchführen von Projekten, Programmen und Changes benötigt eine Gesellschaft Kompetenzen, benötigt eine entsprechende „Maturity“.

Im RGC Modell „Maturity der projektorientierten Gesellschaft“ werden einerseits die Praxis projektorientierter Organisationen im Projektmanagen, Programmmanagen, Projektportfoliomanagen, Projektpersonal managen, die Organisation managen und im Changemanagen betrachtet. Andererseits werden Dienstleistungen von Institutionen betrachtet, welche die Anwendung von Projekt-, Programm- und Changemanagen in der Praxis fördern. Diesbezügliche Dienstleistungen werden von Ausbildungs-, Consulting-, Forschungs- und Marketinginstitutionen erfüllt.

Die Maturity der projektorientierten Gesellschaft kann mithilfe eines Spinnennetzes visualisiert werden (siehe Abb. Q1). Die Achsen des Spinnennetzes repräsentieren die Dimensionen der Praxis projektorientierter Organisationen und der Dienstleistungen von Institutionen zum Projekt-, Programm- und Changemanagen. Die „Maturity“ kann aufgrund der Ausprägungen der einzelnen Dimensionen beurteilt werden.[1]

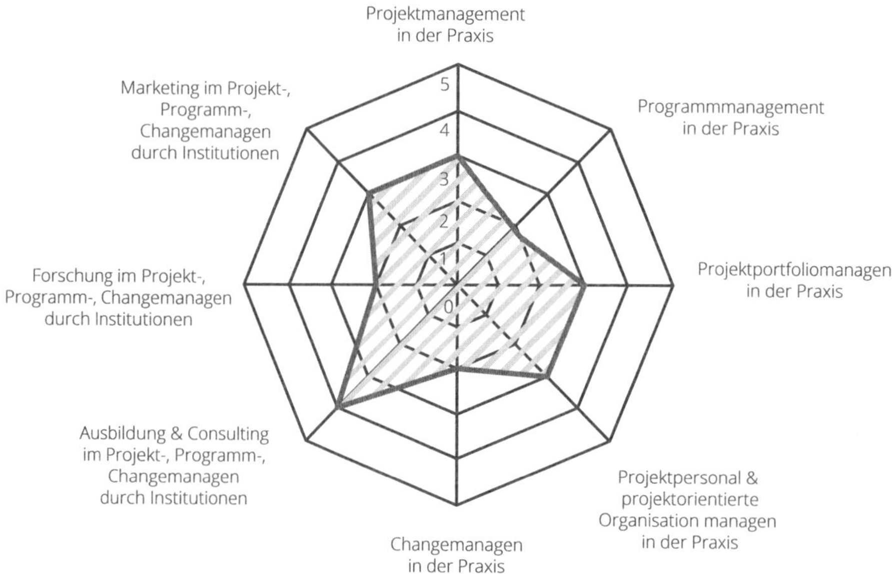

Abb. Q1: Maturitymodell der projektorientierten Gesellschaft

Die Praxis-Dimensionen des Maturitymodells entsprechen den Dimensionen des im Kapitel O dargestellten Maturitymodells der projektorientierten Organisation, wobei manche Prozesse aggregiert wurden. Die dienstleistungsbezogenen Dimensionen werden zur Beurteilung der Maturity einer Gesellschaft zusätzlich berücksichtigt.

Eine formale Ausbildung im Projekt-, Programm- und Changemanagen kann von privaten und öffentlichen Ausbildungsinstitutionen angeboten werden. Sie können zu einem akademischen Abschluss führen. An der rumänischen Universität SNSPA – Şcoala Naţională de Studii Politice şi Administrative wurde z. B. 2016 zusätzlich zu einem „Masterprogram in Project Management“ ein „Masterprogram in Program Management“ etabliert. Ausbildungsprogramme können sich hinsichtlich der vermittelten Managementansätze unterscheiden.

Consulting im Projekt-, Programm- und Changemanagen bieten nationale und internationale Consultingunternehmen an. Es werden einerseits konkrete Projekte, Programme und Changes bei deren Durchführung unterstützt und andererseits werden grundsätzliche Strukturen zum erfolgreichen Managen von Projekten, Programmen und Changes geschaffen.

Relevante Dienstleistungen, die von Forschungsinstitutionen angeboten werden, sind Forschungsprojekte und Forschungsprogramme, Publikationen und For-

1 Die Fläche in der Abbildung Q1 soll exemplarisch das Ergebnis einer Maturityanalyse einer projektorientierten Gesellschaft darstellen.

schungsevents zum Projekt-, Programm- und Changemanagen. In Gesellschaften kann es spezielle Finanzierungen für Forschungen zum Projekt-, Programm- und Changemanagen geben.

Marketingaufgaben in der projektorientierten Gesellschaft werden von Universitäten, Fachhochschulen, Ausbildungs- und Consultingunternehmen und von professionellen Vereinigungen wahrgenommen. Dienstleistungen nationaler Vereinigungen sind z. B. Mitgliederservice, Zertifizierungen von Personen und Organisationen, Durchführung von Events etc.

Eine Beurteilung der Maturities der einzelnen Dimensionen des Modells kann mithilfe eines Analysefragebogens erfolgen. In einem Forschungsprogramm der WU Wien wurden die Maturities von sechs projektorientierten Gesellschaften analysiert und verglichen.[2] In der Tabelle Q1 sind exemplarisch zwei Fragen des umfangreichen Fragebogens zur Analyse einer projektorientierten Gesellschaft dargestellt.

How many of the following institutions are offering formal project management education programmes?	
Secondary schools (such as high schools, trade schools, ...)	
Colleges	
Universities	
Continuing education institutions	
Consulting companies	
Other educational institutions (please state)	

How many of the following institutions perform project managementrelated research?	
Colleges	
Universities	
Continuing education institutions	
Consulting companies	
Other educational institutions (please state)	

1... none of them, 2 ... few of them, 3 ... some of them, 4 ... many of them, 5 ... all of them

Tab. Q1: Fragen zur Analyse der Maturity einer projektorientierten Gesellschaft

2 Vgl. Gareis, R., Huemann, M., 1999.

Die Analyse der Maturity einer projektorientierten Gesellschaft schafft eine Basis für die gezielte Weiterentwicklung von deren Kompetenzen. Eine hohe Maturity im Projekt-, Programm- und Changemanagen schafft Wettbewerbsvorteile für eine Gesellschaft. Der Einsatz von Projekt-, Programm- und Changemanagen im Non-Profit-Bereich, in der Stadtentwicklung und in der Regionalentwicklung birgt große Effizienz- und Effektivitätspotenziale. Die Wahrnehmung von gesellschaftlichen Veränderungen als Changes ist zu fördern und ein auf gesellschaftlicher Ebene adäquates Changemanagement ist zu praktizieren.

Literatur

Gareis, R., Huemann, M., PM-Competence of the Project-oriented Society, Project Management, 5(1), S. 28-29, 1999

Die Autoren

Lorenz Gareis & Roland Gareis

Roland Gareis

Roland Gareis wurde 1948 in Wien geboren. Zusammen mit seiner Frau Haldis hat er zwei Kinder, Luisa und Lorenz, und bisher drei Enkelkinder, Ella, Polly und Emil. Früher war er professioneller Fußballspieler bei Rapid und beim Wiener Sportklub, heute spielt er Tennis und fährt Ski. Seine Freizeit verbringt er sehr gerne in Reichenau an der Rax.

Er studierte an der Hochschule für Welthandel in Wien und habilitierte an der Technischen Universität Wien. Seine berufliche Erfahrung ist im Folgenden zusammengefasst:

- Seit 1994 Geschäftsführender Gesellschafter der RGC Roland Gareis Consulting GmbH Wien
- Seit 2015 Scientific Advisor des Masterprogramms „Program and Investment Management" der University of Political Studies and Public Administration Rumänien
- 2014 Auszeichnung mit dem IPMA Research Achievement Award
- Seit 2007 Lektor des Professional MBA Project Management (WU Executive Academy)
- 2005–2013 Geschäftsführer der RGC Roland Gareis Consulting srl in Bukarest
- 1994–2013 Professor für Projektmanagement an der WU Wien, PROJEKTMANAGEMENT GROUP
- 2007–2014 Academic Director, Professional MBA Project & Process Management (WU Executive Academy)
- Gastprofessor am Georgia Institute of Technology (Atlanta, Georgia 1979–1982), an der Eidgenössischen Technischen Hochschule (Zürich 1982), an der Georgia State University (Georgia 1987) und an der University of Quebec (Montreal, Kanada 1991)
- 1998–2001 Director of Research der IPMA-International Project Management Association
- 1988–1990 Projektmanager des IPMA Weltkongresses zum Thema „Management by Projects" in Wien
- 1986–2002 Vorstandsvorsitzender von PROJEKTMANAGEMENT AUSTRIA, der österreichischen Projektmanagementvereinigung
- 1978–1993 Lektor an der WU Wien und an der TU Wien, Leiter des interuniversitären Lehrgangs „Projektmanagement im Export"

Lorenz Gareis

Lorenz Gareis wurde 1985 in Wien geboren. Zusammen mit seiner Frau Katharina hat er eine Tochter, Ella. Er spielt seit seinem sechsten Lebensjahr leidenschaftlich Eishockey, früher für den WEV, heute für die Wiener Wölfe. Als passionierter Koch dominiert in seiner Freizeit, neben der Familie und dem Sport, die Kulinarik. Reichenau an der Rax dient als Ort des Ausgleichs und der Erholung.

Er studierte an der WU Wien und der Universidade Nova de Lisboa. Seine berufliche Erfahrung ist im Folgenden zusammengefasst:

> Seit 2013 Prokurist der Roland Gareis Consulting GmbH
> Seit 2013 Lektor für Projektmanagement an der Fachhochschule des bfi Wien
> 2013–2014 Lektor für Projektmanagement an der Fachhochschule Burgenland
> Seit 2012 Principal Consultant und Trainer der RGC Roland Gareis Consulting GmbH im Projekt- & Programmmanagement, Prozessmanagement, Changemanagement und in der Business Analyse
> 2010–2012 Human Capital Consultant bei Mercer in Frankfurt und Wien mit Beratungsschwerpunkten im Talent Management, Rewards Management und HR Strategy Management in Deutschland, Österreich sowie dem europäischen Ausland
> Umfangreiche Beratungserfahrung in Projekten in der Automobil-, IT-, Consumer Goods-, Pharma- und Finanzbranche sowie der Industrie und öffentlichen Verwaltung

Mitglieder der Peer Review Group

- Mag. (FH) Ulrike Danzmayr, Zentralleitung für Personal, Organisation und Protokoll im Bundesministerium für Finanzen
- Bernhard Engl, Verantwortlicher für Organisationsentwicklung und Kultur- und Systementwicklung der Rubner Holding AG
- Prof. (FH) Dr. Gerhard Ortner, Professor für Projektmanagement, IT und Betriebswirtschaftslehre an der FH des BFI Wien
- Marcus Paulus, MBA, Leiter Project Management Office der Wien Energie GmbH
- Dipl.-Ing. Dr. Robert Schanzer, Bereichsleiter für Projekt- und Programmmanagement der IT-Services der Sozialversicherung GmbH und Vorstand bei Projekt Management Austria
- Min.Rat Dr. Hannes Schuh, MBA, Leiter der Internen Revision des Bundesministeriums für Finanzen, Kontrollkollegium der Europäischen Patentorganisation
- Mag. David Spreitzer, MBA, Manager Programme und Project Management Office bei Borealis AG
- SR Dipl.-Ing. Helmut Wanivenhaus, Leiter der Stabstelle Managementsysteme der Magistratsdirektion der Stadt Wien – Bauten und Technik

Literatur

Adams, W.M.: The Future of Sustainability: Re-thinking Environment and Development in the Twenty-first Century, Report of the IUCN Renowned Thinkers Meeting, Volume 29, 2006

Albach, H.: Investition und Liquidität: die Planung des optimalen Investitionsbudgets, Betriebswirtschaftlicher Verlag Dr. Th. Gabler, Wiesbaden, 1962

Asendorpf, J.B.: Persönlichkeitspsychologie, 3. Auflage, Springer, Heidelberg, 2009

Ashby, W.R.: An Introduction to Cybernetics, 5. Auflage, University Paperbacks, London, 1970

Association for Project Management (APM): APM Body of Knowledge, 6th edition, APM, Buckinghamshire, 2012

Barnat, R.: The Nature of Strategy Implementation, abgerufen von http://www.introduction-to-management.24xls.com/en201 (30.9.2016), 2005

Bateson, G.: Geist und Natur – Eine notwendige Einheit, Suhrkamp, Frankfurt am Main, 1990

Beck, K., Beedle, M., van Bennekum, A. et al.: The Agile Manifesto, 2001

Botta, C.: Das Role Model Canvas – Rollen schnell und gemeinsam definieren, Projekt Magazin, 07, 2016

Boulding, K.E.: Time and Investment, Economica, Volume 3, London, 1936

Bounds, G.M., Dobbins, G.H., Fowler, O.S.: Management – A total Quality Perspective, South-Western Publication, Cincinnati, OH, 1995

Bradley, G.: Benefit Realisation Management: A Practical Guide to achieving Benefits through Change, 2nd edition, Gower, Surrey, Burlington, VT, 2010

Cadbury Committee: Report of the Committee on the Financial Aspects of Corporate Governance, Gee and Co., London, 1992

Čamra, J.J (Hrsg.): REFA-Lexikon: Betriebsorganisation. Arbeitsstudium, Planung und Steuerung, 2. Auflage, Beuth, Berlin, 1976

Cleland, D.I., King, W.R.: Systems Analysis and Project Management, McGraw Hill, New York, NY, 1968

Cooper, R.G.: Top oder Flop in der Produktentwicklung: Erfolgsstrategien: Von der Idee zum Launch, Wiley-VCH, Weinheim, 2010

Dandridge, T.C.: Symbols´ Function and Use, in: Pondy, Frost, P., Morgan, G. (Hrsg.), Organizational Symbolism, S. 69-79, Jai Press, Greenwich, CT, 1983

Davidson, J.: Sustainable Development: Business as usual or a new Way of Living?, Environmental Ethics, 22(1), S. 45-71, 2000

Daxner, F., Gruber, T., Riesinger, D.: Werteorientierte Unternehmensführung: Das Konzept, in: Auinger, F., Böhnisch, W.R., Stummer, H. (Hrsg.), Unternehmensführung durch Werte. Konzepte - Methoden - Anwendungen, S. 3-34, Deutscher Universitäts-Verlag, Wiesbaden, 2005

De Janasz, S., Dowd, K O., Schneider, B.Z.: Interpersonal Skills in Organizations, 5th Edition, McGraw-Hill Education, New York, NY, 2015

Deming, W.E.: Out of the Crisis, Cambridge University Press, Cambridge, 1992

DIN EN ISO 8402:1995-08: Qualitätsmanagement - Begriffe, Beuth, Berlin, Wien, Zürich, 1995

DIN EN ISO 9000:2015-11: Qualitätsmanagement - Grundlagen und Begriffe, Beuth, Berlin, Wien, Zürich, 2015

DIN 69901-5:2009-01: Projektmanagement - Projektmanagementsysteme - Teil 5: Begriffe, 9. Auflage, Beuth, Berlin, Wien, Zürich, 2009

Duncan, W.R.: A Guide to the Project Management Body of Knowledge (PMBOK), Project Management Institute (PMI), Newton Square, PA, 2000

Endruweit, G. (Hrsg.): Wörterbuch der Soziologie, Dt. Taschenbuch-Verlag, München, 1989

Erpenbeck, J., Von Rosenstiel, L. (Hrsg).: Handbuch Kompetenzmessung: Erkennen, verstehen und bewerten von Kompetenzen in der betrieblichen, pädagogischen und psychologischen Praxis, 2. Auflage, Schäffer-Poeschel, Stuttgart, 2007

Freeman, R.E.: Strategic Management: A Stakeholder Approach, Pitman, Boston, MA, 1984

Freeman, R.E., Harrison, J.S., Wicks, A.C.: Managing for Stakeholders: Survival, Reputation, and Success, Yale University Press, London, New Haven, CT, 2007

Gaitanides, M.: Prozessmanagement - Konzepte, Umsetzungen und Erfahrungen des Reengineering, Hanser, München, 1994

Gareis, R., Huemann, M., Martinuzzi, A.: Project Management & Sustainable Development Principles, Project Management Institute (PMI), Newton Square, PA, 2013

Gareis, R., Huemann, M., Martinuzzi, A., Weninger, C., Sedlacko, M.: Project Management & Sustainable Development Principles, Project Management Institute (PMI), Newtown Square, PA, 2013

Gareis, R., Huemann, M.: IPMA Research: PM-Competence of the Project-oriented Society, Project Management, 5(1), S. 28-29, 1999

Gareis, R.: Changes of Organizations by Projects, International Journal of Project Management, 28(4), S. 314-327, 2010

Gareis, R., Stummer, M.: Prozesse und Projekte, Manz, Wien, 2007

Gesellschaft für Projektmanagement (GPM): Projektqualität: Begriffliche und konzeptionelle Grundlagen des Qualitätsmanagements in Projekten, projektManagement aktuell, 3, 2005

Gesellschaft für Projektmanagement (GPM): Assessments für Organisation (IPMA Delta), abgerufen von https://www.gpm-ipma.de/lightbox_seiten/ipma_delta.html (18.01.2017)

Gester, P.: Warum der Rattenfänger von Hameln kein Systemiker war? Systemische Gesprächs- und Interviewgestaltung, in: Schmitz C., Gester P., Heitger B. (Hrsg.), Managerie - Systemisches Denken und Handeln im Management, S. 136-164, 1. Jahrbuch, Carl Auer, Heidelberg, 1992

Gilson, L.L., Maynard, M.T., Young, N.C.J., Vartiainen, M., Hakonen, M.: Virtual Teams Research: 10 Years, 10 Themes, and 10 Opportunities, Journal of Management, 41(5). S. 1313–1337, 2015

Global Reporting Initiative: Sustainability Reporting Guidelines, Version 3.1, Amsterdam, 2011

Gloger, B.: Scrum Produkte zuverlässig und schnell entwickeln, 5. Auflage, Carl Hanser, München, 2016

Greenwood, M.: Stakeholder Engagement: Beyond the Myth of Corporate Responsibility, Journal of Business Ethics, 74(4), S. 315–327, 2007

Habermann, F.: Der Project Canvas – Projekte interdisziplinär definieren, Projekt Management aktuell, 1, S. 36–42, 2016

Habermann, F., Schmidt, K.: The Project Canvas. A Visual Tool to Jointly Understand Design, and Initiative Projects, and have more Fun at Work, Gumroad E-Book, Berlin, 2014

Hanisch, R.: Das Ende des Projektmanagements: Wie die Digital Natives die Führung übernehmen und Unternehmen verändern, Linde, Wien, 2013

Hasso Plattner Institut (HPI): Was ist Design Thinking?, abgerufen von https://hpi-academy.de/design-thinking/was-ist-design-thinking.html (16.01.2017)

Henderson, B.: The Experience Curve – Reviewed IV. The Growth Share Matrix or the Product Portfolio, The Boston Consulting Group, Boston, MA, 1973

Henderson, L.S.: The Impact of Project Managers' Communication Competencies: Validation and Extension of a Research Model for Virtuality, Satisfaction, and Productivity on Project Teams, Project Management Journal, 39(2), S. 48-59, 2008

Highsmith, J.: Agile Project Management, 2nd Edition, Addison-Wesley, Boston, MA, 2010

Highsmith, J.: Agile Software Development Ecosystems, Addison-Wesley, Boston, MA, 2002

Hilb, M.: New Corporate Governance: Successful Board Management Tools, Springer, Berlin Heidelberg, 2012

Hill, W., Fehlbaum, R., Ulrich, P.: Organisationslehre 1: Ziele, Instrumente und Bedingungen der Organisation sozialer Systeme, 5. Auflage, UTB, Stuttgart, 1994

Hillier, F.S., Lieberman, G.J.: Introduction to Operations Research, Mc-Graw-Hill, Boston, MA, 2001

Hommel, U., Scholich, M., Vollrath, R. (Hrsg.): Realoptionen in der Unternehmenspraxis: Wert schaffen durch Flexibilität, Berlin, Heidelberg, Springer, 2013

Hüsselmann, C.: Agilität im Auftraggeber-Auftragnehmer-Spannungsfeld: Mit hybridem Projektansatz zur Win-Win-Situation, Projekt Management aktuell, 25(1), S. 38–42, 2014

International Institute of Business Analysis (IIBA): A Guide to the Business Analysis Body of Knowledge (BABOK Guide 3.0), IIBA, Toronto, 2015

International Project Management Association (IPMA): ICB. IPMA-Kompetenzrichtlinie, Version 3.0, Nijerk, 2006

Ishikawa, K., Lu, D.: What is Total Quality Control? The Japanese Way, Prentice Hall, Englewood Cliffs, NJ, 1985

Jann, B.: Einführung in die Statistik, Oldenbourg, München, Wien, 2002

Jenner, S., Kilford, C.: Management of Portfolios, The Stationary Office (TSO), Norwich, 2011

Julian, S.D., Ofori-Dankwa, J.C., Justis, R.T.: Understanding Strategic Responses to Interest Group Pressures, Strategic Management Journal, 29(9), S. 963-984, 2008.

Juran, J.M.: Handbuch der Qualitätsplanung, Moderne Industrie, Landsberg/Lech, 1991

Kaplan, R., Norton, P.: Balanced Scorecard, Strategien erfolgreich umsetzen, Schäffer-Poeschel, Stuttgart, 1997

Kaplan R., Norton D.: The Balanced Scorecard – Measures that Drive Performance, Harvard Business Review (1–2), 1992

Kasper, H.: Vom Management der Organisationskulturen zur Handhabung lebender sozialer Systeme, in: Helmut Kasper (Hrsg.), Post Graduate Management Wissen: Schwerpunkte des Führungskräfteseminars der Wirtschaftsuniversität Wien, S. 189–224, Wirtschaftsverlag Carl Ueberreuter, Wien, 1995

Kasper, H.: Die Handhabung des Neuen in organisierten Sozialsystemen, Springer, Wien 1990

Kendall, N.: What is Strategic Management?, abgerufen von http://www.applied-corporate-governance.com/what-is-strategic-management.html (25.10.2016)

Kompa, A.: Assessment Center – Bestandsaufnahme und Kritik, Rainer Hampp, München, 1999

Komus, A.: Studie: Status Quo Agile. Verbreitung und Nutzen agiler Methoden - Ergebnisbericht (Langfassung), Hochschule Koblenz, Koblenz, 2012

Kotter, J.P.: Leading Change, Harvard Business Review Press, Boston, MA, 2012

Kotter, J.P.: Leading Change, Harvard Business Review Press, Boston, MA, 1996

Krczal. A.: Von der Qualitätskontrolle zur kontinuierlichen Qualitätsverbesserung, in: Eckardstein, D.v., Kasper, H., Mayrhofer, W. (Hrsg.), Management. Theorien - Führung - Veränderung, Schäffer-Poeschel, Stuttgart, 1999

Levin, G., Green, A.R.: Implementing Program Management: Templates and Forms Aligned with the Standard for Program Management, 3. Auflage, CRC Press, 2013

Lewin, K.: Frontiers in Group Dynamics. Concept, Method and Reality in Social Science: Social Equilibria and Social Change, Human Relations, 1(1), S. 5-40, 1947

Lipnack, J., Stamps, J.: Networking. The First Report and Directory, Doebleday, New York, NY, 1982

Lockwood, T.: Forward, in: Lockwood, T. (Hrsg.), Design Thinking: Integrating Innovation, Customer Experience and Brand Value, S. vii-xvii, Allworth Press, New York, NY, 2010

Lueger, G.: Beschaffung und Auswahl von Mitarbeitern, in: Kasper, H., Mayrhofer, W. (Hrsg.): Personalmanagement - Führung - Organisation, S. 338-387, Linde, Wien, 1996

Luhmann, N.: Soziale Systeme: Grundriss einer allgemeinen Theorie, Suhrkamp, Frankfurt am Main, 1984

Luhmann, N.: Komplexität, in: Grochla, E. (Hrsg.), Handwörterbuch der Organisation, 2. Auflage, Poeschel, Stuttgart, 1980

Luhmann, N.: Funktionen und Folgen formaler Organisation, Duncker und Humblot, Berlin, 1964

Malik, F.: Systemisches Management, Evolution, Selbstorganisation: Grundprobleme, Funktionsmechanismen und Lösungsansätze für komplexe Systeme, 4. Auflage, Paul Haupt, Bern, 2004

Martens, P.: Sustainability: Science or fiction?, Sustainability: Science Practice and Policy, 2(1), S. 36–41, 2006

Martinuzzi, A., Krumay, B.: The Good, the Bad and the Successful - How Corporate Social Responsibility leads to Competitive Advantage and Organizational Transformation, Journal of Change Management, 13(4), S. 424–443, 2012

Meadowcroft, J.: Who is in Charge here? Governance for Sustainable Development in a Complex World, Journal of Environmental Policy and Planning, 9(3), S. 299–314, 2007

Mitchell, R.K., Agle, B.R., Wood, D.J.: Toward a Theory of Stakeholder Identification and Salience: Defining the Principle of Who and What Really Counts, Academy of Management Review, 22(4), S. 853-886, 1997

Němeček ,P., Kocmanová, A.: Management Paradigm, 5th International Scientific Conference "Business and Management", S. 559-564, Vilnius, 2008

Polzin, B., Weigl, H.: Führung, Kommunikation und Teamentwicklung im Bauwesen, 2. Auflage, Springer, Wiesbaden, 2014

Ortner, G., Stur, B.: Das Projektmanagement-Office, 2. Auflage, Springer, Berlin, Heidelberg, 2015

Pondy, L.R., Frost, P., Morgan, G. (Hrsg.): Organizational Symbolism, JAI Press, Greenwich, CT, 1983

Porter, M.E.: Competitive Advantage: Creating and Sustaining Superior Performance, Free Press, New York, NY, 1985

Porter, M.E., Kramer, M.R.: The big Idea: Creating shared Value. Harvard Business Review, 89 (1-2), 2011

Prahalad, C.K., Hamel, G.: The Core Competencies of the Corporation, Harvard Business Review, 68(3-4), S. 79-91, 1990

Projekt Management Austria (PMA): pm baseline, Version 3.0, Wien, 2008

Project Management Institute (PMI): Code of Ethics and Professional Conduct, abgerufen von http://www.pmi.org/-/media/pmi/documents/public/pdf/ethics/pmi-code-of-ethics.pdf?sc_lang_temp=en (21.02.2017)

Project Management Institute (PMI): PMI Professional in Business Analysis (PMI-PBA) Handbook, PMI, Newton Square, PA, 2016

Project Management Institute (PMI): A Guide to the Project Management Body of Knowledge (PMBOK Guide), 5th Edition, PMI, Newton Square, PA, 2013

Project Management Institute (PMI): Organizational Project Management Maturity Model (OPM3), 3rd Edition, PMI, Newton Square, PA, 2013

Project Management Institute (PMI): The Standard for Program Management, 3rd Edition, PMI, Newton Square, PA, 2013

Radatz, S.: Das Ende allen Projektmanagements. Erfolg in hybriden Zeiten – mit der projektfreien Relationalen Organisation, Relationales Management, Wien, 2013

Ravasi, D., Schultz, M.: Responding to Organizational Identity Threats: Exploring the Role of Organizational Culture, Academy of Management Journal, 49(3), S. 433–458, 2006.

Reibnitz, U.v.: Szenario-Technik: Instrumente für die unternehmerische und persönliche Erfolgsplanung, Gabler, Wiesbaden, 1992

Reschke, H.: Formen der Aufbauorganisation in Projekten, in: Reschke, H., Schelle, H., Schnopp, R. (Hrsg.), Handbuch Projektmanagement, Band 2, TÜV Rheinland, Köln, 1989

Robertson, B.J.: Holacracy: Ein revolutionäres Management-System für eine volatile Welt, Franz Vahlen, München, 2016

Robertson, B.J.: Holocracy: A Complete System for Agile Organizational Governance and Steering, Agile Project Management Executive Report, 7(7), Cutter Consortium, 2006

Robinson, J.: Squaring the Circle? Some Thoughts on the Idea of Sustainable Development, Ecological Economics, 48(4), S. 369–384, 2004

Rowley, T.J.: Moving beyond Dyadic Ties: A Network Theory of Stakeholder Influences, Academy of Management Review, 22(4), S. 887–910, 1997

Sachs-Hombach, K.: Selbstbild und Selbstverständnis, in: Newen, A., Vogeley, K. (Hrsg.), Selbst und Gehirn. Menschliches Selbstbewusstsein und seine neurobiologischen Grundlagen, S. 189–200, Mentis, Paderborn, 2000

Schein, E.: Career Dynamics: Matching Individual and Organizational Needs, Addison-Wesley, Reading, MA, 1978

Schulte-Zurhhausen M.: Organisation, 6. Auflage, Vahlen, München, 2013

Seaver, M. (Hrsg.): Gower Handbook of Quality Management, Gower, Aldershot, 2003

Senge, P.: The Fifth Discipline: Art & Practice of The Learning Organization, Doubleday, New York, NY, 2006

Senge, P.: The Fifth Discipline Fieldbook: Strategies and Tools for Building a Learning Organization, Doubleday, New York, NY, 1994

Serrador, P., Pinto, J.K.: Does Agile Work? – A Quantitative Analysis of Agile Project Success, International Journal of Project Management, 33(5), S. 1040-1051, 2015

Silvius, G., Schipper, R., Planko, J., van den Brink, J., Köhler, A.: Sustainability in Project Management, Gower, Surrey, Burlington, VT, 2012

Sowden, R., Wolf, M., Ingram, G.: Managing Successful Programmes (MSP), 4th edition, The Stationary Office (TSO), Norwich, 2011

Steinle, H., Bruch, H., Lawa, D. (Hrsg.): Projektmanagement: Instrument moderner Dienstleistung, Edition Blickbuch Wirtschaft, Frankfurt am Main, 1995

Steyrer, J.: Theorie der Führung, in: Kasper, H., Mayrhofer, W. (Hrsg.), Personalmanagement, Führung, Organisation, S. 25–94, Linde, Wien, 2002

Takeuchi, H., Nonaka, I.: The New New Product Development Game, Harvard Business Review, 64(1–2), 1986

Tuckman, B.W., Jensen, M.A.C.: Stages of Small-Group Development Revisited, Group & Organization Studies, 2(4), S. 417–427, 1977

Verburg, R.M., Bosch-Sijtsema, P., Vartiainen, M.: Getting It Done: Critical Success Factors for Project Managers in Virtual Work Settings, International Journal of Project Management, 31(1), S. 68–79, 2013

Watzlawick, P.: Wie wirklich ist die Wirklichkeit – Wahn, Täuschung, Verstehen, Piper, München 1976

Weibler J.: Personalführung, Franz Vahlen, München, 2001

Weinert, A.B.: Führung und soziale Steuerung, in: Roth, E. (Hrsg.), Organisationspsychologie (Enzyklopädie der Psychologie, Bd. 3), S. 552–577, Hogrefe, Göttingen, 1989

Wieland, A., Wallenburg, C.M.: The Influence of Relational Competencies on Supply Chain

Resilience: A Relational View, International Journal of Physical Distribution & Logistics

Management, 43(4), S. 300–320, 2013

Womack, J.P., Jones D.T., Roos, D.: The Machine that changed the World, Simon and Schuster, New York, NY, 1990

World Commission on Environment and Development (WCED): Our common Future, Oxford, 1987

Stichwortverzeichnis

A

B

C

D

E

F

G

H

I

K

L

M

N

O

P

Q

R

S

T

U

V

W